煤炭行业特有工种职业技能鉴定培训教材

采 掘 电 钳 工

（初级、中级、高级）

·修 订 本·

煤炭工业职业技能鉴定指导中心　组织编写

煤 炭 工 业 出 版 社

·北　京·

内 容 提 要

本书以采掘电钳工国家职业标准为依据，分别介绍了初级、中级、高级采掘电钳工职业技能考核鉴定的知识和技能方面的要求。内容包括工作前的准备、设备安装调试、设备检修与维护等知识。

本书是初级、中级、高级采掘电钳工职业技能考核鉴定前的培训和自学教材，也可作为各级各类技术学校相关专业师生的参考用书。

本书编审人员

主　编　张宏干　裴立瑞

副主编　孙先绪

编　写　王　济　潘立敏　夏伯党　朱成光　李长山
马　俊　赵　刚　苗天佩　郭　钦

主　审　向云霞

审　稿　（按姓氏笔画为序）
王　涛　王朋炜　曲富生　吕树泽　陈子春
钟福有　郭宝学　郭海萍　腾　勇

修　订　孙先绪　夏伯党

前　　言

为了进一步提高煤炭行业职工队伍素质，加快煤炭行业高技能人才队伍建设步伐，实现煤炭行业职业技能鉴定工作的标准化、规范化，促进其健康发展，根据国家的有关规定和要求，煤炭工业职业技能鉴定指导中心组织有关专家、工程技术人员和职业培训教学管理人员编写了这套《煤炭行业特有工种职业技能鉴定培训教材》，作为国家职业技能鉴定考试的推荐用书。

本套职业技能鉴定培训教材以相应工种的职业标准为依据，内容上力求体现"以职业活动为导向，以职业技能为核心"的指导思想，突出职业培训特色。在结构上，针对各工种职业活动领域，按照模块化的方式，分初级工、中级工、高级工、技师、高级技师5个等级进行编写。每个工种的培训教材分为两册出版，其中初级工、中级工、高级工为一册，技师、高级技师为一册。

本套教材自2005年陆续出版以来，现已出版近50个工种的初级工、中级工、高级工教材和近30个工种的技师、高级技师教材，基本涵盖了煤炭行业的主体工种，满足了煤炭行业高技能人才队伍建设和职业技能鉴定工作的需要。

本套教材出版至今已10余年，期间煤炭科技发展迅猛，新技术、新工艺、新设备、新标准、新规范层出不穷，原教材有些内容已显陈旧，已不能满足当前职业技能鉴定工作的需要，特别是我国煤矿安全的根本大法——《煤矿安全规程》（2016年版）已经全面修订并颁布实施，因此我们决定对本套教材进行修订后陆续出版。

本次修订不改变原教材的框架结构，只是针对当前已不适用的技术及方法、淘汰的设备，以及与《煤矿安全规程》（2016年版）及新颁布的标准规范不相符的内容进行修改。

技能鉴定培训教材的编写组织工作，是一项探索性工作，有相当的难度，加之时间仓促，缺乏经验，不足之处恳请各使用单位和个人提出宝贵意见和建议。

煤炭工业职业技能鉴定指导中心

2016年6月

目　　录

第一部分　采掘电钳工基础知识

第二部分　采掘电钳工初级技能

第三部分　采掘电钳工中级技能

第四部分 采掘电钳工高级技能

第一部分

采掘电钳工基础知识

第一章 职 业 道 德

第一节 职业道德基本知识

一、职业道德的涵义

所谓职业道德，就是同人们的职业活动紧密联系的符合职业特点要求的道德准则、道德情操与道德品质的总和，它既是对本职人员在职业活动中行为的要求，同时又是本职业对社会所负的道德责任与义务。职业道德主要内容包括爱岗敬业、诚实守信、办事公道、服务群众、奉献社会等。

职业道德的涵义包括以下 8 个方面：

（1）职业道德是一种职业规范，受社会普遍的认可。

（2）职业道德是长期以来自然形成的。

（3）职业道德没有确定形式，通常体现为观念、习惯、信念等。

（4）职业道德依靠文化、内心信念和习惯，通过员工的自律实现。

（5）职业道德大多没有实质的约束力和强制力。

（6）职业道德的主要内容是对员工义务的要求。

（7）职业道德标准多元化，不同企业可能具有不同的价值观，其职业道德的体现也有所不同。

（8）职业道德承载着企业文化和凝聚力，影响深远。

每个从业人员，不论是从事哪种职业，在职业活动中都要遵守职业道德。要理解职业道德需要掌握以下 4 点：

（1）在内容方面，职业道德总是要鲜明地表达职业义务、职业责任以及职业行为上的道德准则。它不是一般地反映社会道德和阶级道德的要求，而是要反映职业、行业以至产业特殊利益的要求；它不是在一般意义上的社会实践基础上形成的，而是在特定的职业实践的基础上形成的，因而它往往表现为某一职业特有的道德传统和道德习惯，表现为从事某一职业的人们所特有的道德心理和道德品质。

（2）在表现形式方面，职业道德往往比较具体、灵活、多样。它总是从本职业的交流活动的实际出发，采用制度、守则、公约、承诺、誓言、条例，以至标语口号之类的形式。这些灵活的形式既易于从业人员接受和实行，也易于形成一种职业道德习惯。

（3）从调节的范围来看，职业道德一方面是用来调节从业人员内部关系，加强职业、行业内部人员的凝聚力；另一方面，它也是用来调节从业人员与其服务对象之间的关系，从而塑造本职业从业人员的形象。

(4) 从产生的效果来看，职业道德既能使一定的社会道德原则和规范"职业化"，又能使个人道德品质"成熟化"。职业道德虽然是在特定的职业生活中形成的，但它决不是离开社会道德而独立存在的道德类型。职业道德始终是在社会道德的制约和影响下存在和发展的；职业道德和社会道德之间的关系，就是一般与特殊、共性与个性之间的关系。任何一种形式的职业道德，都在不同程度上体现着社会道德的要求。同样，社会道德在很大程度上都是通过具体的职业道德形式表现出来的。同时，职业道德主要表现在实际从事一定职业的成年人的意识和行为中，是道德意识和道德行为成熟的阶段。职业道德与各种职业要求和职业生活结合，具有较强的稳定性和连续性，形成比较稳定的职业心理和职业习惯，以至于在很大程度上改变人们在学校生活阶段和少年生活阶段所形成的品行，影响道德主体的道德风貌。

二、职业道德的特点

职业道德具有以下几方面的特点：

(1) 适用范围的有限性。每种职业都担负着一种特定的职业责任和职业义务，各种职业的职业责任和义务各不相同，因而形成了各自特定的职业道德规范。

(2) 发展的历史继承性。由于职业具有不断发展和世代延续的特征，不仅其技术世代延续，其管理员工的方法、与服务对象打交道的方法等，也有一定的历史继承性。

(3) 表达形式的多样性。由于各种职业道德的要求都较为具体、细致，因此其表达形式多种多样。

(4) 兼有纪律规范性。纪律也是一种行为规范，但它是介于法律和道德之间的一种特殊的规范。它既要求人们能自觉遵守，又带有一定的强制性。就前者而言，它具有道德色彩；就后者而言，又带有一定的法律色彩。也就是说，一方面，遵守纪律是一种美德，另一方面，遵守纪律又带有强制性，具有法令的要求。例如，工人必须执行操作规程和安全规定，军人要有严明的纪律等等。因此，职业道德有时又以制度、章程、条例的形式表达，让从业人员认识到职业道德又具有纪律的规范性。

三、职业道德的社会作用

职业道德是社会道德体系的重要组成部分，一方面，具有社会道德的一般作用，另一方面，它又具有自身的特殊作用，具体表现在：

(1) 调节职业交往中从业人员内部以及从业人员与服务对象间的关系。职业道德的基本职能是调节职能。它一方面可以调节从业人员内部的关系，即运用职业道德规范约束职业内部人员的行为，促进职业内部人员的团结与合作。如职业道德规范要求各行各业的从业人员，都要团结、互助、爱岗、敬业，齐心协力地为发展本行业、本职业服务。另一方面，职业道德又可以调节从业人员和服务对象之间的关系。如职业道德规定了制造产品的工人要怎样对用户负责，营销人员怎样对顾客负责，医生怎样对病人负责，教师怎样对学生负责，等等。

(2) 有助于维护和提高一个行业和一个企业的信誉。信誉是一个行业、一个企业的形象、信用和声誉，指企业及其产品与服务在社会公众中的信任程度。提高企业的信誉主要靠提高产品的质量和服务质量，因而从业人员职业道德水平的提升是提高产品质量和服务质量的有效保证。若从业人员职业道德水平不高，很难生产出优质的产品、提供优质的服务。

（3）促进行业和企业的发展。行业、企业的发展有赖于高的经济效益，而高的经济效益源于高的员工素质。员工素质主要包含知识、能力、责任心三个方面，其中责任心是最重要的。而职业道德水平高的从业人员，其责任心是极强的，因此，优良的职业道德能促进行业和企业的发展。

（4）有助于提高全社会的道德水平。职业道德是整个社会道德的重要组成部分。职业道德一方面，涉及每个从业者如何对待职业，如何对待工作，同时也是一个从业人员的生活态度、价值观念的表现，是一个人的道德意识、道德行为发展的成熟阶段，具有较强的稳定性和连续性。另一方面，职业道德也是一个职业集体，甚至一个行业全体人员的行为表现。如果每个行业、每个职业集体都具备优良的职业道德，将会对整个社会道德水平的提升发挥重要作用。

第二节 职 业 守 则

通常职业道德要求通过在职业活动中的职业守则来体现。广大煤矿职工的职业守则有以下几个方面：

1. 遵守法律法规和煤矿安全生产的有关规定

煤炭生产有它的特殊性，从业人员除了遵守《煤炭法》、《安全生产法》、《煤矿安全规程》、《煤矿安全监察条例》外，还要遵守煤炭行业制订的专门规章制度。只有遵法守纪，才能确保安全生产。作为一名合格的煤矿职工，应该遵守煤矿的各项规章制度，遵守煤矿劳动纪律，尤其是岗位责任制和操作规程、作业规程，处理好安全与生产的关系。

2. 爱岗敬业

热爱本职工作是一种职业情感。煤炭是我国当前的主要能源，在国民经济中占举足轻重的地位。作为一名煤矿职工，应该感到责任重大，感到光荣和自豪；应该树立热爱矿山、热爱本职工作的思想，认真工作，培养职业兴趣；干一行、爱一行、专一行，既爱岗又敬业，干好自己的本职工作，为我国的煤矿安全生产多做贡献。

3. 坚持安全生产

煤矿生产是人与自然的斗争，工作环境特殊，作业条件艰苦，情况复杂多变，不安全因素和事故隐患多，稍有疏忽或违章，就可能导致事故发生，轻者影响生产，重则造成矿毁人亡。安全是煤矿工作的重中之重。没有安全，就无从谈起生产。安全是广大煤矿职工的最大福利，只有确保了安全生产，职工的辛勤劳动才能切切实实、真真正正的对其自身生活产生较为积极的意义。作为一名煤矿职工，一定要按章作业，努力抵制“三违”，做到安全生产。

4. 刻苦钻研职业技能

职业技能，也可称为职业能力，是人们进行职业活动、完成职业责任的能力和手段。它包括实际操作能力、业务处理能力、技术能力以及相关的科学理论知识水平等。

经过新中国成立以来几十年的发展，我国的煤炭生产也由原来的手工作业逐步向综合机械化作业转变，建成了许多世界一流的现代化矿井，特别是国有大中型矿井，大都淘汰了原来的生产模式，转变成为现代化矿井，高科技也应用于煤炭生产、安全监控之中。所有这些都要求煤矿职工在工作和学习中刻苦钻研职业技能，提高技术能力，掌握扎实的科学知识，只有这样才能胜任自己的工作。

5. 加强团结协作

一个企业、一个部门的发展离不开协作。团结协作、互助友爱是处理企业团体内部人与人之间，以及协作单位之间关系的道德规范。

6. 文明作业

爱护材料、设备、工具、仪表，保持工作环境整洁有序，文明作业；着装符合井下作业要求。

第二章 基 础 知 识

第一节 电 工 基 础 知 识

一、直流电路的基本知识

（一）电路及欧姆定律

1. 电路及电路图

电流所流过的路径称为电路。一般电路都是由电源、负载、控制设备和连接导线 4 个基本部分组成的，图 2－1 所示为简单的电路。电源是把非电能转换成电能，并向外提供电能的装置，如发电机、蓄电池等。负载通常也称用电器，它们是将电能转换成其他形式能的元器件或设备，如电灯、电动机等。控制设备是改变电路状态或保护电路不受损坏的装置，如开关、熔断器等。连接导线担负传输或分配电能的任务。

电路通常有 3 种状态：

（1）通路。通路是指处处连通的电路。通路也称闭合电路，简称闭路。只有在通路的情况下，电路才有正常的工作电流。

（2）开路。开路是指电路中某处断开、不成通路的电路。开路也称断路，此时电路中无电流。

（3）短路。短路是指电路（或电路中的一部分）被短接。如负载或电源两端被导线连接在一起，就称短路。短路时电源提供的电流将比通路时提供的电流大很多倍，一般不允许短路。

电路图是用国家统一规定的符号来表示电路连接情况的图，如图 2－1 所示。

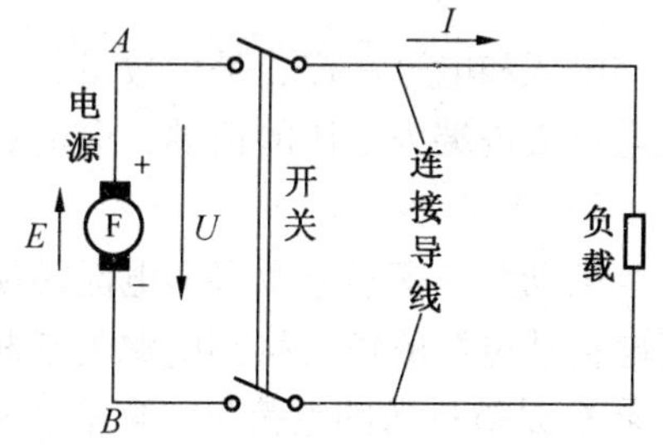

图 2－1 简单的电路

2. 电路的几个物理量

1）电流

电荷定向移动便形成电流。如在电压作用下，导线内的电子或电解液内的离子的定向移动。习惯规定正电荷移动的方向为电流的方向。

在生产和生活中，常把电流分为两大类：直流电与交流电。凡大小和方向都不随时间变化的电流称为恒定电流，简称直流；凡大小和方向都随时间变化的电流称为交变电流，简称交流。

单位时间内通过导体截面电量的代数和称为电流，用字母 I 表示。如果时间单位为 s

(秒)，电量单位为 C（库仑），电流的单位为 A（安培），t 秒内通过导体横截面的电量为 Q，则

$$I=Q/t \tag{2-1}$$

大电流单位常用 kA（千安），小电流单位常用 mA（毫安）和 μA（微安），其换算关系为

$$1\ \text{kA}=1000\ \text{A}$$
$$1\ \text{A}=1000\ \text{mA}$$
$$1\ \text{mA}=1000\ \mu\text{A}$$

通过单位面积的电流的大小称为电流密度，用字母 J 表示，单位为 A/mm^2，可用式（2-2）表示：

$$J=I/S \tag{2-2}$$

式中 I——导体中流过的电流，A；

S——导体的截面积，mm^2。

2）电压

电压是衡量电场做功本领大小的物理量。在电路中，电场力将电荷 Q 从 a 点移到 b 点，所做的功为 W_{ab}，则功 W_{ab} 与电量 Q 的比值就称为该两点间的电压，用符号 U_{ab} 表示，单位为 V（伏特）。其数学式为

$$U_{ab}=W_{ab}/Q \tag{2-3}$$

若电场力将 1 C（库仑）的电荷从 a 点移到 b 点，所做的功是 1 J（焦耳），ab 间的电压值就是 1 V（伏特），即

$$1\ \text{V}=1\ \text{J}/1\ \text{C}$$

常用的电压单位还有 kV（千伏）、mV（毫伏）和 μV（微伏）。

$$1\ \text{kV}=1000\ \text{V}$$
$$1\ \text{V}=1000\ \text{mV}$$
$$1\ \text{mV}=1000\ \mu\text{V}$$

电压和电流一样，是代数量，不但有大小而且有方向，即有正负。对于负载来说，规定电流流进端为电压的正端，电流流出端为电压的负端。电压的方向由正指向负。

3）电动势

电动势是衡量电源将非电能转换成电能本领的物理量，是指在电源内部，外力将单位正电荷从电源的负极移到电源的正极所做的功，以字母 E 来表示，单位也是 V（伏特）。如果 Q 是被移送的电荷量，W 表示电源于两极间移送电量所做的功，则

$$E=W/Q \tag{2-4}$$

电动势的方向由低电位指向高电位。电动势在数值上等于电源开路端电压，但二者方向相反。电源两端的电压方向规定为从电源正极指向负极。

4）电位和电位差

电路中某点与参考点间的电压就是该点的电位。通常把参考点的电位规定为零电位。电位的符号常用带脚标的字母 V 表示，如 V_A 表示 A 点的电位。电位的单位仍然是 V（伏特）。

通常选大地为参考点，即把大地的电位规定为零电位，而电子仪器和设备中又常把金

属机壳或电路公共接点的电位规定为零电位。

电路中任意两点间的电位之差称为该两点的电位差，常用带脚标的字母 U 表示，如 U_{AB}表示 A、B 两点的电位差，其单位也是 V（伏特）。

3. 电阻

带电质点（电子或离子）能够自由移动的物体称为导体，如金属、碳、大地及各种酸、碱、盐的水溶液等。

具有阻止传导电流性能的物体称为绝缘体，如玻璃、云母、橡胶、塑料、油类和空气等。

导电性质介于导体和绝缘体之间的物体为半导体，如硅、锗、硒和氧化铜等。

导体一方面具有导电的作用，另一方面又具有阻碍电流通过的作用。用来表征这种阻碍作用的物理量称为电阻，用字母 R 表示，单位为 Ω（欧姆）。当所加电压为 1 V，流过的电流为 1 A 时，则所受的阻力即电阻为 1 Ω。高电阻的单位常用 kΩ（千欧）和 MΩ（兆欧），其换算关系如下：

$$1\ \mathrm{k\Omega} = 1000\ \Omega$$

$$1\ \mathrm{M\Omega} = 1000\ \mathrm{k\Omega}$$

电阻跟导体的长度成正比，跟导体的横截面积成反比并与导体的材料性质有关，即

$$R = \frac{L}{rS} \tag{2-5}$$

式中 L——导体长度，m；

r——导体导电率，m/(Ω · mm²)；

S——导体截面面积，mm²。

4. 部分电路欧姆定律

部分电路欧姆定律是德国科学家欧姆 1827 年首先提出的实验定律。其内容是：流过导体的电流与这段导体两端的电压成正比，与这段导体的电阻成反比，其数学式为

$$I = U/R \tag{2-6}$$

式中 I——导体中的电流，A；

U——导体两端的电压，V；

R——导体的电阻，Ω。

5. 全电路欧姆定律

全电路欧姆定律的内容是：全电路中的电流强度与电源的电动势成正比，与整个电路（即内电路和外电路）的电阻成反比。其数学式为

$$I = \frac{E}{R + r} \tag{2-7}$$

式中 I——电路中的电流，A；

E——电源电动势，V；

R——外电路电阻，Ω；

r——内电路电阻，Ω。

（二）电阻的串联、并联和混联电路

1. 电阻的串联电路

两个或两个以上电阻依次相连，中间无分支的连接方式称为电阻的串联电路。

串联电路有以下性质：

（1）串联电路中流过每个电阻的电流相等，即

$$I = I_1 = I_2 = \cdots = I_n \tag{2-8}$$

式中，脚标1、2、…、n表示第1、第2…、第n个电阻（以下相同）。

（2）串联电路两端的总电压等于各电阻两端的电压之和，即

$$U_{总} = U_1 + U_2 + \cdots + U_n \tag{2-9}$$

（3）串联电路的等效电阻（即总电阻）等于各串联电阻之和，即

$$R_{总} = R_1 + R_2 + \cdots + R_n \tag{2-10}$$

在串联电路中，串联的总电阻比任何一个串联电阻的阻值大。电压的分配与电阻成正比，即阻值越大的电阻所分配到的电压越大；反之，电压越小。在已知串联电路的总电压和各电阻R_1、R_2、…、R_n时，若求某一电阻两端的电压可用式（2－11）写出：

$$U_n = \frac{Rn}{R_{总}}U = \frac{R_n}{R_1 + R_2 + \cdots + R_n}U \tag{2-11}$$

只有两个电阻串联时，U_1和U_2分别为

$$U_1 = \frac{R_1}{R_1 + R_2}U$$

$$U_2 = \frac{R_2}{R_1 + R_2}U \tag{2-12}$$

式（2－12）是两个电阻的分压公式，$\frac{R_1}{R_1 + R_2}$和$\frac{R_2}{R_1 + R_2}$是分压系数。

2. 电阻的并联电路

两个或两个以上电阻接在电路中相同的两点之间的连接方式称为电阻的并联电路。

并联电路有以下性质：

（1）并联电路各电阻两端的电压相等且等于电路两端电压，即

$$U = U_1 = U_2 = \cdots = U_n \tag{2-13}$$

（2）并联电路中的总电流等于各电阻中的电流之和，即

$$I_{总} = I_1 + I_2 + \cdots + I_n \tag{2-14}$$

（3）并联电路中的等效电阻（即总电阻）等于各并联电阻的倒数之和，即

$$\frac{1}{R_{总}} = \frac{1}{R_1} + \frac{1}{R_2} + \cdots + \frac{1}{R_n} \tag{2-15}$$

在并联电路中，并联的总电阻比任何一个并联电阻的阻值都小。电流的分配与电阻成反比，即阻值越大的电阻所分配到的电流越小；反之，电流越大。在已知并联电路的总电压和电阻R_1、R_2、…、R_n时，总电流可用式（2－16）表示：

$$I_{总} = U/R_{总} \tag{2-16}$$

当只有两个电阻并联时，I_1、I_2分别为

$$I_1 = \frac{R_2}{R_1 + R_2}I$$

$$I_2 = \frac{R_1}{R_1 + R_2}I \tag{2-17}$$

式（2－17）为两个电阻的分流公式，$\frac{R_2}{R_1+R_2}$和$\frac{R_1}{R_1+R_2}$为分流系数。

3. 电阻的混联电路

既有电阻串联又有电阻并联的电路称为电阻的混联电路，如图2－2所示。混联电路的串联部分具有串联电路的性质，并联部分具有并联电路的性质。

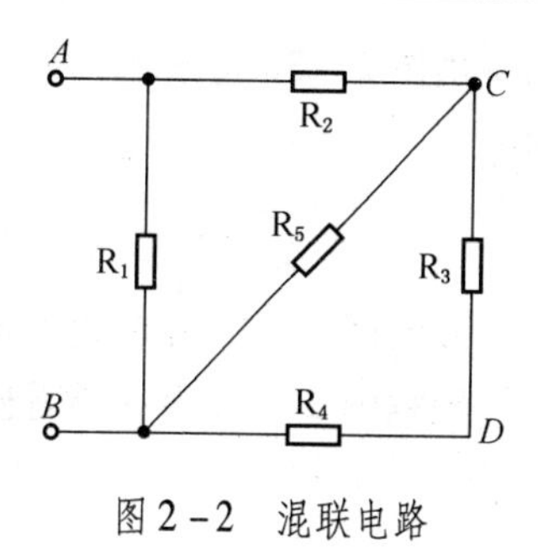

图2－2 混联电路

计算混联电路等效电阻的步骤如下：

（1）先在电路中各电阻的连接点上标注字母，并将各字母按顺序在水平方向排列（待求电阻端的字母应放在最外端），然后把各电阻填入对应的字母间，最后根据电阻串联并联的定义一次画出等效电路。

（2）根据简化的电路进行计算。

【例2－1】已知图2－2中$R_1=R_2=R_3=R_4=R_5=1\ \Omega$，求$AB$间的等效电阻$R_{AB}$？

解 先按照上述方法画出图2－3所示等效电路，然后进行计算。

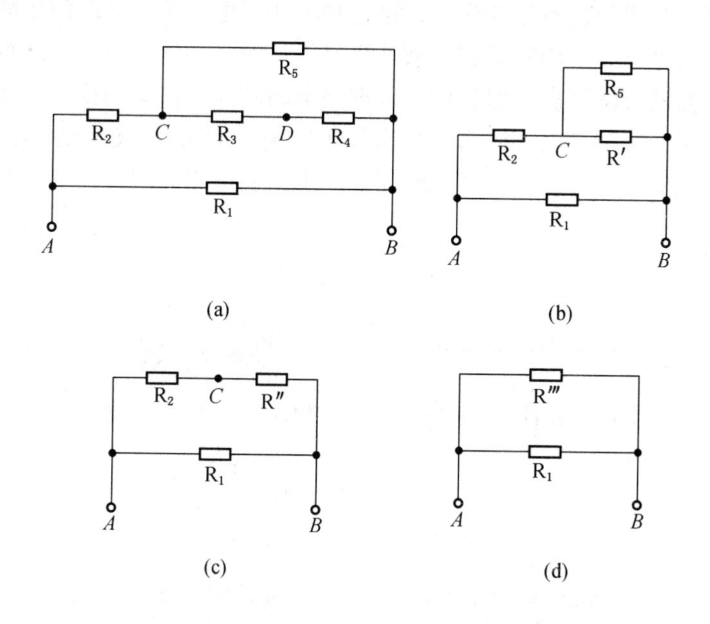

图2－3 图2－2的等效电路图

因为R_3和R_4依次相连，中间无分支，则它们是串联，其等效电阻为

$$R'=R_3+R_4=2\ \Omega$$

此时图2－3a可等效为图2－3b。

由图2－3b可看出，R_5和R'都接在相同的两点BC之间，则它们是并联，其等效电阻为

$$R''=\frac{R_5R'}{R_5+R'}=\frac{1\times2}{1+2}=\frac{2}{3}\ \Omega$$

此时图2－3b又可等效为图2－3c。

由图 2－3c 可看出，R_2 和 R''依次相连，中间无分支，是串联，则得它们的等效电阻为

$$R''' = R_2 + R'' = 1 + \frac{2}{3} = \frac{5}{3}\ \Omega$$

此时图 2－3c 可等效为图 2－3d。

根据图 2－3d 很容易看出 R_1 和 R'''为并联，则 AB 间的等效电阻为

$$R_{AB} = \frac{R_1 R'''}{R_1 + R'''} = \frac{5}{8}\ \Omega$$

（三）基尔霍夫定律

只要掌握欧姆定律和电阻串联、并联的特点及其公式，就能对简单直流电路进行具体分析和计算。但是，实际的电路往往比较复杂，不完全能用电阻的串联、并联的方法加以简化。图 2－4a 所示为两组电源并联对负荷供电的电路图，E_1 和 E_2 分别为两个电源的电动势，R_1 和 R_2 分别为两个电源的内阻。图 2－4b 所示为精密测量仪器中常用的电桥电路，R_1、R_2、R_3、R_4 为桥臂的 4 个电阻，R_g 为检流计内阻。图 2－4 所示的两种电路中的各电阻间，既不是串联也不是并联。凡是这种不能用电阻串、并联简化的电路，称为复杂电路。对于复杂电路，单用欧姆定律来计算是不行的，必须学习新的计算方法。

计算复杂电路的方法很多，但它们的依据是电路的两条基本定律——欧姆定律和基尔霍夫定律。基尔霍夫定律是由德国物理学家基尔霍夫于 1847 年发表的，它既适用于直流电路也适用于交流电路，含有电子组件的非线性电路也适用。因此，它是分析计算电路的基本定律。

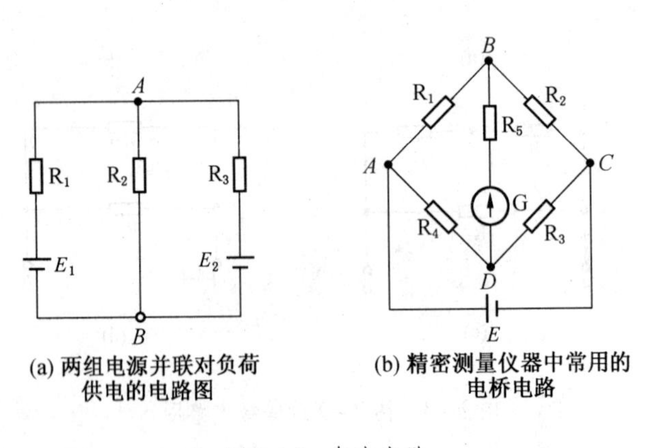

(a) 两组电源并联对负荷供电的电路图　　(b) 精密测量仪器中常用的电桥电路

图 2－4　复杂电路

支路：由一个或几个元件首尾相接构成的无分支电路称为支路。在同一支路内，流过所有元件的电流都相等。如图 2－4a 中的 R_1 和 E_1 就构成一条支路，而 R_2 却是单独一个元件构成一条支路。

节点：三条或三条以上支路的汇交点称为节点。图 2－4b 中的 A、B、C、D 4 个点都是节点。

回路：电路中任一闭合路径称为回路。一个回路可能只含一条支路，也可能包含几条支路。如图 2－4b 中的 A—R_1—B—R_5—D—R_4—A 和 A—R_1—B—R_2—C—E—A 都是回

路。凡是不可再分的回路，即最简单的回路叫网孔。

1. 基尔霍夫第一定律

基尔霍夫第一定律又称节点电流定律。其内容是：流进一个节点的电流之和恒等于流出这个节点的电流之和。或者说流过任意一个节点的电流的代数和为零。其数学表达式为

$$\sum I = 0 \tag{2-18}$$

基尔霍夫第一定律表明电流具有连续性，在电路的任一节点上，不可能发生电荷的积累，即流入节点的总电量恒等于同一时间内从这个节点流出去的总电量。

根据基尔霍夫第一定律可列出任意一个节点的电流方程。在列节点电流方程前，要先标定电流方向。原则是，已知电流按实际方向在图中标定，未知电流的方向可任意标定。电流方向标定好后，就可列出节点电流方程来进行计算。最后根据计算结果来确定未知电流的方向。当计算结果为正值时，未知电流的实际方向与标定方向相同；当计算结果为负值时，未知电流的实际方向与标定方向相反。

2. 基尔霍夫第二定律

基尔霍夫第二定律又称回路电压定律，它是说明回路中各电压间的相互关系的。其内容是：在任意回路中，电动势的代数和恒等于各电阻上电压的代数和。其数学表达式为

$$\sum E = \sum IR \tag{2-19}$$

根据基尔霍夫第二定律可列出任意回路的电压方程。列方程前要先确定电动势及电压降极性。一般方法是，先在图中选择一个回路方向，回路的方向是可以任意选取的，回路方向一旦确定后，解题过程中不得改变并以这个回路方向作为标准来确定电动势和电压降极性的正负。原则是，当电动势的方向与回路方向一致时为正，反之为负；当支路电流方向与回路方向一致时，电压降为正，反之为负。

(四) 电功、电功率、电容器

1. 电功

电流流过用电器时，用电器就将电能转换成其他形式的能（如磁、热、机械能等）。我们把电能转换成其他形式的能，称为电流做功，简称电功，用字母 W 表示。电功的数学表达式为

$$W = UQ = IUt = I^2Rt = \frac{U^2}{R}t \tag{2-20}$$

式中 U——电路两端的电压，V；

I——电路的电流，A；

R——电路的电阻，Ω；

t——通电时间，s。

式（2-20）中，若电压单位为 V（伏），电流单位为 A（安），时间单位为 s（秒），电功单位就是焦耳，简称焦，用字母 J 表示。

2. 电功率

电流在 1 s 内做的功称为电功率，用字母 P 来表示，其数学表达式为

$$P = W/t \tag{2-21}$$

在式（2－21）中，若电功单位为 J（焦耳），时间单位为 s（秒），则电功率的单位是 J/s（焦耳/秒），简称为瓦，用字母 *W* 表示。

在实际工作中，电功率的常用单位还有 kW（千瓦）、mW（毫瓦）等。

$$1\ \mathrm{kW}=1000\ \mathrm{W}$$

$$1\ \mathrm{W}=1000\ \mathrm{mW}$$

根据式（2－20）还可以得到最常见的电功率计算式：

$$P=IU=I^2R=\frac{U^2}{R} \tag{2-22}$$

3. 电流的热效应

电流通过导体时使导体发热的现象称为电流的热效应。热效应就是电能转成热能的效应。

焦耳－楞次定律是指电流流过导体产生的热量，与电流的平方、导体的电阻及通电的时间成正比，用字母 Q 表示，其数学表达式为

$$Q=I^2Rt \tag{2-23}$$

式中 I——电流，A；

R——导体的电阻，Ω；

t——做功的时间，s。

Q 的单位是 J（焦耳），如果以 cal（卡）表示，则 1 J＝0. 24 cal，式（2－23）可改写为

$$Q=0.24I^2Rt \tag{2-24}$$

4. 电容器

1）电容器和电容量

凡是被绝缘物分开的两个导体所构成的总体都是电容器。电容器最基本的特点是能够储存电荷，所以有时又把电容器定义为能够储存电荷的容器。最常见的电容器是平板电容器，即在两导电平板间夹一绝缘物质所构成的电容器。通常把组成电容器的两块导电平板称为极板，而把中间的绝缘物称为电介质。电容器有时简称电容，用字母 C 表示。

对于结构一定（指极板间距一定、极板面积一定及介质一定）的电容器，其中任意一个极板所储存的电量与两极间电压的比值就是一个常数。我们把这个常数称为电容器的电容量，简称电容，也以字母 C 表示。其数学表达式为

$$C=Q/U \tag{2-25}$$

式中 Q——一个极板上所储存电量的绝对值，C；

U——两极板间电压的绝对值，V；

C——电容量，F。

电容量的单位是法拉，简称法，用字母 F 表示。在实际工作中常用较小单位 μF（微法）和 pF（皮法）。

$$1\ \mu\mathrm{F}=10^{-6}\ \mathrm{F}$$

$$1\ \mathrm{pF}=10^{-6}\qquad \mu\mathrm{F}=10^{-12}\ \mathrm{F}$$

值得注意的是，虽然电容器和电容量都简称电容，也都可以用 C 表示，但电容器是储存电荷的容器，而电容量则是衡量电容器在一定电压下储存电荷能力大小的物理量，两

者不可混淆。

电容器种类繁多，按电介质的不同可分为空气电容器、云母电容器、纸质电容器、陶瓷电容器、涤纶电容器、玻璃釉电容器、电解电容器等；按结构不同又可分为固定电容器、可变电容器和半可变电容器。

2）电容器的连接

（1）电容器的并联。两个或两个以上的电容器接在相同的两点之间的连接方式称为电容器的并联。

并联电容器有以下几个特点：

①每个电容器两端的电压相同并等于外加电压 U，即

$$U=U_1=U_2=\cdots=U_n \tag{2-26}$$

②并联电容器的等效电容器所带电量 Q 等于各并联电容器所带电量之和，即

$$Q=Q_1+Q_2+\cdots+Q_n \tag{2-27}$$

③并联电容器的等效电容量（总容量）C 等于各并联电容的容量之和，即

$$C=C_1+C_2+\cdots+C_n \tag{2-28}$$

因此，在电容量不足的情况下，可用几个电容器并联使用，但最高工作电压不得超过并联电容中额定工作电压的最低值。如 20 μF/300 V 和 20 μF/450 V 两个电容器并联使用时，其等效电容为 40 μF，而最高工作电压为 300 V。

（2）电容器的串联。两个或两个以上的电容器依次相连，中间无分支的连接方式称为电容器的串联。

串联电容器有以下几个特点：

①每个电容器上所带电量都相等并等于电容器串联后的等效电容器上所带的电量 Q，即

$$Q=Q_1=Q_2=\cdots=Q_n \tag{2-29}$$

②串联电容两端的总电压 U 等于每个电容器两端的电压之和，即

$$U=U_1+U_2+\cdots+U_n \tag{2-30}$$

每个串联电容器两端实际分配的电压与电容量成反比，即容量越大的电容器分配的电压越小；容量越小的电容器分配的电压反而越大；容量相等的电容器串联使用时，每个电容器所分配的电压相等。

两个电容 C_1 和 C_2 串联时，其等效电容为

$$C=\frac{C_1C_2}{C_1+C_2} \tag{2-31}$$

串联电容器的等效电容量总是小于其中任一串联电容的电容量。

电容器两端的电压是随着电荷的储存和释放变化的。当电容器中无储存电荷时，其两端的电压为零；当储存的电荷逐渐增加时，其两端的电压逐渐升高，最后等于电源电压；当电容器释放电荷时，其两端的电压逐渐下降，最后为零。

不论电容器储存电荷还是释放电荷，都需要一定时间才能完成。时间的长短只与电容量 C 和电路中的总电阻 R 有关。通常把 $\tau=RC$ 称为电容器充放电的时间常数，若 R 的单位为 Ω（欧姆），C 的单位为 F（法拉），则 τ 的单位就是 s（秒）。一般认为电容器充放电需要 $(3\sim5)\tau$ 的时间就能完成。

当电容器充电结束时，电容器两端虽然仍加有直流电压，但电路中的电流却为零，这说明电容器具有阻隔直流电的作用。若电容器不断充放电，电路中就始终有电流流过，这说明电容器具有能通过交变电流的作用，通常称这种性质为隔直通交。

二、磁场与电磁感应的基本知识

（一）磁场的基本概念和物理量

1. 磁场的基本知识

任何磁体都有两个磁极，而且磁体不论怎样分割总保持两个磁极。通常以S表示磁体的南极（常涂红色），以N表示磁体的北极（常涂绿色或白色）。假若磁体可以任意转动，N极总指向地球的北极，S极总指向地球的南极。这是因为地球也是一个大磁体，地磁北极在地球南极附近，地磁南极在地球北极附近。磁极是磁性最强的地方。磁极间相互作用，同性相斥、异性相吸，磁极间的相互作用力称为磁力。

就像电荷周围存在电场一样，磁体周围也存在磁场。磁场是一种特殊物质，它具有力和能的特性。为了形象地描述磁场，可仿照用电力线来描述电场的方法引入磁力线。磁力线有以下几个特点：

（1）磁力线是互不交叉的闭合曲线；在磁体外部由N极指向S极，在磁体内部由S极指向N极。

（2）磁力线上任意一点的切线方向就是该点的磁场方向（N极的指向）。

（3）磁力线越密磁场越强，磁力线越疏磁场越弱。磁力线均匀分布而又相互平行的区域称为均匀磁场，反之称为非均匀磁场。

2. 电流的磁场

1820年丹麦科学家奥斯特发现在电流周围存在着磁场（俗称电生磁）。通常把电流周围存在磁场的现象称为电流的磁效应。

电流产生的磁场方向可用安培定则来判断，一般分以下两种情况来处理：

（1）直线电流产生的磁场如图2-5a所示，以右手拇指的指向表示电流方向，弯曲四指的指向即为磁场方向。

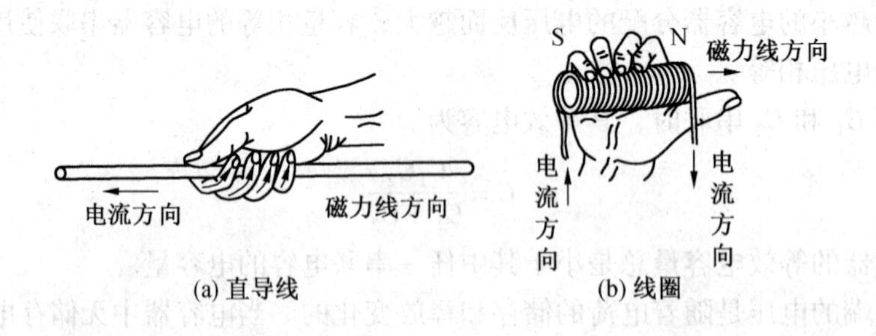

图2-5　通电导体周围磁场方向的判断方法

（2）环形电流产生的磁场如图2-5b所示，以右手弯曲的四指表示电流方向，则拇指所指的方向为磁场方向。

3. 磁场对通电直导体的作用

在蹄形磁铁的两极中悬挂一根直导体并使导体与磁力线垂直，当导体中没有电流流过时，导体静止不动；当电流流过导体时，导体就会向磁体内部移动；若改变电流流向，导体向相反方向移动。通电导体在磁场中移动的原因是受到磁场的作用力，通常把通电导体在磁场中受到的作用力称为电磁力。

电磁力的方向可用左手定则来判断。如图 2－6 所示，平伸左手，使拇指垂直其余四指，手心正对磁场的 N 极，用四指指向表示电流，则拇指的指向就是通电导体的受力方向。

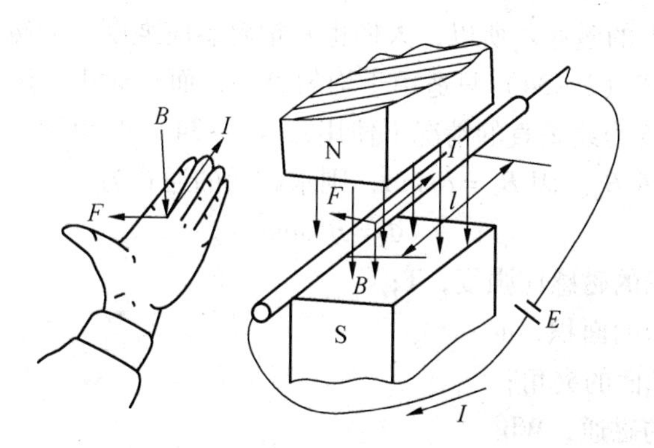

图 2－6 通电导体在磁场中受力方向的判断

4. 磁感应强度

磁感应强度是定量描述磁场中各点强弱和方向的物理量。可用通电导体在磁场中某点受到的电磁力与导体中的电流和导体的有效长度的乘积的比值来表示该点磁场的性质，将其称为该点的磁感应强度 B。其数学表达式为

$$B=\frac{F}{Il} \tag{2-32}$$

式中 B——均匀磁场的磁感应强度，T；

F——通电导体受到的电磁力，N；

I——导体中的电流，A；

l——导体在磁场中的有效长度，即与磁力线垂直的长度，m。

磁感应强度的单位是特斯拉，简称特，用字母 T 表示。1 T 就是长度为 1 m 的直导体，通以 1 A 的电流，在磁场中垂直磁场受到的力为 1 N。

在工程上，磁感应强度的另一个较小单位是高斯，简称高，用字母 G 表示，$1\ \mathrm{T}=10^4\ \mathrm{G}$。

若磁场中各点的磁感应强度大小相等、方向相同，则该磁场称为均匀磁场。

为讨论问题方便，约定用符号“⊕”和“⊙”分别表示电流或磁力线垂直进入和流出纸面的方向。

当已知 B、I 和 l 时，就可求得电磁力。设导体在磁场中的总长度为 l，导体与磁力线间的夹角为 α，则式（2－32）可改写为

$$F=BIl\sin\alpha \tag{2-33}$$

5. 磁通

把描述磁场在某一范围内分布情况的物理量称为磁通，以字母 Φ 表示。磁通是磁感应强度 B 和与它垂直方向的某一截面积 S 的乘积。在均匀磁场中，因 B 为常数，则磁通的数学表达式为

$$\Phi = BS \tag{2-34}$$

磁通的单位是韦伯，简称韦，用字母 Wb 表示。在工程上另一个较小的单位是麦克斯韦，简称麦，用字母 Mx 表示，$1\ \text{Mx} = 10^{-8}\ \text{Wb}$。

为了把磁通、磁感应强度与磁力线密切地联系起来，通常也将通过垂直于磁场方向上某一截面积的磁力线数称为磁通。因而式（2-34）可变为

$$B = \Phi/S \tag{2-35}$$

B 就是单位面积上的磁通。所以，人们也常把磁感应强度称为磁通密度。

特别应该注意，式（2-34）只适用于均匀磁场，而且面积一定要垂直磁力线。在均匀磁场中，面积不与磁力线垂直的情况下使用式（2-34）求 Φ 时，必须先求出与面积垂直的磁感应强度的分量 B_n。因 $B_n = B\sin\alpha$，则求磁通的通式为

$$\Phi = BS\sin\alpha \tag{2-36}$$

式中 B——均匀磁场的磁感应强度，T；

S——在磁场中的面积，m^2；

α——B 与 S 平面的夹角；

Φ——穿过 S 的磁通，Wb。

6. 通电平行导体间的相互作用

在奥斯特发现电流周围存在磁场后，法国物理学家安培发现，在一个电路中的两根平行导体间有作用力，当两根平行导体中的电流方向相同时是吸引力，当电流方向相反时是排斥力。

7. 磁导率与磁场强度

1）磁导率

磁导率是表征媒介质磁化性质的物理量，用字母 μ 表示。对于不同的媒介质，磁导率不同。磁导率的单位是 H/m（亨/米），即 V · s/A（伏特 · 秒/安培）。由于亨利这个单位过大，通常采用 mH（毫亨）和 μH（微亨），它们之间换算关系如下：

$$1\ \text{mH} = 0.001\ \text{H}$$

$$1\ \mu\text{H} = 0.000001\ \text{H}$$

我们把任一媒介质的磁导率与真空中磁导率的比值称为相对磁导率，用字母 μ_r 表示。则

$$\mu_r = \mu/\mu_0 \tag{2-37}$$

相对磁导率是一个比值，无单位。它的物理意义是，在其他条件相同的情况下，媒介质中的磁感应强度是真空中的多少倍。

自然界中绝大多数的物质对磁感应强度的影响甚微。根据各种物质磁导率的大小，可把物质分为三类：第一类为反磁物质，它们的相对磁导率略小于 1，如铜、银等；第二类为顺磁物质，它们的相对磁导率稍大于 1，如空气、锡、铝等；第三类为铁磁物质，它们的相对磁导率远大于 1，如铁、镍、钴及其合金等。

2）磁场强度

磁场强度的大小等于磁场中某点的磁感应强度 B 与媒介质磁导率 μ 的比值，即

$$H = B/\mu \tag{2-38}$$

磁场强度的数学表达式为

$$H = \frac{NI}{l} \tag{2-39}$$

磁场强度的单位是 A/m（安/米）。磁场强度也是一个矢量，它的方向与所在点的磁感应强度方向一致。

（二）电磁感应

变动磁场在导体中引起电动势的现象称为电磁感应，也称动磁生电。由电磁感应引起的电动势称为感应电动势；由感应电动势引起的电流称为感应电流。

1. 直导体中产生的感应电动势

直导体中产生的感应电动势的大小为

$$e = Bvl\sin\alpha \tag{2-40}$$

若 B 的单位为 Wb/m^2（韦伯/米²），v 的单位为 m/s（米/秒），l 的单位为 m（米），则 e 的单位为 V（伏特）。α 为直导体与磁力线的夹角，当夹角为 90°时，$\sin\alpha = 1$。

直导体中产生的感应电动势方向可用右手定则判断，右手定则如图 2－7 所示。平伸右手，拇指与其余四指垂直，让掌心正对磁场 N 极，以拇指指向表示导体的运动方向，则其余四指的指向就是感应电动势的方向。

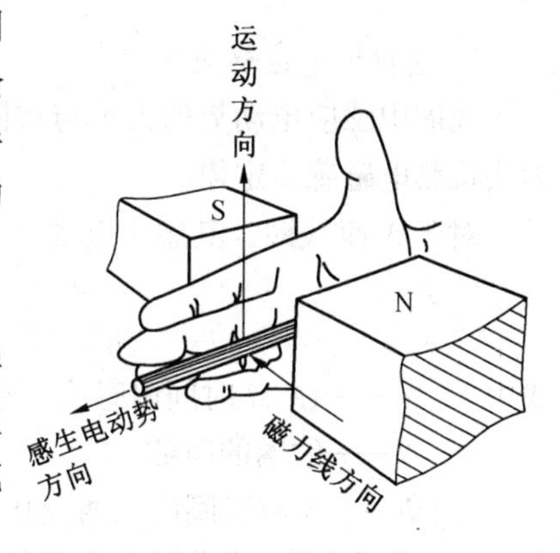

图 2－7 右手定则

2. 楞次定律

导体中产生感应电动势和感应电流的条件是：导体相对于磁场做切割磁力线运动或线圈中的磁通发生变化时，导体或线圈中就产生感应电动势；若导体或线圈是闭合电路的一部分，就会产生感应电流。

感应电流产生的磁场总是阻碍原磁场的变化。也就是说，当线圈中的磁通要增加时，感应电流就要产生一个磁场去阻碍它增加；当线圈中的磁通要减少时，感应电流所产生的磁场将阻碍它减少。这个规律是楞次于 1834 年首先发现的，所以称为楞次定律。

楞次定律提供了一个判断感应电动势或感应电流方向的方法，具体步骤如下：

（1）首先判定原磁通的方向及其变化趋势（增加还是减少）。

（2）根据感应电流的磁场（俗称感生磁场）方向永远和原磁通变化趋势相反的原则，确定感应电流的磁场方向。

（3）根据感生磁场的方向，用安培定则就可判断出感应电动势或感应电流的方向。应当注意的是，必须把线圈或导体看成一个电源。在线圈或直导体内部，感应电流从电源的“－”端流到“＋”端；在线圈或直导体外部，感应电流由电源的“＋”端经负载流回“－”端。因此，在线圈或导体内部感应电流的方向永远和感应电动势的方向相同。

在图 2－8a 中，当把磁铁插入线圈时，线圈中的磁通将增加。根据楞次定律，感应电流的磁场应阻碍磁通的增加，则线圈的感应电流产生的磁场方向为上 N 下 S。再根据安培定则可判断出感应电流由左端流入检流计。当磁铁拔出线圈时，如图 2－8b 所示，用同样的方法可判断出感应电流由右端流入检流计。

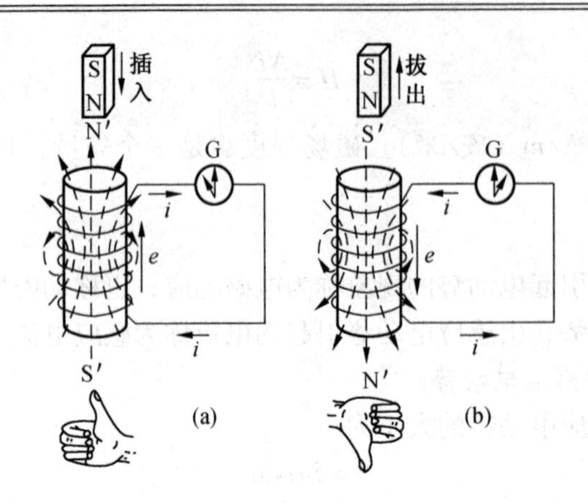

图 2-8　磁铁插入和拔出线圈时感应电流方向

3. 法拉第电磁感应定律

线圈中感应电动势的大小与线圈中磁通的变化速度（变化率）成正比。这个规律称为法拉第电磁感应定律。

对于 N 匝线圈，其感应电动势为

$$e = -\frac{N\Delta\Phi}{\Delta t} \tag{2-41}$$

式中　e——在 Δt 时间内感应电动势的平均值，V；

N——线圈的匝数；

$\Delta\Phi$——N 匝线圈的磁通变化量，Wb；

Δt——磁通变化 $\Delta\Phi$ 需要的时间，s。

式（2-41）中的负号表示感生电动势的方向与磁通变化的趋势相反。

4. 自感

流过线圈本身的电流发生变化而引起的电磁感应称为自感现象，简称自感。由自感产生的感应电动势称为自感电动势，用 e_L 表示。自感电流用 i_L 表示。

把线圈中每通过单位电流所产生的自感磁通数称为自感系数，也称电感量，简称电感，由 L 表示。其数学表达式为

$$L = \Phi / i \tag{2-42}$$

式中　Φ——流过线圈的电流所产生的自感磁通，Wb；

i——流过线圈的电流，A；

L——电感，H。

电感是衡量线圈产生自感磁通本领大小的物理量。如果一个线圈中通过 1 A 电流，能产生 1 Wb 的自感磁通，则该线圈的电感为 1 H。在电子技术中，常用的单位为 H（亨利）、mH（毫亨）和 μH（微亨）。它们之间的换算关系如下：

$$1\ \text{H} = 10^3\ \text{mH}$$

$$1\ \text{mH} = 10^3\ \mu\text{H}$$

线性电感中的自感电动势为

$$e_L = -L\frac{\Delta i}{\Delta t} \tag{2-43}$$

式中，$\Delta i/\Delta t$ 为电流的变化率，单位是 A/s（安/秒），负号表示自感电动势的方向与外电流的变化趋势相反。

5. 互感

把两个线圈之间的电磁感应称为互感现象，简称互感。由互感产生的感应电动势称为互感电动势。

这种绕向一致、感应电动势的极性始终保持一致的端点称为同名端，反之称为异名端。一般用符号“·”表示同名端。

三、交流电路的基本知识

（一）单相正弦交流电

1. 交流电的基本概念

1）交流电

交流电是指大小和方向都随时间发生周期性变化的电动势或电压、电流。也就是说，交流电是交变电动势、交变电压和交变电流的总称。交流电分为正弦交流电和非正弦交流电两大类。按正弦规律变化的交流电称为正弦交流电，不按正弦规律变化的交流电称为非正弦交流电。

2）正弦电动势的产生

正弦电动势通常用交流发电机产生。图 2－9a 所示为交流发电机的示意图。在静止不动的磁极间装有能转动的圆柱形铁心，铁心上紧绕着线圈 $aa'b'b$。线圈的两端分别连接着两个彼此绝缘的铜环 C，铜环又通过电刷 A、B 与外电路相接。当线圈在磁场中沿逆时针方向旋转时，线圈中就产生感生电动势。为获得正弦交流电，磁极被设计成特殊形状，如图 2－9b 所示。在磁极中心处磁感应强度最强，在中心两侧磁感应强度按正弦规律逐渐减小，在磁极分接口 aa' 磁感应强度正好为零（磁感应强度为零的面称为中性面）。这样，不仅铁心表面的磁感应强度按正弦规律分布，而且磁感应强度的方向总是处处与铁心表面垂直。若磁极中心处的磁感应强度为 B_m，线圈平面与中性面的夹角为 α，若切割磁力线的线圈有 N 匝，则线圈中的感生电动势为

$$e = NB_m vl\sin\alpha = E_m\sin\alpha$$

某波形如图 2－9c 所示。

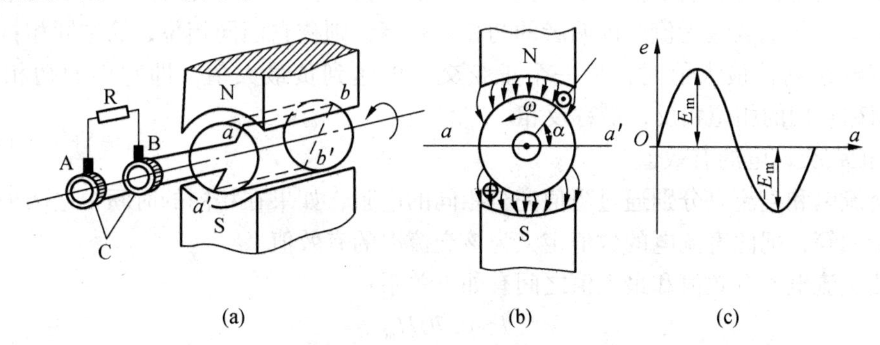

图 2－9　正弦交流发电机示意图及正弦交流电动势波形

3）正弦交流电的基本特征和三要素

（1）瞬时值。正弦交流电是随时间按正弦规律变化的，某时刻的数值不一定和其他时刻的数值相同。任意时刻正弦交流电的数值称为瞬时值，分别用字母 e、u 和 i 表示。

（2）最大值。最大的瞬时值称为最大值（或峰值、振幅）。正弦交流电动势、电压和电流的最大值分别用字母 E_m、U_m、I_m 表示。最大值虽然有正有负，但习惯上最大值都以绝对值表示。

（3）周期、频率、角频率和初相角。

周期：交流电每变化一次所需的时间称为周期，用字母 T 表示，单位是秒，用字母 s 表示。比秒小的常用单位有 ms（毫秒）、μs（微秒）和 ns（纳秒），其换算关系如下：

$$1\ \mathrm{ms}=10^{-3}\ \mathrm{s}$$
$$1\ \mu\mathrm{s}=10^{-6}\ \mathrm{s}$$
$$1\ \mathrm{ns}=10^{-9}\ \mathrm{s}$$

频率：交流电 1 s 内变化的次数称为频率，用字母 f 表示。其单位是赫兹，简称赫，用字母 Hz 表示。如果某交流电在 1 s 内变化了 1 次，就称该交流电的频率是 1 Hz。比赫兹大的常用单位是 kHz（千赫）和 MHz（兆赫），其换算关系如下：

$$1\ \mathrm{kHz}=10^{3}\ \mathrm{Hz}$$
$$1\ \mathrm{MHz}=10^{6}\ \mathrm{Hz}$$

根据周期和频率的定义可知，周期和频率互为倒数，即

$$f=1/T \quad 或 \quad T=1/f$$

角频率：角频率（电角速度）是指交流电在 1 s 内变化的电角度，用字母 ω 表示，单位是 rad/s（弧度/秒）。如果交流电在 1 s 内变化了 1 次，则电角度正好变化了 2π 弧度。角频率与频率的关系为

$$\omega=2\pi f$$

初相角：通常把正弦交流电在任意时刻的电角称为相位角，也称相位或相角；而把线圈刚开始转动瞬时（$t=0$ 时）的相位角称为初相角，也称初相位或初相。

当正弦交流电的最大值、角频率（或频率或周期）和初相角确定时，正弦交流电才能被确定。也就是说这三个量是正弦交流电必不可少的要素，所以称它们为三要素。

4）正弦交流电的相位差

同频率正弦交流电的相位差实质上就是它们的初相角之差。如果一个正弦交流电比另一个正弦交流电提前达到零值或最大值，则称前者为超前，称后者为滞后。若两个正弦交流电同时达到零值或最大值，即两者的初相角相等，则称它们同相位，简称同相；若一个正弦交流电达到正最大值时，另一个正弦交流电达到负最大值，即它们的初相角相差 180°，则称它们的相位相反，简称反相。

5）正弦交流电的有效值

让交流电和直流电分别通过阻值完全相同的电阻，如果在相同的时间中这两种电流产生的热量相等，把此直流电的数值定义为该交流电的有效值。

正弦交流电的有效值和最大值之间有如下关系：

$$I\approx0.707I_m$$
$$U\approx0.707U_m$$

$$E \approx 0.707E_m$$

一般交流电表测出的数值都是有效值，灯泡、电器、仪表上标注的交流电压、电流数值也都是有效值。有效值不随时间变化。

2. 纯电阻电路

由白炽灯、电烙铁、电阻器等组成的交流电路都可近似看成是纯电阻电路，如图2-10a所示。因为这些电路中，当外加电压一定时，影响电流大小的主要因素是电阻。

1）电流与电压的关系

其有效值表达式为

$$I = U_R/R \tag{2-44}$$

电流与电压的频率和相位相同，相量图如图2-10b所示。电流与电压的数量关系仍符合欧姆定律。

2）功率

由于电阻两端的电压和电阻中的电流都在不断变化，所以电阻消耗的功率也在不断变化。电压瞬时值 u_R 和电流瞬时值 i_R 的乘积称为瞬时功率，即

$$P = u_R i_R \tag{2-45}$$

瞬时功率曲线如图2-11所示。由于瞬时功率的测量和计算都不方便，通常用电阻在交流电一个周期内消耗的功率来表示功率的大小，称为平均功率。

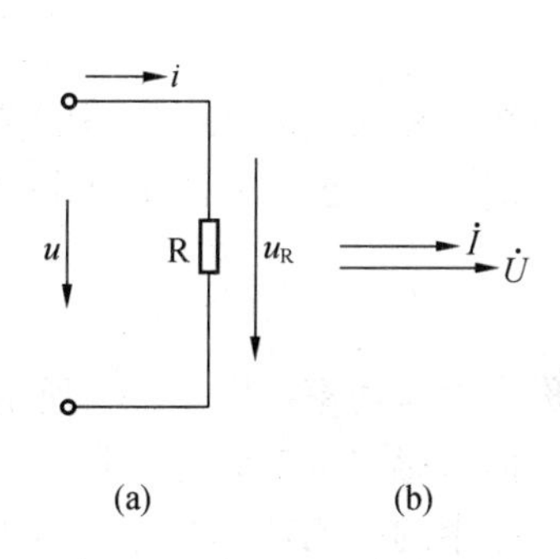

图2-10 纯电阻电路及相量图

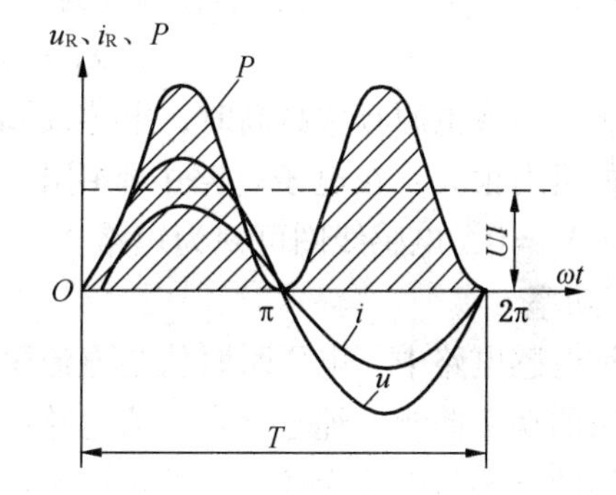

图2-11 纯电阻电路中的电压电流及功率曲线

从做功的角度又把平均功率称为有功功率，简称功率，以 P 表示，单位为W（瓦）。经数学证明，有功功率等于最大瞬时功率的1/2，即

$$P = 0.5U_m I_m = U_R I = I^2 R = \frac{U_R^2}{R} \tag{2-46}$$

式中 P——有功功率，W；

U_R——加在电阻两端的交流电压有效值，V；

I——流过电阻的交流电流有效值，A；

R——用电器的电阻值，Ω。

3. 纯电感电路

由直流电阻很小的电感线圈组成的交流电路都可近似看成纯电感电路，如图2-12所示。

1）电流与电压的相位关系

纯电感电路的电压总是超前电流 90°，而自感电动势总是滞后电流 90°，如图 2－13 所示。

纯电感电路电流与电压的频率相同，其数量关系为

$$U_L = \omega LI \tag{2-47}$$

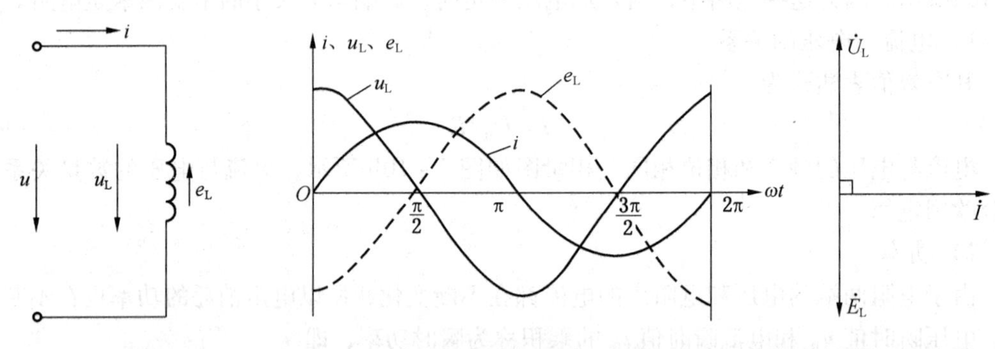

图 2－12　纯电感电路　　图 2－13　纯电感电路中电流、电压、自感电动势的变化曲线及相量图

2）感抗

对比纯电阻电路的欧姆定律可知，ωL 和电阻 R 相当，表示电感对交流电的阻碍作用，称为感抗，用 X_L 表示。其数学表达式为

$$X_L = \omega L = 2\pi fL \tag{2-48}$$

电感越大或电源频率越高时，电感线圈对电流的阻碍作用越大。因此，电感线圈对高频电流的阻力很大，在电子电路中常用电感线圈来阻止交流电通过；对直流电来说，因 $f=0$，则 $X_L=0$，电感线圈可视为短路。

3）功率

在纯电感电路中，电压瞬时值与电流瞬时值的乘积称为瞬时功率。图 2－14 所示为纯电感电路的功率曲线。纯电感在交流电路中不消耗电能，但电感与电源间却进行着能量交换。不同的电感与电源交换能量的规模不同，但纯电感电路中的平均功率为零，不能反映这种能量交换的规模。

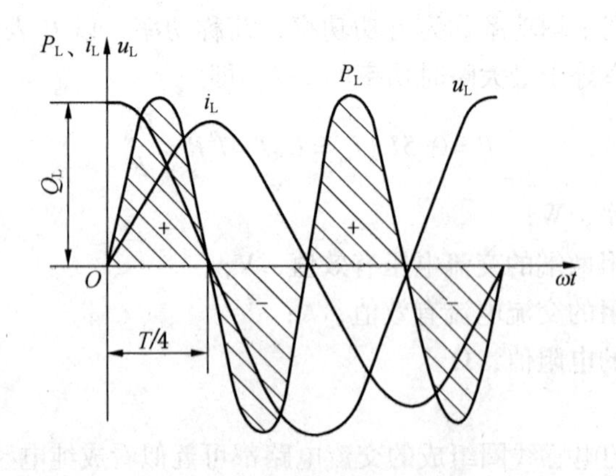

图 2－14　纯电感电路的功率曲线

通常人们用瞬时功率的最大值来反映纯电感电路中的能量交换规模，并把它称为电路的无功功率，用 Q_L 表示。为与有功功率区分，无功功率的单位用 var（乏尔）表示，简称乏。常用单位为 kvar（千乏），1 kvar = 10^3 var。无功功率的数学表达式为

$$Q_L = U_L I = I^2 X_L = \frac{U_L^2}{X_L} \tag{2-49}$$

必须指出，“无功”的含义是“交换”而不是“消耗”，它是相对“有功”而言的，决不能理解为“无用”。

4. 纯电容电路

由介质损耗很小、绝缘电阻很大的电容器组成的交流电路都可近似看成是纯电容电路，如图 2－15a 所示。其电流、电压曲线和它们的相量图如图 2－15b 所示。

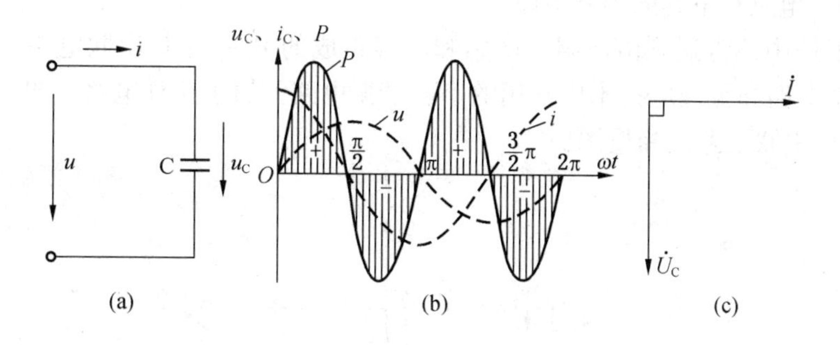

图 2－15 纯电容电路及有关物理量的曲线和相量图

1）电流与电压的相位关系

纯电容电路中的电流超前电压 90°，电流与电压的频率相同，其数量关系为

$$U_C = \frac{I}{2\pi fC} \tag{2-50}$$

2）容抗

电容器对交流电的阻碍作用称为容抗，用 X_C 表示。容抗与电容量及电源的频率成反比，即

$$X_C = \frac{1}{\omega C} = \frac{1}{2\pi fC} \tag{2-51}$$

3）功率

纯电容电路的平均功率为零。但是电容器与电源间进行着能量交换，与纯电感电路一样，瞬时功率的最大值被定义为电路的无功功率，用来表示电容器与电源交换能量的规模。无功功率的数学表达式为

$$Q_C = U_C I = I^2 X_C = \frac{U_C^2}{X_C} \tag{2-52}$$

5. 电阻、电感和电容的串联电路

1）视在功率

电路两端的电压与电流有效值的乘积称为视在功率，用 S 表示。其数学表达式为

$$S = UI \tag{2-53}$$

它表示电源提供的总功率，即表示交流电源的容量大小。为区别有功功率和无功功率，视在功率的单位常用 V · A（伏安）或 kV · A（千伏安），两者间的换算关系为

$$1\ \text{kV} \cdot \text{A} = 1000\ \text{V} \cdot \text{A}$$

2）功率因数

电源提供的功率不能被感性负载完全吸收，这样就存在电源功率的利用率问题。为了反映这种利用率，通常把有功功率与视在功率的比值称为功率因数，即

$$\cos\varphi = P/S \tag{2-54}$$

功率因数大说明电路中用电设备的有功功率大，电源输出功率的利用率就高，这是人们所希望的。但工厂中的用电设备（如交流电动机等）多数是感性负载，功率因数往往较低。

3）电阻、电感和电容的串联电路

在实际工作中还常遇到由电阻、电感和电容组成的 R－L－C 串联电路。如供电系统中的串联补偿电路和无线电技术中常用的串联谐振电路就属于这种电路。图 2－16 所示为一般 R、L、C 串联电路及相量图。

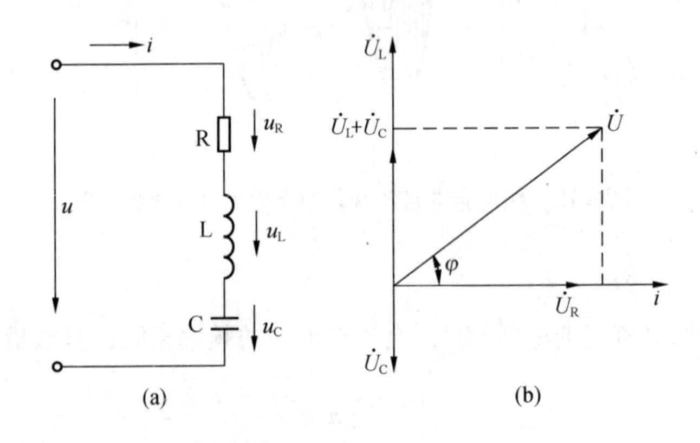

图 2－16　R－L－C 串联电路及相量图

由图 2－16 可以看出，总电压 $\dot{U}$ 和相量 $\dot{U}_L + \dot{U}_C$ 与 $\dot{U}_R$ 也组成一个直角三角形。于是，通过这个电压三角形就可求得总电压的数值为

$$U = \sqrt{U_R^2 + (U_L - U_C)^2} \tag{2-55}$$

将 $U_R = IR$、$U_L = IX_L$ 及 $U_C = IX_C$ 代入式（2－55）得

$$U = I\sqrt{R^2 + (X_L - X_C)^2} = IZ \tag{2-56}$$

$$Z = \sqrt{R^2 + (X_L - X_C)^2} = \sqrt{R^2 + X^2} \tag{2-57}$$

式中　Z——R－L－C 串联电路的总阻抗，Ω；

　　X——电抗，在数值上等于 $X_L - X_C$，Ω。

电路的有功功率 P、无功功率 Q 及视在功率 S 分别为

$$P = U_R I = S\cos\varphi \tag{2-58}$$

$$Q = Q_L - Q_C = (U_L - U_C) = S\sin\varphi \tag{2-59}$$

$$S = UI = \sqrt{R^2 + Q^2} \tag{2-60}$$

总电压与电流的相位差可根据图来确定，得

$$\tan\varphi=\frac{U_L-U_C}{U_R}=\frac{X_L-X_C}{R} \quad (2-61)$$

$$\varphi=\frac{\arctan(U_L-U_C)}{U_R}=\frac{\arctan(X_L-X_C)}{R} \quad (2-62)$$

总电压与电流的相位差的大小取决于 X_L、X_C 与 R 的大小；正负则取决于 X_L 与 X_C 的大小。下面分三种情况来讨论：

（1）当 $X_L>X_C$ 时，因 $\tan\varphi>0$，则 $\varphi>O$，这时总电压 U 超前电流 I，电路呈感性。

（2）当 $X_L<X_C$ 时，因 $\tan\varphi<0$，则 $\varphi<0$，这时总电压 U 滞后电流 I，电路呈容性。

（3）当 $X_L=X_C$ 时，因 $\tan\varphi=0$，则 $\varphi=0$，这时总电压 U 与电流 I 同相位，电路中的电抗为零，电路呈电阻性。这是一种特殊情况，通常称为串联谐振。

6. 串联谐振

在 R－L－C 串联电路中，电路两端电压与电流同相位的现象称为串联谐振。

从上述对 R－L－C 串联电路的讨论可知，电路发生谐振的条件是 $X_L=X_C$，即

$$2\pi fL=\frac{1}{2\pi fC}$$

根据谐振条件，可得谐振频率 f_0 为

$$f_0=\frac{1}{2\pi\sqrt{LC}} \quad 或 \quad \omega_0=\frac{1}{\sqrt{LC}}$$

上式的物理意义是，当电路参数 L、C、R 一定时，若电源频率满足上式关系，电路就会发生谐振。当电源频率一定时，要使电路发生谐振就必须调整 L 或 C 的大小。通常收音机的输入电路，就是通过改变 C 的大小，来选择不同电台的串联谐振电路。

串联谐振电路有以下几个特点：

（1）阻抗最小且呈电阻性。谐振时的阻抗为 $Z_0=R$。

（2）电路中的电流最大并与电压同相。谐振电流 $I_0=U/R$。

（3）电感与电容两端的电压相等，相位相反。其数值是总电压的 Q 倍。

$$U_L=U_C=I_0X_L=\frac{UX_L}{R}=\frac{UX_C}{R}=QU \quad (2-63)$$

$$Q=\frac{X_L}{R}=\frac{X_C}{R}=\frac{2\pi f_0L}{R}=\frac{1}{2\pi f_0CR} \quad (2-64)$$

式（2－63）中的 Q 称为电路的品质因数。由于一般串联谐振电路的 R 很小，所以 Q 值总大于 1，其数量约为几十。由于谐振时电感或电容两端的电压可比总电压高 Q 倍，所以常把串联谐振称为电压谐振。谐振时 $U_L=U_C$，说明电源只提供电阻消耗的电能，电路与电源间不再发生能量交换，但电感和电容间却进行着磁能和电场能的转换。

7. 提高功率因数的意义

我们知道，对于每个供电设备（如发电机、变压器）来说都有额定容量，即视在功率。在正常工作时是不允许超过额定值的，否则极易损坏供电设备。在有感性和容性负载时，供电设备输出的总功率中既有有功功率又有无功功率。由 $P=S\cos\varphi$ 知，当 S 一定时，功率因数 $\cos\varphi$ 越低，有功功率就越小，无功功率的比重自然就大，说明电源提供的总功

率被负载利用的部分就越少。当电源电压 U 和负载的有功功率 P 一定时，功率因数 $\cos\varphi$ 越低，电源提供的电流就越大。又由于供电线路总具有一定电阻，当电流越大时线路上的电压降就越大，不仅会使电能白白地消耗在线路上，还会使负载两端的电压降低，影响负载正常工作。

提高功率因数是必要的，其目的是提高电源功率的利用率和输电效率。

8. 简单的并联电路

1）并联补偿电路

采用并联补偿电路来提高功率因数，并联电容称为补偿电容。

若已知有功功率 P、电源电压 U、频率 f 以及并联电容前后的功率因数 $\cos\varphi_1$ 和 $\cos\varphi$，则其并联电容为

$$C=\frac{P(\tan\varphi_1-\tan\varphi)}{2\pi fU^2} \tag{2-65}$$

并联电容器的容量为

$$Q=P(\tan\varphi_1-\tan\varphi) \tag{2-66}$$

2）并联谐振

并联谐振电路的谐振频率为

$$f_0\approx\frac{1}{2\pi\sqrt{LC}} \tag{2-67}$$

并联谐振具有以下特点：

（1）电路的阻抗最大且为电阻性，其大小等于感抗或容抗的 Q 倍，即

$$Z_0=QX_L=QX_C \tag{2-68}$$

式中，$Q=\frac{X_L}{R}=\frac{X_C}{R}$，为电路的品质因数。

（2）电路中的总电流最小，其大小为

$$I_0=\frac{U}{Z_0}=\frac{U}{QX_L}=\frac{U}{QX_C} \tag{2-69}$$

（3）电感支路和电容支路的电流方向相反、大小近似相等且为总电流的 Q 倍，即

$$I_L=I_C=\frac{U}{X_L}=\frac{QI_0X_L}{X_L}=QI_0 \tag{2-70}$$

由于谐振时支路电流比总电流大 Q 倍，所以并联谐振又称为电流谐振。并联谐振电路主要用来构成振荡器和选频器等。

（二）三相正弦交流电

最大值相等、频率相同、相位互差 120°的三个正弦交流电动势称为三相对称电动势。由三相对称电动势组成的电源称为三相对称交流电源，每一个电动势便是电源的一相。

三相制的供电系统在输电距离、输送功率、功率因数、电压损失和功率损失都相同的条件下比单相输电经济，大大节约了有色金属的消耗；三相电动机的性能也比单相好，结构简单，便于维护，所以得到广泛应用。

1. 三相电动势的产生

图 2-17a 所示为最简单的三相交流发电机的构造，在转子上放置 3 个完全相同的绕

组 UX、VY、WZ。U、V、W 代表各相绕组的首端，称为相头；X、Y、Z 代表各绕组的末端，称为相尾。三绕组在空间彼此相隔 120°，当转子在按正弦分布的磁场中以恒定速度旋转时，根据电磁感应原理，在 3 个绕组中会产生三相对称的正弦电动势，其表达式为

$$
\begin{aligned}
e_{\mathrm{U}} &= E_{\mathrm{m}}\sin\omega t \\
e_{\mathrm{V}} &= E_{\mathrm{m}}\sin(\omega t - 120°) \\
e_{\mathrm{W}} &= E_{\mathrm{m}}\sin(\omega t + 120°)
\end{aligned}
\tag{2-71}
$$

图 2-17b、图 2-17c 所示为三相对称正弦电动势的波形图和相量图。

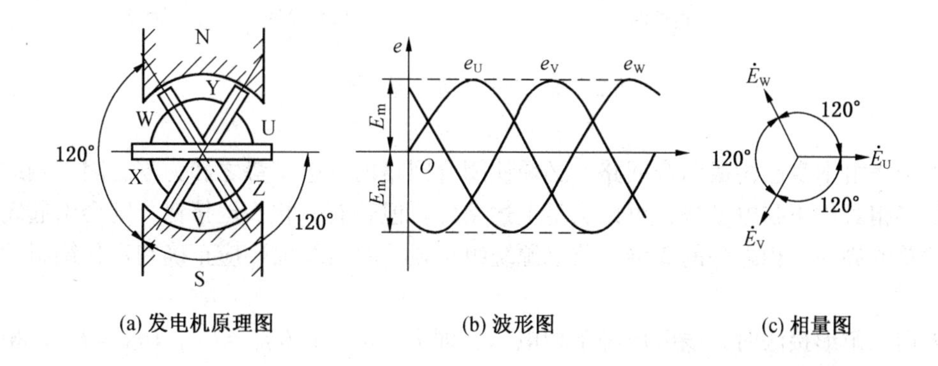

(a) 发电机原理图 (b) 波形图 (c) 相量图

图 2-17 三相交流电

三相电动势或电流量最大值出现的次序称为相序。在三相电源中，每相绕组的电动势称为相电动势，每相绕组两端的电压为相电压。通常，规定从始端指向末端为电压的正方向。

2. 三相电源的连接

通常把三相电源（包括发电机和变压器）的三相绕组接成星形或三角形向外供电。

1）三相电源星形连接

把三相绕组的末端 X、Y、Z 连到一起，从首端 U、V、W 引出连接负载的导线，如图 2-18a 所示，称为星形连接。

三相绕组末端结点称为电源的中性点，以字母 O 表示，引出的导线称为中线，又称零线，当中线接地时又称地线。每相引出的导线称为相线，俗称火线。有中线的本相供电方式称为三相四线制。不引出中线的三相供电方式称为三相三线制。

相线与中线间的电压称为相电压，其瞬时值和有效值分别用 u_{U}、u_{V}、u_{w} 和 U_{U}、U_{V}、U_{W} 表示。任意两相线间的电压称为线电压，其瞬时值和有效值分别用 u_{UV}、u_{VW}、u_{WU}、U_{UV}、U_{VW}、U_{WU} 表示。

用相量法分析可得：线电压超前于所对应的相电压 30°，在数值上线电压是相电压的 $\sqrt{3}$ 倍，当相电压是对称的，则线电压也是对称时，如图 2-18b 所示。

2）三相电源的三角形连接

将一相绕组的末端与相邻一相绕组的首端依次连接，组成一封闭的三角形，再从三首端 U、V、W 引出 3 根端线，如图 2-19a 所示，称为三角形连接（△）。

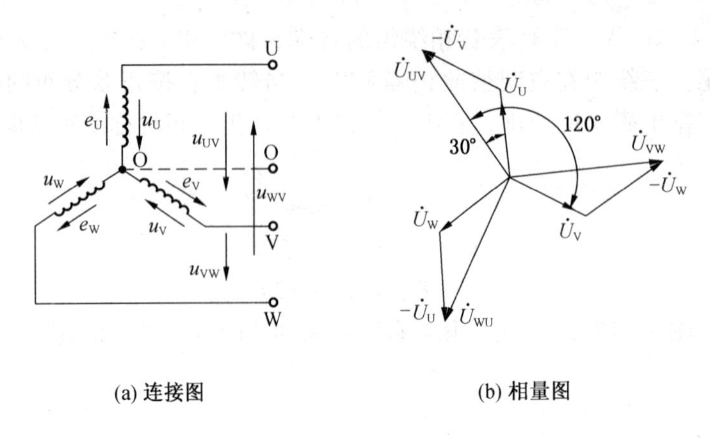

(a) 连接图　　(b) 相量图

图 2－18　三相电源的星形连接

由于绕组本身已构成闭合回路，必须使闭合回路内的电动势之和为零。因三相绕组产生的是三相对称正弦电动势，可以满足上述条件。但若有一相头尾接错，则会引起闭合回路中的总电势为一相电势的 2 倍，致电源绕组烧毁。故接线前，应正确判定各绕组的首末端。

采用三角形接法时，线电压等于相电压，即 $U_{UV}=U_U$，$U_{VW}=U_V$，$U_{WU}=U_W$，相量图如图2－19b 所示。

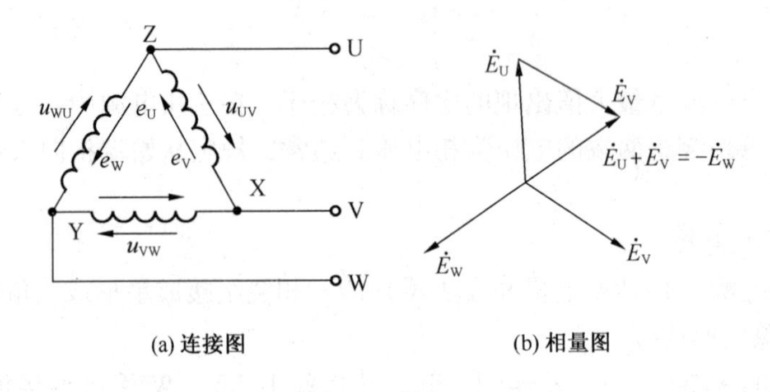

(a) 连接图　　(b) 相量图

图 2－19　三相电源的三角连接

3. 三相负载的连接

三相负载的连接也有星形连接和三角形连接两种。

1）三相负载的星形连接

把三相负载分别接在三相电源的端线和中线之间的接法称为三相负载的星形连接，如图 2－20 所示。

在三相负载的星形连接中，由于每相负载都串接在端线上，所以线电流就等于相电流，而线电压是相电压的$\sqrt{3}$倍，即

$$I_{线}=I_{相},U_{线}=\sqrt{3}U_{相} \tag{2-72}$$

2）三相负载的三角形连接

若把三相负载分别接在三相电源的两根端线之间的接法称为三相负载的三角形连接，如图 2－21 所示。

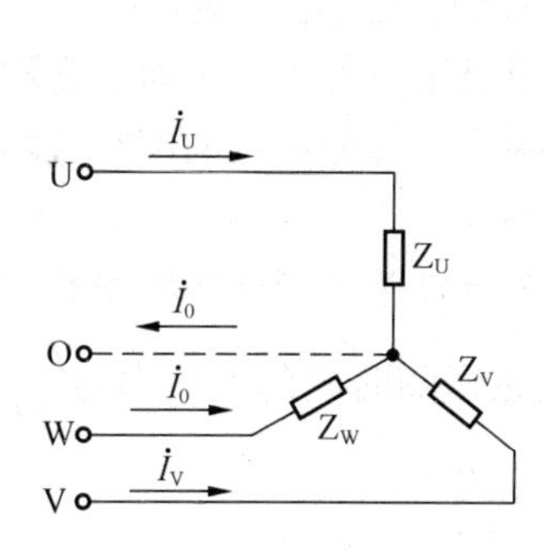

图 2－20 三相负载的星形接法

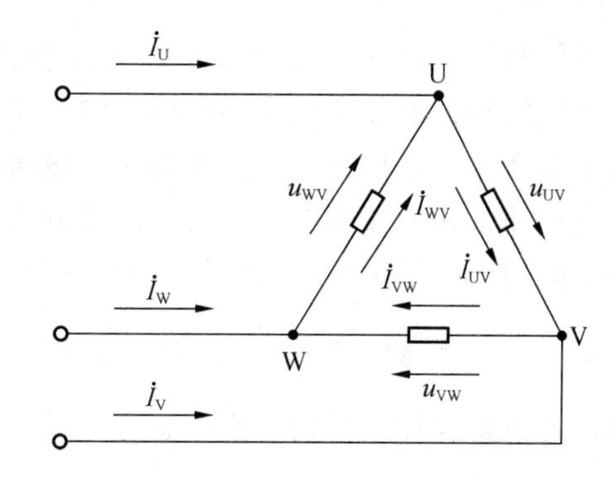

图 2－21 三角负载的三角形接法

三角形连接的对称负载，线电流与相电流、线电压与相电压的数相关系为

$$I_{线}=\sqrt{3}I_{相} \quad (2-73)$$

线电流总是滞后与之对应的相电流 30°。

负载为三角形连接时，其相电压是星形连接时的$\sqrt{3}$倍。因此，三相负载接到三相电源中，选择三角形（△）连接还是星形（Y）连接，要根据三相负载的额定电压而定。若各相负载的额定电压等于电源的线电压，则应选择△形连接；若各相负载的额定电压是电源线电压的$\frac{1}{\sqrt{3}}$倍，则应选择 Y 形连接。

4. 三相对称负载的电功率

对称负载不论是 Y 形连接还是△形连接，其有功功率均为

$$P=\sqrt{3}U_{线}\ I_{线}\cos\varphi \quad (2-74)$$

△形连接时的功率为 Y 形连接时的 3 倍，即

$$P_{\triangle}=3P_{Y}$$

对称三相负载的无功功率和视在功率的数学表达式为

$$Q=\sqrt{3}U_{线}\ I_{线}\sin\varphi \quad (2-75)$$

$$S=\sqrt{3}U_{线}\ I_{线}=\sqrt{P^2+Q^2} \quad (2-76)$$

四、变压器与电动机基本知识

（一）变压器

1. 变压器及其用途

变压器是一种静止的电气设备，它能把某一数值的交变电压变换为频率相同而大小不同的交变电压。

变压器除了能改变交变电压外，还可以改变交变电流（如电流互感器）、变换阻抗（如电子电路中的输入、输出变压器）以及改变相位（如脉冲变压器）等。

2. 变压器变压原理

图 2－22 所示为变压器的工作原理。

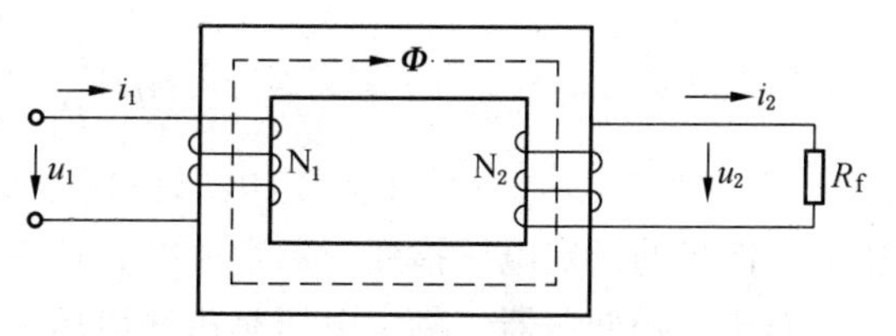

图 2－22 变压器的工作原理

当变压器的初级绕组接入交变电压 u_1 时，在初级绕组中便有交变电流流过，产生交变磁通。该磁通的绝大部分都被铁心束缚，同时穿过初、次级绕组，称为主磁通，它随电源频率的变化而变化。在初级绕组产生的交变磁通中，还有很少一部分通过周围空气闭合，称为漏磁通。通常漏磁通很小，为讨论问题方便将其忽略不计。

当主磁通同时穿过初、次级绕组时，就在两个绕组中分别产生与电源频率相同的感应电动势 e_1 和 e_2。设初、次级的匝数分别为 N_1 和 N_2，主磁通随时间的变化率为 $\frac{\Delta\Phi}{\Delta t}$，则由法拉第电磁感应定律可得初、次级感应电动势的数学表达式为

$$e_1 = -N_1\frac{\Delta\Phi}{\Delta t} \tag{2-77}$$

$$e_2 = -N_2\frac{\Delta\Phi}{\Delta t} \tag{2-78}$$

当忽略初、次级绕组的直流电阻和漏磁通时，感应电压就等于感应电动势，但相位相反，即

$$u_1 = -e_1 = N_1\frac{\Delta\Phi}{\Delta t} \tag{2-79}$$

$$u_2 = -e_2 = N_2\frac{\Delta\Phi}{\Delta t} \tag{2-80}$$

当只讨论各量的数量关系时，可以得到

$$\frac{U_1}{U_2} = \frac{N_1}{N_2} = K_u \tag{2-81}$$

式中　U_1——初级交变电压的有效值，V；

U_2——次级交变电压的有效值，V；

N_1——初级绕组的匝数；

N_2——次级绕组的匝数；

K_u——初、次级的电压比或称匝数比，简称变比。

变压器初、次级绕组的电压比等于它们的匝数比。当 $K_u>1$ 时，$N_1>N_2$、$U_1>U_2$，这种变压器称为降压变压器。当 $K_u<1$ 时，$N_1<N_2$、$U_1<U_2$，这种变压器称为升压变压器。

变压器工作时初、次级电流与初、次级的电压或匝数成反比。

$$\frac{I_1}{I_2} = \frac{U_2}{U_1} = \frac{N_2}{N_1} = \frac{1}{K_u} \tag{2-82}$$

3. 变压器的参数

（1）变压器的效率：指变压器输出功率 P_2 与输入功率 P_1 之比的百分数，即

$$\eta = \frac{P_2}{P_1}\times 100\% \tag{2-83}$$

（2）额定电压：初级的额定电压指根据变压器所用绝缘材料的绝缘等级而规定的电压值；次级的额定电压指变压器空载时，初级加上额定电压后次级两端的电压值。

对于三相变压器，额定电压是指线电压。

（3）额定电流：指在变压器允许温升的条件下规定的满载电流值，单位为安。对于

三相变压器，额定电流指线电流。

（4）额定容量：指变压器允许传递的最大功率，一般用视在功率表示。

（5）温升：指变压器在额定运行时允许超出周围环境温度的数值。它取决于变压器所用绝缘材料的等级。

（二）三相笼型异步电动机

1. 电动机的用途和分类

电动机是一种将电能转换成机械能并输出机械转矩的动力设备。一般电动机分为直流电动机和交流电动机两大类。交流电动机按所使用的电源相数分为单相电动机和三相电动机两种。其中，三相电动机又分同步和异步式两种；异步式电动机按转子结构还分绕线型和笼型两种。

2. 笼型异步电动机的基本构造

虽然异步电动机的种类、规格甚多，但在结构上都是由静止部分（定子）、转动部分（转子）以及端盖、轴承、接线盒、风扇等附件组成。

3. 三相笼型异步电动机的工作原理

图 2－23 所示为笼型异步电动机工作原理演示实验图。在装有手柄的马蹄形磁铁的两极间放置一个导电笼，磁铁与笼间无机械联系。当转动手柄带动蹄形磁铁旋转时，笼也会跟着磁铁旋转。若改变磁铁的转向，则笼的转向也改变。此现象可用图来解释。当磁铁旋转时，磁铁与笼发生相对运动，笼导体切割磁力线而在其内部产生感应电动势和感应电流。一旦笼导体中出现感应电流，就受到电磁力矩的作用。由图可看出，电磁力矩的方向与磁铁的旋转方向相同，所以笼会沿着磁铁的旋转方向跟随磁铁旋转。这就是笼型异步电动机的工作原理。

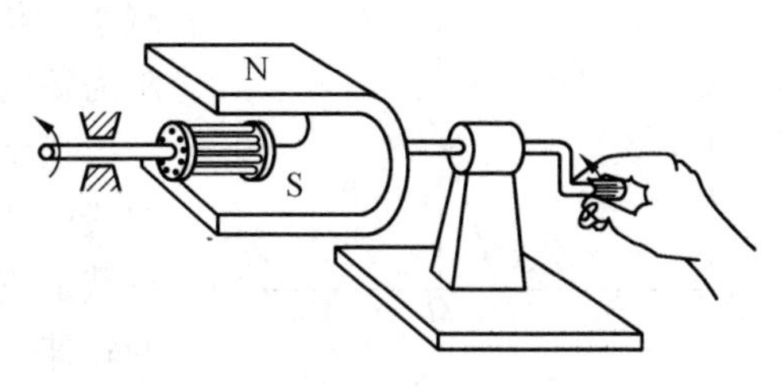

图 2－23 笼型异步电动机工作原理演示实验图

当交流电的频率为 f 时，具有 p 对磁极的磁场转速为

$$n_1 = 60f/p \tag{2-84}$$

式中 n_1——旋转磁场的转速，也称同步转速，r/min；

f——三相交流电源的频率，Hz；

p——旋转磁场的磁极对数。

若交流电动机使用的电源频率为 50 Hz，因此由式（2－84）可知，两极旋转磁场的转速是 3000 r/min，四极旋转磁场的转速是 1500 r/min。

在负载不变时，当转子转速偏高而接近同步转速时，转子受到的电磁转矩变小，迫使转子减慢转速；当转子转速偏低时，转子受到的电磁转矩变大，又会迫使转子加快转速。最后使转子转速基本稳定在某一转速上。这类电动机的转子转速 n 总是低于同步转速 n_1，因而称其为异步电动机。又由于这类电动机的转子电流是由电磁感应产生的，又把其称为感应电动机。

为表示三相异步电动机的转速和同步转速的差值，特引入转差率的概念。转差率就是转速差与同步转速的比值，用 s 表示，其数学表达式为

$$s = \frac{n_1 - n}{n_1} \tag{2-85}$$

转差率通常以百分数表示，即

$$s = \frac{n_1 - n}{n_1} \times 100\% \tag{2-86}$$

4. 三相笼型异步电动机的工作特性

1）机械特性

电动机的机械特性指电动机的转速和电磁转矩的关系。图2-24所示为异步电动机机械特性。图中以横轴表示电动机的电磁转矩，纵轴表示转子的转速。

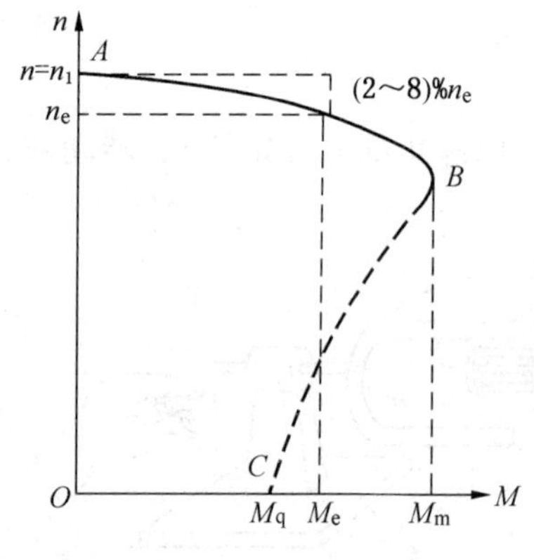

图2-24　异步电动机机械特性

由图2-24可知，当起动转矩大于转轴上的阻力矩时，转子便旋转起来并在电磁转矩作用下逐渐加速。此时电磁转矩也逐渐增大（沿曲线 CB 段上升）到最大转矩 M_m。随后，随着转速的继续上升电磁转矩反而减小（沿曲线 BA 段逐渐下降）。最后当电磁转矩等于阻力矩时，电动机就以某一转速等速旋转。

通常异步电动机一经起动，很快就进入机械特性曲线的 AB 段稳定地运行。电动机在 AB 段工作时，若负载加重，因阻力矩大于电动机的转矩，会使电动机的转速稍微下降，与此同时，电磁转矩随转速下降而增大，从而与阻力矩重新保持平衡，使电动机以稍低的转速稳定运转。若负载的阻力矩增大到超过了最大电磁转矩 M_m 时，则电动机的转速将很快下降，直到停止运转。所以曲线 AB 段称为异步电动机的稳定运行区。

由图2-24还可看出，曲线 AB 段几乎是一条稍微向下倾斜的直线，说明电动机从空载到满载时其转速下降很少，这样的机械特性称为硬特性。

2）额定转矩

电动机在额定负载时的转矩称为电动机的额定转矩，以 M_e 表示。

$$M_e \approx 9550 P_e / n_e \tag{2-87}$$

式中　M_e——电动机的额定转矩，N·m；

P_e——电动机的额定功率，kW；

n_e——电动机的额定转速，r/min。

3）过载能力

电动机过载能力的大小用过载系数表示。过载系数等于电动机最大转矩与额定转矩的比值，用 λ 表示，其数学表达式为

$$\lambda = M_m / M_e \tag{2-88}$$

一般异步电动机的过载系数 $\lambda = 1.8 \sim 2.5$。

电动机转矩除与转速有关外，异步电动机的转矩还与外加电压有关。经分析可知，在电源频率及电动机的结构一定时，转矩的大小与加在定子绕组上电压的平方成正比，即 $M \propto U^2$。

5. 电动机在运行中的损耗

1）铜损耗（Δp_{CU}）

铜损耗指定子电流 I_1 和转子电流 I_2 在各自绕组电阻 r_1、r_2 上的功率损耗之和，即

$$\Delta p_{CU} = I_1^2 r_1 + I_2^2 r_2 \tag{2-89}$$

由式（2-89）可见，铜损耗与负载有关。当电动机负载增加时即负载转矩变大，电动机转矩不足以平衡，转速就要减慢（以获得较大转矩），转子绕组和旋转磁场相对切割的速度增加，转子感应电动势及感应电流（转子电流 I_2）也要增加，削弱气隙磁通。在电源电压一定的情况下，定子电流 I_1 也要增加，以维持气隙磁通恒定，因此 Δp_{CU}增加。

2）铁损耗

铁损耗指电动机运行时在铁心中产生的磁滞与涡流损耗，与铁心中的磁感应强度 B_m 及电源频率 f 有关。运行中，B_m 和 f 一般是不变的，所以铁损耗一般也是不变的。

3）机械损耗

机械损耗指电动机运行时机械摩擦（轴承）及空气阻力引起的损耗，与电机结构及转速有关，一般也是不变的。

4）附加损耗

附加损耗指电动机运行时，定子及转子的齿部以及气隙磁势不完全为正弦分布，因谐波及漏磁而在绕组及铁心中引起的损耗，由电动机的结构决定，也是不变的且为数甚少。由于固定损耗部分是不随负载变化的，故电动机长期处于轻载状态下运行，其效率和功率因数（与电阻和阻抗的相对值有关）都低，既浪费设备容量，又浪费电能，因此应杜绝“大马拉小车”的现象。

第二节 钳工基础知识

一、常用的划线工具

常用的简单划线工具有直尺、90°角尺、划针、钢直尺、划规、样冲、平板。较为复杂的划线工具有划线盘、高度游标尺、万能角度尺。

（一）划线盘

划线盘用来在工件上刻划线条或找正工件正确的安放位置，如图 2-25 所示。划针的直头用于划线，弯头用于相对位置的找正。使用划线盘时，应尽量使刻划杆处于水平位置，伸出部分应尽量缩短以提高刚度，划线中应保持底座稳定，夹紧可靠。划线时，划针与其前进方向成 45°~60°的夹角。

（二）高度游标尺

高度游标尺是一种精密划线工具，由底座、主尺、游标、刻划脚以及微调装置组成，如图 2-26 所示。其读数和划线精度一般为 0.02 mm。用高度游标卡尺划线时，应将尺座基准面擦净后平放在划线平板上，上下移动至不同高度，可带动刻划头划出不同尺寸的线条（其刻划线原理和读数方法与游标卡尺相同）。游标上显示的尺寸数值即为高度游标卡尺的刻划头到平板基准面的垂直高度。把工件基准面平放在平板基准面上，即可刻划出所需的尺寸。

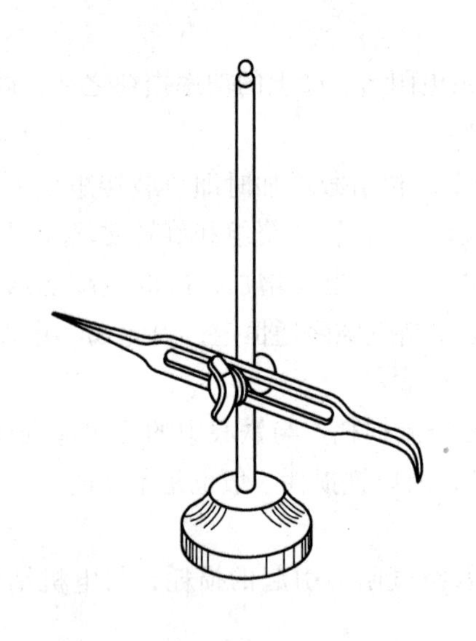

图 2-25　划线盘

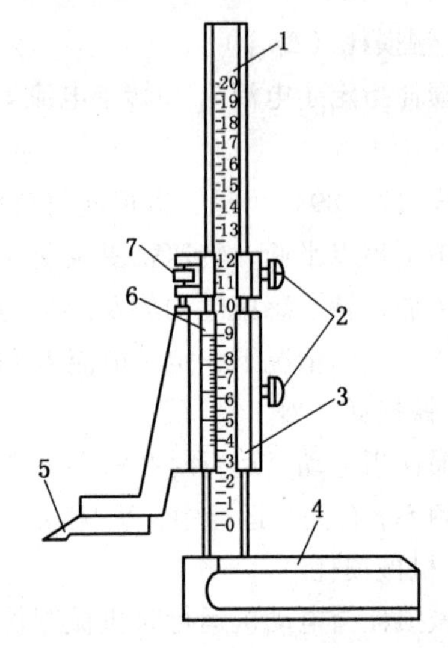

1—主尺；2—紧固螺钉；3—尺框；4—基座；
5—量爪；6—游标；7—微动装置

图 2-26　高度游标尺

（三）万能角度尺

万能角度尺常用于测量各种角度尺寸，如图 2-27 所示。使用时，应先调整好所需角度尺寸，划线前一定要先将游标锁定，防止划线过程中角度发生变化。

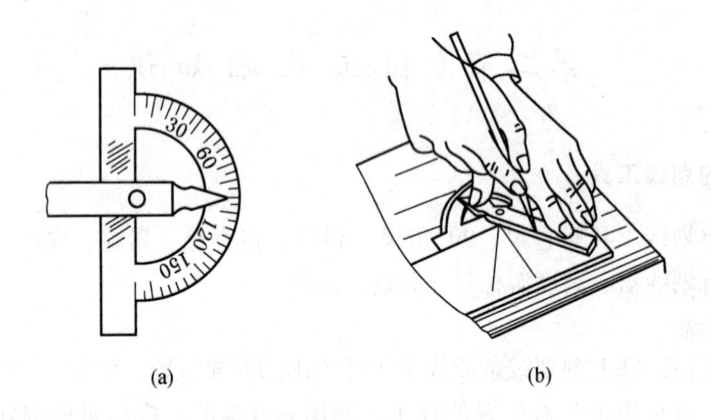

图 2-27　万能角度尺

二、常用的测量仪器

（一）游标卡尺

1. 游标卡尺的组成和各部件的用途

游标卡尺通称卡尺，可用于测量内、外直径、宽度或长度尺寸，有的也可测深度和高度。图 2-28a 所示为两用卡尺，尺框上方槽底与主尺上侧之间有条形片状弹簧，它向上推压尺框，使其总靠在主尺的下侧平面上。松开紧定螺钉 3 和 4，可以推动尺框。微调尺框位置时，拧紧螺钉 4 将微动装置外框 5 固定在主尺上，然后捻动滚花螺母 6，可通过螺杆微调尺框位置。测量后将螺钉 3 拧紧，可保持尺框不动。

下量爪内侧的测量面用于测量外尺寸（外径、长度等）。上量爪内侧做成刀口形，便于伸入窄槽或测量凹形曲面间的距离。下量爪外侧的圆柱形测量面用于测量内尺寸（孔径、槽径、槽宽等），但要将测出的尺寸再加量爪外径才是测得的数值。

图 2－28b 所示为三用卡尺，在尺框后面带有深度尺 9。

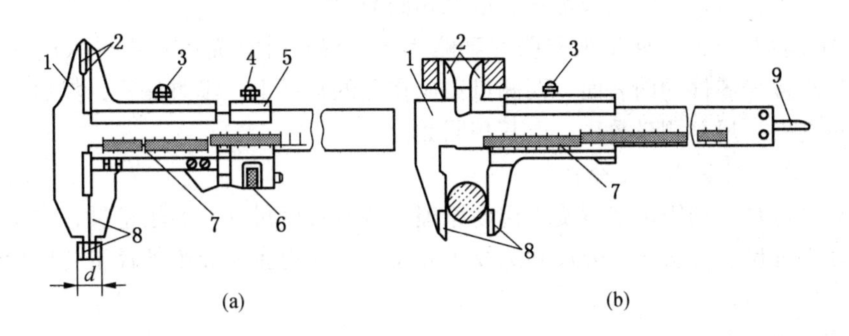

1—主尺；2—上量爪；3、4—螺钉；5—微动装置外框；6—滚花螺母；
7—可滑动尺框；8—下量爪；9—深度尺

图 2－28 游标卡尺

2. 游标卡尺的测量精度及读数方法

游标卡尺能够测出的最小尺寸称为游标卡尺读数值，也就是游标卡尺所能测量的精度。

常用游标卡尺的读数值有 0.1 mm、0.05 mm 和 0.02 mm 3 种，其读数方法如下：

（1）先读整数。看副尺上“0”线左边起主尺上第 1 条刻线的数值，即为整个读数的整数部分。

（2）读小数。看副尺上“0”线右边，数一数副尺上第几条线和主线上的刻线对齐，读出毫米小数。

（3）将上面两次读得的数相加，即为卡尺测得的尺寸。

【例 2－2】图 2－29 所示为用 0.05 mm 游标卡尺进行测量，主尺整数值为 42 mm，副尺小数值为 0.65 mm，总值为 42＋0.65＝42.65 mm。

【例 2－3】图 2－30 所示为用 0.02 mm 游标卡尺进行测量，主尺整数值为 10 mm，副尺小数值为 0.44 mm，总值为 10＋0.44＝10.44 mm。

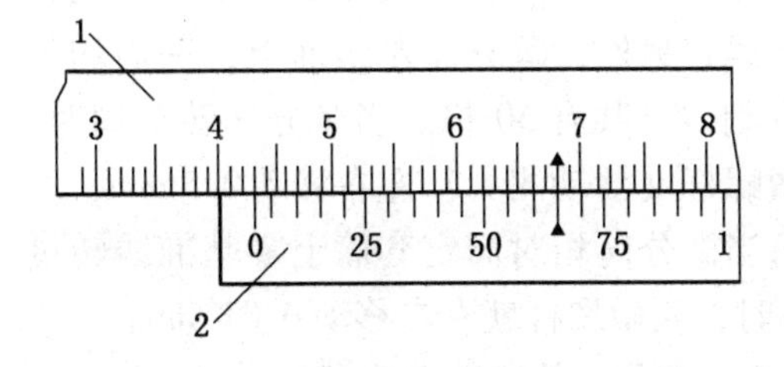

图 2－29 0.05 mm 游标卡尺的读数例

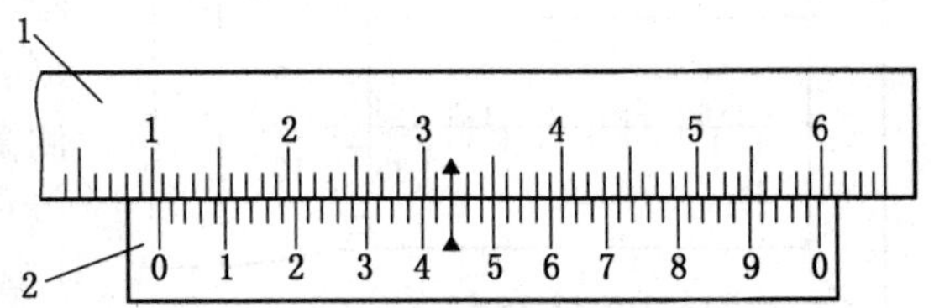

图 2－30 0.02 mm 游标卡尺的读数例

3. 游标卡尺使用注意事项

（1）使用前要对卡尺进行检查，擦净量爪，检查量爪测量面和测量刃口是否平直无损，两量爪贴合时应无漏光现象，同时主、副尺的零线要对齐，副尺应活动自如。

（2）测量外尺寸时，两量爪应张开到略大于被测尺寸，而后自由进入工件，以固定量爪贴靠工件；然后用轻微的压力把活动量爪推向工件，卡尺测量面的连接线应垂直于被测量表面，不可歪斜。反复测量数次，取其相同数。

（3）测量内尺寸时，两量爪应张开到略小于被测尺寸，而后自由进入内孔；再慢慢张开并轻轻地接触零件的内表面，两测量刃应在孔的直径上，不可偏歪；然后轻轻地取出卡尺，不可歪斜。反复测量数次，取其相同数。

（二）螺旋测微量具（千分尺）

螺旋测微量具是利用精密螺旋副传动原理来测量长度尺寸的通用量具，主要有外径千分尺、内径千分尺、公法线千分尺和螺纹千分尺等，这里主要介绍外径千分尺和内径千分尺。

1. 外径千分尺

外径千分尺主要用来测量工件的外部长度尺寸及外径等，如图 2－31 所示。其结构主要由固定套筒 2、尺架 1、微分筒 6、测微螺杆 5 以及测力棘轮 8 等构成。

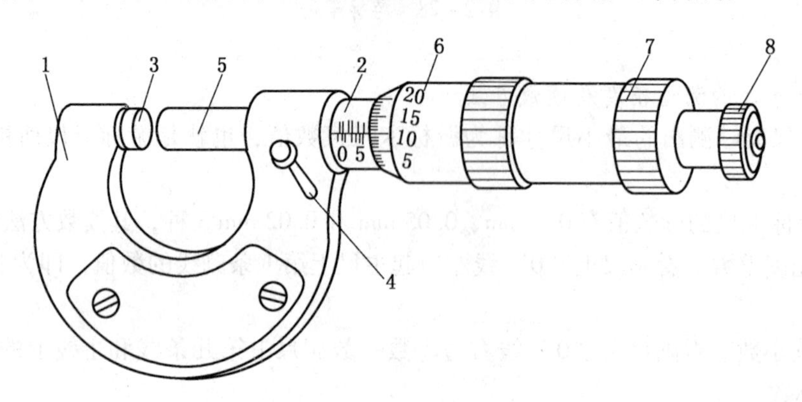

1—尺架；2—固定套筒；3—固定测砧；4—锁紧手柄；5—测微螺杆；
6—微分筒；7—旋钮；8—测力棘轮

图 2－31　千分尺

1）刻线原理

外径千分尺的刻线原理如图 2－32，其固定套筒上刻有的水平长刻线为零基准线，基准线下方刻有整毫米线，每格为 1 mm，基准线上方为 0.5 mm 线，每条刻线均分上方的整毫米线；另外，微分筒左锥面上，一周均匀刻有刻线，共有 50 格。当微分筒转 1 周时，测微螺杆（活动测头）左右移动 0.5 mm，所以每当微分筒相对固定套筒上零基准线转过 1 格时，测微螺杆就左右移动 0.01 mm。

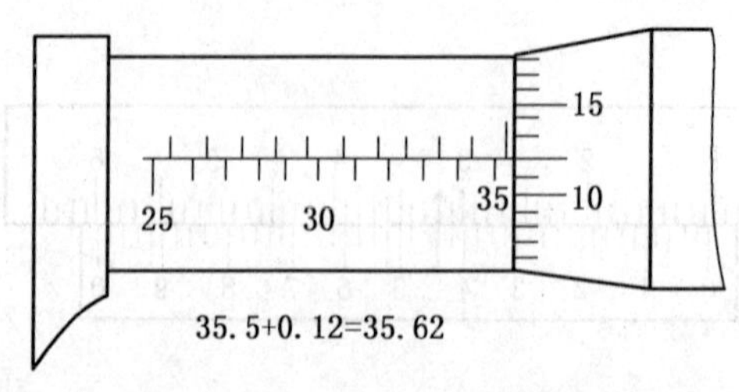

图 2－32　外径千分尺的刻线原理

2）千分尺的读数方法

在千分尺上读数可分为 3 步：

（1）读出微分筒左端边缘以左显示出的整毫米数和半毫米数（当半毫米数的线未露出时不读）。

（2）读出微分筒的第 n 条刻线与长基准线对齐，则 $n\times0.01$ mm 就为该读数的小数部分。

（3）将前两项尺寸相加即为所测尺寸。

读图过程如图 2－33 所示，图 2－33b 中显示的尺寸值为 4.20 mm。

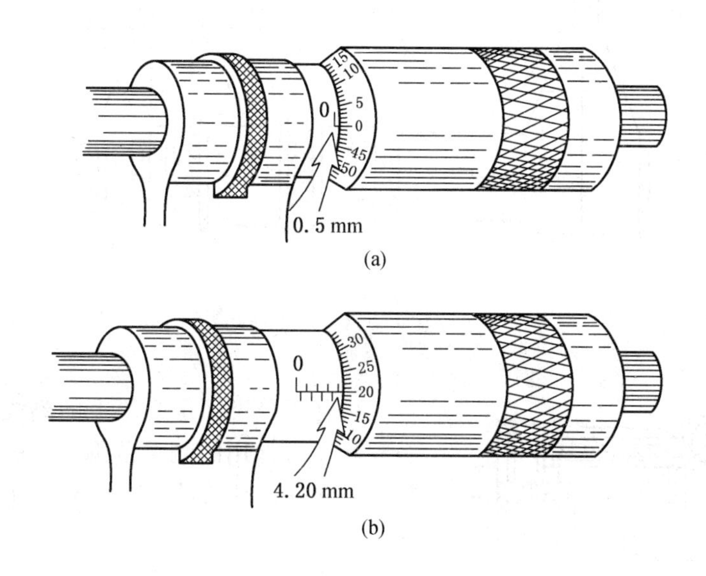

图 2－33　千分尺的读数过程

3）千分尺的使用方法

（1）测量前，先将千分尺的两测头擦拭干净再进行零位校对。

（2）当测量两平面间的尺寸时，应在两平面间取多点测量。如图 2－34 所示，在工件上共测 5 点，5 个尺寸值均要在尺寸公差范围之内才可确定尺寸合格。

（3）由于千分尺的测量范围有限（一般为 25 mm），故应根据实测基本尺寸的大小选择合适的千分尺，如要测量 20 ±0.03 的尺寸，可选用 0～25 mm 的千分尺。

（4）使用千分尺时，先调节微分筒，使其开度稍大于所测尺寸，测量时可先转动微分筒，当测微螺杆即将接触工件表面时，再转动棘轮，以保证适当的测量力，如图 2－35 所示。

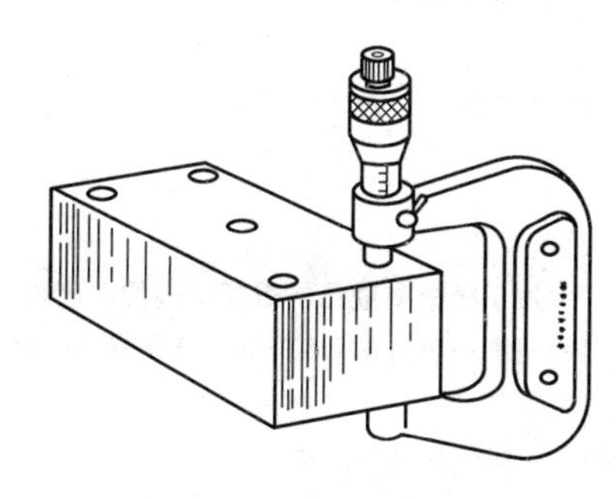

图 2－34　测量点的位置

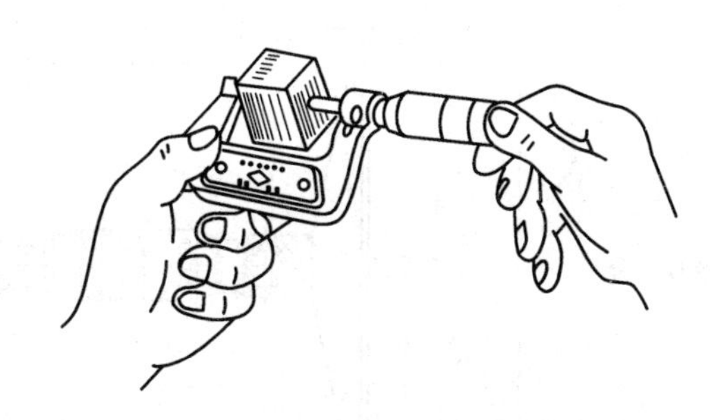

图 2－35　千分尺的使用方法

2. 内径千分尺

内径千分尺主要用于测量孔径、槽宽等尺寸，测量精度一般为0.01 mm，其结构如图2-36所示。内径千分尺的两测头可根据所测量结构形状的不同和尺寸大小任意更换不同结构的微分头和接长杆，如图2-37所示。

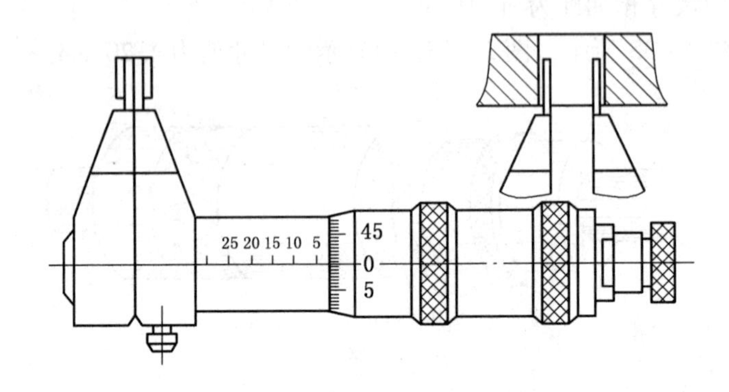

图2-36　内径千分尺结构

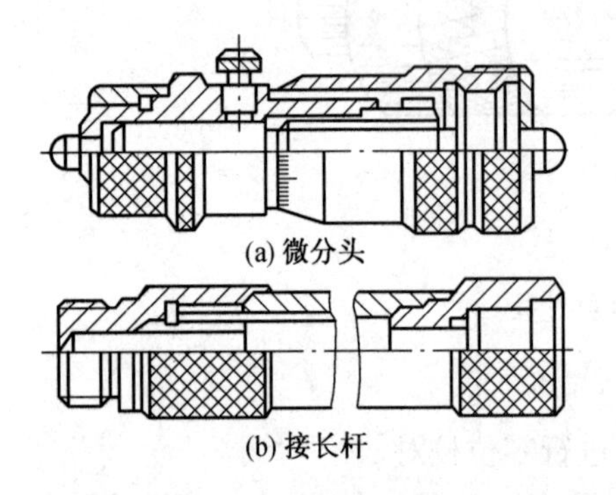

(a) 微分头

(b) 接长杆

图2-37　内径千分尺的微分头和接长杆

内径千分尺固定套筒上的刻线方向与外径千分尺相反。常用的测量范围有5~30 mm和25~50 mm两种，其读数方法与外径千分尺的读数方法相同。

3. 其他类型的千分尺

千分尺的种类很多，根据结构的不同，除上述两种最常用的千分尺外，还有公法线千分尺、深度千分尺、螺纹千分尺以及板厚千分尺等。各种千分尺的结构及其适用范围见表2-1。

表2-1　各种千分尺的结构及其适用范围

类　型	图　示	适用范围
公法线千分尺		主要用于测量模数等于或大于1 mm的齿轮，分度值为0.01 mm
深度千分尺		用于精密测量孔、槽等结构的深度值，测量范围一般为0~150 mm，分度值为0.01 mm

表2-1（续）

类　型	图　示	适用范围
螺纹千分尺		用于测量螺纹的中径，按其测量范围配有成对的锥形测头和V形测头
板厚千分尺	H	用于精密测量板厚，尺架的凹深 H 有 40 mm、80 mm、150 mm 3 种，其测量范围一般为 0～25 mm

（三）塞尺

塞尺又称厚薄规，如图2－38所示。在维修中常用来测量配合表面的间隙，如隔爆面的间隙等。使用塞尺时应注意：

（1）使用前应清除塞尺和工件的灰尘和油污。

（2）根据零件尺寸的需要，可用一片或数片重叠插入间隙。

（3）测量时不可强行插入，以免折断塞尺。

（4）不宜测量圆面、球面及温度很高的工件。

（四）螺纹规

螺纹规用于检测螺纹的螺距和牙形角，作为判断螺纹类型规格的依据，其结构形式如图2－39所示。螺纹规有公制和英制两组。公制螺纹规牙形角为60°，所测螺距从0.4～6 mm；英制螺纹规牙形角为55°，测量范围是每英寸牙数为4～60牙。

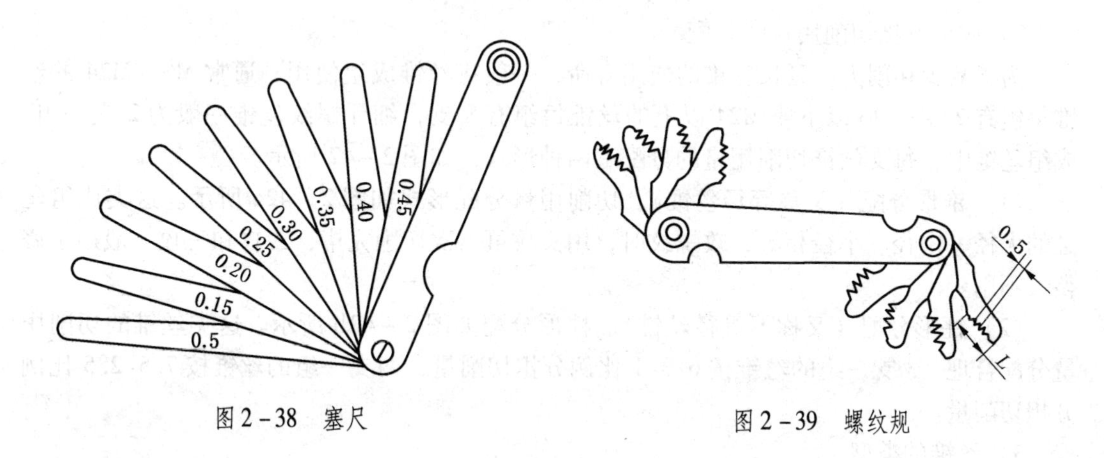

图2－38　塞尺　　图2－39　螺纹规

使用时，应选用近似螺距的螺纹规样板在螺纹零件上试卡。当两者密合时，样板上的标记尺寸就是被测螺纹的螺距值。

三、攻螺纹与套螺纹

用丝锥在工件孔上切削出内螺纹的加工方法称为攻螺纹；用板牙在圆柱杆上切削出外螺纹的加工方法称为套螺纹。攻螺纹和套螺纹的类型多为三角形螺纹，常用于小尺寸的螺纹加工，特别适合单件生产和机修场合。

（一）攻螺纹

1. 攻螺纹的工具

攻螺纹的工具主要有丝锥和铰杠。

1）丝锥的结构

如图2－40所示，丝锥由切削部分、工作部分和柄部组成。丝锥的槽形如图2－41所示，丝锥一般有3～4个槽。

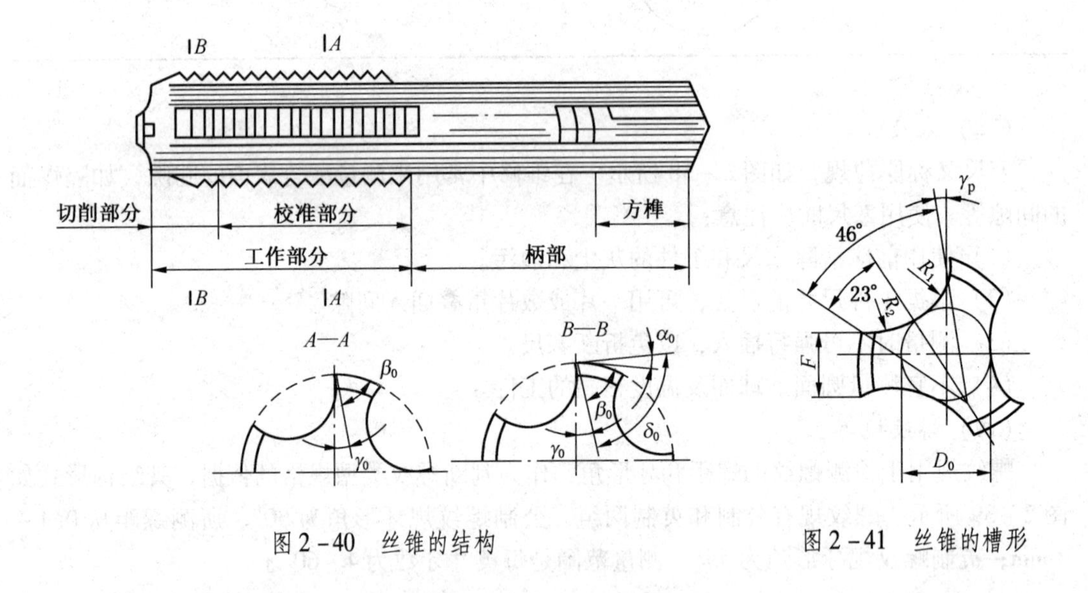

图2－40 丝锥的结构　　图2－41 丝锥的槽形

2）成组丝锥切削用量的分配

为了减少切削力，延长丝锥的使用寿命，一般将丝锥成组使用，通常M6～M24的丝锥每组有2支；M6以下或M24以上的丝锥每组有3支，细牙螺纹丝锥一般为2支一组。成组丝锥中，每支丝锥切削用量的分配有两种形式，如图2－42所示。

（1）锥形分配（又称等径丝锥）。切削用量分配形式如图2－42a所示。这类成组丝锥的大径、中径、小径相等，攻螺纹时，用头攻可一次切削完毕，二攻和三攻一般用于修整，不用。

（2）柱形分配（又称不等径丝锥）。柱形分配如图2－42b所示。这类丝锥的切削用量分配合理，3支一组的丝锥按6∶3∶1比例分担切削量，两支一组的丝锥按7.5∶2.5比例分担切削量。

3）丝锥的类型

丝锥的种类很多，主要有手用丝锥和机用丝锥两大类。

（1）常用丝锥。常用丝锥如图2－43中所示。

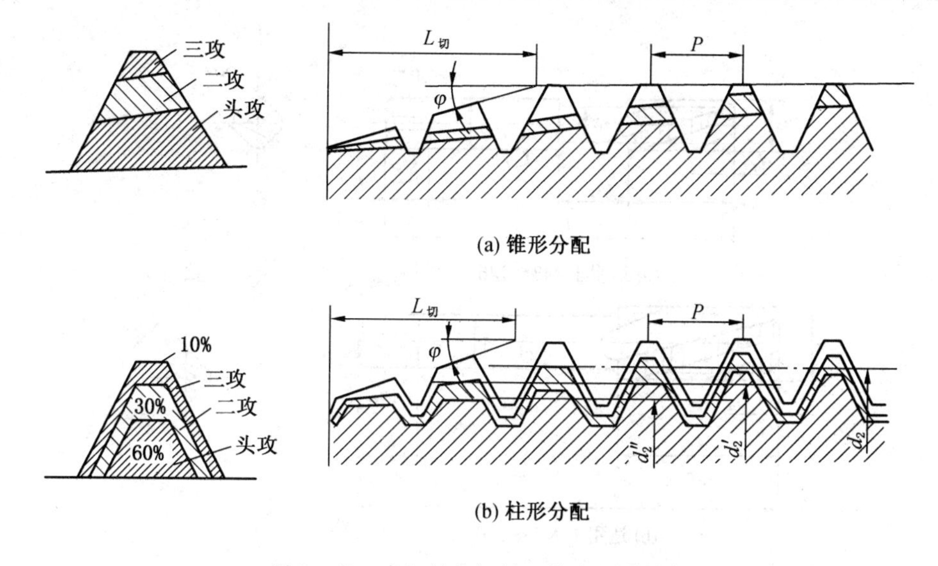

(a) 锥形分配

(b) 柱形分配

图 2－42 成组丝锥切削用量的分配形式

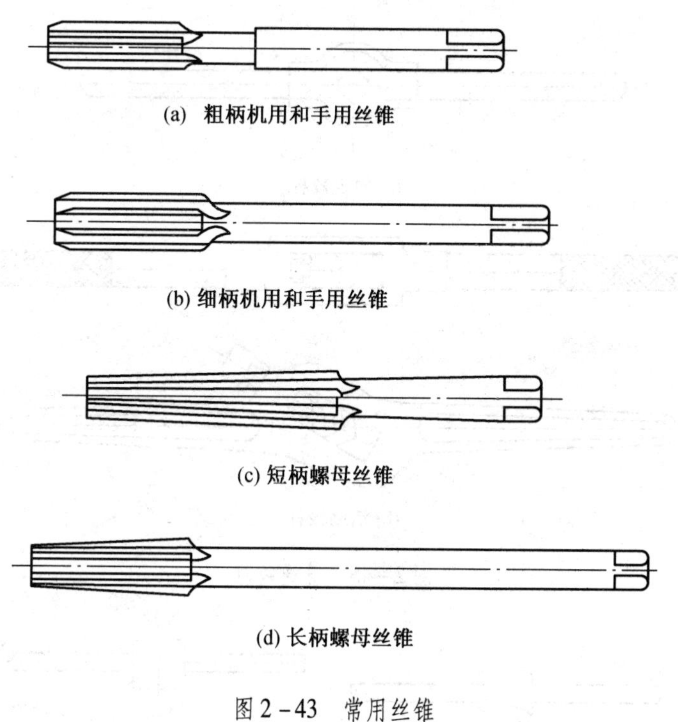

(a) 粗柄机用和手用丝锥

(b) 细柄机用和手用丝锥

(c) 短柄螺母丝锥

(d) 长柄螺母丝锥

图 2－43 常用丝锥

（2）螺旋槽丝锥。图 2－44 所示为螺旋槽丝锥，这种丝锥能控制切屑流向，排屑顺利，主要用于攻削盲孔或花键孔螺纹。

4）铰杠

铰杠是用来夹持丝锥以施加扭矩的工具，有普通铰杠和丁字铰杠两类。

（1）普通铰杠如图 2－45 所示。

（2）丁字铰杠如图 2－46 所示，主要用于攻削在高凸台附近机体内部的螺纹。

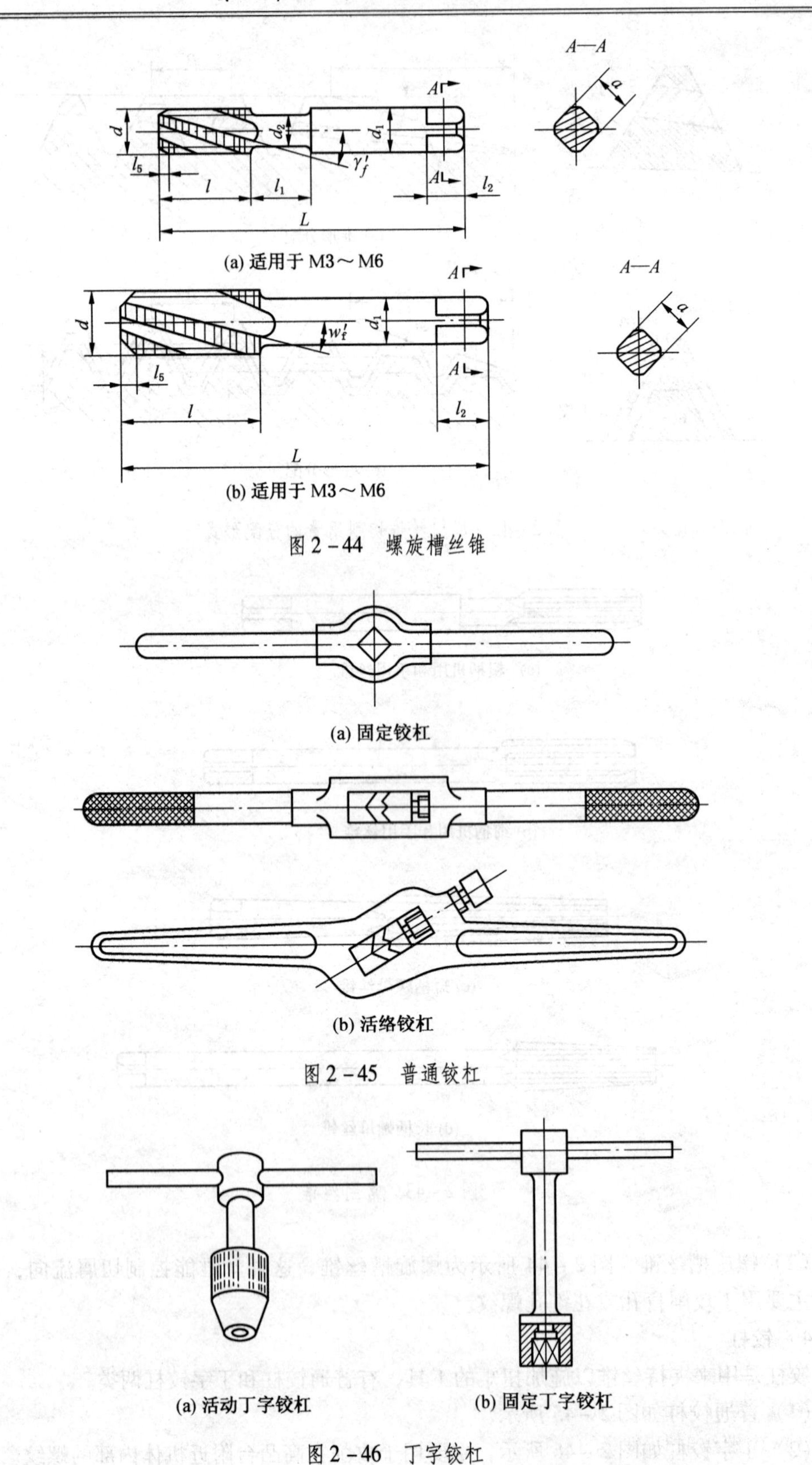

(a) 适用于 M3～M6

(b) 适用于 M3～M6

图 2-44　螺旋槽丝锥

(a) 固定铰杠

(b) 活络铰杠

图 2-45　普通铰杠

(a) 活动丁字铰杠

(b) 固定丁字铰杠

图 2-46　丁字铰杠

2. 攻螺纹工艺

1）螺纹底孔直径的确定

攻螺纹前底孔直径 d 从理论上等于螺纹的小径，但考虑到加工中的挤压变形等因素，应使底孔直径 d 稍大于螺纹小径，通常用以下公式计算获得：

（1）在钢及有色金属上攻螺纹时，底孔直径 $d = D - P$。

（2）在铸铁等脆性材料上攻螺纹时，底孔直径 $d = D - (1.05 \sim 1.1)P$。

式中　D——螺纹的公称直径；

P——螺纹的螺距。

攻削盲孔螺纹时，其底孔深度可按以下公式计算：

$$H = h_{有效} + 0.7D$$

式中　H——底孔深度；

$h_{有效}$——螺纹有效深度；

D——螺纹的公称直径。

2）攻螺纹的方法

（1）划线，钻削底孔。

（2）底孔孔口倒角，便于丝锥切入。

（3）起攻。起攻方法如图 2-47a 所示。右手垂直于丝锥中心线施力，左手配合顺向旋进，当丝锥攻入 1~2 圈后，应用角尺检查丝锥与孔端面的垂直度，检查方法如图2-48所示。确保丝锥中心线与底孔中心线完全重合。

（4）正常攻削过程中，双手不需施加压力，靠丝锥自然旋进，此时两手用力均匀，不得使丝锥产生晃动，如图 2-47b 所示。并且要经常倒转 1/4~1/2 圈，及时断屑、排屑。

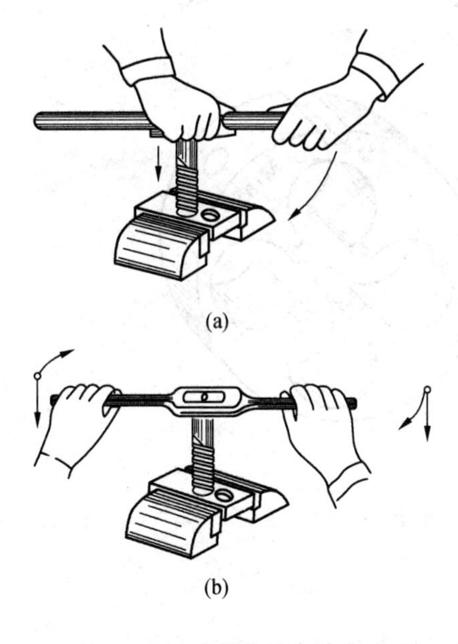

图 2-47　攻螺纹的起攻方法

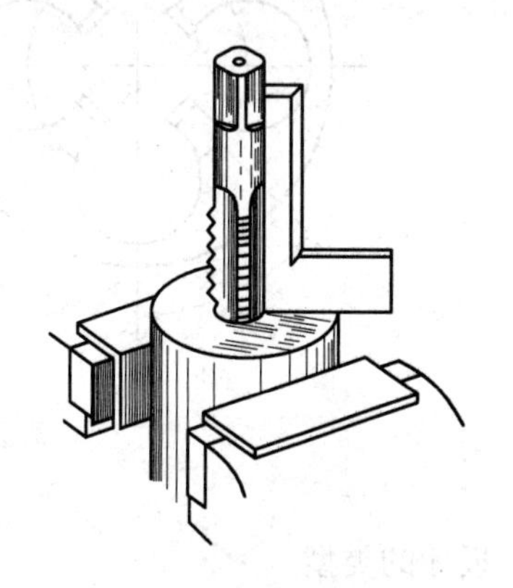

图 2-48　丝锥垂直的检查方法

（5）丝锥退出时，应尽量用手直接旋出，以防丝锥晃动产生乱扣现象。

（6）选用二锥和三锥依次攻削直至达到要求。

3）攻螺纹时切削液的选择

在韧性材料上攻螺纹时，通常要加切削液，切削液的选用见表 2－2。

表2－2 攻螺纹切削液的选用

工件材料	切削液
结构钢、合金钢	硫化油；乳化液
耐热钢	60% 硫化油 +25% 煤油 +15% 脂肪酸 30% 硫化油 +13% 煤油 +8% 脂肪酸 +1% 氧化钡 +45% 水
灰铸铁	75% 煤油 +25% 植物油；乳化液；煤油
铜合金	煤油 + 矿物油；全系统消耗用油；硫化油
铝及合金	85% 煤油 +15% 亚麻油 50% 煤油 +50% 全系统消耗用油 煤油；松节油；极压乳化液

（二）套螺纹

1. 套螺纹的工具

套螺纹的工具主要有板牙和板牙架。

1）板牙的结构

图 2－49 所示为圆板牙的结构。圆板牙本身就像一个大螺母，其上均布几个排屑孔，以形成刀刃；外圆柱面上切有 U 形槽，起微量调节板牙尺寸的作用；外圆柱面上的锥坑用于拧入螺钉，与板牙架进行连接。

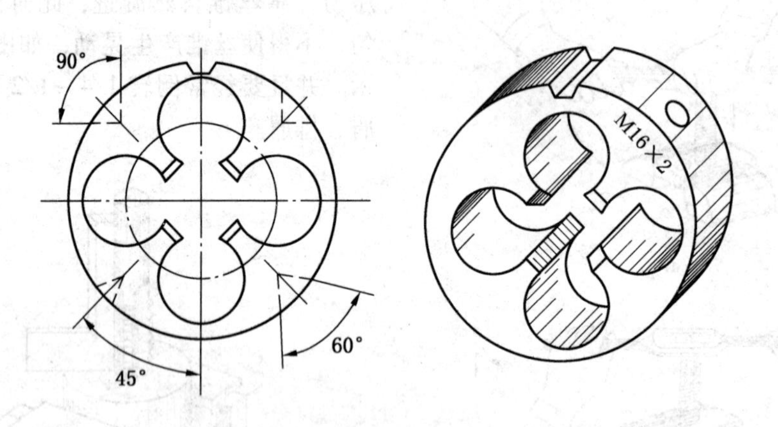

图 2－49 圆板牙的结构

2）板牙的类型

板牙的类型主要有圆板牙、方板牙、六方板牙、管形板牙等。

（1）圆板牙用于加工普通螺纹和锥形螺纹，如图 2－50 所示。

（2）方板牙用于工作位置狭窄的现场修理工作，如图 2－51 所示。

（3）六方板牙用途同方板牙，如图 2－52 所示。

（4）管形板牙一般用在六角车床或自动车床上，如图 2－53 所示。

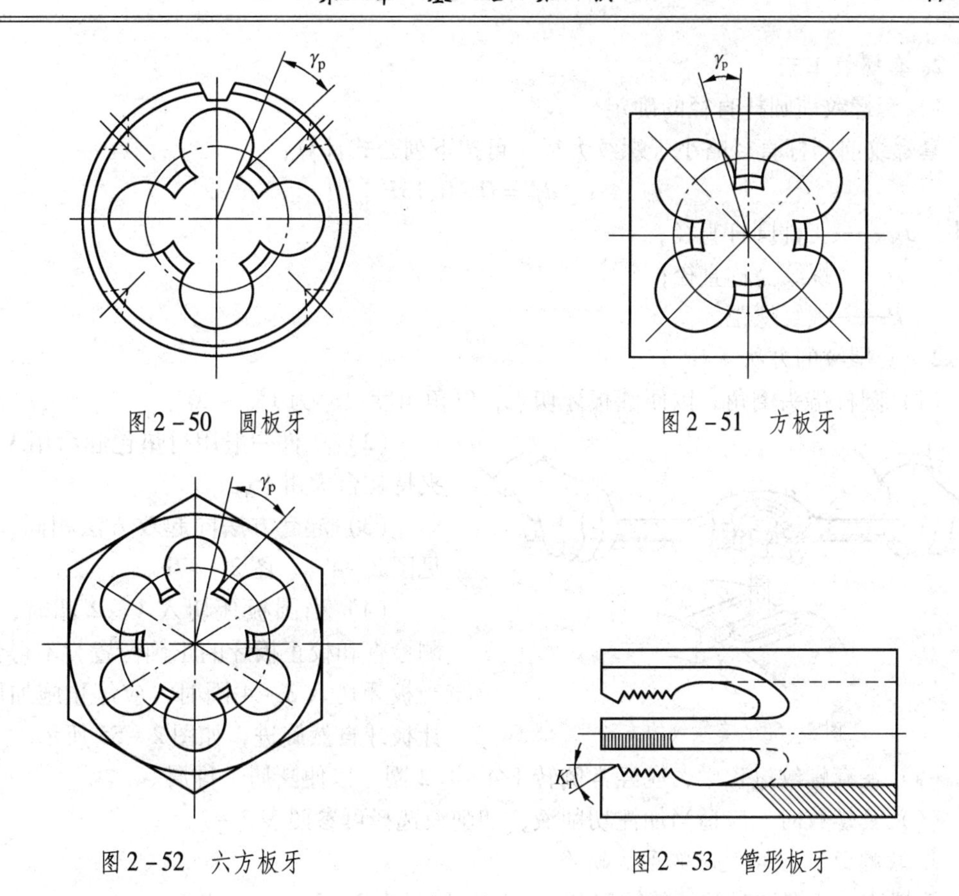

图2-50 圆板牙

图2-51 方板牙

图2-52 六方板牙

图2-53 管形板牙

3）板牙架

板牙架用来装夹板牙，是传递扭矩的工具，常见圆板牙架的形式如图2-54所示。

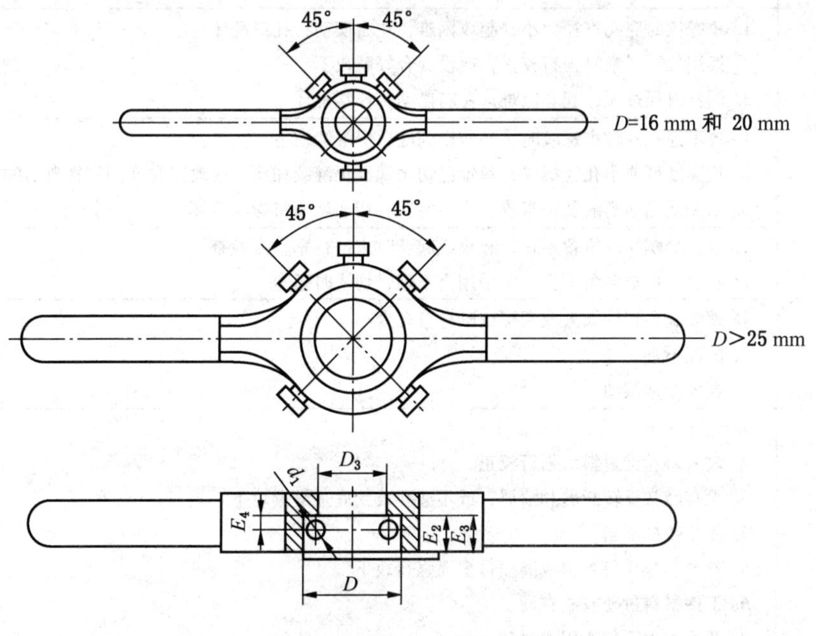

图2-54 圆板牙架的形式

2. 套螺纹工艺

1）套螺纹前圆杆直径的确定

套螺纹前圆杆直径略小于螺纹大径，可按下列公式计算：

$$d_{杆} = D - 0.13P$$

式中　$d_{杆}$——工件圆杆直径；

D——螺纹公称直径；

P——螺纹螺距。

2）套螺纹的方法

（1）圆杆端头倒角，以便圆板牙切入，倒角角度尺寸为15°~20°。

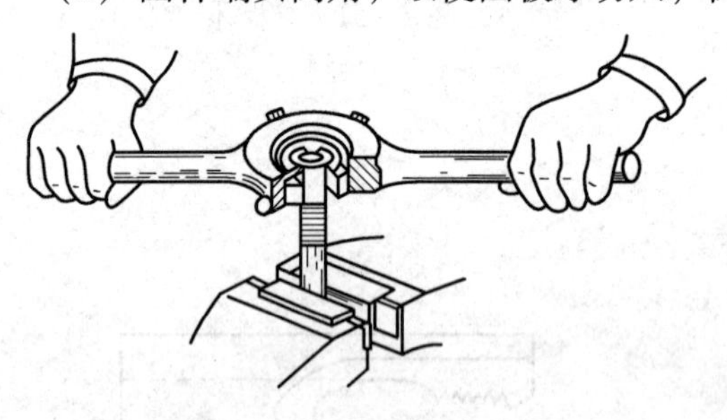

图2-55　套螺纹的方法

（2）工件一般用衬垫包起后用V形块夹持在台虎钳上。

（3）起套方法同起攻方法相同，可参见图2-47a、图2-47b。

（4）当圆板牙切入1~2圈时，应目测检查和校正板牙的正确位置，不得歪斜；当板牙切入3~4圈时，应停止施加压力，让板牙自然旋进，如图2-55所示。

（5）在套螺纹过程中，应经常倒转1/4~1/2圈，以便断屑、排屑。

（6）套螺纹时，应适当加注切削液，切削液选择可参照表2-2。

3. 攻螺纹、套螺纹时常见的缺陷

攻螺纹、套螺纹时常见的缺陷和产生的原因见表2-3。

表2-3　攻螺纹、套螺纹时常见的缺陷和产生的原因

出现的缺陷	产生的原因
螺纹乱牙	1. 攻螺纹时底孔直径太小，起攻困难，左右摆动，孔口乱牙 2. 换用二、三锥时强行校正，或没旋合好就攻下 3. 圆杆直径过大，起套困难，左右摆动，杆端乱牙
螺纹滑牙	1. 攻不通孔的较小螺纹时，丝锥已到底后仍继续攻下 2. 攻强度低或小孔径螺纹，丝锥已切出螺纹仍继续加压，或攻完时连同铰杠自由的快速转出 3. 未加适当切削液及一直攻、套不倒转，切屑堵塞将螺纹啃坏
螺纹歪斜	1. 攻、套螺纹时位置不正，起攻或起套时未进行垂直度检查 2. 孔口、杆端倒角不良，两手用力不匀，切入时歪斜
螺纹形状不完整	1. 螺纹底孔直径太大或套螺纹圆杆直径太小 2. 圆杆不直 3. 板牙经常摆动
丝锥折断或板牙开裂	1. 底孔太小 2. 攻入时丝锥歪斜后强行校正 3. 没有经常反转断屑和清屑，或不通孔攻到底还继续攻下 4. 使用铰杠不当 5. 丝锥、板牙齿爆裂或磨损过多而强行攻下 6. 工件材料过硬或夹有硬点 7. 两手用力不匀或用力过猛

四、机械制图的基本知识

（一）绘图工具及其使用方法

正确使用绘图工具和仪器是保证绘图质量和加快绘图速度的重要方面，因此，必须会正确使用绘图工具。现将常用的绘图工具及其使用方法简介如下。

1. 图板

图板的作用是固定图纸。图板的左边是工作边，丁字尺依靠该边可上、下移动。固定图纸时，应尽量将其放在图板的左下部并靠近丁字尺左端。粘贴图纸时，先放好丁字尺，让图纸的一边与丁字尺平行，再按对角线方向依次拉平图纸，用胶带纸粘贴，如图2－56所示。

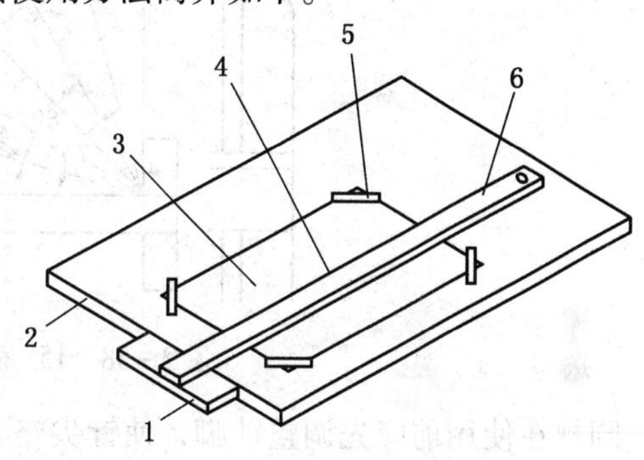

1—尺头；2—图板工作边；3—图纸；4—丁字尺工作边；5—胶带纸；6—尺身

图2－56 图纸在图板上的固定

2. 丁字尺

丁字尺由相互垂直的尺头和尺身组成，尺头的内边为导向工作边。丁字尺主要用来画水平线，画水平线时应沿它的上边缘自左向右画线。丁字尺与三角板配合使用可画垂直线和其他斜线，如图2－57所示。

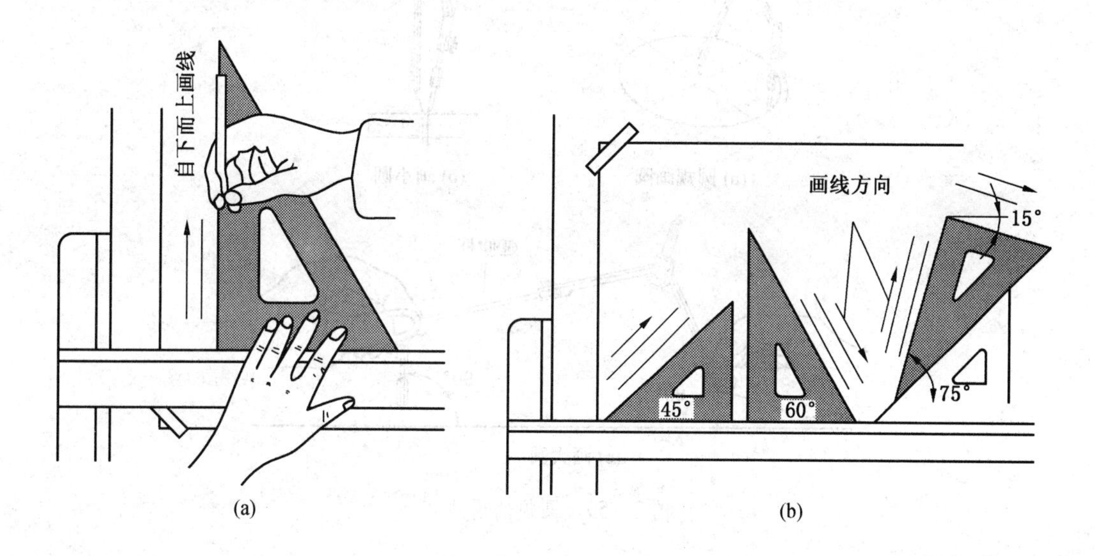

图2－57 丁字尺与三角板的配合使用方法

3. 三角板

三角板每副有两块，45°和30°的各一块。与丁字尺配合使用除可以画垂直线外，还可以画出15°角的整数倍的任一角度，如图2－58所示。

4. 圆规

圆规是画圆和圆弧的仪器。圆规有3种插腿，可以画铅笔线图、墨线图，还可以当分规使用。

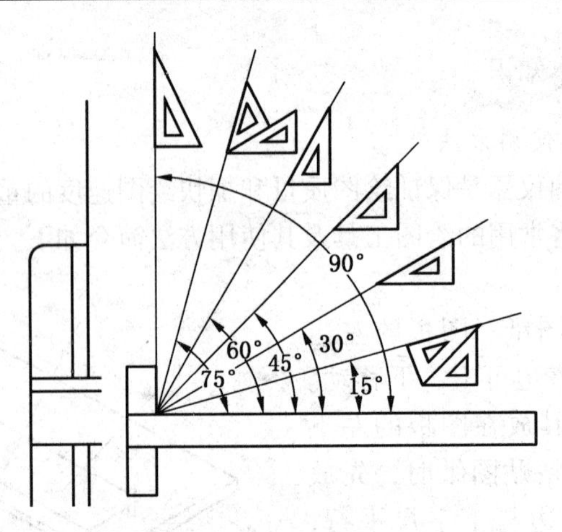

图 2-58　15°角整数倍角的画法

圆规在使用前应先调整针脚，使针尖略长于铅芯。画圆时，应使圆规向前进方向稍微倾斜；画较大的圆时，应使圆规的两脚都与纸面垂直，如图 2-59 所示。

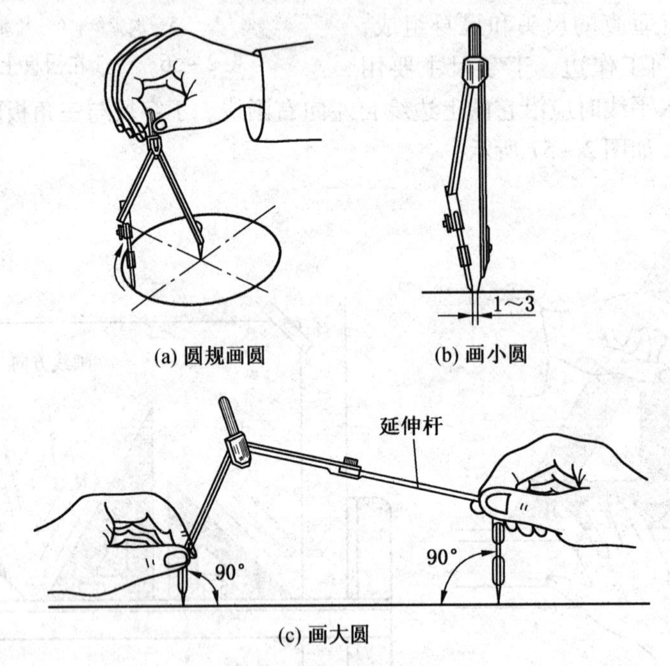

图 2-59　圆规的用法

5. 绘图铅笔

绘图用的铅笔有软、硬之分。软铅芯用 B 表示，硬铅芯用 H 表示，HB 表示铅芯软硬适中。H 的系数越大表示铅芯越硬，如 2H、5H 等；B 的系数越大表示铅芯越软，如 2B、6B 等。

一般用 H、2H 铅笔画底稿以及画虚线、点划线和细实线等。文字、数字、字母的书写宜用 HB 铅笔。HB、B 铅笔可用来画粗实线或加深其他图线。

6. 其他绘图用品

比例尺。比例尺是在图形需要放大或缩小时使用的尺。可以在比例尺上直接量出已经折算过的尺寸。

除比例尺外还有曲线板、量角器、绘图纸、橡皮、擦图片、胶带纸等，这些也是绘图的必备用品，这里就不一一介绍了。

（二）投影作图

1. 投影法的概念

有太阳光和灯光照射时，物体就会在地面或墙上有影子，如图 2－60 所示。这种用投影线通过物体，在给定投影平面上作出物体投影的方法称为投影法。

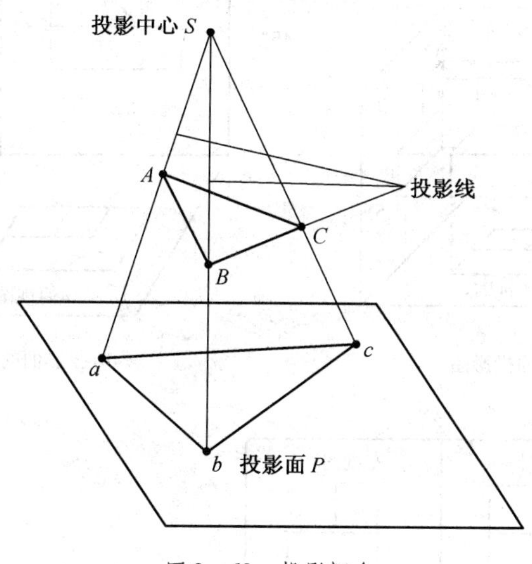

图 2－60　投影概念

2. 投影法的种类

1）中心投影法

投影线从一点发出，如图 2－60 所示。该投影法的特点是，物体距离投影面的距离不同时，得到投影的大小也不同，因此，中心投影法不能真实地反映物体的形状和大小，所以机械制图不采用这种投影法绘制。但中心投影法立体感强，常用于绘制建筑物的外观图，也称透视图。

2）平行投影法

投影线相互平行，在投影面上绘出物体投影的方法称为平行投影法，如图 2－61 所示。

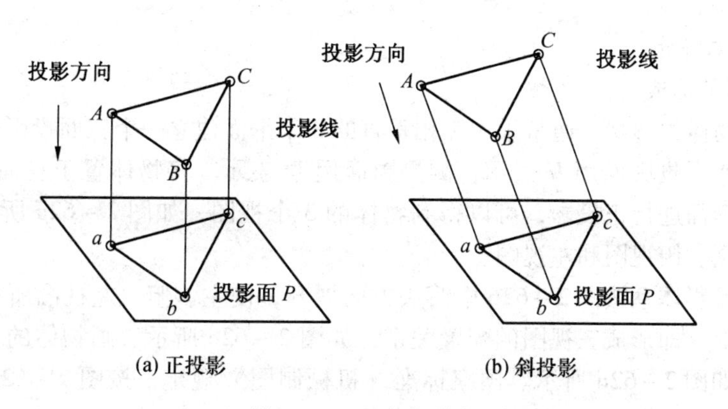

图 2－61　平行投影法

平行投影法的特点是，物体的投影与物体距投影面的距离无关，投影都能够真实地反映物体的形状和大小。

平行投影法中又可分为两种：一种是正投影，投影线方向垂直于投影面；另一种是斜投影，投影线方向倾斜于投影面。在机械制图中应用的是正投影法。

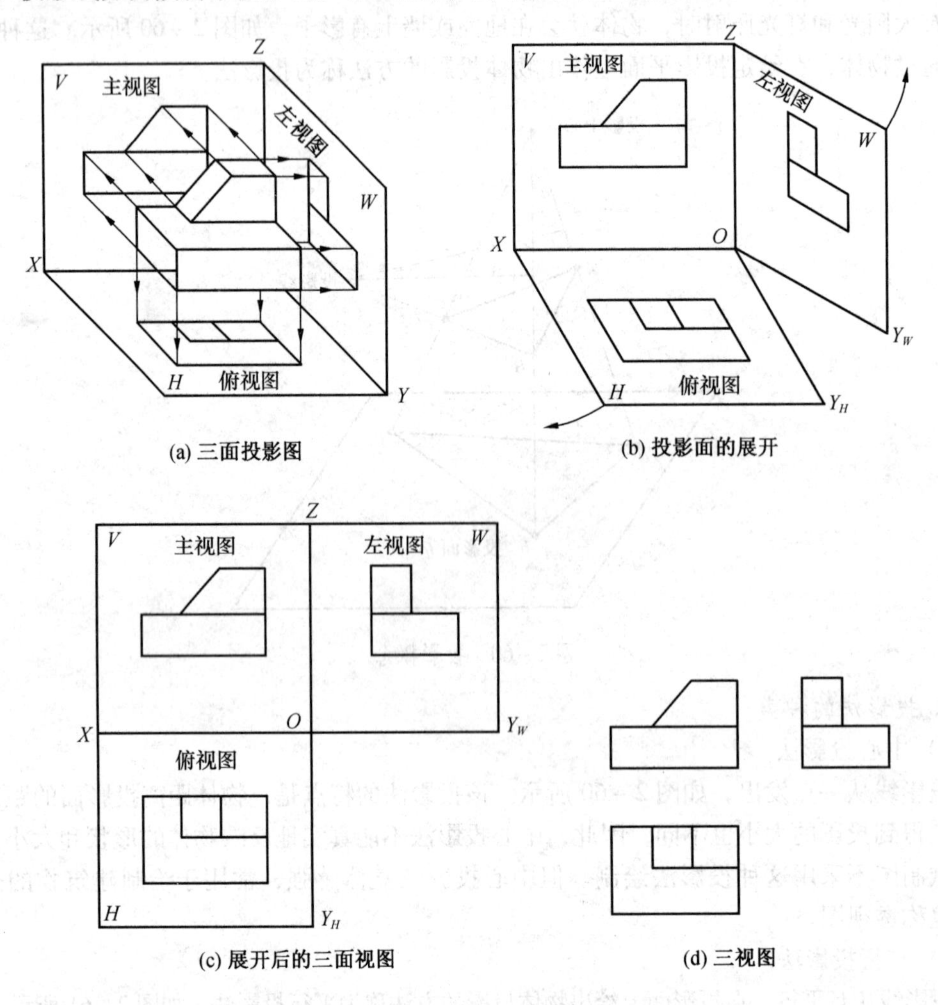

图 2-62　三视图的形成

3. 投影基本特性

1）三视图的形成

为了表达物体的形状，通常采用互相垂直的 3 个平面建立一个三面投影体系。正投影面用 V 表示，水平投影面用 H 表示，侧投影面用 W 表示。将物体置于三面投影体系中，分别向三个投影面进行正投影，可以得到物体的 3 个视图，如图 2-62a 所示。3 个视图分别称为主视图、俯视图和左视图。

再将三面投影体系按图 2-62b 中箭头方向展开，使主、俯、左视图所在的投影面处在同一个平面上，即形成三视图的配置关系，如图 2-62c 所示。画物体的三视图时，投影轴可省略，如图 2-62d 所示。国家标准《机械制图》规定，按图 2-62d 所示位置配置三视图时一律不标注视图的名称。

2）三视图的投影规律

如果将三面投影体系中 X 轴方向作为长度方向，Y 轴方向作为宽度方向，Z 轴方向作为高度方向，那么在三视图中就反映了物体的方位关系和尺寸关系，如图 2－63 所示。

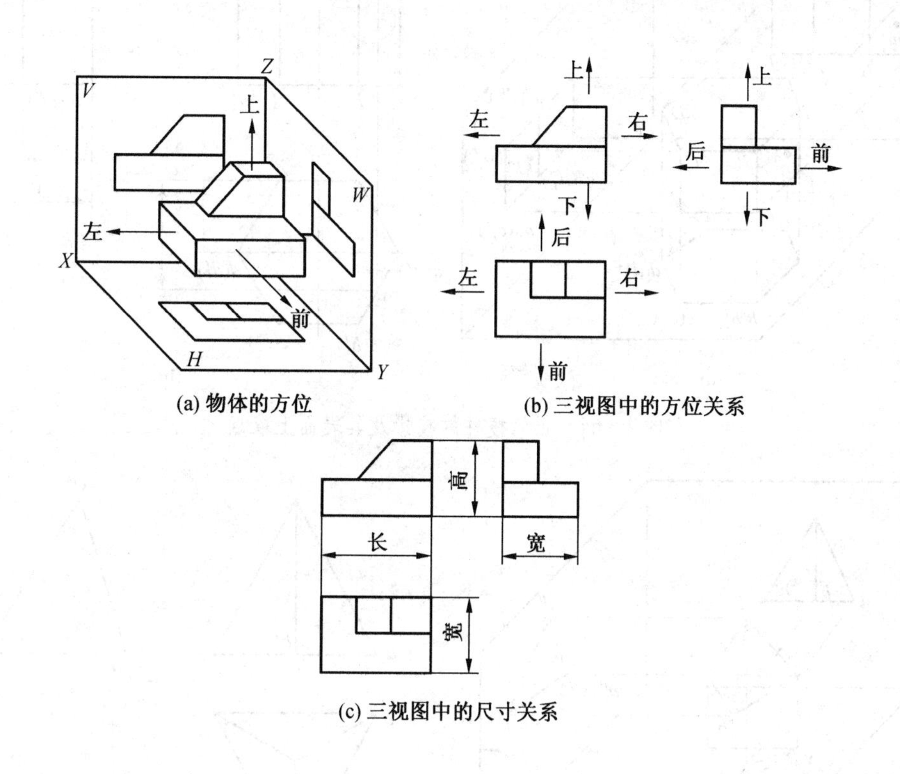

(a) 物体的方位　(b) 三视图中的方位关系

(c) 三视图中的尺寸关系

图 2－63　三视图的投影关系

主视图确定了物体的上、下和左、右的方位关系，同时反映了物体的长度和高度。

俯视图确定了物体的左、右和前、后的方位关系，同时反映了物体的长度和宽度。

左视图确定了物体的前、后和上、下的方位关系，同时反映了物体的宽度和高度。

由此可以总结出物体三视图的投影规律：主、俯视图长对正；主、左视图高平齐；俯、左视图宽相等。简称“长对正、高平齐、宽相等”。这个投影规律不仅适用三视图的整体，也适用于三视图中的任何部分。

3）几何体的投影

（1）棱柱。图 2－64 所示的正六棱柱投影，由上下两个正六边形和六个矩形的侧面围成。作投影图时，先画出中心线对称线，再画出六棱柱的水平投影正六边形，最后按投影规律画出其他投影。

棱柱表面上取点：棱柱表面都处于特殊位置，表面上的点可利用平面的积聚性求得；求解时，注意水平投影和侧面投影的 Y 值要相等；点的可见性的判断：面可见，点则可见，反之不可见。

（2）棱锥。图 2－65 所示为正棱锥的投影。

棱锥表面上点的投影可在平面上作辅助线进行求解，如图 2－66 所示。

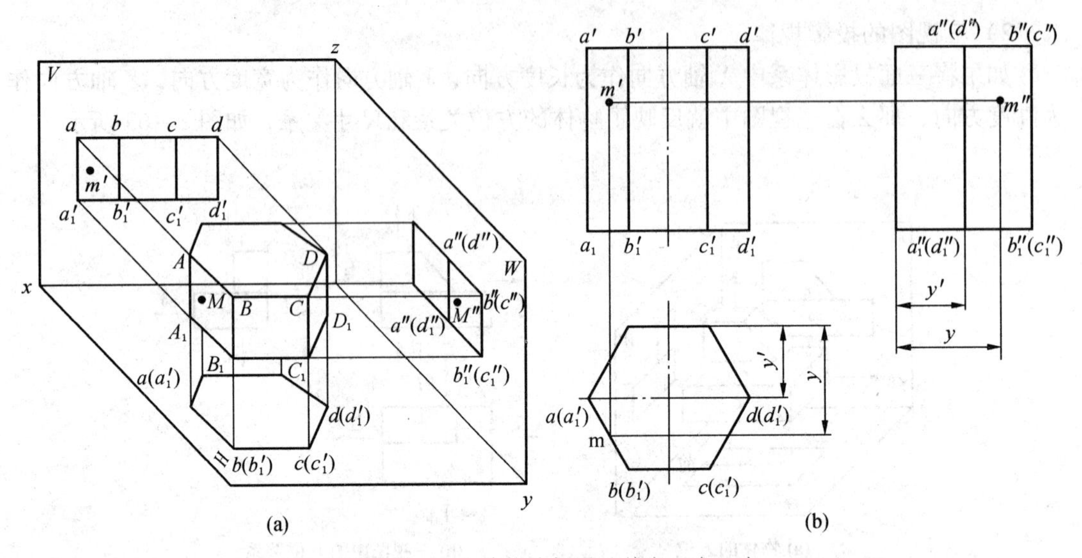

图 2－64 正六棱柱的投影及其表面上取点

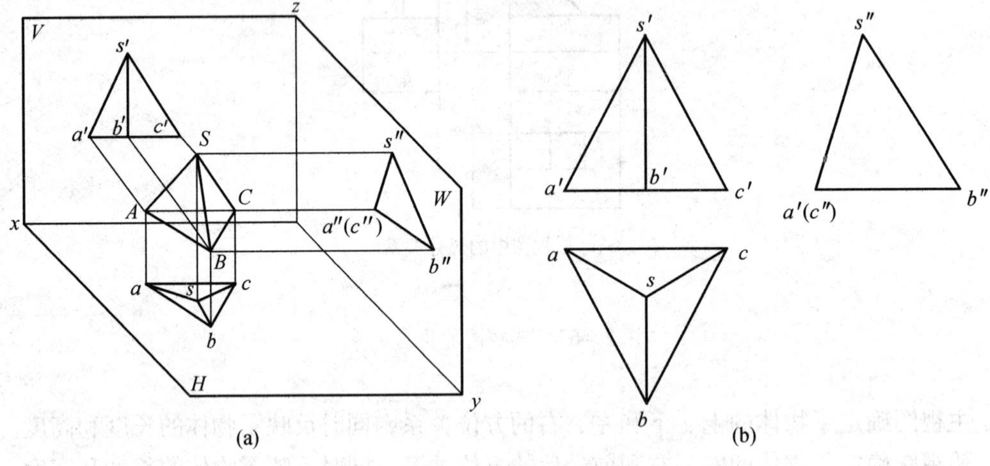

图 2－65 正三棱锥的投影

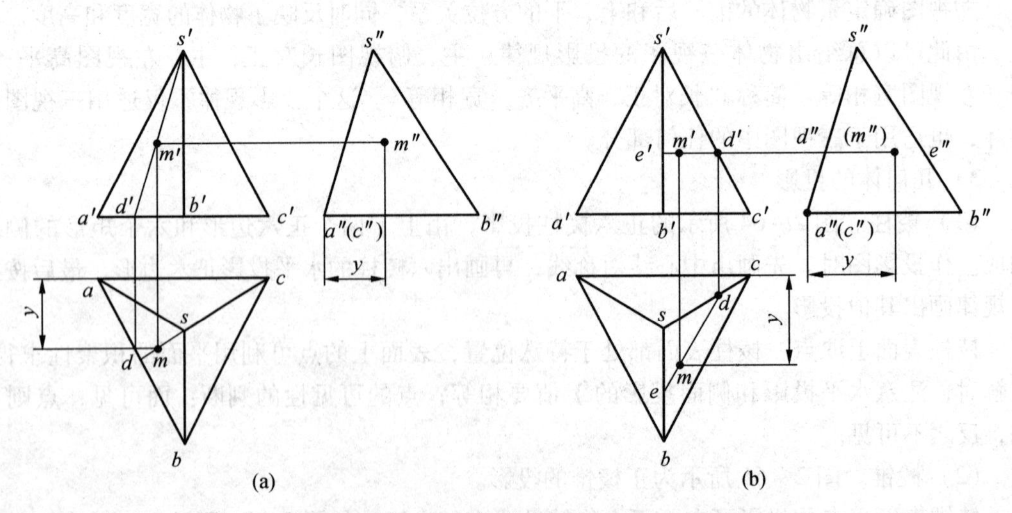

图 2－66 棱锥表面上取点

4. 组合体的投影作图

1）组合体视图及其分析

把组合体放在观察者和投影面之间的适当位置，然后用正投影法由前向后、自上而下、从左向右分别投影，得到的图形称为组合体的三视图。正面投影——主视图；水平投影——俯视图；侧面投影——左视图。如图 2－67 所示。

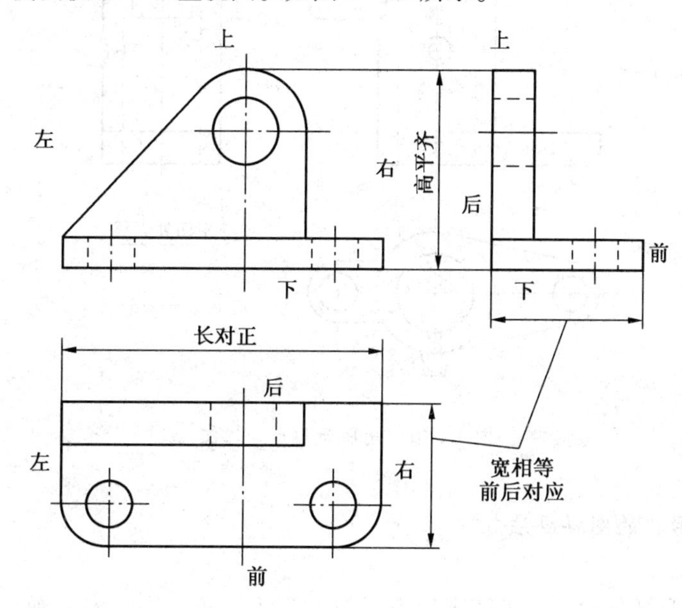

图 2－67 三视图的形成及其特征

三视图中，主视图反映机件的长和高，俯视图反映机件的长和宽，左视图反映机件的高和宽。因此，得到三视图的投影特征：主视、俯视长对正；主视、左视高平齐；俯视、左视宽相等。

三视图的位置关系：主视图在中间，俯视图在主视图的下方，左视图在主视图的右方；靠近主视图的是后面，远离主视图的是前面。

2）组合体视图的画法

（1）叠合。两个基本体表面相互重合时，如果两基本体表面平齐则不画线，反之画线，如图 2－68 所示。

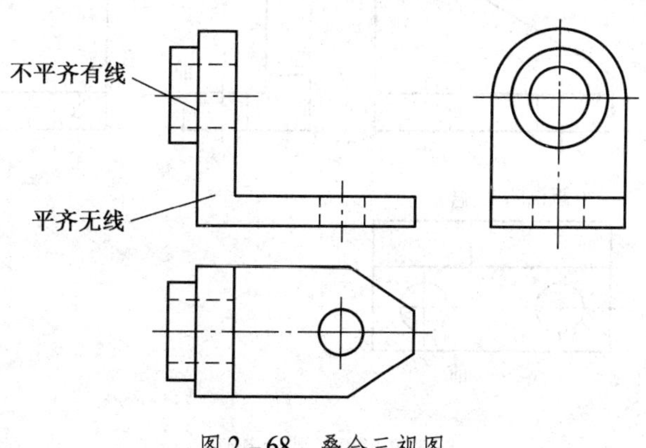

图 2－68 叠合三视图

（2）相切。两个基本体的表面相切时，在相切处不画线，如图 2－69 所示。

（3）相交。两个基本体的表面相交时，在相交处要画线，如图 2－69 所示。

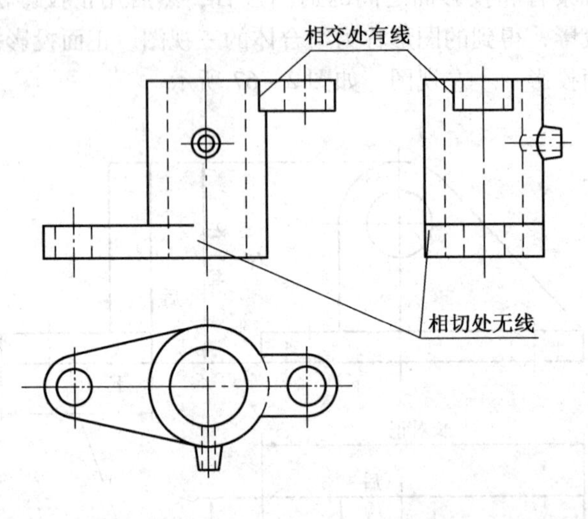

图 2－69 相切与相交三视图

（三）机件形状的图样画法

1. 基本视图

当机件的外形复杂时，为了清晰地表示出它们上、下、左、右、前、后的不同形状，根据实际需要，除了已学的 3 个视图外，还可再加 3 个视图，这就得到 6 个视图，这 6 个视图称为基本视图，如图 2－70 所示。

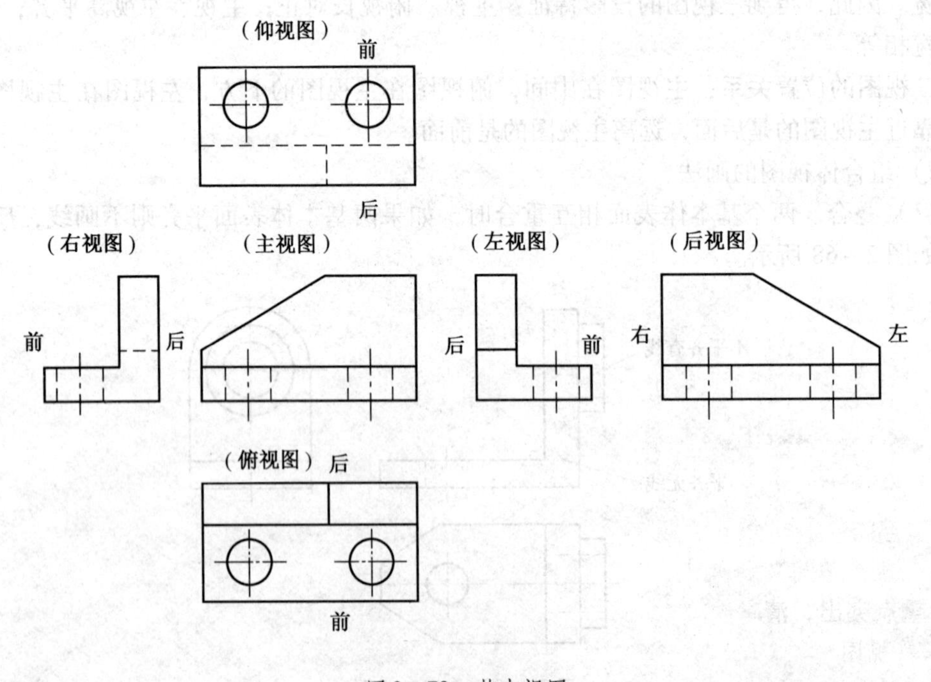

图 2－70 基本视图

当6个基本视图按展开配置时，一律不标注视图名称；如不按展开配置则需标注，如图2－71所示。

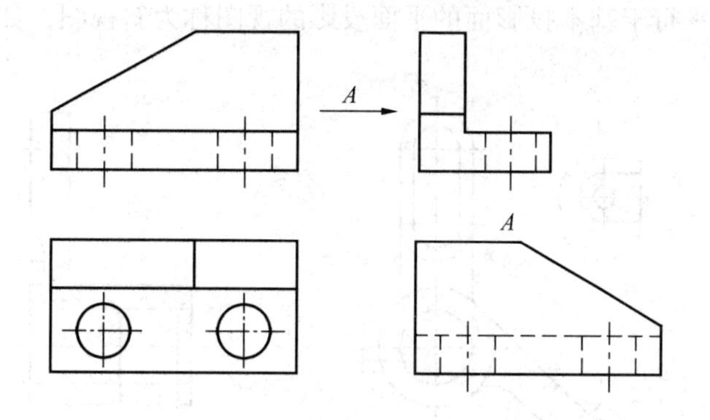

图2－71 视图不按展开配置时的标注

2. 局部视图

当采用一定数量的基本视图后，该机件上仍有部分结构尚未表达清楚，而又没有必要画出完整的基本视图时，可单独将这一部分的结构向基本投影面投影，所得的视图是一不完整的基本视图，称为局部视图，如图2－72所示。

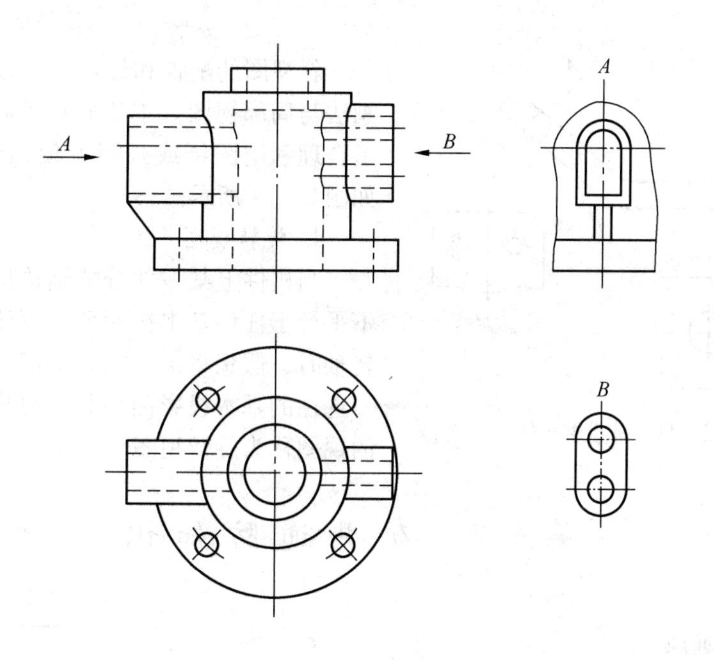

图2－72 局部视图

局部视图尽可能配置在箭头指明投影方向这一边并注上同样的字母。当局部视图按投影关系配置，中间又没有其他视图时可省略标注。在实际绘图时，用局部视图表达机件可使图形重点突出，清晰明确。

3. 斜视图

当机件上某一部分的结构形状是倾斜的且不平行于任何基本投影面时，无法在基本投影面上表达该部分的实形和标注真实尺寸，这时，可用与该倾斜结构部分平行且垂直于一个基本投影面的辅助投影面进行投影，然后将此投影面按投影方向旋转到与其垂直的基本投影面。机件向不平行于基本投影面的平面投影的视图称为斜视图，如图 2－73 所示。

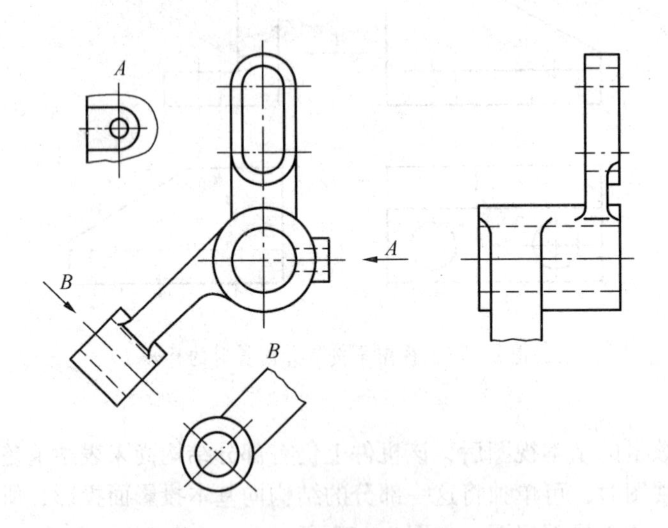

图 2－73 斜视图

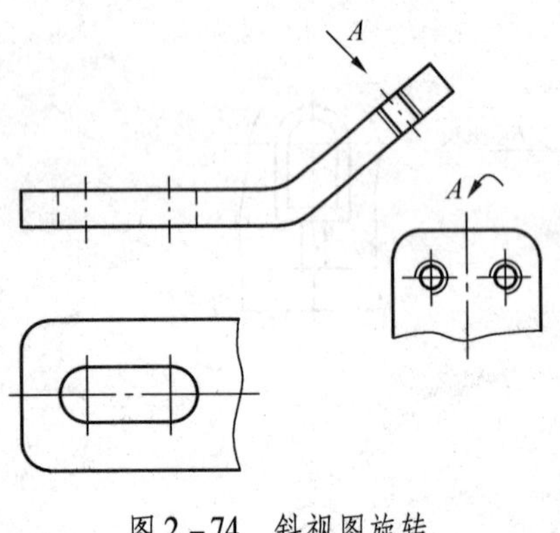

图 2－74 斜视图旋转

斜视图的配置和标注方法以及断裂边界的画法与局部视图基本相同；不同点是，有时为了合理利用图纸或画图方便，可将图形旋转，如图 2－74 所示。

4. 旋转视图

当机件上某一部分的结构形状是倾斜的且不平行于任何基本投影面，而该部分又具有回转轴时，假想将机件的倾斜部分先旋转到与某一选顶的基本投影面平行后再进行投影，所得的视图称为旋转视图。

第三节 矿井通防知识

一、矿井通风

（一）矿井通风基础知识

矿井空气来源于地面空气。一般来说，地面空气的成分是一定的，它由氧气（O_2）、氮气（N_2）和二氧化碳（CO_2）3 种主要气体组成。按体积百分比计算，这 3 种气体在空气中所占的比例分别为 20.96%（O_2）、79.00%（N_2）和 0.04%（CO_2）。此外，地面空气中还含有数量不等的水蒸气、微生物和尘埃等，但因其对空气成分影响很小通常忽略不计。

1. 井下空气中常见的有害气体

井下空气中有害气体种类很多，但常见的有害气体主要有二氧化碳（CO_2）、一氧化碳（CO）、二氧化氮（NO_2）、二氧化硫（SO_2）、硫化氢（H_2S）、甲烷（CH_4）、氨气（NH_3）、氢气（H_2）等。

1）二氧化碳

二氧化碳是一种无色、略带酸味的气体，不助燃也不能供人呼吸，略有毒性，易溶于水。相对空气的密度为 1.52，约为空气密度的 1.5 倍，故常积存在下山、盲巷、暗井、采空区和通风不良的巷道底部。

井下空气中的二氧化碳主要来源：煤、岩、坑木等物质的氧化，爆破作业，矿井火灾，瓦斯、煤尘爆炸，人的呼吸等。《煤矿安全规程》规定，采掘工作面进风流中二氧化碳的浓度不得超过 0.5%；矿井总回风或一翼回风巷中二氧化碳的浓度超过 0.75% 时，必须立即查明原因，进行处理；采区回风巷、采掘工作面回风巷风流中二氧化碳的浓度超过 1.5% 时，必须停止工作，撤出人员，采取措施，进行处理。

2）一氧化碳

一氧化碳是一种无色、无味、无臭的气体，相对空气的密度为 0.97，微溶于水，能燃烧，当浓度达到 13% ~75% 时能爆炸，有强烈的毒性。一氧化碳轻微中毒时有头痛、心跳、耳鸣等症状；严重中毒时会使人反应迟钝，失去行为能力，失去知觉，抽筋直至死亡。井下一氧化碳的主要来源：爆破，火灾，瓦斯、煤尘爆炸。《煤矿安全规程》规定，一氧化碳的最高允许浓度是 0.0024%。

3）二氧化氮

二氧化氮是一种红褐色气体，相对空气的密度为 1.57，极易溶于水而生成硝酸，有剧毒，对眼、鼻、呼吸道及肺有刺激作用，易引起肺水肿。矿井中的二氧化氮主要来源于井下爆破作业。《煤矿安全规程》规定，二氧化氮的最高允许浓度是 0.00025%。

4）二氧化硫

二氧化硫是一种无色气体，相对空气的密度是 2.20，易溶于水，有强烈的硫黄气味及酸味，有剧毒，能强烈刺激人的眼睛及呼吸道黏膜，故煤矿工人称之为“害眼气体”。矿井中的二氧化硫主要来源于含硫矿物的氧化、燃烧，在含硫矿体中爆破以及从含硫矿层中涌出。《煤矿安全规程》规定，二氧化硫的最高允许浓度是 0.0005%。

5）硫化氢

硫化氢是一种无色、有臭鸡蛋气味的气体，相对空气的密度是 1.19，易溶于水，有强烈的毒性，对人的眼睛及呼吸系统有强烈的刺激作用。井下硫化氢的来源：坑木等有机物腐烂，含硫矿物水解，爆破等。《煤矿安全规程》规定，硫化氢的最高允许浓度是 0.00066%。

6）氨气

氨气是一种无色气体，相对空气的密度是 0.6，有浓烈氨臭味，易溶于水，有毒。井下空气中的氨主要来源于爆破、矿井火灾、有机物氧化腐烂等。《煤矿安全规程》规定，氨气的最高允许浓度为 0.004%。

7）氢气

氢气是一种无色、无味、无臭的气体，相对空气的密度为 0.07，是最轻的气体，难溶于水，具有燃烧爆炸性，在空气中浓度达到4% ~74% 时遇火源可以发生爆炸。井下空气中的氢气主要来源于蓄电池机车的电池充电过程。《煤矿安全规程》规定，井下充电室风流中及局部积聚处的氢气浓度不得超过0.5% 。

8）甲烷

甲烷是一种无色、无味、无毒的气体，在标准状况下的密度为0.7168 kg/m^3，相对密度为0.554。由于甲烷较轻，故常积聚在巷道的顶部、上山掘进面及顶板冒落的空洞中。甲烷具有很强的扩散性，其扩散速度是空气的1.34 倍，会很快地在空气中扩散。甲烷虽然无毒，但不能供人呼吸，当井下甲烷浓度较高时，会降低空气中氧气的浓度，使人窒息。甲烷具有燃烧和爆炸性，当空气中的甲烷达到一定浓度时，遇火就能燃烧或爆炸，严重影响和威胁矿井生产安全，一旦形成灾害事故，会给国家财产和职工生命造成巨大损失。甲烷在矿井有害气体中占的比重较大，约占矿井有害气体总体积的90%，我们把矿井以甲烷为主的有害气体称为矿井瓦斯，习惯上也就把甲烷称为瓦斯。

2. 矿井通风的任务

（1）向井下各工作场所连续不断地输送适量的新鲜空气，保证井下人员生存所需的氧气。

（2）冲淡并排除各种有害气体和粉尘。

（3）调节煤矿井下的气候条件，给井下作业人员创造良好的生产工作环境，保障井下作业人员的身体健康和生命安全。

3. 矿井通风系统与反风

1）矿井通风系统

矿井通风系统是矿井通风方法、通风方式和通风网路的总称。

（1）矿井通风方法。矿井通风方法是指矿井主要通风机对矿井供风的工作方式，分为压入式、抽出式和抽压混合式3 种。

压入式。压入式通风是将矿井主要通风机安装在地面，以压风方式向矿井内供风。一般瓦斯矿井很少采用压入式通风。

抽出式。抽出式通风是将矿井主要通风机安设在地面，向外抽出井下空气。

抽压混合式。抽压混合式通风是将矿井主要通风机分别安装在地面进风井和回风井，进风井利用通风机向井下压入空气，回风机则利用通风机抽出井下空气的通风方式。这种通风方法一般很少采用。

（2）矿井通风方式。按照进、回风井在井田内的位置关系，矿井通风方式可分为中央式、对角式和混合式3 种。

中央式。中央式是指矿井进、回风井均大致位于井田走向中央的一种通风方式。根据回风井沿煤层倾斜方向位置不同，中央式又可分为中央并列式和中央分列式（中央边界式）两种。中央并列式是指进、回风井均布置在井田中央的通风方式。中央分列式（中央边界式）是指进风井位于井田走向中央，回风井大致位于井田上部边界的中间（沿走向的中央）。

对角式。对角式是指进风井位于井田中央，回风井分别位于井田上部边界沿走向的两翼上。根据回风井服务范围不同，对角式又可分为两翼对角式和分区对角式两种。两翼对角式是进风井位于井田中央，回风井位于井田浅部沿走向的两翼边界附近或两翼边界采区的中央。分区对角式是进风井大致位于井田中央,在每个采区的上部边界各布置一个回风井。

混合式。混合式是由上述各种方式混合形成，种类繁多。

（3）采区通风系统。

《煤矿安全规程》150 条规定，采、掘工作面应当实行独立通风，严禁 2 个采煤工作面之间串联通风。采煤工作面与其相连接 1 个掘进工作面、相邻的 2 个掘进工作面，布置独立通风有困难时，在制定措施后，可采用串联通风，但串联通风的次数不得超过 1 次。

对于本条规定的串联通风，必须在进入被串联工作面的巷道中装设甲烷传感器，且甲烷和二氧化碳浓度都不得超过 0. 5% ，其他有害气体符合规程规定。

开采有瓦斯喷出或有或者在距离突出煤层重距小于 10 m 的区域掘进施工时突出危险的煤层时，严禁任何 2 个工作面之间串联通风。

风流沿采煤工作面由下向上流动的通风方式称为上行风；风流沿采煤工作面由上向下流动的通风方式称为下行风。

上行风的优点主要有：有利于带走瓦斯，较快地降低工作面的瓦斯浓度；工作面运输平巷中的运输设备位于新鲜风流中，安全性好；工作面发生火灾时，采用上行风在起火地点发生瓦斯爆炸的可能性比下行风要小些。

上行风的缺点主要有：风流方向与运煤方向相反，易引起煤尘飞扬，使采煤工作面进风流及工作面风流中煤尘浓度增大；煤在运输过程中释放出的瓦斯被上行风流带入工作面，使进风流和工作面风流中瓦斯浓度升高；运输巷内机电设备产生热量，使上行风比下行风温度高些。

下行风的优、缺点与上行风相反。

综合比较，一般认为上行风优于下行风，因此，《煤矿安全规程》规定，有煤（岩）与瓦斯突出危险的采煤工作面不得采用下行通风。

（4）掘进通风。在掘进巷道时，为了给人员呼吸新鲜空气，冲淡并排除有害气体和矿尘，创造良好的气候条件，必须对掘进工作面进行通风，这种通风称为掘进通风或局部通风。掘进通风方法主要有 3 种：利用矿井全风压通风、引射器通风和局部通风机通风。

全风压通风。全风压通风又称总风压通风，是利用矿井主要通风机的风压对掘进工作面通风的一种方法。这种方法不增设通风动力设备，直接利用矿井主要通风机造成的风压对局部地点进行通风。

全风压通风的优点是通风连续、可靠、安全性能好。但这种方法要消耗矿井总风压，使矿井通风阻力增大且掘进地点、通风距离受到限制。所以，此方法仅适用于局部通风机通风不方便、通风距离不长的巷道掘进中。

引射器通风。引射器通风是利用喷嘴喷出的高压水流或高压气流，在喷嘴射流周围形成负压而吸入空气，经混合将能量传递给被吸入的空气使之具有通风压力，达到通风的目的。按引射器利用能源不同分为压风引射器和水力引射器两种。

采用引射器通风的主要优点是，无电气设备、无噪声，比较安全。若采用水力引射器通风，还具有降温和降尘的作用。但是，由于供风量小，效率低，需要高压水源或压缩空气设备，故引射器通风只适用于需要风量不大的短距离通风。

局部通风机通风。局部通风机通风是矿井广泛采用的局部通风方法。其通风方式分为压入式、抽出式和混合式 3 种，局部通风机部置如图 2 – 75 所示。

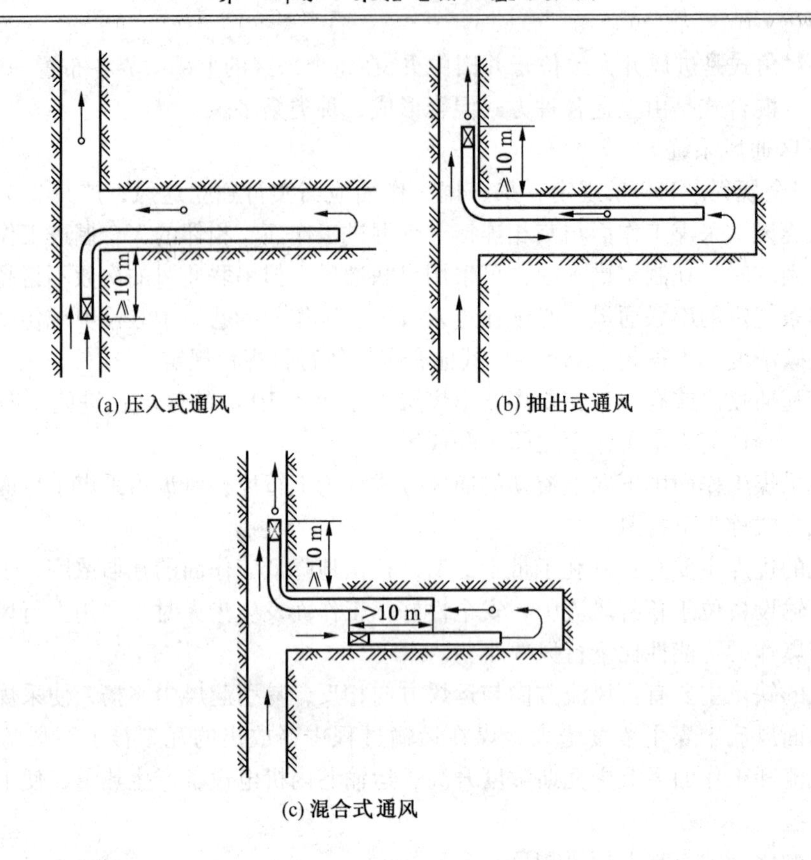

(a) 压入式通风　(b) 抽出式通风　(c) 混合式通风

图 2－75　局部通风机布置图

压入式通风的局部通风机和启动装置必须安装在距离掘进巷道回风口不小于 10 m 的进风巷道中，局部通风机把新鲜空气经风筒压送到掘进工作面，污风沿巷道排出。压入式通风的优点：污风不通过局部通风机，安全性能好；有效射程远，工作面通风效果好；既可以使用柔性风筒，也可以使用刚性风筒，适用性强。缺点：污风经巷道排出，劳动卫生条件差；排除整个掘进巷道中的炮烟时间长，影响掘进速度。

抽出式通风的局部通风机安装在离巷道口不小于 10 m 的回风侧，新鲜风流沿巷道流入，污风通过刚性风筒由局部通风机排出。

抽出式通风的优点：污风经风筒排出，巷道作业环境好；爆破时，人员往返距离短，所需时间少。缺点：有效吸程短，通风效果差；污风由局部通风机排出，一旦局部通风机产生火花，有瓦斯爆炸的危险，安全性差；不能采用普通柔性风筒，适应性差。抽出式通风一般适用于无瓦斯巷道。《煤矿安全规程》规定，煤巷、半煤岩巷和有瓦斯涌出的岩巷不得采用抽出式局部通风机通风。

混合式通风是抽出式局部通风机和压入式局部通风机联合工作的一种通风方式。优点是有压入式、抽出式通风的优点，通风效果好，缺点是通风设备较多，管理较复杂，抽出部分不能用普通柔性风筒。一般适用于大断面、长距离的无瓦斯巷道，若在有瓦斯巷道使用必须制定安全措施。

（5）扩散通风。扩散通风是利用空气中分子的自然扩散运动，对局部地点进行通风的方式。《煤矿安全规程》规定，如果硐室深度不超过 6 m，入口宽度不少于 1.5 m，而无瓦斯涌出，可采用扩散通风。

（6）循环风。局部通风机的回风，部分或全部再进入同一局部通风机的进风风流中，称为循环风。由于局部地点的风流反复返回同一局部地点，有害气体和粉尘浓度越来越大，不仅使作业环境越来越恶化，同时也会由于风流中瓦斯浓度不断增加而造成瓦斯事故。

2）矿井反风

生产矿井的反风有全矿性反风和局部反风两种形式。

（1）全矿性反风。全矿性反风就是使全矿井总进风、回风巷道及采区主要进风、回风巷道的风流全面反向的反风方式。当矿井进风井口附近、进风井筒、井底车场及其附近发生火灾、瓦斯或煤尘爆炸时，为了限制灾区范围扩大，防止烟流流入人员集中的场所，以便进行灾害处理和救护工作，有时需要改变矿井的风流方向即进行全矿性反风。全矿性反风主要通过以下 3 种方法实现：

①反风道反风。利用主要通风机设置专用反风道和控制风门，使通风机的排风口与反风道相连，风流由风硐压入回风道，使风流方向反向，这种方法称为反风道反风。轴流式和离心式主要通风机都可以用这种方法。

②反转反风。利用主要通风机反转使风流反向的方法称为反转反风。只有采用轴流式主要通风机通风，才可采用这种反风方法。

③无反风道反风。利用备用的主要通风机机体作为反风道实现反风的方法，称为无反风道反风。

为确保每个生产矿井具备全矿性反风能力，《煤矿安全规程》一百五十九条规定，生产矿井主要通风机必须装有反风设施，并能在 10 min 内改变巷道中的风流方向。当风流方向改变后，主要通风机供给风量应不小于正常供风量的 40% 。每季度应当至少检查一次反风设施，每年应当进行一次反风演习；矿井通风系统有较大变化时，也应当进行一次反风演习。

（2）局部反风。在井下采区内发生火灾时，主要通风机保持正常运转，通过调整采区内预设风门的开关状态，实现采区内部部分巷道风流反向，把火灾烟流直接引入回风巷道。

（二）通风设施

1. 矿井主要通风设施

在矿井正常生产中，为保证风流按设计的路线流动，在灾变时期仍能维持正常通风或便于风流调度，而在通风系统中设置的一系列构筑物称为通风设施。煤矿井下常见的通风设施有风门、风桥、挡风墙等。

1）风门

风门是指在不允许风流通过，但需行人或通车的巷道内设置的一种控制风流的通风设施。在建有风门的巷道中，至少要有两道风门，两道风门的间距要大于运输设备的长度，以便一道风门开启时另一道风门是关闭的。风门分为普通风门和自动风门两类。普通风门需要人力开启，利用自重和风压差实现自行关闭；自动风门利用机械转动、电动、气动或水动原理开启和关闭风门。

2）风桥

风桥是将两股平面交汇的新风和污风隔成立体交叉的一种控制风流的设施。常见的风桥有绕道式风桥、混凝土风桥和铁筒风桥 3 种。

3）挡风墙（密闭）

挡风墙是指在需要隔断风流，同时又不需要通车或行人的巷道中设置的一种控制风流的设施，也叫密闭。通常用挡风墙来封闭采空区、火区和废弃的旧巷等。按结构和服务年限不同，密闭分为临时密闭和永久密闭两类。

2. 通风设施对安全生产的影响

煤矿井下通风设施是否合乎要求，是影响矿井漏风量大小和有效风量高低的重要因素。质量不符合规定的通风设施对煤矿安全生产有很大影响。因此，应保证各通风设施的质量符合有关规定，做好通风设施的维护管理工作。

二、矿井瓦斯防治

（一）瓦斯爆炸及其预防

1. 瓦斯爆炸

1）瓦斯爆炸的概念

瓦斯是一种能够燃烧和爆炸的气体，瓦斯爆炸就是空气中的氧气（O_2）与瓦斯（CH_4）进行剧烈氧化反应的结果。其化学反应式为

$$CH_4 + 2O_2 \rightarrow CO_2 + 2H_2O + 882.6\ kJ/mol$$

从上式中可看出，瓦斯在高温火源作用下，与氧气发生化学反应，生成二氧化碳和水蒸气并放出大量的热，这些热量能够使反应过程中生成的二氧化碳和水蒸气迅速膨胀，形成高温、高压并以极高的速度向外冲击而产生动力现象，这就是瓦斯爆炸。

2）瓦斯爆炸的条件

瓦斯爆炸的条件：一定的瓦斯浓度、高温火源的存在和充足的氧气。

（1）一定的瓦斯浓度。瓦斯爆炸具有一定的浓度范围，只有在这个浓度范围内，瓦斯才能爆炸，这个范围称为瓦斯爆炸极限。瓦斯爆炸的极限是 5% ~16% 。

当瓦斯浓度低于 5% 时，遇高温火源不能爆炸，但能在火源外围形成燃烧层。当瓦斯浓度高于 16% 时，既不燃烧也不爆炸，但是当遇到新鲜空气时会燃烧。当空气中瓦斯浓度达到 9.5% 时，爆炸威力最大。

（2）高温火源。是指瓦斯的引火温度，即点燃瓦斯的最低温度。一般认为，瓦斯的引火温度是 650 ~750 ℃。明火、煤炭自燃、电气火花、赤热的金属表面、爆破、架线火花，甚至撞击和摩擦产生的火花等都足以引燃瓦斯。

（3）充足的氧气。当氧气浓度降到 12% 时，混合气体中的瓦斯就会失去爆炸性，遇火也不会爆炸。

2. 瓦斯爆炸事故的防治

预防瓦斯爆炸就是指消除瓦斯爆炸的条件并限制爆炸火焰向其他地区传播，归纳起来主要有以下 3 个方面：防止瓦斯积聚、防止引爆瓦斯和防止瓦斯爆炸范围扩大。

1）防止瓦斯积聚的技术措施

（1）加强通风管理。通风是防止瓦斯积聚的主要措施，建立一个完善合理的矿井通风系统，加强通风管理，使瓦斯浓度降到《煤矿安全规程》规定的浓度以下。

（2）加强瓦斯检查。及时检查各用风地点的通风状况和瓦斯浓度，查明隐患进行处

理，是日常瓦斯管理的重要内容。瓦斯检查人员发现井下瓦斯超限，有权立即停止工作，撤出人员并向有关部门报告。瓦斯检查员应由责任心强、经过专业培训并考试合格的人员担任，要求持证上岗。严禁瓦斯检查空班、漏检、假检等。

（3）及时处理局部积聚瓦斯。发现局部积聚瓦斯，必须及时处理，以消除瓦斯爆炸隐患。《煤矿安全规程》173 条规定，采掘工作面内及其他巷道内，体积大于 0.5 m^3 的空间内积聚的甲烷浓度达到 2.0% 时，附近 20 m 内必须停止工作，撤出人员，切断电源，进行处理。

2）防止引燃瓦斯的措施

（1）禁止在井口房、主要通风机房及抽放泵站周围 20 m 以内使用明火。

（2）严禁携带烟草、点火物品和穿化纤衣服入井。

（3）严格执行爆破制度。

（4）防止煤炭氧化自燃，加强井下火区检查与管理。

（5）防止出现电火花。

（6）防止出现机械摩擦火花。

（7）严格掘进工作面局部通风机管理工作。

3）防止瓦斯爆炸灾害扩大的措施

除建立完善合理、抗灾能力强的矿井通风系统外，为防止瓦斯爆炸灾害扩大，还应采取下列措施：

（1）编制灾害预防与处理计划。矿井每年应编制“矿井灾害预防与处理计划”，每季度根据矿井的变化情况进行修订和补充，组织所有入井职工认真学习、贯彻，使每位入井人员都能了解和熟悉一旦发生瓦斯爆炸时撤出和躲避的路线与地点。

（2）安全装置。安设防爆门、反风装置、隔爆设施，入井人员的须佩戴自救器等。

（二）煤（岩）与瓦斯突出及其防治

1. 煤（岩）与瓦斯突出的概念及其危害

由于地应力和瓦斯的共同作用，在极短的时间内，破碎的煤、岩和瓦斯由煤体或岩体内突然向采掘空间抛出的异常动力现象称为煤（岩）与瓦斯突出。

当发生煤（岩）与瓦斯突出时，采掘工作面的煤壁将遭到破坏，抛出的煤（岩）充满巷道，摧毁巷道设施，破坏通风系统，甚至使风流逆转，造成人员窒息，发生瓦斯燃烧、爆炸及煤流埋人事故等。

2. 煤与瓦斯突出的预兆

绝大多数的煤与瓦斯突出在突出发生前都有预兆。突出的预兆分为有声预兆和无声预兆。

1）有声预兆

（1）响煤炮。在煤层内发出劈裂声、机枪声、爆竹声、闷雷声。声音由远及近，由小到大。由于条件不同，声音的大小、间隔时间、响声种类也不同。

（2）其他有声预兆。发生突出前，因压力突然增大，支架会发出“嘎嘎”响或劈裂折断声、煤岩壁的破裂声，有时会听到气体穿过含水裂缝的“吱吱”声等。

2）无声预兆

（1）煤层发生变化。煤层层理紊乱，煤变软、暗淡、无光泽，煤层干燥，厚度变大、倾角变陡等。

（2）地压显现。压力增大，支架变形，煤壁外鼓、片帮、掉渣，顶底板出现凸起台阶，手扶煤壁感到震动和冲击，炮眼变形装不进药，打眼时垮孔、夹钻等。

（3）其他方面的预兆：瓦斯涌出异常，忽大忽小，煤尘增大，空气气味异常、发闷，煤壁发冷，气温下降等。

上述突出预兆并非每次突出时都同时出现，而是出现一种或几种。

3. 防止煤与瓦斯突出的措施

在防治煤与瓦斯突出的实践中，我国总结了一套行之有效的综合防突措施，习惯上称为“四位一体”防突措施，即突出危险性预测、防治突出措施、防治突出措施的效果检验和安全防护措施。

1）突出危险性预测

（1）区域突出危险性预测。区域预测是预测矿井、煤层和煤层区域的突出危险性。按照《防治煤与瓦斯突出细则》的规定，突出矿井的煤层应划分为突出煤层和非突出煤层。突出煤层经区域预测，可划分为无突出危险区、突出危险区和突出威胁区3种。

区域突出危险性预测的方法有单项指标法、瓦斯地质统计法和综合指标法等。

（2）工作面突出危险性预测。在突出危险性预测区域内，工作面进行采掘作业前，必须进行突出危险性预测。依据预测结果划分为突出危险工作面和突出威胁工作面。

工作面突出危险性预测的方法有综合指标法、钻屑指标法、钻孔瓦斯涌出初速度法、R值指标法等。

2）防治突出的措施

（1）区域性防突措施。目前采用的区域性防突措施包括开采保护层、预抽煤层瓦斯和煤体注水。

开采保护层。为消除或削弱相邻煤层的突出或冲击地压危险而先开采的煤层或矿层称为保护层，后开采的具有突出或冲击地压危险的煤层称为被保护层。位于被保护层之上的保护层称为上保护层，位于被保护层之下的保护层称为下保护层。

保护层开采后，被保护层中对应区域内煤体的弹性能得以释放，地压减小；煤层因卸压而膨胀，透气性增大，煤层的瓦斯压力和瓦斯含量明显下降；被保护层中瓦斯排放的结果，使煤的强度增大，增大了突出的阻力。这些因素综合作用的结果必然使被保护层突出危险性削弱或消除。

预抽煤层瓦斯。开采保护层时，已有瓦斯抽放系统的矿井，应同时抽放被保护层的瓦斯；单一煤层和无保护层可开采的突出危险煤层，经试验预抽瓦斯有效果时，也必须采用抽放瓦斯的措施。

煤层抽放瓦斯后，大量高压瓦斯的排放使煤体强度增加，弹性潜能得以释放，消除或削弱了突出的危险。

煤体注水。水进入煤层内部的裂隙和孔隙后，可使煤体湿润，增加煤的可塑性和柔性，使煤体疏松；同时，可使集中应力向煤体深处推移，减小瓦斯扩散初速度。因此，煤体注水能较有效地起到防突的作用。

（2）局部防突措施。目前常用的局部防突措施有石门揭煤防突措施，煤巷掘进工作面防治突出措施、采煤工作面防治突出措施。

石门揭煤防突措施。石门和其他岩石井巷揭穿突出危险煤层时的防突措施中，除抽放瓦斯外，还有水力冲孔、排放钻孔、水力冲刷、金属骨架和震动爆破等。

煤巷掘进工作面防治突出措施。在有突出危险的煤层中掘进巷道，可以采用预抽瓦斯、水力冲孔、超前钻孔、深孔松动爆破、卸压槽和前探支架等防治突出措施。

采煤工作面防治突出措施。对于有突出危险的采煤工作面，防治突出应以区域性措施为主。当由某种原因未采取区域防突措施或在区域防突措施失效的区段，可采用排放钻孔、松动爆破、注水湿润煤体、大直径钻孔、预抽瓦斯等局部防突措施，尽可能采用刨煤机或浅截深滚筒式采煤机采煤。

3）防治突出措施效果检验

对防治突出采取的措施进行效果检验，相当于对已经采取了防突措施的采掘工作面在原来预测的基础上再进行一次突出危险性预测。按照《防治煤与瓦斯突出细则》的规定，在突出危险工作面进行采掘作业前，必须采取防治突出措施。采取防治突出措施后，还要进行措施效果检验，经检验证实措施有效后，方可采取安全防护措施进行采掘作业。如果经证实措施无效，则必须采取防治突出的补充措施并经检验有效后，方可采取安全防护措施进行采掘作业。

4）安全防护措施

安全防护措施包括石门揭穿煤层时的震动爆破、采掘工作面的远距离爆破、挡栏、反向风门、自救器、避难硐室和压风自救系统等。

5）采掘工作面防突的相关规定

矿井在采掘过程中只要发生过一次煤（岩）与瓦斯突出，该矿井即为突出矿井，发生突出的煤层即为突出煤层。煤矿企业应当将突出矿井及突出煤层的鉴定结果报省级煤炭行业管理部门和煤矿安全监察机构。

开采突出煤层时，必须采取突出危险性预测、防治突出措施、防治突出措施的效果检验、安全防护措施等综合防治突出措施。

开采突出煤层时，每个采掘工作面的专职瓦斯检查工必须随时检查瓦斯，掌握突出预兆。当发现有突出预兆时，瓦斯检查工有权停止工作面作业，协助班组长立即组织人员按避灾路线撤出、报告矿调度室。

有突出危险的采掘工作面爆破落煤前，所有不装药的炮眼、孔都应用不燃性材料充填，充填深度应不小于爆破孔深度的1.5倍。

突出矿井的入井人员必须携带隔离式自救器。

三、矿井防灭火

（一）矿井火灾的分类、特点及其危害

矿井火灾一旦发生，轻则影响安全生产，重则烧毁煤炭资源和物资设备，造成人员伤亡，甚至引起瓦斯煤尘爆炸，扩大灾害范围。

1. 矿井火灾

凡是发生在矿井井下或发生在地面但可能威胁到井下安全生产的火灾称为矿井火灾。

2. 矿井火灾的构成要素

矿井火灾发生的原因虽然多种多样，但构成火灾的基本要素归纳起来有热源、可燃

物、空气3个方面，俗称火灾三要素。三者缺一即不可能发生火灾。

3. 矿井火灾的分类

（1）按引火热源的不同分类。根据引火热源的不同，可将矿井火灾分为外因火灾、内因火灾两大类。

（2）按发火地点的不同分类。按发火地点的不同可将矿井火灾分为地面火灾和井下火灾。

4. 矿井火灾的特点

（1）外因火灾的特点：发生突然，来势凶猛，如果发现不及时往往会酿成恶性事故。据统计，煤矿重大恶性火灾事故有90%属于外因火灾。外因火灾的燃烧往往在表面进行，如果及时发现还是容易扑灭的。

（2）内因火灾的特点：发生、发展较为缓慢，初期阶段变化很小，很难被及早发现；同时，火源隐蔽，不易找到火源的准确位置；灭火难度大，可持续数月、数年，甚至数十年之久，有时燃烧的范围逐渐扩大，造成煤炭资源的巨大损失。

5. 矿井火灾的危害

矿井火灾对煤矿生产及职工安全的危害主要有以下几个方面：

（1）烧毁设备设施，消耗灭火器材。

（2）烧毁和冻结大量煤炭资源。

（3）产生大量有害气体和烟雾，严重威胁人身安全。据有关资料统计，在矿井火灾事故中，遇难者95%以上是死于有害气体中毒。

（4）引起瓦斯、煤尘爆炸。

（5）可引起井巷风流紊乱，给灭火、抢救工作带来困难，造成更加严重的危害。

（二）外因火灾及其防治

1. 外因火灾发生的原因

外因火灾是由于外来热源引起的可燃物的燃烧而形成的火灾。引起外因火灾的火源主要有以下几种：

（1）明火。井下吸烟、焊接及用电炉、灯泡取暖等都能引燃可燃物导致外因火灾。

（2）电火花。主要是因电气设备性能不良，管理不善引起的，如电钻、电动机、变压器、开关、接线三通、打点器、电缆等出现损坏、过负荷、短路等引起的电火花。

（3）爆破火。由于不按爆破规定和爆破说明书爆破，如放明炮、糊炮、用动力电源爆破、不装炮泥、炮眼深度不够或最小抵抗线不合规定等都会出现爆破火。

（4）瓦斯、煤尘爆炸。因瓦斯、煤尘爆炸出现的明火。

（5）机械摩擦火。由于机械摩擦及物体碰撞产生的火，如输送带跑偏、打滑等摩擦引发着火。

2. 外因火灾的预防措施

预防外因火灾的措施关键是严格遵守《煤矿安全规程》的有关规定，及时发现，及早采取措施扑灭。主要措施有建立防火制度、健全安全设施、控制各种火源、加强明火管理、加强可燃物管理等。

3. 矿井灭火的方法

1）直接灭火法

直接灭火法就是用水、砂子、岩粉、化学灭火器等直接扑灭火灾或挖除火源的灭火方法。

（1）挖除火源。将已经发热或者燃烧的煤炭以及其他可燃物挖出、清除、运出井外，这是扑灭矿井火灾最彻底的方法。

（2）用水灭火。井下用水灭火必须注意以下事项：①要有足够的水量；②要有瓦斯检查员在现场附近随时检查瓦斯浓度；③用水扑灭电气设备火灾时，必须先切断电源；④不宜用水直接扑灭油类火灾；⑤灭火人员要站在进风侧；⑥水射流要由外向里逐渐灭火；⑦保持正常通风，以便使烟和水蒸气能顺利地排到回风流中去。

（3）用砂子或岩粉灭火。将砂子或岩粉直接撒盖在燃烧物体上，将燃烧物与空气隔绝，使火熄灭。通常用此法扑灭电气火灾和油类火灾。砂子和岩粉的成本低，操作简单，易于长期存放，所以在机电硐室、材料库、炸药库等地方，均应备有防火砂箱。

（4）用灭火器灭火。适用于煤矿井下的灭火器有干粉灭火器、灭火手雷、泡沫灭火器、高倍数泡沫灭火器等。

2）隔绝灭火法

井下火灾不能直接扑灭时，将火源或发火区迅速封闭，隔绝空气的供给，使火源缺氧熄灭，这种方法称为隔绝灭火法。

3）综合灭火法

综合灭火法是隔绝灭火法与其他灭火法的综合应用。实践证明，单独使用密闭墙封闭火区，熄灭火所需时间较长，容易造成煤炭资源的冻结，影响生产。如果密闭墙质量不高，漏风严重，将达不到灭火的目的。因此，通常在火区封闭后，采取向火区内注入泥浆或惰性气体、调节风压等方法，加速火区内火的熄灭，这就是综合灭火法。

四、矿尘防治

（一）概述

1. 矿尘的概念及危害

1）矿尘的概念

矿尘是指煤矿生产过程中产生的各种矿物细微颗粒的总称，又称粉尘。

2）矿尘的危害

矿尘的危害主要表现在以下3个方面：

（1）矿尘污染劳动环境，降低了生产场所的可见度，增加了安全隐患，影响劳动效率。

（2）工人长期在含矿尘浓度较高的环境中作业，吸入大量矿尘后，轻者可能引起呼吸道炎症，重者可导致尘肺病，严重影响人体健康和寿命。

（3）具有爆炸性的煤尘，在一定条件下能发生爆炸，造成大量的人员伤亡和财产损失。

2. 矿尘的产生

掘进、采煤、运输、提升等生产环节中，随着岩体和煤体的破坏、破碎，会产生大量矿尘。产尘较多的工序主要有打眼、落煤、放顶、转运等。

3. 矿尘的分类

矿尘的分类方法很多，按来源分为原生矿尘和次生矿尘；按所含游离二氧化硅的多少分为硅尘（游离二氧化硅含量大于 10%）和非硅尘（游离二氧化硅含量小于或等于 10%）；按存在状态分为浮尘和落尘；按尘粒的可见度又可分为可见矿尘（粒径大于 10 μm）、显微矿尘（粒径 0.25 ~ 10 μm）和超显微矿尘；按爆炸性还可分为爆炸性矿尘和无爆炸性矿尘。

（二）煤尘爆炸及其预防

1. 煤尘爆炸的条件及危害

1）煤尘爆炸的条件

煤尘发生爆炸，必须同时具备以下条件：

（1）煤尘本身具有爆炸危险性。

（2）悬浮在空气中的煤尘达到一定浓度。具有爆炸危险性的煤尘只有呈浮游状态并达到一定浓度范围才可能发生爆炸。煤尘爆炸下限浓度一般为 45 g/m^3，上限浓度为 1500 ~ 2000 g/m^3，爆炸威力最强的煤尘浓度为 300 ~ 400 g/m^3。

（3）存在高温引爆火源。煤尘爆炸的引爆温度在 610 ~ 1050 ℃，多数为 700 ~ 800 ℃。

（4）有充足的氧气。空气中氧浓度小于 18% 时，煤尘就不能爆炸。

2）煤尘爆炸的危害

煤尘爆炸的危害性主要表现在对人员的伤害和摧毁井巷及设施、破坏设备等方面。

（1）产生高温、高压和冲击。

（2）引起煤尘或瓦斯连续多次爆炸。

（3）产生大量有害气体。煤尘爆炸时产生的一氧化碳，在灾区内的浓度可达 2% ~ 4%，有时甚至高达 8% 左右。煤尘爆炸事故中死于一氧化碳中毒的人数占死亡人数的 70% ~80%。

2. 煤尘爆炸的预防

1）降尘措施

（1）减少煤尘产生量。减少煤尘产生量的措施主要有煤层注水、采空区灌水、改进采掘机械结构及其运行参数、湿式凿岩、爆破使用水炮泥、封闭尘源、合理确定炮眼数目和装药量等。

（2）喷雾洒水。如采煤机内外喷雾、爆破前后喷雾、支架喷雾、装岩（煤）洒水、转载喷雾洒水、干式捕尘、除尘器除尘、巷道风流净化水幕等。

（3）通风排尘。通过上述两类措施不能消除的粉尘要用矿井通风的方法排出井外。

2）防止煤尘引燃的措施

防止煤尘引燃的措施与防止瓦斯引燃的措施相同。

3）限制煤尘爆炸范围扩大的措施

《煤矿安全规程》规定：开采有煤尘爆炸危险煤层的矿井，必须有预防和隔绝煤尘爆炸的措施。其作用是把已经发生的爆炸限制在一定范围内，不让爆炸火焰继续蔓延，避免爆炸范围扩大。目前，常采用的隔爆措施有设置隔爆棚，主要包括水棚和自动隔爆棚等；清扫积尘；撒布岩粉等。

第二部分

采掘电钳工初级技能

第三章　工作前准备

第一节　劳动保护与安全文明生产

一、操作技能

（一）正确使用劳动保护用品进行个人防护

1. 过滤式自救器的使用方法

（1）取下乳胶防尘套。

（2）扳断封口条，用拇指扳起开启扳手，用力将红色小封口条拉断。

（3）拉开封口带，用拇指和食指握住开启扳手，拉开封口带。

（4）扔掉上部外壳。

（5）取出过滤罐。

（6）咬口具，将口具片置于唇与牙床中间，咬住牙垫，闭紧嘴唇。

（7）上鼻夹，将鼻夹夹在鼻翼上，用嘴呼吸。

（8）摘下矿工帽，戴好自救器头带。

2. 对入井人员服装的要求

入井人员严禁穿化纤衣服，入井前服装穿戴整齐，安全帽要系好帽带；胶靴穿好后，裤口要放在胶靴内；矿灯要和自救器用灯带系好挎在腰部，不得背在肩上或用手拎着，工作中矿灯要戴在安全帽上，不能拿在手中进行作业（行走时例外）。

（二）正确使用安全用具，保证工作安全

1. 高压绝缘棒

高压绝缘棒又称令克棒，用来闭合或断开 35 kV 及 35 kV 以下的高压跌落式熔断器及隔离开关以及用于进行测量和试验工作。高压绝缘棒由工作部分、绝缘部分和手柄部分组成，如图 3－1 所示。工作部分是由金属或强度较大的材料制成的钉勾子，其长度一般为 5～8 cm，以便操作时套入熔丝管及隔离开关的操作环内。绝缘部分和手柄由浸渍过绝缘漆的木材、硬塑料、玻璃钢等绝缘性能好的材料制成，长度有一定的要求，当额定电压在 10kV 及以下时，绝缘部分的最小长度不应小于 1.1 m，手柄长度不应小于 0.4 m。

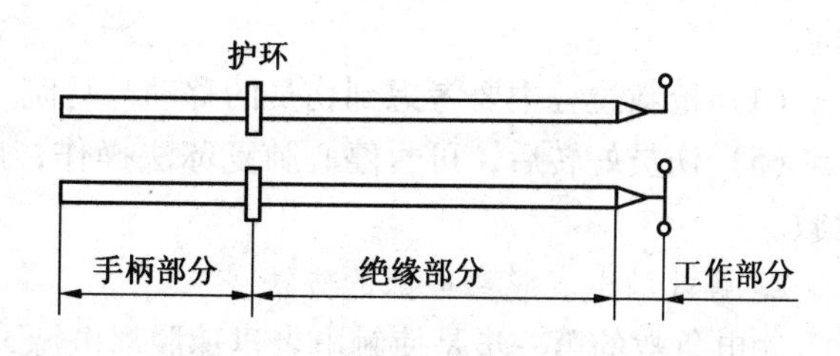

图 3－1　绝缘棒

使用前应确定绝缘棒是否符合设备额定电压，是否在试验有效期限内，检查有无损伤、油漆有无损坏等。操作时应配合使用绝缘手套、绝缘靴等辅助安全工具。

高压绝缘棒应垂直存放在支架上或吊挂在室内。无特殊防护装置的高压绝缘棒不允许在下雨或下雪时进行室外操作。高压绝缘棒需定期做预防性试验，周期半年。

2. 绝缘夹钳

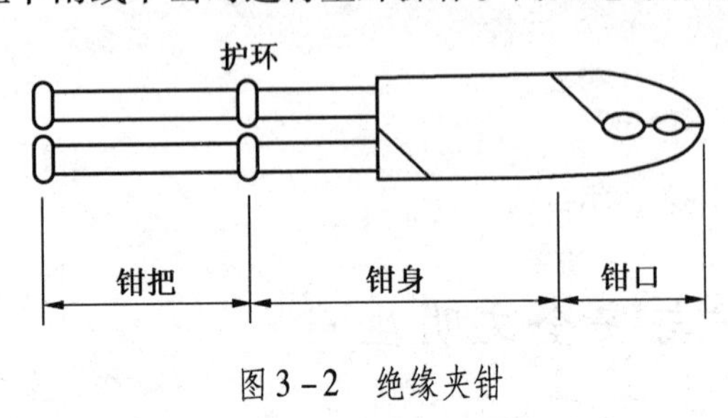

图3－2　绝缘夹钳

绝缘夹钳是一种基本安全用具，主要用于拆除熔断器等。绝缘夹钳由钳口、钳身、钳把组成，如图3－2所示。所用材料多为硬塑料或胶木。钳身、钳把由护环隔开，以限定手握部位，其长度也有一定要求，在额定电压10 kV及以下时，钳身长度不应小于0.75 m，钳把长度不应小于0.2 m。

使用前应对绝缘夹钳进行安全检查，使用时应配合辅助安全用具。绝缘夹钳必须每半年做一次绝缘试验。

3. 绝缘手套

绝缘手套的长度至少应超过手腕10 cm，在使用前应仔细检查，如发现有任何破损，不应使用。绝缘手套必须每半年做一次绝缘试验。

4. 绝缘胶靴

（1）在使用前必须仔细检查，如发现有任何破损，不应使用。

（2）作业时应将裤口套入靴筒内，勿与各种油脂、酸、碱等有腐蚀性物质接触且应防锋锐金属的机械损伤。

（3）穿用时应随时注意鞋底的磨损情况，鞋底花纹磨掉则不应使用。

（4）根据国家标准规定，绝缘胶靴使用日期超过24个月后必须按预防性试验要求逐只检验电气绝缘性能，检验符合要求方可继续使用，试验周期半年。

（三）触电人员的现场紧急救护

1. 触电急救的要点

触电急救必须分秒必争，切断电源后立即就地迅速用心肺复苏法进行抢救，同时立即向矿调度室报告，争取医务人员及早接替救治，医务人员未到达前，即便触电者失去知觉、心跳停止，现场人员也不得中断抢救。抢救时间不能低于4 h。具体步骤如下：

（1）尽快让触电者迅速脱离电源。

（2）伤员脱离电源后要根据伤员的呼吸、心跳情况进行心肺复苏法进行人工抢救。

（3）抢救过程中的再判定。在医务人员未接替抢救前，现场抢救人员不得放弃现场抢救。

（4）抢救过程中要考虑到伤员的移动与转院。

（5）伤员好转后，可暂停心肺复苏法操作，应严密监护，不能麻痹，随时准备再次抢救。

2. 解救触电者脱离电源的方法

触电急救的第一步是使触电者迅速脱离电源，电流对人体的作用时间越长对生命的威胁就越大。

1）脱离低压电源的方法

在低压供电系统中，脱离低压电源可用“拉”、“切”、“挑”、“拽”、“垫”5个字来概括。

（1）“拉”——就近拉开电源开关，拔出插头或瓷插熔断器。

（2）“切”——当电源开关、插座或瓷插熔断器距离触电现场较远时，可用带有绝缘柄的利器切断电源线。切断时应防止带电导线断落触及周围的人体。

（3）“挑”——如果导线搭落在触电者身上或压在身下，这时可用干燥的木棒、竹竿等挑开导线或用干燥的绝缘绳套拉导线或触电者，使触电者脱离电源。

（4）“拽”——救护人员可带上绝缘手套或在手上包缠干燥的衣服等绝缘品拖拽触电者，使之脱离电源。如果触电者的衣裤是干燥的，又没有紧缠在身上，救护人可用一只手直接抓住触电者不贴身的衣裤，拉拖使触电者脱离电源，但应注意拖拽时切勿触及触电者的皮肤。

（5）“垫”——如果触电者由于痉挛手指紧握导线或导线缠绕在身上，可先用干燥的木板垫在触电者身下，使其与地绝缘，然后再采取其他措施切断电源。

2）脱离高压电源的方法

由于电压等级高，一般绝缘物品不能保证救护人员的安全，而且通常情况下高压电源开关距离现场较远，不便拉闸。因此，使触电者脱离高压电源的方法与脱离低压电源的方法有所不同，通常的做法是：

（1）立即电话通知有关供电部门拉闸停电。

（2）如果电源开关离触电现场不太远，则可戴上绝缘手套，穿上绝缘靴，拉开高压断路器或用绝缘棒拉开高压跌落熔断器来切断电源。

（3）往架空线路抛挂裸金属导线，人为造成线路短路，迫使继电保护装置动作，从而使电源开关跳闸。抛挂前，将短路线的一端先固定在铁塔或接地引线上，另一端系重物。抛掷短路线时应注意，防止电弧伤人或断线危及人员安全，也要防止重物砸伤人。

（4）如果触电者触及断落在地上的带电高压导线且尚未确认线路无电之前，救护人员不可进入断线落地点8～10 m的范围内，防止跨步电压触电。进入该范围的救护人员应穿上绝缘靴或临时双脚并拢，跳跃地靠近触电者。触电者脱离带电导线后应迅速将其带至8～10 m以外，立即开始触电急救。只有在确认线路已经无电时，才可在触电者离开导线后就地急救。

3. 简单诊断

判断是否丧失意识，观察是否存在呼吸，检查颈动脉是否有搏动。用看、听、试3种方法，判断伤员呼吸心跳情况。看——看伤员胸部、腹部有无起伏动作；听——用耳贴近伤员的口鼻处，听有无呼吸音；试——试测口鼻有无呼吸的气流。

经过看、听、试后，伤员仍无呼吸也无颈动脉搏动，可判定呼吸心跳停止。但不能根据没有呼吸擅自判定触电者死亡，只有医生有权做出触电者死亡的诊断。

1）判断触电程度轻重

触电者一经脱离电源，应立即进行检查。如果触电已经失去知觉，应检查瞳孔、呼吸、心跳，如图3－3所示。

2）根据检查结果采取相应的急救措施

（1）对神志清醒、触电程度较轻者，应让其充分休息，尽量少移动。

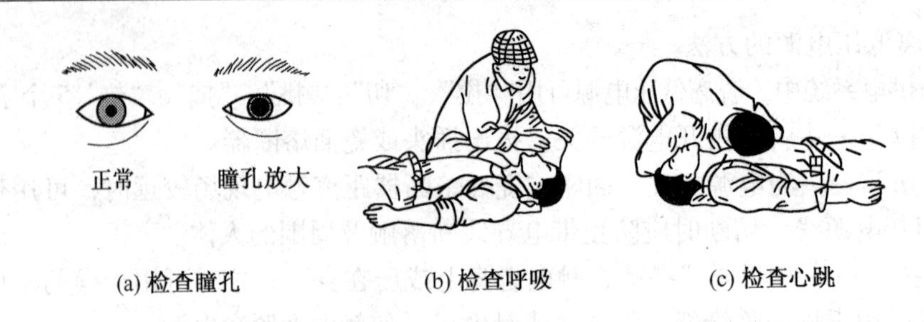

(a) 检查瞳孔 (b) 检查呼吸 (c) 检查心跳

图 3-3 判断触电程度轻重

(2) 对昏迷不醒但仍有呼吸和脉搏者，最好马上送往就近医院。

(3) 对无呼吸心音微弱者，立刻采用“口对口人工呼吸法”或“胸外心脏按压法”进行抢救。

(4) 对呼吸和心跳都已停止的严重触电者，立刻采用“口对口人工呼吸法”和“胸外心脏按压法”进行抢救。

4. 心肺复苏

触电伤员呼吸和心跳均停止时，应立即按心肺复苏法支持生命的三项基本措施，即通畅气道、口对口人工呼吸、胸外按压（人工循环），正确进行就地抢救。

1）通畅气道的步骤要领

(1) 判断有无意识丧失。

(2) 判断有无自主呼吸。

(3) 胸外心脏按压。

2）口对口人工呼吸急救法

它是效果最好、操作最简单的一种方法。操作前使伤员仰卧，救护者在其头的一侧，一手托起伤员下颌，尽量使其头部后仰，另一手将其鼻孔捏住，以免吹气时从鼻孔漏气；救护人深吸一口气，紧对伤员的口将气吹入，造成伤员吸气，如图 3-4 所示。然后，松开捏鼻的手，让其自行呼气或用手压其胸部以帮助伤员呼气。如此有节律地、均匀地反复进行，每分钟应吹气 14～16 次。注意吹气时切勿过猛、过短，也不宜过长，以占一次呼吸周期的 1/3 为宜。

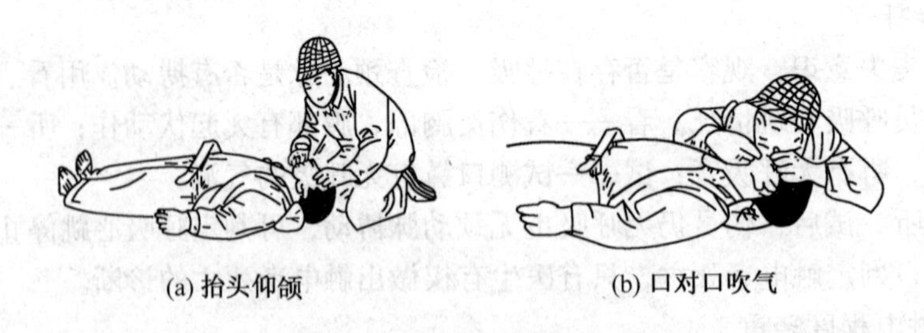

(a) 抬头仰颌 (b) 口对口吹气

图 3-4 口对口吹气法

操作步骤：

(1) 进行人工呼吸前要先迅速解开触电者的衣领、腰带等妨碍呼吸的衣物和取出口腔的异物。

（2）将触电者仰卧，背部垫些软的衣物，使其头部充分后仰，鼻孔向上，以利呼吸道畅通（抬头仰颌法），如图 3－4a 所示。

（3）使触电者鼻孔（或口）紧闭，救护人深吸一口气后紧贴触电者的口向内吹气，为时约 2 s。如图 3－4b 所示。

图 3－5　自行呼气

（4）吹气完毕，立即离开触电者的口并松开触电者的鼻孔，让其自行呼气，为时约 3 s，整个过程如图 3－5 所示。

3）胸外心脏按压法

使触电者仰天平卧，颈部枕垫软物，头部稍后仰。救护人跪在触电者一侧或跨在其腰部两侧，两手相叠，手掌根部放在心窝上方，掌根用力垂直向下挤压，对成人应压陷 3～4 cm，挤压后掌根迅速全部放松，整个过程如图 3－6 所示。

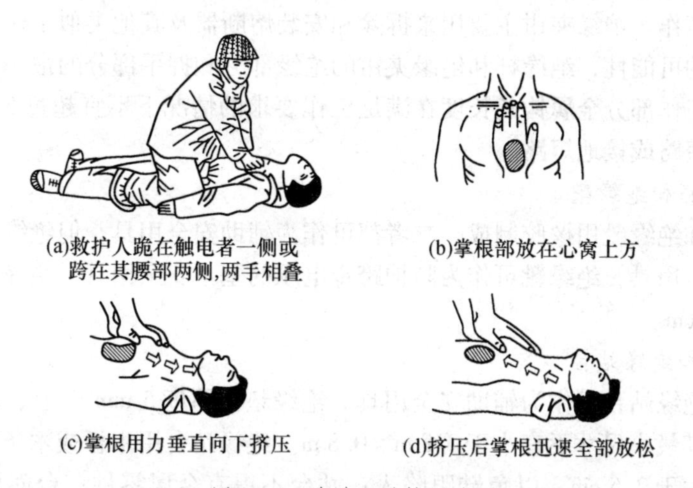
(a)救护人跪在触电者一侧或跨在其腰部两侧，两手相叠　(b)掌根部放在心窝上方
(c)掌根用力垂直向下挤压　(d)挤压后掌根迅速全部放松

图 3－6　胸外心脏按压法

胸外按压的操作频率：胸外按压要以均匀速度进行，每分钟 60～80 次，每次按压和放松的时间相等；注意挤压时切忌用力过猛。触电者如果是儿童，可以用一只手挤压。

4）对心跳和呼吸都停止的触电者的急救

同时采用口对口呼吸法和胸外心脏按压法，单人操作，每按压 10～15 次后较快地吹气 2 次；两人操作，每按压 4 次后由另一人吹气 1 次。操作过程如图 3－7 所示。

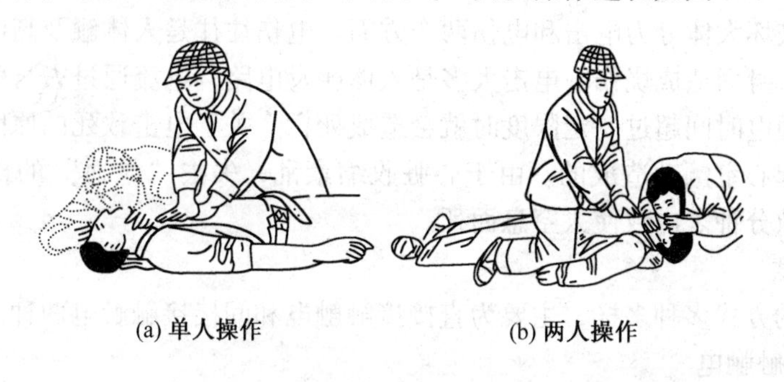
(a) 单人操作　(b) 两人操作

图 3－7　对心跳和呼吸都停止的触电者的急救

二、相关知识

（一）绝缘安全用具的作用

绝缘安全用具包括绝缘杆、绝缘夹钳、绝缘靴、绝缘手套、绝缘垫和绝缘站台。绝缘安全用具分为基本安全用具和辅助安全用具，前者的绝缘强度能长时间承受电气设备的工作电压，能直接用来操作带电设备；后者的绝缘强度不足以承受电气设备的工作电压，只能加强基本安全用具的保安作用。

1. 绝缘杆和绝缘夹钳

绝缘杆和绝缘夹钳是基本绝缘安全用具。绝缘夹钳只用于35 kV 以下的电气操作。绝缘杆和绝缘夹钳都由工作部分、绝缘部分和握手部分组成。握手部分和绝缘部分用浸过绝缘漆的木材、硬塑料、胶木或玻璃钢制成，其间由护环分开。配备不同工作部分的绝缘杆，可用来操作高压隔离开关、跌落式保险器，安装和拆除临时接地线、避雷器以及进行测量和试验等工作。绝缘夹钳主要用来拆除和安装熔断器及其他类似工作。考虑到电力系统内部过电压的可能性，绝缘杆和绝缘夹钳的绝缘部分和握手部分的最小长度应符合规定要求。绝缘杆工作部分金属钩的长度在满足工作要求的情况下不宜超过5～8 cm，以免操作时造成相间短路或接地短路。

2. 绝缘手套和绝缘靴

绝缘手套和绝缘靴用橡胶制成，二者都可作为辅助安全用具，但绝缘手套可作为低压工作的基本安全用具，绝缘靴可作为防护跨步电压的基本安全用具。绝缘手套的长度至少应超过手腕10 cm。

3. 绝缘垫和绝缘站台

绝缘垫和绝缘站台只作为辅助安全用具。绝缘垫由厚度5 mm 以上、表面有防滑条纹的橡胶制成，其最小尺寸不宜小于0.8 m×0.8 m。绝缘站台用木板或木条制成。相邻板条间的距离不得大于2.5 cm，以免鞋跟陷入；站台不得有金属零件；台面板用支持绝缘子与地面绝缘，支持绝缘子高度不得小于10 cm；台面板边缘不得伸出绝缘子之外，以免站台翻倾，人员摔倒。绝缘站台最小尺寸不宜小于0.8 m×0.8 m，但为了便于移动和检查，最大尺寸不宜超过1.5 m×1.0 m。

（二）触电危险及其预防方法

1. 触电危险

人身触及带电体或接近高压带电体时，人身成为电流通路的一部分，称为触电。触电对人体组织的破坏大体分为电击和电伤两个方面。电伤往往是人体触及高电压时，由电弧或强电流通过人身而造成烧伤。电击大多是人体触及电路，电流通过人身引起生理变化所致。当电流和通电时间超过一定限度时就会造成死亡。关于电击致死的原因，现在一般认为是由电流引起心室颤动造成的。由于心脏收缩紊乱，失去“泵血”的机能，造成血液循环中断，在数分钟之内致使人窒息而死。

2. 触电方式

人体触电的方式多种多样，主要为直接接触触电和间接接触触电两种。

1）直接接触触电

人体直接触及或过分靠近电气设备及线路的带电导体而发生的触电现象称为直接接触

触电。单相触电、两相触电、电弧伤害都属于直接接触触电。

（1）单相触电。当人体直接接触带电的设备或线路的一相导体时，电流通过人体而发生的触电现象称为单相触电。根据电网中性点的接地方式分为两种情况：

①中性点直接接地的电网。假设人体与大地接触良好，土壤电阻忽略不计，由于人体电阻比中性点工作接地电阻大得多，加于人体的电压几乎等于电网相电压，触电的结果将是十分危险的。

②中性点不接地的电网。电流将从电源相线经人体、其他两相的对地阻抗（由线路的绝缘电阻及对地电容构成）回到电源的中性点，从而形成回路。此时，通过人体的电流与线路的绝缘电阻及对地电容的数值有关。在低压电网中，对地电容很小，通过人体的电流主要取决于线路绝缘电阻。正常情况下，设备的绝缘电阻相当大，通过人体的电流很小，一般不会造成人体的伤害。但当线路绝缘下降时，单相触电对人体的伤害依然存在。而在高压中性点不接地电网中，通过人体的电容电流将危及触电者的安全。

（2）两相触电。人的身体同时接触两相电源导线，电流从一根导线经过人体流到另一根导线。此时，加在人体上的电压是线电压，这种情况最危险。

2）间接接触触电

电气设备正常运行时，其金属外壳或构件不带电；但当电气设备绝缘损坏而发生接地短路故障时（俗称“碰壳”或“漏电”），其金属外壳或结构便带有电压，此时人体触及就会触电，这种触电称为间接接触触电。

3）跨步电压触电

当带电体（特别是高压电）接地时，有电流流入地下，电流在接地极（点）周围土壤中产生电压降。人接近接地点时，如两脚距接地中点有些近，则两脚之间就有电压，称跨步电压。跨步电压严重时也会造成触电。

3. 触电事故的类型及伤害因素

电流对人体的伤害类型有两种：电击和电伤。

1）电击

电击是电流对人体内部组织的伤害，是最危险的一种伤害，如刺痛和灼热感、痉挛、昏迷、心室颤动或停跳、呼吸困难或停止等现象。电击是触电事故中最危险的一种，绝大部分触电死亡事故都是电击造成的。

电击的特征：①伤害人体内部；②在人体的外表没有显著的痕迹；③致命电流较小。

按照发生电击时电气设备的状态，可分为直接接触电击和间接接触电击。

直接接触电击是触及设备和线路正常运行时的带电体发生的电击（如误触接线端发生的电击），也称为正常状态下的电击。

间接接触电击是指触及正常状态下不带电，而当设备或线路故障时意外带电的导体发生的电击（如触及漏电设备的外壳发生的电击），也称为故障状态下的电击。

2）电伤

电伤是指在电弧作用下，对人体外部造成的局部伤害，如烧伤、金属溅伤等。

电伤的特征：①电烧伤是电流的热效应造成的伤害，分为电流灼伤和电弧烧伤；②皮肤金属化；③电烙印；④机械性损伤，如触电后，由高空坠落造成的伤害；⑤电光眼。

3）电流对人体的伤害程度

电流对人体的伤害程度取决于通过人体电流的大小、持续时间、电流的频率、电流通过人体的路径以及人的身体状况等因素。

对于工频交流电，按照人体对所通过大小不同的电流呈现的反应，可将电流划分为感知电流、摆脱电流和室颤（致命）电流三级。

(1) 感知电流：通过人体引起人有任何感觉的最小电流。感知电流一般不会对人体构成生命危险。平均感知电流：成年男子为1.1 mA；成年女子为0.7 mA。

(2) 摆脱电流：人触电后能自主摆脱带电体的最大电流。从安全的角度考虑，最小摆脱电流：男性为9 mA，女性为6 mA。

(3) 室颤（致命）电流：通过人体引起心室颤动的最小电流。电击使人致命的最危险、最主要的原因是电流引起心室颤动。

人体允许的安全工频电流为30 mA。工频危险电流为50 mA。

4. 预防方法

1）安全电流

触电的危险性取决于通过人体的电流与作用时间的乘积。发生心室颤动的允许限度是由触电能量决定的。

前西德的研究者提出发生心室颤动的电流与时间乘积的安全值为50 mA · s。取1.67倍安全系数，规定30 mA · s为允许值。

目前，世界各国除触电电流与时间乘积的规定值外，还有安全电流的规定。苏联：30 mA；波兰：20 mA；美国：10 mA；法国：直流为50 mA，交流为25 mA；英国和德国：50 mA。

我国触电电流与时间的乘积规定为30 mA · s，安全电流为30 mA。

2）安全电压

安全电流和人身电阻的乘积称为安全电压。经常接触的电气设备，在没有高度危险的条件下，安全电压采用65 V。有高度危险的采用36 V。特别危险的采用12 V。我国煤矿井下选用36 V为安全电压。

3）漏电保护

对36 V以上的低压供电电压实行漏电保护，当发生人身触电或系统绝缘降低到规定值时，漏电保护装置立即动作，切断电源。

4）其他措施

由于矿井的特殊条件，触电可能性很大，因此，必须采取有效措施预防触电事故的发生。

(1) 严格遵守有关规程和规定，正规操作，不带电作业。

(2) 加强井下电气设备的管理和维护，定期对电气设备进行检查和实验，性能指标达不到要求的，应立即更换。

(3) 使人体不能接触或接近带电体。将电气设备裸露导线安装在一定高度，避免触电。如井下巷道中敷设的电机车线高度不低于2 m，在井底车场不低于2.2 m。井下电气设备及线路接头要封闭在坚固的外壳内，外壳还要设置安全闭锁装置。

(4) 供电系统中要消灭“鸡爪子”、“羊尾巴”、“明接头”，保持电网对地的良好绝缘水平。

（5）井下电气系统必须采取保护接地措施。

（6）井下配电变压器及向井下供电的变压器和发电机的中性点禁止直接接地。

（7）矿井变电所的高压馈电线及井下低压馈电线应装设漏电保护装置，确保运行中供电系统的漏电保护装置灵敏可靠。

（8）井下电缆的敷设要符合规定并加强管理。

（9）严格执行停电作业制度，不约时停送电。

（10）手持式电气设备的把手应有良好绝缘，电压不得超过127 V，电气设备控制回路电压不得超过36 V。

（11）操作高压电气设备必须遵守安全操作规程，操作人员必须戴绝缘手套、穿绝缘靴或站在绝缘台上。

第二节　工量具、仪器、仪表及材料选用

一、操作技能

（一）选用工量具，常用仪器、仪表进行故障检测

1. 常用电工工具

常用的电工工具有验电器、旋具、电工刀、电工用钳等。

1）验电器

（1）低压验电器又称试电笔。使用低压验电器时，必须按照图3－8所示的正确方法进行操作，以手及指触及尾部的金属体，使氖管小窗背光朝向自己，便于观察。防止金属探头部分触及皮肤，以避免触电。操作时验电器应逐渐靠近被测导体，不可向四周过多倾斜，防止触电。

（2）高压验电器。高压验电器在使用时，必须戴上符合耐压要求的绝缘手套并应特别注意手握部位不得超过护环，如图3－9所示。人体与带电体应保持足够的安全距离（10 kV的为0.7 m以上）。

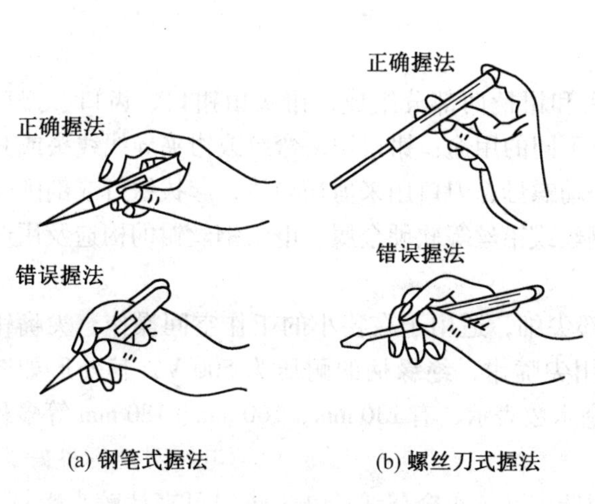

图3－8　低压验电器使用方法

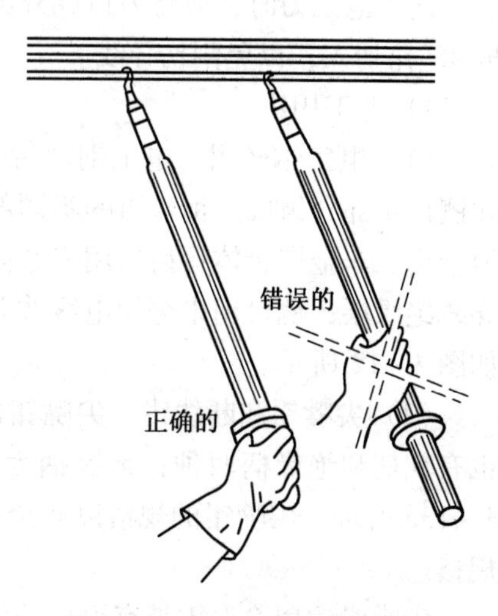

图3－9　高压验电器使用方法

雨天不可在户外测验；不可一个人单独测验，身旁要有人监护。

井下使用的高、低压验电器须在地面测试完好，入井后妥善保护。

2）旋具

（1）大螺钉螺丝刀（改锥）的使用。大螺钉螺丝刀（改锥）一般用来紧固较大的螺钉。使用时，除大拇指、食指和中指夹住握柄外，手掌还要顶住柄的末端，防止旋转时滑脱，用法如图 3－10a 所示。

（2）小螺钉螺丝刀的使用。小螺钉螺丝刀一般用来紧固电气装置接线柱上的小螺钉。使用时，可用大拇指和中指夹着握柄，用食指顶住柄的末端捻旋，用法如图 3－10b 所示。

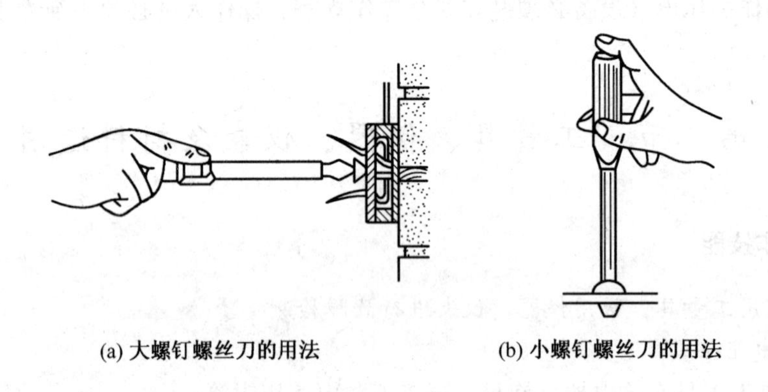

(a) 大螺钉螺丝刀的用法　　(b) 小螺钉螺丝刀的用法

图 3－10　螺钉螺丝刀的使用

（3）较长螺钉螺丝刀的使用。可用右手压紧并转动手柄，左手握住螺丝刀的中间部分，以使螺丝刀不致滑脱。此时左手不得放在螺钉的周围，以免螺丝刀滑出时将手划破。

3）电工刀

电工刀是剖削电线线头、切割木台缺口、削制木槽的专用工具，其外形如图 3－11 所示。

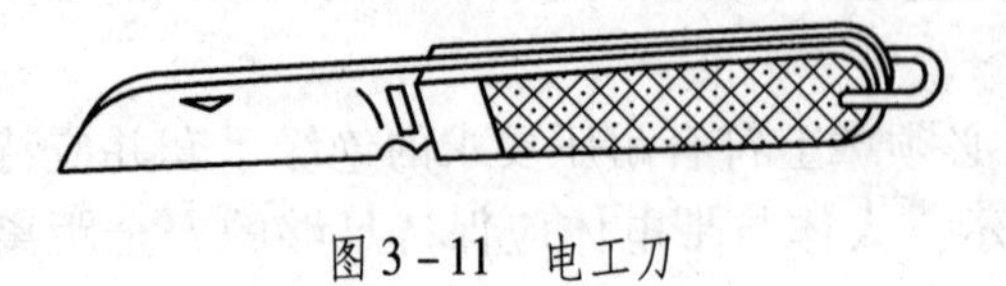

图 3－11　电工刀

使用电工刀时，应将刀口朝外剖削，以免伤手。剖削导线绝缘层时，应使刀面与导线成 45°角切入，以免割伤导线。

4）电工用钳

（1）电工钢丝钳。电工钢丝钳由钳头和钳柄两部分组成，钳头由钳口、齿口、刀口和铡口 4 部分组成。钢丝钳的不同部位有不同的用途：钳口用来弯绞或钳夹导线线头或其他金属、非金属物体；齿口用来紧固或松动螺母；刀口用来剪切导线、起拔铁钉或剖削软导线绝缘层；铡口用来铡切电线线芯、钢丝或铅丝等软硬金属。电工钢丝钳的构造及用途如图 3－12 所示。

（2）尖嘴钳和断线钳。尖嘴钳的头部尖细，适用于在狭小的工作空间操作。尖嘴钳也有铁柄和绝缘柄两种，绝缘柄为电工用尖嘴钳，绝缘柄的耐压为 500 V，其外形如图 3－13a 所示。尖嘴钳的规格以其全长的毫米数表示，有 130 mm、160 mm、180 mm 等多种规格。

尖嘴钳的用途：①带有刃口的尖嘴钳能剪断细小金属线；②尖嘴钳可夹持较小螺钉、

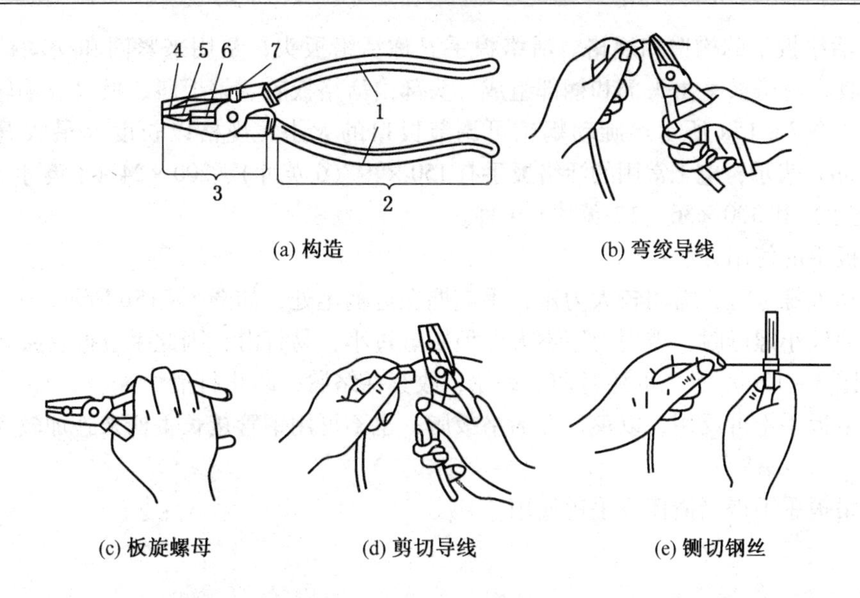

(a) 构造　(b) 弯绞导线

(c) 板旋螺母　(d) 剪切导线　(e) 铡切钢丝

1—绝缘管；2—钳柄；3—钳头；4—钳口；5—齿口；6—刀口；7—铡口

图 3－12　电工钢丝钳的构造及用途

垫圈、导线等元件；③在装接控制线路板时，尖嘴钳能将单股导线弯成一定圆弧的接线鼻子；④可剪断导线、剥削绝缘层。

断线钳又称斜口钳，其头部扁斜，钳柄有铁柄、管柄和绝缘柄 3 种形式，其中电工用的绝缘柄断线钳的外形如图 3－13b 所示，其耐压能力为 1000 V。

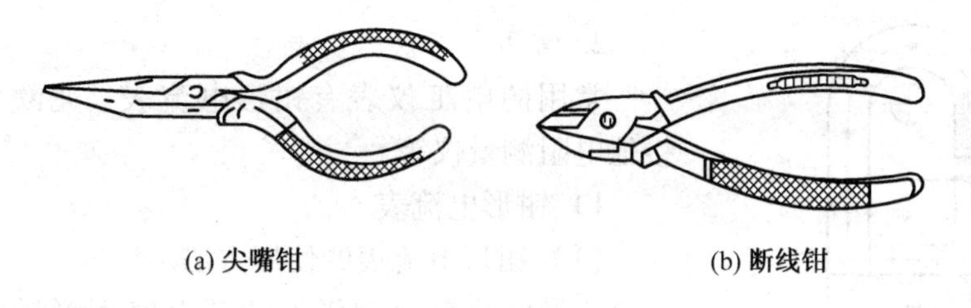

(a) 尖嘴钳　(b) 断线钳

图 3－13　尖嘴钳和断线钳

断线钳是专门用来剪断较粗的金属丝、线材及电线电缆的工具。

(3) 剥线钳是用于剥落小直径导线绝缘层的专用工具，外形如图 3－14 所示。其钳口部分设有几个咬口，用以剥落不同线径导线的绝缘层。其手柄是绝缘的，耐压为 500 V。

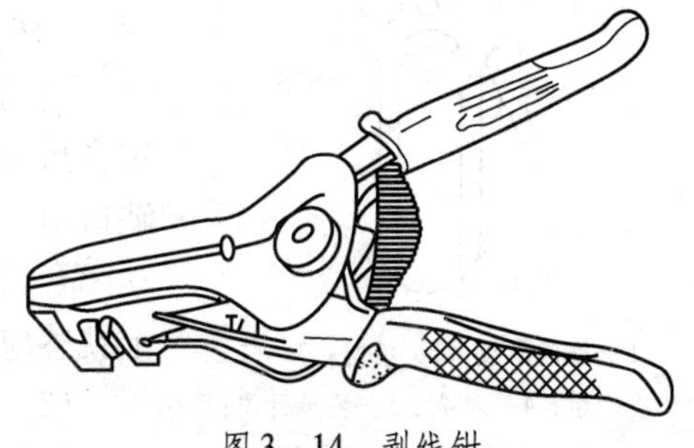

图 3－14　剥线钳

使用剥线钳时，把待剥落的绝缘长度用标尺定好后，即可把导线放入相应的刃口中（比导线直径稍大），用手将钳柄一握，导线的绝缘层即被剥落并自动弹出。

使用剥线钳时，不允许用小咬口剥大直径导线，以免咬伤导线芯；不允许当钢丝钳使用。

（4）活络扳手的构造和规格。活络扳手又称活络扳头，是用来紧固和松动螺母的一种专用工具。活络扳手由头部和柄部组成，头部由活络扳唇、呆扳唇、扳口、蜗轮和轴销等组成，如图 3－15a 所示。旋动蜗轮可调节扳口的大小。规格以长度×最大开口宽度（单位为 mm）表示，电工常用的活络扳手有 150×19（6 英寸）、200×24（8 英寸）、250×30（10 英寸）和 300×36（12 英寸）4 种。

活络扳手的使用方法：

①扳动大螺母时，需用较大力矩，手应握在近柄尾处，如图 3－15b 所示。

②扳动较小螺母时，需用力矩不大，但螺母过小，易打滑，因此手应握在接近头部的地方，如图 3－15c 所示，可随时调节蜗轮，收紧活络唇，防止打滑。

③活络扳手不可反用，以免损坏活络扳唇；也不可用钢管接长手柄来施加较大的扳拧力矩。

④活络扳手不得当撬棒或手锤使用。

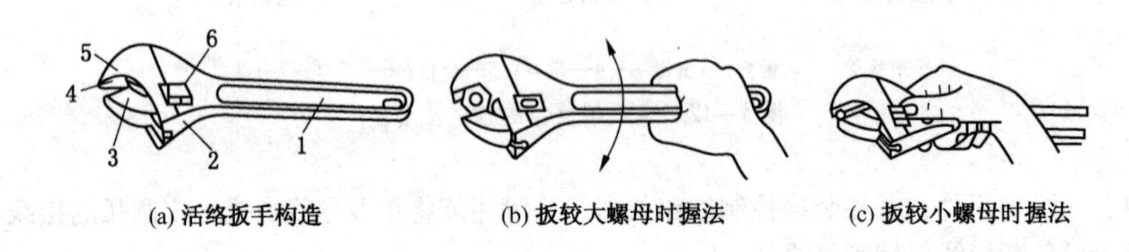

(a) 活络扳手构造　(b) 扳较大螺母时握法　(c) 扳较小螺母时握法

1—手柄；2—轴销；3—活络扳唇；4—扳口；5—呆扳唇；6—蜗轮

图 3－15　活络扳手

2. 常用电工仪器仪表

常用的电工仪表有钳形电流表、兆欧表、万用表、接地电阻测量仪等。

1）钳形电流表

（1）钳形电流表的使用方法。

钳形电流表适用于不断开电路而测量电流的场合，钳形电流表是根据电流互感器的原理制成的，其结构如图 3－16 所示。

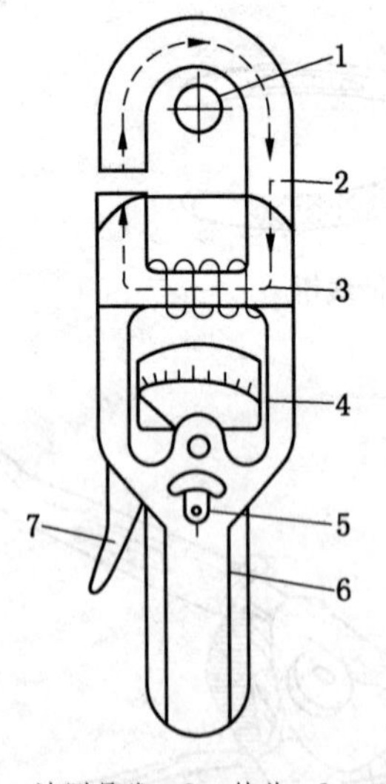

1—被测导线；2—铁芯；3—二次绕组；4—表头；5—调节开关；6—手柄；7—铁芯开关

图 3－16　钳形电流表结构

使用时将量程开关转到合适位置，手持胶木手柄，用食指勾紧铁芯开关，可打开铁芯，将被测导线从铁芯缺口引入铁芯中央；然后，食指放松铁芯开关，铁芯自动闭合，被测导线的电流在铁芯中产生交变磁力线，表上就感应出电流，可直接读数。

（2）使用钳形电流表时应注意的事项：

①不得用钳形电流表测量高压线路的电流。被测线路的电压不能超过钳形电流表规定的使用电压，以防绝缘被击穿，造成人身触电。

②测量前应先估计被测电流的大小，以选择合适的量限；或先用较大的量限测一次，

然后根据被测电流大小调整合适的量限。

③每次测量只能钳入一根导线，测量时应将被测导线置于钳口中央部位，以提高测量准确度，测量结束应将量程调节开关扳到最大量程挡位置，以便下次安全使用。

④钳口相接触处应保持清洁，如有污垢应用汽油洗净，使之平整、接触紧密、磁阻小，以保证测量准确。

2）兆欧表

兆欧表又称摇表、迈格表、高阻表等，是用来测量大电阻和绝缘电阻的，它的计量单位是兆欧，用符号“MΩ”表示。

(1) 兆欧表的选用。

测量额定电压在 500 V 以下的设备或线路的绝缘电阻时，可选用 500 V 或 1000 V 兆欧表；测量额定电压在 500 V 以上的设备或线路的绝缘电阻时，应选用 1000 V 或 2500 V 兆欧表。

(2) 兆欧表的接线和使用方法。

兆欧表表盘上有 L、E、G 三个接线柱。

测量照明或动力线路对地的绝缘电阻。如图 3－17a 所示，将兆欧表接线柱（E）可靠接地，接线柱（L）与被测线路连接。按顺时针方向由慢到快摇动兆欧表的发电机手柄，大约 1 min，待兆欧表指针稳定后读数。这时表针指示的数值就是被测线路对地的绝缘电阻值，单位是 MΩ。

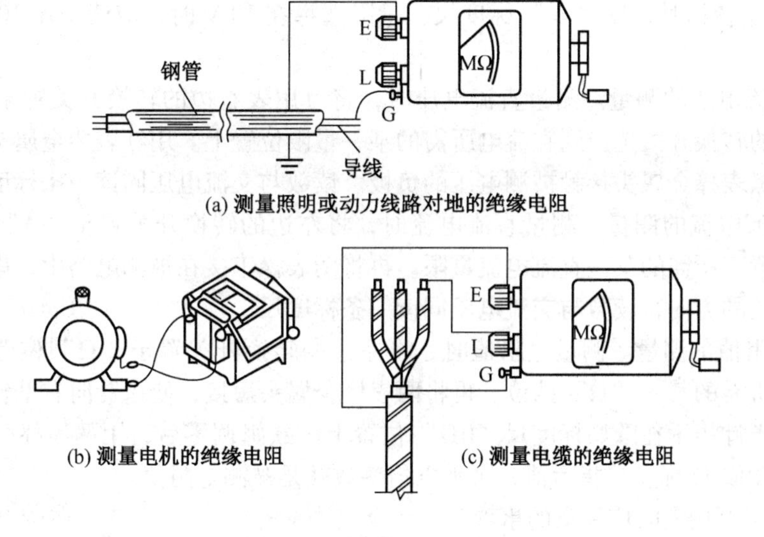

(a) 测量照明或动力线路对地的绝缘电阻

(b) 测量电机的绝缘电阻

(c) 测量电缆的绝缘电阻

图 3－17　兆欧表的接线方法

测量电机的绝缘电阻。将兆欧表接线柱（E）接机壳，接线柱（L）接电机绕组，如图 3－17b 所示。

测量电缆的绝缘电阻。接线方法如图 3－17c 所示。将兆欧表接线柱（E）接电缆外壳，接线柱（G）接电缆线芯与外壳之间的绝缘层，接线柱（L）接电缆线芯。

(3) 使用兆欧表时应注意的事项：

①测量设备的绝缘电阻时，必须先切断设备的电源。对含有较大电容的设备（如电容器、变压器、电动机及电缆线路）必须先进行放电。

②兆欧表应水平放置，未接线前，应先摇动兆欧表，观察指针是否在“∞”处，再将（L）和（E）两接线柱短路，慢慢摇动兆欧表，指针应指在零处。经开、短路试验，证实兆欧表完好后方可进行测量。

③兆欧表的引线应用多股软线，两根引线切忌绞在一起，以免造成测量数据不准确。

④摇动发电机手柄要由慢到快，不可忽慢忽快，转速以 120 r/min 为宜，持续 1 min 后读数较准确。

⑤测完后应立即对被测物放电，在摇测过程中和被测物未放电前，不可用手触及被测物的测量部分或拆除导线，以防触电。

3）万用表

万用表是一种可以测量多种电量的多量程便携式仪表。可用来测量交流电压、交流电流，直流电压、直流电流和电阻值等。现以 500 型万用表为例，介绍其使用方法及使用时的注意事项。

（1）万用表表棒的插接。测量时将红表棒短杆插入“+”插孔，黑表棒短杆插入“-”插孔。测量高压时，应将红表棒短杆插入 2500 V 插孔，黑表棒短杆仍旧插入“-”插孔。

（2）交流电压的测量。测量交流电压时，将万用表右边的转换开关置于“≃”电压位置，左边的转换开关选择到交流电压所需的某一量限位置上。读数时，量限选择在 50 V 及 50 V 以上各挡时，读“≃”标度尺；量限选择在 10 V 时，应读交流 10 V 专用标度尺。

（3）直流电压的测量。测量直流电压时，将万用表右边的转换开关置于“⊆”电压位置，左边的转换开关选择到直流电所需的某一量限位置上。用红表棒金属头接触被测电压的正极，黑表棒金属头接触被测电压的负极。读数与交流电压同读一条标度尺。

（4）直流电流的测量。测量直流电流时，将左边的转换开关置于“A”位置，右边的转换开关置于所需的某一直流电流量限。再将两表棒串接在被测电路中，串接时注意按电流从正到负的方向，读数与交流电压同读一条标度尺。

（5）电阻值的测量。测量电阻值时，将左边的转换开关置于“Ω”位置，右边的转换开关置于所需的某一“Ω”挡位。再将两表棒金属头短接，使指针向右偏转，调节调零电位器，使指针指示在欧姆标度尺“0Ω”位置上。欧姆调零后，用两表棒分别接触被测电阻两端，读取 Ω 标度尺指示值，再乘以倍率数就是被测电阻值。

（6）使用万用表时应注意的事项：

①使用万用表时，应检查转换开关位置选择是否正常，若误用电流挡或电阻挡测量电压，会损坏万用表。

②万用表在测试时，不能旋转转换开关。

③测量电阻必须在断电状态下进行。

④为提高测试精度，倍率选择应使指针指示值尽可能在标度尺中间段。

⑤为确保安全，选择交直流 250 V 及以上量限时，应将一个测试表棒一端固定在电路的地线上，用另一个测试表棒接触被测电源。测试过程中应严格执行高压操作规程。

⑥仪表在携带时或每次使用结束后，应将两转换开关旋至“0”位置上，使表内部电路呈开路状态。

4）ZC－8 型接地电阻测量仪

ZC－8 型接地电阻测量仪主要由手摇交流发电机、电流互感器、电位器以及检流计组成，外形如图 3－18 所示。其附件有接地探针和辅助接地极各 1 根。3 根导线（长 5 m 的用于连接主接地极，长 20 m 的用于连接电位探针，长 40 m 的用于连接辅助接地极）如图 3－19 所示。

图 3－18　ZC－8 型接地电阻测量仪

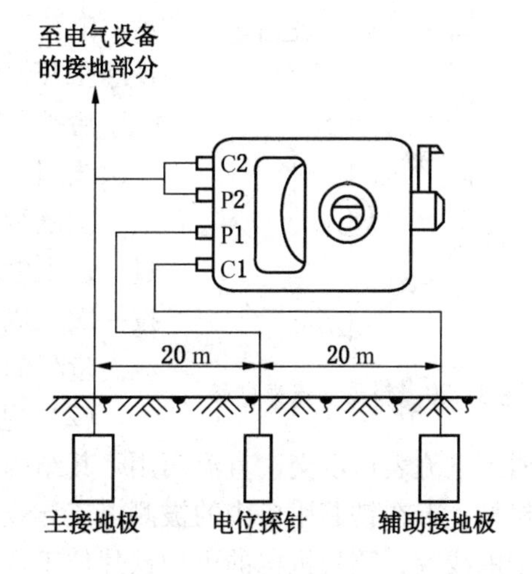

图 3－19　ZC－8 型接地电阻测量仪接线图

接地电阻测量仪的使用方法如下：

（1）将仪表放置水平位置，检查检流计的指针是否在中心线上，否则应用零位调整器将其调整于中心线上。

（2）将“倍率标度”置于最大倍数，慢慢转动发电机的摇把，同时转动“测量标度盘”，使检流计的指针指在中心线上。

（3）当检流计的指针接近平衡时，加快发电机摇把的转速，使其达到 120 r/min 以上，同时调整“测量标度盘”，使指针指在中心线上。

（4）当“测量标度盘”的读数小于 1 时，应将“倍率标度”置于较小的倍数，再重新调整“测量标度盘”，以得到正确的读数。

（5）在填写此项记录时，应附以电阻测试点的平面图并对测试点进行编号。

（二）使用合格材料恢复设备性能

当设备某些电气元件损坏后，应选用合理的电器元件进行更换。当某根操作线破皮或断开后，应选用和原来规格、型号、截面相同的橡套软线进行更换。

二、相关知识

（一）常用仪表

1. 钳形电流表

1）钳形电流表的分类

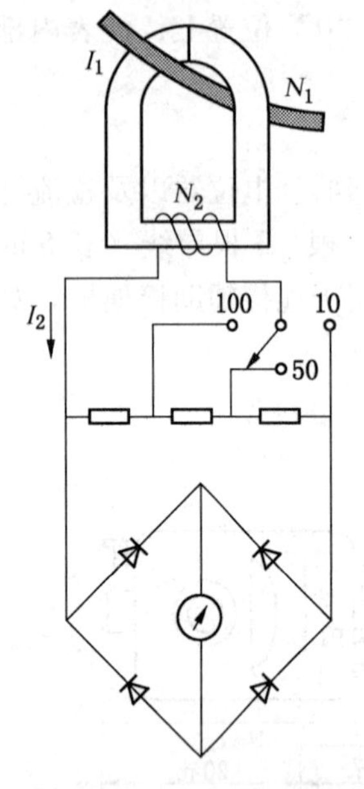

图 3-20 钳形电流表电路

按工作原理分，钳形电流表主要有磁电系和电磁系两种。因电磁系测量精度难以提高，目前常用的是磁电系钳形电流表，有交直流两用的 MG20 型、MG21 型。

从指示形式上分，钳形电流表有指针式和数字式两种。

2）钳形电流表的结构及工作原理

（1）互感器式钳形电流表。互感器式钳形电流表由电流互感器和带整流装置的磁电系表头组成，如图 3-20 所示。电流互感器铁芯呈钳口形，当捏紧钳形电流表的手把时铁芯张开，载流导线可以穿过铁芯张开的缺口时放入，松开把手后铁芯闭合，通有被测电流的导线就成为电流互感器的一次线圈。被测电流在铁芯中产生交变磁通，使绕在铁芯上的二次绕组中产生感生电动势，测量电路中就有电流 I_2 流过。这个电流按不同的分流比，经整流后通入表头。标尺是按一次电流 I_1 刻度的，因此表的读数就是被测导线中的电流。量程的改变由转换开关改变分流器电阻来实现。

（2）电磁系钳形电流表。国产 MG20 型、MC21 型电磁系钳形电流表可以交、直流两用，其结构如图 3-21 所示。这种钳形电流表采用电磁系测量机构，卡在铁芯钳口中的被测电流导线相当于电磁系机构中的线圈，测量机构的可动铁片位于铁芯缺口中央，被测电流在铁芯中产生磁场，使动铁片被磁化产生电磁推力，从而带动仪表可动部分偏转，指针即指示出被测电流的数值。由于电磁系仪表可动部分的偏转与电流的极性无关，因此它可以交、直流两用。特别是测量运行中的绕线式异步电动机的转子电流时，因为转子电流频率很低且随负载变化，若用互感器式钳形电流表则无法测出其具体数值，而采用电磁系钳形电流表则可以测出转子电流。

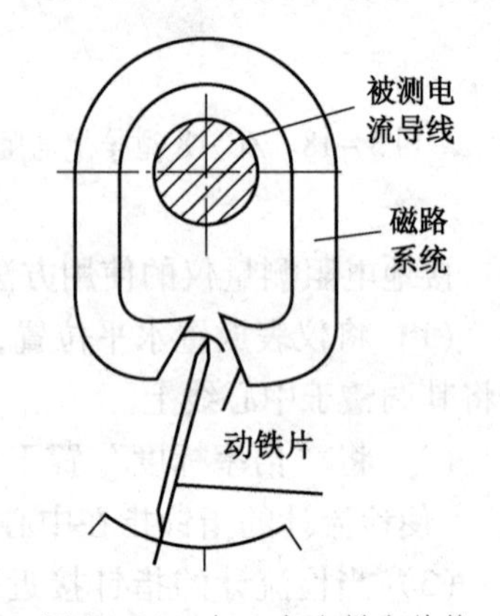

图 3-21 交、直流钳表结构

2. 兆欧表

1）兆欧表的用途

兆欧表又称摇表，是一种专门用来测量绝缘电阻的便携式仪表，在电气安装、检修和试验中应用十分广泛。

表明绝缘性能的一个重要指标是绝缘电阻的大小。绝缘材料在使用过程中，由于发热、污染、受潮及老化等原因，其绝缘电阻将逐渐降低，因而可能造成漏电或短路等事故。这就要求必须定期对电动机、电器及供电线路的绝缘性能进行检查，以确保设备正常运行和人身安全。

若用万用表来测量设备的绝缘电阻，测得的只是在低压下的绝缘电阻值，不能真正反映在高压条件下工作时的绝缘性。兆欧表与万用表不同之处是本身带有电压较高的电源，一般由手摇直流发电机或晶体管变换器产生，电压为 500～5000 V。因此，用兆欧表测量绝缘电阻，能得到符合实际工作条件的绝缘电阻值。

2）兆欧表的结构和工作原理

兆欧表由测量机构和高压产生器组成。兆欧表的测量机构是磁电系比率表。

（1）磁电系比率表的工作原理。

磁电系比率表的结构如图 3-22 所示。可动线圈 1 和 2 呈丁字交叉放置且共同固定在同一个转动轴上，圆柱形铁芯开有缺口，极掌为不对称形状，以使气隙不均匀。电路中的电流靠不产生力矩的游丝导入可动线圈。流过可动线圈 1 的电流与气隙磁场相互作用，产生转动力矩 M_1；流过可动线圈 2 的电流与磁场相互作用产生转动力矩 M_2。但两个转矩方向相反，其中 M_1 为转动力矩，M_2 为反作用力矩。

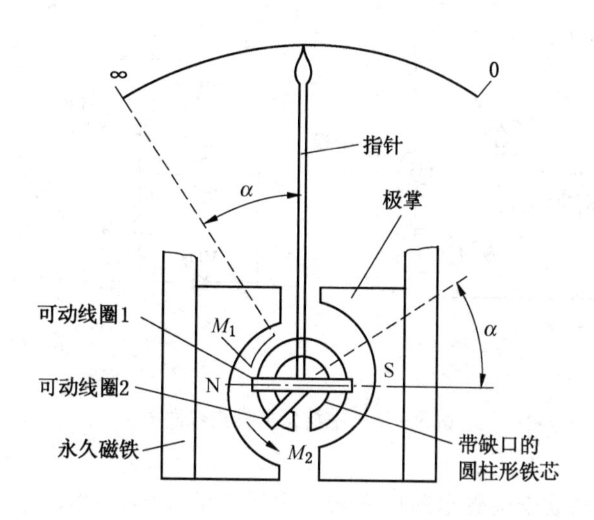

图 3-22　磁电比率表的结构

因为气隙磁场是不均匀的，因此转动力矩 M_1 不仅和线圈电流 I_1 成正比，而且还与可动线圈所处的位置有关，即随 α 角而改变，因此

$$M_1 = I_1 F_1(\alpha)$$

同理

$$M_2 = I_2 F_2(\alpha)$$

式中，$F_1(\alpha)$、$F_2(\alpha)$ 表示由于磁场不均匀，M_1、M_2 是随 α 变化的两个函数。

M_1 与 M_2 同时作用的结果，仪表的可动部分将转到 $M_1 = M_2$ 的某一位置才停止，即

$$I_1 F_1(\alpha) = I_2 F_2(\alpha) \quad 或 \quad \frac{I_1}{I_2} = \frac{F_2(\alpha)}{F_1(\alpha)} = F(\alpha)$$

上式说明比值 I_1/I_2 与可动部分偏转角 α 存在一种函数关系，可以把这种关系写成反函数的形式，即

$$\alpha = F\left(\frac{I_1}{I_2}\right)$$

由此可见，磁电系比率表的偏转角取决于两个可动线圈电流的比值，因此这种表被称为比率表，又叫流比计。在兆欧表中手摇发电机的电压会随手摇速度的快慢波动，但由于 I_1 和 I_2 同时变化，比值 I_1/I_2 不变，因而指针偏转角基本不受电源电压波动的影响。

比率表中没有游丝，使用前比率表的指针可以停留在任意位置，这并不影响最后的测量结果，只要操作无误都可得到正确读数。

（2）高压产生器。

根据表内产生直流高压方式的不同，可将兆欧表分为手摇发电机式和晶体管高压直流电源式兆欧表。

①手摇发电机式兆欧表。即用手摇动发电机转子使发电机发电。发电机又分为直流发电机直接发电和交流发电机发电后再整流两种，如图3－23a和图3－23b所示。在这两种兆欧表中均用磁电式流比计进行测试。

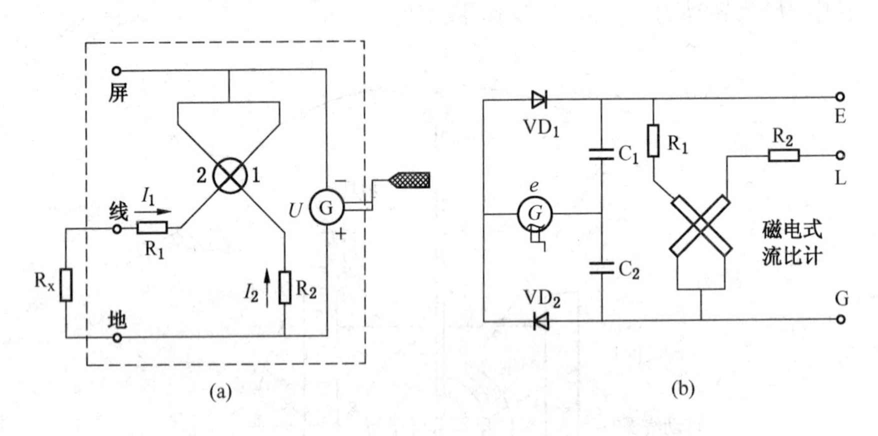

图3－23　手摇发电机式兆欧表

图3－23a所示兆欧表由磁电系比率表、手摇直流发电机和测量线路组成。可动线圈1通过限流电阻 R_1 与被测电阻 R_x 串联，可动线圈2与电阻 R_2 串联，两条支路并联接于手摇发电机G两端的电压 U 上。流过两个动圈的电流分别为

$$I_1=\frac{U}{r_1+R_1+R_x}$$

$$I_2=\frac{U}{r_2+R_2}$$

式中，r_1、r_2 分别是可动线圈1和2的电阻。当被测绝缘电阻 R_x 不同时，I_1 则不同，而 I_2 基本不变，由于 U 与 I_1/I_2 成函数关系，因此指针有不同的偏转角 α。当被测电阻 R_x 小到等于零时，I_1 最大，指针向右偏转到最大位置，即“0”位置。当 R_x 非常大，如“地”和“线”端钮间开路时，R_x 趋近于无限大，I_1 等于零，转动力矩 M_1 也为零，可动部分在反作用力矩 M_2 作用下使指针向左偏转到“∞”位置。这时可动线圈2转到圆柱形铁芯缺口处，由于 I_2 形成的磁场与永久磁场方向一致，不再产生转动力矩，可动线圈便停止不动。

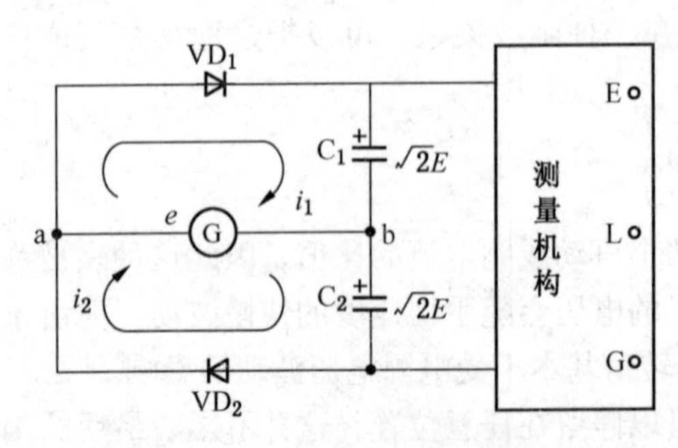

图3－24　晶体管倍压整流工作原理

图3－23b所示兆欧表由磁电系比率计、手摇交流发电机、晶体管整流器和测量电路组成。

从发电机输出（未经整流环）的正弦交流电压 e 加到整流电路上（图3－24），当 a 端为正、b 端为负时，电源经二极管 VD_1 对电

容 C_1 充电。当 b 端为正，a 端为负时，电源经二极管 VD_2 对电容 C_2 充电。C_1、C_2 分别被充到 e 的峰值 $\sqrt{2}E$（E 为 e 的有效值），因此在 C_1、C_2 的两端获得被整流后为 $2\sqrt{2}E$ 值的直流电压。若发电机输出交流电压为 220 V，那么经晶体管倍压整流后输出可达 600 V 左右。

②晶体管高压直流电源式兆欧表。简称晶体管兆欧表，与手摇式采用完全相同的磁电系比率型测量机构，但它的电源用晶体管直流变换器代替了手摇发电机。图 3－25 所示是 ZC30 型晶体管兆欧表的电路图，高压直流电源由振荡器、稳压器和倍压整流器 3 部分组成。

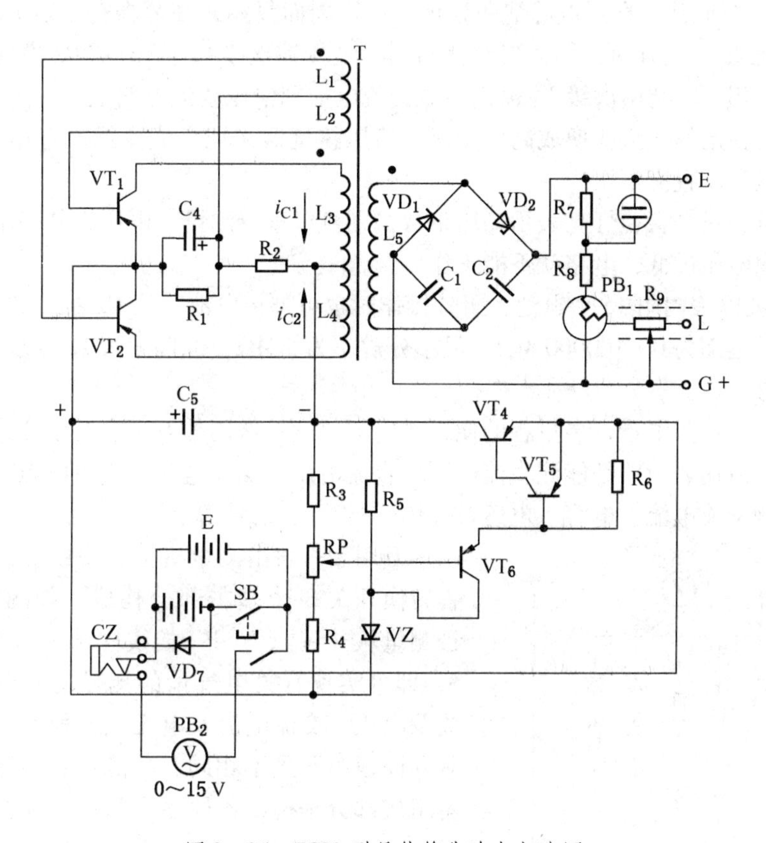

图 3－25　ZC30 型晶体管兆欧表电路图

振荡器由晶体三极管 VT_1、VT_2 组成共发射极推挽式变压器正反馈振荡器。变压器既是振荡器电路负载，又起着升压、正反馈的作用，即振荡过程中 VT_1、VT_2 轮流导通、截止，致使在副绕组上感应出交流高压。

稳压器的作用是稳定直流电压。R_3、RP、R_4 为采样环节，VT_6 为放大、控制环节，VT_4、VT_5 为复合调整环节，它使兆欧表在工作过程中振荡器的直流电压始终稳定在 10 V 左右。

倍压整流电路由 2 只硅堆 VD_1、VD_2 和 2 只 0.1 μF/3 kV 的高压电容 C_1、C_2 组成。输出额定电压为 5000 V ± 10%，与晶体管整流原理相同。

晶体管高压直流电源的工作过程如下：接通电源后，直流稳压器通过 R_2 向 VT_1、VT_2

基极注入电流，因为两管的性能不可能完全一样，因此，若 VT_1 导通能力较强，则 VT_1 集电极电流 i_{C1} 就较大，由于变压器 L_3、L_2 的作用，使 VT_1 基极电压向负方向变化，则 VT_1 基极注入电流就更大，i_{C1} 也就相应更大。与此同时，由于变压器 L_4、L_1 的作用，使 VT_2 基极电压向正方向变化，VT_2 基极注入电流就减小，i_{C2} 也就相应减小。通过这样的正反馈，使 VT_1 迅速地饱和导通，VT_2 则完全截止。但由于变压器绕组 L_3 的作用，使 i_{C1} 逐渐上升，直到铁芯饱和为止。

当变压器铁芯饱和后，变压器绕组 L_1、L_2 的感应电压就下降，这时 VT_1 基极电流也随之减小，形成与上述方向相反的正反馈过程，结果使 VT_1 迅速地完全截止，VT_2 饱和导通，使得 i_{C2} 逐渐上升，直到铁芯饱和为止。这样周而复始，往复振荡。若 i_{C1} 上升时，变压器次级 L_5 输出为正方向，那么当 i_{C2} 上升时，变压器次级 L_5 输出就为负方向，再加之变压器的升压作用，因此由次级 L_5 输出高压交流电加到倍压整流电路上。

振荡器把稳定的直流变换成高压交流。倍压整流器又把交流变换成直流并再次倍压，就这样获得了高压直流电压。

面板上有一只氖管，灯亮表示高压正常，则可以进行测量。电压表 PB_2 用于指示电池电压，若电池电压过低，电路就不能工作。

ZC30 型兆欧表内附 15 V 电池，野外操作时也可外接电池，从 CZ 插口输入。ZC30 型兆欧表的测量范围为 0 ~ 100000 MΩ，最小分辨率为 5 MΩ，准确度为 1.5 级。

3. 万用表

万用表是一种多电量、多量程的便携式电测仪表。常用的万用表有模拟式万用表和数字式万用表。万用表一般都能测直流电流、直流电压、交流电压、直流电阻等电量。有的万用表还能测交流电流、电容、电感及晶体三极管的 h_{FE} 值等。

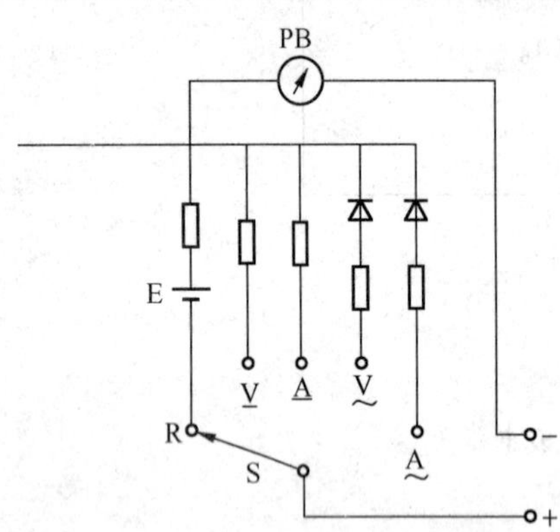

S—转换开关；E—内接电池；PB—表头

图 3 - 26 万用表的基本工作原理

万用表一般由测量机构、测量线路、功能及量程转换开关 3 个基本部分构成。如图3 - 26 所示，被测量从"+"、"-"接线柱输入，转动转换开关 S，即可实现有关电气量的测量，如电阻、直流电流及电压、交流电流及电压。各种型号的万用表外观和面板布置虽不相同，功能也有差异，但 3 个基本组成部分是构成各种型号万用表的基础。

1）测量机构

模拟式万用表采用高灵敏度的磁电系测量机构，其满刻度偏转电流，即表头灵敏度一般为几十微安到几百微安，准确度在 0.5 级以上。表头的全偏转电流越小，其灵敏度越高，特性越好。用来构成万用表后准确度为 1.0 ~ 5.0 级。根据不同测量功能和量程，在测量机构的表盘上标有多条刻度标尺，可以直接读出被测量值。

灵敏度是万用表主要特性之一，它表示万用表在电压测量满度值时取自被测电路的电流值，一般用每伏电压的内阻 Ω/V 表示，即灵敏度 = 电表内阻/电压量程。显然，满量程电流越小的测量机构灵敏度越高，测量电压时表的内阻越大，对被测电路的正常工作状态影响越小。数字万用表的电压灵敏度为 $5\times10^4 \sim 5\times10^7$ Ω/V，它比模拟式万用表的电压灵敏度（$2\times10^{3}\sim10^{4}$ Ω/V）高 3 个数量级。它能测高内阻电压信号，其结果可以和电子管电压表媲美。万用表的灵敏度与表头的灵敏度是一致的。

2）测量线路

测量线路是万用表实现多种电量测量、多种量程变换的电路。测量线路能将各种待测电量转换为测量机构能接受的直流电流或直流电压。万用表的功能越强，测量范围越广，测量线路也越复杂。

测量线路是万用表的中心环节，它对万用表的测量误差影响较大。因此，对测量线路中使用的元器件，如电阻、电位器、电容器及半导体器件等，要求性能稳定，温度系数小，准确度高，工作可靠。

3）功能及量程转换开关

功能及量程转换开关是万用表实现多种电量、多量程切换的元件，它由转轴驱动的活动触点与固定触点组成。当两触点闭合时，电路接通。通常将活动触点称为“刀”，固定触点称为“掷”，万用表需切换的线路较多，因此采用多刀多掷转换开关。当一层刀掷不够用时，还可用多层多刀多掷转换开关，旋动转轴使“刀”与不同的“掷”闭合就可改变或接通需要的测量线路。实际上，切换测量线路就可达到切换电量和量程的目的。

此外，有的万用表也采用多联按键式开关对测量线路进行切换。按键开关由按键驱动的活动触点与固定触点组成，一个按键可设置一对以上的常闭和常开触点。

转换开关有单转换开关和双转换开关两种。较常用的是分线式单转换开关，这种开关使用方便又可减少使用中出现的差错。转换开关的挡数有十几挡至三十几挡不等，每挡连接一种测量电路，因此万用表具有多功能和多量程。在转换开关旋钮的周围标有几种符号：“Ω”表示测量电阻，以欧姆为单位；“×”表示倍率；“×10 k”表示表盘刻度线读数要乘以 10000 Ω，如 Ω 刻度指示为“2”时，则所测阻值为 20000 Ω；“V”表示测量直流电压，以伏为单位；“~V”表示测量交流电压，以伏为单位；“mA”和“μA”表示测量直流电流，分别以毫安和微安为单位。

万用表的测量电路是由多量限直流电流表、多量限直流电压表、多量限整流式交流电压表、多量限欧姆表等组合而成。

（二）电工常用材料的种类、性能及用途

1. 常用导电材料

导电材料应具有较高的导电性能、足够的机械强度、不易氧化、不易腐蚀、易进行加工和易于焊接等特性。

1）导电金属

常用的导电金属材料有铜和铝，某些特殊场合也采用银、金、铂等贵金属。导电金属的主要特性和用途见表 3-1。

2）常用导线

常用导线有单线、绞合线、特殊导线等类型。主要用于电力、交通、通信工程以及电动机、变压器和电器的制造。

（1）单线。单线就材质而言有铜和铝及其合金；就外形而言有圆单线、扁单线和异形线；以硬度论可分为软线、硬线和特硬线；就结构而言可分为普通线、镀层线（如镀锡、镀银等）、包覆线（如铝包钢圆线等）、合金线（如铝合金圆单线、铜合金圆单线）。

表3-1 导电金属的主要特性和用途

名称	密度/(g·cm^{-3})	熔点/℃	抗拉强度/(N·mm^{-2})	电阻率(20℃)/(10^{-2}Ω·mm^2·m^{-1})	电阻温度系数(20℃)/(10^{-3}·℃$^{-1}$)	主要特性	主要用途
银	10.50	961.93	160~180	1.59	3.80	有最好的导电性和导热性，抗氧化性好，易压力加工，焊接性好	航空导线、耐高温导线、射频电缆等导体和镀层，瓷电容器极板等
铜	8.90	1084.5	200~220	1.69	3.93	有好的导电性和导热性，良好的耐蚀性和焊接性，易压力加工	各种电线、电缆用导体，母线载流零件等
金	19.30	1064.43	130~140	2.40	3.40	导电性仅次于银和铜，抗氧化性特好，易压力加工	电子材料等特殊用途
铝	2.70	660.37	70~80	2.65	4.23	有良好的导电性、导热性、抗氧化性和耐蚀性，密度小，易压力加工	各种电线、电缆用导体，母线载流零件和电缆护层等
铂	21.37	1772	140~160	10.5	3.0	抗氧化性和抗化学剂性特好，易压力加工	精密电表及电子仪器的零件等

（2）裸绞线。绞合线是由多股单线绞合而成的导线，其目的是改善使用性能。相同截面积的绞合线与单线相比，要柔软些，既可改善敷设性能，还可提高抗拉强度，如制成钢芯铝绞合线，抗拉强度可大为提高。绞合线就其结构而论，可分为简单绞线、组合绞线和复合绞线。简单绞线由相同材料的单圆线绞合而成；组合绞线由导电部分的圆单线和增强部分的芯线组合绞制而成，如钢芯铝绞线；复合绞线是先将数根圆单线绞合成股再绞合成线。绞合线如图3-27所示。

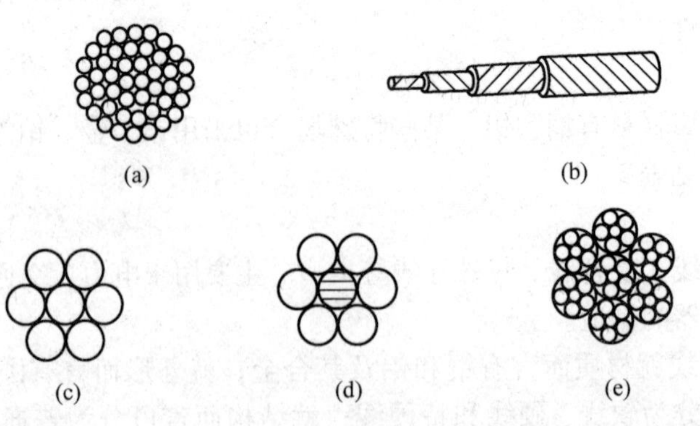

图3-27 绞合线

架空线用得较多的是铝绞线和钢芯铝绞线。前者用于低压、短距离输电线路，后者用于高压、长距离输电线路。

（3）特殊导线。特殊导线是为架设环境的特殊要求而设计制造的。主要有以下几种：

①为减少电晕损失与无线电干扰的扩径导线。制成有空隙的绞合或中空以扩大线径。

②为高寒地区防风压、冰雪的压缩型导线。外径较小，表面光滑，在风中及冰雪载荷下舞动量较小，如压缩型钢芯铝绞线。

③为减振而制造的自阻尼导线。结构特点是在钢芯与拱形铝线之间留 0.6 ~ 1.5 mm 的间隙，由于铝线和钢芯的固有频率不相同，导线在风激振动时振幅减小，以达到减震的目的。

④防冰雪导线。有通电式、涂料式、指环式、居里合金式，以防因覆积冰雪而造成事故。

⑤光缆复合架空导线。在输电线路上采用光缆复合架空导线，可同时输入和实现大容量的信息传递，有利于遥测、遥控和遥调的实现。

2. 绝缘材料

1）按绝缘材料的物理状态分类

按绝缘材料的物理状态可分为气体绝缘材料、液体绝缘材料和固体绝缘材料。

（1）气体绝缘材料。常用的有空气、氮气、氢气、二氧化碳、六氟化硫等。

（2）液体绝缘材料。常用的有变压器油、电容器油、电缆油等矿物油，还有硅油、三氯联苯等合成油。

（3）固体绝缘材料。常用的有绝缘漆、胶和熔敷粉末、纸板、木材等绝缘纤维制品，漆布、漆管和绑扎带等绝缘浸渍纤维制品，云母制品、电工薄膜、复合制品和粘带，电工用层压制品，电工用塑料和橡胶制品等。

2）按绝缘材料的化学性质分类

固体绝缘材料按其化学性质又可分为无机绝缘材料、有机绝缘材料和混合绝缘材料。

（1）无机绝缘材料。如云母、石棉、大理石器、电工瓷器、玻璃等，主要用于电动机和电器的绕组绝缘、开关底座、绝缘子等。

（2）有机绝缘材料。如虫胶、树脂、橡胶、纸、麻、纱、丝等，主要用于制造绝缘漆和绕组导线的被绝缘物。

（3）混合绝缘材料。是以上两种材料经加工合成的成型的绝缘材料，用作电器底座、外壳等。

3）按耐热性能分级

电工绝缘材料按其能承受的极限温度分为7个耐热等级，详细介绍见表3－2。

表3－2　常用绝缘材料的耐热等级

级别	绝缘材料	极限工作温度/℃
Y	木材、棉花、纸、纤维等天然的纺织品，以醋酸纤维和聚酰胺为基础的纺织品以及易热分解和溶化点较低的塑料（脲醛树脂）	90
A	工作于矿物油中的合成油或油树脂复合胶浸过的Y级材料，漆包线、漆布、漆丝的绝缘及油性漆、沥青漆等	105

表 3-2（续）

级别	绝　缘　材　料	极限工作温度/℃
E	聚酯薄膜和 A 级材料复合、玻璃布，油性树脂漆、聚乙醇缩醛高强度漆包线、乙酸乙烯耐热漆包线	120
B	聚酯薄膜、经合适树脂黏合式浸渍涂覆的云母、玻璃纤维、石棉等，聚酯漆、聚酯漆包线	130
F	以有机纤维材料补强和布带补强的云母片制品，玻璃丝和石棉，玻璃漆布，以玻璃丝布和石棉纤维为基础的层压制品，以无机材料作补强和石带补强的云母粉制品，化学热稳定性较好的聚酯和醇酸类材料，复合硅有机聚酯漆	155
H	无补强或以无机材料为补强的云母制品，加厚的 F 级材料、复合云母、有机硅云母制品、硅有机漆、硅有机橡胶聚酰亚胺复合玻璃布、复合薄膜、聚酰亚胺漆等	180
C	不采用任何有机黏合剂及浸渍剂的无机物，如石英、石棉、云母、玻璃和电瓷材料等	180 以上

4）按绝缘材料的应用和工艺特征分类

（1）漆树脂和胶类，分类代号为“1”。

（2）浸渍纤维制品类，分类代号为“2”。

（3）层压制品类，分类代号为“3”。

（4）压塑料类，分类代号为“4”。

（5）云母制品类，分类代号为“5”。

（6）薄膜、黏带和复合制品类，分类代号为“6”。

第三节　读图与分析

一、操作技能

（一）读懂电气图形符号、简单真空电磁起动器原理图及工作面供电系统图

1. 各种常用电气图形符号

各种常用电气图形符号见表 3-3。

表 3-3　各种常用电气图形符号

新符号（GB 4728）		旧符号（GB 312）		新符号（GB 4728）		旧符号（GB 312）	
名称	图形符号	名称	图形符号	名称	图形符号	名称	图形符号
动合触点（注：本符号也可用作开关一般符号）	形式 1  形式 2 	开关的动合触点	 或 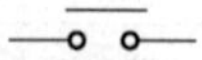	三极开关（多线表示）	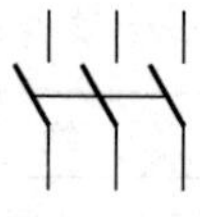	三极开关（多线表示）	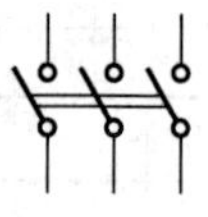
		继电器的动合触点	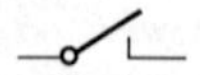 或 	接触器动合触点	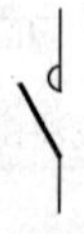	接触器动合触点	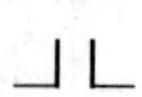

表3-3（续）

新符号（GB 4728）		旧符号（GB 312）		新符号（GB 4728）		旧符号（GB 312）	
名称	图形符号	名称	图形符号	名称	图形符号	名称	图形符号
按钮开关（动合按钮）		带动合触点的按钮	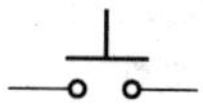	按钮开关（动断按钮）		带动断触点的按钮	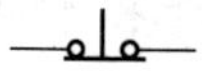
电阻符号		电阻符号		滑动电阻	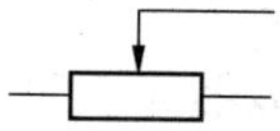	滑动电阻	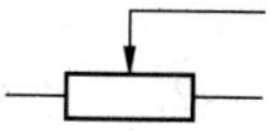
双绕组变压器	形式1  形式2	双绕组变压器	单线表示  多线表示	三极隔离开关	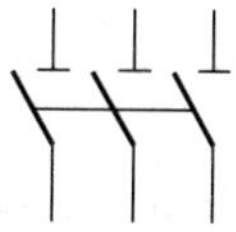	三极高压隔离开关	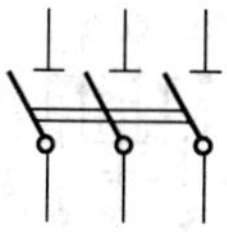
桥式全波整流器	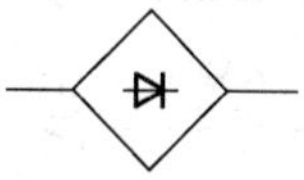	桥式全波整流器	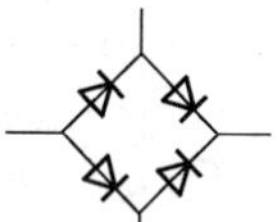	三相鼠笼异步电动机	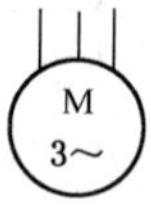 M 3～	三相鼠笼异步电动机	
接触器动断触点		接触器动断触点	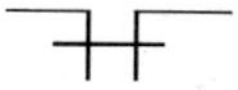	电容符号	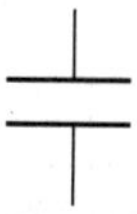	电容符号	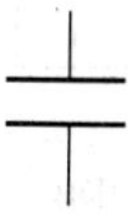
电喇叭	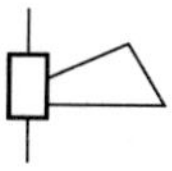	电喇叭	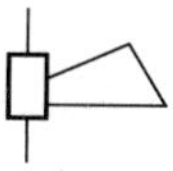	半导体三极管（NPN型）		半导体三极管（NPN型）	
电铃		电铃		熔断器	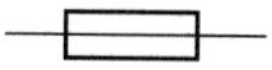	熔断器	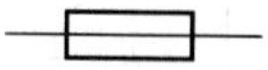
动断触点		开关的动合触点	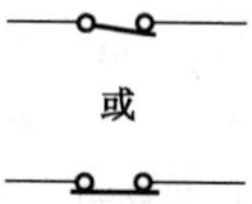 或	延时断开的动断触点	形式1 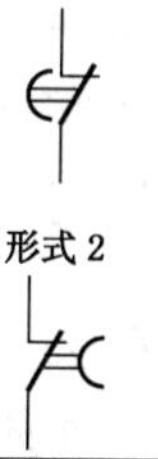 形式2	断电器延时开启的动断触点	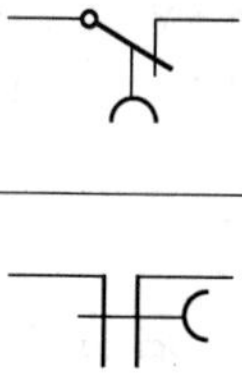
		继电器的动合触点	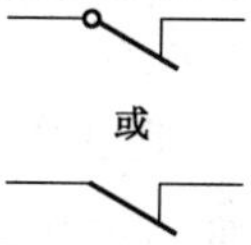 或			接触器延时开启的动断触点	
灯的一般符号		照明灯	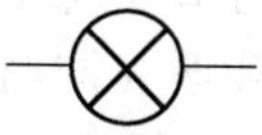	三相绕线型异步电动机	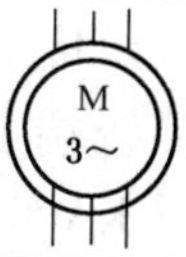 M 3～	三相滑环异步电动机	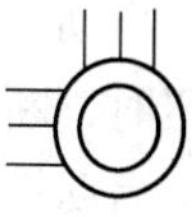
		信号灯	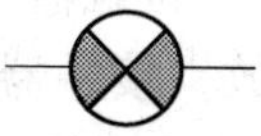	半导体三极管（PNP型）		半导体三极管（PNP型）	

表 3-3（续）

新符号（GB 4728）		旧符号（GB 312）		新符号（GB 4728）		旧符号（GB 312）	
名称	图形符号	名称	图形符号	名称	图形符号	名称	图形符号
二极管		二极管		发光二极管		发光二极管	

2. 简单真空电磁起动器工作原理

以 QBZ-80 型电磁起动器原理图为例，电气如图 3-28 所示。

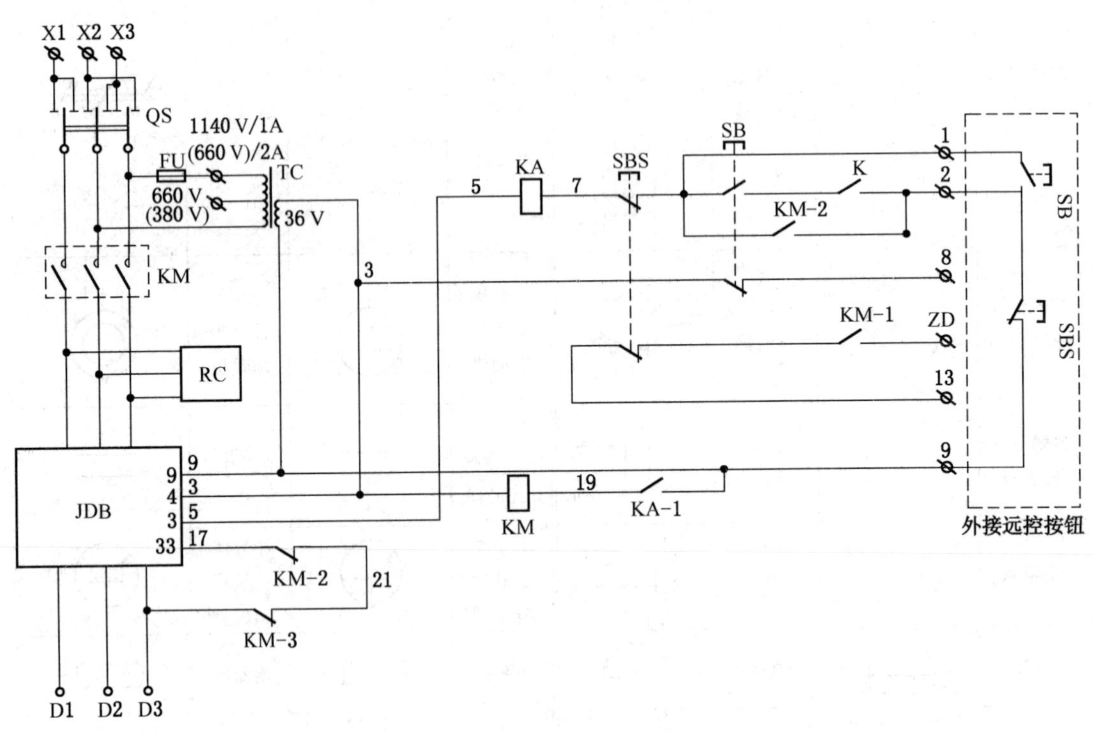

KM—真空接触器；QS—隔离换向开关；RC—阻容吸收装置；JDB—电机综合保护器；TC—电源控制变压器；KA—中间继电器；FU—熔断器；K—远控、近控钮子开关；SBS—停止按钮；SB—启动按钮

图 3-28　QBZ-80 型真空电磁起动器电气原理图

启动前：隔离换向开关 QS 打到正或反转时控制变压器有电，在主回路负荷侧不漏电时，JDB 综合保护器触点 3、4 闭合为启动做准备。

启动：用该机近控时，短接本体上的 2 号与 9 号接线端子，2 号线接地；用外接远控按钮时，断开 2 号与 9 号接线端子，2 号线不接地（同时将钮子开关 K 打到远控位置）；按下启动按钮，中间继电器 KA 线圈吸合，KA-1 闭合，KM 接触器线圈得电，KM-2 闭合自保，KM-3 打开保护器上漏电检测 17 号线；接触器主触头闭合，电动机运转。

停止：按下停止按钮，接触器线圈失电释放，接触器主触头断开，电动机停止运转；KM-3 闭合漏电检测投入；在下一次启动前，如负荷侧对地绝缘电阻小于规定值（1140

V 时 40 kΩ ±20%，660 V 时 22 kΩ ±20%，380 V 时 7 kΩ ±20%）则 JDB 综合保护器 3、4 触点不能闭合，起动器不能启动，起到漏电闭锁作用。

3. 工作面供电系统图

图 3－29 所示为某工作面运输道供电系统图，图中圆表示开关，横线表示电缆，横线上的数字标注的是电缆的规格、长度和编号。如第一根电缆的标注为 70－120－36，表示电缆芯线截面积是 70 mm²，电缆长度为 120 m，电缆编号为 36 号。这种表示方法在实际工作中较为简单、方便，其完整的标注应为 MY－0.38/0.66　3×70＋1×25—120 m—36#，其标注意义如下：

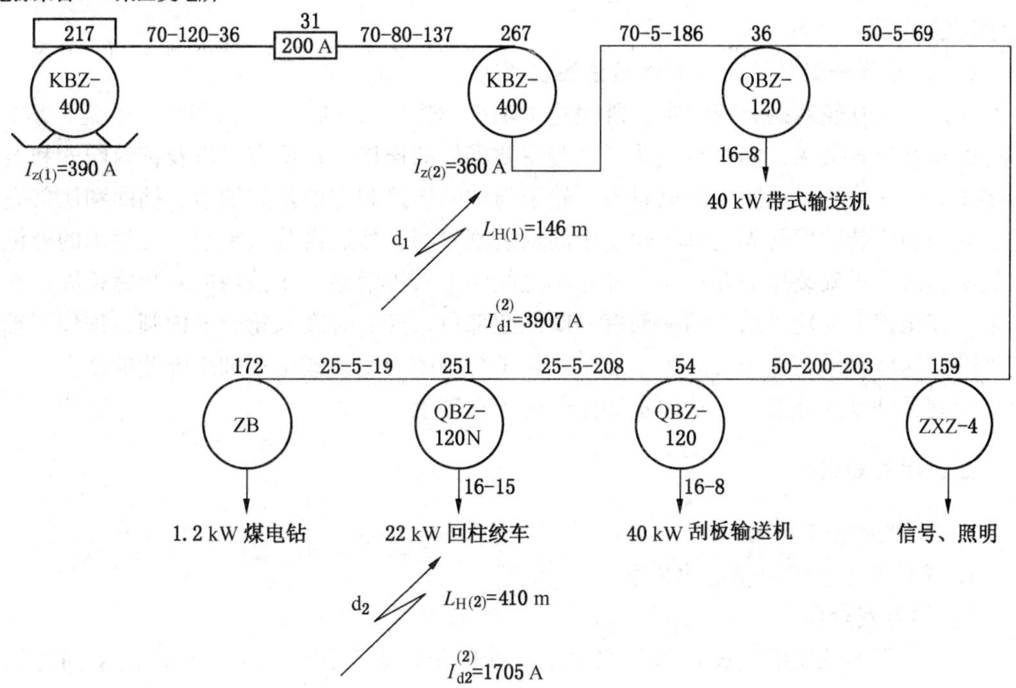

$I_{Z(1)}$、$I_{Z(2)}$——馈电开关整定电流；$L_{H(1)}$、$L_{H(2)}$——电缆换算后的长度；
$I^{(2)}_{d1}$、$I^{(2)}_{d2}$——两相短路电流值

图 3－29　工作面运输巷道供电系统

MY——煤矿用移动橡套软电缆；

0.38/0.66——额定电压为 0.38/0.66 kV；

3×70——3 芯动力线，截面积均为 70 mm²；

1×25——1 芯地线，截面积为 25 mm²；

120 m——电缆长度为 120 m；

36#——电缆编号为 36 号。

供电系统图绘出后，根据馈电开关的整定值，还应校验保护装置动作的灵敏度能否满足要求，图 3－29 中已给出过电流保护装置的电流整定值（$I_{Z(1)}$、$I_{Z(2)}$）和线路中最远点的两相短路电流值（$I^{(2)}_{d1}$、$I^{(2)}_{d2}$）。用两相短路电流值进行效验，应符合下列公式的要求：

$$\frac{I_{d}^{(2)}}{I_{Z}} \geqslant 1.5$$

式中 $I_{d}^{(2)}$——被保护电缆干线或支线距变压器最远点的两相短路电流值，A；

I_{Z}——过电流保护装置的电流整定值，A；

1.5——保护装置的可靠动作系数。

由此可计算图3-29保护装置的可靠动作系数：

$$\frac{I_{d1}^{(2)}}{I_{Z1}} = \frac{3907}{390} = 10.0 > 1.5$$

$$\frac{I_{d2}^{(2)}}{I_{Z2}} = \frac{1705}{360} = 4.7 > 1.5$$

灵敏度满足要求。

（二）读懂一般机械设备装配示意图

在图3-30轮对的装配图中，既表达了轴4、轮子5、轴承6、挡圈9和压盖1等主要零件的相互位置关系，同时也表达了这些主要零件的连接、定位方式以及密封圈3和石棉纸垫2等防漏装置。从图中可以看出，轮子与轴的连接和定位是靠轴承、挡圈和压盖完成的，它们的安装顺序是先把轴与轮子中间加装密封圈，然后再装入轴承，在轴承的外侧装入挡圈，最后再安装压盖并在压盖和轮子之间装上石棉纸垫，压盖用内六角螺栓固定在轮子上。在压盖上与轮子结合的一面有一圈凸起部位，安装时嵌入轮子的内圆，顶住了轴承的外圆，这样轴承与轮子就固定牢靠了。轮子与轴的固定方式是在轴承外侧的轴上装入挡圈，限制了轴承向外滑动，从而也固定了轮子在轴上的位置。

二、相关知识

（一）煤矿井下供电系统

1. 煤矿井下生产对供电的要求

1）供电安全

煤矿井下的低压电气设备都是在比较特殊的条件下工作的，生产场所的空间比较狭小，空气比较潮湿，矿井涌水量一般都较大，许多矿井存在着爆炸性的瓦斯和煤尘，特别是采掘工作面的电气设备移动频繁、负荷变化大，大型采掘机械直接启动造成的强大起动电流将冲击低压电网而且还存在着顶底板的压力问题，因此安全供电问题就成为井下供电中特别重要的问题。为了保证井下供电的安全，在《煤矿安全规程》的电气部分中对此进行了具体规定，我们必须严格遵守，决不可马虎大意；否则就可能造成电气设备严重破坏，人身触电，发生电气火灾或引起瓦斯、煤尘爆炸等重大事故。

2）供电可靠

供电的可靠性也是井下生产对供电提出的一项重要要求。供电中断不仅会严重影响生产，而且会因水泵停止排水而造成灾害，局部通风机停止工作而造成瓦斯积聚，直接威胁着井下的安全生产，因此对井下供电的可靠性，按照不同的负荷情况都有相应的具体要求。

3）电能质量好

反映电能质量的主要指标是电压和频率。对井下低压供电系统来讲，主要是掌握供电

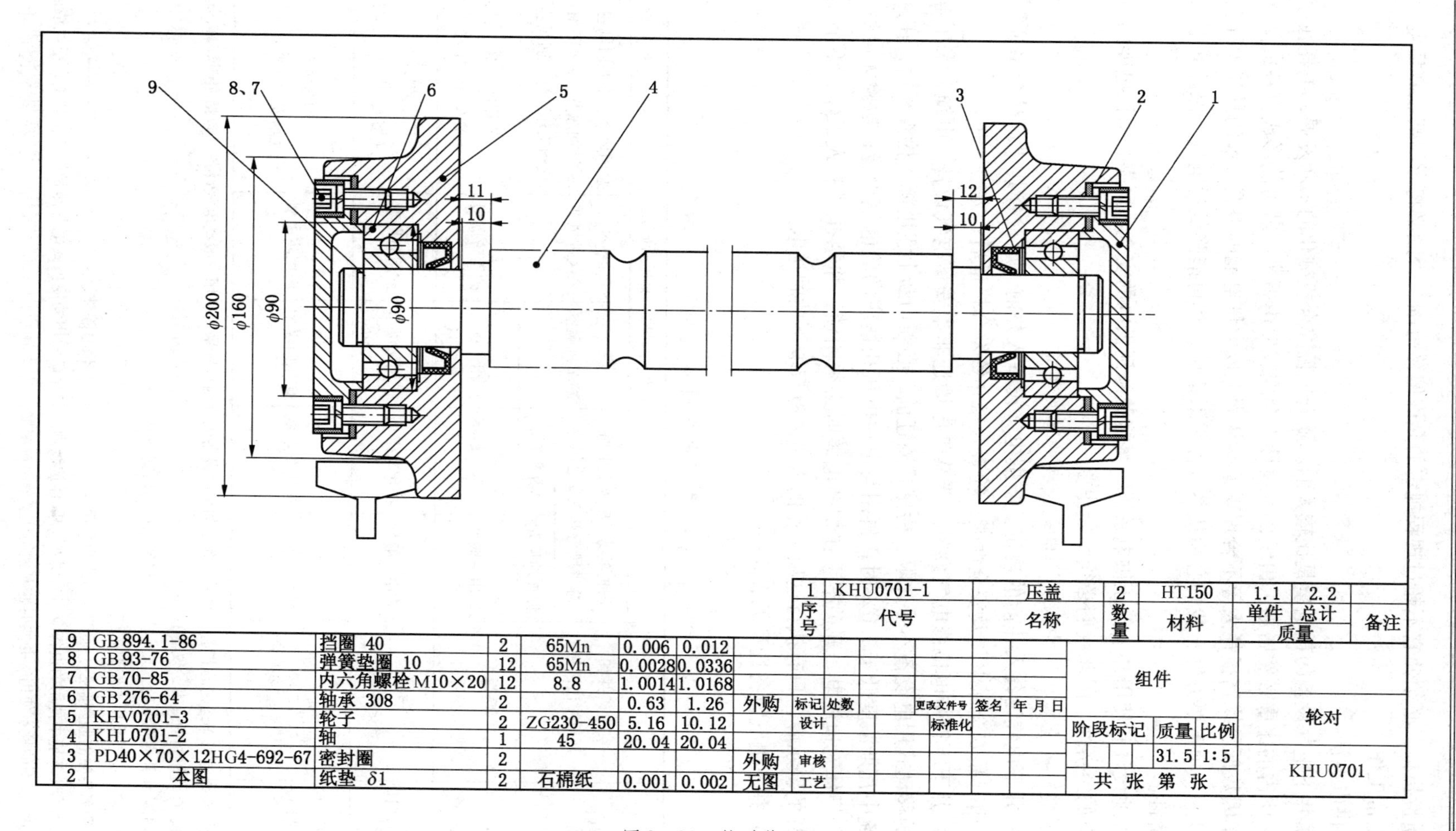
9
8、7
6
5
4
3
2
1
11
10
12
10
φ200
φ160
φ90
φ90
1 KHU0701-1 压盖 2 HT150 1.1 2.2
序号 代号 名称 数量 材料 单件 总计 质量 备注
9 GB 894.1-86 挡圈 40 2 65Mn 0.006 0.012
8 GB 93-76 弹簧垫圈 10 12 65Mn 0.0028 0.0336
7 GB 70-85 内六角螺栓 M10×20 12 8.8 1.0014 1.0168
6 GB 276-64 轴承 308 2 0.63 1.26 外购
5 KHV0701-3 轮子 2 ZG230-450 5.16 10.12
4 KHL0701-2 轴 1 45 20.04 20.04
3 PD40×70×12HG4-692-67 密封圈 2 外购
2 本图 纸垫 δ1 2 石棉纸 0.001 0.002 无图
标记 处数 更改文件号 签名 年 月 日
设计 标准化
审核
工艺
组件
轮对
阶段标记 质量 比例
31.5 1:5
共 张 第 张
KHU0701

图 3-30 轮对装配图

电压的质量指标，必须使它不超过规程规定的允许偏移范围，否则必将影响甚至破坏电气设备的正常工作。

4）供电经济

煤矿井下电气设备的耗电量是比较大的。随着采掘综合机械化的不断发展，电耗在原煤成本中所占的比重必然增加。由于供电设计不合理或使用不当，就可能形成设备负荷率小、功率因数低、线路损耗大等不合理现象，从而造成大量电能的浪费。节约是我国社会主义建设的一项重要方针，我们必须从各方面采取措施，尽可能降低耗电量，保证井下供电的经济性。

合理地设计和使用井下低压供电系统，直接关系到供电的安全、可靠，保证电能的质量和供电的经济性，因此我们必须十分注意。

2.《煤矿安全规程》中对井下电气设备的各种规定

（1）井下电气设备入井前的规定。防爆电气设备入井前，应检查其"产品合格证"、"煤矿矿用产品安全标志"及安全性能；检查合格并签发合格证后，方准入井。

（2）井下不得带电检修电气设备。严禁带电搬迁非本安型电气设备、电缆，采用电缆供电的移动式用电设备不受此限。检修或搬迁前，必须切断上级电源，检查瓦斯，在其巷道风流中瓦斯浓度低于1.0%时，再用与电源电压相适应的验电笔检验；检验无电后，方可进行导体对地放电。开关把手在切断电源时必须闭锁，并悬挂"有人工作，不准送电"字样的警示牌，只有执行这项工作的人员才有权取下此牌送电。

（3）井下电气设备选型见表3-4。

表3-4　井下电气设备选型

设备类别	突出矿井和瓦斯喷出区域	高瓦斯矿井、低瓦斯矿井				
		井底车场、中央变电所、总进风巷和主要进风巷		翻车机硐室	采区进风巷	总回风巷、主要回风巷、采区回风巷、采掘工作面和工作面进、回风巷
		低瓦斯矿井	高瓦斯矿井			
1. 高低压电机和电气设备	矿用防爆型（增安型除外）	矿用一般型	矿用一般型	矿用防爆型	矿用防爆型	矿用防爆型（增安型除外）
2. 照明灯具	矿用防爆型（增安型除外）	矿用一般型	矿用防爆型	矿用防爆型	矿用防爆型	矿用防爆型（增安型除外）
3. 通信、自动控制的仪表、仪器	矿用防爆型（增安型除外）	矿用一般型	矿用防爆型	矿用防爆型	矿用防爆型	矿用防爆型（增安型除外）

注：1. 使用架线电机车运输的巷道中及沿该巷道的机电设备硐室内可以采用矿用一般型电气设备（包括照明灯具、通信、自动控制的仪表、仪器）。

2. 突出矿井井底车场的主泵房内，可以使用矿用增安型电动机。

3. 突出矿井应当采用本安型矿灯。

4. 远距离传输的监测监控、通信信号应当采用本安型，动力载波信号除外。

5. 在爆炸性环境中使用的设备应当采用EPLMa保护级别。非煤矿专用的便携式电气测量仪表，必须在甲烷浓度1.0%以下的地点使用，并实时监测使用环境的甲烷浓度。

3. 矿井供电电压等级

根据国家标准的规定，并结合煤矿的特殊生产条件，目前煤矿井下常用的电压等级及用途见表3-5。

表3-5　目前煤矿井下常用的电压等级及其用途

标准电压/V	平均电压/V	用　途
6000	6300	高压电动机及供电电压
3300	3460	部分矿井采区电气设备
1140	1200	综采工作面成套电气设备
660	690	低压动力用电电压
380	400	低压动力用电电压
127	133	照明、信号、电话和手持式电气设备
36		电气设备的控制回路
直流250、550		架线式电机车

《煤矿安全规程》规定，井下供电电压应符合下列要求：

（1）高压不超过10000 V。

（2）低压不超过1140 V。

（3）照明、信号、电话和手持式电气设备的供电额定电压不超过127 V。

（4）远距离控制线路的额定电压不超过36 V。

（5）采区电气设备使用3300 V供电时，必须制订专门的安全措施。

4. 矿井供电系统

由矿井地面变电所、井下中央变电所、采区变电所、工作面配电点按照一定方式连接起来的一个整体称为矿井供电系统。大型矿井一般采用三级供电方式，即地面变电所、井下中央变电所、采区变电所。而中小型矿井一般采用二级供电方式，即地面变电所、采区变电所。

根据矿井的井田范围、埋藏深度、地质条件，矿井供电系统分为深井供电系统和浅井供电系统。煤层埋藏深度大于150 m应采用深井供电系统，小于150 m应采用浅井供电系统。

1）深井供电系统

电源从矿区变电站35 kV母线上取得，由两回路架空线直接将高压电送到矿井的负荷中心——地面变电所，用两台35/6 kV主变压器配电给地面的主要高压设备，如主、副井提升机、空压机、主通风机等。地面总变电所另设两台6/0.38 kV配电变压器，构成三相四线制系统向地面低压动力及照明设备供电。

由地面变电所两根（或多根）高压电缆经井筒下井，将6 kV高压电能送到井下中央变电所，在井下中央变电所通过高压配电装置分配给井底车场附近的高压用电设备，如主排水泵和变流设备，并向各采区变电所供电。为向井底车场及附近巷道、硐室中的低压动力设备供电，在井下中央变电所中设置两台矿用动力变压器，将6 kV电压降到660 V。此外，还设置矿用照明装置，将660 V电压进一步降至127 V，向井底车场附近巷道及硐室中的照明设备供电。

从井下中央变电所用高压电缆将6 kV电能送到采区变电所。采区变电所再将电压降低到660 V，然后用低压电缆将它分别送到各个工作面附近的配电点，最后再分别送给工作面及附近巷道中的生产机械。如果采区内有综采工作面，6 kV的高压电能则经采区变电所中的高压配电装置配送到工作面附近巷道中的移动变电站，然后经移动变电站将6 kV电压降低到1140 V（或3300 V），最后再送到工作面配电点，分配给各用电负荷。采区变电所及附近巷道中的照明设备由设在采区变电所中的矿用照明综合保护装置供电。

采区巷道中的照明、信号则由安装在采区变电所和工作面配电点的照明、信号综合保护装置供电。

2）浅井供电系统

该系统的供电方式是将井下各用电设备分区，分别由地面变电所通过井筒或钻眼供电。这种供电系统的特点是井下不设中央变电所，而是把地面变电所的380 V或660 V低压电直接通过电缆经井筒送到井底车场配电所，供给车场动力及照明使用。采区供电由地面变电所的架空线将高压电送到采区地面后，再经钻孔（用钢管加固孔壁）中的高压电缆送到采区变电所，降压后再供给采掘动力设备；或采区地面变电亭降压后直接把低压电经钻孔中的电缆送到采区配电所。

这种供电系统的优点是，减少了硐室的开拓量，减少了电缆、高压设备，减少了高压触电的危险，既简便又经济，但也有不足之处。在设计中，应根据具体情况进行技术经济比较后，再确定合理的供电系统。

（二）剖视图

1. 剖视图的基本概念

假想用一个剖切面把机件分开，移去观察者和剖切面之间的部分，将余下的部分向投影面投影，得到的图形称为剖视图，简称剖视，如图3－31所示。剖切面与机件接触的部分称为断面。在断面图形上应画出剖面符号，不同的材料采用不同的剖面符号。一般机械零件是金属，采用45°的间隔均匀斜线。

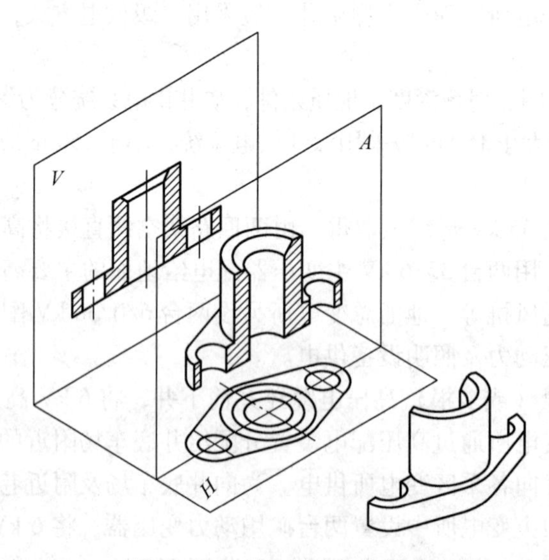

图3－31 剖视图的基本原理

因为剖切是假想的，虽然机件的某个视图画成剖视图，但机件仍是完整的，所以其他图形的表达方案应按完整的机件考虑。

2. 画剖视图的方法和步骤

（1）画出机件的视图，如图3－32所示。

（2）确定剖切平面的位置，画出断面的图形。

（3）画出断面后的可见部分。

（4）标出剖切平面的位置和剖视图的名称（如 A—A）。

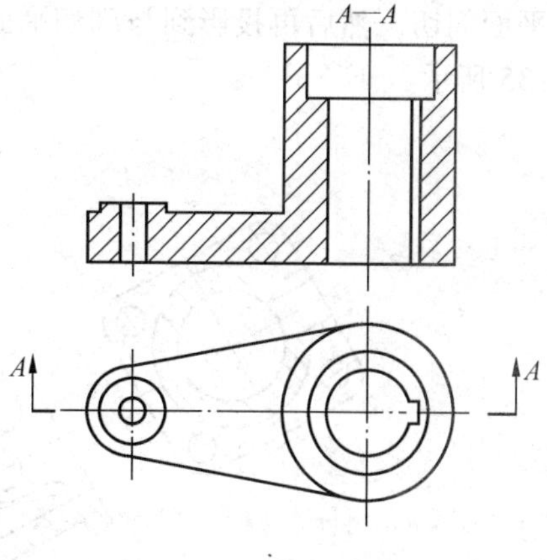

图3－32　全剖视图

3. 几种常用的剖视图

按剖切的范围分，剖视图可分为全剖视图、半剖视图和局部剖视图3类。

1）全剖视图

用剖切平面把机件全部剖开所得的剖视图称为全剖视图，如图3－32所示。全剖视图主要用于内部复杂的不对称的机件或外形简单的回转体。

2）半剖视图

当机件具有对称平面时，在垂直于对称平面的投影面上的投影，可以以对称中心线为界，一半画剖视，一半画视图，这样的图形称为半剖视图，如图3－33所示。

3）局部剖视图

用剖切平面剖开机件的一部分，以显示这部分形状并用波浪线表示剖切范围，这样的图形称为局部剖视图。局部剖切后，为不引起误解，波浪线不要与图形中的其他图线重合，也不要画在其他图线的延长线上，局部剖视图如图3－34所示。

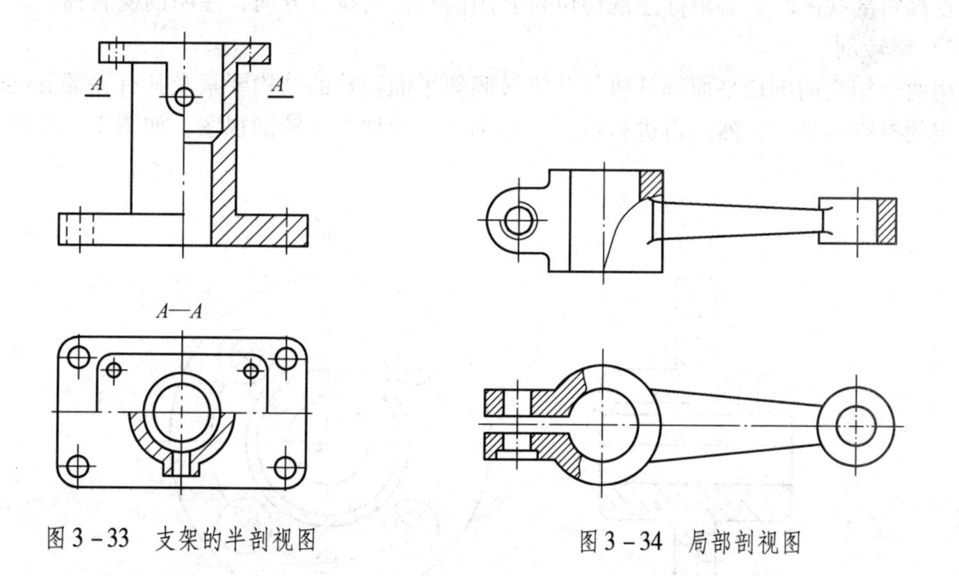

图3－33　支架的半剖视图　　图3－34　局部剖视图

根据剖切平面和剖切方法的不同，剖视还可分为斜剖、阶梯剖、旋转剖和复合剖等。

1）斜剖

当机件上倾斜部分的内形在基本图形上不能反映实形时，可以先用与基本投影面倾斜的平面剖切，然后再投影到与剖切平面平行的投影面上，得到的图形称为斜剖视图，如图 3－35 所示。

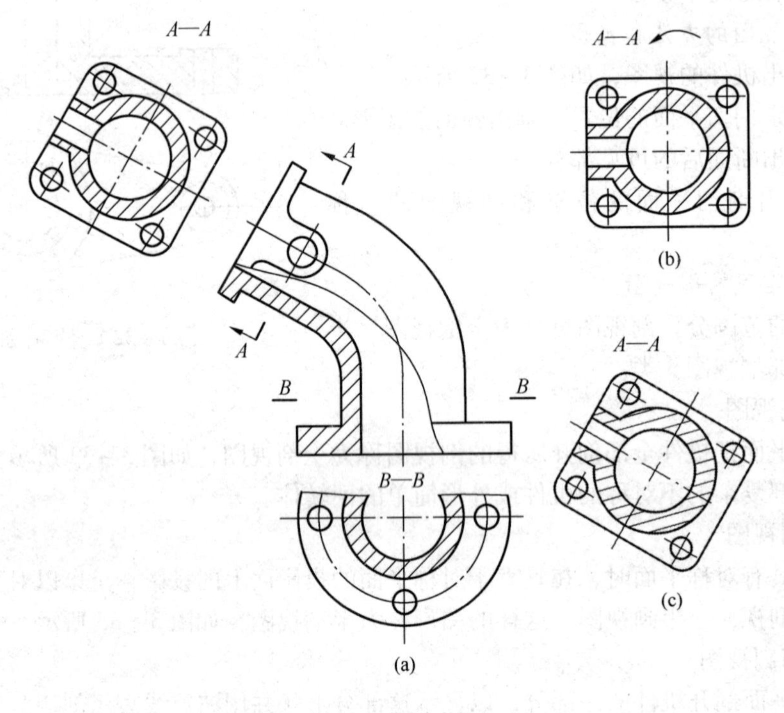

图 3－35　斜剖视图

在画斜剖视图时，必须标注剖切位置并用箭头指明投影方向，注明剖视名称。

2）旋转剖

用两个相交的剖切平面剖开机件并将被倾斜平面切着的结构要素及其有关部分旋转到与选定的投影面平行，然后再进行投影，得到的图形称为旋转剖视图，如图 3－36 所示。

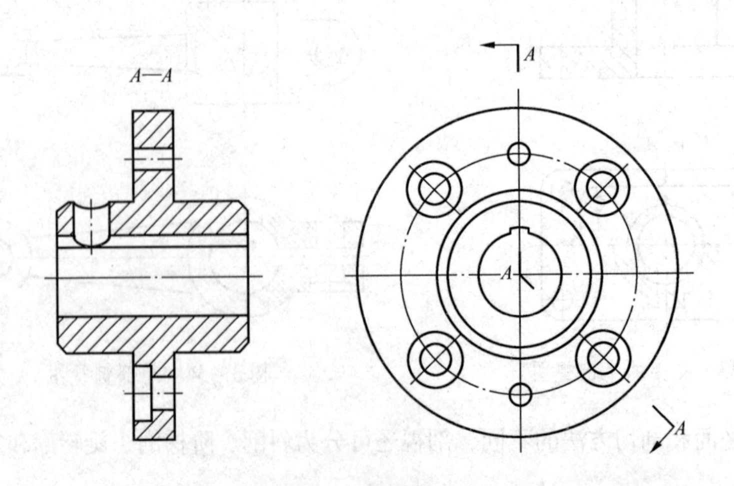

图 3－36　旋转剖视图

在画旋转剖视图时，必须标出剖切位置，在它的起讫和转折处用相同字母标出并指明投影方向。

3）阶梯剖

有些机件的内形层次较多，用一个剖切平面不能全部表示出来，在这种情况下，可用一组互相平行的剖切平面依次将它们切开，所得的图形称为阶梯剖视图，如图 3－37 所示。

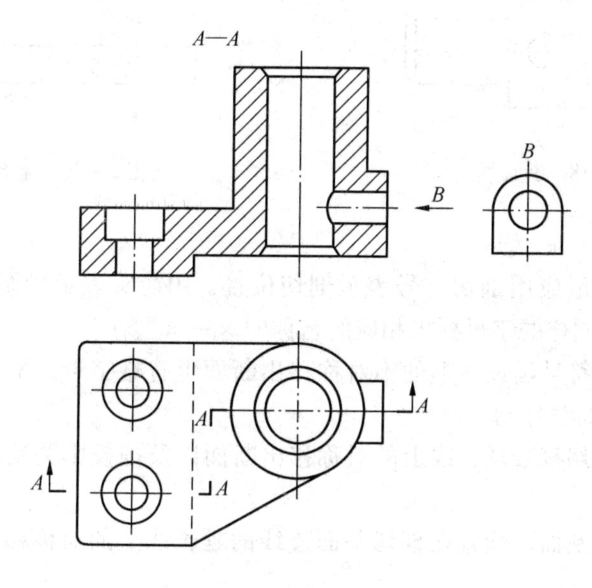

图 3－37　阶梯剖视图

阶梯剖的标注同旋转剖的标注相同。

画阶梯剖应注意以下几个问题：

（1）在剖视图上不要画出两个剖切平面转折处的投影。

（2）剖视图上不应出现不完整要素。只有当两个要素在图形上具有公共对称中心时才允许各画一半，此时，应以中心线或轴线为界。

（3）剖切位置线的转折处不应与图上的轮廓线重合。

4）复合剖

在以上各种方法都不能简单而又集中地表示出机件的内形时，可以把它们结合起来应用，这种剖视图称为复合剖。

（三）断面图

1. 断面图的概念

假想用一个剖切平面将机件的某处切断，仅画出该断面的形状，这个图形称为断面图，如图 3－38 所示。

2. 断面图的种类

根据断面图在绘制时所配置的位置不同，断面图分为移出断面和重合断面两种。

（1）移出断面。断面图画在视图之外的称为移出断面。

（2）重合断面。在不影响图形清晰的条件下，断面图也可画在视图里面，称为重合断面，如图3－39所示。

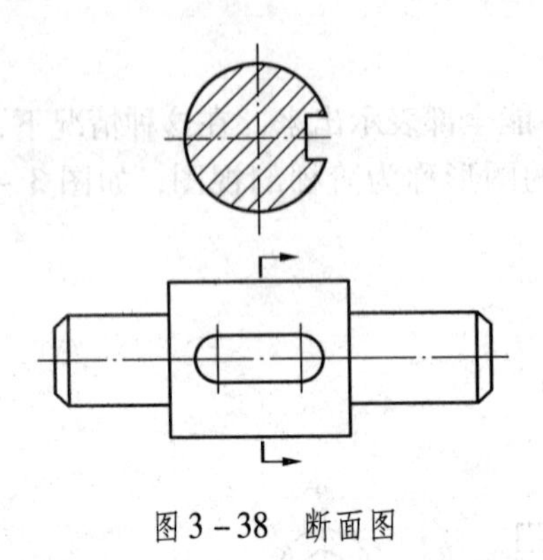

图3－38　断面图

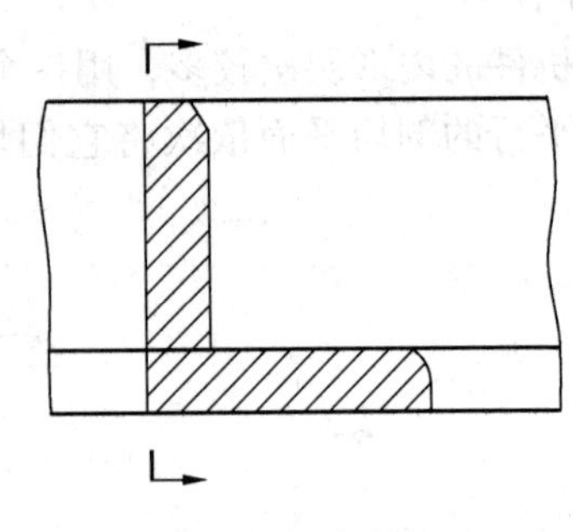

图3－39　重合断面

3. 断面图的标注

(1) 移出断面一般应用剖切符号表示剖切位置，用箭头表示投影方向并注上字母，在断面图的上方，用同样的字母标出相应的名称“×—×”。

(2) 配置在剖切符号延长线上的不对称移出断面可省略字母。配置在剖切符号上的不对称重合断面不必标注字母。

(3) 不配置在剖切符号延长线上的对称移出断面以及按投影关系配置的对称移出断面，均可省略箭头。

(4) 对称的重合断面，配置在剖切平面迹线的延长线上的对称移出断面，可以完全不标注。

(四) 剖面符号

在剖视图和断面图中，应按照零件的材料类别画上表3－6中规定的剖面符号。

金属材料的剖面符号用倾斜45°的细实线画出。当同一零件需要用几个剖视图表达时，剖面线的方向应相同，间隔要相等。在主要轮廓线和水平线成45°倾斜的剖视图中，为了图形清晰，剖面线应改为和水平线成30°或60°的斜线，方向要和其他剖视图的剖面线方向相近。

表3－6　剖面符号

材　料	剖面符号	材　料	剖面符号
金属材料（已有规定剖面符号者除外）		型砂、填砂、粉末冶金、砂轮、陶瓷及硬质合金刀片等	
非金属材料（已有规定剖面符号者除外）		钢筋混凝土	

表3-6（续）

材　料	剖面符号	材　料	剖面符号
转子、电枢、变压器和电抗器等的叠钢片		玻璃及供观察用的其他透明材料	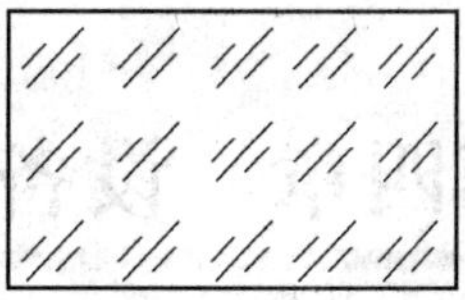
线圈绕组原件	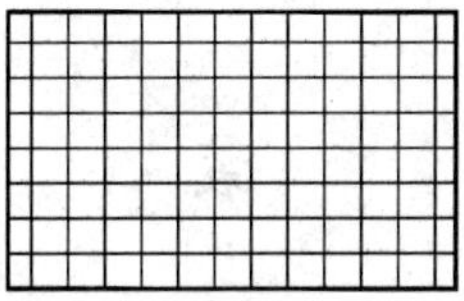	砖	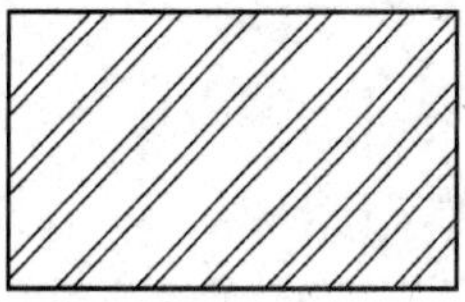
木材纵剖面		木材横剖面	
液体	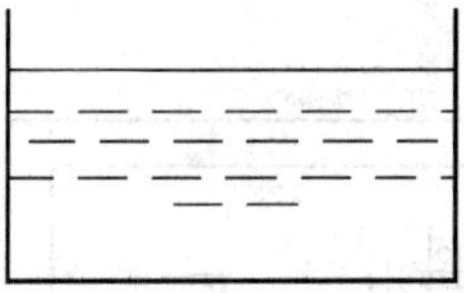	胶合板（不分层次）	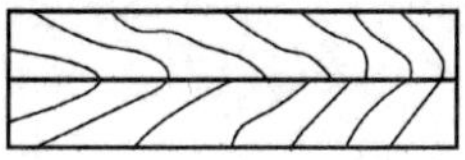
格网			

第四章 设备安装与调试

第一节 安 装

一、操作技能

（一）按图纸要求完成一般磁力起动器的主、控线路配线及安装接线

在图4-1中，X_1、X_2、X_3为磁力起动器三相电源侧，进线电缆采用煤矿用移动橡套电缆连接。D_1、D_2、D_3为磁力起动器三相负荷侧，电缆采用煤矿用移动橡套电缆连接，电缆截面应根据电动机的容量进行选择。

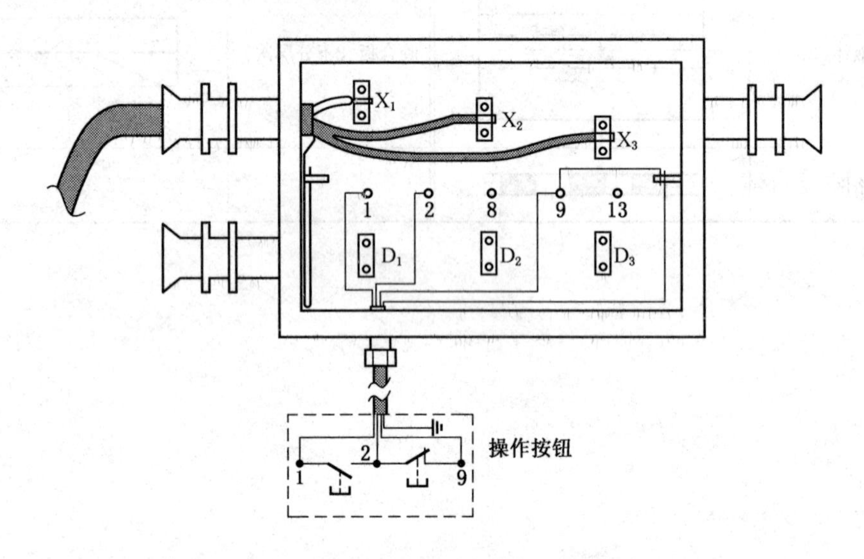

图4-1 QBZ-80型磁力起动器主、控线路安装接线图

磁力起动器上接线腔主接线操作过程如下：

（1）松开两接线嘴压线板，注意不要损伤丝扣。

（2）松开接线嘴，紧固螺钉并取下接线嘴，检查是否完好，零部件保管妥当。

（3）电缆穿入接线腔前先加金属圈、密封圈，保证齐全并注意先后顺序。

（4）将电缆穿入线嘴时要注意电源侧、负荷侧不得颠倒。

（5）紧线嘴螺钉松紧适宜且有余量。

（6）电缆穿过线嘴长度适当，再紧压线板，芯线长度与接线柱正好配合。

(7) 接线合格无毛刺、不压胶皮，垫圈齐全压平，裸露不超长，无歪脖，一相绝缘不得触及另一相导体，无交叉布线，分相绝缘无损。

操作按钮电压为 AC36 V，连接线采用 $3\times2.5+1\times1.5$ 橡套软线连接。具体接线根据图 4－1 所示：操作按钮的启动和停止之间连接处接自保 2 线，其余启动按钮一端接 1 线，停止按钮另一端接 9 线。

(二) 按照停电工作票进行停送电操作

下面以某矿井井下停送电工作票为例，说明停送电的程序，停送电工作票见表 4－1。

表 4－1　某煤矿井下停送电工作票

编号：××MK－10－68#　　　　2008 年 10 月 23 日

<table>
<tr><td>工作项目、地点</td><td colspan="5">－750 南翼采煤四区 92101 溜子道更换二部皮带开关停电施工措施</td></tr>
<tr><td>要求停电时间</td><td colspan="2">24 日 8：00 时 00 分至
24 日 9：00 时 30 分</td><td>批准停
电时间</td><td colspan="2">日　时　分至
日　时　分</td></tr>
<tr><td>影响范围</td><td colspan="5">－750 南翼采煤四区 92101 溜子道</td></tr>
<tr><td>施工负责人</td><td>×××</td><td>监护人</td><td>×××</td><td>参加人员</td><td>×××、×××</td></tr>
<tr><td>应停电开关</td><td colspan="5">应拉开－750 南翼采区变电所内 28 号馈电开关，闭锁锁死，在停电手柄上悬挂“有人工作，禁止送电”标志牌，并设专人守护</td></tr>
<tr><td colspan="3">安　全　措　施
1. 开好工前会，明确分工，传达措施，提前做好一切准备
2. 工作前与矿调度室和机电值班室联系，同意后方可施工
3. 现场必须查清所要停电的开关、线路，防止停错电，防止误触带电开关
4. 停送电和倒电由专人负责联系
5. 停送电工作，一人操作一人监护
6. 开关停电后，进行闭锁、挂牌，并设专人看守
7. 在检查工作现场瓦斯浓度低于 0.5% 时，进行验电、放电，确认无电后挂三相短路接地线（一般挂在电源侧，有反送电可能的挂在断路器的两侧）
8. 严禁借时在停电线路上进行其他工作
9. 施工完毕后由施工负责人全面检查，确认达到完好及防爆要求，并且该系统线路无人工作时方可拆除短路接地线
10. 恢复原供电方式，试送电后设备运行正常，在清点人员、工具仪表齐全后，工作人员方可离开现场
补　充　措　施</td><td colspan="3">停电施工操作系统图
（标明设备名称、编号、电缆和线盒编号、负荷名称、停电开关）
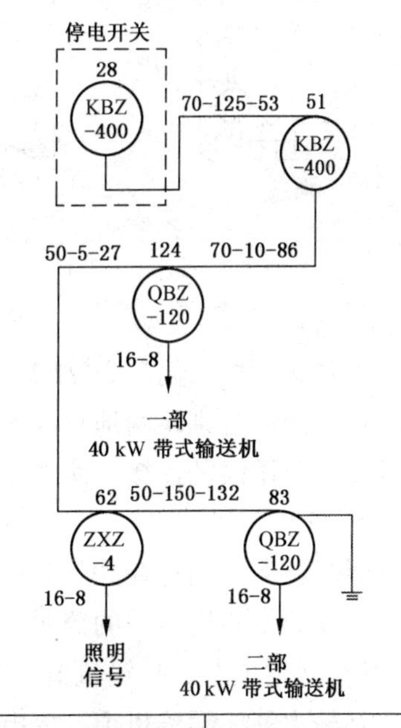
</td></tr>
<tr><td colspan="3"></td><td colspan="2">措施编制人</td><td>×××</td></tr>
<tr><td>工作票签发人：

年　月　日</td><td>通风部门（涉及停局部通风机时）：
年　月　日</td><td>其他部门：

年　月　日</td><td colspan="2">安全部门批示：

年　月　日</td><td>矿领导批示：

年　月　日</td></tr>
</table>

注：本票一式四份，现场、机电、安全、调度各一份。

拿到停电工作票后，施工前施工负责人首先要与施工人员说明具体施工项目、施工时间、施工地点、停电范围、停电开关，让每个施工人员做到心中有数并熟悉施工线路。到达施工地点后，施工负责人将停电工作票交给专职停送电人员，由停送电人员根据工作票内容进行停送电操作。

停送电具体操作过程如下：

（1）先看清停电开关编号，确认无误后，方可停电。

（2）停电后将闭锁螺钉闭死，悬挂“有人工作，禁止送电”标志牌。

（3）操作时做到一人操作、一人监护。

（4）停电后通知施工负责人电源已断，可以施工。

（5）施工完毕后，由施工负责人通知专职停送电人员进行送电。

（6）停送电人员接到施工负责人的通知后，方可进行送电。

（三）能够按照图纸要求完成采掘运电气设备信号、照明、通信装置的安装接线

1. 信号

图4－2所示为常用的组合声光电铃的接线方式，一个用于与前方的设备联系，一个用于与后面的设备联系。L1、L2为127 V电源线，L3为公用线，PE为电缆的接地芯线。

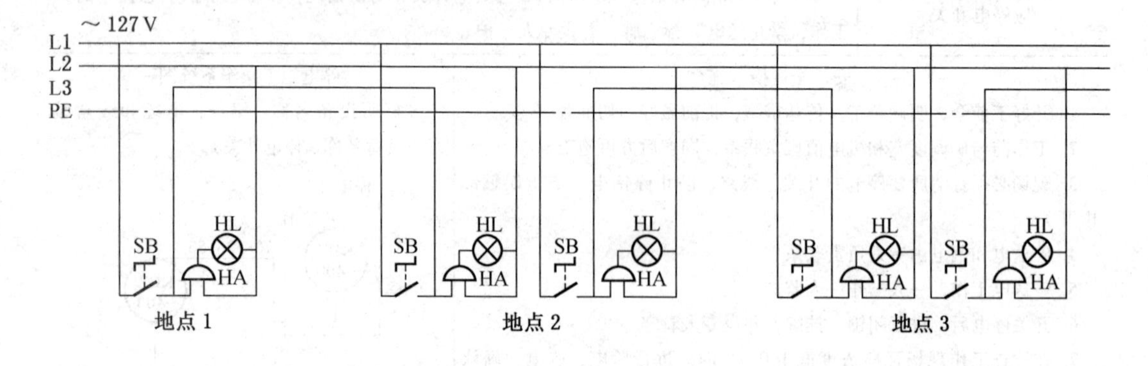

图4－2　普通声光电铃连接方式

按钮SB的一端接入127 V电源的一相，电铃和灯的一端接入127 V电源的另一相，再利用公用线分别将两地点的按钮和铃、灯之间连接。这样，当任何一地点按钮触点闭合后，通过公用线的连接，两地点的铃和灯都会通电，同时响铃、亮灯。

2. 照明

煤矿防爆照明灯在井下应用非常广泛，井下各场所、运输大巷、运输机道、采掘工作面等都安装了不同型号的照明灯，在不同场合照明灯的接线布置方式也有所不同。

1）运输大巷、运输机道、变电硐室等场所的照明系统

运输大巷、运输机道、变电硐室等场所、机道大多采用防爆荧光灯，其电气线路图如图4－3所示。图中L为镇流器、EL为荧光灯管、S为起辉器。连接布置方式如图4－4、图4－5所示。

2）综采工作面照明系统

综采工作面照明设备通用接线方法如图4－6所示，采用输出电压为127 V照明综保

单独供电，照明干线和支线均用橡胶屏蔽电缆。送至 KBY－62 型自移支架隔爆荧光灯（图中简称支架灯）的分支线是从 KB－10/2 引出的。

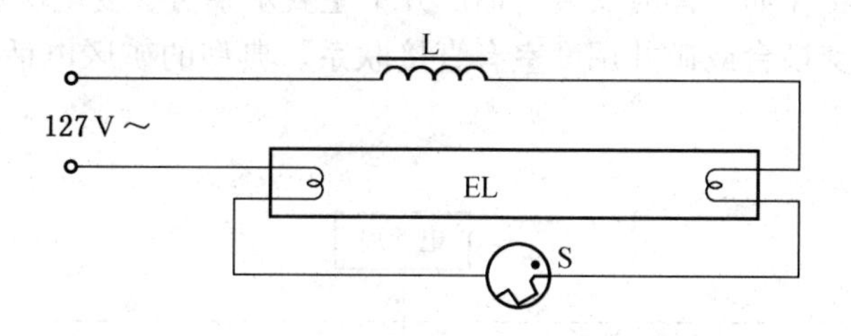

图 4－3　防爆荧光灯电气线路图

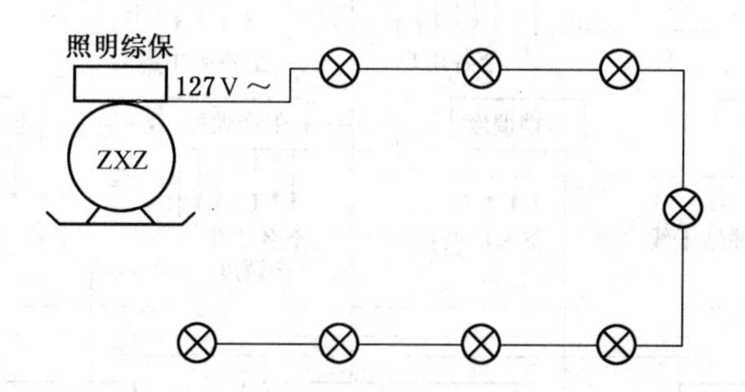

图 4－4　井下各场所、运输巷照明通用接线图

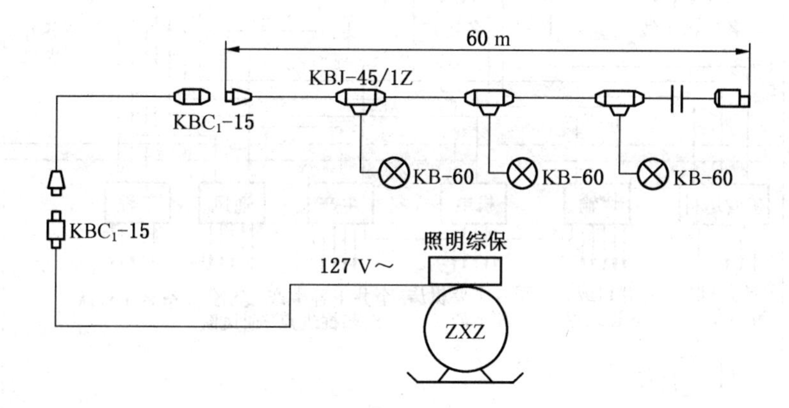

图 4－5　采区照明设备常用接线图

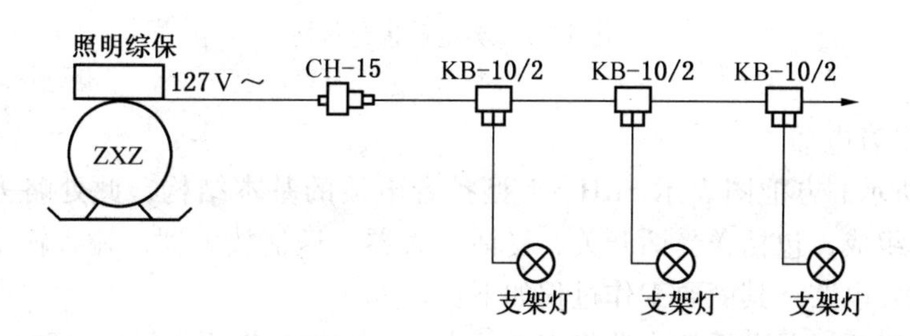

图 4－6　综采工作面照明设备通用接线图

3. 通信

矿区电话通信网根据《煤矿安全规程》规定，井底车场、运输调度室、主要机电硐室、保健站和采掘工作面，都应安装电话。井下主要水泵房、变电所和地面通风机房的电话，应同地面中央交换台或矿井调度室有直接联系。典型的矿区电话通信网如图4－7所示。

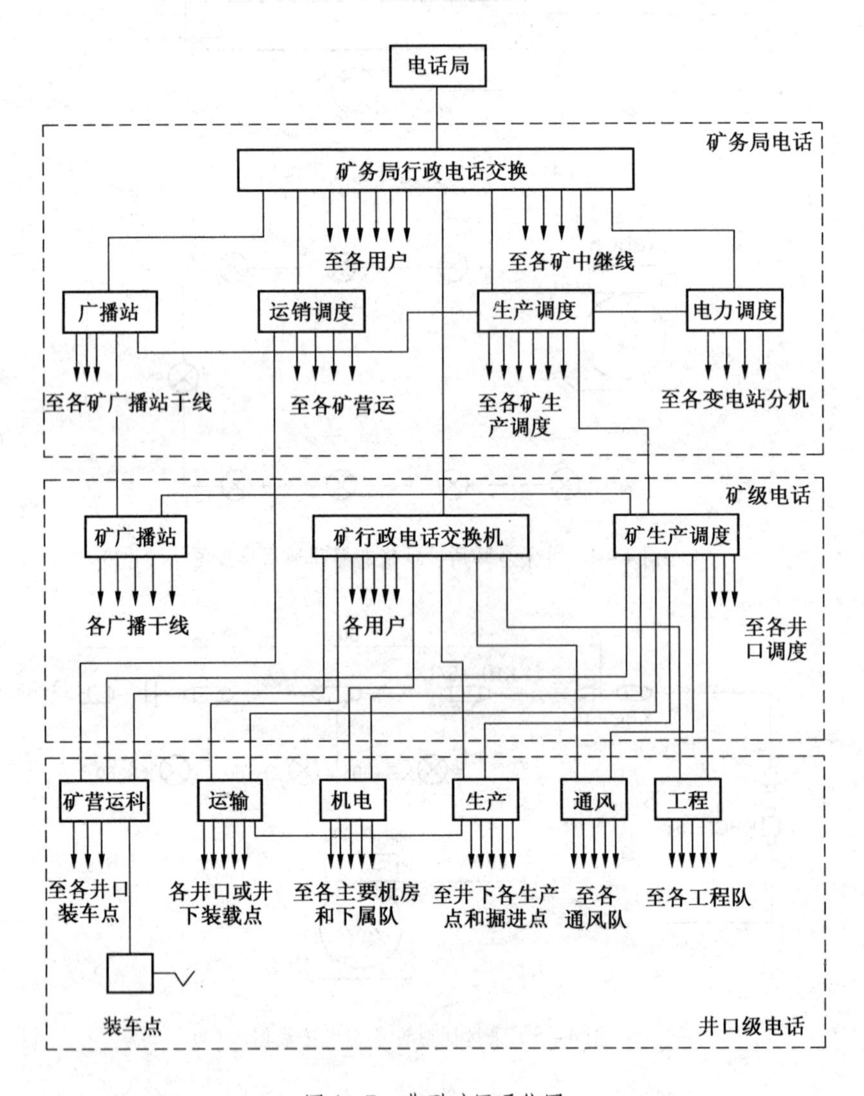

图4－7 典型矿区通信网

1）矿井扩音电话

图4－8所示的方框图表示SKH－1型扩音电话的基本结构，此处略去了电源部分。它由6个部分组成，包括送受话开关、受话放大器、送话放大器、输入输出阻抗变换器、回控电路及触发电路。其简要工作过程如下：

拿起话筒讲话时，送话放大器将声音放大。一方面，作用于触发电路，使送受话开关电路转换并接通送话放大器至阻抗变换器的通路；另一方面，其音频信号通过送受话开关

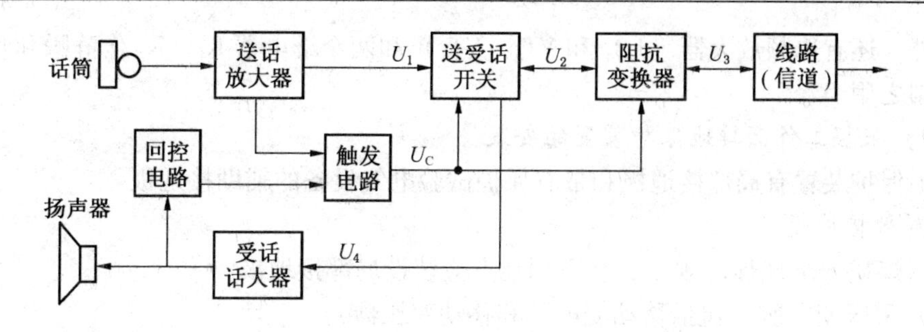

图4-8　SKH-1型扩音电话方框图

及阻抗变换器馈至线路（信道）。平时，当线路上有音频信号时，信号通过阻抗变换器、送受话开关、受话放大器至扬声器发出声音。回控电路是防止声音回授而引入的。如果线路存在音频信号，扬声器发出声音，此声音作用于话筒经送话放大器放大，送至触发电路及送受话开关，结果开关转换切断受话放大器的通路，这是一种特殊的回授现象。为防止这种回授作用，当扬声器有声音时，回控电路控制触发电路令其保持原样，则送受话开关不转换，扬声器可连续发出线路上送来的音频信号。

2）矿用载波电话

矿用载波通信主要是指借用电机车架空线为信道的电机车载波通信和借用动力电缆为信道的动力电缆载波通信，两者的工作原理是一样的。

现以ZDD-11型电力线载波电话机为例，其方框图如图4-9所示。整机由发讯和收讯两大部分组成。其中发讯部分包括话筒、音频电压放大（VT_5）、音频功率放大（VT_6）、载频振荡（VT_7）、集电极调幅（VT_8～VT_9）和发讯功率放大（VT_{10}～VT_{11}）等环节。收讯部分包括载频放大（VT_1）、检波（V_3～V_6）、音频放大（VT_5）、功率放大（VT_6）和喇叭等环节。其中音频放大部分为收发共用。

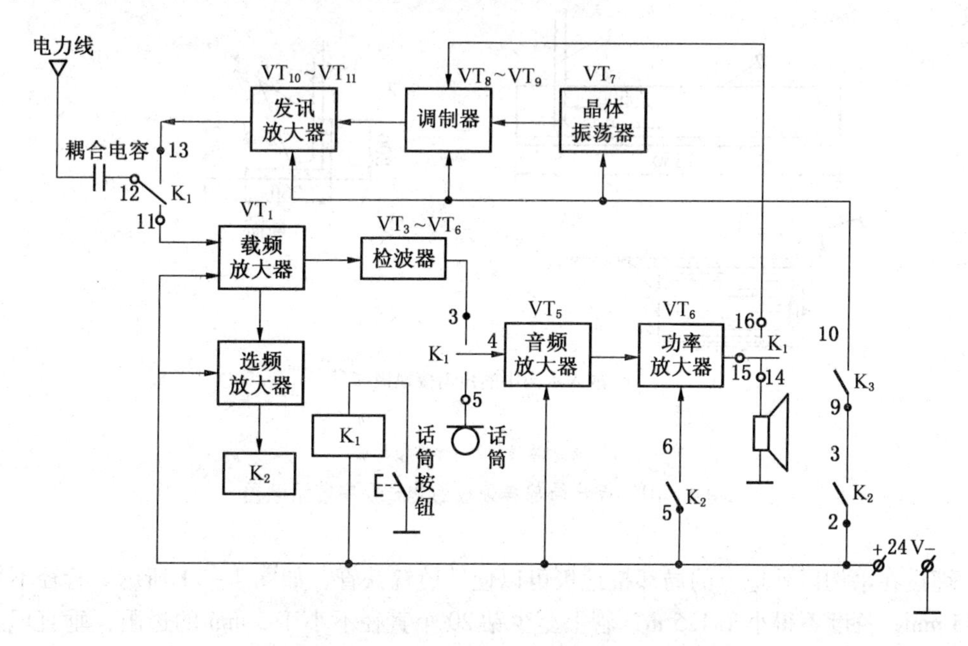

图4-9　ZDD-11型载波电话机方框图

此外，还有选频放大器（LB_1 和 $VT_2 \sim VT_4$）和两个继电器 K_1、K_2 作静噪和收发状态转换控制之用。

（四）采掘工作面接地保护装置的安装

接地保护装置有局部接地极和带有保护试验电气设备的辅助接地极。

1. 局部接地极

按《煤矿安全规程》规定，在下列地点应装设局部接地极：

（1）采区变电所（包括移动变电站和移动变压器）。

（2）装有电气设备的硐室和单独装设的高压电气设备。

（3）低压配电点或装有 3 台以上电气设备的地点。

（4）无低压配电点的采煤机工作面的运输巷、回风巷、集中运输巷（输送带运输巷）以及由变电所单独供电的掘进工作面，至少应分别设置一个局部接地极。

（5）连接高压动力电缆的金属连接装置。

局部接地极可设置于巷道水沟内或其他就近的潮湿处。设置在水沟中的局部接地极应用面积不小于 0.6 m²、厚度不小于 3 mm 的钢板或具有同等有效面积的钢管制成，并应平放于水沟处。局部接极的钢板可根据水沟的具体条件作成如图 4－10 所示形状。从局部接地极引出的导线要采用焊接工艺进行连接。

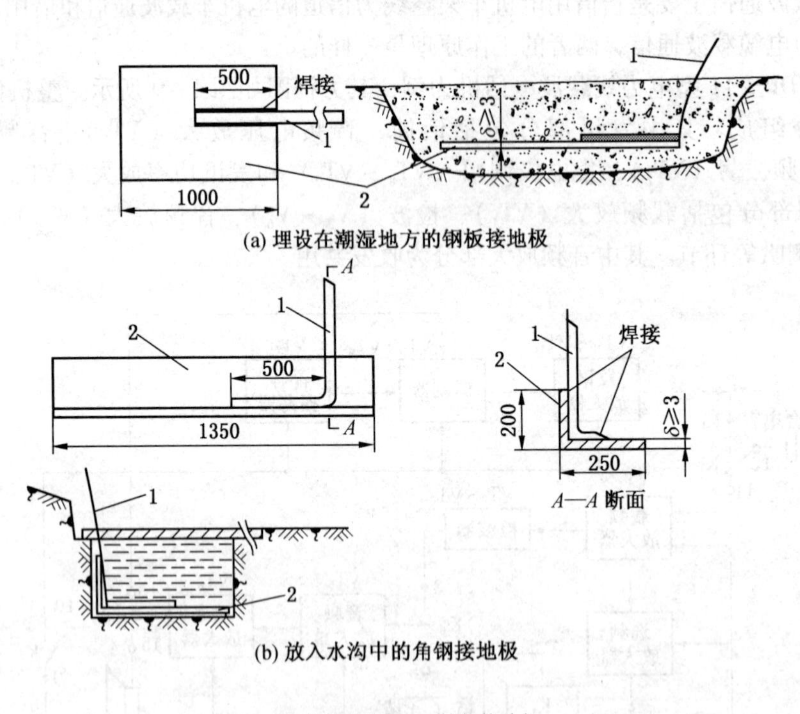

(a) 埋设在潮湿地方的钢板接地极

(b) 放入水沟中的角钢接地极

1—接地导线；2—局部接地极

图 4－10 板状局部接地极的构造及安装示意图

埋设在水沟以外地点的局部接地极可以使用镀锌铁管，如图 4－11 所示。管径不得小于 35 mm，长度不得小于 1.5 m，管上至少钻 20 个直径不小于 5 mm 的透眼，垂直埋入地下。如果接地点干燥，则接地坑应用砂子、木炭和食盐混合物填满。砂子和食盐体积比约为6∶1。

2. 辅助接地极

接地线采用截面不低于10 mm^2 的护套线，接地极和局部接地极规定相同。安装时，主接地极和辅助接地极之间的距离不得低于5 m。

（五）排水、压风管路的安装

图4－12所示为矿井压风、排水管路示意图，安装对接时要保证密封垫均匀受力，管路吊挂要平直，不能使法兰盘因单边受力过大造成密封不严、跑风、漏水。

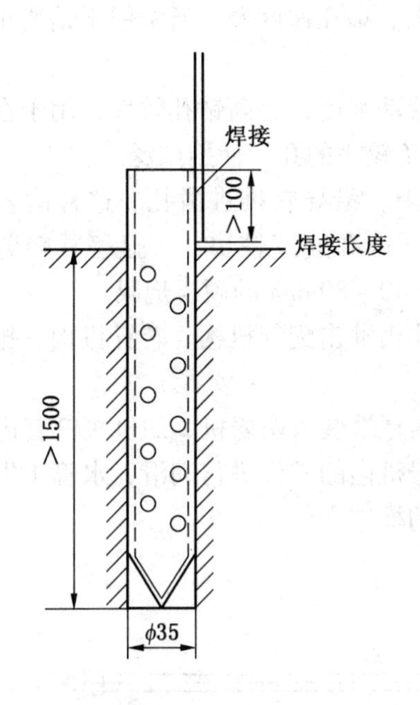

图4－11　管状局部接地极的构造及安装示意图

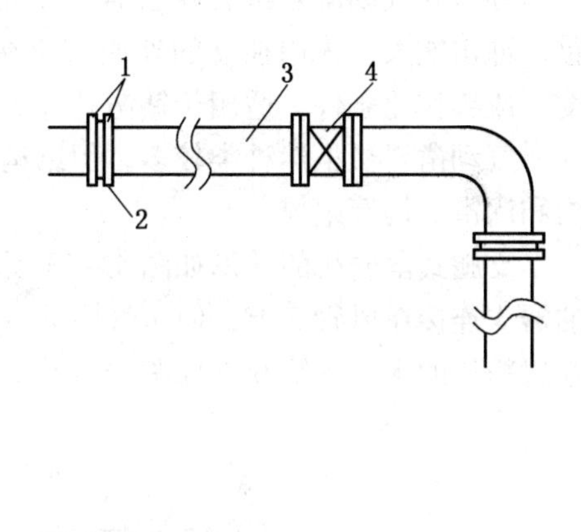

1—法兰盘；2—密封垫；3—管路；4—闸阀

图4－12　矿井压风、排水管路示意图

排水、压风管路的安装程序及注意事项如下：

（1）根据法兰盘上的螺栓孔配备合适的对接螺栓。

（2）管路安装前，必须将管内的焊渣、杂物清除干净。

（3）对接时，法兰盘中间放上密封垫并拧紧连接螺栓，注意力量要均匀，防止歪斜，以免造成跑风、漏水现象。

（4）两法兰盘在对接穿入螺栓时，如果螺栓孔有错孔现象，不得将手指伸入螺栓孔内来试探错孔程度，防止管子瞬间受到外力，两法兰盘瞬间相错，造成切断手指现象。应使用专用工具伸入螺栓孔内将错孔校正后再穿入连接螺栓。

（六）采掘工作面小型机械设备的安装

在安装现场先清点设备的全部零部件看是否齐全，同时也要检查安装设备的外观质量看是否有缺陷及损伤等情况（如运输途中碰撞产生的损伤、重物砸在设备上产生的损伤等），查出后应现场进行处理。安装前如有某些部位需要涂防锈油脂的，应先将这个部位清理干净，然后再涂上防锈油脂。如有设备安装时需要固定的，应先检查固定设备用的地脚螺栓与设备基础浇灌尺寸是否一致、牢固，安装时要注意地脚螺栓的防护，以免碰坏螺扣，造成地脚螺栓因滑扣而无法固定。

现以气动凿岩机为例说明小型机械设备的安装。

气动凿岩机结构简单、工作可靠、使用安全，在煤矿中应用较早且较多。按操作方式不同可分为手持式、支腿式和导轨式3种。按频率不同又可分为低频凿岩机（冲击频率40 Hz以下）和高频凿岩机（冲击频率40 Hz以上）。按转钎机构不同又可分为内回转式凿岩机和外回转式凿岩机。

手持式气动凿岩机以手托持，无其他支撑，靠凿岩机自重或操作者施加的推压力推进凿岩。其功率小、机体较轻，但手持作业劳动强度大、钻孔速度慢，通常用于钻凿小直径浅孔。

支腿式气动凿岩机用支腿支撑和推进，可减轻劳动强度，提高钻孔效率，用于在岩石巷道钻凿孔径24～42 mm、孔深2～5 m的水平或倾角较小的孔，使用广泛。

导轨式气动凿岩机装在凿岩台车钻臂的推进器上，沿导轨推进凿孔。这种凿岩机较重，冲击能大，采用独立的外回转机构，转矩较大，凿孔速度较快，可显著减轻劳动强度，改善作业条件，适用于钻凿孔深5～10 m、孔径40～80 mm的硬岩炮眼。

气动凿岩机虽然种类较多，但结构基本相似，均由冲击配气机构、转钎机构、排屑机构和润滑机构等组成。

支腿式凿岩机的外形如图4－13所示，钎杆1的尾端装入凿岩机2的机头钎套内，注油器3连接在风管5上，使压气中混有油雾，对凿岩机内的零件进行润滑，水管4供给清除岩粉用的水，支腿6支撑凿岩机并提供工作所需的推进力。

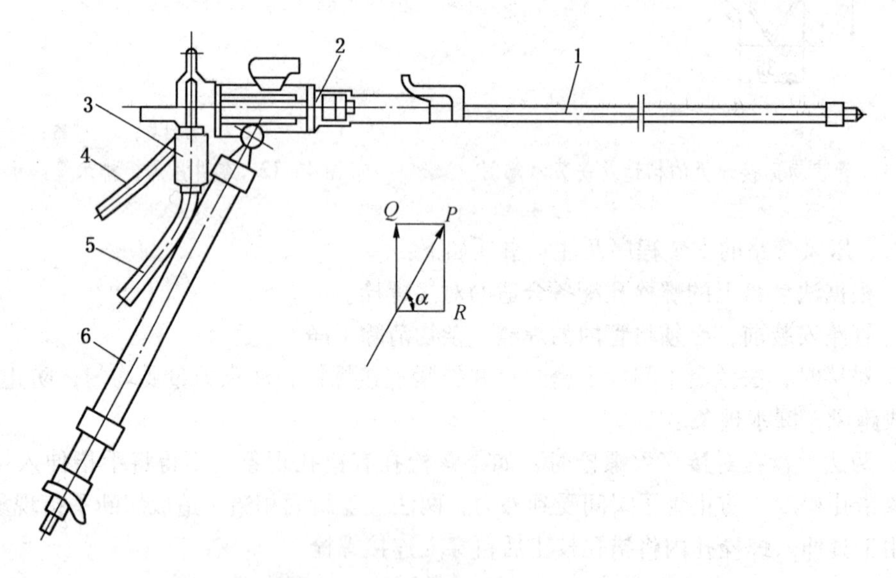

1—钎杆；2—凿岩机；3—注油器；4—水管；5—风管；6—支腿

图4－13 支腿式凿岩机的外形

1. 冲击配气机构

气动凿岩机实现活塞往复运动以冲击钎尾的机构。常用的配气机构有被动阀配气机构、控制阀配气机构和无阀配气机构3种。

2. 转钎机构

转钎机构是使气动凿岩机钎杆回转的机构，有内回转和外回转两种。

1）内回转转钎机构

内回转转钎机构如图4－14所示，当活塞4往复运动时，通过螺旋棒3和棘轮机构，使钎杆每被冲击一次就转动一定的角度。由于棘轮机构具有单向间歇转动特性，冲程时棘爪处于顺齿位置，螺旋棒转动，活塞依直线向前冲击。回程时，棘爪处于逆齿位置，阻止螺旋棒转动，迫使活塞转动，从而带动转钎套和钎杆转动一定角度。内回转转钎机构多用于轻型手持式或支腿式气动凿岩机。

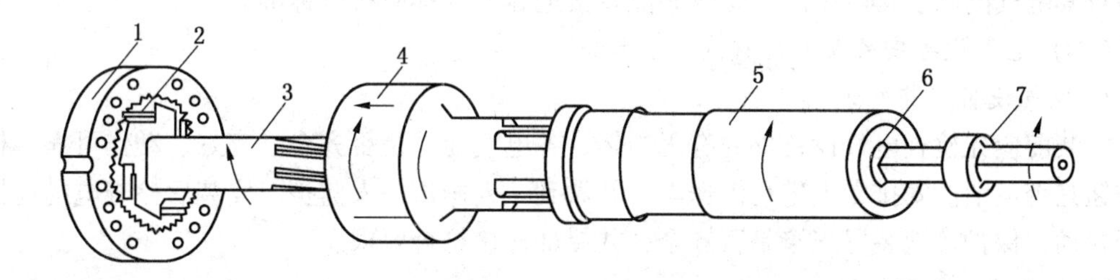

1—棘轮；2—棘爪；3—螺旋棒；4—活塞；5—转钎套；6—钎尾套；7—钎杆

图4－14 内回转转钎机构

2）外回转转钎机构

外回转转钎机构由独立的气动马达经齿轮减速驱动钎杆转动，具有转速可调、转矩大、转动方向可变等特点，有利于装拆钎头、钎杆。外回转转钎机构多用于重型导轨式气动凿岩机。

3. 排屑机构

排屑机构是用水冲洗排出孔内岩屑的机构。凿岩机驱动后，压力水经水针进入钎杆中心孔直通炮孔底，与此同时有少量气体从螺旋棒或花键槽经钎杆渗入炮孔底部，与冲洗水一起排出孔底岩屑。在凿深孔和向下凿孔时，孔底的岩屑不易排出，可扳动凿岩机的操纵手柄到强吹位置，使凿岩机停止冲击，停止注水，压缩空气按强吹气路从操纵阀孔进入，经过气缸气孔、机头气孔、钎杆中心孔渗入孔底，实现强吹，把岩屑泥水排出。

4. 润滑机构

润滑机构是向凿岩机各运动零件注润滑油，以保证正常凿岩作业的机构。一般在进气管上安装一台自动注油器，实现自动注油，油量大小可用调节螺钉调节。压缩空气进入注油器后，对润滑油施加压力，在高速气流作用下，润滑油形成雾状，在含润滑油的压缩空气驱动凿岩机的同时，各运动零件相应被润滑。

二、相关知识

（一）电工操作技术知识

（1）在井下作业地点20 m内风流中瓦斯浓度达到1%时，严禁送电试车；达到1.5%时，必须停止作业并切断电源，撤出人员。在井下使用普通型电工测量仪表时，所在地点必须由瓦斯检测人员检测瓦斯，瓦斯浓度在1%以下时方允许使用。

(2) 入井安装的防爆设备必须有“产品合格证”、“防爆合格证”、“煤矿矿用产品安全标志”。

(3) 安装各种开关和控制设备都必须找平和稳固，以防工作中发生事故。

(4) 在进行电气安装工作时，如有可能触及带电体或产生感应电时，采取可靠措施后方可工作且工作人员应穿绝缘靴。

(5) 各类电气设备的安装必须符合设计要求，设备安装垂直度、电缆的敷设、接线工艺应符合安装质量标准。

(6) 电气设备安装好后应检查连接装置，各部螺栓、防松弹簧垫圈应齐全坚固；还应检查其电气间隙、爬电距离、防爆间隙及接地装置，都应符合标准。

(二) 电气设备安装及电缆接线工艺知识

1. 电气设备安装知识

安装前应先检查电气设备外壳有无损坏，各电气元件是否齐全、完好、动作可靠，检查按钮是否灵活。安排专人进行停送电，并做到一人操作一人监护。安装后检查电缆连接是否松动，保护接地装置连接是否齐全，并保证连接符合要求。

2. 电缆接线工艺知识

安装接线时，使用的密封圈应选用邵尔硬度为45～55度橡胶制造的密封圈，电缆护套穿入进线嘴长度为5～15 mm，同时要保证密封圈内径与电缆外径差小于1 mm；密封圈外径与进线装置内径差应符合表4-2的规定；密封圈宽度应大于电缆外径的0.7倍并且必须大于10 mm；厚度应大于电缆外径的0.3倍并且必须大于4 mm（70 mm^2 的橡套电缆例外）。密封圈无破损，不得割开使用。电缆与密封圈之间不得包扎其他物体。

表4-2 密封圈外径与进线装置内径间隙 mm

密封圈外径 D	密封圈外径与进线装置内径间隙
$D \geqslant 20$	≤1.0
$20 < D < 60$	≤1.5
$D > 60$	≤2.0

接线后紧固件的紧固程度以抽拉电缆不窜动为合格。线嘴压紧应有余量，线嘴与密封圈之间应加金属垫圈。压叠式线嘴压紧电缆后的压扁量应不超过电缆直径的10%。

(三) 采掘运电气设备信号、照明、通信装置的相关知识

1. 信号

1) 矿山信号的分类

(1) 矿山生产信号。包括采区的运输机信号、绳索信号和井筒提升信号。

(2) 矿山运输信号。即电机车运输信号和运输机信号。电机车运输信号包括自动道岔信号和井底车场信号；运输机信号包括带式输送机信号和刮板输送机信号。

(3) 矿山调度信号。检视、统计和记录矿山机械（如水泵、压风机、通风机及提升机等）工作的信号。

(4) 井下环境监测信号。检测井下瓦斯、煤尘、一氧化碳、二氧化碳、温度、湿度、

风量、风速、顶板压力等自然参数的信号。

2）对矿山信号装置的要求

（1）工作可靠。无论任何时间、任何工作地点以及生产中可能遇见的任何条件下，都要求能够发送信号。

（2）信号显著。保证接受信号的工作人员容易察觉。例如，声光信号中的铃、号笛和灯光要足够响和亮，使接受信号的工作人员易听易见。

（3）声光兼备。为使重要的信号装置（如井筒信号）发送和接收更为可靠、准确，应有号笛和灯光双重信号。

（4）操作简单。发送信号方便、容易，不费很大体力劳动。

3）矿山信号系统的组成

每一信号系统都包括很多不同的信号元件，它们在系统中的作用各不相同，一般基本信号系统包括下列几个部分：

（1）信号发送设备。如发送信号的按钮和开关。

（2）信号接受设备。如音响信号装置中的铃和号笛以及光信号装置中灯光指示器、指针灯光指示器等。

（3）信号的传递设备。如导线（电缆）、继电器、电阻或绳索等。

（4）信号电源。交流电源多用 127 V 或 24 V，或用直流电源，每个信号系统电源应为独立系统。

2. 照明

1）电气光源

目前用于照明的电光源按发光原理可分为两大类：一类是热辐射光源，如白炽灯和卤钨灯（包括碘钨灯和溴钨灯）；另一类是气体放电光源，如汞灯、钠灯等。汞灯分低压汞灯（荧光灯）和高压汞灯（高压水银灯）两种；钠灯分高压钠灯和低压钠灯两种。

（1）白炽灯。白炽灯是重要的热辐射光源，靠电流加热灯丝至白炽状态而发光。

（2）荧光灯。荧光灯是一种气体放电光源，靠水银蒸气放电时辐射的紫外线去激发灯管内壁的荧光物质使之发出可见光。

荧光灯又称日光灯，是在玻璃制成的细长灯管两端装上灯丝。玻璃管的直径和长度取决于它的容量及电压，管壁内层涂有白色荧光物质（荧光粉），两端的灯丝上涂有电子发射物质（如氩、氪、氖等）并注入微量的液态水银（60 ~ 80 mg）。

2）矿用照明灯具

为了合理地利用光通量，获得足够的照度和舒适的照明，使灯泡不受外界的碰损，在光源外面附加一些附件。光源与附件的总和称为灯具。

灯具分两大类：近距离照明用的灯具称照明灯，远距离照明用的灯具称探照灯。

煤矿井下照明等的要求：灯罩坚固，能防止水分和灰尘的侵入，在有瓦斯和煤尘爆炸危险的矿井内还要有防爆性能。

矿用隔爆型照明灯要求有一个能承受 0.8 MPa 的钢化玻璃保护罩和一个很坚固的金属外壳，保证当灯具内部发生瓦斯爆炸时灯罩不会破裂；同时灯罩与外壳接缝处要有足够的宽度，当火焰喷出灯外时，保证其温度降低至瓦斯点燃温度以下，不致引起外部瓦斯爆炸。

目前，煤矿井下一般都采用矿用隔爆型灯具，其钢化玻璃罩能保证灯具内部发生瓦斯爆炸时灯罩不会破裂。根据不同使用地点，有短圆形、长灯管形和长方形等几种形式，适应于煤矿井下机电硐室、运输机道、转载点、运输大巷及综采工作面架间等处照明。

3. 通信

1）矿山电话通信

根据煤矿企业生产特点，矿山电话通信可分为两类：一类是矿区电话通信，一般使用磁石式、共电式、自动式电话机及交换机，其中井下通信应采用隔爆型和矿用本质安全型电话机；另一类是矿井专用电话通信，它是指某些特定场合用的矿井扩音电话、载波电话、感应电话及无线电话等。

2）矿井专用通信

矿井专用通信是指仅提供井下某些特殊场合使用的扩音电话、载波电话、感应电话及综合一体化的通信、信号、控制装置。根据矿井自然条件和生产方式的不同，选择不同的通信方式。如扩音电话常和综合采煤机械控制及运输机集中控制配合，构成一个综合的通信、信号、控制装置；载波电话根据借用信道的不同，分为电话线、动力线、机车架空线等几种载波电话，其中架线电机车载波电话可以勾通固定点（调度室）与流动点（电机车头）的通信；感应电话可作为流动通信，适用于条件恶劣的工作面通信或井筒检修通信。

井下通信系统复杂、多样，通信设备除了满足井下其他电气设备的隔爆、防潮、防尘等要求外，还要具有一般通信设备的适应能力强、通信距离远、噪声小等特点。

（1）矿井扩音电话。矿井扩音电话主要用于采煤工作面及运输巷道的通信，使用时把话机并联在专用传输线路上，其中一台讲话，其他各台话机均能听到，便于联系工作、指挥生产等。

常见单独使用的扩音电话有两种：一种是 SKH－1 型双向单工扩音电话；另一种是 TKH 型扩音电话。

（2）矿用载波电话。矿用载波通信主要是指借用电机车架空线为信道的电机车载波通信和借用动力电缆为信道的动力电缆载波通信，两者的工作原理是一样的。

矿用载波通信无论是借用电机车架空线为信道还是借用动力电缆为信道，在这种动力馈线上既存在着一路直流或工频交流信号用以传输电能，同时又存在着一路或几路高频（或称载频）交流信号用以传输通信信号。因此，载波技术是一种复用信道传输多路信号的技术。复用信道技术分为频分复用和时分复用，原理是根据多路信号频率不同的特点，在公用信道上以互不重复的工作频带加以间隔，以实现多路信号互不干扰地同时传输并在载波通信的终端设备上设置滤波器，利用滤波器的频率特性，将多路信号有选择地加以分割。

矿用载波通信泛指利用载波技术完成兼容载波电话和载波控制的通信。在我国，矿用动力载波控制的发展早于矿用载波电话。两者相比，前者电路较为简单，技术要求较低，只要求完成若干个控制指令的单向传输，后者则要求语言信号双向不失真传输。

电机车架线载波电话可勾通井下电机车司机与车场运输调度员之间的相互联系，动力电缆载波控制可使采煤机司机、运输机司机对被控动力设备实施遥信、遥控。矿用载波技术的发展趋势是将载波电话和载波控制综合一体化。

根据设备配置地点不同，一般将载波电话设备分为载波主机和载波分机，将动力载波控制设备分为载波发送机和载波接收机。

（3）矿井感应电话。矿井感应电话是利用发送与接受设备和感应体（如感应线、钢丝绳、管道等）之间的互感耦合来传输话音的通信设备。只要发送设备发射功率足够，则在感应体走向范围内接收设备均可收到话音信号，所以它是一种灵活的移动通信装置，常做成便携式。

（四）接地保护装置的作用和安装方法

1. 接地保护装置的作用

为了减少人身触电电流和非接地电气设备相对地电流的火花能量，防止电气事故的发生，《煤矿安全规程》规定，电压在36 V以上和由于绝缘损坏可能带有危险电压的电气设备的金属外壳、构架、铠装电缆的钢带（或钢丝）、铅皮或屏蔽护套等必须有保护接地。

当有保护接地时，人身触及设备外壳的触电电流只是入地电流的一部分。因为人体与接地极构成了并联，而人身电阻为1000 Ω，接地网的接地电阻小于2 Ω，通过电阻并联与电流的关系，通过人身的电流比较小，因而是安全的。

另外，有了保护接地极的良好接地，大大减少了因设备漏电使其外壳与地接触不良产生的电火花，从而减少了引起瓦斯、煤尘爆炸的可能性。

2. 接地保护装置的安装方法

1）保护接地的接地极

（1）主接地极。主、副水仓的主接地极和分区的主接地极均应采用面积不小于 $0.75\ m^2$、厚度不小于5 mm的钢板。如矿井水含酸性时，应视其腐蚀情况适当加大其厚度或镀上耐酸金属，或采用其他耐腐蚀钢板。

安装主接地极时，应保证接地母线和主接地极连接处不承受较大拉力并应设有便于取出主接地极进行检查的牵引装置。其装设方法可参照图4-15进行。

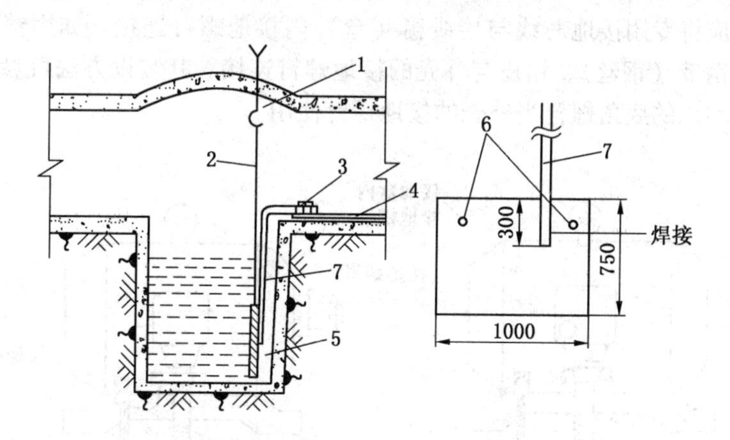

1—吊环；2—吊绳；3—连接螺栓；4—辅助母线；5—主接地极板；6—吊绳孔；7—接地导线(引至接地母线)

图4-15 主接地极构造及安装示意图

（2）局部接地极。埋设在巷道水沟或潮湿地方的局部接地极，可采用面积不小于 $0.6\ m^2$、厚度不小于3 mm的钢板。如矿井水含酸性时，也应采取上面所讲的相应措施。

埋设在其他地点的局部接地极，可采用镀锌铁管。铁管直径不得小于35 mm，长度不得小于1.5 m。管子上至少要钻20个直径不小于5 mm的透眼，铁管垂直于地面（偏差不大于15°）并必须埋设于潮湿的地方。如系干燥的接地坑，铁管周围应用砂子、木炭和食盐混合物或长效降阻剂填满；砂子和食盐的比例，按体积比约为6:1，其装设方法可参照图4－10、图4－11进行。

2）固定电气设备的接地方法

（1）变压器的接地，应将高、低压侧的铠装电缆的钢带、铅皮用连接导线分别接到变压器外壳上的专供接地的螺钉上；如用橡套电缆时，将电缆的接地芯线接到进出线装置的内接地端子上，然后将变压器外壳的接地螺钉用连接导线接到接地母线（或辅助接地母线）上，如图4－16所示。

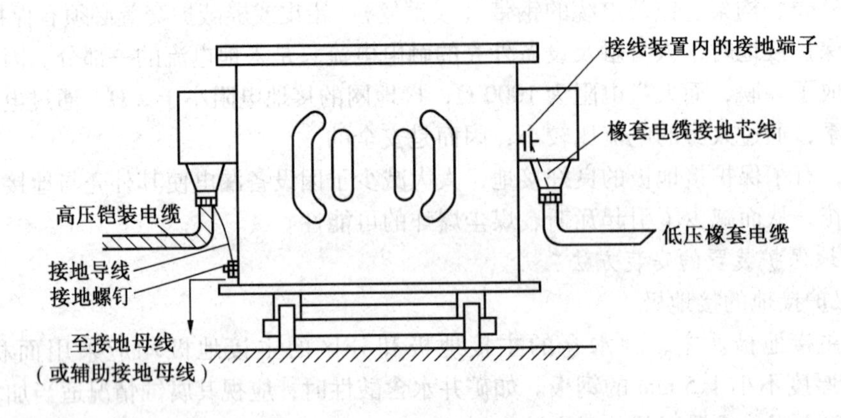

图4－16　变压器的接地示意图

（2）电动机的接地，可直接将其外壳的接地螺钉接到接地母线（或辅助接地母线）上。橡套电缆应将专用接地芯线与接线箱（盒）内接地螺钉连接。如用铠装电缆时，应将端头的铠装钢带（钢丝）、铅皮与外壳的接地螺钉连接。其装设方法可参照图4－17进行。禁止把电动机的底角螺栓当外壳的接地螺钉使用。

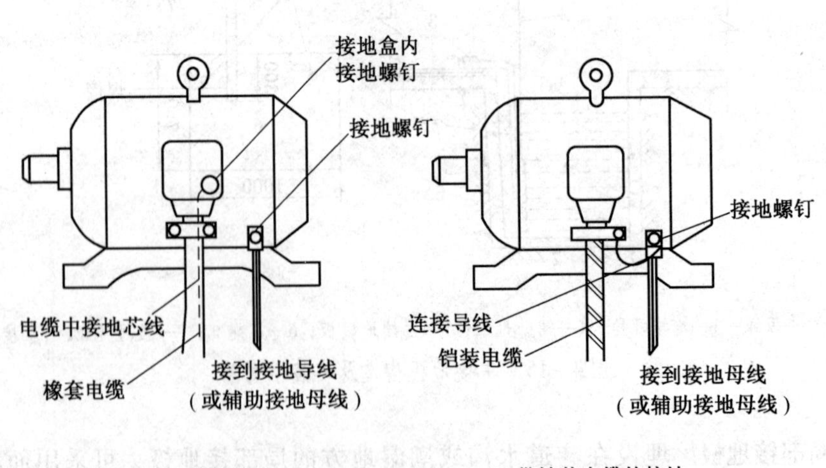

(a) 带橡套电缆的接地　　(b) 带铠装电缆的接地

图4－17　电动机的接地示意图

（3）高压配电装置的接地，应将各进、出口的电缆头接地部分（铠装层、铅皮层或接地芯线头）分别用独立的连接导线连接到配电装置的接地螺钉上，然后用连接导线将进口电缆头接地螺钉与底架接地螺钉相连，最后连接到接地母线（或辅助接地母线）上，如图4－18所示。如都集中到接地螺钉一处连接不牢固或不方便时，也可将电缆头的接地部分直接与接地母线（或辅助接地母线）相连。

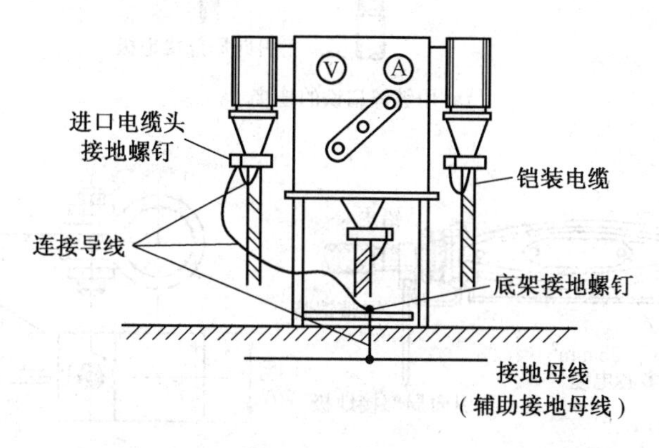

图4－18　高压配电装置的接地示意图

（4）井下各机电硐室、各采区变电所（包括移动变电站和移动变压器）及各配电点的电气设备的接地，除通过电缆的铠装层、屏蔽套或接地芯线与总接地网相连外，还必须设置辅助接地母线。所有设备的外壳都要用独立的连接导线接到辅助接地母线上。

（5）井下中央变电所（或中央配电站）所有设备的接地，除与电缆的接地部分连接外，其外壳均分别用独立的连接导线直接与连接主、副水仓中主接地极的接地母线相连。

（6）电缆接线盒的接地，应将接线盒上的接地螺钉直接用接地导线与局部接地极连接。接线盒两端的铠装电缆的接地，要用绑扎方法或用特备的镀锌卡环通过与接地导线相连的连接导线把两端电缆的铅皮层和钢带（钢丝）层连接起来。在接线盒处能采用铅封的尽量铅封，其接线盒仍照上述方法接地。

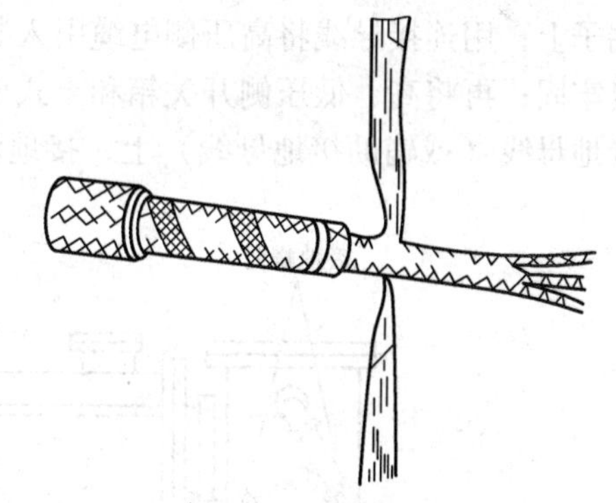

图4－19　电缆切开和准备接地示意图

接线盒两端电缆头的钢带层和铅皮层用连接导线绑扎或用铁卡环卡紧时，应沿电缆轴向把铅皮二等或三等分割开并倒翻180°，把铅皮紧贴在钢带上，铅皮与钢带接触处应打磨光洁，如图4－19所示。

铁卡环的宽度不得小于30 mm。如用裸铜线绑扎时，沿电缆轴向绑扎长度不得小于50 mm。连接示意如图4－20所示。

3）移动电气设备的接地方法

移动电气设备的接地是利用橡套电缆的接地芯线实现的。接地芯线的一端和移动电气设备进线装置内的接地端子相连，另一端和起动器出线装置中的接地端子相连。接地芯线和接地端子相连时，接地芯线应比主芯线长一些，以免接地芯线承受机械拉力。起动器外

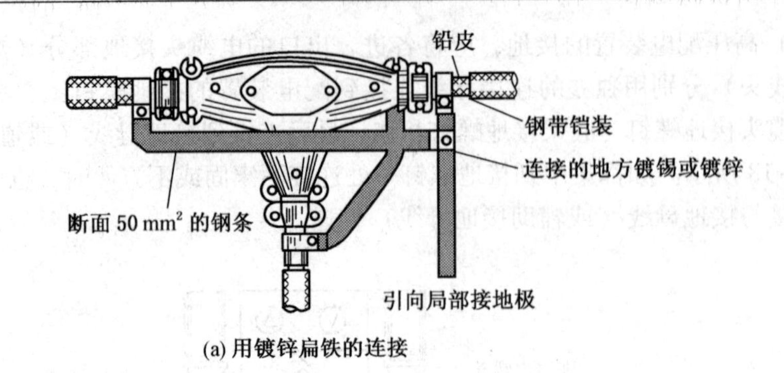

(a) 用镀锌扁铁的连接

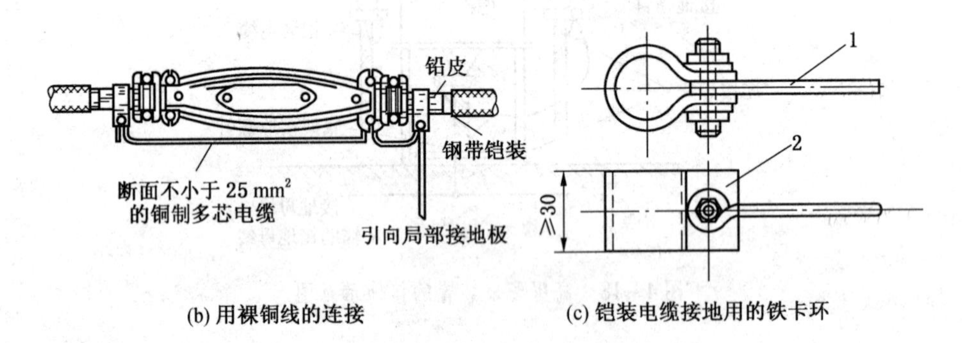

(b) 用裸铜线的连接　(c) 铠装电缆接地用的铁卡环

1—连接导线；2—镀锌铁卡环

图 4-20　接线盒的接地示意图

壳应与总接地网或局部接地极相连。

移动变电站的接地，应先将高、低压侧橡套电缆的接地芯线分别接到进线装置的内接地端子上，用连接导线将高压侧电缆引入装置上的外接地端子与高压开关箱的外接地端子连接牢固；再将高、低压侧开关箱和干式变压器上的外接地螺钉分别用独立的连接导线接到接地母线（或辅助接地母线）上，接地示意如图 4-21 所示。

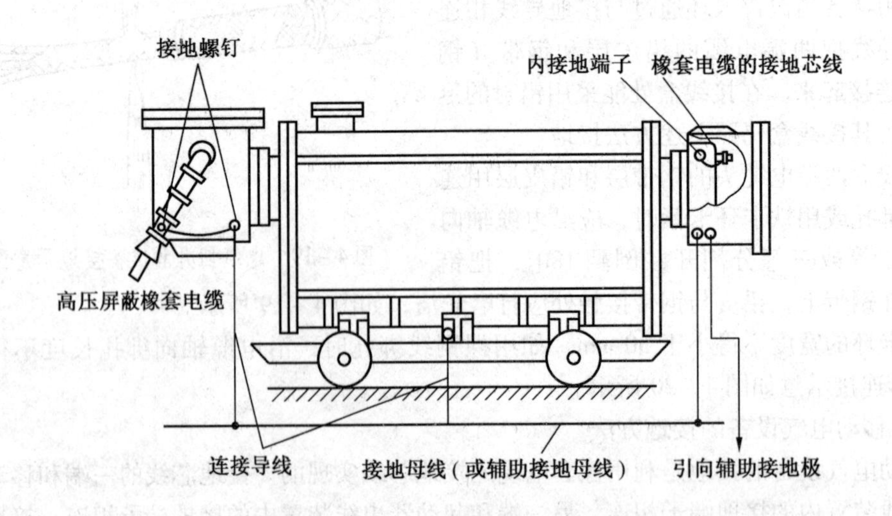

图 4-21　移动变电站的接地示意图

4）接地线的连接和加固

（1）接地母线与主接地极的连接要用焊接。接地导线和接地母线（或辅助接地母线）的连接最好也用焊接，无条件件时，可用直径不小于 10 mm 的镀锌螺栓加防松装置（如弹簧垫、螺帽）拧紧连接。连接处应镀锡或镀锌。连接和加固的方法可参照图 4－22～图 4－24 所示。用裸铜线绑扎时，沿接地母线轴向绑扎的长度不得小于 100 mm，如图 4－25 所示。

（2）在混凝土及料石砌碹的机电硐室里，接地母线（或辅助接地母线）应用铁钩或卡子固定在接近地面的碹墙上。铁钩与卡子的构造及连接方法如图 4－26 所示。

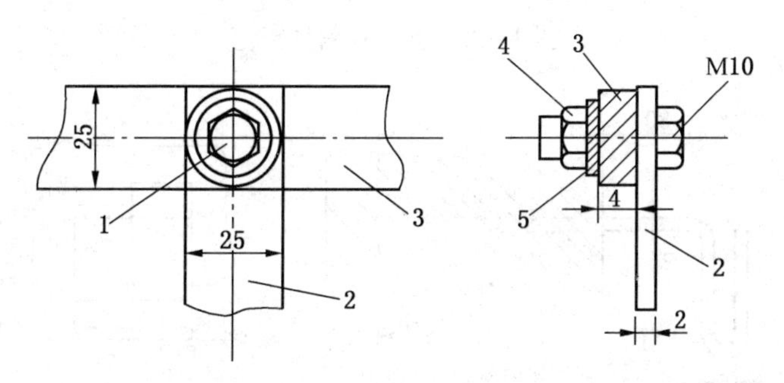

1—螺栓；2—连接导线；3—接地母线；4—螺帽；5—弹簧垫

图 4－22　螺栓连接方式

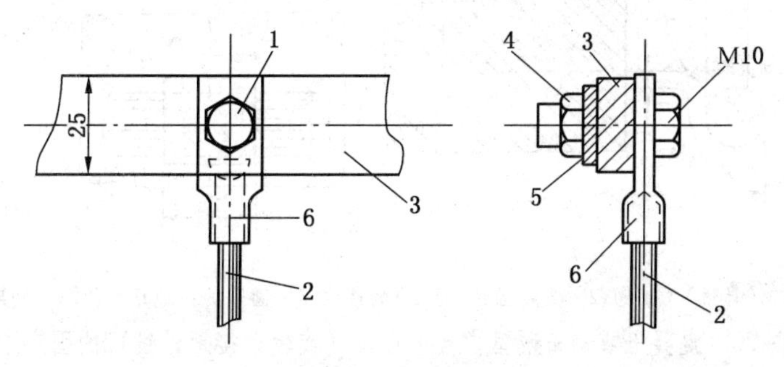

1—螺栓；2—钢丝导线；3—接地母线；4—螺帽；5—弹簧垫；6—钢绞线接头

图 4－23　钢绞线和扁钢的连接

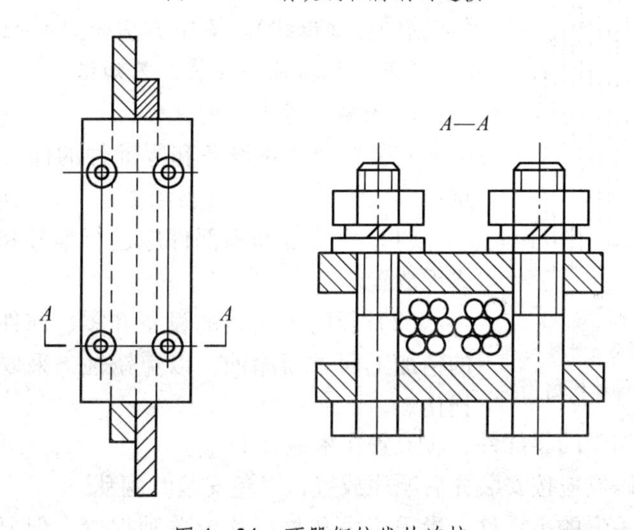

图 4－24　两股钢绞线的连接

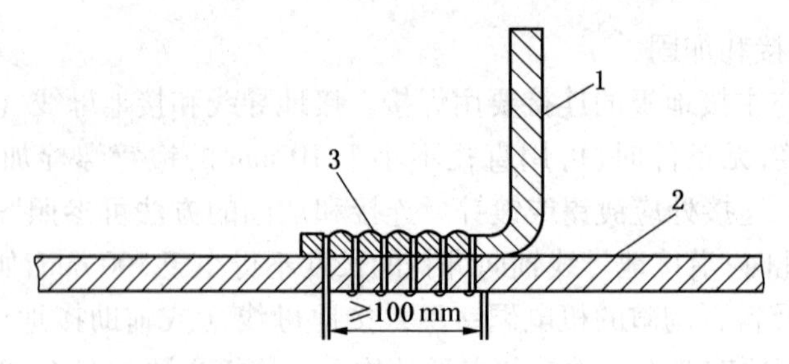

1—连接导线；2—接地母线；3—裸铜绑线

图4－25　两条裸铜线绑扎

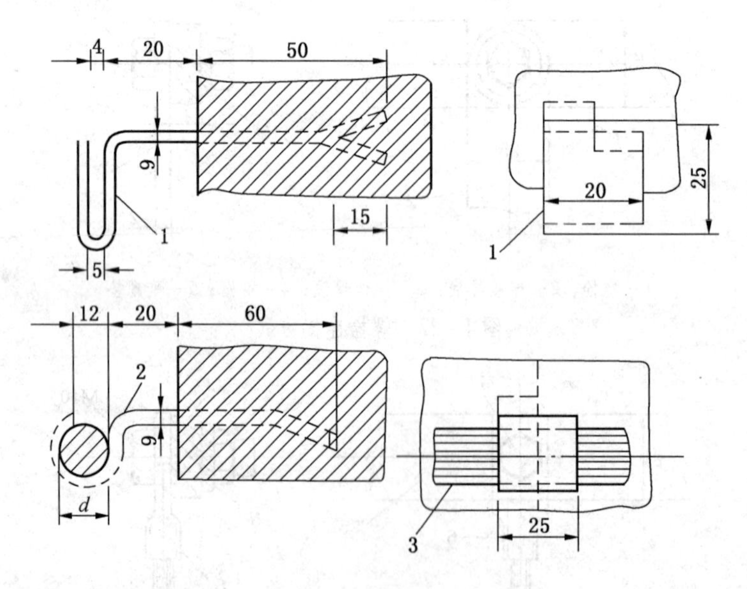

1—支持扁钢(母线)的铁钩;2—支持圆铁(母线)的铁钩;3—圆形的接地母线(或辅助接地母线)

图4－26　混凝土或砌碹硐室内接地母线（或辅助接地母线）的固定方式

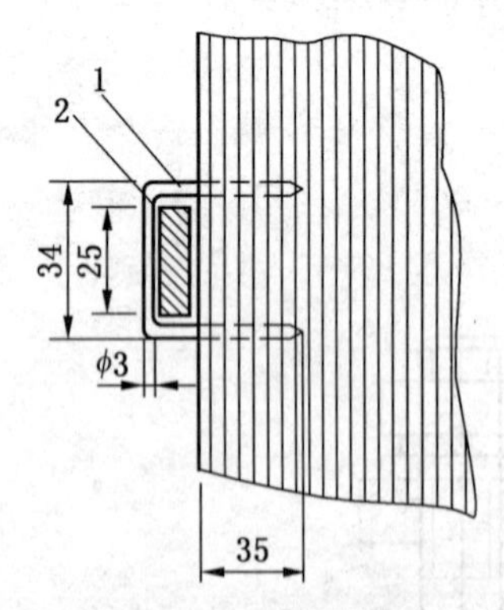

1—U形铁钉；2—辅助接地母线

图4－27　木支架上接地线的固定

（3）在木架的巷道中，可用U形铁钉固定接地母线（或辅助接地母线）。固定方法如图4－27所示。

（五）机械设备安装工艺知识

1. 设备及零部件的保管

安装单位在对设备和零部件的保管中要注意以下几点：

（1）对设备和零部件应进行编号和分类，一般不得露天放置。

（2）暂时不安装的设备和零、部件，应把已检查过的精加工面重新涂油，以免锈蚀，采取保护措施，防止损伤。

（3）经过切削加工的零部件，应放置在木板架上。

（4）零部件的码放应按安装先后顺序放置，以免安装时翻乱。

（5）易碎、易丢失的小零件，贵重仪表和材料均应单独保管，但要注明编号，以免混淆和丢失。

2. 基础放线

1）设备基础

每台设备都需要一个坚固的基础，以承受设备本身的质量和设备运转时产生的摆动和振动。基础应能长久保证设备正常运行，对其他邻近建筑物不得有任何妨碍。

2）地脚螺栓

地脚螺栓的作用是固定设备，使设备与基础牢固地连在一起，以免工作时发生位移、振动和倾覆。地脚螺栓、螺母和垫圈通常随设备配套供应，并在设备说明书中有明确的规定。

通常情况下，每个地脚螺栓配置一个垫圈和一个螺母，对振动剧烈的设备应安装锁紧螺母或双螺母。

3）垫铁

垫铁具有以下作用：

（1）通过对垫铁组厚度的调整，使设备达到要求的标高和水平度。

（2）增加设备在基础上的稳定性。

（3）把设备的质量和运转过程中产生的负荷均匀地传给基础，减少振动。

（4）便于进行二次灌浆。

3. 设备就位

（1）安装基准线。决定一个物体的空间位置，需要3个坐标数值。所以，安装基准线一般有平面位置基准线（纵向和横向轴线）和标高基准线。确定安装基准线的依据是施工图，一般是根据有关建筑物的轴线、边缘或标高线确定设备安装基准线。对于不同的设备，放线的要求不同。

（2）设备划线。设备的中心位置是由中心线决定的。在安装前必须在设备上找出有关中心，或找出有关的中心线上两点。设备就位找正中心位置，就是使这些点与基础基准线重合。

（3）设备就位。根据安装基准把设备安置在正确位置上，包括纵、横位置和标高。

（4）设备的初平。就是在设备就位后（不再水平移动），初步地将设备的水平度大体上调整到接近要求的程度，习惯上也称找平。一般情况下，这时设备还没有彻底清洗，地脚螺栓还没有二次灌浆，设备找平后不能紧固，因此只能对设备初平。如果地脚螺栓是预埋的，那么设备就位后即可进行清洗，一次找平（精平），可省去初平这道工序。

第二节　调　　试

一、操作技能

（一）常用磁力起动器和供电线路的试通电工作，并记录相关参数

常用磁力起动器和供电线路在试通电前，应先测量磁力起动器和供电线路的绝缘程度，确认绝缘良好后方可进行试通电工作。送电时应先将变电所内分区馈电开关电源送上，然后再送外围馈电开关。如果变电所内高压开关也已断开，要先送高压再送低压，先

送变电所内开关再送变电所外开关。试通电正常后，便可对设备进行反正转调试。控制设备反正转运行的有操作按钮或磁力起动器上的换向手柄。设备刚开始试运转前，无法知道反转还是正转，所以只有通电让设备运转才能判断反正转。这时试运转要点动设备运行，判断设备反正转。若是反转，则利用磁力起动器上的换向开关或调节电源相序来改变使设备为正转。设备调节好旋转方向后，要试运行一段时间，在设备启动和运行时，如果有条件要记录设备的相关参数，如设备启动时的电压、电流，设备运行时的压力、温度等，并在设备试运行期间，仔细听设备运行时有无异常声音，同时也要做出记录。若有异常声音，应判断出在哪个部位，立即停止运转，现场进行处理，处理好之后再使用，绝不能让设备带病运行。

（二）能够按照给定技术要求对机电设备的保护装置进行整定、试验

1. 整定

综合保护器可以根据电动机所带负荷的大小设定合适的电流整定值，以便对电动机进行保护。以 JDB 综合保护器为例，其调整方法有两种：一种是倍数相乘法，如图 4－28 所示，将挡位拨在“×2”挡，旋钮指在“8”上，其实际整定电流数值为“2×8＝16 A”；另一种是高、低挡换位法，如图 4－29 所示，将挡位拨在“低挡”，旋钮在“低挡为 55 A、高挡为 110 A”上，其实际整定电流数值为“55 A”。如果是 ABD 综合保护器，则按照保护器上给定的表格数据进行调整，如图 4－30 所示，将拨动开关“K_1、K_6、K_7”拨在“0”位，将“K_2、K_3、K_4、K_5”拨在“1”位，根据表 4－3，ABD－80 型综合保护器整定值表，查出此整定电流值为“14 A”。

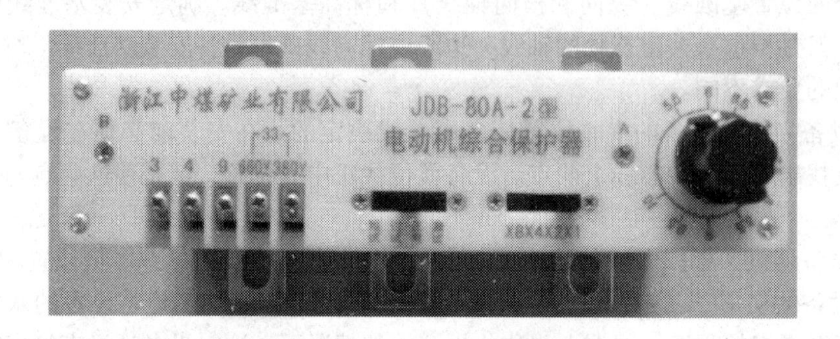

图 4－28　JDB－80 A－2 型电动机综合保护器

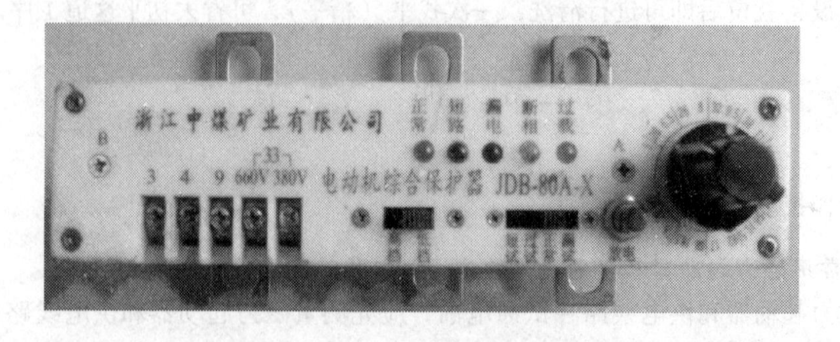

图 4－29　JDB－225－A 型电动机综合保护器

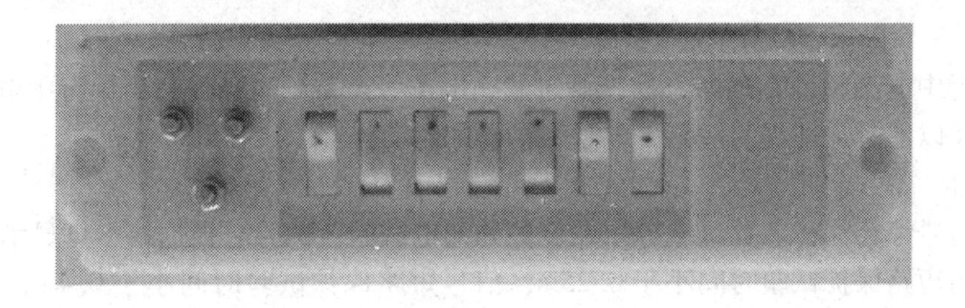

图4-30 ABD电动机综合保护器拨动开关图

表4-3 ABD-80型电动机综合保护器整定值

整定电流/A	K_1	K_2	K_3	K_4	K_5	K_6	K_7	整定电流/A	K_1	K_2	K_3	K_4	K_5	K_6	K_7
6	1	1	1	1	1	1	1	30	0	0	1	1	0	1	0
7	1	1	0	1	1	1	1	32	0	0	1	1	0	0	1
8	1	1	0	0	0	1	1	35	0	0	1	0	1	1	1
9	1	0	1	0	1	1	1	38	0	0	1	0	1	0	1
10	1	0	0	1	1	1	1	40	0	0	1	0	1	0	0
12	1	0	0	0	0	0	1	45	0	0	1	0	0	0	1
14	0	1	1	1	1	0	0	50	0	0	0	1	1	1	1
16	0	1	1	0	0	1	0	55	0	0	0	1	1	1	0
18	0	1	0	1	1	0	0	60	0	0	0	1	1	0	1
20	0	1	0	1	0	0	0	65	0	0	0	1	1	0	0
22	0	1	0	0	1	0	0	70	0	0	0	1	0	1	1
24	0	1	0	0	0	1	0	80	0	0	0	1	0	1	0
27	0	0	1	1	1	0	1								

注：拨动开关上的带点端按下为“1”，反之为“0”。

具体整定方法如下：

电磁起动器中电子保护器的过流整定值应按下式进行选择：

$$I_z \leqslant I_e \tag{4-1}$$

式中 I_z——电子保护器的过流整定值，取电动机额定电流近似值，A；

I_e——电动机的额定电流，A。

井下采、掘、运机械常用电动机的额定电流和额定起动电流可查技术数据表。如果没有具体资料可查，可进行估算。对于鼠笼型电动机，用电动机的额定功率 P_e 乘以一常数，方法如下：

对于380 V电动机，$I_e=2P_e$；

对于660 V电动机，$I_e=1.15P_e$；

对于1140 V电动机，$I_e=0.67P_e$；

对于3300 V电动机，$I_e=0.23P_e$。

电动机的起动电流 I_{qe} 为

$$I_{qe} = 6I_e$$

当运行中电流超过 I_z 值时，即视为过载，电子保护器延时动作；当运行中电流达到 I_z 值的 8 倍及以上时，即视为短路，电子保护器瞬时动作。

2. 试验

照明信号综合保护装置试验分短路试验和漏电试验，试验时根据指示灯显示判断试验情况，照明短路保护试验时间小于 0.25 s，信号短路保护试验时间小于 0.4 s，漏电保护动作时间小于 0.25 s。否则为保护装置动作不正常，应现场进行处理。

煤电钻综合保护装置在做短路试验时，应将煤电钻运行后按下短路试验按钮进行试验，若短路指示灯显示发出信号，短路保护动作时间小于 0.1 s，则为正常。漏电试验则是在工作状态下按下漏电试验按钮，若漏电指示灯显示故障，漏电保护动作时间小于 0.25 s，则为正常。

磁力起动器的综合保护器试验分按钮试验和挡位试验，在设备停电状态下，将试验拨钮分别拨在各种试验位置后，然后恢复供电进行试验。按照规定，断相动作时间应小于 3 s；短路动作时间应小于 500 ms；漏电闭锁试验电动机工作电压在 660 V 时，一相对地绝缘电阻低于 22 kΩ 应拒绝启动。

（三）按照给定技术要求对所安装的机械设备进行调整、试运行

1. 以刮板输送机为例

1）调整

调整前应先对刮板输送机进行下列检查并加以调整：

（1）检查输送机的链是否松紧得当，有无拧麻花现象，链环和连接环是否有损坏，刮板有无过度弯曲、损坏和短缺，不得出现连续损坏 3 个刮板的现象。

（2）检查溜槽的磨损、变形和连接情况，重点对过渡槽及连接装置进行检查，发现坏溜槽及时更换，发现错口地方立即处理。

（3）检查机头、机尾传动装置及各部件连接螺栓，保证齐全紧固，检查保护罩上的通气孔是否有堵塞现象。

（4）检查电动机、减速器、液力耦合器的传动装置的运转声音是否正常。

2）试运行

启动前给联轴器加透平油，减速器加齿轮油，各注油孔内注入适量的黄油。清除刮板机内所有杂物，通知所有人员离开刮板输送机周围。然后发出开车信号，启动试车，点动机头、机尾电动机，观察旋转方向是否一致。在试车过程中应注意观察和倾听设备有无异常现象和声音。如果发现设备有异常现象和异常声音，应立即停车重新调整处理，待处理完毕后，方可再次进行试车。试车正常后才可带负荷进行试车。连续试车时间不得少于 30 min，确认一切正常后才可正式开车。

2. 以调度绞车为例

1）调整

对调度绞车进行下列检查并加以调整：

（1）检查各部位螺栓、销子、螺母、垫圈等，如有松动、脱落，应及时拧紧和补全。

（2）检查滚筒有无损坏或破裂，钢丝绳头固定是否牢固，轴承有无漏油，钢丝绳排列是否整齐，有问题应及时处理。

（3）检查闸带有无裂纹，磨损是否超限（应留有不少于3 mm厚度），拉杆螺栓、叉头、闸把、销轴等是否有损伤或变形，背紧螺母是否松动，有问题应调整和处理。

（4）检查闸把及杠杆系统动作是否灵活，施闸后，闸把不得达到水平位置，应当比水平位置略向上翘。

（5）检查固定绞车的顶柱和戗柱是否牢固，基础螺栓或锚杆是否松动，底座有无裂纹，有问题应及时处理。

（6）检查信号装置及电动机等操作按钮是否完好和有无失爆现象，信号发出是否清晰和明亮，否则应修理或更换。

2）试运行

启动前先发出信号，启动试车，检查电动机空载启动是否正常，旋转方向和现场是否一致，各转动部位温度不能过高，闸把及杠杆系统动作应灵活可靠，施闸后闸把位置不得超过水平位置。试车过程中应注意观察和倾听调度绞车有无异常现象和异常声音，有无甩油现象，钢丝绳无打结，绳卡不少于两副。信号装置应声光兼备，清晰可靠。

二、相关知识

（一）电气设备的一般调试方法和步骤

1. 调试前的准备工作

（1）调试前必须了解各种电气设备和整个电气系统的功能，掌握调试的方法和步骤。

（2）调试前应做好以下检查工作：

①根据电气原理图和电气安装接线图、电气布置图检查各电气元件的位置是否正确，检查其外观有无损坏，触点接触是否良好；配线导线的选择是否符合要求；柜内和柜外的接线是否正确、可靠以及接线的各种具体要求是否达到；电动机有无卡阻现象；各种操作、复位机构是否灵活；保护电器的整定值是否达到要求；各种指示和信号装置是否按要求发出指定信号等。

②对电动机和连接导线进行绝缘电阻检查。用兆欧表检查，应分别符合各自的绝缘电阻要求，如连接导线的绝缘电阻不小于7 MΩ，电动机的绝缘电阻不小于0.5 MΩ等。

③与操作人员和技术人员一起，检查各电气元件动作是否符合电气原理图的要求及生产工艺要求。

④各开关按钮、行程开关等电气元件应处于原始位置。

2. 磁力起动器的试车

1）空操作观察

断开负荷，接通电源，使控制电路空操作，检查控制电路的工作情况。如按钮对继电器、接触器的控制作用，真空接触器的动作；行程开关的控制作用。如有异常，应立刻切断电源并查找原因。

2）空载试车

在上一步的基础上，接通电动机即可进行。首先点动检查各电动机的转向及转速是否符合要求；然后调整好电动机综合保护器的整定值，检查各显示信号的完好性能。

3）带负荷试车

在上述两步通过后，即可进行带负荷试车。此时，在正常的工作条件下，验证电气设备所有部分运行的正确性，特别是验证在电源中断和恢复时对人身和设备的伤害、损坏程度。此时进一步观察机械动作和电气元件的动作是否符合原始工艺要求并对各种电气元件的整定数值做进一步调整。

（二）采掘机械设备的一般调试方法和步骤（乳化液泵站的调试）

乳化液泵站的调试方法和步骤如下：

（1）用手转动联轴器，使曲轴转动2~3圈，检查各转动部件转动是否灵活。

（2）打开机壳上盖，向滑块上部油池注适量润滑油，以防滑块缺乏润滑而损坏。

（3）打开手动卸载阀，关闭向工作面供液的截止阀，点动电动机，检查电动机的旋转方向是否与泵上箭头所指引的转动方向一致。如不一致，立即停机，改变电动机的旋转方向。

（4）在打开手动卸载阀的状态下，让乳化液泵空载运转一段时间，将带有空气的乳化液直接流回乳化液箱，直到排出乳化液中所有空气为止。乳化液泵空载运行时不得有异常声音、抖动、管路泄露等现象。

（5）空载试运转确认正常后，慢慢关闭手动卸载阀，让乳化液泵逐渐升压，当卸载阀自动卸载时，打开压力表开关，从压力表上观测卸载压力，如果卸载压力达不到标准则需要重新调整，直至达到规定的卸载压力。

（6）一切正常后，打开向工作面供液的截止阀，向工作面供液。使用时，应经常检查乳化液箱的乳化液液面高度，发现不足时要及时注液，避免乳化液泵因吸空而损坏零件。

第五章　设备检修与维护

第一节　设备检修与故障排除

一、操作技能

（一）对所用设备进行日常检修，更换磁力起动器易损件

1. 对所用设备进行日常检修

（1）接班后对维护区域内机电设备的运行状况、管线吊挂及各种保护装置和设施等进行巡检，并做好记录。

（2）巡检中发现漏电保护、报警装置和带式输送机的安全保护装置失灵，设备失爆或漏电，采掘和运输设备、液压泵站不能正常工作，信号不响、电话不通、电缆损伤、管路漏水等问题时，要及时进行处理。对处理不了的问题，必须停止运行，并向领导汇报。防爆性能遭受破坏的电气设备，必须立即处理或更换。

2. 更换磁力起动器易损件

1）磁力起动器部分电器元件的更换

工作中需要更换磁力起动器部分电器元件时，首先切断上一级的电源开关，并将被停电开关机械闭锁，设专人守护或悬挂“有人工作，禁止送电”警示牌。施工前先测量施工地点周围瓦斯浓度，只有瓦斯浓度不超过1%时，方可打开磁力起动器。打开后要先验电、放电，然后挂接地线，确认无误后，方可更换电器元件。更换电器元件时要注意拆装顺序、线路标号。更换完毕后，要先检查磁力起动器内部是否有工具或其他物件遗留，摘除接地线，检查完毕并确认无误后，方可合盖，进行送电试验。

2）真空管的更换

（1）损坏后真空管的拆卸。

①松开紧固真空管静导杆的螺钉，再拆下动导杆接头软线，松开螺帽，拧下螺母。

②拆下上接头（包括拉杆），装在新的真空管动导杆上。

（2）安装新真空管。

①按相反顺序将真空管装入，将真空管静导杆插入静接头。

②通过螺钉将静导杆与静接头紧紧连在一起。

（3）真空管开距的调整。

①拧下螺母，用万用表监视真空管刚分断时的位置，在螺母上做一标记。

②再拧螺母$1\frac{1}{4}$圈，真空管开距调整至1.5 mm，可用卡尺测量。

（二）检查、排除电缆故障

电缆故障不仅能直接引起瓦斯和煤尘爆炸、矿井火灾，而且由于它从隔爆设备内引进引出，也影响着设备的隔爆性能。因此电缆不能存在“鸡爪子”、“羊尾巴”、明接头。当动力电缆或照明线路断路、接地、短路，或因埋、压、砸、挤而损坏时，应当更换或接防爆接线盒。护套损坏不太严重时，则可用冷补的办法进行修补。

工作面使用的橡套电缆经常移动，工作条件差，更应吊挂好，保护好。煤电钻用的电缆及控制、信号电缆，断面小，强度小，极易被砸伤、刮断，要十分注意爱护，用完后盘放到指定地点，并断开闭锁。

运行中的电缆，要定期进行绝缘电阻测定，低压电缆每周或每旬测定一次。不同电压等级的电缆使用不同电压级别的摇表。不合格的电缆要立即更换。

1. 故障的判断与查找

电缆常见的故障一般有绝缘能力降低、接地、断芯线及短路现象。

（1）当电网在运行中发生漏电故障时，应立即进行寻找和处理，并向矿井调度室或主管电气人员汇报。发生故障的设备或电缆在未消除故障前，禁止投入运行。

（2）井下严禁带电处理故障。

（3）若发生漏电故障，一般应从以下几方面进行分析：

①运行中的电气设备绝缘受潮或进水，造成相与地之间绝缘能力降低或击穿。

②电缆在运行中受机械或其他外力的挤压、砍砸；过度弯曲等而产生裂口或缝隙，长期受潮气、水分的侵蚀致使绝缘能力降低；砍砸或挤压也可能引起相与地间的直接连通、导电芯线裸露或短路。

③电缆与设备在连接时，由于芯线接头不牢、封堵不严、压板不紧，运行中产生接头易松动脱落与外壳相连或发热烧毁绝缘。

④检修电气设备时，由于停送电错误或工作不慎将工具材料等其他金属物件残留在设备内部，造成相接地。

⑤电气设备接线错误或内部导线绝缘破损造成与外壳相连，以及电缆屏蔽层处理不当造成漏电。

⑥在操作电气设备时，产生弧光放电。

⑦电气设备或电缆过负荷运行损坏或直接烧毁绝缘。

⑧电缆与电缆的冷补、热补接头，由于芯线连接不牢、密封不严、绝缘包扎不良，运行中接头易松动或受潮进水从而造成漏电或绝缘破损。

（4）检漏保护装置的运行和维护人员，应根据下述情况判断漏电性质：

①集中性漏电。

a. 长期的集中性漏电。这种漏电，可能是电网内的某台设备或电缆，由于绝缘击穿或导体碰及外壳所造成。

b. 间歇的集中性漏电。这种漏电，大部分发生在电网内某台设备（主要是电动机）或负荷端电缆，由于绝缘击穿或导体碰及外壳，在设备运转时产生漏电；还可能由于针状导体刺入负荷侧电缆内产生漏电。

c. 瞬间的集中性漏电。这种漏电，主要是由于工作人员或其他物体偶尔触及带电导体或电气设备和电缆的绝缘破裂部分，使之与地相连；还可能在操作电气设备时产生对地弧光放电所致。

②分散性漏电。

a. 某几条线路及设备的绝缘水平降低所致。

b. 整个电网的绝缘水平降低所致。

（5）漏电故障的查找。

发生漏电故障后，应根据设备、电缆新旧程度，下井使用时间的长短，周围条件（如潮湿、积水、淋水等）和设备运转情况，首先判断漏电性质，估计漏电大致范围，然后进行细致检查，找出漏电点。

根据不同的检漏保护装置判断漏电点，如找不到漏电点，应与瓦斯检查员联系，对可能产生瓦斯积聚的地区（如单巷掘进、通风不良的采掘工作面等）进行瓦斯检查，如无瓦斯积聚（瓦斯浓度小于1%）时，可用下列方法进行寻找。

发生漏电故障后，将各分路开关分别单独合闸，如发生跳闸（或闭锁），为集中性漏电；如不跳闸（或不闭锁），各分路开关全部合上时则跳闸，一般为分散性漏电。

①集中性漏电的寻找方法。

a. 漏电跳闸后，试合总馈电开关，如能合上，可能是瞬间的集中性漏电。

b. 试合总馈电开关，如不能合上，拉开全部分路开关，再试合总馈电开关，如仍不能合上，则漏电点在电源线上，然后用摇表摇测，确定在哪一条线路上。

c. 拉开全部分路开关，试合总馈电开关，如能合上，再将各分路开关分别逐个合闸，如在合某一开关时跳闸，则表示此分路有集中性漏电。

②分散性漏电的寻找方法。

若电网绝缘水平降低，在尚未发生一相接地时，继电器动作跳闸，可以采取拉开全部分路开关，再将各分路开关分别逐个合闸的办法，并观察检漏继电器的欧姆表指数变化情况，确定是哪一条线路的绝缘水平最低，然后用摇表摇测。检查到某设备或电缆绝缘水平太低时，则应更换。

确定电缆故障的区段后，常用兆欧表来确定故障点和故障的性质。判定故障点时，除对外表目测检查外，还可根据异常气味进行追踪。

一相对地的故障可由检漏继电器来检测出。断芯线的故障则可由兆欧表测定。

2. 电缆的修复方法（井下现场）

用不延燃自粘冷包胶带应急冷包橡套电缆的操作工艺。根据《煤矿井下电缆安装、运行、维修、管理工作细则》的规定，应急冷包修复的电缆必须在7天内更换上井。

1）准备工作

（1）对电缆进行冷包时，应准备以下工具和材料：电工刀、钢丝钳、剪刀、木锉、砂布、不延燃自粘冷包胶带、补带胶水和高压绝缘橡胶带。

（2）电缆必须在停电后方可进行冷包修补。

（3）将电缆的修补段表面擦拭干净，检查其破损情况。

（4）修补地点应选择环境清洁，能防止粉尘飞扬的地方。

2）修补工艺

（1）电缆绝缘层的修补。

①对破损严重的绝缘层应进行整段割除，割除长度应满足修补导体的要求（当导体

断裂时)。将割除段两端的绝缘层削成锥形，其长度应小于 10 mm。

②用木锉将待修补的绝缘层打至露出绝缘橡皮的本色。

③用高压绝缘橡胶带（或不延燃自粘冷包胶带）包扎电缆的绝缘层，再包一层聚酯薄膜带。

④缠绕高压绝缘橡胶带或不延燃自粘冷包胶带时，应先在已削成的锥形段上均匀涂上一层补带胶水，挥发 1 ~2 min 后，再将胶带均匀伸长（伸长率 100% ~150%），依次按胶带宽度的 1/4 ~1/2 重叠连续进行紧密缠绕。缠绕方向为：中间→前端→后端→中间。高压绝缘橡胶带或不延燃自粘冷包胶带与原绝缘层的连接部分，其搭接长度应不小于 5 mm。如线芯采用附有石墨粉的编织带作半导电的屏蔽层，操作时应特别注意不得将石墨粉粘落在缠绕的绝缘带上。

（2）电缆护套层的修补。

①把破损的线芯、绝缘层、屏蔽层妥善修补后，将电缆按原状绞紧，用涂胶的编织带缠绕线束，胶布向外缠绕一遍。

②将电缆拉直，护套两端削成锥形，锥形面的长度应不小于电缆外径，一般应大于 40 mm，坡角应小于 30°。

③用木锉将两端锥形打毛，并将其胶沫擦拭干净，然后均匀涂上一层补胎胶水，挥发 1 ~2 min 后，再用不延燃自粘冷包胶带按胶带宽度的 1/3 ~1/2 重叠连续进行紧密缠绕。缠绕方向为：中间→前端→后端→中间。当修补段直径超过电缆直径的 2 mm 左右时，即可把胶带末端压在中间部位。

（三）用相关仪表检测电气设备的绝缘状况

检测电气设备绝缘状况时应采用兆欧表，使用兆欧表检测电气设备绝缘状况时还应根据电气设备的电压等级选择不同电压等级的兆欧表。在测量低压隔爆开关时，其绝缘电阻值：1140 V 不低于 5 MΩ；660 V 不低于 2 MΩ；380 V 不低于 1 MΩ。在测量电缆时，其绝缘电阻值：1140 V 不低于 50 MΩ；660 V 不低于 10 MΩ；在测量矿用通信、信号装置主回路绝缘时，其绝缘电阻值：1140 V 不低于 5 MΩ；660 V 不低于 2 MΩ；380 V 不低于1 MΩ；127 V 不低于 0.5 MΩ。

（四）更换采掘运机械设备的易损件

在更换采掘运机械设备的易损件时，要保证所更换配件的规格尺寸和原来的一致。设备需要打开机盖时要有防护措施，防止煤矸落入设备内部。拆装设备应使用合格的工具或专用工具，按照一般修理钳工的要求进行，不得硬拆硬装，以保证设备性能和人身安全。

1. 轴承座的更换

轴承安装在轴承座里，轴承座有的是用螺栓固定在机体上，有的则与机体是一个整体。轴承座与机体是同一整体时，则需要对轴承座进行安装和找正。

轴承座安装时，必须把轴瓦装配在轴承座里，并以轴瓦的中心来找正轴承座的中心。一般可用平尺或挂线法来找正它的中心位置。

（1）用平尺找正时，可将平尺放在轴承座上，平尺的一边与轴瓦口对齐，然后用塞尺检查平尺与各轴承座之间的间隙情况，由间隙判断各轴承座中心的同轴度。

（2）当轴承座间距较大时，可采用挂线法来找正轴承座的中心。其方法是在轴承座上架设一根直径为 0.2 ~ 0.5 mm 的钢丝，使钢丝张紧并与两端的两个轴承座中心重合，再以钢丝为基准，找正其他各轴承座。实测中，应考虑钢丝的挠度对中间各轴承座的影响。

2. 螺纹连接的更换

1）螺纹连接的防松装置

（1）螺纹连接防松装置的作用。螺纹连接一般都具有自锁性，以保证在受静载荷的条件下不会自行松动或脱落。但在冲击、振动及交变载荷作用下，螺纹副之间的正压力会突然减小，导致摩擦力矩减少，从而使螺纹连接的自锁性失效，造成螺纹连接松动。螺纹防松装置的作用就是防止摩擦力矩减小和螺母回转。

（2）常见螺纹连接防松装置。

①附加摩擦力防松，有紧锁螺母防松（俗称背母）和弹簧垫圈防松。

②机械方法防松，有开口销与带槽螺母、齿动垫圈、带耳止动垫圈、串联钢丝、点铆法、黏结法。

2）螺纹连接的装配工艺要点

（1）双头螺栓的装配。操作时应掌握以下要点：

①应使双头螺栓与机体螺纹的配合有足够的紧固性，以便在拧紧或拆卸螺母时双头螺栓不会发生松动。

②双头螺栓的轴心线要与机体表面垂直，装配时可用直尺检验。

③为防止旋入双头螺栓时被咬住及便于检修时拆卸，应涂擦少许润滑油或黑铅粉。

（2）螺母和螺钉的装配。螺母和螺钉的装配须按一定的拧紧力矩拧紧，且应注意以下要点：

①螺母和螺钉不能有“脱扣”“倒牙”等现象，检查时凡不符合技术条件要求的螺纹不得使用。

②螺杆不得变形，螺钉头部、螺母底部与零件贴合面应光洁、平整。

③拧紧成组螺栓或螺母时通常以 3 次拧紧且按照从中间开始，逐步向四周对角对称扩展的顺序进行。

④若被连接件工作中会受到振动、冲击，装配螺钉或螺母必须匹配防松装置。

⑤热装螺栓时，应将螺母拧在螺栓上同时加热且尽量使螺纹少受热，加热温度一般不得超过 400 ℃，加热装配连接螺栓须按对角顺序进行。

⑥螺纹连接装配后，通常采用目测、塞尺测检及手锤轻击等方法进行检查。

二、相关知识

（一）电气绝缘知识

1. 绝缘材料的概念及功用

绝缘材料又称电介质，它是电阻率很大（大于 $1\times10^{7}\ \Omega\cdot m$）、导电能力很差的物质的总称。在直流电压作用下，只有极其微弱的电流通过，一般情况下可忽略绝缘材料微弱的导电性，而把它看成理想的绝缘体。

绝缘材料的主要作用是用来隔离带电体或不同电位的导体，以保证用电安全，如用绝缘筒隔离变压器绕组与铁心，用外塑套隔离导线保证人身安全。此外在各类电工产品中，由于技术要求不同，绝缘材料还往往起着支撑、固定、灭弧、储能、改善电位梯度、防潮、防霉、防虫、防辐射、耐化学腐蚀等作用。

2. 电气间隙与爬电距离

由于煤矿井下空气潮湿、粉尘较多、环境温度较高，严重影响电气设备的绝缘性能。为了避免电气设备由于绝缘强度降低而产生短路电弧、火花放电等现象，对电气设备的爬电距离和电气间隙作出了规定。

电气间隙是指两个裸露的导体之间的最短空间距离，即电气设备中有电位差的相邻金属之间，通过空气介质的最短距离。电气间隙通常包括：带电零件之间及带电零件与接地零件之间的最短空间距离；带电零件和易碰零件之间的最短空间距离。只有满足电气间隙的要求，裸露导体之间和它们对地之间才不会发生击穿放电，才能保证电气设备的安全运行。

爬电距离是指两个导体之间沿固体绝缘材料表面的最短距离。也就是在电气设备中具有电位差的相邻金属零件之间，沿绝缘表面的最短距离，见表 5－1。爬电距离是由电气设备的额定电压、绝缘材料的耐泄痕性能以及绝缘材料表面形状变化等因素决定的。额定电压越高，爬电距离越大；反之就越小。

表5－1　电气间隙和爬电距离

工作电压 U/V	最小爬电距离/mm			最小电气间隙/mm
	材料级别			
	Ⅰ	Ⅱ	Ⅲ	
$U \leq 15$	1.6	1.6	1.6	1.6
$15 < U \leq 30$	1.8	1.8	1.8	1.8
$30 < U \leq 60$	2.1	2.6	3.4	2.1
$60 < U \leq 110$	2.5	3.2	4	2.5
$110 < U \leq 175$	3.2	4	5	3.2
$175 < U \leq 275$	5	6.3	8	5
$275 < U \leq 420$	8	10	12.5	6
$420 < U \leq 550$	10	12.5	16	8
$550 < U \leq 750$	12	16	20	10
$750 < U \leq 1100$	20	25	32	14
$1100 < U \leq 2200$	32	36	40	30
$2200 < U \leq 3300$	40	45	50	36
$3300 < U \leq 4200$	50	56	63	44
$4200 < U \leq 5500$	63	71	80	50
$5500 < U \leq 6600$	80	90	100	60
$6600 < U \leq 8300$	100	110	125	80
$8300 < U \leq 11000$	125	140	160	100

注：Ⅰ类电气设备额定电压 1140 V 的最小爬电距离和最小电气间隙值可用线性内插法计算。

3. 防爆电气设备外壳的防护等级

电气设备应具有坚固的外壳，外壳应具有一定的防护能力，达到一定的防护等级标准。防护等级就是防外物和防水能力（具体要求见第二节的表5－4）。防外物是防止外部固体进入设备内部和防止人体触及设备内部的带电或运动部分的性能，简称防外物。防水是防止外部水分进入设备内部，简称防水。防护等级用字母IP××来标志，××是两位数字。如IP43中的IP是外壳防护等级标志，第一位数字4表示防外物4级，第二位数字3表示防水3级。数字越大表示等级越高，要求越严格。防外物共分7级，防水共分9级。

（二）采掘运设备结构及工作原理

1. 带式输送机

带式输送机是以输送带兼作牵引机构和承载机构的一种连续动作的输送设备。带式输送机分为绳架吊挂式、可伸缩式和钢丝绳芯式等几种。现以SSJ800/2×40型伸缩带式输送机为例进行介绍。

可伸缩带式输送机是机械化采煤工作面平巷中的主要运煤设备。其最大优点是随工作面的推进可灵活伸缩。

1）SSJ800/2×40型可伸缩带式输送机的传动系统组成

SSJ800/2×40型可伸缩带式输送机的传动系统由电动机1、液力偶合器2、减速器3、机头滚筒4、传动滚筒5、改向滚筒7、游动滚筒8和机尾滚筒10等部件组成，如图5－1所示。

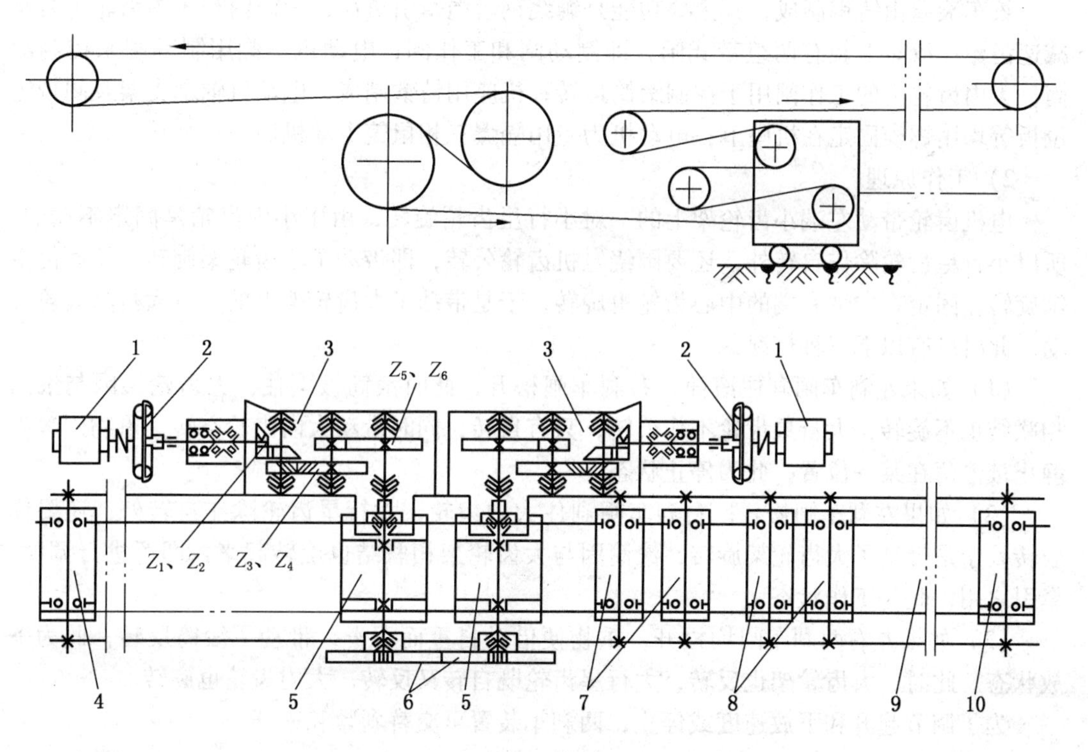

1—电动机；2—液力偶合器；3—减速器；4—机头滚筒；5—传动滚筒；6—联动齿轮；7—改向滚筒；8—游动滚筒；9—输送带；10—机尾滚筒

图5－1　SSJ800/2×40型可伸缩带式输送机传动系统

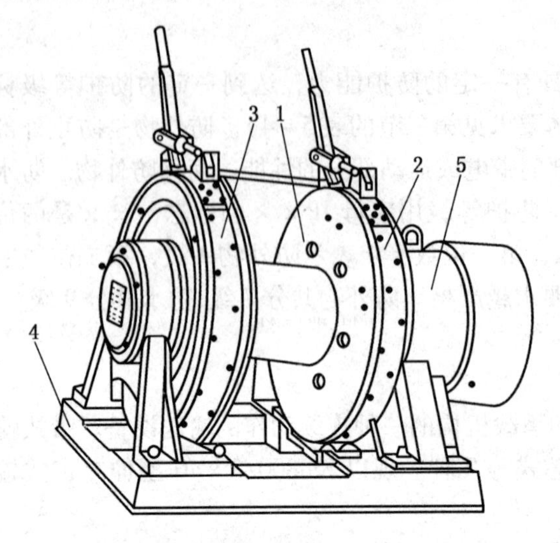

1—滚筒装置；2—制动闸；3—工作闸；
4—底座；5—电动机

图5-2　JD-11.4型调度绞车外形

2）传动原理

当电动机启动后，通过液力偶合器2带动减速器3，经齿轮减速后由齿形联轴器带动传动滚筒5旋转。当输送机缠绕两个传动滚筒并拉紧后，通过摩擦带动输送带运转。为了避免两个传动滚筒产生滑差，两个滚筒用齿数相等的联动齿轮传动。

2. 调度绞车

调度绞车是用来调度车辆及进行辅助牵引作业的一种绞车，一般用于井下水平巷道，在不太长的距离内拖运矿车，也可用在采掘工作面拖运设备。调度绞车常用的型号比较多，如JD-4.5、JD-11.4、JD-22、JD-25、JD-40型等。下面以JD-11.4型调度绞车为例介绍其组成及工作特点。

JD-11.4型绞车的组成如图5-2所示。

1）工作特点

绞车滚筒由铸钢制成，其主要功能是缠绕钢丝绳牵引负荷，滚筒内和大内齿轮下装有减速齿轮；绞车上装有两组带式闸，即制动闸和工作闸；电动机一侧用制动闸来控制滚筒，大内齿轮上的工作闸用于控制滚筒运转；机座用铸铁制成，电动机轴承支架及闸带定位板等均用螺栓固定在机座上；电动机为专用隔爆三相鼠笼电动机。

2）工作原理

电机齿轮带动左端小齿轮架上的一对小行星齿轮旋转，由于小内齿轮是固定不动的，所以小行星齿轮除作自转外，还要围绕电机齿轮公转，即带动了小齿轮架旋转，从而使主轴旋转，固定在主轴右端的中心齿轮也旋转，于是带动了大齿轮架上的一对大行星齿轮转动，此时可有以下三种情况：

（1）如果左刹车闸刹住滚筒，右刹车闸松开，此时滚筒被刹住，大齿轮架因与滚筒相联结也不旋转，大行星齿轮不作公转，只有自转，同时带动大内齿轮空转。重物因滚筒静止被停留在某一位置，此为停止状态。

（2）如果左刹车闸松开，右刹车闸刹住大内齿轮，大行星齿轮除作自转外，还要作公转，于是带动了大齿轮架旋转，滚筒因与大齿轮架相联结也旋转起来，即可进行调度、牵引之用，此为工作状态。

（3）如果左右两刹车闸均松开，重物便借助自重而下滑，带动了滚筒反转，此为下放状态。此时，大齿轮架也反转，大行星齿轮既自转又反转，大内齿轮也旋转。

为了调节起升和下放速度或停止，两刹车装置可交替刹紧和松开。

3. 耙斗装岩机

1）耙斗装岩机工作原理及结构

以PD-90B（A）型耙斗装岩机为例：

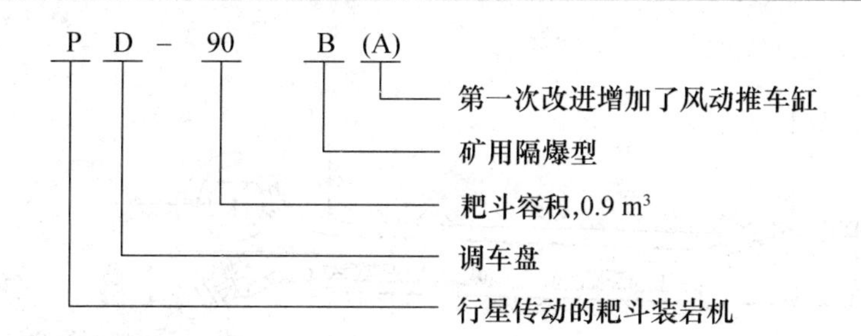

耙斗装岩机是通过绞车的两个滚筒分别牵引主绳、尾绳使耙斗作往复运动把岩石扒进料槽，至卸料槽的卸料口卸入矿车或箕斗内，从而实现装岩作业。

PD 型耙斗装岩机带有调车盘，调车盘类似钢板结构的移动式道岔，由调车盘本体、牵引空矿车用的风动调车绞车、空车推车风缸、重车推车风缸及风动操纵系统组成，主机与调车盘之间用铰链连接。

PD 型耙斗装岩机带有风动推车系统，在平巷作业时用来推出重矿车。

PD－90B（A）型耙斗装岩机主要由固定楔、尾轮、耙斗、台车、绞车、操纵机构、导向轮、料槽（进料槽、中间槽、卸载槽）、电气部分等部件组成。（A）型带有风动推车缸，D 型带有调车盘，如图 5－3 所示。

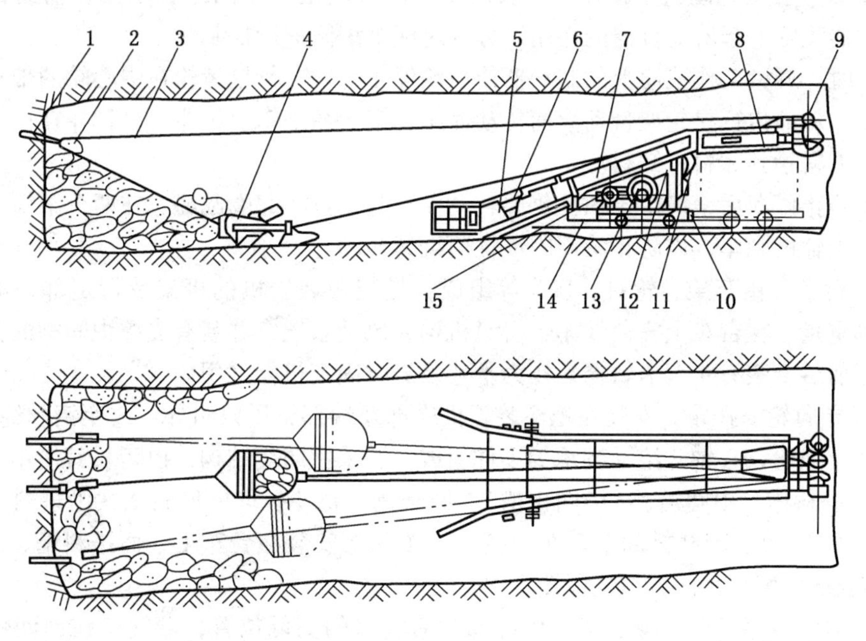

1—固定楔；2—尾轮；3—钢丝绳；4—耙斗；5—进料槽；6—升降装置；7—中间槽；8—卸载槽；
9—导向轮；10—风动推车缸；11—托轮；12—操作机构；13—绞车；14—台车；15—电气部分

图 5－3 耙斗装岩机工作示意图

各主要部件的功能和结构简述如下：

（1）固定楔。固定在掘进工作面上，用以悬挂尾轮。固定楔由一个紧楔和一个楔部带锥套的钢丝绳套环组成，如图 5－4 所示。

（2）尾轮。挂在固定楔上用以引导尾绳，使耙斗返回掘进工作面。尾轮主要由侧板、绳轮、心轴、吊钩等主要零件组成。

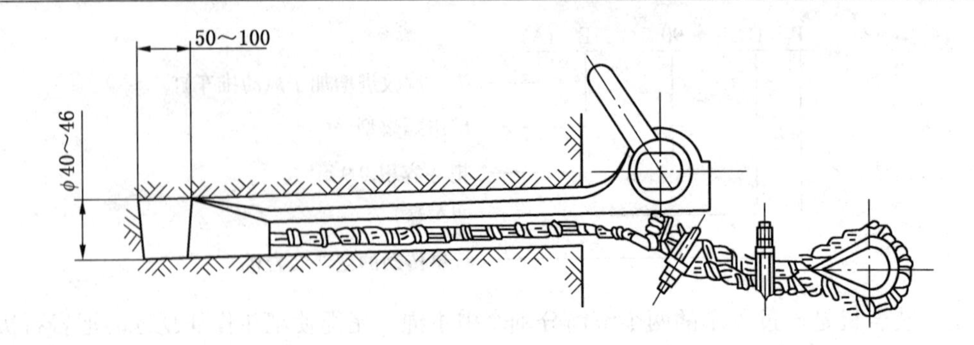

图5-4 固定楔

(3) 耙斗。在主绳、尾绳的牵引下作往复运动来扒取岩石，可用于平巷和倾斜巷道。耙齿磨损后可调换。

(4) 操纵机构。由两组操纵杆、拉杆、连杆、调整螺杆等组成。调整螺杆的一端与绞车闸带相连，通过操纵杆控制闸带的开合，对绞车的两个滚筒分别进行操纵。操作杆可安装在绞车的左、右任一侧进行操纵。

(5) 绞车。由电动机、减速器以及两个行星传动滚筒及两组制动器和辅助刹车带组成。制动器实际上起着离合器的作用，分别对两个滚筒进行控制。

工作时，刹紧工作滚筒上的制动器使齿轮停止运转，行星齿轮在中心轮的带动下沿内齿轮滚动，从而借行星轮架带动滚筒传动而缠绕钢丝绳来牵引耙斗，使耙斗在掘进工作面装矸石后沿料槽到卸料口卸料。

为了防止停车后滚筒由于惯性仍要转动而引起钢丝绳起圈乱绳，在两个滚筒的边沿上还安有两组辅助刹车，以防止滚筒因惯性而继续转动。

(6) 台车。由车架、轮对、碰头等组成，是耙斗装岩机的机架及行走部，承载装岩机的全部重量。在台车上安装绞车、操纵机构、风动系统，并装有支撑中间槽的支架和支柱，台车前后部装有4套卡轨器，作为平巷装岩时固定机器之用。

(7) 导向轮、托轮。安装在耙斗装岩机中部及端部，用以引导、改变钢丝绳的方向。它由侧板、绳轮、心轴、滚动轴承等零件组成，并采用防尘结构，以延长其使用寿命。

(8) 进料槽、中间槽、(中间接槽)、卸载槽。耙斗扒取的矸石依次沿进料槽、中间槽、(中间接槽)、卸载槽卸至矿车或箕斗，中间槽安装在台车上，而进料槽、(中间接槽)、卸载槽分别在其前后与之衔接。

进料槽的中部安有升降装置，用以调节簸箕口的高低位置，簸箕口前面两侧装有挡板，引导耙斗进入料槽。考虑磨损及便于更换中间槽两个弧形弯曲处装有可拆卸的耐磨弧形板，卸载槽端部安有弹簧碰头，当矿车与耙斗相碰时起缓冲作用。

(9) 风动系统。为保证风动系统工作可靠，采取压风过滤，注油器润滑的措施，其由粗滤风包、油雾器、旋转阀、推车缸等组成。推车缸主要由缸筒、活塞杆、活塞、前后盖、Y_X 形聚氨酯密封圈等构成，缸的前后端均有气垫结构以保证动作平稳，活塞杆顶端与矿车碰头处装有弹簧，防止矿车碰击时损伤活塞杆。

(10) 电气部分。采用的各元部件均为矿用隔爆型产品，可用于有瓦斯及煤尘爆炸的矿井中，由能适应掘进工作面电压波动较大工况条件的隔爆控制箱、防眩隔爆照明灯、防爆控制按钮、防爆电动机等组成。

(11) 调车盘。使用调车盘的目的是使道岔和车场紧跟耙斗装岩机，调车盘是一个浮放在轨道上的移动道岔，随耙斗装岩机的不断前进而向前推移，并利用风动绞车和两个风动推车缸使空、重车的调车作业机械化，所以能加速装运工作。调车盘本体由 4 块宽 1200 mm、厚 14 mm 的锰钢板拼装而成，盘体上装有风动调车绞车、空车横移推车缸及风动控制台等部件。

2) 使用方法

(1) 爆破后，先在掘进工作面上部打好孔（或利用剩余炮孔），安装好固定楔，安装固定楔时先把钢丝绳套环带锥套的一端放入钻好的孔中，再把固定楔插入并敲紧；拆卸时，用锤横向敲打紧楔的端部，使楔子松动，先抽出紧楔再把钢丝绳套环抽出。安装固定楔的孔最好与工作面有 5°~7°的偏角，这样固定楔不易被拉出。

(2) 安好固定楔后，便可把尾轮悬挂在钢丝绳套环上，尾轮的悬挂位置随巷道的情况而定，一般以悬挂在掘进工作面岩堆上面 1000 mm 高度以上为佳。为减少辅助劳动，提高机械装岩效率，应视岩石堆积情况而左右移动悬挂位置，以利于扒清中间和两侧的岩石。

(3) 在悬挂和取下尾轮时，宜先将绞车滚筒边缘的辅助刹车弹簧松开，以便能轻松地拉动钢丝绳并悬挂尾轮，待尾轮挂好后再将弹簧复位或调节到合适的压力。

(4) 安好尾轮并经过有关的安全检查，便可启动电机开始装岩作业，工作时拉紧工作滚筒的操纵杆，工作滚筒便牵引耙斗扒取岩石，沿料槽到卸料口卸入矿车，然后松开工作滚筒操纵杆，拉紧空程滚筒操纵杆，使空耙斗回到掘进工作面，重复扒岩动作。

(5) PD-90B (A) 型耙斗装岩机操纵风动系统的旋转阀，用推车风缸将重矿车推出。如用于斜巷配用箕斗时，则可在中间槽与卸载槽之间加接一节中间接槽，以便改变卸料口位置使箕斗装满。

(6) 耙斗装岩机用于倾斜巷道装岩时，除使用原有的卡轨器外，还应增设阻车装置防止机器下滑，确保安全可靠。

(7) 为保证有较高的生产率及便于铺设轨道，耙斗装岩机工作时离掘进工作面最好不超过 15 m。为避免爆破时机器受损，机器离掘进工作面一般不小于 6 m。

(8) 调车盘的移动。用耙斗装岩机的绞车和风动绞车的钢丝绳绕过挂在轨道上的绳轮，用插销固定在重车出车侧的钢板孔中，绞车主绳拉出后，亦固定在钢轨上，然后开动并操纵风动绞车与耙斗绞车，调车盘与耙斗装岩机即可向后移动，待轨道露出簸箕口外即可停止。钉好道后，利用耙斗绞车将装岩机及调车盘拉到前面就位。

3) 维护与管理

(1) 耙斗装岩机电机接通电源后应注意滚筒的转动方向。工作时从减速器一侧看，滚筒应为逆时针旋转。若同一时间两滚筒旋转的方向相反，则应以正在工作的一个为准。

(2) 经常注意制动闸带及辅助刹车带的松紧程度是否合适，绞车转动是否灵活，工作是否可靠，如发现内齿轮抱不住或脱不开时，应调节闸带的调节螺栓使之合适。

(3) 经常检查钢丝绳磨损情况，钢丝绳断裂时应及时更换。

(4) 每月对各绳轮轴承加注黄油 1 次，每 3 个月对绞车减速器加 90~150 号工业齿轮油 1 次，每 1 个月对行星齿轮传动部分加 90~150 号工业齿轮油 1 次。

(5) 行星传动部分加油时，应注意勿使油落到滚筒制动面及闸带上，如发现上述部位有油迹应擦拭干净。

(6) 在平巷使用时，每天应检查风动系统油雾器的油位，如发现油位不足，应及时添加润滑油。

(7) 经常注意钢丝绳接头是否牢固可靠，防止拉脱。

(8) 每星期检查一次各连接螺栓有无松动及失落，对松动件应拧紧，并补上遗失件。

(9) 每星期清理一次机器，将漏矸、岩渣及泥浆清理干净。

4. 液压侧卸式装煤机

ZMC－30 型全液压侧卸式装煤机是一种履带行走的无轨装载设备，主要用于煤、半煤岩巷道煤、岩及其他物料的装载，可与巷道中的钻车、刮板输送机、带式输送机及矿车配套使用，特别与刮板输送机配套使用效率更高。侧卸式装煤机除了完成装载作业外，还可以为液压设备提供动力，充当支护时的工作平台，完成工作面的短距离运输、挖底、清帮等工作。

1）型号说明

ZMC－30 型全液压侧卸式装煤机的型号说明如下：

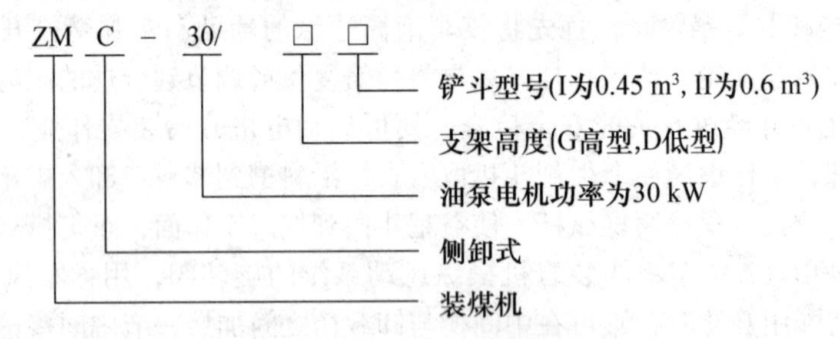

ZMC－30 型全液压侧卸式装煤机是以电机为源动机、液压马达驱动、履带行走、液压油缸操作铲斗的侧卸式装载设备，它由工作机构、液压装置、履带行走部、行走减速器、箱体、电气系统等 6 大部分组成，如图 5－5 所示。

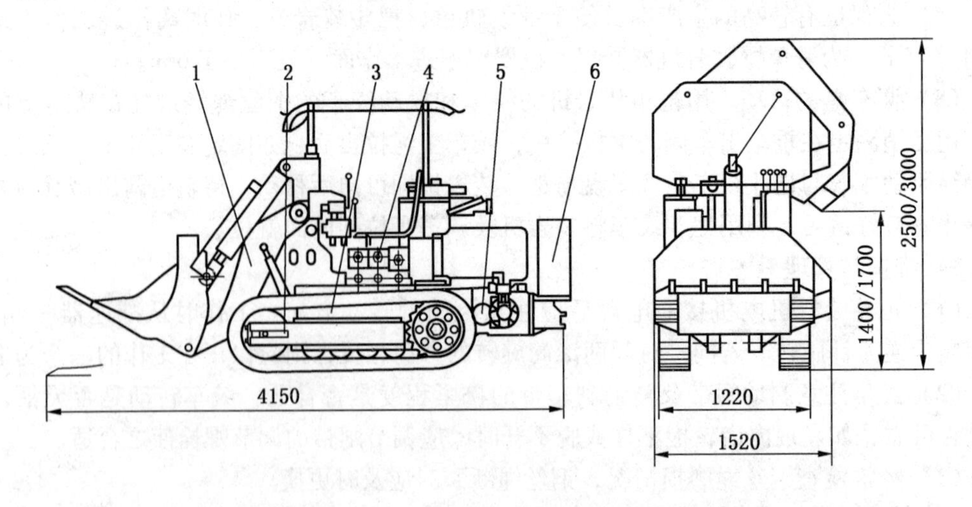

1—工作机构；2—履带行走部；3—箱体；4—液压装置；5—行走减速器；6—电气系统

图 5－5　ZMC－30 型全液压侧卸式装煤机

ZMC－30 型全液压侧卸式装煤机最主要的特点如下：

（1）可用铲斗举升重物，如支护用金属支架、碹胎。

（2）铲斗举升后可以充当支护工作平台，便于顶板控制。

（3）可在工作面短距离运送物料（如背板、沙石），搬运小型设备。

（4）作业安全，可显著减少在危险区内的装载作业、搬运材料时间。

（5）该机优异的挖底、清帮性能将能实现装载作业100%的机械化。

ZMC－30 型全液压侧卸式装煤机作业功能如图 5－6 所示。

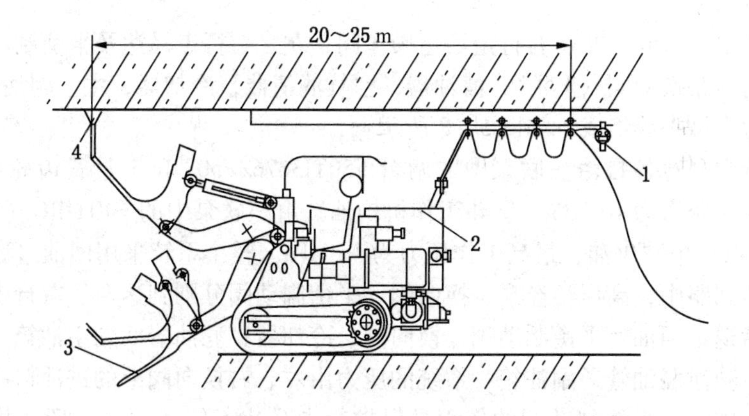

1—卷揽器；2—支护平台；3—挖底；4—上梁

图 5－6　全液压侧卸式装煤机作业功能示意图

2）主要部件结构

（1）工作机构。

工作机构由铲斗、铲斗座、铲斗臂以及拉斗油缸、举铲油缸、侧卸油缸组成，共 6 大件，如图 5－7 所示。当拉斗油缸活塞杆收缩、铲斗翻转后，铲斗臂与支架间形成平行机构，此时举升，铲斗不致有前倾或后仰现象。操作侧卸油缸可使铲斗向一侧倾斜，达到卸载的目的。

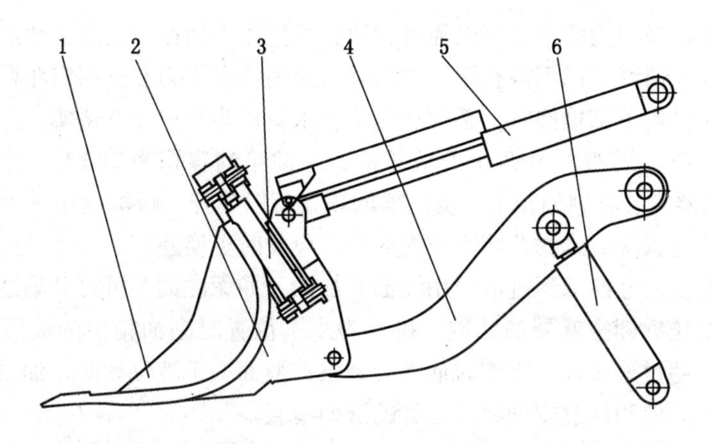

1—铲斗；2—铲斗座；3—侧卸液压缸；4—铲斗臂；5—拉斗液压缸；6—举铲液压缸

图 5－7　工作机构

铲斗通过 ϕ45 mm 主销与铲斗座铰接，铲斗座与铲斗臂用 2 个 ϕ45 mm 销轴相连。铲斗臂上部用一根长 426 mm、直径为 55 mm 的高强度销轴与支架铰接。工作机构的各个连接销轴（共 10 根销子，11 个注油点）都应当经常加注润滑脂或机油。

铲斗侧卸方向通过调换 ϕ45 mm 主销及 ϕ30 mm 销轴的位置实现。ϕ45 mm 主销在铲斗右侧时（机器行进方向的右侧）铲斗向右侧卸，反之向左侧卸。

当系统压力为 16 MPa，拉斗缸活塞杆收缩时，距铲斗斗唇 100 mm 处的向上的翻转力约为 40 kN。铲斗翻转后，铲斗可举起 30 kN 的负载。

（2）液压装置。

液压装置由三联泵，左、右行走马达操作阀，左、右行走马达及平衡制动阀，液压油缸，工作机构多路换向阀（3 联），滤油器，空气滤清器，冷却器，主、副油箱，以及硬、软油管，压力表接头等组成，如图 5 - 8 所示。

左、右行走马达各自由三联泵中的两台 F50TI3676/F50TIB 定量式齿轮泵单独供油。系统的最高工作压力为 16 MPa。铲斗工作机构油缸由三联泵中的 F40TIBG（定量齿轮泵，排量为 40 mL/r）单独供油，最高工作压力为 16 MPa。整个系统采用回油过滤的方式。

行走马达回路中，高压油经泵、换向阀、平衡制动阀分别到达左、右行走马达，驱动机器前进或后退；回油经平衡制动阀、换向阀、冷却器、滤油器回到主油箱。左、右行走马达各自有单独泄漏油管通副油箱。系统的压力由左、右换向阀上的进油口一侧的安全溢流阀调节螺钉整定。平衡制动阀的作用是保护行走马达不使其过速、吸空并具有制动功能。板翅式油冷却器的功能是通过热交换（风冷）降低液压油的温度，回油滤油器的过滤精度为 20 μm。

工作机构液压回路中，高压油经换向阀分别到达拉斗油缸、举铲油缸和侧卸油缸；回油经换向阀、滤油器，回到主油箱。系统压力通过换向阀进油口一侧的安全溢流阀中的调节螺钉整定。主、副油箱间用油管和通气管相连；系统经副油箱上的空气滤清器与大气相通。

左、右行走马达操作阀（三位六通）中位不能封油，即换向阀的管路与回油管路相通，以达到部分补油的目的。在拆卸行走马达回路中的管路时应迅速用油堵将管口堵住，以免油流出。

工作机构多路换向阀的中位可以临时封油，即操作手柄在中位时，油缸可暂时相对固定不动。但在任何情况下都不得利用中位临时封油的特点作为安全固定斗臂的措施。如果需要在铲斗工作机构下部检修时，必须首先用枕木将铲斗和铲斗臂垫实。

新机使用之前必须加注 M68 抗磨液压油。主油箱的容积为 240 L，副油箱的容积为 60 L。回油滤油器安装在副油箱上。滤油器的顶盖可以旋开，新机使用一个月内每班必须检查滤油器的通过状况，当滤芯堵塞或损坏时，应及时更换滤芯。一个月后每月换一次滤芯。系统补油时从回油滤油器进油口用注油车加油，如无注油车可打开副油箱顶部空滤器加油，加油时禁止拆卸空滤器的滤网。机器为水平位置时副油箱中的液面应在液位计中间。液面太高，超过液位计，工作时油液会溢出；液面低于液位计时，油泵容易吸空。在日常检查、维护时应当注意副油箱液位计的液面检查。

液压回路的测压点位于换向阀的进油口处，将专用测压表拧入接头内即可打开油路进行测压。测压表不用时应拆下，单独保管。

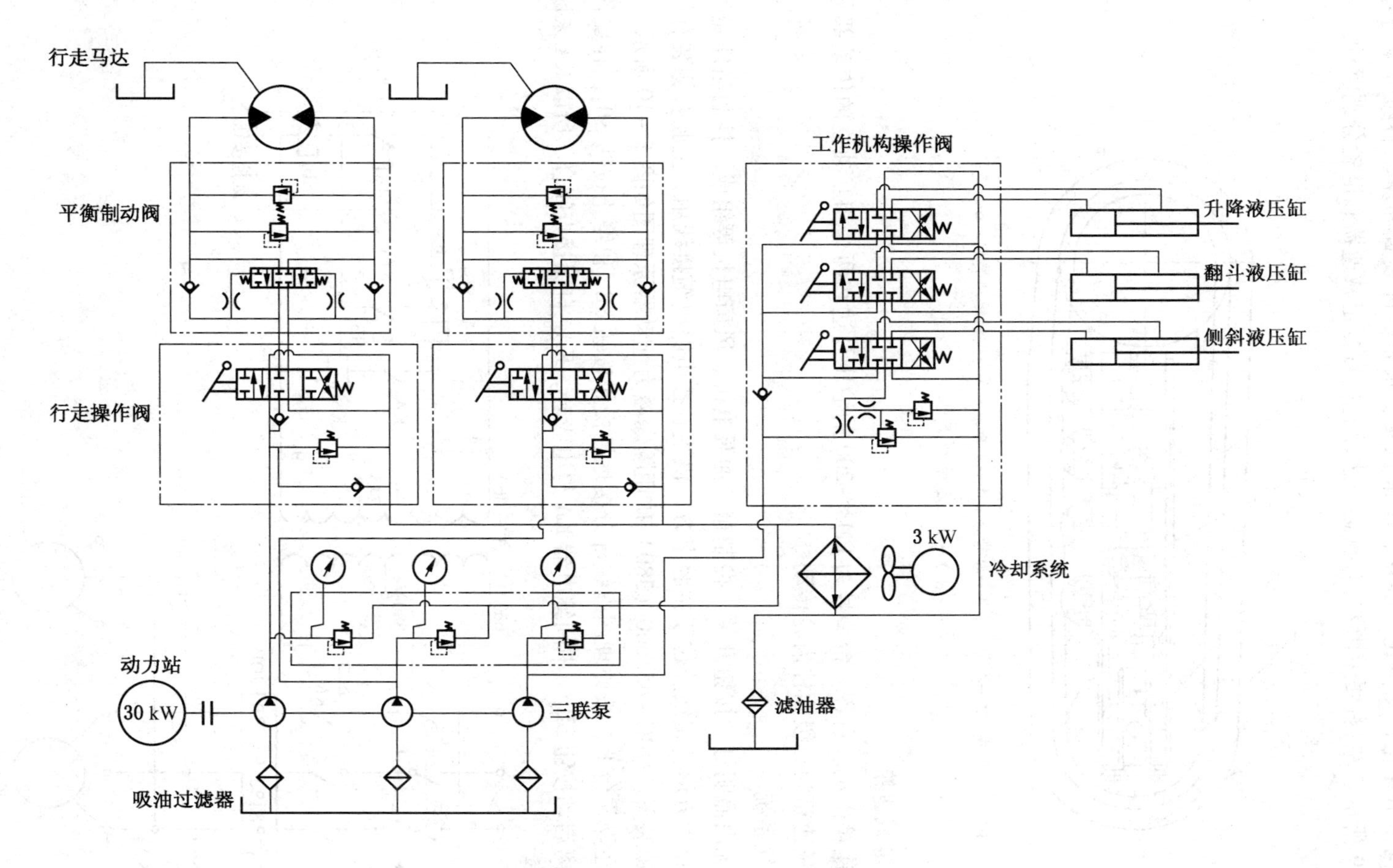

图5－8　ZMC－30型全液压侧卸式装煤机液压原理图

（3）履带行走部。

行走机构由引导轮、支重轮、链轮、履带总成、张紧缓冲装置和左、右履带架等组成，如图5－9所示。左、右履带由左、右行走马达，经左、右行走减速器和链轮分别驱动。

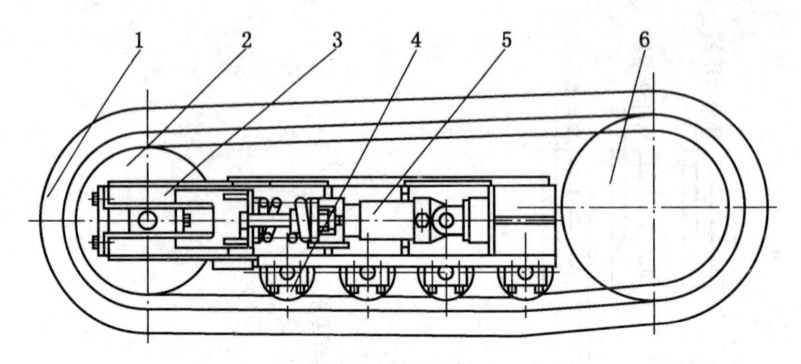

1—履带总成；2—引导轮；3—履带架；4—支重轮；5—张紧缓冲装置；6—链轮

图5－9　履带行走部

（4）行走减速箱。

行走减速箱由左、右各一台型号为PM3－200的液压马达和两个相互独立的传动部分组成。行走减速箱为三级圆柱齿轮传动。

（5）电气系统。

电气系统由照明灯、按钮开关、控制箱、油泵电机、风扇电机等组成。控制箱外壳为隔爆型，主腔为方形，接线腔位于主腔上方，供主、控电路电缆接线用，主腔右侧装有停止按钮及闭锁装置。QBC－45/660（380）矿用隔爆磁力起动器原理图如图5－10所示。

启动：在操作台上，按原理图虚线部分接远控操作按钮SB_3和停止按钮SB_4，在操作台上按远距离启动按钮SB_3，中间继电器KA得电吸合，KA_1自保接点闭合，所以KA未因

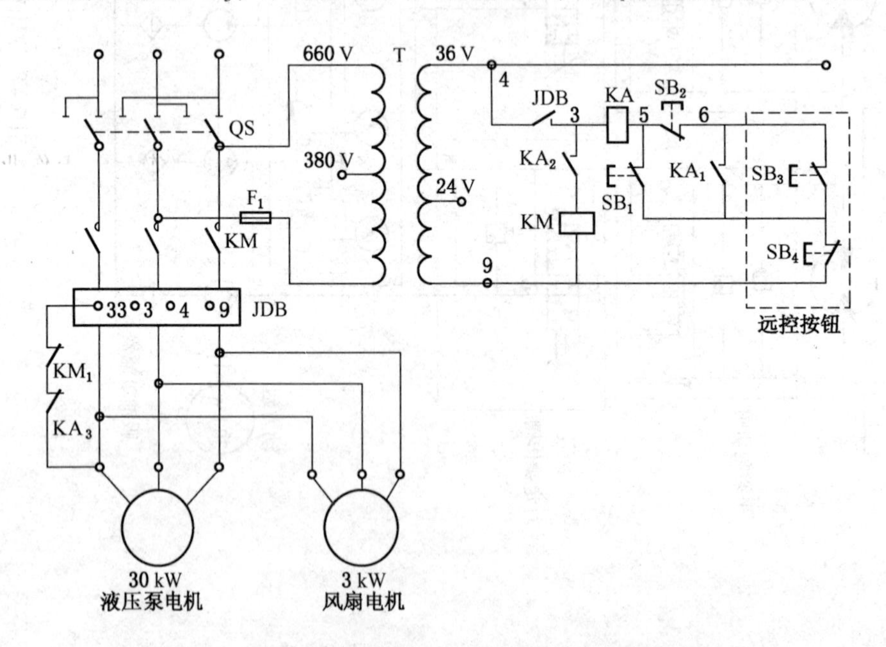

图5－10　QBC－45/660（380）矿用隔爆磁力起动器原理图

SB_3 启动按钮的断开而断电，另一对常开触点 KA_2 闭合而使真空接触器 KM 得电吸合，油泵、风扇电动机运转。

停止：在启动状态下，在操作台上按 SB_4 远控停止按钮，中间继电器 KA 断电，其触点 KA_2 断开，真空接触器 KM 断电。真空接触器主触点断开，主回路失电，风扇和油泵电动机停止工作。

3）操作与维护

（1）作业前的准备。

①开机前检查电缆悬挂是否可靠，机器工作时电缆应始终保持松弛下垂状态，电缆不得承受附加拉力。

②电缆可以人工拉拽，用软的绳带，一头扎在电缆外皮上，另一头系一木柄，以利手握。不得将电缆在巷道底板上拖拉摩擦。

③试验 30kW 主电机转向。从电机后部看，电机风扇应顺时针转动，方向相反时应立即停机，调换进线相序，改变转向。

④试验 3kW 油冷却器风扇电机转向。风流应从散热器大端正面吸入。

⑤检查机器各部有无损伤和异常声响，检查各软管是否可靠固定，软管外皮与机架、铲斗、铲斗臂、油缸等部件有无挤压和刮伤，结构件的尖棱部分应修圆，相应部分的软管用胶皮保护。注意保护机器上的电缆，不得碰伤，不得浸泡在机油中。

⑥检查两侧履带的张紧度。履带在链轮与引导轮之间的下垂量在 10～20 mm 之间。

⑦清理、擦净多路阀、履带架、油缸活塞杆上的泥砂污物。

⑧检查各软管接头、液压元件、密封件、油堵有无渗漏油现象。

⑨检查各连接部螺栓预紧力，有无松动变化。

⑩检查油箱液面（新机出厂时不含油）。机器水平位置时液面应在副油箱液位计上下限之间。

（2）操作方法与注意事项：

①司机上机时严禁横向拽拉多路阀操纵手柄，严禁踩踏液压油管。

②司机坐姿要正确，注意力要集中，用左、右手分别握住两侧操作手柄，两眼根据机器不同的作业过程，照看好前、后方人员，配套设备和电缆等。在松软底板上作业时，每一次铲装作业后机器的后退距离要足够（如后退 1 m），以便履带有充足的时间排除堆积的矸石，避免堵塞卡死。

③司机在确认前后两侧无人和其他机具后，方可操作移动机器。

④装载时首先将铲斗放平，清除障碍物；遇底板上未爆破的突出岩石时，应用爆破方法或风镐清除。

⑤装载时，通过举铲油缸、拉斗油缸调整铲斗铲装角度。

⑥铲斗铲入的同时应适度翻转铲斗以提高铲斗的装满系数，降低机器装载时的负荷。

⑦机器行走中遇大块散落岩石，应停机，将其挪开；严禁履带碾压大块岩石。铲装作业受阻时，应迅速将操作手把复至中位，以避免系统溢流发热。

⑧操作要连续，应尽量减少频繁启动、点动次数。不可前后快速猛拉手把，以避免压力冲击。机器启动、停车要缓、准、稳。

⑨注意避免机器与矿车等设备碰撞。

⑩操作时，前推、后拉手把力量要柔和，方向平顺，时机恰当。操作中注意积累经验。

（3）调试。

①液压系统的调整压力如下：工作机构液压系统压力为 16 MPa，行走机构液压系统压力为 16 MPa。

②工作机构液压系统压力调节。可将拉斗油缸转到极限位置，调节多路阀上的溢流阀，在外接压力表上读出溢流压力 16 MPa。

③行走机构液压系统压力调节。可将铲斗顶住矸石堆，调节行走换向阀上的溢流阀，在外接压力表上读出溢流压力 16 MPa。压力调节宜小心，慎防压力过高损坏系统。

④履带悬垂量的调节。通过黄油枪往张紧油缸内注入（或释放）黄油将履带在引导轮与链轮间的松弛下垂量控制在 10～20 mm 范围内。

（4）日常维护。

①机器应每班在作业结束前清理（洗），清除各活动机件间的矸石和水泥砂浆。

②各销轴加注润滑脂。注油点如图 5－11 所示。①～⑪号注油点每班加注，⑫号注油点为履带下垂量过大时张紧用。

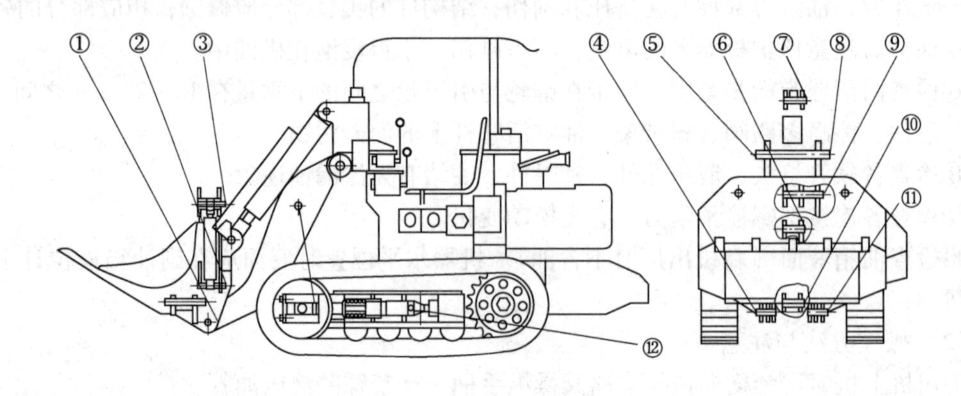

图 5－11　注油图示

③注意清除挤入履带中的矸石、钢丝绳等异物。

④每班检查并紧固松动的履带板螺栓、结构件连接螺栓，损坏的要及时更换。

⑤每班检查液压油液面。

⑥新机使用一个月内每班检查回油滤油器，根据情况更换滤芯。一个月后每月更换一次滤芯。

⑦每班检查各管接头是否漏油。

⑧每班检查各软管有无挤压、磨坏。

⑨每班检查各低压管管箍的紧固情况、各软管的捆扎情况。

⑩避免在环境恶劣的条件下拆换软管或密封件。检修或更换时需确保元件和油液的清洁度。有漏、渗油现象或拆换元件后应检查副油箱中液压油的液面是否在液位计之间（水平放置机器时），油面过低时应立即补油。

（5）液压系统的维护注意事项。

①安全要求。在系统内有压力时不得松开管接头，拆卸紧固螺钉和任何液压元件。停机后应将工作机构卸载，将铲斗及铲斗座可靠垫实；机器应水平位置停放。当机器在斜坡上时，应先将机器相对巷道置于斜横状态（铲斗朝向巷道的侧帮），再用楔形块或枕木将履带和机器后部垫实、挡死，以避免跑车和行走马达系统中有压力存在。经检查确认无压力后方可拆卸系统中的元件。

②停机程序如下：

a. 将铲斗放平，机器水平停置。当在斜坡上作业时，应先将机器相对巷道置于斜横状态（铲斗朝向巷道的侧帮），再用预先准备的专用楔形块将履带垫实。

b. 断电、释放系统压力（工作机构液压系统通过操作多路换向阀卸压）。

③故障处理和重新启动的基本程序如下：

a. 找出系统故障部位和原因。

b. 如果处理故障或更换元件时出现污染，应按需要进行局部或系统清洗。

c. 确认各元件连接正确无误，电气连接正确无误。

d. 检查油箱中的液面，适当补油。

e. 告警，通知所有在场人员即将启动机器。

f. 启动系统，逐渐地加大负载。

g. 根据需要释放进入系统中的空气。操作换向阀使油缸活塞杆外伸、缩回多次至油缸不爬行，操作无滞后现象即可。

（6）检查。

①液面检查。液面过低将引起三联泵吸空过早失效，因此每班都要利用副油箱上的液位计检查液面的高度并及时补油。

②油质检查。用目测观察可初步判别油液是否老化变质。

a. 颜色变暗。油中有氧化物所致。原因为过热，换油不彻底，或混入其他油液。

b. 乳化。污染物为水。原因为水浸入。

c. 水液分层。污染物为水。原因为水浸入或环境潮湿冷空气进入油箱冷凝成水滴沉入副油箱底。每周一次在开机前打开副油箱侧面的放水螺栓检查。

d. 气泡。污染物为空气。原因为液面过低或吸油管漏气。

e. 有悬浮或沉淀物。污染物为固体微粒。原因为油液老化、磨损。

f. 油液散发焦油味。表明元件老化严重，是系统发热所致。

③过滤器的检查。新机使用一个月内每班必须检查滤油器的通过状况，当滤芯堵塞或损坏时，应及时更换滤芯。一个月后每月换一次滤芯。旧滤芯不能回收再用。

④冷却器内壁的积垢每半年用专用清洗剂清理干净。

⑤检查周期如下：

a. 每班：液面、渗漏、噪声。

b. 每月：液面、渗漏、噪声。

c. 每半年：冷却器、油样。

d. 每年：换油，元件试验、检查。

4）故障诊断与处理

（1）电气故障，见表5－2。

表5-2 ZMC-30型全液压侧卸式装煤机电气故障原因及排除方法

故障现象	可能产生的原因	排除方法
不启动	变压器没电，熔体烧坏	更换熔体
	控制电路有断线地方	接上断线
	启动按钮接触不良	调整或更换按钮
	控制电压低于28 V	提高控制电压
不能可靠工作	控制电压低于28 V	提高控制电压
	接触器反力过大	重新调整反力弹簧
	接触器辅助触头KM_2（KM1）接触不良	检修辅助触点组
	接触器的运行机构卡住或别劲	检查方轴、轴套限位螺杆排除故障
释放缓慢	接触器反力弹簧损坏	检查并更换弹簧
	接触器控制线圈有短路匝	修复或更换线圈
温升高	接触器线圈绝缘不良或短路	修复或更换线圈
	接触器辅助点KM_2（KM1）不能正常开断	检修接点组
不停止	停止按钮失灵、触头氧化	调整或更换停止按钮
	KM_1接触器触头粘连	修复并更换弹簧

（2）液压系统故障，见表5-3。

表5-3 ZMC-30型全液压侧卸式装煤机液压系统故障原因及排除方法

故障现象	可能产生的原因	排除方法
油泵噪声过高	1. 油中混有空气 2. 泵磨损或损坏 3. 汽蚀	1. 更换漏气接头 2. 油箱补油至规定高度 3. 更换滤油器或空气滤清器 4. 系统换油 5. 更换泵密封或轴承
马达噪声过高	马达磨损或损坏	1. 检查密封、轴承 2. 更换损坏的元件
多路阀、行走操作阀组异常噪声	1. 溢流阀压力设定值过低，系统频繁溢流 2. 阀芯或阀座磨损	1. 将压力调至规定值 2. 大修或更换
温升高	滤芯堵塞	1. 更换堵塞的滤芯 2. 清理堵塞的吸油滤网 3. 清洗或更换空气滤清器
	接头漏气	1. 旋紧漏气接头 2. 系统放气 3. 更换油泵密封件和磨损件
	油泵密封或元件磨损	油泵密封件和磨损件
	溢流阀压力设定值过高	检查油压并调至适当值
	油液污染或液面过低	1. 系统换油 2. 油箱加油至适当高度
	冷却器堵塞	清理冷却器或更换冷却器

第二节　设备的维护与保养

一、操作技能

（一）采掘工作面常用电气设备检查、测试与日常维护、保养

1. 采掘工作面常用电气设备运行状况检查、测试

1）异步电动机的检查、测试

（1）各部分螺栓是否紧固，引出线的标志是否正确，转子转动是否灵活。

（2）直流电阻误差不超过平均值的4%。

（3）对地绝缘电阻和相间绝缘电阻不小于5 MΩ。

2）隔爆馈电开关的检查、测试

（1）开关停、送电正确，短路、过载动作可靠。

（2）开关手柄、指示装置在各种工作状态下位置正确，动作灵活。

（3）各种联锁、闭锁与手柄、按钮之间动作关系清楚。

（4）各种指示灯的指示与手柄、按钮状态相符，颜色正确。

（5）对脱扣跳闸机构进行模拟试验，保证动作灵敏、可靠。

3）隔爆磁力起动器的检查、测试

（1）真空接触器、隔离开关、真空灭弧室完好，螺钉紧固，机构灵活。

（2）各辅助控制开关、按钮开关完好。

（3）插接件插接牢固，接线完好。

（4）电源电压与启动电压等级一致，并将漏电、闭锁插件整定于相应的电压等级。

（5）隔爆间隙符合要求。

（6）用500 V摇表测绝缘电阻，主回路不得小于5 MΩ，控制回路不得小于0.5 MΩ。测量控制回路时，要取下插件等不能承受高压的装置。

2. 采掘工作面电气系统绝缘性能检查、测试

橡套电缆的现场绝缘检测，最常用的方法是使用与电缆电压等级相适应的安全火花型摇表（兆欧表）进行。电缆额定电压在500 V以下时，使用500 V摇表进行测量；额定电压在500～1000 V时，使用1000 V摇表进行测量；额定电压在千伏级以上时，使用2.5 kV摇表进行测量。测量结果要与20 ℃时每公里长的绝缘电阻标准值进行比较。一般矿用千伏级以下橡套软电缆出厂时标准值为50 MΩ，运行时的标准值为2 MΩ；千伏级以上电缆出厂时标准值为1000 MΩ，运行时标准值为50 MΩ。测量结果要大于或等于标准值时才能保证电缆安全运行。

3. 采掘工作面常用电气设备防爆性能检查、测试与日常维护、保养

1）电气设备防爆性能检查、测试

（1）外壳完好无损伤，无裂痕及变形。

（2）外壳的紧固件、密封件、接地元件齐全完好。

（3）隔爆接合面的间隙、有效宽度和表面粗糙度以及螺纹隔爆结构的拧入深度和扣数应符合《煤矿矿井机电设备完好标准》规定。

(4) 电缆接线盒及电缆引入装置完好，零部件齐全，无缺损，电缆连接牢固、可靠。

(5) 接线盒内裸露导电芯线应无毛刺，接线方式正确，上紧接线螺母时不能压住绝缘材料。

(6) 联锁装置功能完整，保证电源接通打不开盖，开盖送不上电；内部电气元件、保护装置完好无损、动作可靠。

(7) 在设备输出端断电后，壳内仍有带电部件时，在其上装设防护绝缘板盖，并标明“带电”字样，防止人身触电事故。

(8) 接线盒内的接地芯线必须比导电芯线长，即使导线被拉脱，接地芯线仍保持连接；接线盒内保持清洁，无杂物和导电线丝。

(9) 隔爆型电气设备安装地点无滴水、淋水，周围围岩坚固；设备放置与地平面垂直，最大倾斜角不得超过15°。

2) 采掘工作面电气设备防爆性能日常维护、保养

(1) 电气设备在使用中的维护。

①运行中的隔爆电气设备，周围环境要干燥、整洁，不得堆积杂物和浮煤，保持良好的通风，设备上的煤尘要及时打扫；顶板要插严背实，有可靠的支架，防止矸石冒落砸坏设备；底板有水的地方，要疏通水沟及时排水；底板潮湿时，要用不燃性材质做台子，把设备垫起来；避不开的淋水，要搭设防水棚，避免淋水淋到电气设备上。

②备用的隔爆电气设备、零部件要齐全，螺丝要拧紧，大小线嘴要有密封圈、垫圈，并用挡板堵好；外露螺丝要涂油防锈，隔爆面要涂防锈油；存放地点要安全、干燥，且便于运输；设备上要有明显的“备用”标志牌，备用设备的零件不许任意拆用。

③因急需或倒装须拆下未经上井检修的隔爆电气设备时，要在井下现场进行小修。更换老旧螺丝和失效的弹簧垫圈，擦净隔爆腔内的煤尘、电弧、铜末、潮气，修理接线柱丝扣、变形的卡爪，修理或更换烧灼的触头，防爆面除锈，擦拭涂油，并用欧姆表测量其三相之间、相地之间的绝缘情况，看是否符合规程要求。用塞尺测量隔爆间隙是否符合要求，合格后方可使用。不经检修、零件不全、螺丝折断、绝缘、防爆间隙不合要求的设备不准使用。

④设备使用要合理，保护要齐全。增加容量要办理手续，要有专人掌握负荷情况。采掘生产变化大，产量不均，负荷电流忽高忽低，这个问题要加以注意。例如，刮板输送机铺设长度要适当；采煤机的牵引速度要合理控制；煤电钻打眼不要用力过猛；装煤机、装岩机的操作要合理。防止电气设备因过载失灵而引起火灾，造成重大事故。

⑤为了及时排除设备故障，保证隔爆性能良好，使用单位必须在现场准备一定数量的备件和材料，如各种母线盒、接线柱、绝缘套管、卡爪、接线座、触头、螺丝、弹簧垫圈、密封圈、垫圈、按钮、胶布、砂布等。要做到数量充足，质量合格，及时补充，专人保管。

⑥井下电工必须配备专用工具，按照操作规程进行检修和维护。

(2) 隔爆面的保养。

隔爆面是隔爆设备能否起到隔爆作用的关键部位，因此必须经常维护、精心保养。首先要防锈蚀，不让水进入隔爆面。根据不同情况3~5天擦隔爆面一次，清除煤尘、岩尘。擦拭时，要用干净的棉纱、泡沫塑料，注意不要掺有铁屑、砂砾，以免划伤隔爆面。隔爆

面擦净后，轻轻地涂上一层防锈油。此外，要特别防止对隔爆面的碰撞。打开检查修理时，接合面部件要轻拿轻放，不能用螺丝刀、扁铲等工具插入隔爆间隙内硬撬硬撑。用螺栓连接的隔爆面，不可留下已松动的螺栓不拆下来，而以它为轴进行转动来打开，避免隔爆面之间相互摩擦，造成划伤。检查修理工作完毕合盖时，要注意清洁，不要把煤尘、漆皮、木屑、棉线、铁丝等杂物遗留在隔爆面上。安装完毕后，要用塞尺检查隔爆间隙是否符合要求，不合格的要寻找原因，进行处理。

（二）对电气设备的接地保护装置进行检查、维护

井下保护接地的侧重点，在于限制裸露漏电电流和人身触电电流的大小，最大限度地降低严重程度。漏电和接地两种保护在煤矿井下低压电网中相辅相成，缺一不可，它们对保证井下低压电网的安全运行具有重要作用。

由于井下环境多水、潮湿，易使接地装置腐蚀而影响接地网的正常工作，所以必须加强对井下保护接地系统的检查和维护，以保证井下供电系统的安全性。因此，要对接地装置的外表进行检查。检查要求如下：

（1）当班值班（或包机组）电工检查自己所负责范围的设备时，必须检查设备外表保护接地连接的完整性与连续性，发现接头有松动，接地线断裂、锈蚀或断面减小时，要及时处理。如果当班电工不能处理，应立即报告当班班长或通知井上机电值班人员，立即派人准备工具、材料或备件进行修理，不得迟误。

（2）当班值班电工应检查自己所维护的供电网路接线盒的局部接地情况及接地点的局部接地极和连接导线的完好情况。对管状接地极，应经常灌注盐水来降低其接地电阻值，以保持其良好的导电状态。

（3）电气设备每次安装、检修或迁移后，要详细检查接地装置的完好情况，尤其是对那些震动性较大或经常移动的电气设备，必须加强检查，如发现接地装置有损坏，应立即处理，对接地装置未修复的电气设备禁止送电。

（4）接地电阻的测量：井下总接地网，一般每季度进行一次测量。对新安装的接地装置，在投入运行前，也要进行接地电阻的测定，并将测量结果记录、备查。当测量单个接地极的接地电阻时，应先将其接地导线与接地网断开后再测接地极阻值。

（三）对采掘运机械设备的检查、测量与日常维护保养

1. 以带式输送机为例

（1）检查各传动和转动部分的零件是否齐全、完整和紧固。

（2）测量减速器的油位是否正常。

（3）检查输送带的张紧程度是否合适，有无撕裂破坏现象。

（4）检查机头各部件有无严重变形、开裂和断裂现象。

（5）检查通过传动装置的输送带运行是否正常，有无卡、磨、偏等现象。

（6）检查减速器、液力偶合器、电动机及所有滚筒轴承的温度是否正常。

（7）检查减速器和液力偶合器是否漏油。

（8）检查各连接部位是否正常；检查钢丝绳的磨损情况和滑轮组的转动情况，并清理脏物。

（9）检查清扫器与输送带接触是否符合要求，若不符合要求的应及时调整。

（10）检查上、下托辊的转动情况及连接情况，发现有损坏现象的应及时进行处理或

更换。

(11) 检查减速器的油量，及时补充润滑油。

(12) 及时处理变形的中间架。

(13) 检查输送带接头是否良好，其张紧程度是否适当，需要时应及时进行调整。

(14) 按规定对输送机各部注润滑油。

2. 以装岩机为例

(1) 经常检查机器的完好情况。除检查各部螺栓紧固情况和钢丝绳连接装置是否连接牢固外，对耙斗装岩机要重点检查制动闸带和辅助制动装置是否灵活可靠，严禁把油落到滚筒制动表面和闸带上。若发现滚筒制动表面和闸带上有油污或杂物，要及时擦拭干净；经常检查钢丝绳磨损情况，钢丝严重破断的应及时更换。

(2) 按规定要求，按时、按质给机器各润滑点适量地注油。

(3) 每班装完岩石后，应清扫机器外部。

(4) 检查爬道有无变形、损坏。

(5) 检查各导向轮，应转动灵活、不松动、不咬绳，不合格应及时更换。

(6) 检查卡轨器应牢固可靠。

(7) 检查钢丝绳与耙斗的连接，应牢固可靠。

二、相关知识

(一) 机电设备完好标准

1. 《煤矿矿井机电设备完好标准》通用部分中对紧固件的规定

(1) 紧固用的螺栓、螺母、垫圈等齐全、紧固、无锈蚀。

(2) 同一部位的螺母、螺栓规格一致。平垫、弹簧垫圈的规格应与螺栓直径相符合。紧固用的螺栓、螺母应有防松装置。

(3) 用螺栓紧固的不透眼螺孔的部件，紧固后螺孔须留有大于2倍防松垫圈的厚度的螺纹余量。螺栓拧入螺孔长度应不小于螺栓直径，但铸铁，铜、铝件不应小于螺栓直径的1.5倍。

(4) 螺母紧固后，螺栓螺纹应露出螺母1~3螺距，不得在螺母下面加多余垫圈减少螺栓的伸出长度。

(5) 紧固在护圈内的螺栓或螺母，其上端平面不得超过护圈高度，并需用专用工具才能松、紧。

2. 《煤矿矿井机电设备完好标准》通用部分中对隔爆性能的部分规定

《煤矿矿井机电设备完好标准》通用部分中对隔爆性能的部分规定，接线装置要齐全、完整、紧固，导电良好，并符合下列要求：

(1) 绝缘座完整无裂纹。

(2) 接线螺栓和螺母的螺纹无损伤，无放电痕迹，接线零件齐全，有卡爪、弹簧垫、背帽等。

(3) 接线整齐，无毛刺，卡爪不压绝缘胶皮或其他绝缘物，也不得压或接触屏蔽层。

(4) 接线盒内导线的电气间隙和爬电距离，应符合《爆炸性环境 第3部分：由增高型“e”保护的设备》(GB 3836.3—2010) 的规定。

3. 移动变电站的完好标准

1）外观检查

零部件齐全、完整、紧固；箱体及散热器无变形，无锈蚀；拖撬小车无严重变形，轮组转动灵活，不松旷；箱体内、外无积尘，无积水，无水珠。

2）接线

接线符合完好标准通用部分中有关接线的标准。电缆连接器接触良好，接线盒不发热。在井下使用时，应采用监视型屏蔽橡套电缆。箱内二次回路导线接线端子接线牢固，线端标志齐全、清晰。布线整齐，清楚，无积尘，导线绝缘良好，瓷瓶牢固无松动现象，无裂纹，无损伤，无放电痕迹。

3）变压器

线圈绝缘良好，绝缘老化程度不低于3级。运行声音正常，温度不超过下列规定：

(1) B级绝缘不超过110 ℃。

(2) F级绝缘不超过125 ℃。

(3) H级绝缘不超过135 ℃。

4）开关

开关接线连接紧密，触头接触良好，无严重烧痕，隔离刀闸开关插入深度不小于刀闸宽度的2/3，三相合闸不同期性不大于3 mm。开关操作机构动作灵活可靠，各传动轴不松旷，分、合闸指示正确。

5）不漏电的规定

不漏电网路的绝缘电阻满足下列规定，漏电继电器正常投入运行。

(1) 127 V不低于10 kΩ。

(2) 380 V不低于15 kΩ。

(3) 660 V不低于30 kΩ。

(4) 1140 V不低于60 kΩ。

4. 鼠笼型电动机的完好标准

1）外观检查

螺栓、接线盒、吊环、风翅、通风网、护罩及散热片等零部件齐全、完整、紧固。运行中无异音。运行温度不超过生产厂规定，同时可参考下列规定：

(1) B级绝缘的绕组110 ℃。

(2) F级绝缘的绕组125 ℃。

(3) H级绝缘的绕组135 ℃。

(4) 滚动轴承75 ℃。

电流不超过额定值，三相交流电动机在三相电压平衡条件下，三相电流之差与平均值之比不得相差5%。在电源电压及负载不变条件下，电流不得波动。接地装置符合规定。

2）定子、转子

转子无开焊断条。绝缘良好，温度在75 ℃时，定子绕组的绝缘电阻：3 kV不低于3 MΩ；6 kV不低于6 MΩ；700 V及以下不低于0.5 MΩ。转子绕组不低于0.5 MΩ。

3）轴承

轴承不松旷，转动灵活，运行平稳无异响，油质合格。水冷装置不阻塞、不渗漏。

4）接线

接线螺栓、引线瓷瓶、接线板无损伤裂纹，标号齐全，引线绝缘无老化破损。接线终端应用线鼻子或过渡接头接线。接头温度不得超过导线温度。接线符合电气完好标准中接线规定要求。

5. 橡套电缆的完好标准

1）外观检查

橡套电缆护套无明显损伤。不露出芯线绝缘或屏蔽层，护套损伤伤痕深度不超过厚度的1/2，长度不超过20 mm（或沿周长1/3），无老化现象。电缆标志牌齐全，改变电缆直径的接线盒两端、拐弯处、分岔处及沿线每隔200 m均应悬挂标志牌，注明电缆编号、电压等级、截面积、长度、用途等项目。电缆接线盒零部件齐全完整，无锈蚀，密封良好，不渗油。电缆上部无淋水（有淋水处须采取防护措施）。

2）电缆敷设

电缆敷设应符合《煤矿安全规程》的规定。电缆应用吊钩（卡）悬挂，严禁用铁丝悬挂。电缆悬挂整齐，不交叉，不落地，应有适当弛度，在承受意外重力时能自由坠落。悬挂高度应在矿车、电机车、装岩机等掉道时不致碰撞；在电缆坠落时，不致落在轨道或输送机上。电缆悬挂的间距：在水平或倾斜巷道内不得超过3 m；在立井筒内不得超过6 m。沿钻孔敷设的电缆必须绑紧在钢丝绳上，钻孔应加装套管。综采工作面的电缆应放入电缆槽或夹板内；工作面出口电缆应用吊梁（电缆吊）悬挂或绑扎吊挂（单指屏蔽电缆），不得与油管、风管、水管混吊。

3）使用

不得超负荷运行，接头温度不得超过60 ℃。工作电压应与电缆额定电压相符。千伏级以上的橡套电缆在井下使用时应采用不延燃屏蔽电缆。运行电缆不应盘成圈或“∞”字形（屏蔽电缆、采煤机电缆车的电缆除外）。井筒或巷道内的电话和信号电缆应与电力电缆分别挂在井巷的两侧，否则至少应距电力电缆300 mm以上，并挂在电力电缆上面。在巷道内敷设的电力电缆，高压应在上面；高、低压电缆的间距应大于100 mm。同等电压电缆之间的距离应不小于50 mm。

4）电缆连接

接线盒的额定电压应与电缆使用电压相符。橡套电缆接头温度不得超过电缆温度。

5）绝缘电阻

（1）6 kV：不低于100 MΩ/km；

（2）1140 V：不低于50 MΩ/km；

（3）660 V：不低于10 MΩ/km。

（二）电气防爆知识

1. 煤矿井下工作环境对电气设备的要求

（1）煤矿井下在生产过程中存在着瓦斯、煤尘等具有爆炸性的物质，为了安全生产，防止瓦斯、煤尘发生爆炸事故，一方面要控制瓦斯、煤尘在井下空气中的含量；另一方面要杜绝一切能够点燃矿井瓦斯、煤尘的点火源和高温热源。井下电气设备正常运行和故障状态下都有可能出现电火花、电弧、热表面和灼热颗粒等，它们都具有一定的能量，可以成为点燃矿井瓦斯、煤尘的点火源和热源。因此煤矿井下使用的电气设备必须是防爆型的，以防止瓦斯、煤尘爆炸事故的发生。

（2）由于井下顶板压力的作用，造成煤、岩石的垮落，易使电气设备遭到碰、砸、挤、压，因此井下电气设备应具有坚固的外壳。

（3）煤矿井下工作环境潮湿，有时有淋水，因此电气设备要求防滴（溅），隔爆外壳及隔爆面要求防锈，电气设备的绝缘材料要求耐潮。由于井下工作环境温度较高，所以还应对电气设备的绝缘性能进行湿热试验。

（4）由于井下采掘工艺决定了电气设备经常需要搬迁、移动，因此，电气设备的选材、结构应便于搬运。

2. 防爆电气设备的类型、标志及适用条件

矿用电气设备总的分为矿用一般型电气设备和矿用防爆型电气设备，而矿用防爆型电气设备又分为10种类型。

1）矿用一般型电气设备

矿用一般型电气设备是一种煤矿井下用的非防爆型电气设备，只能用于井下无瓦斯、煤尘爆炸危险的场所。矿用一般型电气设备外壳的明显处有清晰的永久性凸纹标志“KY”。

对矿用一般型电气设备的基本要求是：外壳坚固、封闭，能防止从外部直接接触带电部分；防滴、防溅、防潮性能好；有电缆引入装置，并能防止电缆扭转、拔脱和损伤；开关手柄和门盖之间有联锁装置。

外壳的防护等级（表5－4）一般不低于IP54，外风冷式电机风扇进风口和出风口的防护等级不低于IP20和IP10；用于无滴水和粉尘侵入的硐室中的设备，最高表面温度低于200 ℃的启动电阻和整流机组的防护等级不低于IP21；用外风扇冷却的设备和焊接用整流器的防护等级不得低于IP43。矿用一般型电气设备表面温度不超过85 ℃；操作手柄、手轮不高于60 ℃；在结构上能防止人接触的部位不高于150 ℃。

表5－4 外壳的防护等级

防护等级	防外物能力分级		防水能力分级	
	简称	说明	简称	说明
0	无防护	没有专门的保护	无防护	没有专门的保护
1	防护大于50 mm的固体	能防止直径大于50 mm的固体异物进入壳内	防滴	垂直的滴水应不能直接进入产品内部
2	防护大于12 mm的固体	能防止直径大于12 mm的固体异物进入壳内	15°防滴	与铅垂线成15°角范围内有淋水应不能直接进入产品内部
3	防护大于2.5 mm的固体	能防止直径大于2.5 mm的固体异物进入壳内	防淋水	与铅垂线成60°角范围内有淋水应不能直接进入产品内部
4	防护大于1 mm的固体	能防止直径大于1 mm的固体异物进入壳内	防溅	任何方向的溅水对产品应无有害的影响
5	防尘	能防止影响产品正常运行的灰尘进入壳内	防喷水	任何方向的喷水对产品应无有害的影响

表5-4（续）

防护等级	防外物能力分级		防水能力分级	
	简　称	说　明	简　称	说　明
6	尘密	完全防止灰尘进入壳内	防海浪或强力喷水	猛烈的海浪或强力喷水对产品应无有害的影响
7	—	—	浸水	产品在规定的压力和时间下浸在水中，进水量应无有害影响
8	—	—	潜水	产品在规定的压力下长时间浸在水中，进水量应无有害的影响

2）矿用防爆型电气设备

类别：矿用防爆型电气设备是按国家标准 GB 3836.1—2010 生产的专供煤矿井下使用的防爆电气设备。该标准规定防爆型电气设备分为Ⅰ类和Ⅱ类，其中，Ⅰ类为煤矿井下用防爆电气设备，主要用于含有甲烷混合物的爆炸性环境；Ⅱ类是用于工厂的防爆电气设备，主要用于含有除甲烷外的其他各种爆炸性混合物环境。

标志：防爆电气设备的类型、类别、级别和组别连同防爆设备的总标志“Ex”一起构成防爆标志。在防爆电气设备的明显位置均有清晰地永久凸纹标志“Ex”和煤矿矿用产品安全标志“MA”。

级别：隔爆型和本质安全型电气设备分为ⅡA、ⅡB、ⅡC三级。

组别：为了保证各种类型电气设备在运行中不产生引燃爆炸性混合物的温度，对Ⅱ类电气设备运行时能允许的最高表面温度分为T1～T6组，分组情况见表5-5。

表5-5　电气设备的允许最高表面温度

电气设备类型	温度组别	设备允许表面温度/℃	说　　明
Ⅰ类	—	150	设备表面可能堆积粉尘
	—	450	采取措施防止粉尘堆积
Ⅱ类	T1	450	$450 \leqslant t$
	T2	300	$300 \leqslant t < 450$
	T3	200	$200 \leqslant t < 300$
	T4	135	$135 \leqslant t < 200$
	T5	100	$100 \leqslant t < 135$
	T6	85	$85 \leqslant t < 100$

注：t 为可燃性气体、蒸气的引燃温度。

矿用防爆型电气设备根据防爆性能的不同，可分为10种防爆电气设备类型，即隔爆型（d）、增安型（e）、本质安全型（i）、正压型（p）、充油型（o）、充砂型（q）、无火花型（n）、浇封型（m）、气密型（h）、特殊型（s）。

（1）隔爆型电气设备（代号为d）。是一种具有隔爆外壳的电气设备。该外壳既有能承受其内部爆炸性气体混合物的爆炸压力，而本身不破裂和产生危险变形的能力，又具有防止爆炸后的产物（火焰和高温）穿出隔爆间隙点燃外壳周围的爆炸性混合物的能力，外壳的这两种能力分别称为隔爆外壳的耐爆性和隔爆性。

隔爆型电气设备的技术要求、特点及使用条件如下：

①在平面对平面的隔爆结构中，当法兰长度确定后，法兰厚度的设计选择要保证在爆炸压力的作用下，法兰的变形程度不能影响隔爆间隙的大小。

②在加工法兰时，对法兰的隔爆面有严格的技术要求。对于圆筒面对圆筒面的隔爆结构，在设计和制造时，要保证其同心度，避免发生单边间隙过大或过小的现象。

③为了确保隔爆面间隙，隔爆面的防腐蚀措施也是十分重要的。一般采用磷化、电镀、涂防锈油等方法。但绝对不能涂油漆，因为油漆的漆膜在高温作用下分解，将会使隔爆间隙变大，影响隔爆性能。

④对于隔爆接合面所用的紧固件也必须有防锈和防松的措施。只有外壳零件紧固后，才能构成一个完整的隔爆外壳。

⑤隔爆电气设备的特点是防护能力强，防潮性好，具有隔爆和耐爆性能，所以适用在煤矿井下有爆炸危险的环境中使用。

隔爆型电气设备的标志为Exd Ⅰ。

（2）增安型电气设备（代号为e）。是指在正常运行条件下，不会产生电弧、火花或可能点燃爆炸性混合物的高温电气设备。从结构、制造工艺以及技术条件等方面采取措施提高安全程度，以避免在正常和认可的过载条件下产生火花、电弧和危险温度而实现防爆。增安型电气设备是在电气设备原有的技术条件下，采取了一定的措施来提高其安全程度，并不是这种电气设备比其他防爆形式的电气设备防爆性能好。增安型电气设备的安全性能达到什么程度，不但取决于设备自身的结构形式，也取决于设备的使用环境和维护情况。能制成增安型电气设备的仅是那些在正常运行中不产生电弧、火花和过热现象的电气设备，如变压器、电动机、照明灯具等。

增安型电气设备的技术要求、特点及使用条件：对增安型电气设备要做到接线方便，操作简单，保持连接件具有一定的压力。电气设备的电缆和导线的连接大部分是通过连接件进行连接的，连接件主要由导电螺杆、接线座等部件组成。为保证其安全性能，对连接件有如下要求：连接件不能有损伤电缆或导线的棱角毛刺，正常紧固时不能产生永久变形和自行转动；不允许用绝缘材料传递导体连接时所产生的接触压力；不能用铝质材料做连接件。内部导线连接有防松螺栓连接、挤压连接（如压线钳）、硬焊连接和熔焊连接4种方式。

增安型电气设备要制成有效的防护外壳，应选择合适的电气间隙和爬电距离；提高绝缘材料的绝缘等级；限制设备的温度；电路和导线实现可靠的连接；有较好的防水、防外物能力，对有绝缘带电部件的外壳，其防护等级应达到IP44，对有裸露带电部件的外壳，其防护等级应达到IP54。增安型电气设备的防爆能力不如隔爆型电气设备，因此在瓦斯爆炸危险性较大的场所不准使用增安型电气设备。

增安型电气设备的标志为Exe Ⅰ。

（3）本质安全型电气设备（代号为 i）。是指通过限制电气设备电路的各种参数，或采取保护措施来限制电路的火花放电能量和热能，使其在正常工作或规定的故障状态下所产生的火花和热效应均不能点燃周围环境的爆炸性混合物来实现电气防爆的电气设备。此种防爆电气设备的电路本身具有防爆性能，从“本质”上就是安全的，故称为本质安全型电气设备。它也是所有防爆电气设备中防爆性能最好的一种电气设备。

本质安全型电气设备结构简单、体积小、质量轻；制造、维护方便，投资少，安全性能可靠。但是其最大输出功率较小，应用受到一定限制。

本质安全型电气设备的技术要求、特点及适用条件：本质安全型电气设备的外壳可用金属、塑料及合金制成。外壳的强度、防尘、防水、防外物能力符合国家规定。电气间隙和爬电距离符合规定。对一般环境使用的设备，其防护等级不低于 IP20；对用于采掘工作面使用的设备，其防护等级不低 IP54。目前本质安全型电气设备最大输出功率在 25W 左右，仅用于控制、信号、通信装置和监测仪表上。

本质安全型电气设备的标志为 Exi Ⅰ。

本质安全设备和关联设备的本质安全部分为“ia”或”ib”等级。

（4）正压型电气设备（代号为 p）。它具有正压外壳，可以保持壳内新鲜空气或惰性气体的压力高于周围爆炸性环境的压力，并能阻止外部混合物进入壳内。

正压型电气设备的标志为 Exp Ⅰ。

（5）充油型电气设备（代号为 o）。是指全部或部分部件浸在油内，使设备不能点燃油面以上的或壳外的爆炸性混合物的电气设备。

充油型电气设备的标志为 Exo Ⅰ。

（6）充砂型电气设备（代号为 q）。是指外壳内充填砂粒材料，使之在规定的使用条件下壳内产生的电弧、传播的火焰、外壳壁或砂粒材料表面的过热均不能点燃周围爆炸性混合物的电气设备。

充砂型电气设备用于在使用时活动零件不直接与填料接触的、额定电压不超过 6 kV 的电气设备。

充砂型电气设备的标志为 Exq Ⅰ。

（7）无火花型电气设备（代号为 n）。是指在正常运行条件下，不会点燃周围爆炸性混合物，且一般不会发生有点燃作用故障的电气设备。

无火花型电气设备的标志为 Exn Ⅰ。

（8）浇封型电气设备（代号为 m）。是指整台设备或其中部分浇封在浇封剂中，在正常运行或认可的故障下，不能点燃周围的爆炸性混合物的电气设备。

浇封剂是一种具有耐化学、热、电和机械的稳定性浇封材料，它具有热固性，热塑性、室温固化性等特性。常用的浇封剂是环氧树脂，其溶剂是乙二胺。

常用的浇封型电气设备或浇封型部件主要有电池、蓄电池、熔断器、电压互感器、电机和变压器绕组、电缆接头等。

浇封型电气设备的标志为 Exm Ⅰ。

（9）气密型电气设备（代号为 h）。是指具有气密封外壳的电气设备。气密封外壳是用熔化挤压或胶粘的方法进行密封的，这种外壳能防止壳外气体进入壳内。

气密型电气设备的标志为 Exh Ⅰ。

(10) 特殊型电气设备（代号为 s）。是指采用的防爆措施不为上述 9 种基本防爆类型所包括，经过防爆检验证明确实具有防爆性能的电气设备。

这种特殊的防爆电气设备，是使点火源与爆炸性气体混合物进行了隔离，即正常或故障时产生的危险因素不与爆炸性混合物直接接触。按国外的要求，特殊型电气设备的防爆水平应达到本质安全型。

特殊型电气设备的标志为 Exs Ⅰ。

（三）机械设备传动与润滑知识

1. 机械设备传动知识

1）机械传动的分类

机械传动分为齿轮传动、链传动和带传动 3 种。

2）齿轮传动、链传动和带传动的特点

(1) 齿轮传动的特点：

①能保证瞬时传动比恒定，平稳性较高，传递运动准确可靠。

②传递的功率和速度范围较大。

③结构紧凑、工作可靠，可实现较大的传动比。

④传动效率高，使用寿命长。

⑤齿轮的制造、安装要求较高。

(2) 链传动的特点：

①和齿轮传动相比，链传动可以在两轴中心相距较远的情况下传递运动和动力。

②能在低速、重载和高温条件下及灰土飞扬的不良环境中工作。

③和带传动相比，链传动能保证准确的平均传动比，传递功率较大，且作用在轴和轴承上的力较小。

④传递效率较高，一般可达 0. 95 ~ 0. 97。

⑤链条的铰链磨损后，使得节距变大造成脱落现象。

⑥安装和维修要求较高，链轮材料一般是结构钢等。

(3) 带传动（皮带传动）的特点：

①结构简单，适用于两轴中心距较大的传动场合。

②传动平稳无噪声，能缓冲、吸振。

③过载时带会在带轮上打滑，可防止薄弱零部件损坏，起到安全保护作用。

④不能保证精确的传动比。带轮材料一般是铸铁。

2. 机械设备润滑知识

1）润滑的作用

润滑的目的是为了减少摩擦、降低磨损。润滑油在润滑的同时还可以带走摩擦产生的热量，从而降低摩擦表面的温度，起到冷却作用。因此，必须根据机械设备的工作条件来选用不同质量要求的润滑油脂。

在选择机械零部件的润滑油时，需要同时考虑润滑系统。循环式润滑系统特别要求选用氧化安定性和抗乳化性优良的润滑油，以保证其使用寿命，并且容易分离水分和清除机械杂质。

2）润滑要求

汽车发动机运转时，由于在摩擦部件容易产生油泥、结焦和积炭，必须要求在发动机油中添加清净分散剂等添加剂，而且以清净分散剂为主。而工业机械设备的循环润滑系统由于要求能很快分离水分子和沉降杂质，所以不宜在工业润滑油中加入清净分散剂。

对于负荷高的润滑部位，经常可能出现边界摩擦状态，要求选用添加抗磨剂和极压剂的润滑油。

3）润滑油或润滑脂的选用

润滑油一般能形成流体润滑，使摩擦副的两个摩擦表面被油膜完全隔开，减少摩擦表面的摩擦，降低磨损，同时具有冷却降温作用，因此，润滑油是机械设备润滑之首选。

润滑脂能很好地粘附在机械设备摩擦部件的表面上，不容易流失和滑落，特别是当热或机械作用逐渐变小，乃至消失时，润滑脂逐渐变稠，并恢复到一定的稠度，因此选用润滑脂润滑不需要经常添加，且具有一定的防护作用。例如，较高温或较低温、重负荷和震动负荷、中速或低速、经常间歇或往复运动的轴承，特别是处于垂直位置的机械设备。同时，由于润滑脂膜比润滑油膜厚，故可以防护空气、水分、尘土和碎屑进入摩擦部件的表面。

4）润滑方式

常采用飞溅润滑、油浴润滑、循环润滑和油环润滑等润滑方式，润滑油在系统中反复使用，而且经常是分散成极小的油滴，与空气接触多，容易氧化变质，因此应该选用高质量等级的润滑油，并添加抗氧剂、防锈剂、防腐剂和抗乳化剂。

使用油壶、油芯、油杯、油绳、油链等润滑方式，可选用质量等级较低、黏度较高的全损耗系统油。

第三部分

采掘电钳工中级技能

第六章　工 作 前 准 备

第一节　工具、量具及仪器、仪表

一、操作技能

能够根据工作内容正确选用仪器、仪表及测量工具。内容详见采掘电钳工初级技能鉴定。

二、相关知识

常用电工仪器、仪表的种类、特点、适用范围及安全注意事项；常用量具的种类、适用范围及使用方法。内容详见采掘电钳工初级技能鉴定。

第二节　读 图 与 分 析

一、操作技能

(一) 采掘工作面电气设备平面布置图及供电系统图

1. 综采工作面电气设备平面布置及供电系统图

综采工作面电气设备平面布置如图 6 - 1 所示。

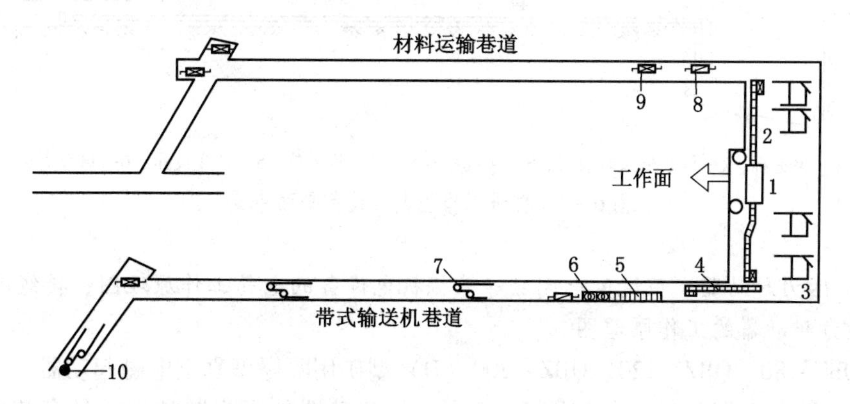

1—采煤机；2—工作面运输机；3—液压支架；4—桥式转载机；5—动力开关及泵站列车；6—移动变电站；7—可伸缩带式输送机；8—回柱机；9—调度绞车；10—储煤井

图 6 - 1　综采工作面电气设备平面布置

综采工作面电气设备供电系统如图 6－2 所示。

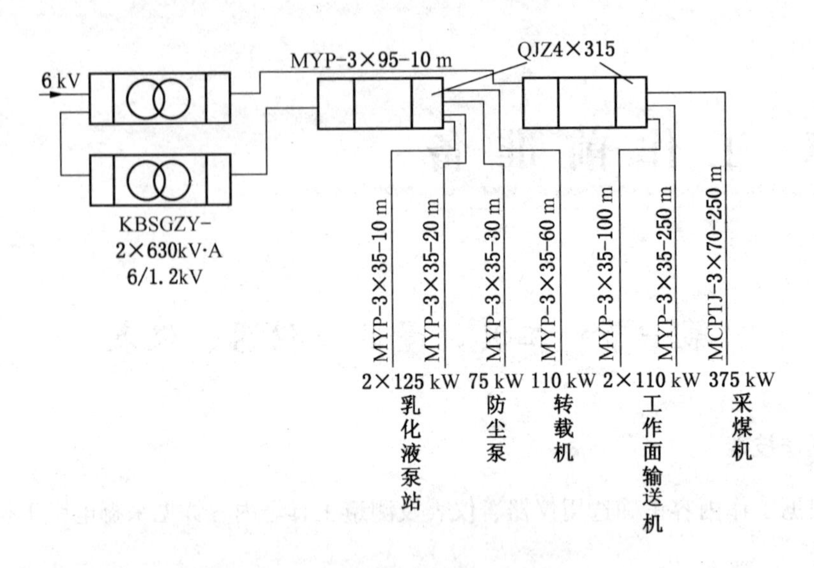

图 6－2 综采工作面电气设备供电系统

2. 掘进工作面电气设备平面布置及供电系统图

掘进工作面电气设备平面布置如图 6－3 所示。掘进工作面电气设备供电系统如图 6－4所示。KBZ－400 馈电开关为掘进工作面供电用的联锁开关。

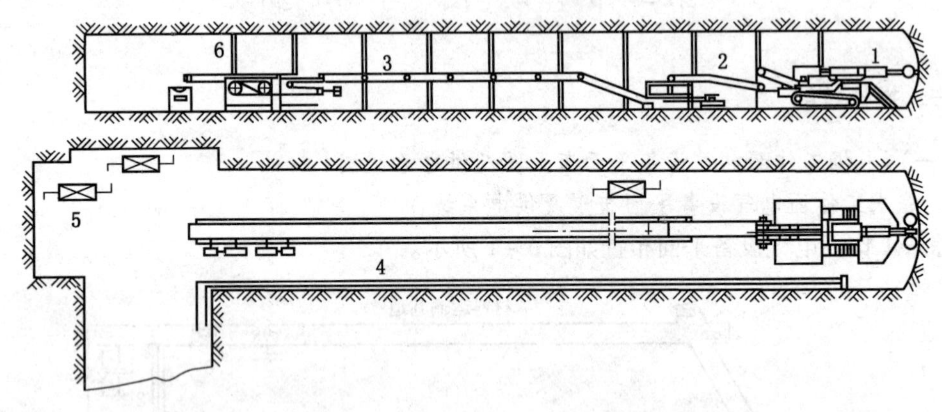

1—掘进机；2—桥式带式转载机；3—带式输送机；4—导风筒；5—调度绞车；6—梯形支架

图 6－3 掘进工作面电气设备平面布置

（二）磁力起动器、甲烷风电闭锁等采掘机电设备的电气工作原理图、接线图

1. 磁力起动器的工作原理图

1）QBZ－80、QBZ－120、QBZ－200（D）型矿用隔爆型真空电磁起动器

（1）电磁起动器的结构。如图 6－5 所示，起动器外壳为圆柱形，具有凸出的底和盖，壳身上部为接线箱，用以引入电源电缆和引出负荷电缆到电动机，引用电缆采用压紧螺母式或压盘式使密封圈压紧，以达到隔爆要求。起动器外壳右边有手柄，用以分断和关

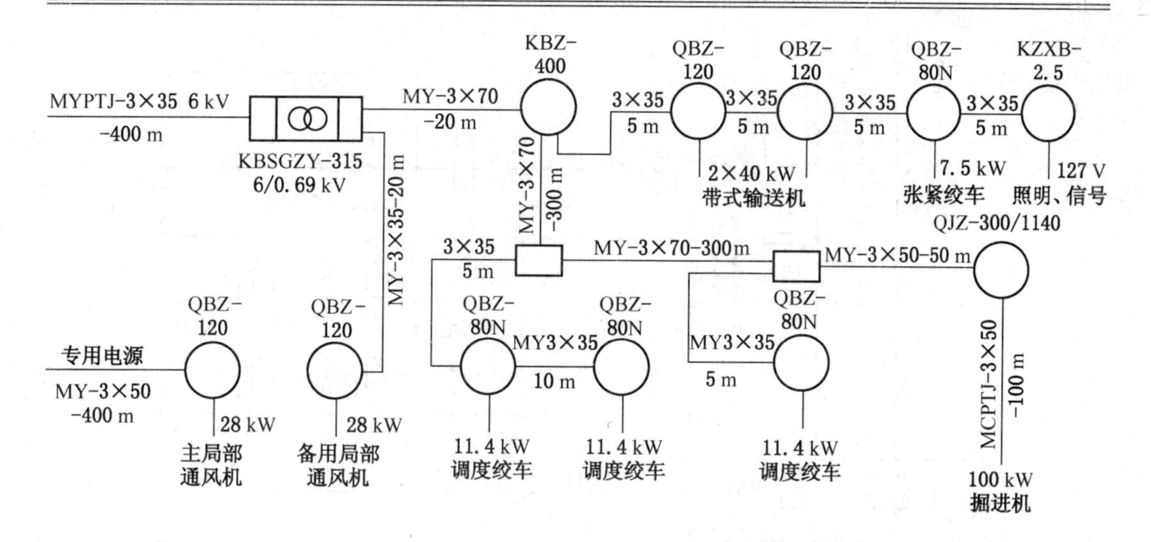

图6-4 掘进工作面电气设备供电系统

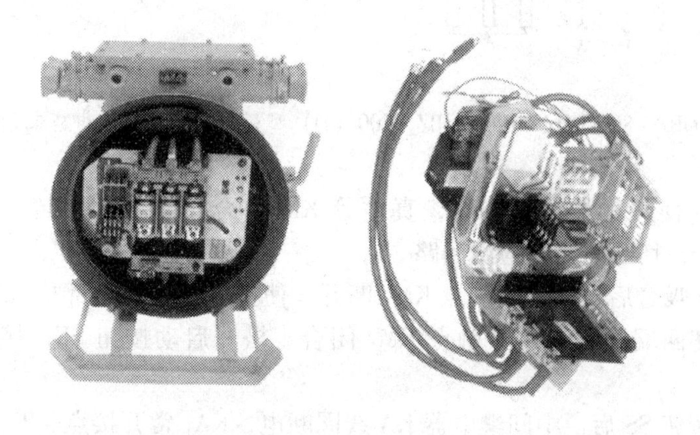

图6-5 QBZ-80、QBZ-120、QBZ-200（D）型矿用隔爆型真空电磁起动器结构

合隔离开关或换向，手柄上部有启动和停止按钮，停止按钮与换向隔离开关手柄联锁，只有停止按钮按下后，换向隔离开关方可转动。外壳盖与换向隔离开关手柄联锁，当换向开关闭合时不能打开盖，只有当换向隔离开关手柄用特殊螺钉锁在分断位置时才能打开外壳盖。

电磁起动器本体的正面有真空接触器 KM、电动机综合保护器 JDB、JZ7-44 中间继电器、RC 阻容吸收装置、RL1-15/2A 熔断器 FU 和纽子开关 K。背面有控制变压器 TV、DH2-200H 旋转换向开关、LX1-11K 及 LXI-02K 型启动按钮和停止按钮。

（2）电磁起动器的工作原理。图6-6所示为 QBZ-80、QBZ-120、QBZ-200（D）型矿用隔爆型真空电磁起动器的工作原理图。接通换向开关 QS，控制变压器 TV 得电，二次侧有 36V 交流电压输出，电机综合保器 JDB 内漏电检测回路对负荷侧的绝缘状况进行检测，绝缘达到要求，JDB 的 4、3 闭合，为给控制线路供电做好准备。

按下启动按钮 SF，中间继电器 KA 线圈得电（纽子开关打到近控位置），其常开触头

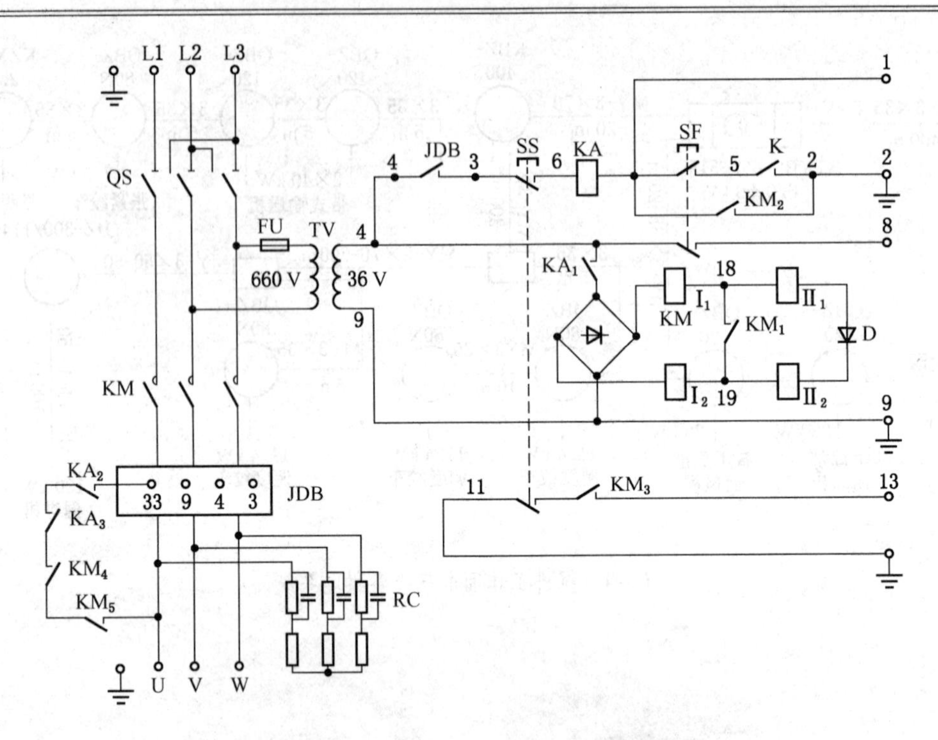

图6-6　QBZ-80、QBZ-120、QBZ-200（D）型矿用隔爆型真空电磁起动器工作原理

KA_1 闭合，从而使接触器 KM 吸合，真空管 KM 闭合，电动机运转，同时 KA_2、KA_3、KM_4、KM_5 断开，切断了漏电检测回路。

接触器 KM 吸合后，其常闭接点 KM_1 断开，使接触器线圈全部接入转为低电流维持，同时，启动按钮两端并联的常开触点 KM_2 闭合。松开启动按钮 SF，接触器继续维持吸合。

按下停止按钮 SS 后，中间继电器 KA 线圈断电，KA_1 常开接点断开，接触器线圈 KM 断电，真空管断开，电动机停止运转。

若起动器在启动时或运转过程中电动机发生过载、短路、断相，电动机综合保护器 JDB 的常开接点 3、4 断开，使接触器 KM 断电释放，真空开关断开，对电动机进行保护。

每次启动前，JDB 漏电检测电路对开关负荷侧的绝缘状况进行漏电检测，当绝缘下降到漏电闭锁的动作值时，JDB 动作，其常开接点 3、4 断开，使接触器不能吸合。

需对电动机换向时，则应先分断接触器，然后转动隔离开关 QS 手柄，达到改变相序的目的。

2）QBZ-120/660N 矿用隔爆型真空可逆磁力起动器

QBZ-120/660N 矿用隔爆型真空可逆磁力起动器工作原理如图 6-7 所示。将隔离开关 QS 置于接通位置时，控制变压器 TV 得电，二次有 36 V 交流电压输出，提供给控制回路及 JBD 综合保护器电源，保护器中漏电检测回路开始检测开关负荷侧对地绝缘电阻，检测结果符合要求时，JDB 常开触点 4、5 闭合，为控制回路启动提供条件。

当按下外接操作按钮上的正转按钮 SFZ 时，电流由 4 号端子→JDB 常开触点 4、5→开关上的停止按钮 SS→中间继电器 KA_1 的闭触点 KA_{13}→中间继电器 KA_2→3 号端子→反转

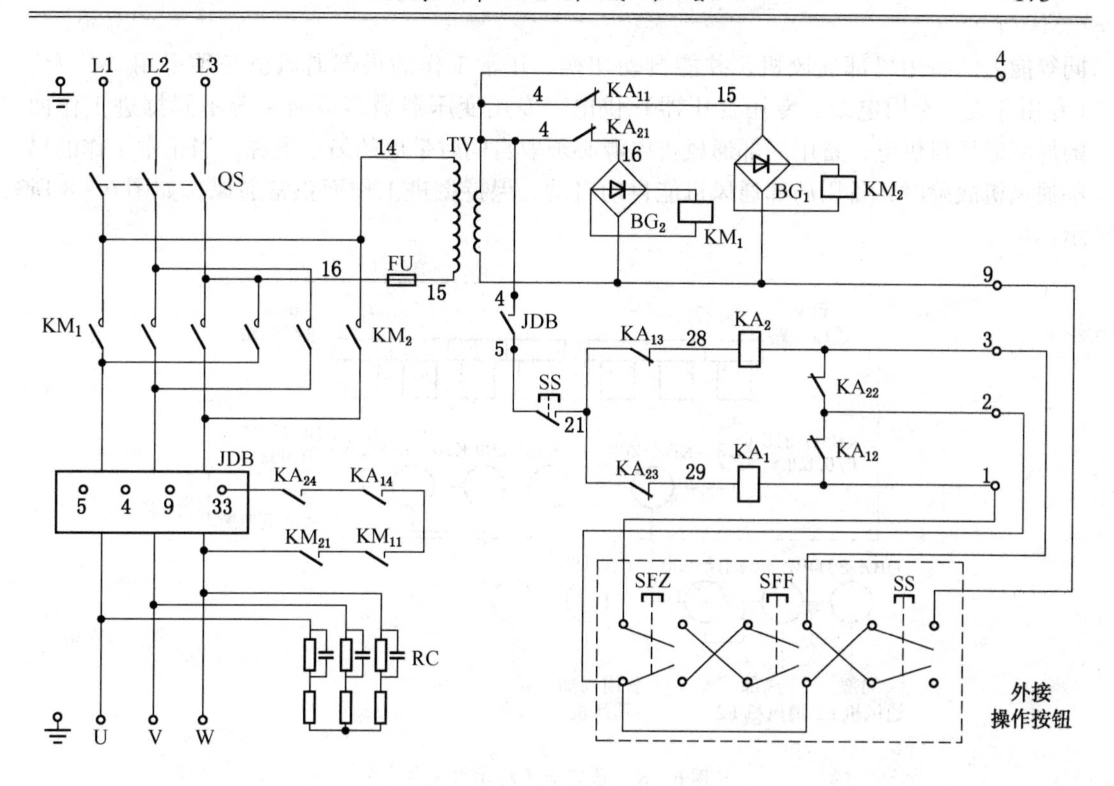

图 6-7 QBZ-120/660N 矿用隔爆型真空可逆磁力起动工作器原理图

按钮 SFF 的常闭触点→正转按钮 SFZ 的常开接点→操作按钮中的连线→停止按钮 SS→电源的另一端 9，使中间继电器 KA_2 有电吸合，其常开接点 KA_{21} 闭合，使交流接触器 KM_1 有电吸合，真空开关 KM_1 闭合，电动机运转。同时中间继电器 KA_2 的另一对常开接点 KA_{22}闭合，实现自保，触点 KA_{23}断开，实现电气联锁。KM_{11}与 KA_{24}常闭触点分断，切除漏电检测回路。

当按下反转启动按钮 SFF 时，电流由 4 号端子→JDB 常开触点 4、5→开关上的停止按钮 SS→中间继电器 KA_2 的闭触点 KA_{23}→中间继电器 KA_1→1 号端子→正转按钮 SFZ 的常闭触点→反转按钮 SFF 的常开接点→操作按钮中的连线→停止按钮 SS→电源的另一端 9，使中间继电器 KA_1 有电吸合，其常开接点 KA_{11} 闭合，使交流接触器 KM_2 有电吸合，真空开关 KM_2 闭合，电动机运转。其他原理与正转情况一致。

按下启动器或外接操作按钮上的停止按钮 SS，中间继电器 KA_1（KA_2）失电，KA_{11}（KA_{21}）触点分断，接触器 KM_1 或 KM_2 断电，真空管断开，电动机停止运转。同时，中间继电器 KA_1、KA_2 和接触器 KM_1、KM_2 的常闭接点闭合，接通漏电闭锁检测回路。

2. 瓦斯电闭锁、风电闭锁系统

1）瓦斯电闭锁、风电闭锁系统的具体内容及对其的要求

瓦斯电闭锁、风电闭锁系统适用于瓦斯矿井的掘进工作面和采用局部通风机通风的各类回采工作面。

（1）高瓦斯矿井、煤（岩）与瓦斯（二氧化碳）突出矿井、低瓦斯矿井中高瓦斯区的煤巷、半煤岩巷和有瓦斯涌出的岩巷掘进工作面正常工作的局部通风机必须配备安装

同等能力的备用局部通风机，并能自动切换。正常工作的局部通风机必须采用“三专”（专用开关、专用电缆、专用变压器）供电，专用变压器最多可向4套不同掘进工作面的局部通风机供电；备用局部通风机电源必须取自同时带电的另一电源，当正常工作的局部通风机故障时，备用局部通风机能自动启动，保持掘进工作面正常通风，如图6－8所示。

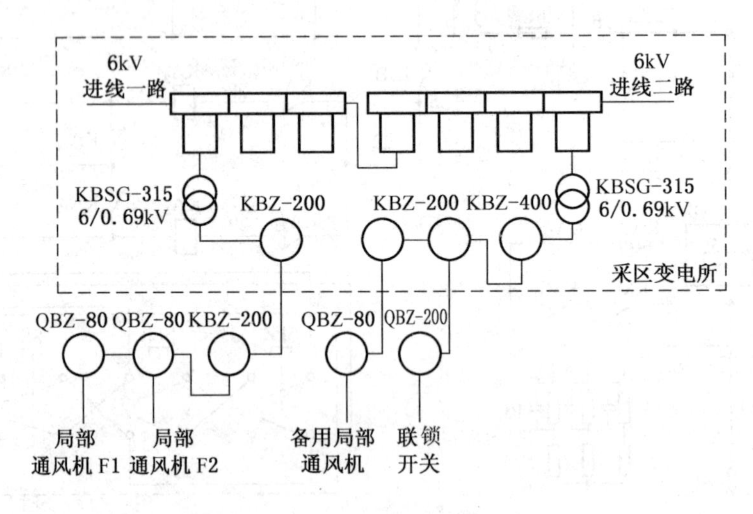

图6－8　局部通风机供电系统

（2）其他掘进工作面和通风地点正常工作的局部通风机可不配备安装备用局部通风机。但正常工作的局部通风机必须采用“三专”供电，或配备安装一台同等能力的备用局部通风机，并能自动切换。正常工作的局部通风机和备用局部通风机的电源必须取自同时带电的不同母线段的相互独立的电源，保证正常工作的局部通风机故障时，备用局部通风机正常工作，如图6－10所示。

当掘进工作面使用的局部通风机是一用一备，主局部通风机因故停止运行时，备用局部通风机能立即启动运行。当主、备局部通风机的电源都停电后，如果恢复送电，主、备局部通风机都应在停机状态，只能人工开启。

为提高局部通风机供电的可靠性，减少停电时间和检修工作中对局部通风机的影响时间而影响生产，对局部通风机的供电应采用图6－9或图6－10所示的供电系统。图6－9所示为高瓦斯（高突）矿井的局部通风机供电及设备布置，图6－10所示为低瓦斯矿井的局部通风机供电及设备布置。在局部通风机的电源侧设置馈电开关的目的，是为了当局部通风机的开关或联锁开关发生故障后，现场维护人员可就地停电进行处理，而不需要到采区变电所去停电，这样就大大缩短了事故的处理时间，同时又减少了因停电影响的范围。

2）对闭锁系统的要求

（1）闭锁系统的组成。闭锁系统由瓦斯断电（遥测）仪、局部通风机和掘进工作面（包括采用局部通风机通风的回采工作面和与掘进串联通风的回采工作面）电气设备组成。

（2）闭锁系统具有以下功能：

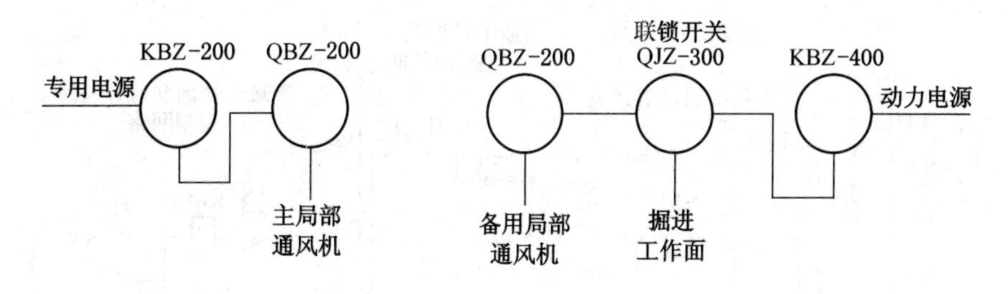

图6-9　高瓦斯（高突）矿井的局部通风机供电及设备布置

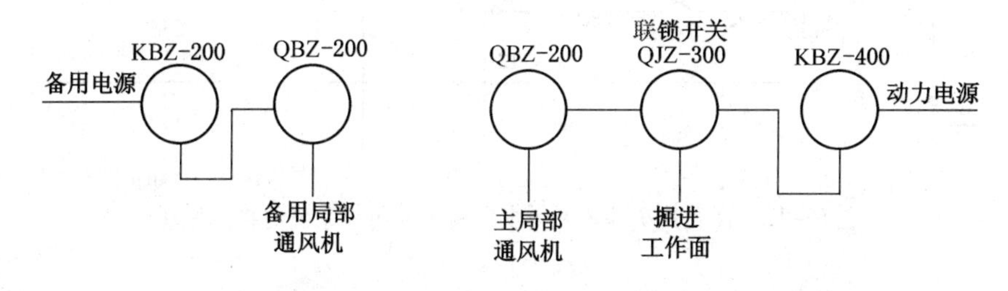

图6-10　低瓦斯矿井的局部通风机供电及设备布置

①只有在局部通风机正常供风，掘进巷道内瓦斯浓度不超过规定时，方能向巷道内电气设备供电，当局部通风机停止运转时，自动切断巷道内电气设备的电源（安全火花、本质安全型电源除外，下同）。

②当掘进工作面或掘进工作面回风流中瓦斯浓度超过规定时，系统能自动切断探头控制范围内的电源，而局部通风机仍能照常运转。

③若局部通风机停止运转，停风区域内瓦斯浓度超过规定时，局部通风机便被闭锁。必须采取专门措施，解除闭锁，按《煤矿安全规程》规定，开动局部通风机，排除瓦斯，恢复供风、供电。

图6-11所示为低瓦斯矿井的瓦斯电闭锁、风电闭锁系统的接线原理，图6-12所示为高瓦斯矿井的瓦斯电闭锁、风电闭锁系统的接线原理。

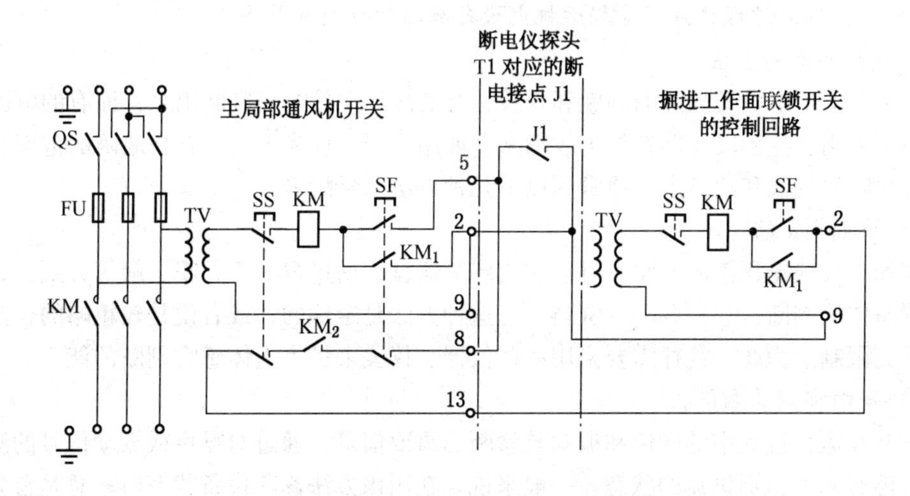

图6-11　低瓦斯矿井的瓦斯电闭锁、风电闭锁系统的接线原理

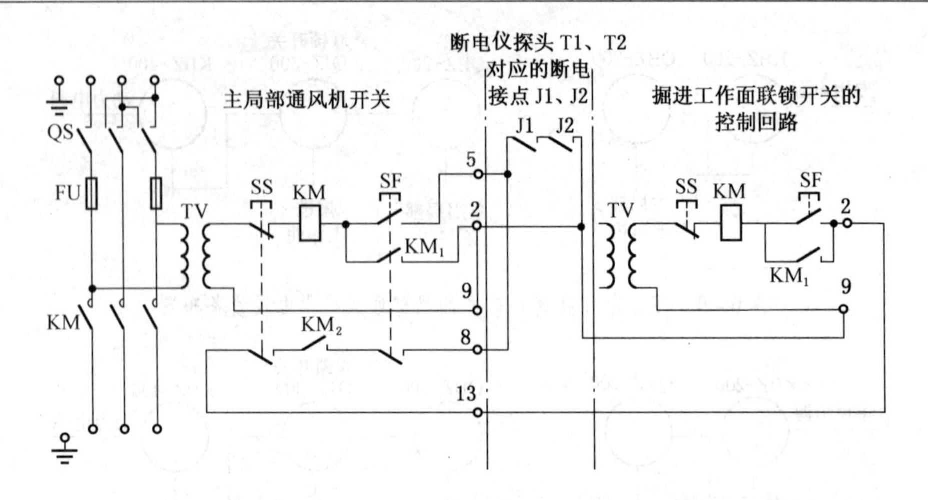

图 6-12 高瓦斯矿井的瓦斯电闭锁风电闭锁系统的接线原理

（3）对闭锁系统的具体要求如下：

①组成闭锁系统的设备必须符合《防爆电气设备制造检验规程》和 GB 3836.1、GB 3836.2、GB 3836.3、GB 3836.4 的有关规定。设备的选型必须符合《煤矿安全规程》的规定。

②闭锁系统中，断电（遥测）仪主机向探头供电的电源、探头向主机传输信号的电路，必须是本质安全型，探头应为隔爆兼本质安全型。

③闭锁系统中的断电（遥测）仪断电接点的额定参数满足被控设备控制回路的要求。

④闭锁系统中的断电（遥测）仪必须接在局部通风机开关的电源侧。

⑤局部通风机必须在断电（遥测）仪送电 1 min 之后才能送电启动。

⑥受过一次高浓度瓦斯冲击的探头，必须更换或用标准气校准，符合规定标准方可继续使用。

⑦安装闭锁系统时必须提出设计报矿总工程师批准。

（三）根据故障现象分析采掘运机电设备故障的性质和范围

1. 故障判断的方法

对于井下机电设备故障的判断和查找，有的故障比较容易判断出来，而有的就困难一些，必须采用一些手段才能查找出故障来，如用仪器、仪表来帮助查找故障的范围，最终来确定故障的现象和故障点，通常用以下几种方法判断故障。

1）感觉判定法

现场人员根据积累的经验，可以利用感觉器官，通过视、听、嗅、触等方式，直接对设备状态作出判断，获得第一手资料。但这种方法是定性的，或者说是较粗略的，其应用范围受到限制。为此，往往需要采用一些仪器、仪表来扩大人体感官判断的能力。

2）噪声和振动测量法

设备在运行过程中的噪声和振动是诊断的重要信息。通过对噪声或振动信号的测试和分析，能有效地识别机器的状态。一般来说，在用该方法诊断设备状态时，总是首先进行噪声或振动总的强度测定，从总体上评价设备运行是否有问题；若有问题，则再作深入分析。

3）磨损残余物测定法

设备零件，如轴承、齿轮、活塞环、缸套等在运行过程中的磨损残余物可以在润滑油中找到。磨损残余物直接反映了零件的磨损状态，是诊断故障的一种重要信息。通过对油样中磨损残余物粒径分布、成分等特征的分析，可以判断设备是否正常运行，并预报故障的发生。

4）整机性能测定法

该方法是用测量设备的输出或输出与输入的关系来判断设备运行状态是否正常。如测量电动机、变压器的运行参数、泵的效率、柴油发电机组的耗油量与输出功率的关系等。

5）零件性能测定法

对于设备可靠性起决定影响的关键零件的状况，除主要依靠直接观察、振动与噪声测量以及磨损残余物测定等一些方法外，还需有一些特殊的方法来确定。例如，采用电阻应变片、声发射等非破坏性检验方法来监测机器零件的状况，采用非接触式电子探头测量轴心的位置，用热电偶测量轴承中摩擦发热的情况，安装专用的传感器测量汽缸衬套的磨损状况，等等。

6）其他方法

除了上述各种方法外，还有温度测量和监测技术、红外技术、声和超声监测技术等。

2. 电动机绕组接地和绕组绝缘电阻偏低的原因

井下使用的电动机经常发生单相接地和绕组绝缘能力降低的现象，可以说是发生故障最多的设备之一，经常影响生产的正常进行，其产生接地故障和绝缘能力降低的原因有很多种，但有些是完全可以避免和克服的。

1）电动机绕组接地的原因

绕组接地俗称碰壳。当发生电动机绕组接地故障时设备不能工作，只要磁力起动器启动，检漏继电器就动作，馈电开关分断，切断漏电的故障支路，此时用兆欧表测量电动机的绝缘电阻为零。绕组接地的原因有以下几种：

(1) 绝缘热老化。电动机使用日久，或经常过负荷运行，导致绕组及引线的绝缘热老化，降低或丧失绝缘强度而引起电击穿，导致绕组接地。绝缘热老化一般表现为绝缘发黑、枯焦、酥脆、剥落等。

(2) 机械性损伤。嵌线时主绝缘受到外伤，线圈在槽内松动，端部绑扎不牢，冷却介质中尘粒过多，使电动机在运行中线圈发生振动、摩擦及局部位移而损坏主绝缘。

(3) 局部烧损。由于轴承损坏或其他机械故障，造成定、转子相擦，铁芯产生局部高温烧坏主绝缘而接地。

(4) 铁磁损坏。槽内或线圈上附有铁磁物质，在交变磁通作用下产生振动，将绝缘磨破（洞或沟状）。若铁磁物质较大，则产生涡流，引起绝缘的局部热损坏。

(5) 电动机“呼吸”现象。当正常生产的采煤机、工作面输送机、巷道的刮板输送机或带式输送机，在长时间工作而突然停止运行几个小时以后（由于某一系统有问题而被迫停下来生产），当系统恢复正常，再次启动设备时，就有可能发生电动机接地或绝缘下降的现象；过几个小时再次测量该电动机的绝缘，又可能恢复到正常状态。这主要是因为当电动机处在正常运行状态时，电动机定子内部的温度会升高、压力大于定子外部的空气压力，在这期间内相当于人的“呼气”；当电动机突然停止运行后，电动机定子内部的温度、压力都会慢慢地降低，这期间相当于人的“吸气”。在这段时间内，电动机外部潮湿的空气会经过电动机的端盖、轴承等间隙进入电动机的内部，在定子绕组的表面凝结一些潮气和水珠，如果该处的绝缘薄弱，那么就可能发生接地现象。当又过了几个小时后，由于电动机的温度下降到和电动机环境中的温度一样时，那么，凝结在电动机定子绕组表面的潮气和水珠又会慢慢地蒸发掉，这时又相当于人的“呼气”，电动机的绝缘又恢复到原来的状态，设备就可以正常运转了。这种情况下的电动机接地的现象，就是由于电动机的“呼吸”原因造成的。

2）电动机绕组绝缘电阻偏低的原因

所谓绝缘电阻偏低，是指绕组对地或相间绝缘电阻大于零而低于规定值。如不进行处理而投入运行，就有被击穿烧坏的可能。一般有以下几个方面的原因：

（1）绕组受潮。电动机较长时间停用或储存，受周围潮湿空气、雨水、盐雾、腐蚀性气体及灰屑、油污等侵入，使绕组表面附着一层导电物质，引起绝缘电阻下降。

（2）绝缘老化。使用较长时间的电动机，受电磁机械力及温度的作用，主绝缘开始出现龟裂、分层、酥脆等轻度老化现象。

（3）绝缘存在薄弱环节，如选用的绝缘材料质量不好、厚度不够、在嵌线时被损伤等，或者原来绝缘处理不良，经使用后绝缘状况变得更差，以致整机或某一相绝缘电阻偏低。

3. 滚动轴承的故障判断

1）滚动轴承正常工作状态的声响特点

滚动轴承处于正常工作状态时，运转平稳、轻快，无停滞现象，发生的声响和谐而无杂音，可听到均匀而连续的“哗哗”声，或者较低的“轰轰”声，噪声强度不大。

2）异常声响所反映的轴承故障

（1）轴承发出均匀而连续的“咝咝”声。这种声音由滚动体在内外圈中旋转而产生，包含有与转速无关的不规则的金属振动声响。一般表现为轴承内加脂量不足，应进行补充。

（2）轴承在连续的“哗哗”声中发出均匀的周期性“嗬罗”声。这种声音是由于滚动体和内外圈滚道出现伤痕、沟槽、锈蚀斑而引起的。声响的周期与轴承的转速成正比。此时应对轴承进行更换。

（3）轴承发出不连续的“梗梗”声。这种声音是由于保持架或内外圈破裂而引起的。此时必须立即停机更换轴承。

（4）轴承发出不规律、不均匀的“嚓嚓”声。这种声音是由于轴承内落入铁屑、砂粒等杂质而引起的。声响强度较小，与转速没有关系。此种情况应对轴承进行清洗，重新加脂或换油。

（5）轴承发出连续而不规律的“沙沙”声。这种声音一般是由于轴承的内圈与轴配合过松或者外圈与轴承孔配合过松而造成的。声响强度较大时，应对轴承的配合关系进行检查，发现问题及时修理。

（6）轴承发出连续刺耳啸叫声。这种声音是由于轴承润滑不良或缺油造成干摩擦，或滚动体局部接触过紧，如内外圈滚道偏斜，轴承内外圈配合过紧等情况而引起的。此时应及时对轴承进行检查，找出问题，对症处理。

4. 齿轮传动的故障判断

在井下一般都是通过对齿轮的直接观察来确定齿轮磨损程度或损坏状况的。

（1）通过检查齿轮磨损状况，决定是否更换齿轮。

（2）轮齿表面的检查。检查轮齿表面可以及时发现各种不同的失效形式，并监测其发展情况，以便采取合适的措施，防止突发性事故发生。轮齿表面主要失效形式的形态如图6－13所示。

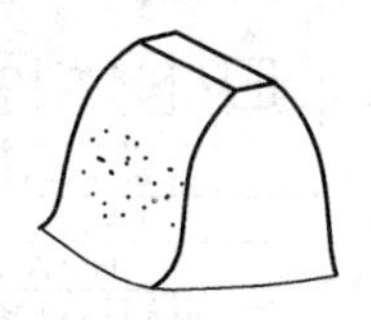
(a) 疲劳点蚀

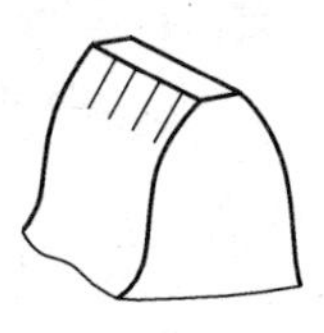
(b) 齿面黏着

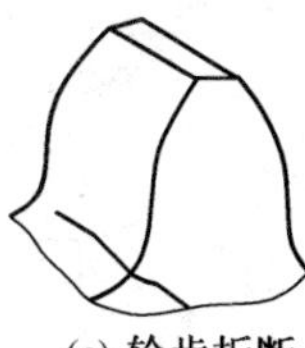
(c) 轮齿折断

图6－13　轮齿表面主要失效形式的形态

①疲劳点蚀的形态特点。疲劳点蚀是闭式齿轮最为常见的齿面失效形式，主要发生在靠近节线处齿根面的部位。它是由于齿面在交变接触应力的反复作用下，发生接触疲劳，造成表层金属一小片一小片地剥落，从外观上看起来呈现麻点状态。开始时，麻点还比较少，也比较小，随着继续使用，在齿面的有效受力面积不断减小的情况下，会引起点蚀的进一步发展，麻点增多，麻坑增大，直到使整个齿面破坏。其形态如图6－13a所示。

对于开式齿轮，由于润滑条件差一些，齿面磨损较快，往往齿面表层材料还未发生点蚀现象时，就被磨损掉了，因此几乎看不到点蚀这种失效形态。

②齿面黏着的形态特点。齿面黏着主要发生在高速或重载齿轮传动之中。当轮齿在啮合处发生咬焊现象的时候，沿滑动方向就形成了咬焊后撕裂划伤的沟槽。轮齿间的相对滑动速度越大，越容易发生黏着现象，所以这种失效形式通常都出现在靠近齿顶的齿面部位。其形态如图6－13b所示。

③轮齿折断的形态特点。轮齿受载时，齿根处的弯曲应力最大，而且有应力集中。重复受载后，轮齿的齿根部位有时会产生疲劳裂纹，并逐步扩展使轮齿断裂。其裂纹的位置特点如图6－13c所示。监测观察中，若发现轮齿产生疲劳裂纹，应及时进行更换或者修理。此外，有时还会因短期过载或受到过大的冲击载荷，轮齿突然发生断裂现象。这种情况发现容易，预测困难。

（四）液压传动系统工作原理

图6－14所示的是MGD250/300－NWD型电牵引采煤机的调高和制动系统的液压系统原理图。该系统主要由调高泵组件、过滤器、集成块、液力锁、调高油缸、机外油管和液压制动器等组成，均分散布置在机身传动部上。

1. 调高回路

调高回路的主要功能是按司机所需要的位置升降滚筒。调高泵的动力由截割电动机提供。该回路由手液动换向阀、电磁换向阀、液力锁、调高油缸组成。在调高泵出口处设一高压溢流阀作为安全阀，调定压力为20 MPa。当摇臂不调高时，调高泵排出的压力油经换向阀及低压溢流阀回到油池。低压溢流阀的调定压力为2.5 MPa，此压力油经精过滤器过滤后，为电磁换向阀、刹车电磁阀提供控制油源。当摇臂调高时，手液动换向阀手柄往里推，阀的P、A口接通，B、O口接通，压力油经换向阀打开液力锁，进入调高油缸的活塞腔右腔，左腔的油液经液力锁和低压溢流阀流回油池，使摇臂下摆；反之，将调高手柄往外拉，使摇臂上摆。当操纵控制站相应的按钮时，电磁换向阀动作，将控制油引到手

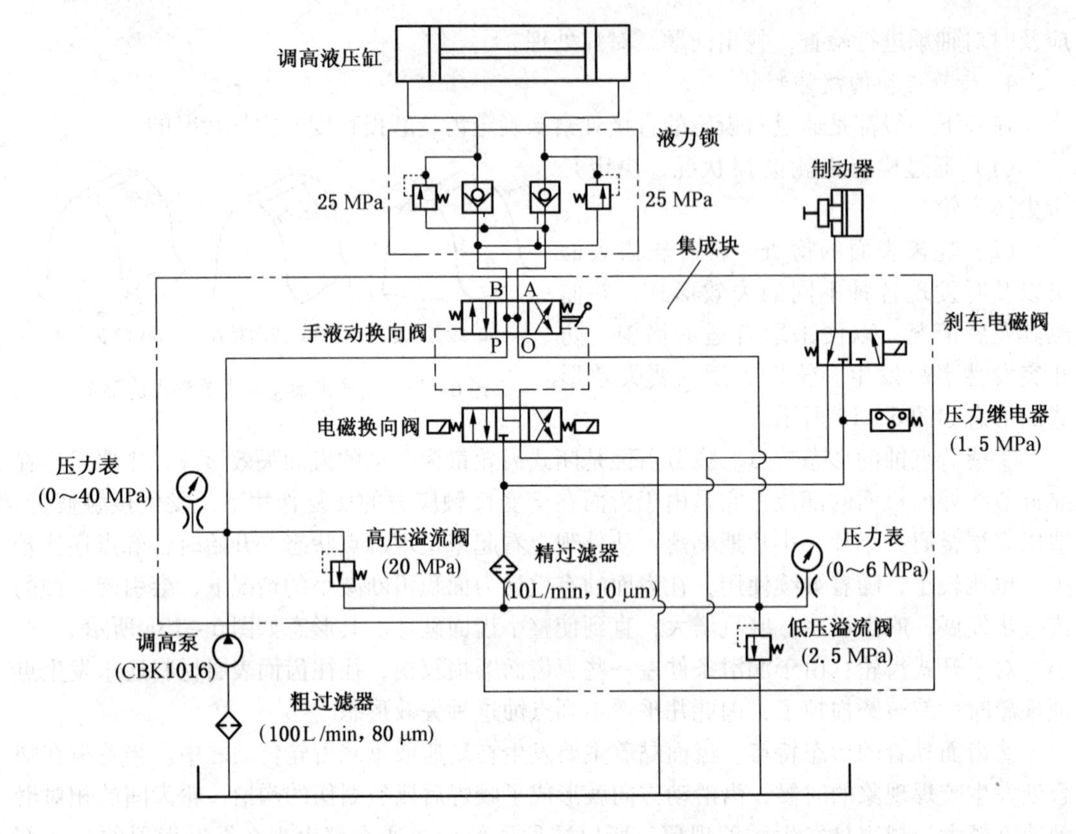

图 6－14 MGD250/300－NWD 型电牵引采煤机的调高和制动系统的液压系统原理

液动换向阀相应的控制阀口，实现摇臂上摆、下摆的电气控制。当调高操作命令取消后，手液动换向阀的阀芯在弹簧作用下复位，调高泵卸荷；同时，调高油缸在液力锁的作用下自行封闭油缸两腔，将摇臂锁定在调定位置。

2. 液压制动回路

液压制动回路由二位三通刹车电磁阀、液压制动器及其管路等组成，其油源与调高控制回路是同一控制油源。刹车电磁阀贴在集成块上，通过特定管路与安装在机身传动部内的液压制动器相通。

当采煤机行走时，刹车电磁阀得电动作，压力油进入液压制动器而松闸，使牵引机构解锁，得以正常牵引。当采煤机停机或出现故障时，刹车电磁阀失电复位，制动器油腔压力油回到油池，弹簧压紧内、外摩擦片，将其制动，采煤机停止牵引并防止下滑。当控制油压小于 1.5 MPa 时，压力继电器动作，使得刹车电磁阀失电，液压制动器处于制动状态。

3. 调高泵组件

调高泵的动力由截割电动机提供，电机通过内外花键的传动，将动力直接传递给调高泵使其旋转、完成泵的吸油、排油动作。调高泵的型号为 CBK1016－B4F 型齿轮泵。该齿轮泵体积小，质量轻，结构简单，工作可靠。调高泵的技术参数如下：

额定压力	25 MPa
最高压力	28 MPa

额定转速	2000 r/min
最高转速	3000 r/min
理论流量	15.9 mL/r
容积效率	≥91%
工作压力	20 MPa
工作转速	1465 r/min

4. 集成阀块

集成阀块是将手液动换向阀、电磁阀、压力继电器、高低压溢流阀、压力表等集成在一起，通过阀体内部通道实现原理功能。

5. 手液动换向阀

该机设有一只手液动换向阀，为 H 型三位四通换向阀，通过集成块的内部孔道，与调高泵和油缸相连。右侧贴有一只三位四通电磁换向阀，通过集成块的内部孔道，将手液动换向阀的两端控制油腔分别与电磁换向阀的 A、B 口相通。当电磁换向阀动作时，迫使手液动换向阀阀芯移动。因此，可用手直接操作，也可通过电磁换向阀操作，确定其阀的工作位置，使压力油进入调高油缸，实现摇臂的回转。

6. 电磁阀

（1）该机所用的 34GDEY－H6B－TZ 隔爆型电磁换向阀作为手液动换向阀的先导控制，实现电液控制。电磁换向阀的 A、B 口与手液动换向阀的控制油腔相通，当得到机器两端的端头操纵站电信号时，电磁换向阀动作，使得电磁换向阀的 P 口与 A 口相通，控制油源进入手动换向阀的某一控制油腔，另一控制油腔与油池相通，推动阀芯换向动作，实现摇臂升降。

（2）该机所用的 24GDEY－H6B－TZ 隔爆型电磁换向阀作为刹车电磁阀，把 B 口堵住作为二位三通阀使用。当采煤机启动时，刹车电磁阀得电动作，P 口与 A 口相通，压力油进入制动器克服弹簧力，内、外摩擦片分离，牵引进入松闸运行状态。当采煤机停止时，刹车电磁阀断电复位，O 口与 A 口相通，压力油回到油池，制动器内外摩擦片贴紧，采煤机即被制动。

以上电磁阀均为隔爆型电磁阀，在安装使用时，均应按隔爆型电磁阀的使用注意事项操作。

7. 压力表

在采煤机的工作过程中，为了随时监视液压系统中的工作状况，因此在集成阀组的阀体上安装有高、低压压力表，分别显示调高及控制油源的压力。为防止表针剧烈振动而损坏，在压力表表座中有阻尼塞。

8. 压力继电器

压力继电器型号为 HED40P10/5，调定压力为 1.5 MPa，板式连接在集成块的左后侧。压力继电器为常开式，当辅助液压系统中的低压控制油源的压力低于调定值时，压力继电器闭合，使刹车电磁阀动作，液压制动器抱闸制动，采煤机停止牵引。采用这种措施能避免液压制动器出现似合似离的工况。

9. DBD 型溢流阀

在液压系统中，调高泵出口的高压安全阀和回油低压溢流阀均采用 DBD 直动型溢流阀。高压安全阀选用 DBDSIOK10/31 型，额定压力为 20 MPa；低压溢流阀选用 DBDSK10/5 型，额定压力 2.0 MPa。压力油从进油口进入阀座前腔。当作用在锥阀芯上的油压超过调定值时，锥阀芯被打开溢流。这种直动溢流阀结构简单，由于采用了阀芯尾部导向结构，阀芯开启平稳，复位可靠。

10. 过滤器

在液压系统中，设有粗、精过滤器各一个。粗过滤器安装在机身传动的采空侧，采用网式滤芯，型号为 WU63 ×80 – J，过滤精度为 80 μm，其流量为 100 L/min，以保证调高泵及系统内部油质的清洁。过滤器尾部设有单向阀，当更换阀芯时，单向阀关闭，防止油箱中的油液溢出。

精过滤器设在集成块的右上侧，主要保证控制油源的油质清洁。采用纸质滤芯，型号为 HX – 10/10，过滤精度为 10 μm，其流量为 10 L/min。

11. 液力锁

液力锁主要由液控单向阀和高压安全阀组成。其作用是锁定摇臂位置，当阻力太大时高压安全阀打开，以保护相关元部件不受损坏。高压安全阀采用 DBD 直动型溢流阀，型号为 DBDS6K10/31。

12. 调高油缸

调高油缸的结构如图 6 – 15 所示，主要由端盖 1、缸体 2、活塞 3、齿条 4、垫块 5、盖板 6 及密封件等组成。齿条由一对活塞推动，为确保齿条不承受附加弯矩，齿条顶部与油缸活塞的连接为径向浮动结构，缸体采用整体结构，提高了箱体的工艺性。齿条的基面支撑在垫块上，垫块的另一面为圆柱面状，垫块以及齿条可沿油缸中心旋转浮动，保证齿轮、齿条啮合处的应力沿齿向均匀分布。调高齿轮与齿条的周向侧隙为0.223 ~ 0.323 mm，由配制垫块厚度来达到。

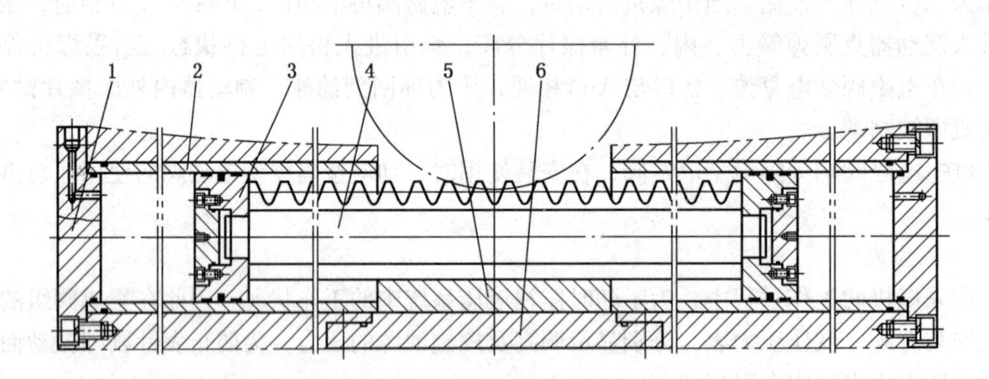

1—端盖；2—缸体；3—活塞；4—齿条；5—垫块；6—盖板

图 6 – 15 调高油缸

二、相关知识

（一）电子基础知识

电子设备中常用的电阻器、电容器、电感器等，通常称为元件；而二极管、三极管、集成块等通常称为电子器件；由电子元器件连接而成的，具有一定功能的电路，称为电子电路。例如，可以把交流电变为直流电的整流电路，可以把微弱信号放大的放大电路等。因此，要了解电子设备的工作原理，就必须了解电子电路的功能，看懂电子电路图；要看懂电子电路图，首先要了解电子元器件。

1. 电阻器

电阻器简称电阻，在电子产品中是一种必不可少的电子元件。它的种类繁多，形状各异，功率也不同，在电路中用来限流、分流、分压等。

1）电阻的种类

电阻可分为固定电阻和可变电阻两大类。固定电阻的电阻值是固定不变的，阻值的大小就是它的标称值，固定电阻器常用字母“R”表示。固定电阻的种类比较多，按材料分，有线绕型电阻、薄膜型电阻、合成型电阻等；按照用途分，有精密电阻、高频电阻、大功率电阻、熔断电阻、热敏电阻、光敏电阻、压敏电阻等；按外形分，可分为圆柱形电阻、管形电阻、方形电阻、片状形电阻。常见固定电阻的外形与符号如图 6－16 所示。

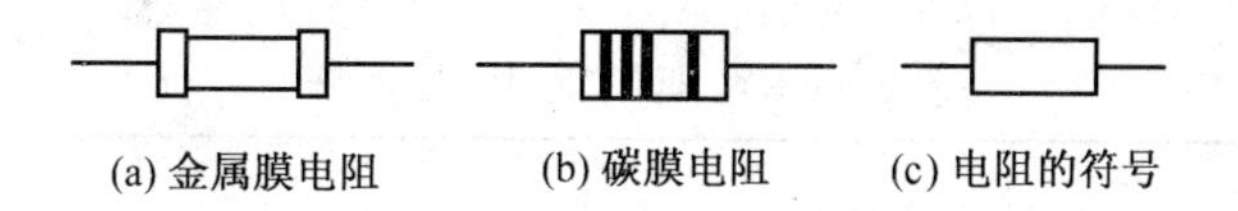

图 6－16 固定电阻的外形与符号

2）电阻的主要参数

（1）电阻的阻值。电阻阻值的基本单位是欧姆，简称欧，用“Ω”表示。比 Ω 大的有 kΩ、MΩ，它们之间的换算关系是：

$$1\ \mathrm{k\Omega}=1000\ \Omega$$

$$1\ \mathrm{M\Omega}=1000\ \mathrm{k\Omega}=1000000\ \Omega$$

（2）电阻的额定功率。当电流通过电阻时，电阻就会发热，如果电阻上所加的功率大于它所允许的功率，电阻器就会烧坏。这个长期工作所允许的功率叫做额定功率或标称功率。功率的单位用瓦（W）或毫瓦（mW），它们相差 1000 倍，即

$$1\ \mathrm{W}=1000\ \mathrm{mW}$$

表明电阻标称功率的符号如图 6－17 所示。最常用的额定功率为 1/8 W 和 1/4 W。在电路图中，如不标明其功率者，通常为 1 W 以下通用。

3）电位器和微调电阻器

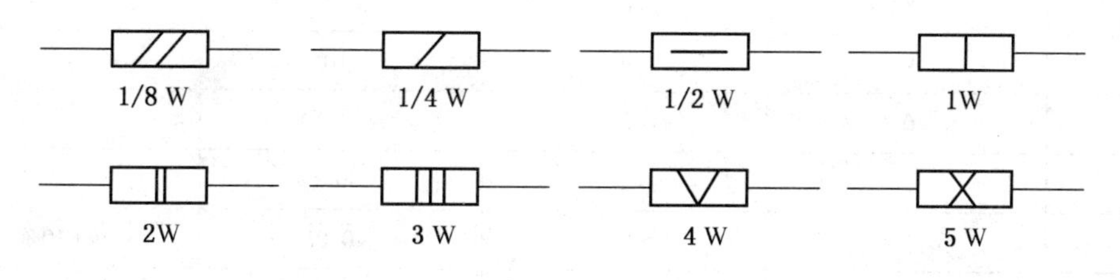

图 6－17 电阻的标称功率

电位器和微调电阻器实际上是一种可调电阻，它们的外形和符号如图6－18所示。在电路图中，电位器的文字符号为“RP”或“W”。

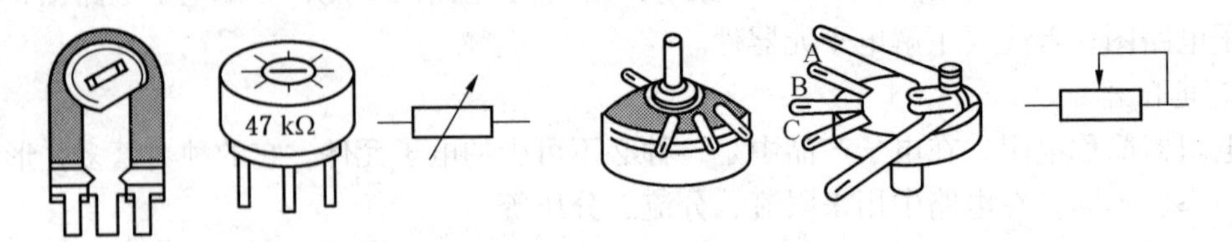

(a)微调电阻器的外形和符号　　(b)电位器的外形和符号

图6－18 电位器和微调电阻器的外形和符号

电位器的主要作用：调节电压大小，用作可变电阻。

4）电阻的色环表示法

（1）四色环电阻的色环表示法见表6－1。

表6－1 电阻的色环表示法

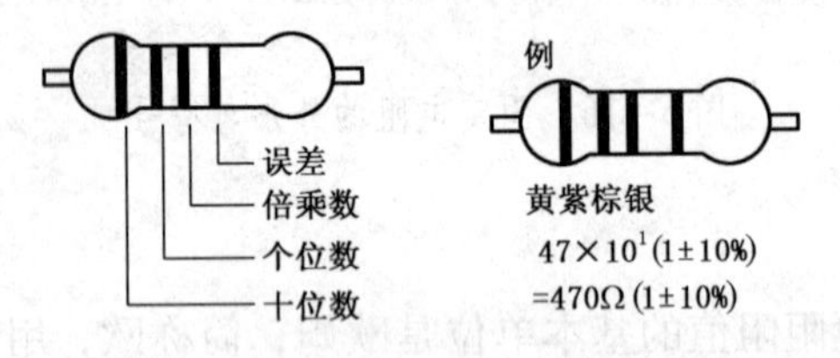

颜　色	第一色环	第二色环	第三色环	第四色环
	十位数字	个位数字	倍乘数	允许误差
棕	1	1	$\times10^1$	
红	2	2	$\times10^2$	
橙	3	3	$\times10^3$	
黄	4	4	$\times10^4$	
绿	5	5	$\times10^5$	
蓝	6	6	$\times10^6$	
紫	7	7	$\times10^7$	
灰	8	8	$\times10^8$	
白	9	9	$\times10^9$	
黑	0	0	$\times(10^0)$	
金			×0.1	±5%
银			×0.01	±10%
本色				±20%

（2）五色环电阻的读数规则：第一、二、三环表示三位数字，第四环表示数字后面“0”的个数，第五环表示精度。现在市场上逐步以五色环为主，而且第五环精度的表示方法目前实际使用和过去有关规定不同，一般用棕色表示误差1%。例如：红 黑 黑 橙 棕 2、0、0、3、1。这个电阻的阻值：200000 = 200K，误差1%。又例如，绿 = 5，棕 = 1，黑 = 0，银 = 0.01，于是阻值 = 510 × 0.01 = 5.1Ω。

2. 电容器

电容器是一种储能元件。电子技术中常用电容器来产生电磁振荡，改变波形、滤波、耦合等。电容器充电后储藏有电能，放电时强大的电流和火花可用来熔焊金属。大型的电力电容器还能用来提高电力设备的效率。电容器也有固定电容和可变电容两大类。部分电容器的形状如图6－19所示。在电路中，电容器的文字符号是“C”，电容器的符号如图6－20所示。

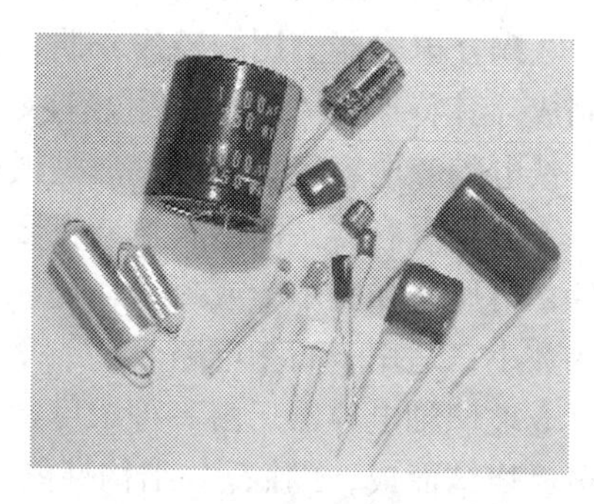

图6－19 部分电容器的形状

1）电容器的种类及特性

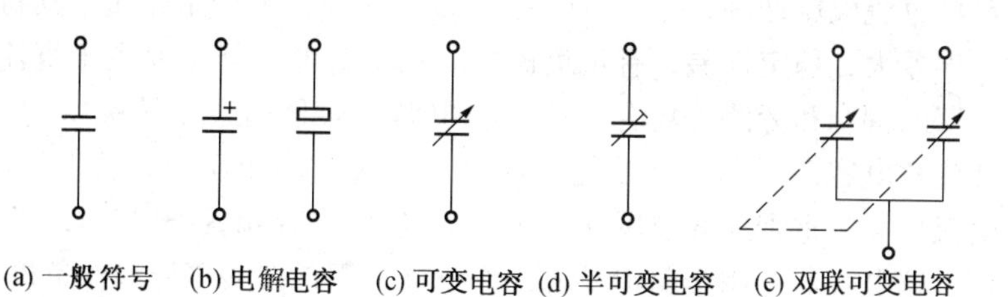

图6－20 电容器的符号

（1）根据电容器的不同特点进行分类。

①按结构及电容器是否能调节，可分为固定电容器、可变电容器和半可变电容器。

②按介质材料的不同，可分为有机介质电容器（包括漆膜电容器、混合介质电容器、纸介电容器、有机薄膜介质电容器、纸膜复合介质电容器等）、无机介质电容器（包括陶瓷电容器、云母电容器、玻璃膜电容器、玻璃釉电容器等）、电解电容器（包括铝电解电容器、钽电解电容器、铌电解电容器、钛电解电容器及合金电解电容器等）和气体介质电容器（包括空气电容器、真空电容器和充气电容器等）。

③按作用及用途的不同，可分为高频电容器、低频电容器、高压电容器、低压电容器、耦合电容器、旁路电容器、滤波电容器、中和电容器、调谐电容器。

④按封装外形的不同，可分为圆柱形电容器、圆片形电容器、管形电容器、叠片形电容器、长方形电容器、珠状电容器、方块状电容器和异形电容器等多种。

⑤按引出线的不同，可分为轴向引线型电容器、径向引线型电容器、同向引线型电容器和无引线型（贴片式）电容器等多种。

（2）几种常见电容器的结构和特点。

①纸介电容器。用两片金属箔作为电极，夹在极薄的电容纸中，卷成圆柱形或者扁柱

形芯子，然后密封在金属壳或者绝缘材料（如火漆、陶瓷、玻璃釉等）壳中制成。它的特点是体积较小，容量可以做得较大。但是固有电感和损耗比较大，适用于低频电路。

②薄膜电容器。结构相同于纸介电容器，介质是涤纶或聚苯乙烯、涤纶薄膜电容，电容率较高，体积小、容量大、稳定性较好，适宜做旁路电容。聚苯乙烯薄膜电容器，介质损耗小，不能作成大的容量。其绝缘电阻高，温度系数大，可用于高频电路。

③陶瓷电容器。用陶瓷作介质，在陶瓷基体两面喷涂银层，然后烧成银质薄膜作电极板制成。其特点是体积小、耐热性好、损耗小、绝缘电阻高，但容量小，适用于高频电路。铁电陶瓷电容容量较大，但是损耗和温度系数较大，适宜用于低频电路。

④云母电容器。用金属箔或在云母片上喷涂银层作电极板，电极板和云母一层一层叠合后，再压铸在胶木粉或封固在环氧树脂中制成。其特点是介质损耗小、绝缘电阻大、温度系数小，适用于高频电路。

⑤玻璃釉电容器。由一种浓度适于喷涂的特殊混合物喷涂成薄膜而成，介质再以银层电极经烧结而成，“独石”结构性能可与云母电容器媲美。其特点是具有瓷介电容器的优点，且体积更小，耐高温。

⑥铝电解电容器。由铝圆筒作负极，里面装有液体电解质，插入一片弯曲的铝带作正极制成。还需经直流电压处理，作正极的片上形成一层氧化膜作介质。其特点是容量大，但是漏电大，误差大，稳定性差，有正负极性。铝电解电容器主要用于直流电源的滤波、去耦、低频电路的耦合和旁路等场合。使用铝电解电容器时，要按标定的“+”、“-”极性来接，并注意电容在电路中承受的电压不得超过它的耐压值，若电压超值或极性接反，轻则漏电流加大，重则损坏或爆炸。对于漏电流大的铝电解电容器，必须及时更换。

⑦钽、铌电解电容器。用金属钽或者铌作正极，用稀硫酸等配液作负极，用钽或铌表面生成的氧化膜作介质制成。其特点是体积小、容量大、漏电流极小、贮存性良好、性能稳定、寿命长、绝缘电阻大、温度性能好，用在要求较高的设备中。

（3）固定电容在电路中的主要作用。

①充放电和延时作用：如果把金属电极板的两端分别接到电池的正、负极，那么接电池正极的金属板上的电子（负电荷）就会被电池正极所吸引，电容的这个电极板因损失电子，破坏了电中性而带上正电；在电场力作用下，电池的负极（有负电荷）又把电子送到另一端的金属电极板上，使它带上负电荷，这种现象叫做电容的“充电”。充电的时候，电路里就有电流流动。充好电的电容如果用一个电阻和导线把正、负极板连接起来形成一个回路，则正、负电荷通过电路互相抵消，电子由带负电荷极板跑回带正电荷极板，这种现象叫“放电”，放电的时候电路里有相反方向的电流流动。

充、放电的快慢与电路中的电阻有关，电阻越大，对电荷流动阻碍越大，充放电过程就进行得越慢。同样，电容器的容量越大，能容纳更多的电荷，充放电过程也越慢。充电时，随着金属极板电荷的充入，电容器两端的电压也随之上升；放电时，随着电荷的放掉，电容器两端的电压也随之下降。因此，在电子电路中利用电容 C 和电阻 R 的大小，可以控制充放电的快慢，进而控制电压建立和消失的时间，达到延时和定时控制的目的。

②通交流隔直流作用：如果电容器的两个极板接交流电源，我们知道交流电源的正、负极在不断地变化着，迫使电容器两极板交替地进行着充电和放电，两种方向的电流也就交替在电路中流动，这就是电容器能通过交流电的原理。由于电容器能够顺利地通过交

流，对交流而言，因此常称为耦合电容（与其他元件串联时）或旁路电容（与其他元件并联时）。当电容器两端接通直流电源时，电路中有充电电流，但充电时间极短，常在千分之一秒左右瞬间完成充电。当电容器的电场力与电源力平衡时，电荷就不再移动，充电过程结束，电路中就不再有电流通过，对直流而言相当于开路，这就是电容器的隔直流作用。

电容器除了有延时、耦合、旁路、隔直作用外，还有其他用途。例如，与电感元件 L 一起构成 LC 调谐回路，与电阻 R 一起构成 RC 移相回路以及滤波、退耦（去耦）、消振等。

2）可变电容和微调电容

可变电容由动片、定片和绝缘介质组成，改变动、定片的相对角度，即可改变电容量。可变电容有“单联”、“双联”、“三联”等多种。在收音机中动片通常接地，将可变电容与线圈并联，构成 LC 调谐电路，用于选台。

微调电容又称为半可变电容，如陶瓷拉线电容，拉线未拉出时容量最大，拉出拉线并剪断部分拉线，则电容量下降；薄膜介质微调电容，可用小螺丝刀调节容量大小；微调电容的容量都不大。

3）电容器的容量及其表示方法

电容器的容量单位为“法”，用 F 表示；比“法”小的单位为“微法”，用 μF 表示；更小的容量单位为“皮法”，用 pF 表示。它们间的关系如下：

$$1\ \text{F} = 10^6\ \mu\text{F} = 10^{12}\ \text{pF}$$

常用的电容有：

（1）电解电容。多数在 1 μF 以上，直接用数字表示，如 4.7、100、220 等。这种电容的两极有正负之分，长脚是正极。

（2）瓷片电容。多数在 1 μF 以下，直接用数字表示，如 10、22、0.047、0.1 等。这里要注意的是单位，凡是用整数表示的，单位默认为 pF；凡用小数表示的，单位默认为 μF。如上例中，分别是 10 pF、22 pF、0.047 μF 等。

现在国际上流行另一种类似色环电阻的表示方法（单位默认为 pF），如“473”，即 47000 pF = 0.047 μF；“103”，即 10000 pF = 0.01 μF，等等，“×××”第一、第二个数字是有效数字，第三个数字代表后面添加 0 的个数。这种表示法现在已经相当普遍。

3. 电感线圈和变压器

电感线圈又叫电感器，也是一种储能元件，它所储存的是磁场能量。当线圈电流变化时，磁场能量跟着变化，根据楞次定律将产生自感电动势来阻止电流的变化，这就是电感器的特性。而变压器则是两个线圈间电流磁场的相互作用，并产生“互感”的能量传输效应。下面分别予以介绍。

图 6-21　电感线圈

1）电感线圈在电路中的作用

线圈是用导线（漆包线、纱包线、裸导线等）一圈靠一圈地绕制而成的，图 6-21 所示为电感线圈，图 6-22 所示为线圈的图形符号。电感线圈的文字符号为“L”。

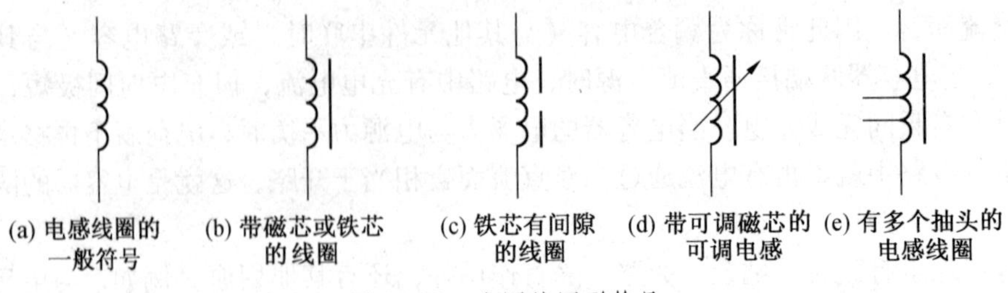

图6－22　线圈的图形符号

（1）阻流作用。根据楞次定律，线圈中的自感电动势总是与线圈中的电流变化相对抗，所以，电感线圈对于交流电有一定的阻力，阻力的大小用“感抗”表示，感抗与线圈电感 L 的大小以及交流电的频率 f 成正比，即电感量越大，感抗越大；频率越高，感抗也越大，电子电路中常利用线圈的阻流作用进行分频或滤波，分离出高频电流和低频电流。例如，用高频阻流圈（高频扼流圈）来阻止高频信号通过而让较低频率的交流信号和直流通过。高频阻流圈的电感量较小，一般只有几毫亨。另一种是低频阻流圈，常用在电源滤波电路中，消除整流后残存的一些交流成分而只让直流通过。低频阻流圈的电感量较大，可达几亨，往往绕在铁芯上，体积也较高频阻流圈大得多。

（2）调谐与选频作用。线圈与电容器并联可组成 LC 调谐回路。若回路的固有振荡频率 f_0 与外加交流信号的频率 f 相等，则回路的感抗与容抗也相等，于是电磁能量就在电感、电容间来回振荡，这就是 LC 回路的谐振现象。谐振时由于回路的感抗与容抗等值且符号相反，因此回路总电抗最小，电流最大（指 $f=f_0$ 的交流信号），所以 LC 谐振回路具有选频作用，能把某一频率 f 的交流信号选择出来。

LC 谐振回路中的线圈，其导线有电阻，电容器也有一点点漏电或损耗，所以在 LC 谐振回路中，虽然感抗与容抗相抵消，但由于回路电阻和损耗的存在，使电磁能量有损失。振荡的电磁能量与损耗能量的比值，称为 LC 回路的品质因数，用 Q 表示。通常，线圈的感抗越大、自身电阻越小，品质因数就越高。品质因数 Q 的数值一般为几十到几百，Q 值越高，LC 回路的选频作用就越好，用这种 LC 回路构成的收音机和电视机的调谐电路，其选择电台（频道）的能力也越强，从而避免调谐时的串台现象。

2）线圈的电感量

当线圈中通有电流时，线圈的周围就产生磁场，电流变化，磁场也变化。变化的磁场穿过线圈，可在线圈两端产生感应电动势，这就是线圈的“自感”作用。线圈也是储能元件，储存的是电流产生的磁场能量，线圈的圈数越多、直径越大，通的电流越大，则储存的磁场能量也越大。线圈储能越多，电流消失时产生的自感电动势也越大，会击穿绝缘或其他元器件，这点在使用中必须注意，要设法限制自感电动势的大小。

线圈自感作用的大小，称为电感量（简称电感），电感大小与线圈圈数和尺寸有关，用硅钢片或铁氧体作磁芯可以用较少的圈数得到较大的电感量。电感的单位是亨利，简称亨，常用 H 表示，比亨小的单位有毫亨（mH）和微亨（μH），它们之间的换算关系如下：

$$1\ \mathrm{H}=10^3\ \mathrm{mH}=10^6\ \mu\mathrm{H}$$

3）变压器

（1）变压器的图形符号如图6－23所示。

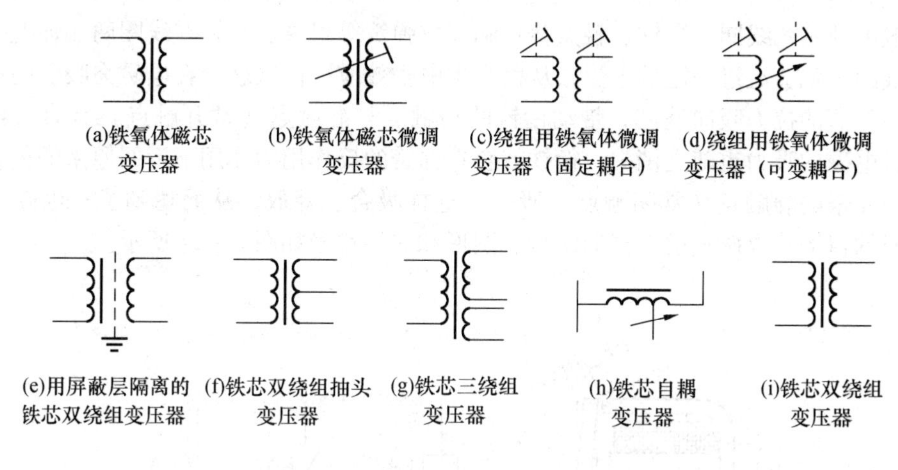

图6－23　变压器的图形符号

（2）变压器的种类和用途如下：

①电源变压器。电源变压器的主要用途是进行电压变换，通常为降压变压器，以适应电子设备低压电源的要求。电源变压器的线圈（绕组）通常用漆包线绕成。电源变压器按铁芯不同可分为叠片式与卷绕式两种，前者工艺简单，价格便宜，应用广泛；后者漏磁小，效率高，工艺复杂。电源变压器主要用于要求高的电子设备中。

②脉冲变压器。电视机的行推动变压器和行输出变压器都是工作于电流、电压的非正弦脉冲状态，所以铁芯要用高频整体磁芯，若用硅钢片铁芯，则因涡流等损耗作用而无法正常工作。行输出变压器兼有阻抗变换和升压作用。行输出变压器采用U型高频磁芯，次级有多个绝缘良好的副绕组，分别提供显像管阳极高压（26 kV）、聚焦电压(7.6 kV)、视放输出电压（100 V）等使用。近来又出现了一种一体化行输出变压器，它的初、次级绕组以及整流二极管全灌封在一起，体积小，可靠性大大提高。

③低频变压器。低频变压器的结构与电源变压器类似，但体积小得多。低频变压器主要用作阻抗变换，例如，扩大机前级的话筒输入变压器，收音机功率放大器与刺叭之间的输出变压器等。低频变压器工作的音频范围：30 Hz～20 kHz。

④中频和高频变压器。收音机的中频变压器，工作频率高达465 kHz，实际上也属于高频范围。为避免外界电磁干扰，中频变压器均固定在金属屏蔽壳内。中频变压器除利用初次级间匝数比进行阻抗变换外，还应用初级线圈（带可调高频磁芯，在中周外壳顶部开槽，用小螺丝刀调节，可以改变初级线圈的电感量）的电感元件L与底部固定电容C构成一个LC谐振回路，所以中频变压器还具有选频作用。

4. 继电器

继电器是具有隔离功能的自动开关元件，广泛应用于遥控、遥测、通信、自动控制、机电一体化及电力电子设备中，是最重要的控制元件之一。继电器的种类很多，如直流电磁继电器、交流电磁继电器、干簧管继电器、时间继电器、温度继电器、无触点继电器等。下面介绍在电路中应用较多的电磁式继电器和干簧管继电器。

1）电磁式继电器的结构和工作原理

电磁式继电器是应用得最早、最多的一种形式。其结构及工作原理与接触器大体相同。一般由铁芯、线圈、衔铁、触点簧片和释放弹簧等组成。只要在线圈两端加上一定的电压，线圈中就会流过一定的电流，从而产生电磁效应，衔铁就会在电磁力吸引的作用下克服返回弹簧的拉力吸向铁芯，带动衔铁的动触点与静触点（常开触点）吸合。当线圈断电后，电磁的吸力也随之消失，衔铁就会在弹簧的反作用力作用下返回原来的位置，使动触点与原来的静触点（常闭触点）吸合。这样吸合、释放，从而达到了在电路中的导通、切断的目的。电磁式继电器的结构、图形和文字符号如图 6－24 所示。

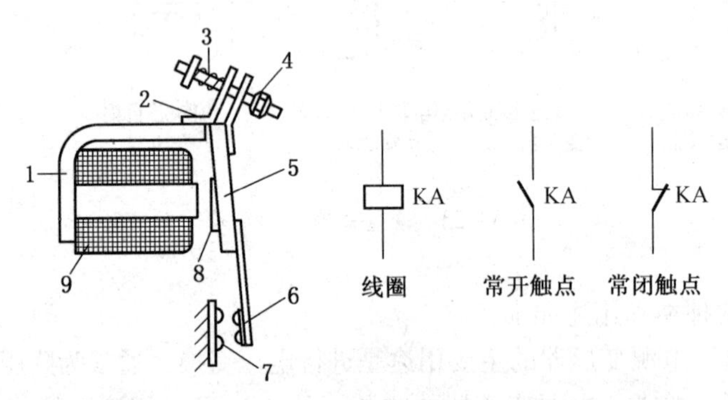

1—铁芯；2—旋转棱角；3—释放弹簧；4—调节螺母；5—衔铁；6—动触点；7—静触点；8—非磁性垫片；9—线圈

图 6－24 电磁式继电器的结构、图形和文字符号

电磁式继电器的常开、常闭触点，可以这样来区分：继电器线圈未通电时处于断开状态的静触点，称为常开触点；处于接通状态的静触点称为常闭触点。由于继电器用于控制电路，流过触点的电流比较小（一般 5 A 以下），故不需要灭弧装置。

2）干簧管和干簧继电器

（1）干簧管。干簧管是干式舌簧管的简称，是一种有触点的无源电子开关元件，具有结构简单，体积小，便于控制等优点。其外壳一般是一根密封的玻璃管，在玻璃管内封装两个或三个由既导磁又导电材料做成的簧片所组成的开关元件，玻璃管内充有惰性气体（如氮、氦等）。平时，玻璃管中的两个由特殊材料制成的簧片是分开的，当有磁性物质靠近玻璃管时，在磁场磁力线的作用下，管内的两个簧片被磁化而互相吸引接触，簧片就会吸合在一起，使结点所接的电路连通。外磁力消失后，两个簧片由于本身的弹性而分开，线路也就断开了。因此，作为一种利用磁场信号来控制的线路开关元件，干簧管可以作为传感器用于计数、限位等，同时还被广泛使用于各种通信设备中。在实际运用中，通常用永久磁铁控制这两根金属片的接通与否，所以又被称为磁控管。其结构原理如图 6－25 所示。

（2）干簧继电器。干簧管外面绕上线圈就成为干簧继电器，如图 6－26 所示。当有电流通过线圈时，周围就会产生磁场，磁力线穿入簧片，簧片被磁化而相互吸引，使触点闭合，控制执行元件工作。

干簧继电器具有结构简单，体积小，吸合功率小，灵敏度高等特点，吸合与释放时间一般在 0.5～2 ms 之间。触点密封，不受尘埃、潮气及有害气体污染，动片质量小，动程小，触点寿命长，一般可达 10^7 次左右。

干簧管和干簧继电器的缺点是玻璃易碎，耐振性差，干簧片易受外界磁场干扰等。

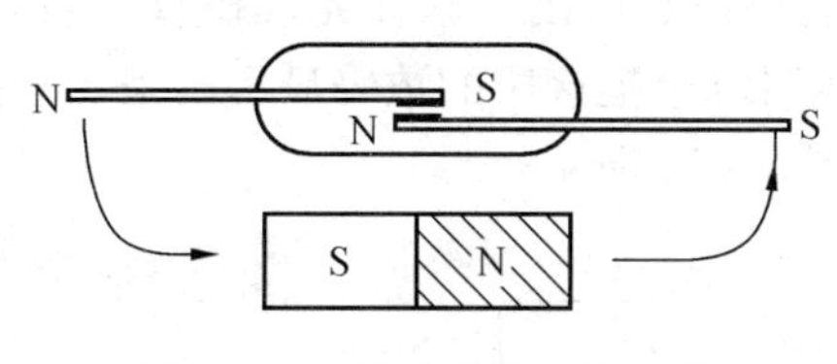

图 6－25　干簧管的结构原理

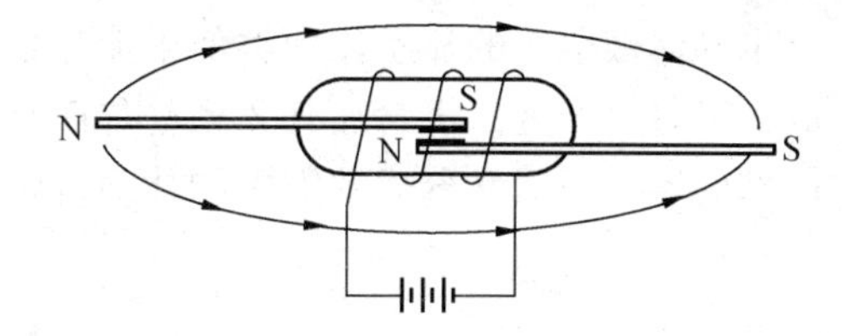

图 6－26　干簧继电器的结构原理

5. 显示器件

显示器件用作电子设备的终端信号显示、电台（频道）指示以及电源指示灯等，它能把电信号变成光的形式显示出来。对显示器件，除要求工作可靠、灵敏、省电外，还强调它要具有清晰、醒目的特点。常用显示器件如下。

1）白炽指示灯

白炽指示灯一般指的是普通小型白炽灯泡。在电路上用 ZD 或 HL 表示，额定电压有 6 V、9 V、12 V、24 V 等几种，交直流都能工作。为了醒目，可涂上各种颜色或加罩。白炽灯的优点是简单、价廉；缺点是耗电，未点亮时冷态电阻只有点亮后热态电阻的 1/10 左右，接通时有很大的冲击电流，为此必须串联一个小阻值的限流电阻，以延长寿命。

2）荧光数码管

荧光数码管是一种“指”形的玻璃外壳电子管。它由灯丝（阴极）、网状栅极和七段阳极组成，如图 6－27 所示。荧光数码管工作时，首先加上灯丝电压（1.2 V）和栅极正电压，若所有七段阳极均不加正电压时，荧光数码管不显示数字。如果有选择地给某几段阳极加以正电压，由被加热的阴极发射出来的电子穿过正电压的栅孔，在阳极电场吸引下则会以高速轰击阳极表面。阳极表面涂有荧光粉，在受到高速电子轰击时就会发出绿色的荧光数字。

利用七段阳极的不同组合，可以组成 0～9 十个不同的数字，如图 6－28 所示。例如，要显示数字 4，则可将 b、c、f、g 段接正电压（20V），使之发亮，显示的图形就是 4。

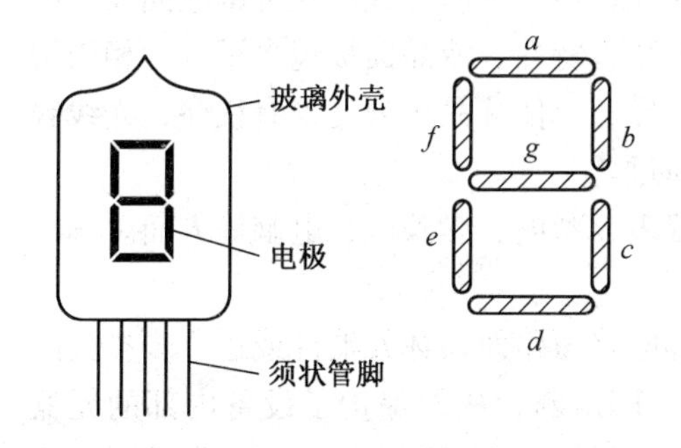

图 6－27　荧光数码管的外形和阳极布置

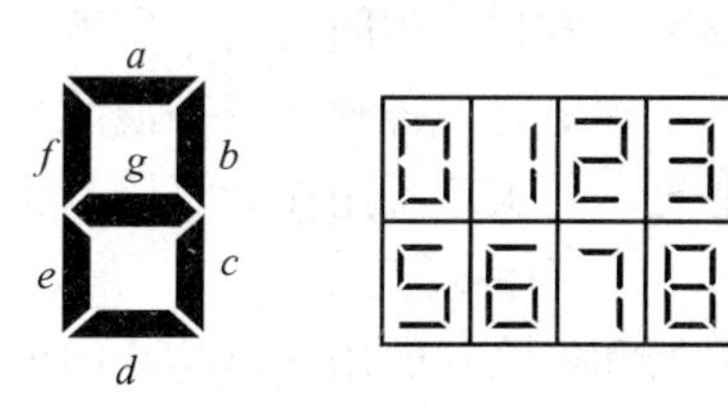

图 6－28　七段显示的数字图形

荧光数码管的优点是工作电压比较低、驱动电流小（阳极为 2 mA 左右）、字形清晰，广泛应用于电子计算器及其他设备中。它的主要缺点是需要加热灯丝，因而耗电大，此外灯丝易老化，影响使用寿命。

3）半导体数码管

半导体数码管的显示原理类似于荧光数码管，但每段数码由一只发光二极管（LED）构成，当每只发光二极管加有 2 V 左右直流正向电压时都会把该段的数码显示出来。根据它内部的连接方式又分成共阳极和共阴极两种。如图 6－29 所示。

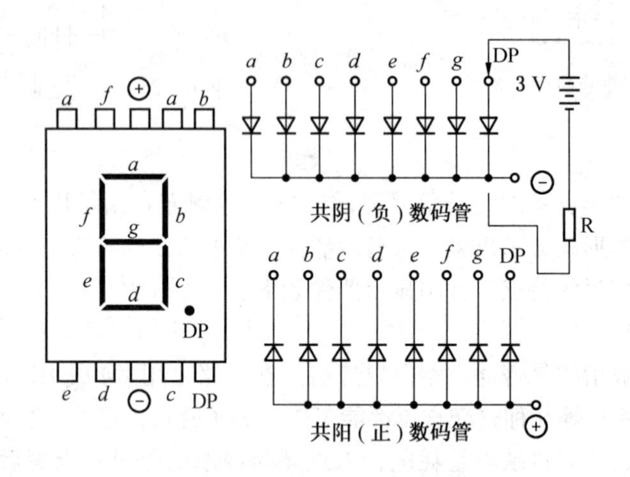

图 6－29　半导体数码管（LED）

LED 数码管的特点是工作电压低（3～15 V 电源），易于 TTL、CMOS 数字电路兼容，发光响应时间短，高频特性好，使用寿命长（10^5 h 以上），成本低，在许多场合已取代荧光数码管的工作。

使用 LED 数码管时，为安全起见要串一只限流电阻 R。其中 U_0 为加在显示电路两端的电压；U_{LED} 为光二极管每笔段的压降（约为 2 V）；I_{LED} 为每段工作电流，一般取 5～10 mA。

4）液晶显示器

液晶显示器又称 LCD，它具有体积小、质量轻、省电、辐射低、易于携带等优点。液晶显示器（LCD）的原理是基于液晶电光效应的显示器件，包括段显示方式的字符段显示器件；矩阵显示方式的字符、图形、图像显示器件；矩阵显示方式的大屏幕液晶投影电视液晶屏等。液晶显示器的工作原理是利用液晶的物理特性。液晶面板包含了两片相当精致的无钠玻璃素材，中间夹着一层液晶，在通电时导通，使液晶排列变得有秩序，光线容易通过；不通电时，排列则变得混乱，阻止光线通过。

液晶显示器被广泛用在计算器、手表、仪器仪表、彩电、影碟机、电脑等方面。

6. 熔断器和保险元件

熔断器和保险丝的用途是防止因电子设备内部电路短路而损坏元器件或进一步扩大故障。当有短路或过负荷发生时，保险器内的熔件立即熔断，从而保护了设备内部的元器件。最常见的玻璃管熔断器外形和符号如图 6－30 所示。在电路图中，熔断器常用字母“RD”或“BX”表示。但要注意，熔件熔断后，必须换上同规格、同型号的熔件。

熔断电阻又称保险电阻，是一种双功能元件，在正常情况下具有普通电阻的作用，一旦电路过负荷，就会在规定的时间内熔断开路，从而起到保险丝的作用。保险电阻的外形和符号如图 6－31 所示，外表用色标以区分不同的规格。例如，RN0. 25 W、2. 2 Ω 为红色环，电流为 3. 5 A；RN0. 25 W、1 Ω 为白色环，电流为 2. 8 A，等等。

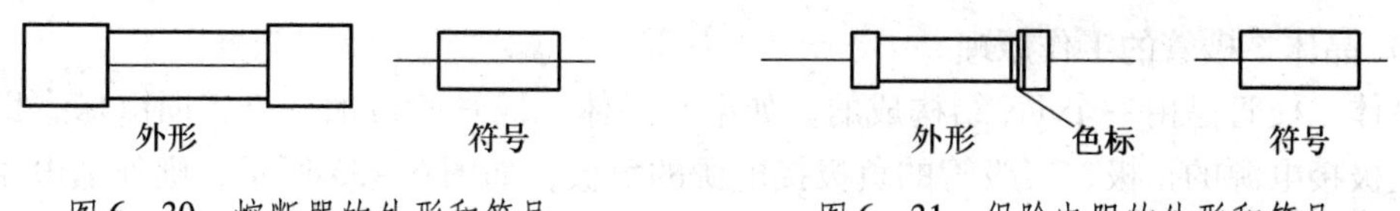

图6-30　熔断器的外形和符号　　图6-31　保险电阻的外形和符号

温断器又叫温度保险丝，安装在易发热的被保护机件内，当机件内出现异常高温时，能自动熔断，切断电源。图6-32所示是温断器的一种外形图，这种温断器常安装在功率管的散热板上、变压器的线圈中及电动机定子绕组中。

7. 晶体二极管

1）晶体二极管的基本结构

晶体二极管实际上就是由一个PN结接上引出线封入管壳而构成的。它有两个电极，由P型半导体接出的引出线叫正极；由N型半导体接出的引出线叫负极，图6-33所示是几种常见的晶体二极管的外形和线路中的符号。

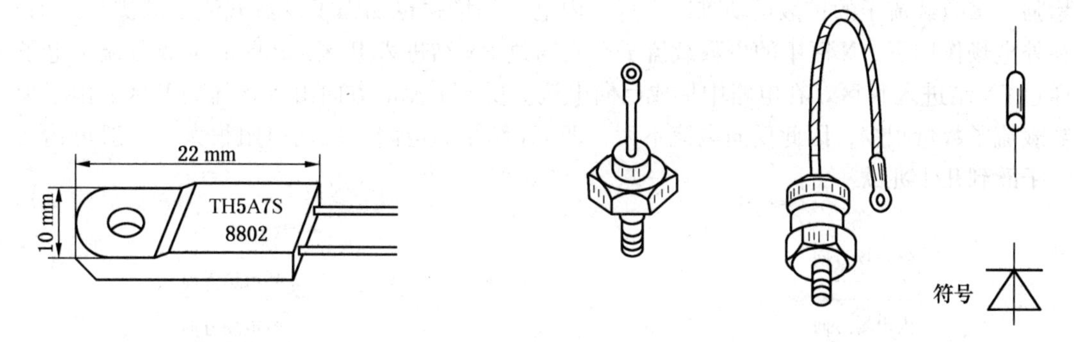

图6-32　温断器　　图6-33　晶体二极管的外形和符号

按结构分，晶体二极管有点接触型和面接触型两类，点接触型的二极管一般为锗管，如图6-34a所示，它的PN结面积很小（结电容小），因此不能通过较大的电流，但其高频性能好，一般适用于在高频和小功率电路中工作，也可作为数字电路中的开关元件。面接触型二极管一般为硅管，如图6-34b所示，它的PN结面积大（结电容大），故可通过较大的电流（可达几个千安），但其工作频率低，一般用作整流。

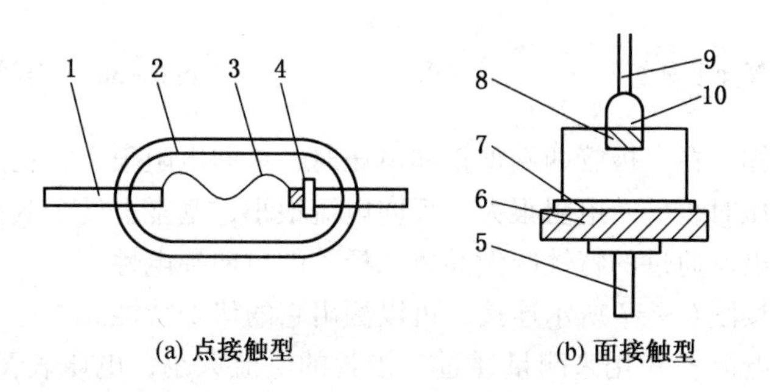

1—引线；2—外壳；3—触丝；4—N型锗管；5—负极引线；6—底座；
7—金锑合金；8—PN结；9—正极引线；10—铝合金小球

图6-34　晶体二极管的结构

2）晶体二极管的工作原理

晶体二极管是由一个PN结构成的。如果在晶体二极管两极加一个正向电压，即二极管的正极接电源的正极，二极管的负极接电源的负极，如图6－35所示，则外加电压破坏了PN结的扩散和漂移运动的平衡。由于外电场和内电场的方向相反，外电场将驱使P区的空穴进入A薄层，抵消一部分A层中的负电荷；同时N区的电子进入B薄层，也抵消一部分B层中正电荷。于是PN结（阻挡层）变窄，内电场削弱，多数载流子的扩散运动加强，形成较大的扩散电流（正向电流），正向电流包括空穴电流和电子电流两部分。空穴和电子带有不同的电性，但它们运动方向相反，所以电流方向是一致的。在一定范围内，外电场越强，正向电流越大，这时PN结所呈现的正向电阻很小，一般为几欧到几百欧，甚至更小。

如果在二极管两端外加反向电压，即电源的正极接二极管的负极，电源的负极接二极管的正极，如图6－36所示。则外电场和内电场方向一致，破坏了PN结中载流子的扩散和漂移运动的平衡，外电场驱使电荷区两侧的空穴和电子移走，使得PN结变宽，内电场增强，多数载流子的扩散运动难以进行；内电场的增强也加强了少数载流子的漂移运动，在外电场作用下，N区中的少数载流子空穴通过PN结进入P区，P区的少数载流子电子通过PN结进入N区，在电路中形成反向电流。反向电流的方向由N区流向P区。由于少数载流子数量很少，因此反向电流不大，即PN结呈高电阻，反向电阻很大，一般可达几十千欧到几十兆欧。

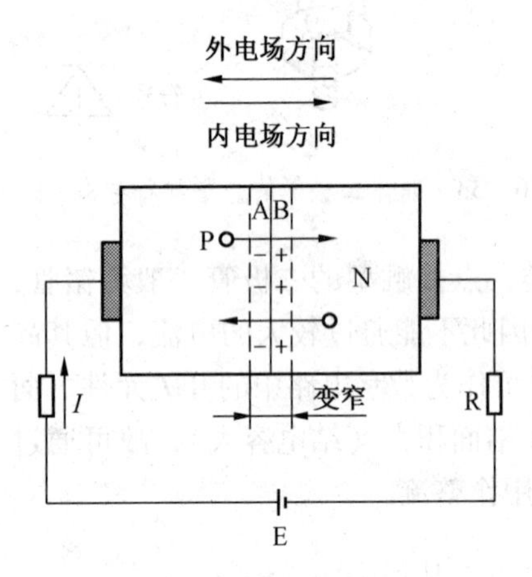

图6－35　二极管加正向电压

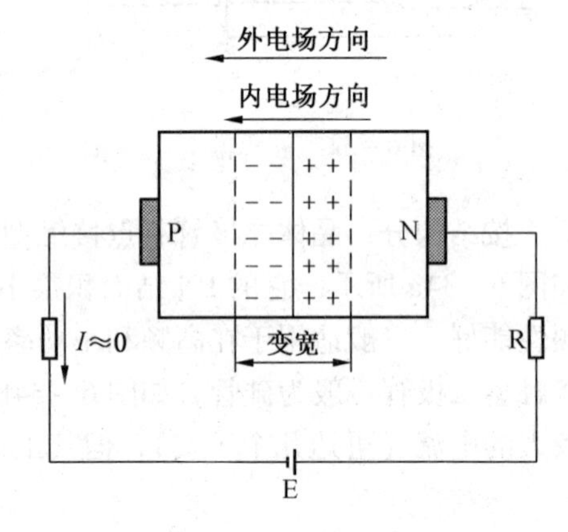

图6－36　二极管加反向电压

由以上分析可知，在二极管两端加正向电压时，正向电阻很小，正向电流很大；在二极管两端加反向电压时，反向电阻很大，反向电流很小，基本上处于截止状态。晶体二极管这种只能让单向电流通过的特性叫做晶体二极管的单向导电性。

将晶体二极管按图6－37所示连接，可以测出它的伏安特性。

图6－37中，电流表A用来测量通过二极管的电流大小，电压表V是测量加在二极管两端电压的。开关S是用来变换加在二极管两端电压的极性，即S倒向2，二极管两端加正向电压；开关S倒向1，二极管两端加反向电压。电位器RP是用来调节加在二极管两端电压大小的，通过测量可以得出加在二极管两端的电压和通过二极管的电流之间相应

的数值关系。以电压为横坐标电流为纵坐标画出的曲线就是该晶体二极管的伏安特性曲线，如图6－38所示。

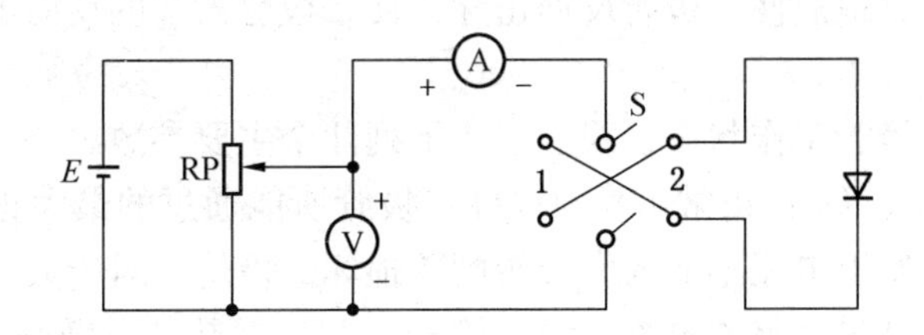

图6－37　测量二极管伏安特性的电路

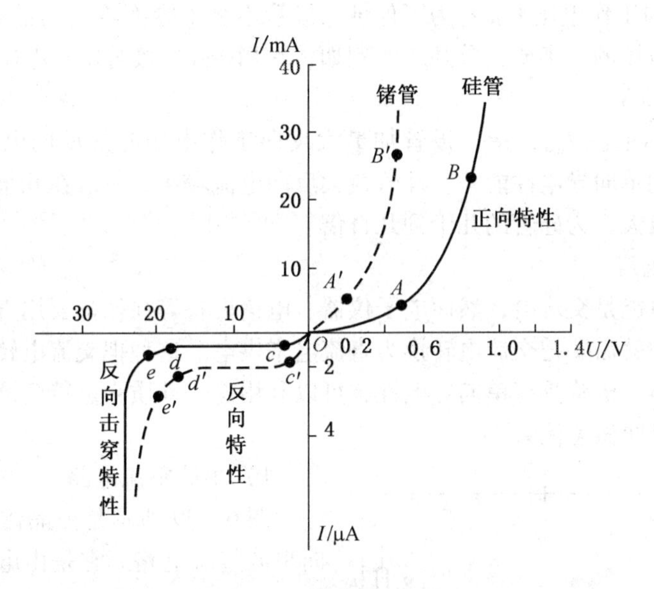

图6－38　二极管伏安特性曲线

从曲线中可看出，在OA段，当外加正向电压很低时，由于外电场还不能克服PN结内电场对多数载流子扩散运动的阻碍作用，故正向电流很小，几乎为零。对应于正向电流很小的外加正向电压叫死区电压。死区电压的大小和晶体管材料性质及温度有关，通常，硅管死区电压约0.5 V，锗管死区电压约0.2 V。当外加电压超过死区电压后（如AB段），内电场被大大削弱，电流增长很快。开始使正向电流有较大增长所对应的正向电压，叫起始电压。但正向电流不能无限地增长下去，否则二极管会被烧坏。

在二极管加反向电压时，由于少数载流子的漂移作用，形成很小的反向电流。在反向电压大到一定数值时（cd段曲线），几乎所有的少数载流子全部漂移形成漂移电流，达到反向饱和状态。这时的反向电流基本稳定，它的大小与反向电压的大小无关，故通常称它为反向饱和电流。反向饱和电流的大小受温度的影响很大，当温度上升时，反向饱和电流也增大。在常温下，锗二极管的反向饱和电流约为几十微安到几百微安；硅二极管的反向饱和电流约为1微安到几十微安。

当反向电压继续增加时，反向电流突然剧增（e点以后的曲线），二极管失去了单向导电性，这种现象叫做击穿。被击穿后的二极管不能恢复原来的特性。被击穿的原因是外加的强电场强制地把原子中的外层价电子拉出来，使载流子的数目增多。处于强电场中的载流子，又从电场中获得能量，把其他原子中的价电子轰击出来，如此形成连锁式反应，反向电流将越来越大，最后使二极管反向击穿。使二极管击穿的反向电压叫二极管反向击穿电压。

为了描述晶体二极管工作状态，我们引入下列几个主要参数。

（1）最大整流电流 I_{OM}：正常工作时晶体二极管所能通过的最大正向电流。因为电流通过二极管要发热，所以电流不能太大，否则要损坏二极管。对于大功率晶体二极管，为降低它的温度，以提高最大整流电流，常在管子上装有散热片，散热片尺寸有一定要求，除自然冷却外，使用时还可采用风扇冷却、水冷和油冷等，以达到散热的目的。

（2）最大反向工作电压 U_{RM}：为了保证二极管不被击穿而给出的最高反向工作电压，一般为反向击穿电压的一半或三分之二。例如，2CP10 硅二极管击穿电压为 50 V，最大反向工作电压则为 25 V。

（3）最大反向电流 I_{RM}：指二极管加最大反向工作电压时的反向电流值。反向电流大，说明二极管的单向导电性能差。硅管最大反向电流较小，一般在几个微安以下；锗管的最大反向电流较大，为硅管的几十到几百倍。

8. 单相整流电路

电网供给的电能是交流电，然而电子仪器、电信设备等往往都要用直流电来工作，因此，在这些设备中就需要把交流电转换为直流电来供电。这种把交流电转换为直流电的过程叫做整流。晶体二极管具有单向导电性，可以利用这一性质来进行整流。因此把用来整流的晶体二极管又叫做整流管。

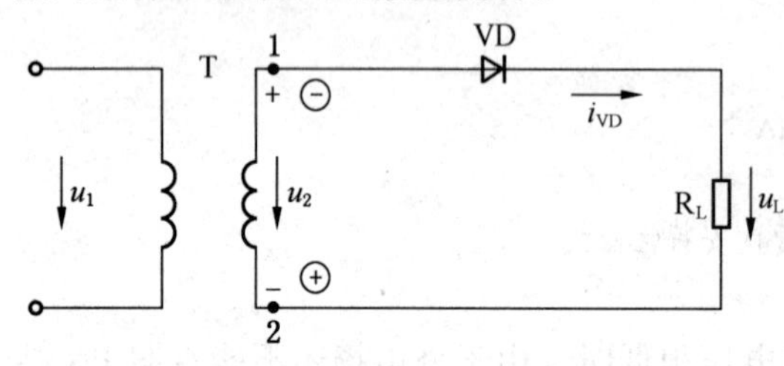

图 6－39　二极管单相半波整流电路

1）半波整流电路

图 6－39 所示是由晶体二极管组成的单向半波整流电路。它是由电源变压器 T、晶体二极管 VD 和负载电阻 R_L 组成，是一种最简单的整流电路。

设所加交流电压 u_1 经变压器 T 变换后，在二次绕组感应出的交流电压为

$$u_2 = U_{2m}\sin 2\pi ft$$

式中　U_{2m}——u_2 的幅值；

f——交流电的频率。

u_2 经过二极管 VD 加到负载 R_L 上。

在电压 u_2 处于正半周时，变压器二次绕组中“1”点的电位较“2”点为正，二极管 VD 两端加的是正向电压，电路处于导通状态，负载 R_L 上有电流 i_L 通过。因为二极管正向电压很小，可忽略不计，故加在负载 R_L 两端的电压 u_L 就等于变压器二次绕组电压 u_2，即

$$u_L = u_2$$

$$i_L = \frac{u_L}{R_L} = \frac{u_2}{R_L}$$

在电压 u_2 处于负半周时，变压器二次绕组中“2”点的电位较“1”点为正，二极管

VD 两端加的是反向电压，二极管处于截止状态，电路中无电流通过。因为二极管反向电阻很大，相比之下，负载 R_L 可忽略不计，电压 u_2 几乎全部加到二极管两端，负载上的电压 u_L 为零，即

$$u_{VD}=u_2$$
$$u_L=0$$
$$i_L=0$$

在晶体二极管单相半波整流电路中的电流和各元件上的电压波形如图 6－40 所示。由于二极管的单相导电性，当线路中输入一个正弦电压时，在负载 R_L 上获得了方向不变的脉动直流电压，这就叫整流。由于每个周期内只在半个周期中有输出电压，因此称为半波整流。这个脉动直流电压的大小可以用平均值来表示。

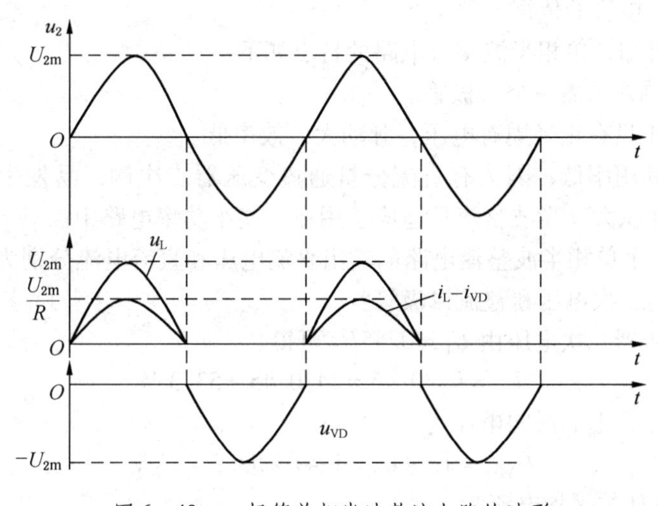

图 6－40 二极管单相半波整流电路的波形

脉动直流电压的平均值是这样求得的：在一个周期内，以横坐标为一边作矩形，使矩形的面积等于在这个周期内的脉动电压波形曲线和横坐标轴之间所包围的面积，那么矩形另一边的大小就代表脉动电压的平均值 U_L，如图 6－41 所示。通过计算可以得到负载 R_L 两端脉动直流电压的平均值为

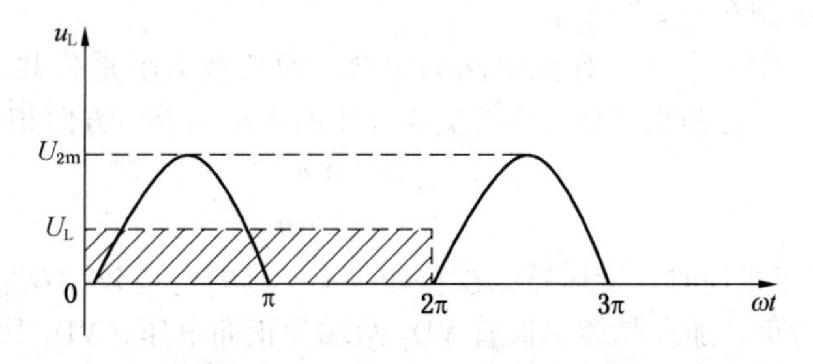

图 6－41 脉动直流电压的平均值

$$U_L=U_{2m}/\pi=\sqrt{2}U_2/\pi\approx0.45U_2$$

式中 U_L——R_L 两端电压的平均值；

U_{2m}——输入电压 u_2 的幅值；

U_2——输入电压 u_2 的有效值。

流过负载的电流平均值为

$$I_L = U_L/R_L = 0.45U_2/R_L$$

又因二极管 VD 与负载 R_L 串联，通过它们的电流相等，即

$$I_{VD} = I_L = 0.45U_2/R_L$$

实际上，电路中的晶体二极管允许通过的最大电流一定要大于 I_{VD}，才不会因电流过大而烧坏。二极管 VD 截止时所承受的最大反向电压为

$$U_{VDm} = U_{2m} = \sqrt{2}U_2 = 1.4U_2$$

实际电路中的二极管最大反向工作电压一定要大于 U_{VDm}，这样，考虑到电网的波动和其他的影响，才不至于损坏二极管，使整流电路安全工作。因此，以上两式是选择单向半波整流电路中二极管的依据。

从以上分析可知，单相半波整流电路的特点如下：

（1）电路简单，只需一个二极管。

（2）输出电压只有正半周有电压，脉动大，效率低。

（3）变压器利用率低，因为有直流分量通过变压器二次侧，易发生磁饱和，因此要求变压器铁芯截面积大。半波整流只适应于用在一些小功率电路中。

【例 6－1】一个单相半波整流电路的输出直流电压和直流电流分别为 24 V 和 1 A，应如何选择变压器的二次电压和整流二极管？

解 （1）变压器二次电压由 $U_L = 0.45U_2$ 可得。

$$U_2 = U_L/0.45 = 24/0.45 \approx 53.3\ \text{V}$$

（2）加在二极管上的反向电压为

$$U_{VDm} = 1.41U_2 = 1.41 \times 53.3 \approx 75\ \text{V}$$

经过二极管 VD 的平均电流为

$$I_{VD} = I_L = 1\ \text{A}$$

根据上述计算有关参数可知，整流二极管 2CZ12B 最高反向工作电压 100 V，最大整流电流 3 A，能够满足电路的要求。所以，可选用一只 2CZ12B 整流管。

2）单相全波整流电路

在半波整流电路的基础上，再加上一只晶体二极管和一个相同的变压器二次绕组就组成全波整流电路，如图 6－42 所示。

全波整流可以看做两个半波整流电路的组合，而负载电阻是公共的。设变压器 T 二次侧两个绕组相对于中心抽头“O”点的交流电压的大小相等，方向相反，即

$$u_2 = U_{2m}\sin 2\pi ft$$
$$u_2' = -U_{2m}\sin 2\pi ft$$

在电压 u_2 处于正半周时，变压器二次绕组“1”点的电位较“O”点为正，“2”点的电位较“O”点为负，加在晶体二极管 VD_1 两端为正向电压，VD_1 导通，电流 i_{VD1} 经过“1”点、VD_1、R_L、“O”点自成回路，在负载 R_L 上是由 E 端流到 F 端。同时加在晶体二极管 VD_2 上的是反向电压，VD_2 截止，无电流通过，即

$$u_L = u_2$$
$$i_L = i_{VD1} = \frac{u_L}{R_L} = \frac{u_2}{R_L}$$

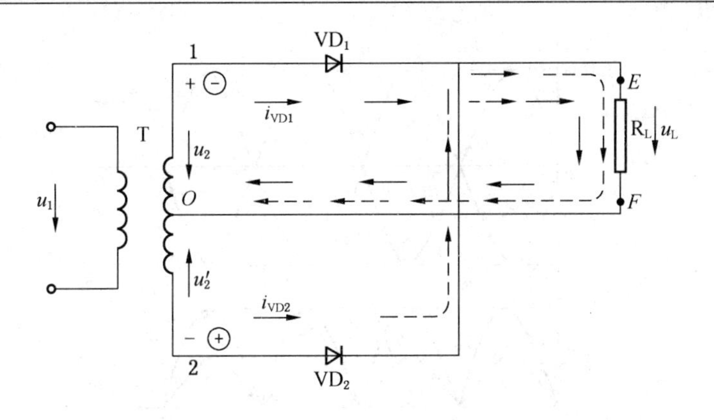

图6-42 二极管单相全波整流电路

$$u_{VD2} = -2u_2$$

在电压 u_2 处于负半周时，变压器二次绕组"1"点的电位较"O"点为负，"2"点的电位较"O"点为正，电压 u_2 经"O"点、R_L 加到 VD_1 上的是反向电压，晶体二极管 VD_1 截止，无电流通过。同时电压 u_2'经 R_L 加在 VD_2 两端的是正向电压，VD_2 导通，电流 i_{VD2}经过"2"点、VD_2、R_L、"O"点自成回路，流经负载 R_L 时也是自 E 端流到 F 端，则

$$u_L = u_2$$

$$i_L = i_{VD2} = \frac{u_L}{R_L} = \frac{u_2}{R_L}$$

$$u_{VD1} = -2u_2$$

由此可知，在单相全波整流电路中，晶体二极管 VD_1 和 VD_2 在正、负半周中轮流导通。无论是正半周还是负半周，负载 R_L 上都有输出，流过负载的电流是单一方向的全波脉动电流，电路中的电流和各元件上的电压波形如图6-43所示。

对比图6-40和图6-43的波形可以看出，在负载相同时，全波整流的负载 R_L 上的输出电压和电流的平均值比半波整流大一倍，即

$$U_L = 2 \times 0.45U_2 = 0.9U_2$$

$$I_L = U_L/R_L = 0.9U_2/R_L$$

式中 U_2——变压器二次绕组 u_2、u_2'的电压有效值。

由于全波整流电路里 VD_1、VD_2 轮流导通，显然通过每个二极管的平均电流只有通过负载 R_L 上的平均电流的一半，即

$$I_{VD1} = I_{VD2} = 1/2I_L = 0.45U_2/R_L$$

在单相全波整流电路中，当 VD_1 导通时，其正向电压很小，故它的正极和负极可看成同电位，都等于变压器二次侧绕组"1"点的电位，它相对于"O"点为正，并加到二极管 VD_2 的负极上；同时"2"的电位相对于"O"点为负，加到二极管 VD_2 的正极上。因此二极管 VD_2 所承受的最大反向电压等于变压器二次绕组上的全部电压。当 VD_2 导通，VD_1 截止时，二极管 VD_1 两端所加的最大反向电压也是变压器二次绕组上的全部电压。因此，每一个二极管所承受的最大反向电压为

$$U_{VD1m} = U_{VD2m} = 2\sqrt{2}U_2 \approx 2.83U_2$$

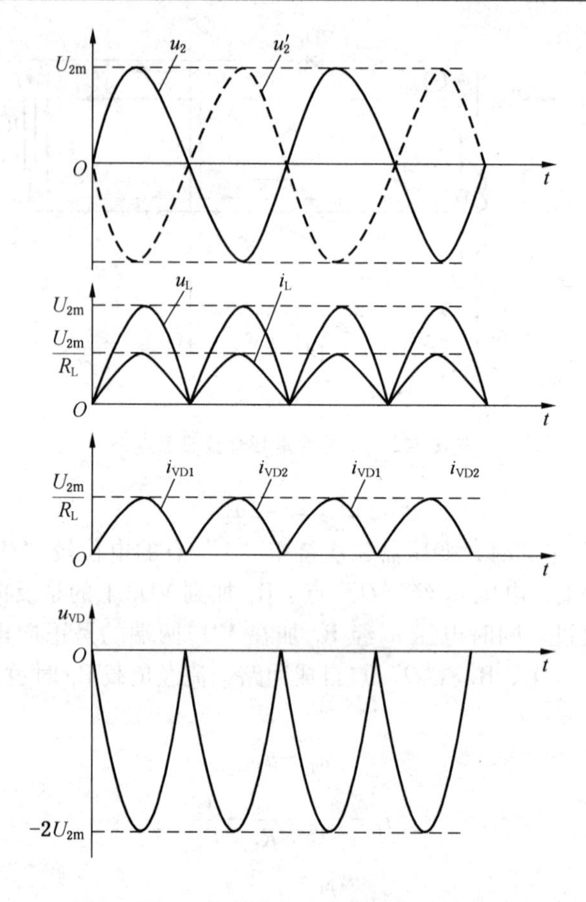

图 6-43　二极管单相全波整流电路的波形

和单相半波整流电路相比，单相全波整流电路的特点是：输出直流电压高和直流电流大，在电源电压正负半周都有输出，脉动较小。但全波整流器中变压器有两个二次绕组，要用两个晶体二极管，每一个二极管上将承受较大的反向电压。

全波整流电路是一种应用较广泛的整流电路。

【例 6-2】一个单相全波整流电路的输出直流电压和直流电流分别为 24 V 和 1 A，应如何选择变压器的二次电压和整流二极管？

解　(1) 由变压器的二次电压 $U_L = 0.9U_2$ 可得

$$U_2 = U_L/0.9 = 24/0.9 = 27\ \text{V}$$

(2) 加在二极管上的反向电压为

$$U_{VD1m} = U_{VD2m} = 2.83U_2 = 2.83 \times 27 = 76\ \text{V}$$

(3) 流过二极管 VD_1、VD_2 的平均电流为

$$I_{VD1} = I_{VD2} = 1/2I_L = 1/2 \times 1 = 0.5\ \text{A}$$

由上述计算结果可知，选择两只 2CZ11A 最大反向工作电压 100 V，最大整流电流 1 A 的硅整流管即可满足电路的要求。

3) 单相桥式整流电路

单相桥式整流电路是应用较广泛的又一种整流电路，它是由 4 个晶体二极管组成的，

它们组成电桥形式，因此称为桥式整流电路，如图 6－44 所示。设变压器 T 的二次绕组交流电压为 u_2。

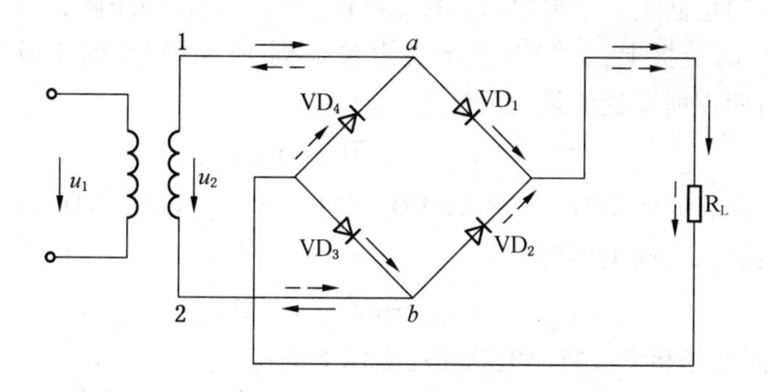

图 6－44　二极管单相桥式整流电路

在 u_2 处于正半周时，“1”点的电位较“2”点为正，晶体二极管 VD_1、VD_3 处于正向连接而导通，电流自 a 点流入，经 VD_1、R_L、VD_3 流至二次绕组“2”端，在负载 R_L 两端得到半个周期的电压，同时晶体二极管 VD_2、VD_4 处于反向连接而截止。

在 u_2 处于负半周时，“1”点的电位较“2”点为负，晶体二极管 VD_2、VD_4 处于正向连接而导通，电流自 b 点流入，经 VD_2、R_L、VD_4 流至二次绕组“1”端，负载 R_L 两端又得到同向的半个周期电压，同时晶体二极管 VD_1、VD_2 处于反向连接而截止。

VD_1、VD_3 和 VD_2、VD_4 轮流导通，不论在输入电压的正半周或负半周，负载 R_L 中都有同方向的电流通过。因此，输出电压、电流的波形和全波整流情况相同。电路中的电流和各元件上的电压波形如图 6－45 所示。

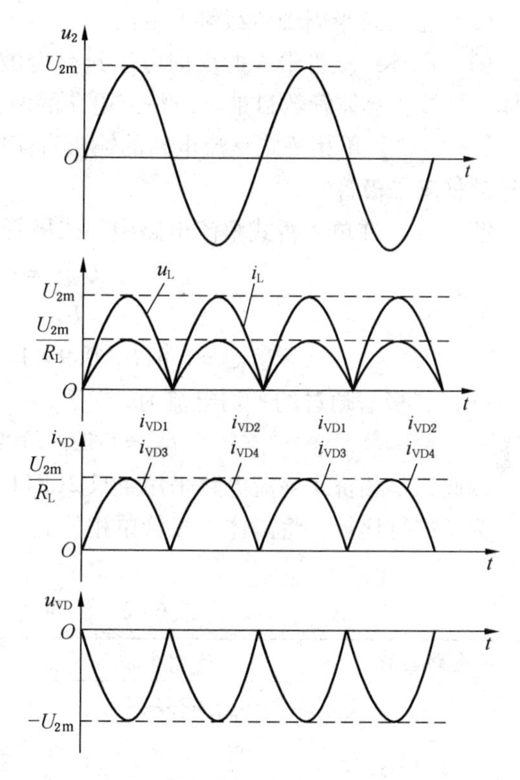

图 6－45　二极管单相桥式整流电路的波形

负载 R_L 两端电压平均值为

$$U_L = 0.9U_2$$

流经负载 R_L 的平均电流为

$$I_L = U_L/R_L = 0.9U_2/R_L$$

整流二极管 VD_1、VD_3 和 VD_2、VD_4 轮流导通，所以通过每一个二极管上的电流平均值是负载电流的一半，即

$$I_{VD1}=I_{VD2}=I_{VD3}=I_{VD4}=I_L/2=0.45U_2/R_L$$

当u_2处于正半周时，变压器二次绕组“1”点的电位高于“2”点，二极管VD_1、VD_3导通，VD_2、VD_4截止。如果忽略二极管VD_1、VD_3的正向压降，“1”的正电位实质上加到VD_2、VD_4的负极上，“2”点的负电位加到VD_2、VD_4的正极上。因此二极管VD_2、VD_4截止时两端所承受的最大反向电压为

$$U_{VD2m}=U_{VD4m}=\sqrt{2}U_2=1.41U_2$$

同理，在u_2处于负半周时，二极管VD_2、VD_4导通，VD_1、VD_3截止。截止时加在VD_1、VD_3两端的最大反向电压为

$$U_{VD1m}=U_{VD3m}=\sqrt{2}U_2=1.41U_2$$

单相桥式整流电路和全波整流电路相比有以下的特点：

（1）变压器只需要有一个二次绕组，而且中间无抽头，绕制简单，变压器也不存在直流磁饱和，利用率高。

（2）正、负半周中负载都有输出。

（3）晶体二极管最大的反向电压只是全波整流的一半。但单相桥式整流电路需4只晶体二极管，晶体管数目是全波整流电路的两倍。

【例6－3】单相桥式整流电路的输出直流电压和直流电流分别为24 V和1 A，应如何选择硅整流二极管？

解　（1）在单相桥式整流电路中，二极管所承受的最大反向电压为

$$U_{VDm}=1.41U_2$$

又

$$U_L=0.9U_2$$

故

$$U_{VDm}=1.41U_L/0.9=1.41\times24/0.9=37.6\ V$$

（2）二极管通过的平均电流为

$$I_{VD}=1/2I_L=1/2\times1=0.5\ A$$

因此，单相桥式整流电路采用4只2CZ11A硅整流管即可满足电路的要求。

为了进行比较，将晶体二极管单相整流电路的三种基本形式列于表6－2中。

表6－2　单相整流电路的比较

电路名称	单相半波	单相全波	单相桥式
线路图	U_2, R_L	U_2, U_2, R_L	U_2, R_L
输出波形			
输出直流电压U_L	$0.45U_2$	$0.9U_2$	$0.9U_2$
输出直流电流I_L	$0.45U_2/R_L$	$0.9U_2/R_L$	$0.9U_2/R_L$
二极管承受最大反向电压	$1.41U_2$	$2.83U_2$	$1.41U_2$
通过二极管平均电流	I_L	$I_L/2$	$I_L/2$

4）滤波器

前面讲到整流电路在负载上得到的是脉动直流电流和电压，这种电压和电流除了含有直流分量外，还含有很大的交流分量，因此它还不是平稳的直流电。为了获得平稳的直流电，必须把脉动直流电中的交流分量去掉。我们知道，电感线圈的直流电阻很小，而交流阻抗很大；电容器直流电阻很大，而交流阻抗很小。若把它们适当地组合起来就能很好地滤去交流分量，留下直流分量，这种组合就是滤波器。图6－46所示为常用的几种滤波器。

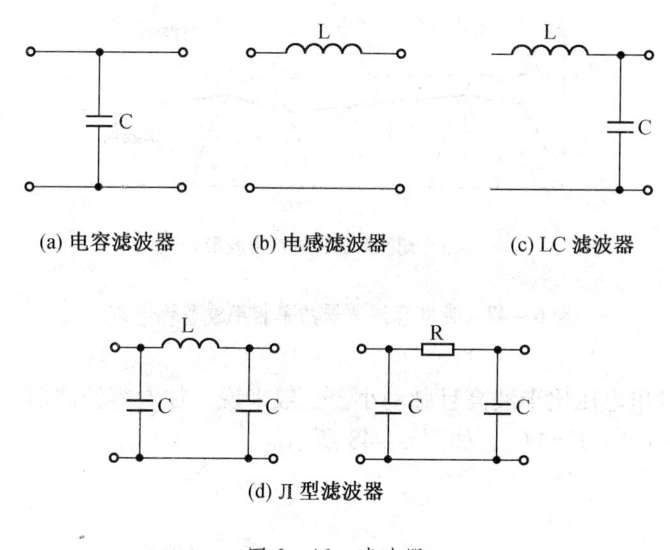

图6－46　滤波器

下面以电容滤波器为例来说明滤波器的作用。

电容滤波器又称C型滤波器，实际上就是在整流电路的负载 R_L 两端并联一个电容器C而组成的。图6－47所示就是带电容滤波器的半波整流电路。

当 u_2 处于正半周时，二极管VD导通，电流分两路，一路经负载 R_L，另一路对电容器充电。由于充电时间常数 $\tau_{充}=R_{VD}C$ 很小（R_{VD}是二极管正向电阻），充电结果使电容器两端上的电压很快上升，到 t_1 时 U_C 已充到 u_2（t_1）的数值。以后二极管VD因正极的电位 u_2 比负极的电位 U_C 低而截止。这时电容器C就对负载 R_L 放电，所以负载 R_L 上还有电流通过。一般说来，放电的时间常数 $\tau_{充}=R_LC$ 较大，所以放电很缓慢，电容器上的电压 U_C 逐渐下降。到 t_2 时，电压 u_2 又大于 U_C，二极管又导通，u_2 又对C充电。这样充电、放电重复下去，因而使负载两端电压的变化规律如图6－47c所示。

从波形中可以看出，在单相半波整流电路中接入电容器C后，负半周也有电压输出，这是由电容器缓慢放电而供给的，整个输出波形脉动小，比较平坦，输出电压的大小、脉动的幅度取决于时间常数$\tau_{放}$。$\tau_{放}$越大（也就是电容C和负载 R_L 乘积越大），放电越缓慢，输出电压越大，脉动越小，反之亦然。一般来说，加电容器滤波后，单相半波整流电路的输出值比不加滤波器时为高，$U_L=(1.0\sim1.4)U_2$。

电容滤波器在单相桥式或全波整流电路中的工作原理与半波整流一样，不同处是在正、负半周都对电容器充电（一个周期内对电容器两次充电），这样电容器对 R_L 放电时

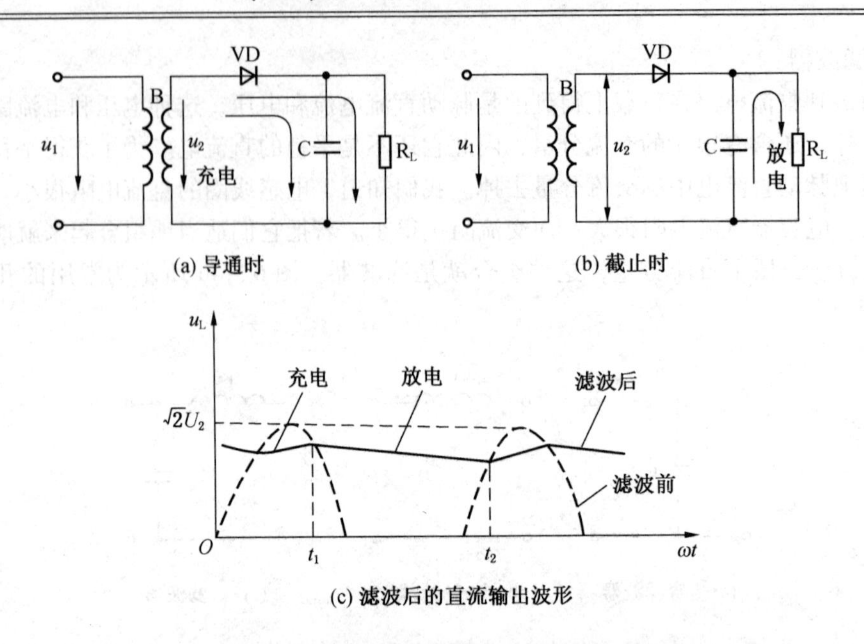

(c) 滤波后的直流输出波形

图 6-47 带电容滤波器的单相半波整流电路

间缩短了，因此输出电压比半波高且脉动小。一般来说，加电容滤波器后，单相桥式整流电路的输出 $U_L=(1.1\sim1.4)U_2$，如图 6-48 所示。

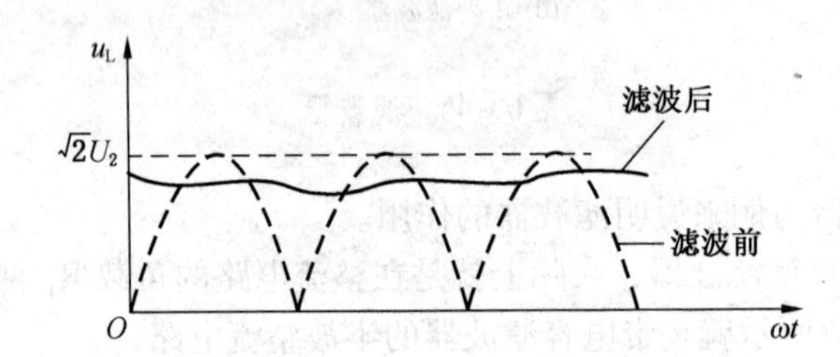

图 6-48 滤波后的单相全波（桥式）整流电路的波形

9. 稳压管

稳压管也是一种半导体二极管。因为它有稳定电压的特点，在稳压设备和一些电子电路中经常用到，所以把这类二极管称为稳压管，以区别用于整流、检波和其他单向导电设备的二极管。

稳压二极管之所以能起稳压作用是因为当反向电压加到一定数值以后反向电流突然上升，以后电压只要有一个少量的增加，反向电流就会增加很多，这种现象称为击穿，如图 6-49 所示。通常我们是不希望出现击穿现象的，因为这意味着元件要损坏。但是，击穿后通过管子的电流在很大范围内变化，而管子两端的电压变化很少的现象，却能起到稳定电压的作用。由“击穿”转化为“稳压”的决定条件是外电路中必须有限制电流的措施，使电击穿不致引起热击穿而损坏稳压管。

稳压管也可以用等效电路来代替，如图 6-50a 所示。根据图 6-49 中给出的数据可以看出，稳压管 V_Z 的数值是 9.8 V，等效内阻 r_z 的数值是 $\Delta V/\Delta I = 0.2/0.04 = 5\ \Omega$。稳压管的符号如图 6－50b 所示。

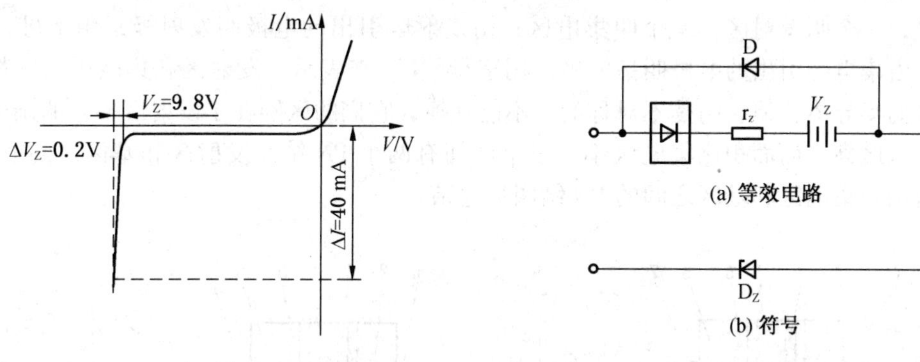

图 6－49　稳压管的稳压特性　　　图 6－50　稳压管的等效电路和符号

稳压管有以下参数：

（1）稳定电压。它是稳压管接到电路中在两端产生的稳定电压数值。这个数值随工作电流和温度的不同而略有改变。对于同一型号的稳压管来说，它的稳压值也不是固定的，而有一定的分散性。例如，2CW11 的稳压值是 3.2～4.5 V，这就是说，如果把一个 2CW11 的稳压管放到电路中，它可能稳压在 3.6 V，再换一个 2CW11 的管子，它可能稳压在 4.2 V（自然还要受其他因素的影响）。

（2）稳定电流。它是稳压管工作时的参考电流数值。低于这个数值时，并不是不能稳压，只是效果略差；高于此值时，只要不超过额定功率损耗，也是可以用的，而且稳压性能要好一些，只是要多消耗电能。

（3）电压温度系数。它是说明稳压值受温度变化影响的系数。

（4）动态电阻。它是稳压管两端电压变化随电流变化的比值，这个值随工作电流的不同而改变。

（5）额定功率。它是由管子允许温升决定的参数。如已知稳压管的稳压值，则允许的最大工作电流就是额定功耗除以稳压值。例如，2DW7A 的稳压值为 6 V，额定功耗为 200 mW，则允许的最大电流将是 200/6≈33 mA。

10. 晶体三极管

晶体二极管具有单向导电性，因此可用来整流。但由于晶体二极管本身结构的限制，它的应用是有限的。例如，在电子技术中要把微弱的电信号放大，二极管就无法完成。为此就要寻找新的半导体器件。

晶体三极管是一种很重要的半导体器件，自 1948 年问世以来，它的放大作用和开关作用促使电子技术飞跃发展。

1）晶体三极管的基本结构和工作原理

（1）晶体三极管的基本结构。

晶体三极管由三块半导体组成，共有两个 PN 结。按组成的方式，晶体三极管可分为 NPN 型和 PNP 型两种类型。

所谓 NPN 型，就是两边是 N 型半导体，中间是 P 型半导体，组成两个 PN 结。所谓

PNP 型，即两边是 P 型半导体，中间是 N 型半导体，也组成两个 PN 结，如图 6－51 所示。不论是哪一种类型，中间的一块半导体的区域都叫做基区。基区一般做得很薄（在几个微米左右），由基区引出的电极叫基极，用字母“b”来表示。两边的两块半导体所在的区域，一个叫发射区，一个叫集电区；由发射区引出的电极叫发射极，用字母“e”来表示；由集电区引出的电极叫集电极，用字母“c”来表示。发射区和集电压虽然都是同一类型的半导体，但它们是不对称的，不能互换，它们的区别在于发射区掺入的杂质浓度要比集电区高，而面积比集电区小。三个区间有两个 PN 结，发射区和基区之间的 PN 结叫发射结，集电区和基区之间的 PN 结叫集电结。

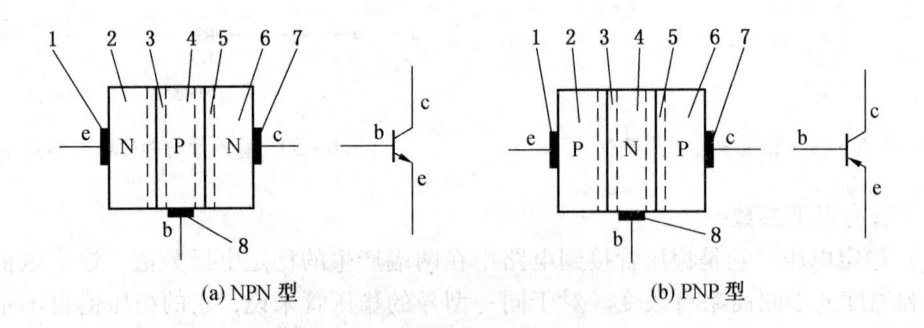

(a) NPN 型　　(b) PNP 型

1—发射极；2—发射区；3—发射结；4—基区；5—集电结；6—集电区；7—集电极；8—基极

图 6－51　晶体三极管的结构和符号

（2）晶体三极管的工作原理。

晶体三极管和晶体二极管一样，它的工作原理也是基于 PN 结的单向导电性。要使晶体三极管正常工作，还必须在晶体三极管电极上加上适当的电压。下面以 NPN 型晶体三极管为例来说明它的工作原理。

图 6－52 中，在 NPN 型晶体三极管的发射结上加一个较小的正向电压 E_b（E_b 约零点几伏），在集电极和发射极之间加一个较大的电压 E_c（几伏到几十伏）。因为 $E_c > E_b$，所以集电极 c 的电位比基极 b 的电位高，即在集电结上加的是反向电压。为了保证晶体三极管正常工作，必须在发射结加一个正向电压，（即处于正向偏置），集电结加一个反向电压（即处于反向偏置）。E_b、E_c 的极性不能接反，否则晶体三极管不但不能正常工作，还会损坏。

由于发射结加的是正向电压，在外加电压的作用下，发射结中的内电场削弱，相当于发射结变窄，此时发射区的多数载流子——电子，因浓度高很容易通过发射结扩散到基区去，形成发射极电流 I_e。当发射区的电子进入基区后，因基区做得很薄，而且空穴浓度很小，只有少数的电子在基区和空穴复合；同时基区的正电位不断地从基区拉走电子，每拉走一个电子就形成一个新的空穴，这相当于接在基区的电源供给基区空穴。因此在基区中电子和空穴将不断复合，这种复合的结果，就形成了基极电流 I_b。

由发射区扩散到基区的绝大多数电子很容易扩散到集电结附近。由于集电结加的是反向电压，外加电压使内电场加强，相当于集电结变宽，使得集电区多数载流子——电子不能向基区扩散，而从发射区扩散到基区并进入集电结附近的电子，在集电结外加电场强有

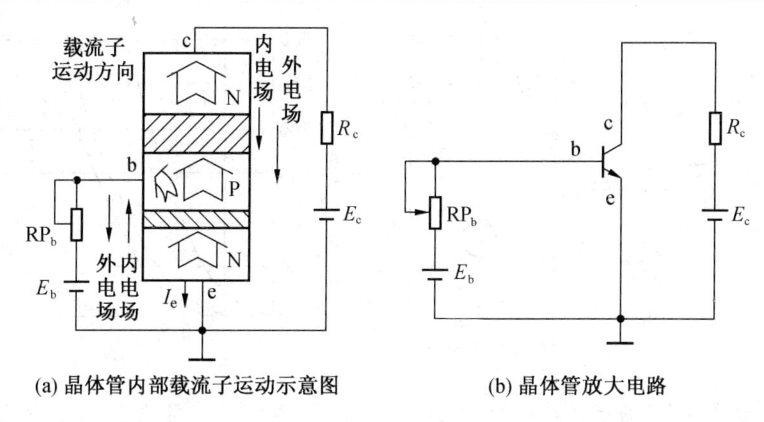

图 6－52　晶体三极管电流放大原理

力的吸引下很容易到达集电区，形成集电极电流 I_c。

综上所述可知，由发射区发出的电子，绝大部分在外电源 E_c 的作用下到达集电极，只有一小部分在基区被空穴复合掉。显然，I_e、I_c、I_b 应有下列关系：

$$I_e = I_b + I_c$$

基区所以做得很薄，且杂质浓度很低，主要是为了减少电子与空穴在基区的复合机会，使得 I_c 大于 I_b。管子一旦制成后，I_c/I_b 的比值也就确定了，这个比值称为晶体三极管共发射极静态电流（直流）放大系数，用 $\bar{\beta}$ 表示。它表示晶体三极管对直流电流的放大能力，即

$$I_c/I_b = \bar{\beta} \quad 或 \quad I_c = \bar{\beta} I_b$$

由于 I_c/I_b 基本保持一定，所以能通过改变基极电流的大小来达到控制集电极电流 I_c 的目的。如果基极电流 I_b 有一个变化量 ΔI_b，它将引起集电极电流有 ΔI_c 的变化。我们把比值 $\Delta I_c/\Delta I_b$ 称为晶体三极管共发射极电流（交流）放大系数，用 β 表示，则

$$\Delta I_c/\Delta I_b = \beta \quad 或 \quad \Delta I_c = \beta \Delta I_b$$

从上式可看出，在晶体三极管共发射极接法时，可以用微小的基极电流的变化去控制较大的集电极电流的变化。这就是晶体三极管电流放大的实质。

【例 6－4】在图 6－52b 所示的电路中，如果测得 $I_b = 0.04$ mA，$I_c = 1.5$ mA，试求晶体管电流（直流）放大系数 $\bar{\beta}$。

解　$$\bar{\beta} = I_c/I_b = 1.5\ \text{mA}/0.04\ \text{mA} = 37.5$$

【例 6－5】在例 6－4 所示的电路中，已知晶体三极管电流（交流）放大系数 $\beta = 50$，改变内阻 R_b，使基极电流 I_b 增大 10 μA，试求集电极电流的变化量。

解　$$\Delta I_c = \beta \Delta I_b = 50 \times 10\ \mu\text{A} = 500\ \mu\text{A}$$

（3）晶体三极管的特性曲线。

晶体三极管的工作原理还可以用它的特性曲线来说明。所谓特性曲线，就是指各电极的电压和电流的关系曲线。图 6－53 所示是用来测量 NPN 型晶体三极管特性的电路。

①输入特性。输入特性是指加在晶体三极管集电极和发射极之间电压 U_{ce} 一定时，加在晶体三极管基极和发射极之间的电压 U_{be} 和流过基极电流 I_b 之间的关系曲线，通过测量，晶体三极管的输入特性曲线如图 6－54 所示。

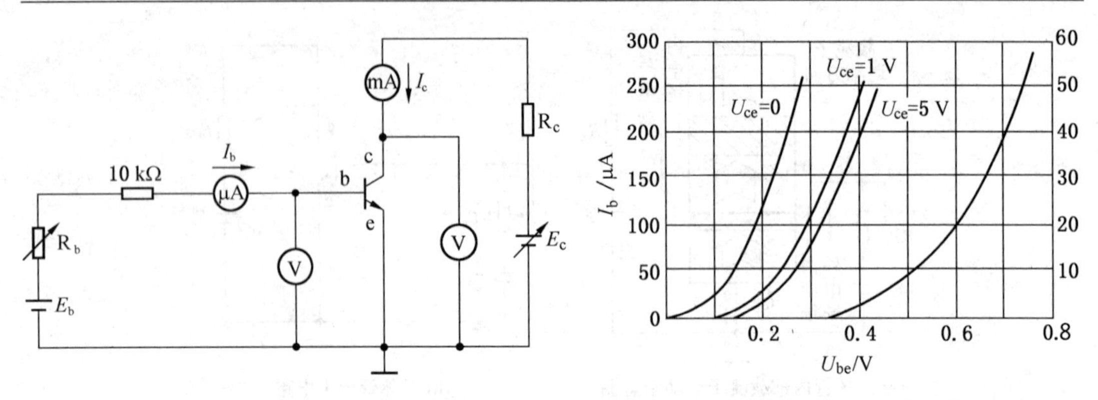

图6－53　测量晶体三极管共射特性的电路　　图6－54　晶体三极管的输入特性曲线

当 $U_{ce}=0$ 时，相当于集电极和发射极短路，此时晶体三极管的集电结和发射结相当于两个正向并联的二极管，因此 I_b、U_{be} 关系曲线的形状和二极管正向曲线形状相似。

当 $U_{ce}>0$ 时，由于集电结处于反向偏置，集电极收集电子的能力加强了，使得由发射区进入基区的大多数电子被吸引到集电极，集电极电流增大，而基极流 I_b 减小，曲线向左移。实验证明，当 $U_{ce}\geq 1$ V 时，使得由发射区进入基区的绝大部分电子都被吸进集电极，再增大 U_{ce}，基极电流 I_b 减少很小，因此 $U_{ce}>1$ V 以后的输入曲线基本上很接近，通常只要画出 $U_{ce}\geq 1$ V 的某一条输入曲线，就足以代表在不同的 U_{ce} 时（除 $U_{ce}<1$ V 以外）的各种输入特性。

②输出特性。晶体管基极电流为某一数值时，集电极电压 U_{ce} 和集电极电流 I_c 之间的关系曲线叫输出特性曲线，如图6－55所示。

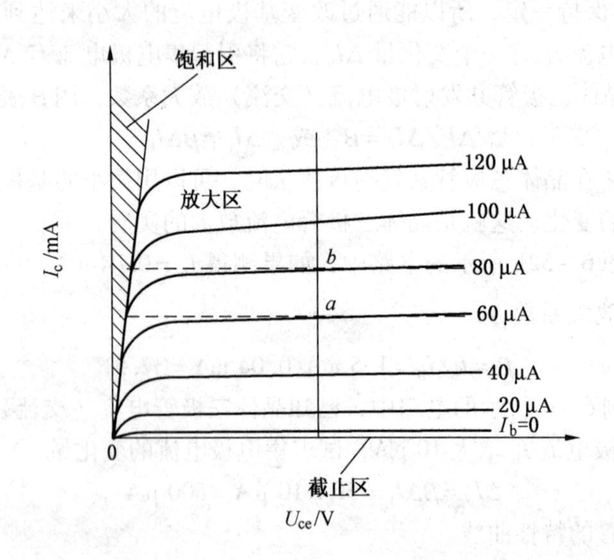

图6－55　晶体三极管的输出特性曲线

从曲线中可以把晶体三极管分成三个工作区域，即截止区、饱和区和放大区。

截止区：即 $I_b=0$ 以下的区域。此时，发射结处于反向偏置，发射区没有电子进入基区，基流为零，对应的集电极电流也接近于零，晶体管处于截止状态，因此称为截止区。

饱和区：在晶体管放大电路中，集电极总接有一定的电阻。如果电源电压一定时，当 I_c 增加，U_{ce}必然减小（$U_{ce}=E_c-I_cR_c$）；当 U_{ce}减小到一定程度时，就会削弱集电极吸收电子的能力。这时即使 I_b 增大，I_c 也很少增大甚至不再增大，晶体管失去放大作用，这种状态称晶体管饱和。图 6－55 中斜线所示的区域为饱和区。饱和时集电极和发射极之间的电压称为饱和压降 U_{ces}，其值很小（硅管约为 0.3 V，锗管约为 0.2 V）。由于 $U_{ces}<U_{be}$，故晶体管处于饱和区时，集电结、发射结都加正向电压。

放大区：晶体管放大区在截止区和饱和区之间。晶体管在放大区时，发射结加的是正向电压，集电结加的是反向电压。这时发射区发出的电子绝大部分被集电极收集，即 $I_c=I_e-I_b\approx I_e$。从输出特性来看，I_b 变化时，I_c 也跟着变化，但和 U_{ce}的大小基本无关，而且 I_c 的变化比 I_b 的变化大得多。例如，图 6－55 中 $U_{ce}=6$ V 时，当 I_b 由 60 μA 变到 80 μA 时，I_c 将从 1 mA 变化到 1.5 mA（由 $I_b=60$ μA 特性曲线上的 a 点变到 $I_b=80$ μA 特性曲线上的 b 点）。电流的放大系数为

$$\beta=\frac{\Delta I_c}{\Delta I_b}=\frac{(1.5-1)\times 10^3}{80-60}=25$$

2）晶体三极管三种基本电路

把晶体三极管接入电路中，由于三极管的连接方式不同，可组成共发射极、共基极、共集电极三种基本电路。

（1）共发射极电路。

在晶体管电路中，以发射极为公共点，发射极和基极组成输入端，集电极和发射极组成输出端，这样连接成的电路叫晶体管共发射极电路。共发射极电路需要两个电源供电，在晶体管放大电路中很少使用，一般采用的共发射极电路如图 6－56 所示。图中，电源 E_c 通过 R_c 供给集电极电压和电流，又通过 R_b 供给基极电压和电流（满足晶体三极管工作时发射结正偏，集电结反偏的要求）。

晶体三极管共发射极电路既具有很大的电流放大倍数，又具有很大的电压放大倍数，功率增益也是三种接法中最大的，因此，它是三种接法中应用最广泛的一种基本电路。

（2）共基极电路。

在晶体三极管电路中，以基极为公共点，发射极和基极组成输入端，集电极和基极组成输出端，这样连接成的电路叫做晶体三极管共基极电路，如图 6－57 所示。晶体管共基极接法可以构成一个电压放大器，方法是在集电极中串入一个大电阻 R_e。E_e 是加在集电结上的反向电压（处于反向偏置），E_e 是加在发射结上的正向电压（处于正向偏置），此时电路可以正常工作，流过晶体三极管各极的电流 I_e、I_c、I_b 的方向如图 6－57 所示，它们之间的关系如下：

$$I_e=I_c+I_b$$

当输入信号使 I_e 有一个变量 ΔI_e 时，则 I_c、I_b 也随着变化为 ΔI_c、ΔI_b。我们把 $\Delta I_c/\Delta I_e$ 的比值叫做共基极电路的电流放大系数，用 α 表示，即

$$\Delta I_c/\Delta I_e=\alpha \quad 或 \quad \Delta I_c=\alpha\Delta I_e$$

由于 I_e 略大于 I_c，ΔI_e 也略大于 ΔI_c，所以 α 小于 1。也就是说共基极电路对电流无放大作用。但是，虽然 ΔI_c 比 ΔI_e 小，但电阻 R_c 大于发射结的正向电阻 r_e，因此 R_c 的电压降比发射极——基极之间电压大得多，故具有电压放大作用，同时也具有功率放大作用。

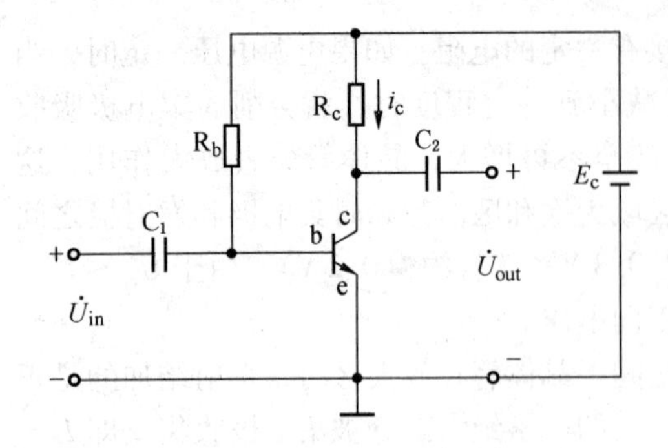

图 6－56　晶体三极管共发射极电路

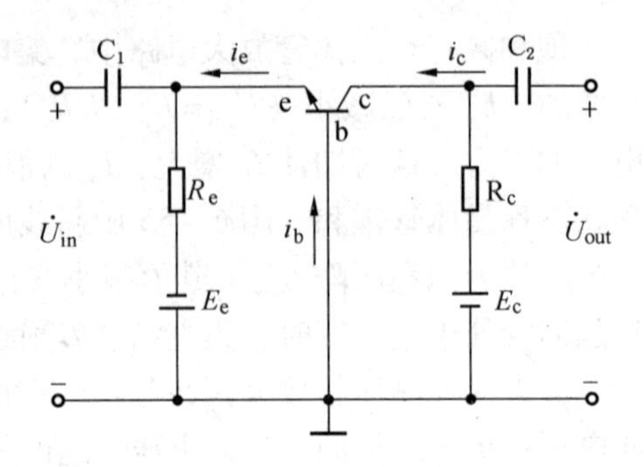

图 6－57　晶体三极管共基极电路

电压放大系数为

$$G_u = \Delta u_c / \Delta u_e = \Delta I_c R_c / \Delta I_e r_e \approx \frac{R_c}{r_e}$$

式中　r_e——发射结的正向电阻。

同样可以求出功率放大系数为

$$G_p = \Delta I_c^2 R_c / \Delta I_e^2 r_e \approx R_c / r_e$$

从以上讨论可知，晶体三极管共基极电路只有电压、功率放大，没有电流放大。

该电路的特点是稳定性高、输入阻抗小（几至几十欧）、输出阻抗高（几十至几百千欧）、输出和输入电压同相、输出和输入电流反向，且工作在较高频率时性能好。所以在高频放大、振荡及恒流源等电路中也有所采用。

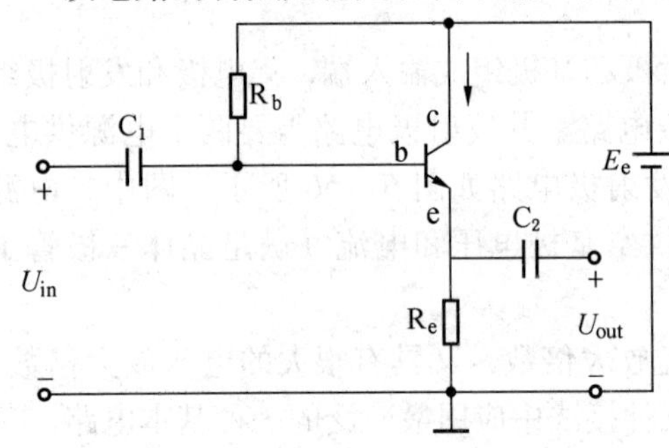

图 6－58　晶体三极管共集电极电路

（3）共集电极电路。

在晶体三极管的电路中，若集电极是输入电路和输出电路公共端，由发射极输出，这样的电路叫做共集电极电路。如图 6－58 所示。

由图 6－58 可知：

$$U_{out} = U_{in} - U_{be}$$

所以输出电压 U_{out} 又总是小于输入电压 U_{in}，电压放大系数小于 1。又因为

$$I_e = I_c + I_b$$

$$\Delta I_e = \Delta I_c + \Delta I_b = \beta \Delta I_b + \Delta I_b = (1+\beta)\Delta I_b$$

故得输入信号的电流放大系数：

$$\Delta I_e / \Delta I_b = (1+\beta)$$

由此得出，在晶体三极管共集电极电路中，虽然电压放大系数小于 1，但由于输入信号的电流放大系数是 $1+\beta$，故输入信号的功率还是得到了放大。

共集电极电路的特点是，输出和输入电流反相，输出和输入电压同相，且输入电阻大（几千千欧以上），输出电阻小（几十欧）。因此，该电路常作为阻抗变换器。共集电极电路又叫做射极输出器或射极跟随器。

综上所述，晶体三极管三种基本电路的性能比较列表于6－3。

表6－3 晶体三极管三种接法的比较

参数名称	共发射极电路	共基极电路	共集电极电路
输入阻抗	中 （几百欧至几千欧）	小 （几欧至几十欧）	大 （几十千欧以上）
输出阻抗	中 （几千欧至几十千欧）	大 （几十千欧至几百千欧）	小 （几欧至几十欧）
电压放大系数	大	大	小 （小于1，接近1）
电流放大系数	大 （即β）	小 （即α小于并接近1）	大 （$1+\beta$倍）
功率放大倍数	大 （30～40 dB）	中 （约15～20 dB）	小 （约10 dB）
频率特性	高频性能差	高频性能好，频带宽	频率性能良好，频带宽
应用	多级放大器的中间低频放大	高频宽带线路或恒流源电路	输入极，输出极及阻抗变换

（二）电气控制线路的读图方法

1. 电气原理图和电气线路图

电气原理图是用来表明设备电气的工作原理及各电器元件的作用、相互之间关系的一种表示方式。电气原理图一般由主电路、控制电路、保护、照明、指示（显示）等几部分组成，如图6－59所示。

电气线路图是指描述控制线路接线关系和原理的图纸，分为电气原理图、电气安装位置图和电气接线图。

1）电气原理图

电气原理图如图6－59所示。

2）电气安装位置图

电气安装位置图用来表示元器件清单中所有电器元件的相对安装位置。通常，电器元件布置在主配电盘和操作面板上，如图6－60所示。

电气安装位置图应考虑电器元件的实际安装方法和结构尺寸，最终确定主配电盘和操作面板，以及控制柜结构和外形尺寸。

3）电气接线图

按照电气安装位置图的设计思想，电气接线图也分为主配电盘接线图和操作面板接线图两部分。应根据原理图上的明确标注，对应所连接的设备或元器件进行电气连接。较复杂设备的连接，原理图上所有进出线路的标注方法应如图6－61所示标注。

图6－61a表示的意思是：名称为－W104的电缆线路去代号为S062的设备，对应S062设备原理图的页数是第1页第1行的2001号线路（接线端子）。

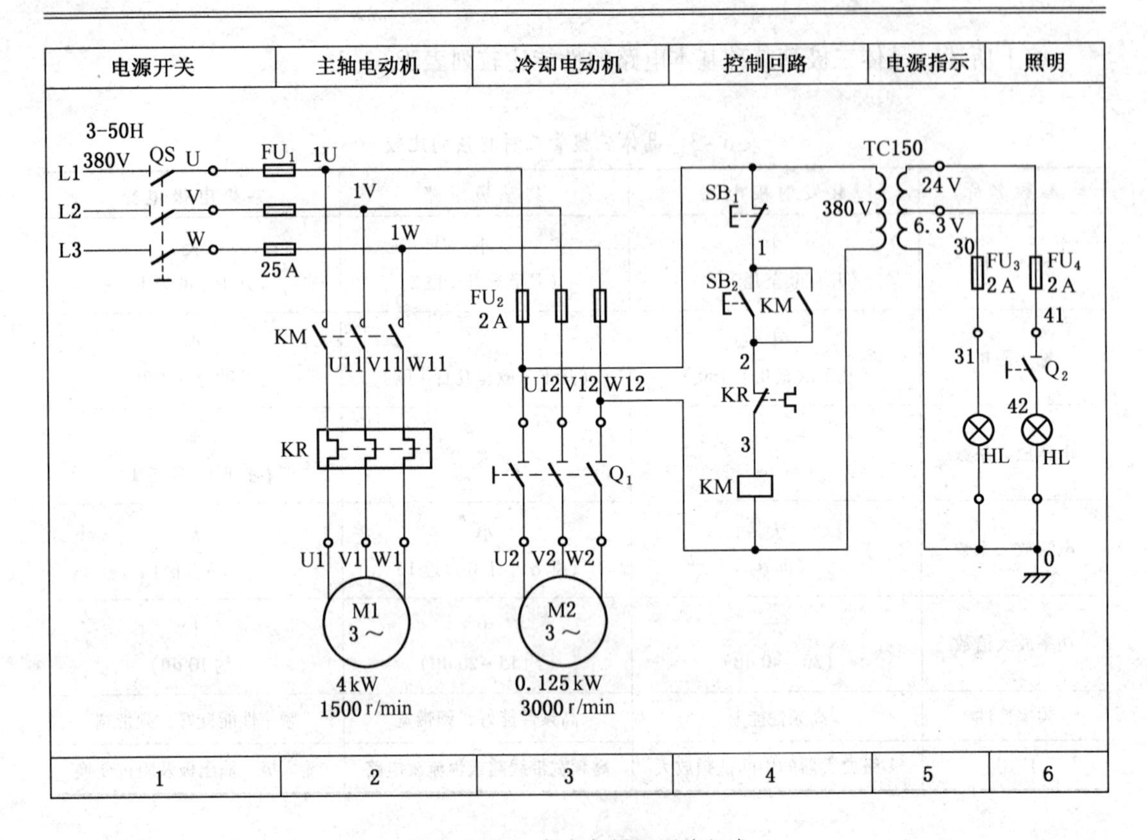

图 6-59 一般电气原理图的组成

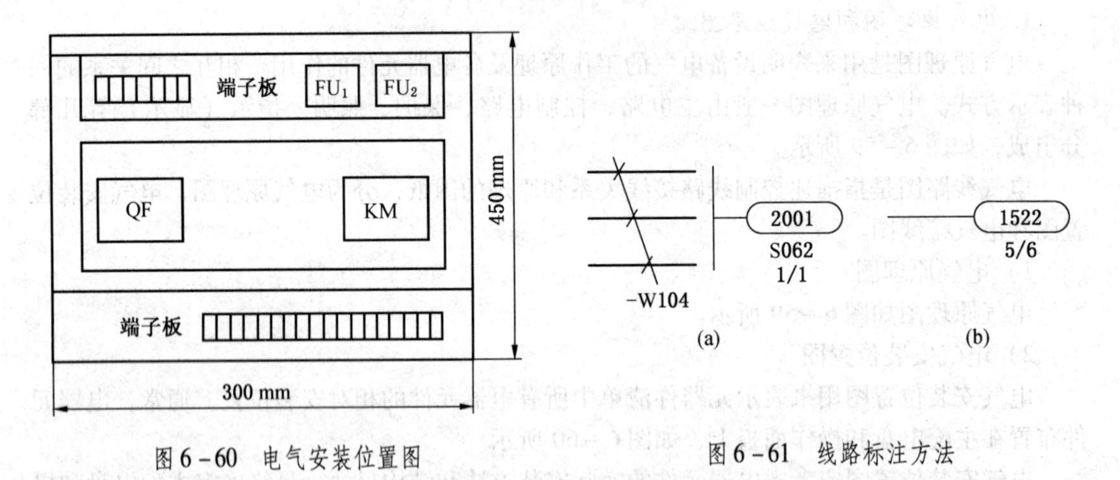

图 6-60 电气安装位置图

图 6-61 线路标注方法

图 6-61b 表示的意思是：代号为 1522 的线路（接线端子）去本开关的原理图第 5 页第 6 行对应的 1522 号线路（接线端子）。

2. 电气控制线路的常用读图方法

（1）按照由主到辅，由上到下，由左到右的原则分析电气原理图，即先看主回路，再看控制回路、连锁回路、保护回路等。电子保护装置主要由电源，检测环节，信号组成电路，整定调整环节，比较触发电路，延时电路，动作执行电路，复位、试验、显示电路组成。电子保护装置的组成如图 6-62 所示。

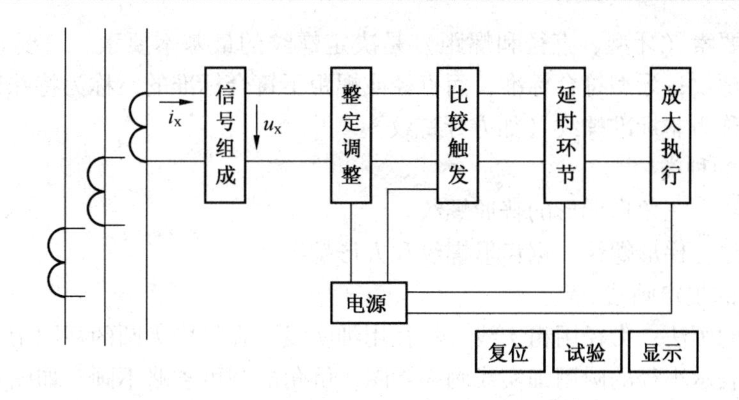

图 6-62　电子保护装置的组成

（2）较复杂图形通常可以化整为零，将控制电路化成几个独立环节的细节分析，然后再串为一个整体分析。

（3）逻辑代数法。用逻辑代数描述控制电路的工作关系。

（三）标准件与常用件、齿轮的画法

标准件是指结构形式、尺寸大小、表面质量、表示方法等均标准化的零（部）件。例如螺纹紧固件、键、销、滚动轴承和弹簧等。

常用件是指应用广泛，某些部分的结构形状和尺寸等已有统一标准的零件，这些零件在制图中都有规定的表示法。例如齿轮等。

1. 螺纹及螺纹紧固件

1）螺纹

（1）螺纹的形成和结构。

①螺纹的形成：圆柱面上一点绕圆柱的轴线作等速旋转运动的同时又沿一条直线作等速直线运动，这种复合运动的轨迹就是螺旋线。

②螺纹的结构：螺纹的凸起部分称为牙顶，沟槽部分称为牙底。为了防止螺纹在安装时端部损坏，在螺纹的起始处加工成锥形的倒角或球形的倒圆。在螺纹的结束处有收尾或退刀槽。

（2）螺纹的结构要素。

①牙型：有三角形、梯形、锯齿形和方形等。

②公称直径：是代表螺纹的规格尺寸的直径，一般是指螺纹的大径。用 d（外螺纹）或 D（内螺纹）表示。

③线数：螺纹有单线和多线之分，沿一条螺旋线形成的螺纹，称为单线螺纹；沿两条或两条以上螺旋线所形成的螺纹称为多线螺纹，用 n 表示。

④螺距和导程：螺纹相邻两牙在中径线上对应两点间的轴向距离，称为螺距，用 p 表示。同一条螺旋线上的相邻两牙在中径线上对应两点间的轴向距离，称为导程，用 s 表示。对于单线螺纹，导程与螺距相等，即 $s=p$。多线螺纹 $s=np$。

⑤旋向：螺纹的旋向有左旋和右旋之分。顺时针旋转时旋入的螺纹是右旋螺纹；逆时针旋转时旋入的螺纹是左旋螺纹。

内、外螺纹连接时，以上要素相同才可旋合在一起。

螺纹的三要素（牙型、直径和螺距）是决定螺纹的最基本要素。三要素符合国家标准的称为标准螺纹；牙型符合标准，而直径或螺距不符合标准的，称为特殊螺纹；牙型不符合标准的，称为非标准螺纹（如方牙螺纹）。

（3）螺纹的种类

①连接螺纹：三角形牙形的普通螺纹。

②传动螺纹：梯形螺纹、锯齿形螺纹和方形螺纹。

（4）螺纹的规定画法。

①外螺纹的画法：大径用粗实线，小径用细实线。在投影为圆的视图中表示大径的圆用粗实线画，表示小径的圆用细实线画 3/4 圈，倒角的圆可省略不画，如图 6－63 所示。

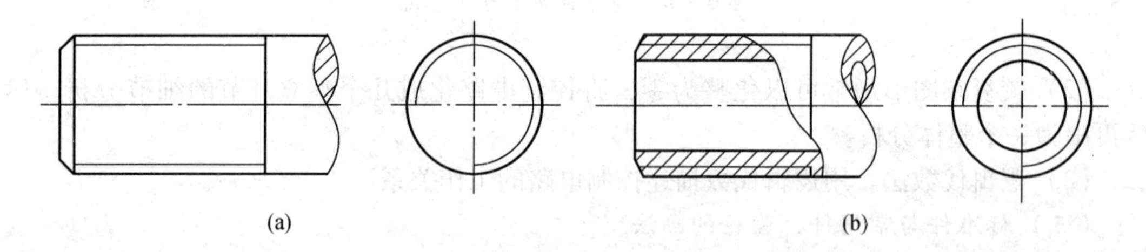

图 6－63　外螺纹的画法

②内螺纹的画法：内螺纹一般用剖视图，画法如图 6－64 所示。

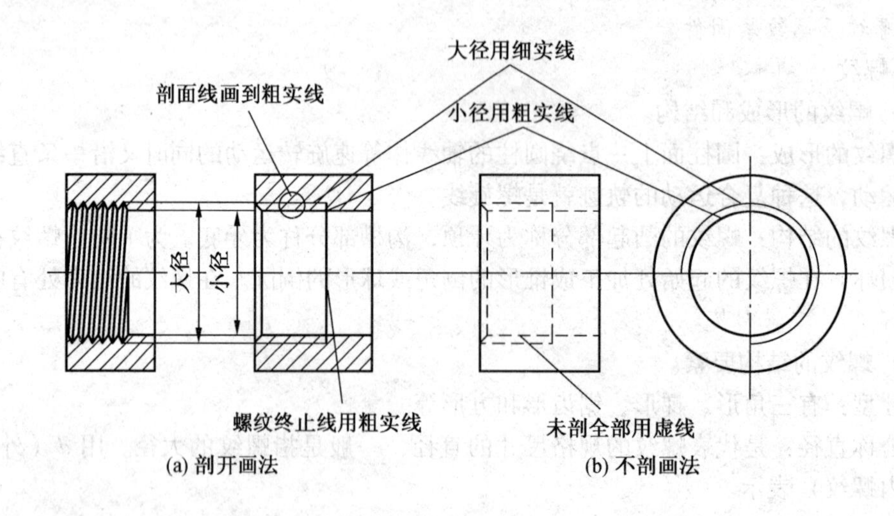

图 6－64　内螺纹的画法

③非标准螺纹的画法：对于标准螺纹只需注明代号，不必画出牙形，而非标准螺纹，如方牙螺纹，则需要在零件图上作局部剖视表示牙形，或在图形附近画出螺纹的局部放大图。

④内、外螺纹连接的画法，如图 6－65 所示。

⑤其他规定的画法：对于不穿通的螺纹，钻孔深度与螺纹深度应分别画出，钻孔深度一般应比螺纹深度深 $0.5D$（D 为螺孔大径）。

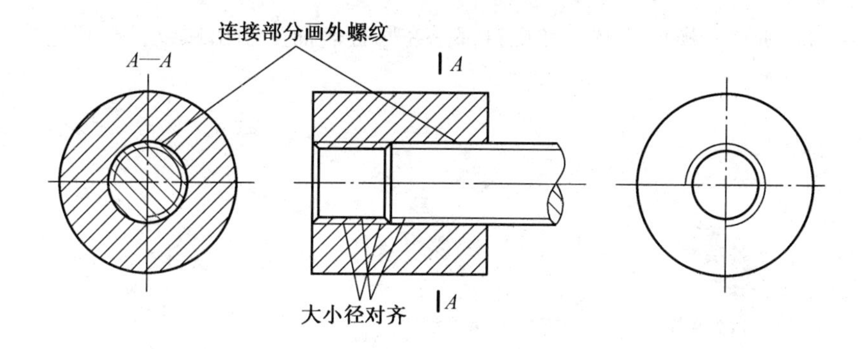

图6-65　内、外螺纹连接的画法

（5）螺纹的代号及标注。

①普通螺纹：普通螺纹的牙形代号为“M”，其直径、螺距可查表得知。

普通螺纹的标注格式：如M10×1LH-5g6g-S。

M——螺纹代号（普通螺纹）；

10——公称直径10 mm；

1——螺距为1 mm（细牙螺蚊标螺距，粗牙螺纹不标）；

LH——旋向左旋（右旋不标注）；

5g——中径公差带代号（5 g）；

6g——顶径公差带代号（6 g）；

S——旋合长度代号（短旋合长度）。

螺纹的旋合长度有三种表示法：L为长旋合长度；N为中等旋和长度；S为短旋合长度。一般中等旋合长度不标注。

内外螺纹旋合在一起时，标注中的公差带代号用斜线分开，如M10×6H/6g。

当中径和顶径的公差带代号相同时，只标注一个。

②管螺纹：管螺纹只注牙形符号、尺寸代号和旋向。标注格式如G1（右旋不标注）。

G——管螺纹代号；

1——尺寸代号1英寸。

管螺纹的尺寸代号不是螺纹的大径，而是管子孔径的近似值，管螺纹的大径、小径和螺距可查表。

③梯形螺纹与锯齿形螺纹：梯形螺纹的代号为“Tr”，锯齿形螺纹的代号为“S”。标注格式如Tr40×14(p7)LH-8e-L。

Tr40——梯形螺纹，公称直径40 mm；

14(p7)——导程14 mm，螺距7 mm；

LH——左旋；

8e——中径公差带代号；

L——长旋合长度。

如果是单线只标注螺距，右旋不标注，中等旋合长度不标注。

2）螺纹紧固件

（1）螺纹紧固件的种类及用途。常用的螺纹紧固件有螺栓、螺柱、螺钉、螺母和垫圈，如图 6－66 所示。螺栓、螺柱和螺钉都是在圆柱表面上制出螺纹，起到连接其他零件的作用。

图 6－66 常用的螺纹紧固件

螺栓一般用于被连接件钻成通孔的情况，其连接方式如图 6－67 所示。螺柱用于被连接零件之一较厚或不允许钻成通孔的情况，两端都有螺纹，旋入被连接零件螺纹孔内的一端称为旋入端，与螺母连接的另一端称为紧固端，其连接方式如图 6－68 所示。

图 6－67 螺栓连接方式

图 6－68 螺柱连接方式

螺钉用于不经常拆卸和受力较小的连接。按用途可分为连接螺钉和紧定螺钉，其连接方式如图 6－69 所示。紧定螺钉在两个元件之间起定位或紧固的作用，其连接方式如图 6－70所示。

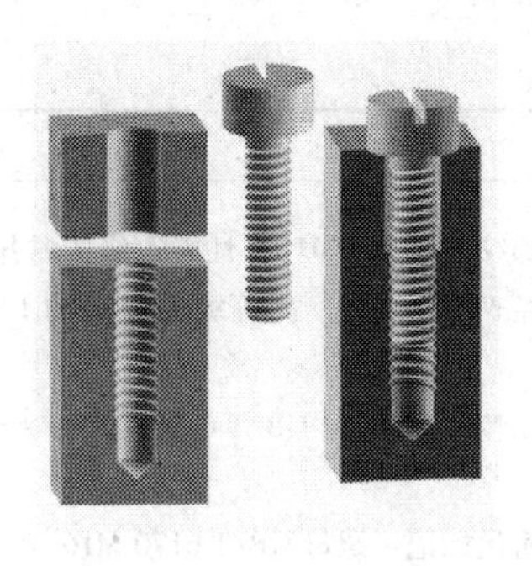

图6-69 螺钉连接方式

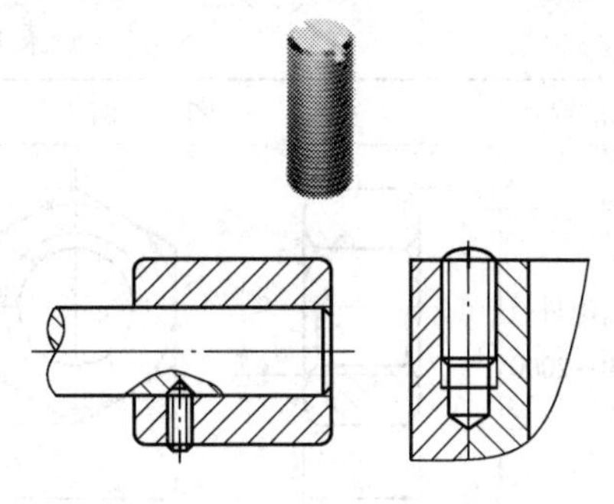
图6-70 紧定螺钉连接方式

（2）螺纹紧固件标记。螺纹紧固件的标记有完整标记和简化标记两种，见表6-4。

表6-4 螺纹紧固件标记示例

名称及标准编号	图例	标记示例
六角头螺栓 GB/T 5782—2000		螺纹规格 d = M12，公称长度 L = 80 mm，性能等级为8.8级，表面氧化，产品等级为A级的六角头螺栓 完整标记：螺 GB/T 5782—2000 - M12×80 - 8.8 - A - O 简化标记：螺栓 GB/T 5782—M12×80 （常用的性能等级在简化标记省略，以下同）
双头螺柱 GB/T 898—1988 （b_m = 1.25 d）		螺纹规格 d = M12，公称长度 L = 60 mm，性能等级为常用的4.8级，不经表面处理，b_m = 1.25d，两端均为粗牙普通螺纹的B型双头螺柱 完整标记：螺柱 GB/T 898—1988 - M12×60 - B - 4.8 简化标记：螺柱 GB/T 898 M12×60 当螺柱为A型时，应将螺柱规格大小写成"AM12×60"
开槽圆柱头螺钉 GB/T 65—2000		螺纹规格 d = M10，公称长度 L = 60 mm，性能等级为常用的4.8级，不经表面处理，产品等级为A级的开槽圆柱头螺钉 完整标记：螺钉 GB/T 65—2000 - M10×60 - 4.8 - A 简化标记：螺钉 GB/T 65M10×60
开槽长圆柱端紧定螺钉 GB/T 75—1985		螺纹规格 d = M5，公称长度 L = 12 mm，性能等级为常用的14H级，表面氧化的开槽长圆柱端紧定螺钉 完整标记：螺钉 GB/T 75—1985 - M5×12 - 14H - 0 简化标记：螺钉 GB/T 75 M5×12

表 6-4（续）

名称及标准编号	图　例	标　记　示　例
1 型六角螺母 GB/T 6170—2000		螺纹规格 D = M16，性能等级为常用的 8 级，不经表面处理，产品等级为 A 级的 1 型六角螺母 完整标记：螺母 GB/T 6170—2000 - M16 - 8 - A 简化标记：螺母 GB/T 6170 M16
平垫圈 GB/T 97.1—2002		标准系列，公称规格为 10 mm，性能等级为常用的 200 HV 级，表面氧化，产品等级为 A 级的平垫圈 完整标记：垫圈 GB/T 97.1—2002 - 10 - 200HV - A - O 简化标记：垫圈 GB/T 97.1 10 （从标准中查得，该垫圈内径 d_1 为 10.5 mm）
标准型弹簧垫圈 GB/T 93—1987		公称规格为 16 mm，材料为 65 Mn，表面氧化的标准型弹簧垫圈 完整标记：垫圈 GB/T 93—1987 - 16 - O 简化标记：垫圈 GB/T 93 16 （从标准中查得，该垫圈的 d 最小，为 16.2 mm）

（3）螺纹紧固件的比例画法。

①螺栓。螺栓的比例画法如图 6-71 所示。

②螺母。螺母的比例画法如图 6-72 所示。

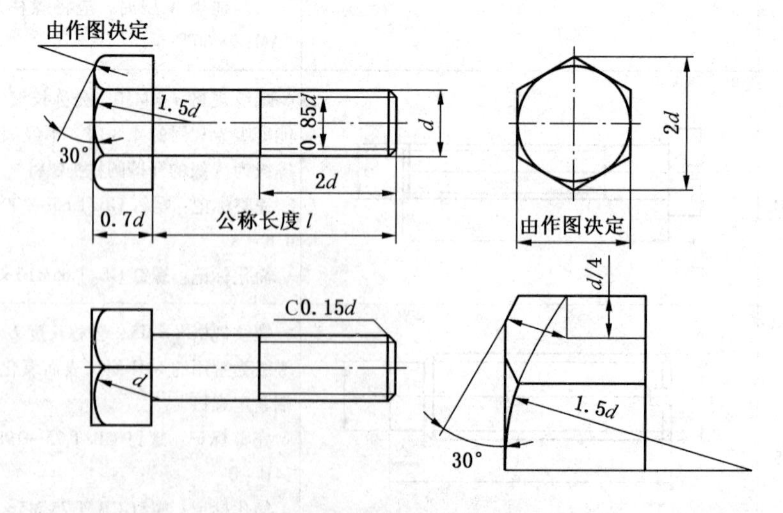

图 6-71　螺栓的比例画法

③双头螺柱。双头螺柱的比例画法如图6－73所示。

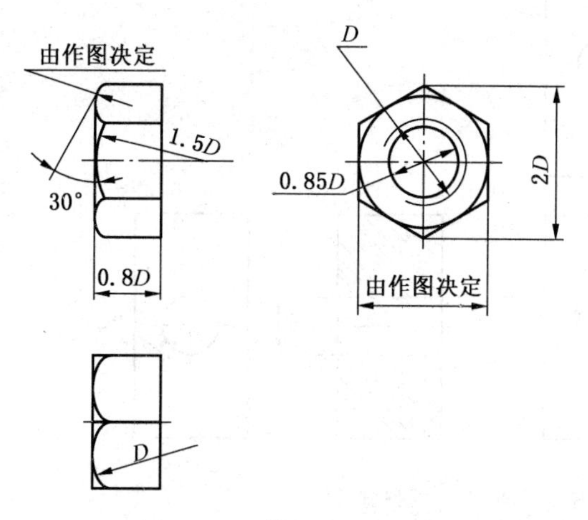

图6－72 螺母的比例画法

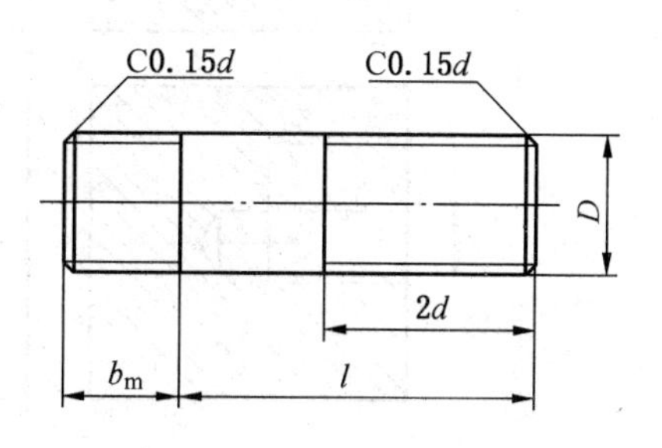

图6－73 双头螺柱的比例画法

④开槽圆柱头螺钉、沉头螺钉。开槽圆柱头螺钉、沉头螺钉的比例画法如图6－74所示。

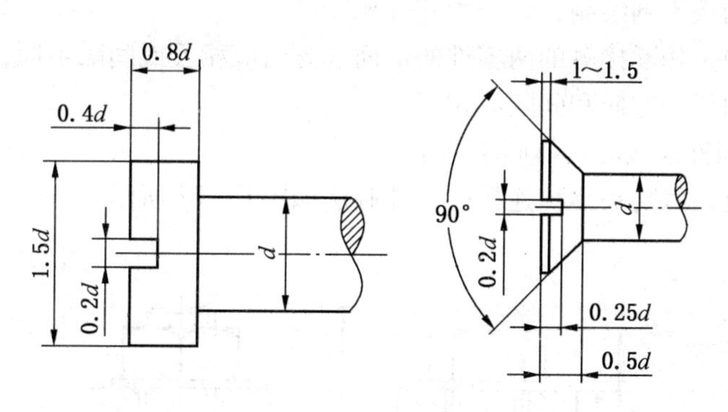

图6－74 开槽圆柱头螺钉、沉头螺钉的比例画法

⑤垫圈、弹簧垫圈。垫圈、弹簧垫圈的比例画法如图6－75所示。

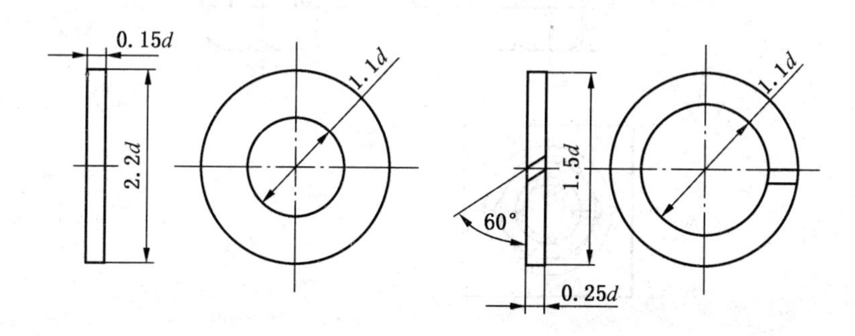

图6－75 垫圈、弹簧垫圈的比例画法

⑥钻孔、螺孔、光孔。钻孔、螺孔、光孔的比例画法如图6－76所示。

（4）螺纹紧固件连接的画法规定如下：

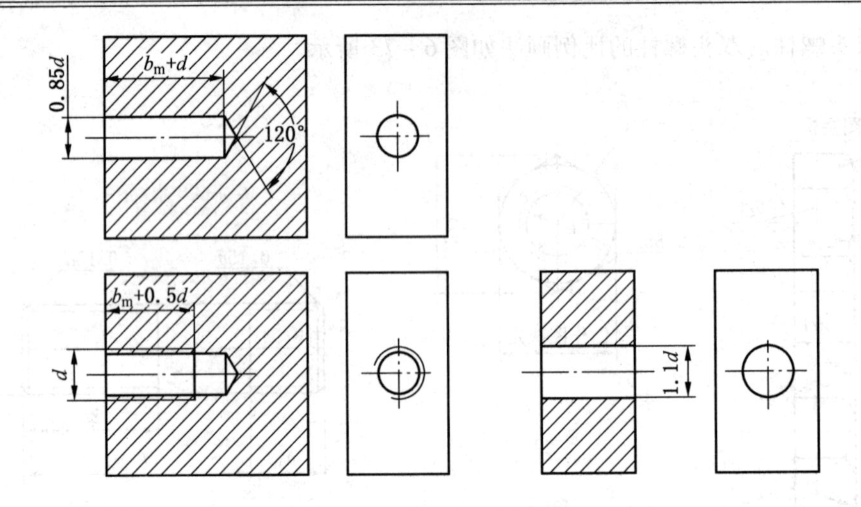

图6-76　钻孔、螺孔、光孔的比例画法

①两零件接触面处画一条粗实线。

②当剖切平面沿实心零件或标准件（螺栓、螺母、垫圈等）的轴线（或对称线）剖切时，这些零件均按不剖绘制，即仍画其外形。

③在剖视图中，相互接触的两零件的剖面线方向应相反或间隔不同，而同一个零件在各剖视图中，剖面线的方向和间隔应相同。

（5）螺纹紧固件连接的具体画法如下：

①六角头螺栓。六角头螺栓连接的具体画法如图6-77所示。

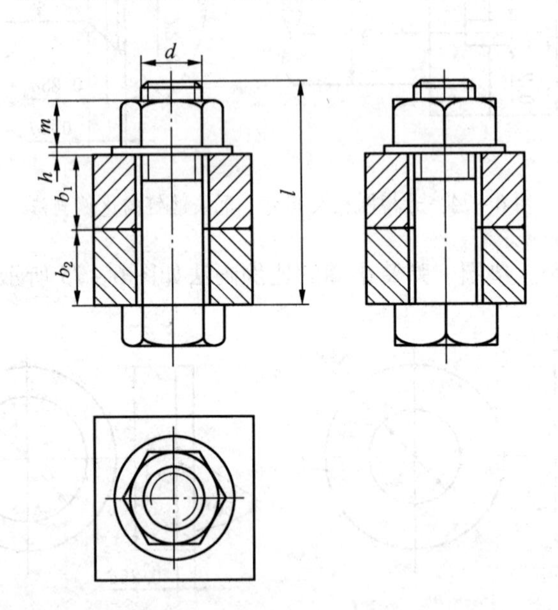

图6-77　六角头螺栓连接的具体画法

②双头螺柱。双头螺柱连接的具体画法如图6-78所示。

③开槽圆柱头螺钉。开槽圆柱头螺钉连接的具体画法如图6-79所示。

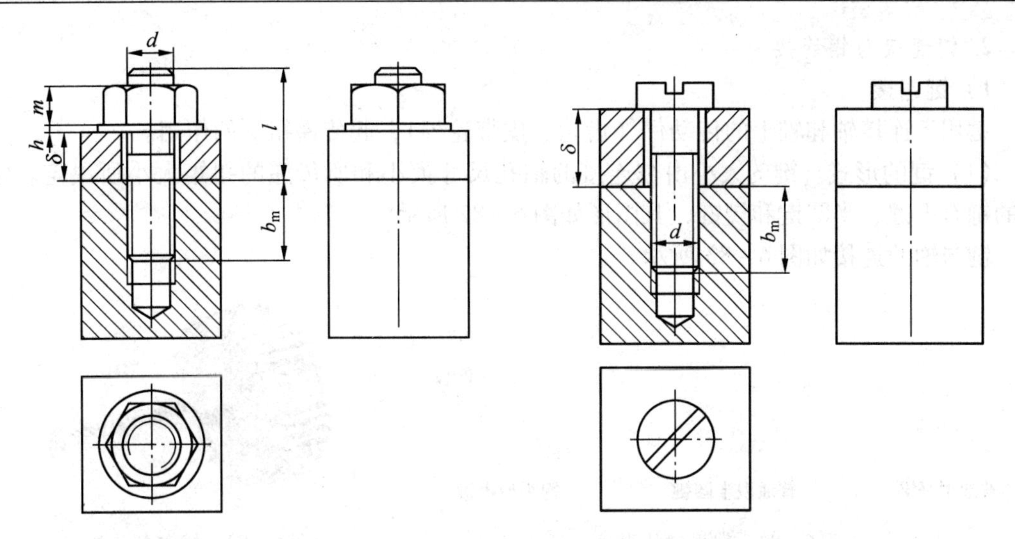

图6－78　双头螺柱连接的具体画法　　图6－79　开槽圆柱头螺钉连接的具体画法

(6) 螺纹紧固件连接的简化画法如下：

①螺栓连接与螺柱连接。螺栓连接与螺柱连接的简化画法如图6－80所示。

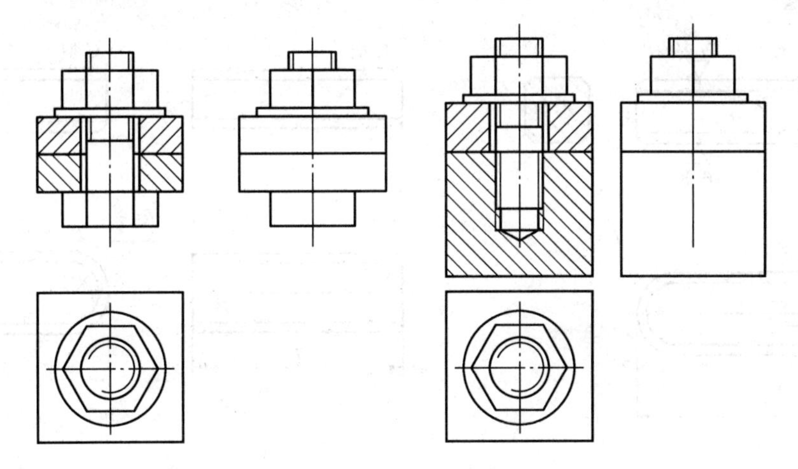

图6－80　螺栓连接与螺柱连接的简化画法

②螺钉连接。螺钉连接的简化画法如图6－81所示。

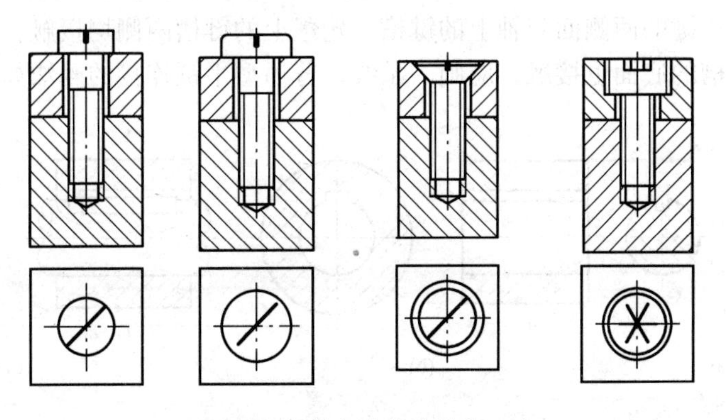

图6－81　螺钉连接的简化画法

2. 键连接与销连接

1）键连接

键用于连接轴和轴上的传动件（齿轮、皮带轮等），起传递扭矩的作用。

（1）键的形式。键的大小由被连接的轴孔尺寸大小和所传递的扭矩大小所决定。常用的键有平键、半圆键和楔键，其图形如图 6－82 所示。

键与轴的连接如图 6－83 所示。

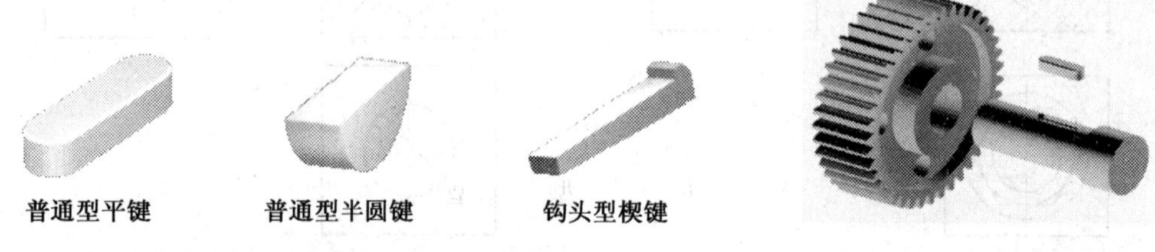

图 6－82　常用键的形式　　　图 6－83　键与轴的连接

普通平键的形式有 A 型（圆头）、B 型（方头）、C 型（单圆头）三种，如图 6－84 所示。

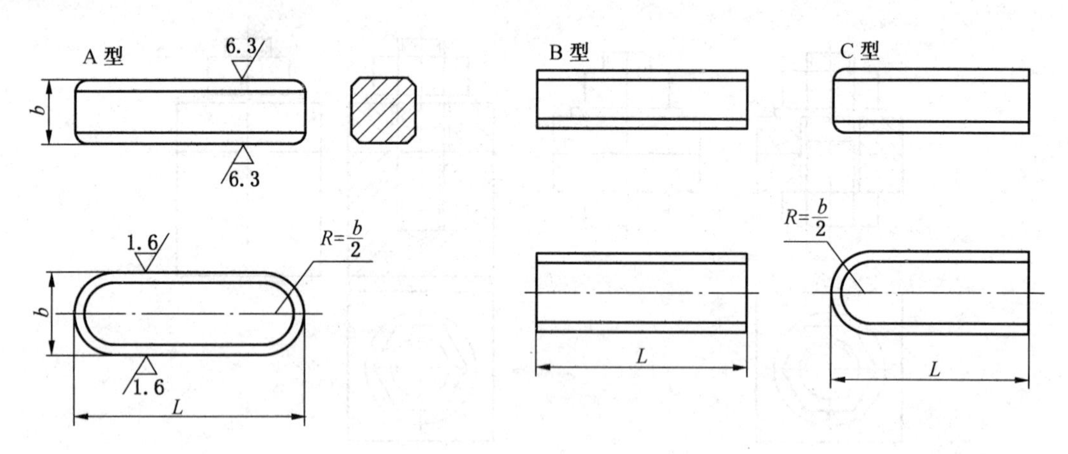

图 6－84　普通平键的形式

（2）普通型平键连接的画法。用于轴孔连接时，键的顶面与轮毂中的键槽底面有间隙，应画两条线；键的两侧面与轴上的键槽、轮毂上的键槽两侧均接触，应画一条线；键的底面与轴上键槽的底面也接触，应画一条线，普通型平键连接的画法如图 6－85 所示。

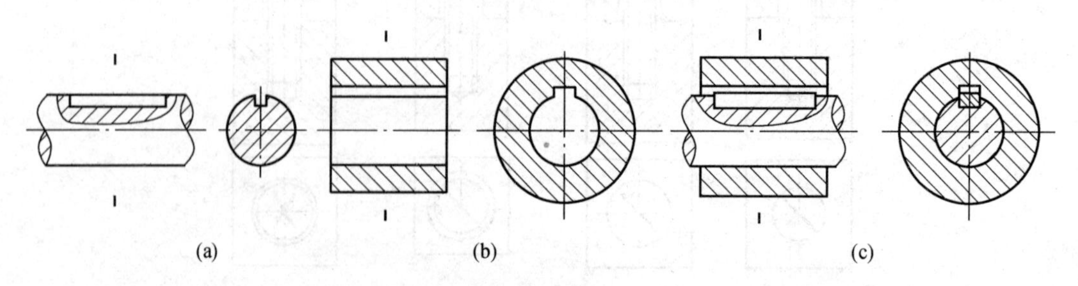

图 6－85　普通型平键连接的画法

①普通平键：普通平键的两侧面为工作面，因此，连接时平键的两侧面与轴和轮毂键槽侧面之间相互接触，没有间隙，只画一条线。而键与轮毂的键槽顶面之间是非工作面，不接触，应留有间隙，画两条线。

②半圆键：半圆键一般用在载荷不大的传动轴上，它的连接情况与普通平键相似。

③楔键：楔键顶面是1∶100的斜度装配，沿轴向将键打入键槽内，直至打紧为止，因此，它的上、下面为工作面，两侧面为非工作面，但画图时侧面不留间隙。

（3）键的标记。键的标记由标准编号、名称、形式与尺寸组成。例如，A型（圆头）普通型平键，$b=12$ mm、$h=8$ mm、$L=50$ mm，其标记为GB/T 1096—2003　键12×8×50。

又如，C型（单圆头）普通型平键，$b=18$ mm、$h=11$ mm、$L=100$ mm，其标记为GB/T 1096—2003　键C18×11×100。

标记中A型键的“A”字省略不注，而B型和C型要标注“B”和“C”。

2）销连接

常用的销有圆柱销、圆锥销和开口销等，如图6－86所示。

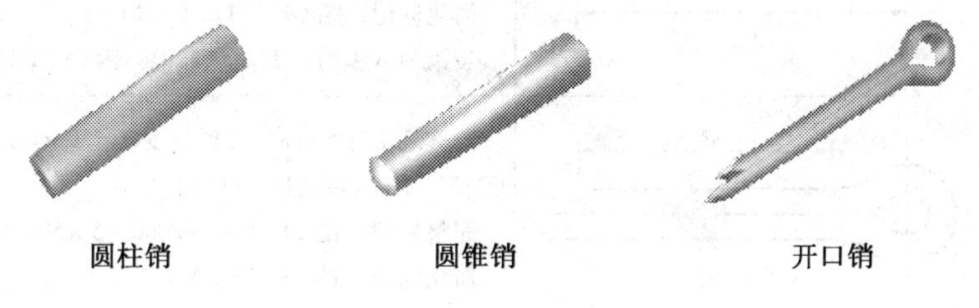

图6－86　常用的销

（1）销具有以下作用：

①圆柱销和圆锥销可起定位和连接作用，如图6－87所示。

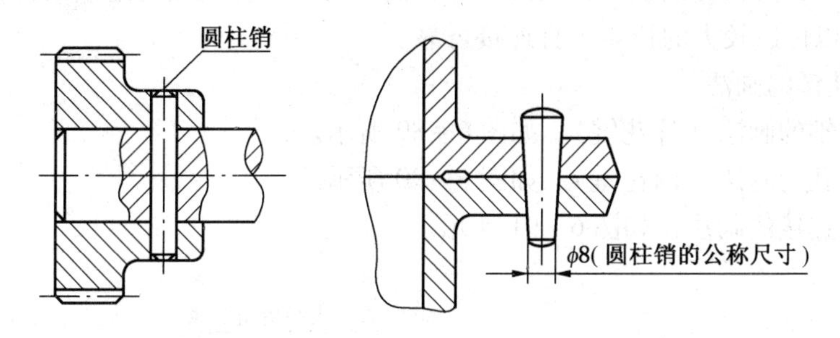

图6－87　圆柱销和圆锥销的定位和连接

②开口销穿过六角开槽螺母上的槽和螺杆上的孔，以防螺母松动或限定其他零件在装配体中的位置，如图6－88所示。

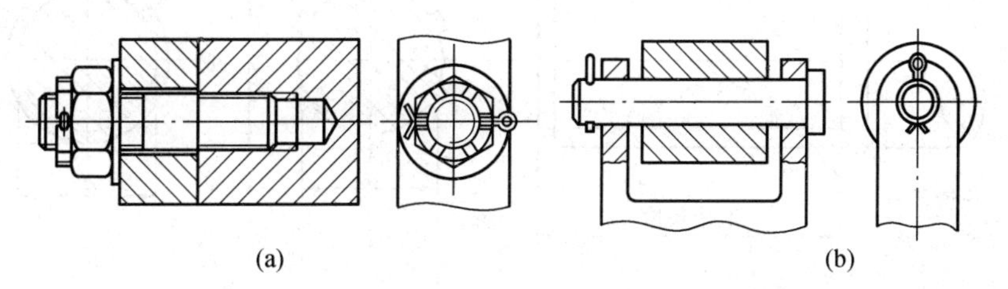

图6－88　开口销的连接

（2）销的图视和标记。销的图视和标记见表6－5。

表6－5 销的图视和标记

名称及标准编号	图例	标记示例
圆柱销 GB/T 119.1—2000		公称直径 $d=8$ mm，公差为 m6，公称长度 $L=30$ mm，材料为钢，不经淬火，不经表面处理的不淬硬钢圆柱销 完整标记：销 GB/T 119.1—2000－8m6×30 简化标记：销 GB/T 119.1 8m6×30
圆锥销 GB/T 117—2000		公称直径 $d=6$ mm，公称长度 $L=30$ mm，材料为 35 钢，热处理硬度（28－38）HRC，表面氧化处理，不淬硬的 A 型圆锥销 完整标记：销 GB/T 117—2000－6×30－35 钢－热处理（28－38）HRC－O 简化标记：销 GB/T 117 6×30 当销为 B 型时，其简化标记：销 GB/T 117 B6×30
开口销 GB/T 91—2000		公称规格为 5 mm，公称长度 $L=50$ mm，材料为 Q215 或 Q235，不经热处理的开口销 完整标记：销 GB/T 91—2000－5×50－Q215 或 Q235 简化标记：销 GB/T 91 5×50

3. 花键连接

花键是将键直接做在轴上和轮孔内，与它们成为一体。花键的连接是将花键轴装在花键孔内。它可以传递较大的扭矩，且连接可靠。

1）矩形花键的画法

（1）花键轴的画法（外花键），如图6－89所示。

（2）花键孔的画法（内花键），如图6－90所示。

（3）花键连接的画法，如图6－91所示。

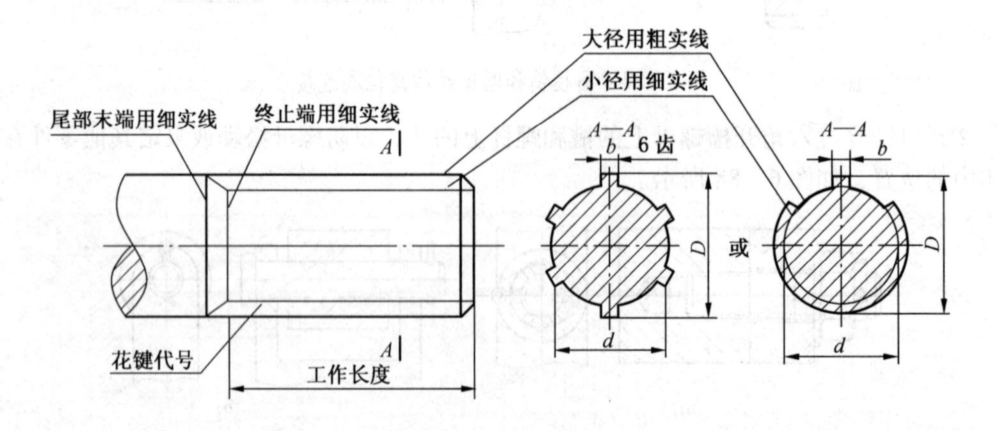

图6－89 外花键的画法

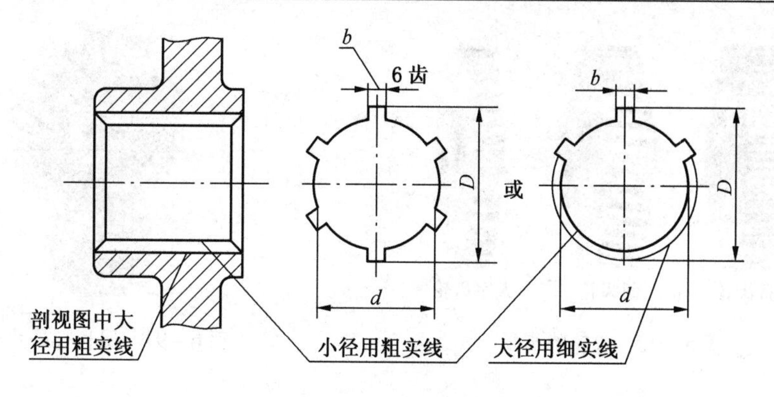

图6-90　内花键的画法

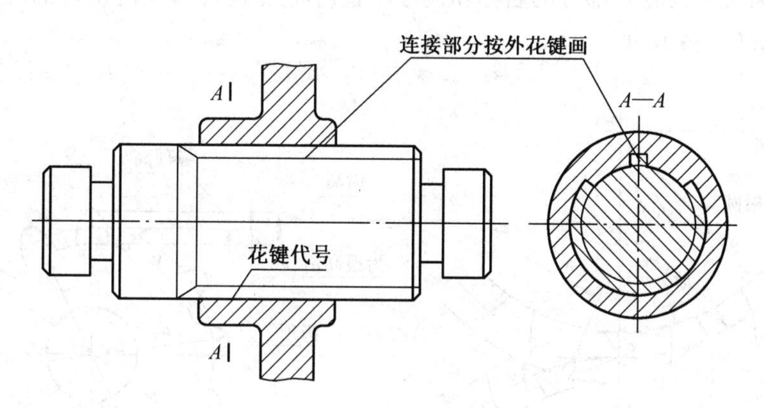

图6-91　花键连接的画法

2）矩形花键标注

例如，$Z—D\times d\times b$：

Z——齿数；

D——大径；

d——小径；

b——键宽。

4. 齿轮

1）齿轮的基本知识

齿轮是在机器中传递动力和运动的零件。齿轮传动可完成减速、增速、变向和换向等功能。齿轮轮齿的齿廓曲线可以制成渐开线、摆线或圆弧，其中渐开线齿廓较常见。轮齿的方向有直齿、斜齿、人字齿或弧形齿，如图6-92所示。齿轮有标准齿轮与非标准齿轮之分，具有标准齿的齿轮称为标准齿轮。

常见的齿轮有：

（1）圆柱齿轮。用于两平行轴之间的传动。

（2）圆锥齿轮。用于两相交轴之间的传动。

（3）蜗杆蜗轮。用于两交叉轴之间的传动。

2）圆柱齿轮的基本参数和尺寸间关系

圆柱齿轮的形状如图6-93所示。

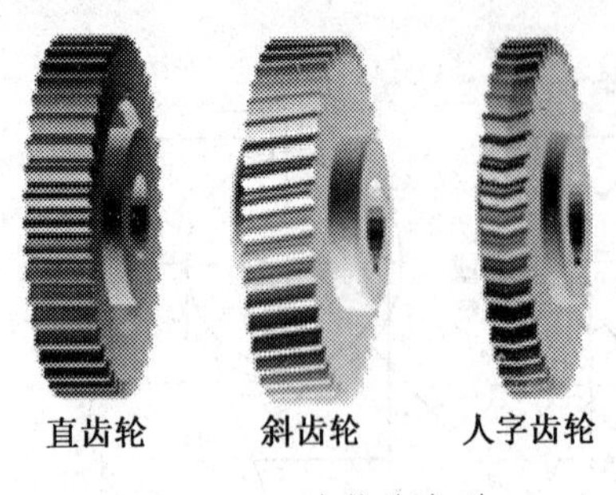

图6-92 齿轮的齿形

图6-93 圆柱齿轮的形状

(1) 直齿圆柱齿轮各部分的名称和代号。直齿轮（直齿圆柱齿轮）的基本参数和尺寸间关系如图6-94所示。

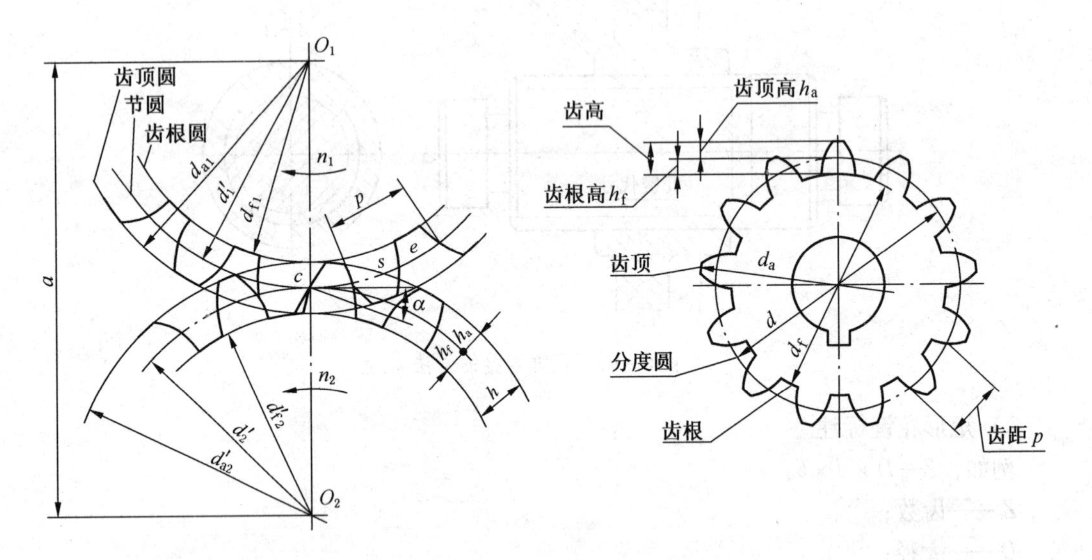

图6-94 直齿轮（直齿圆柱齿轮）的基本参数和尺寸间关系

齿轮的名词术语：

①节圆直径 d'（分度圆直径 d）。连心线 O_1O_2 上两相切的圆称为节圆，节圆是两齿轮啮合接触点所形成的圆，其直径用 d'表示。分度圆直径用 d 表示。在标准齿轮中，$d'=d$。

②节点 c。在一对啮合齿轮上，两节圆的切点。

③齿顶圆直径 d_a。轮齿顶部的圆称为齿顶圆，其直径用 d_a 表示。

④齿根圆直径 d_f。齿槽根部的圆称为齿根圆，其直径用 d_f 表示。

⑤齿距 p、齿厚 s、槽宽 e。在节圆或分度圆上，两个相邻的同侧齿面间的弧长称齿距，用 p 表示；一个轮齿齿廓间的弧长称齿厚，用 s 表示；一个齿槽齿廓间的弧长称槽宽，用 e 表示。在标准齿轮中，$s=e$，$p=e+s$。

⑥齿高 h、齿顶高 h_a、齿根高 h_f。齿顶圆与齿根圆的径向距离称齿高，用 h 表示；齿顶圆与分度圆的径向距离称齿顶高，用 h_a 表示；分度圆与齿根圆的径向距离称齿根高，用 h_f 表示。$h=h_a+h_f$。

⑦模数。$p/\pi = m$，m 称为齿轮的模数。模数是设计和制造齿轮的重要参数，模数越大，轮齿就越大；模数越小，轮齿就越小。

⑧压力角。压力角用 α 表示，标准齿轮的压力角一般为20°。两齿轮相互啮合，压力角和模数必须相等。

⑨传动比。主动齿轮的转数 n_1 与从动齿轮的转数 n_2 之比，用 i 表示。$i = n_1/n_2$，$i >$ 1，减速（符号下角的1和2，分别代表第一个齿轮和第二个齿轮）。

齿轮分度圆周长为

$$\pi d = zp$$

式中 z——齿数；

p——齿距。

则分度圆直径为

$$d = \frac{p}{\pi} z$$

齿轮的模数为

$$d = mz \qquad m = \frac{d}{z}$$

即模数越大，轮齿就越大。互相啮合的两齿轮，其齿距 p 应相等，模数 m 亦应相等。为减少加工齿轮刀具的数量，国家标准对齿轮的模数作了统一的规定，见表6－6。标准直齿轮各基本尺寸的部分计算公式见表6－7。

表6－6 标准模数（GB/T 1357—1987） mm

第一系列	0.1，0.12，0.15，0.2，0.25，0.3，0.4，0.5，0.6，0.8，1，1.25，1.5，2，2.5，3，4，5，6，8，10，12，16，20，25，32，40，50
第二系列	0.35，0.7，0.9，1.75，2.25，2.75，(3.25)，3.5，(3.75)，4.5，5.5，(6.5)，7，9，(11)，14，18，22，28，36，45

注：1. 在选用模数时，应优先采用第一系列，括号内的模数尽可能不用。

2. 圆锥齿轮模数见 GB/T 12368—1990。

（2）圆柱齿轮的规定画法。

①单个圆柱齿轮的画法如图6－95所示。

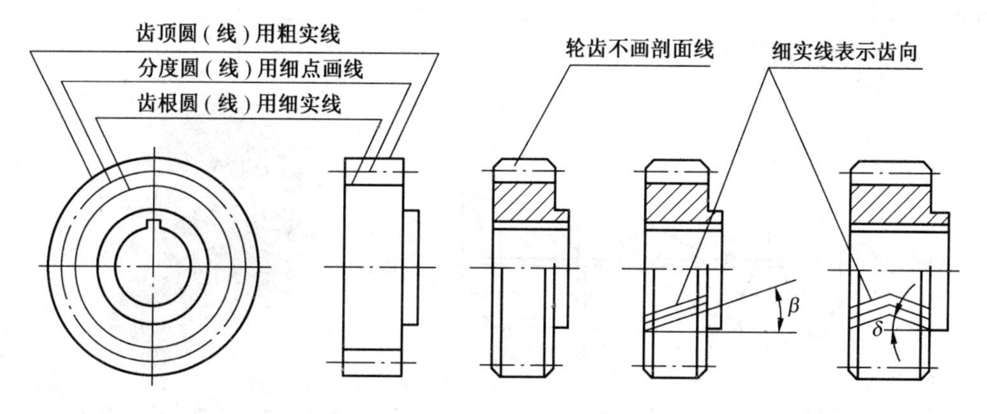

图6－95 圆柱齿轮的规定画法

表6-7　标准直齿轮各基本尺寸的计算公式及举例

基本参数：模数 m 齿数 z			已知：$m=2$ mm，$z=29$
名　称	符　号	计算公式	
齿距	p	$p=\pi m$	$p=6.28$ mm
齿顶高	h_a	$h_a=m$	$h_a=2$ mm
齿根高	h_f	$h_f=1.25m$	$h_f=2.5$ mm
齿高	h	$h=2.25m$	$h=4.5$ mm
分度圆直径	d	$d=mz$	$d=58$ mm
齿顶圆直径	d_a	$d_a=m(z+2)$	$d_a=62$ mm
齿根圆直径	d_f	$d_f=m(z-2.5)$	$d_f=53$ mm
中心距	a	$a=m(z_1+z_2)/2$	

②圆柱齿轮啮合画法如图6-96所示。

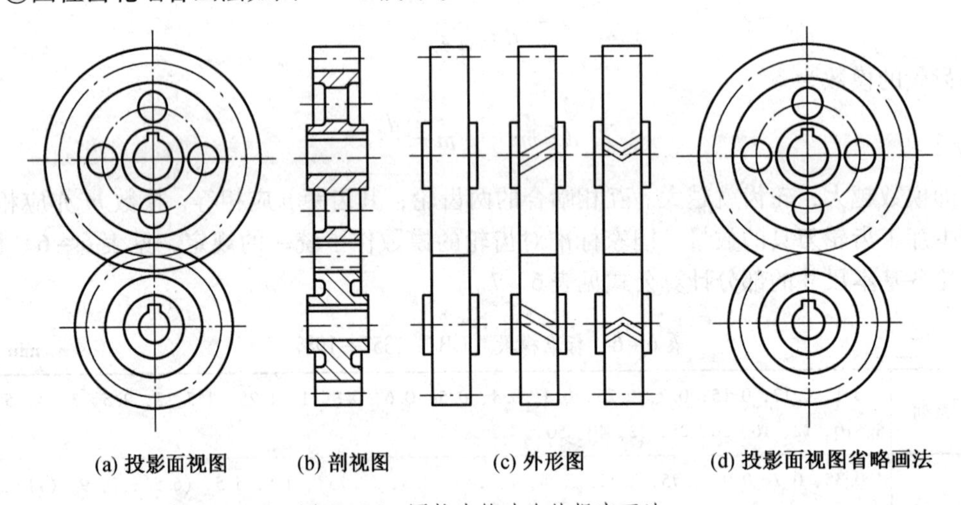

(a) 投影面视图　(b) 剖视图　(c) 外形图　(d) 投影面视图省略画法

图6-96　圆柱齿轮啮合的规定画法

(3) 齿轮啮合区的画法如图6-97所示。

3) 圆锥齿轮

圆锥齿轮是将轮齿加工在圆锥面上，因而轮齿沿圆锥素线方向大小不同，模数和分度圆也随之而变化。为了设计和制造方便，国家标准规定以大端参数为准，圆锥齿轮的形状如图6-98所示。

单个圆锥齿轮的画法如图6-99所示。

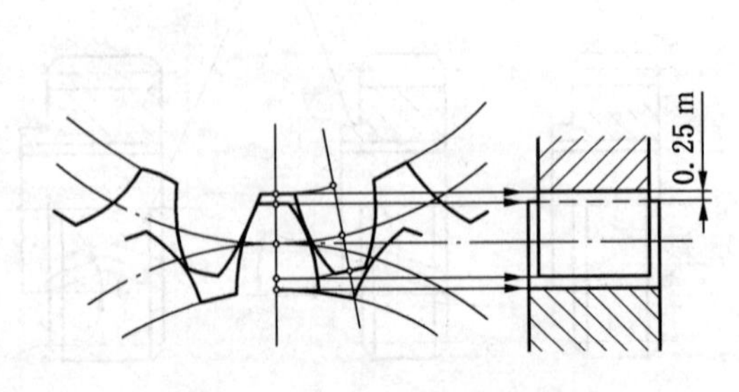

图6-97　齿轮啮合区的画法

图6-98　圆锥齿轮的形状

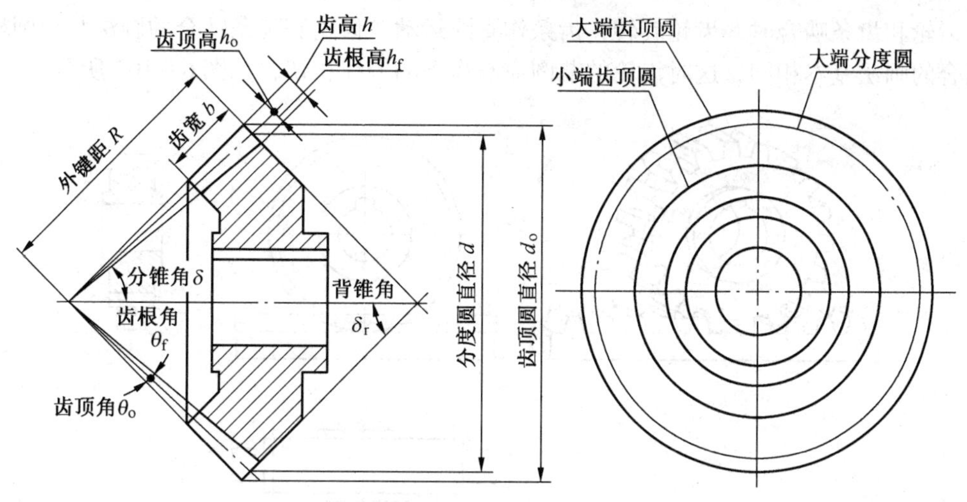

图 6-99　单个圆锥齿轮的画法

4）蜗杆蜗轮

蜗杆蜗轮传动，主要用在两轴线垂直交叉的场合，蜗杆为主动，用于减速，蜗杆的齿数，就是其杆上螺旋线的头数，常用的为单线或双线，此时，蜗杆转一圈，蜗轮只转一个齿轮或两个齿，因此可得到较大的传动比。蜗杆蜗轮的形状如图 6-100 所示，单个蜗杆、蜗轮的画法如图 6-101 所示。

图 6-100　蜗杆蜗轮的形状

5）齿轮齿条啮合的画法

当齿轮的直径无限大时，其齿顶圆、齿根圆、分度圆和齿廓曲线都成了直线，这时齿轮就变成了齿条。

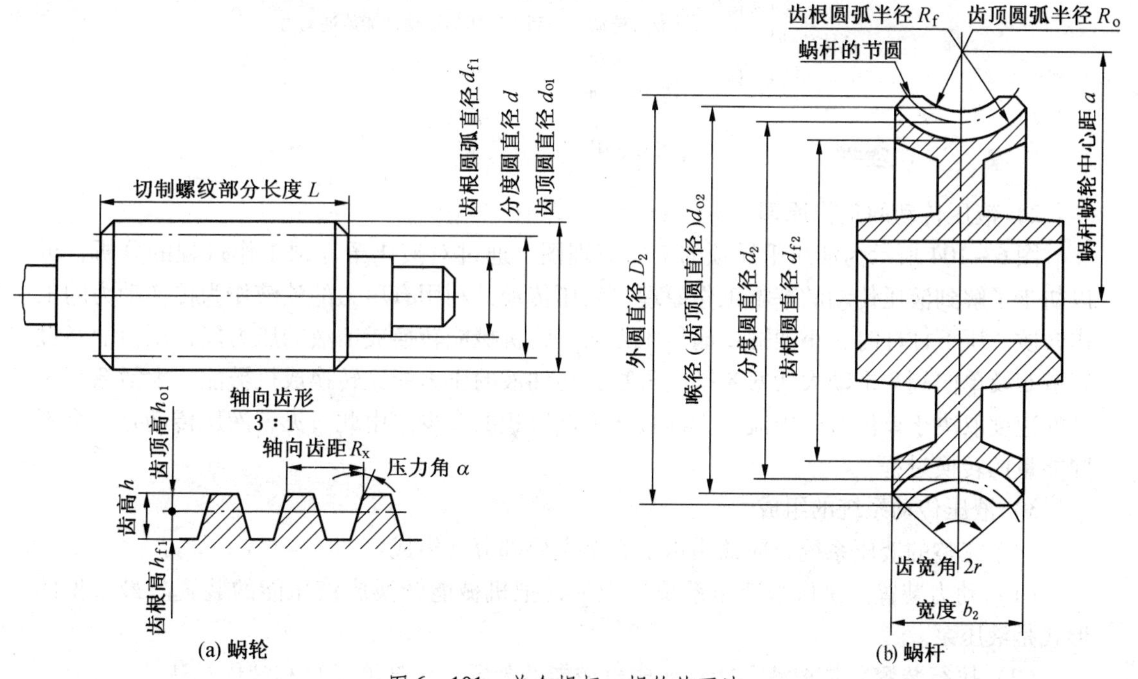

图 6-101　单个蜗杆、蜗轮的画法

齿轮和齿条啮合时，齿轮旋转，齿条作直线运动。齿轮和齿条啮合的画法与两圆柱齿轮啮合的画法基本相同，这时齿轮的节圆应与齿条的节线相切，如图 6－102 所示。

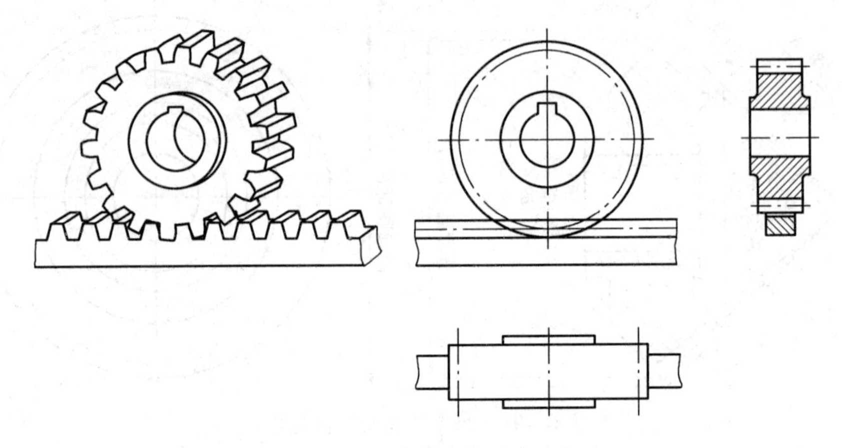

图 6－102　齿轮与齿条啮合的画法

（四）液压传动知识

1. 液压传动概述

1）液压传动发展概述

（1）机械传动。是通过齿轮、齿条、蜗轮、蜗杆等机件直接把动力传送到执行机构的传递方式。

（2）电气传动。是利用电力设备，通过调节电参数来传递或控制动力的传动方式。

（3）流体传动方式如图 6－103 所示。

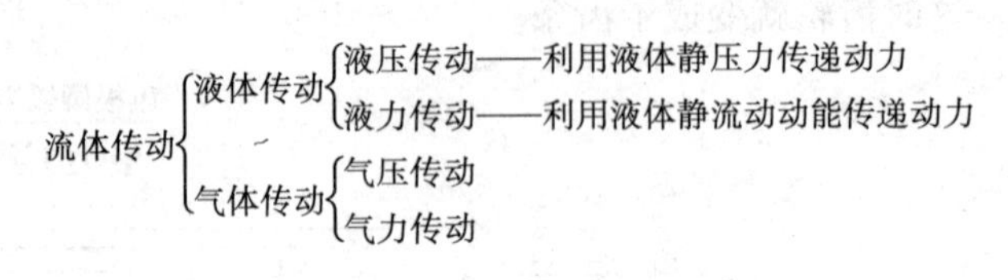

图 6－103　流体传动

2）液压传动的工作原理

图 6－104 所示为液压千斤顶的工作原理图。通过对液压千斤顶工作过程的分析，可以初步了解到液压传动的基本工作原理。液压传动是利用有压力的油液作为传递动力的工作介质。压下杠杆时，小油缸 2 输出压力油，将机械能转换成油液的压力能，压力油经过管道 6 及单向阀 7 推动大活塞 8 举起重物，将油液的压力能又转换成机械能。大活塞 8 举升的速度取决于单位时间内流入大油缸 9 中油容积的多少。由此可见，液压传动是一个不同能量的转换过程。

3）液压传动系统的组成

一个完整的液压系统，应该由以下 5 个主要部分来组成：

（1）动力装置。是供给液压系统压力油，把机械能转换成液压能的装置。最常见的形式是液压泵。

（2）执行装置。是把液压能转换成机械能的装置。包括液压缸和液压马达。

（3）控制调节装置。是对系统中的压力、流量或流动方向进行控制或调节的装置。包括压力、流量、方向等控制阀。

（4）辅助装置。上述三部分之外的其他装置，如油箱、滤油器、油管等。它们对保证系统正常工作是必不可少的。

（5）工作介质。传递能量的流体，即液压油等。

4）液压系统的图形符号

我国已经制定了一种用规定的图形符号来表示液压原理图中各元件和连接管路的国家标准，即《液压气动图形符号》（GB/T 786.1—1993）。GB/T 786.1—1993 对图形符号有以下几条基本规定：

（1）符号只表示元件的职能，连接系统的通路，不表示元件的具体结构和参数，也不表示元件在机器中的实际安装位置。

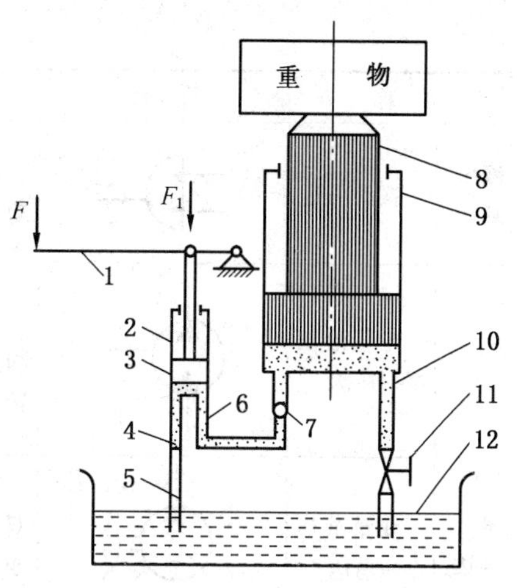

1—杠杆手柄；2—小油缸；3—小活塞；4、7—单向阀；5—吸油管；6、10—管道；8—大活塞；9—大油缸；11—截止阀；12—油箱

图 6－104　液压千斤顶的工作原理图

（2）元件符号内的油液流动方向用箭头表示，线段两端都有箭头的表示流动方向可逆。

（3）符号均以元件的静止位置或中间零位置表示，当系统的动作另有说明时，可作例外。

液压系统的图形符号见表 6－8。

表 6－8　液压系统的图形符号

名称		符号	说明	名称		符号	说明
一、液压泵、液压马达和液压缸							
液压泵	液压泵		一般符号	液压马达	液压马达		一般符号
	单向定量液压泵		单向旋转、单向流动、定排量		单向定量液压马达		单向流动，单向旋转
	双向定量液压泵		双向旋转，双向流动，定排量		双向定量液压马达		双向流动，双向旋转，定排量
	单向变量液压泵		单向旋转，单向流动，变排量		单向变量液压马达		单向流动，单向旋转，变排量
	双向变量液压泵		双向旋转，双向流动，变排量		双向变量液压马达		双向流动，双向旋转，变排量

表 6-8（续）

名称		符号	说明
液压马达	摆动马达	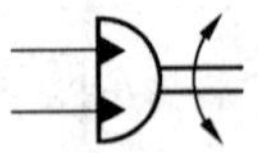	双向摆动，定角度
泵-马达	定量液压泵—马达		单向流动，单向旋转，定排量
	变量液压泵—马达	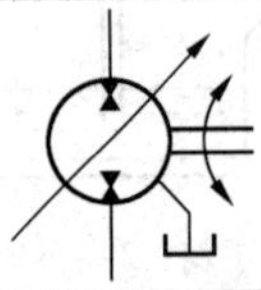	双向流动，双向旋转，变排量，外部泄油
	液压整体式传动装置		单向旋转，变排量泵，定排量马达
单作用缸	单活塞杆缸	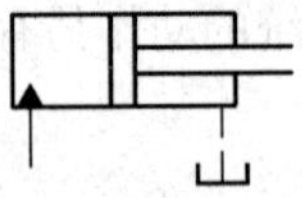	详细符号
		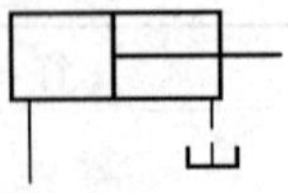	简化符号
	单活塞杆缸（带弹簧复位）	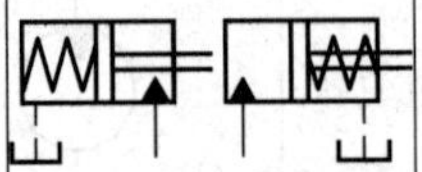	详细符号
		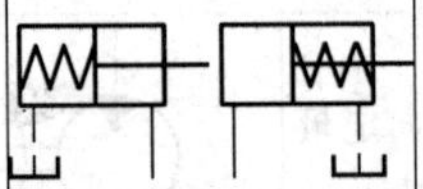	简化符号
	柱塞缸	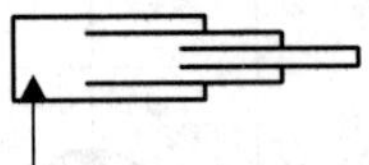	
	伸缩缸	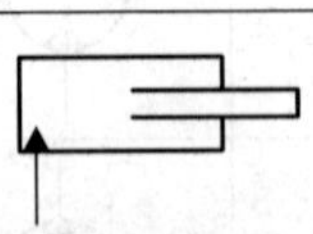	
双作用缸	单活塞杆缸	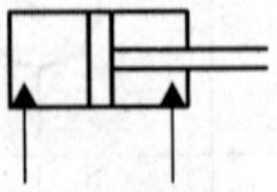	详细符号
		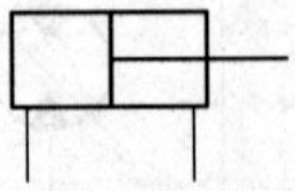	简化符号
双作用缸	双活塞杆缸	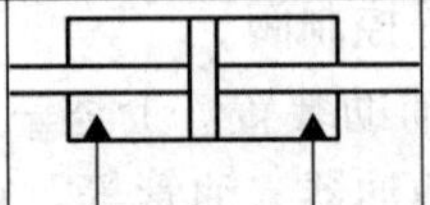	详细符号
		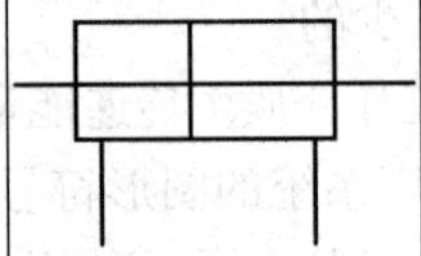	简化符号
	不可调单向缓冲缸	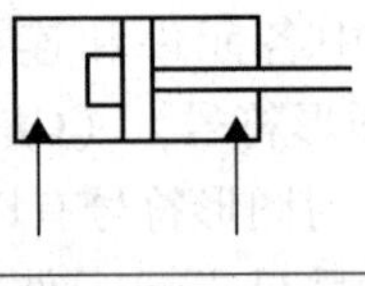	详细符号
		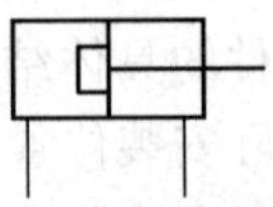	简化符号
	可调单向缓冲缸	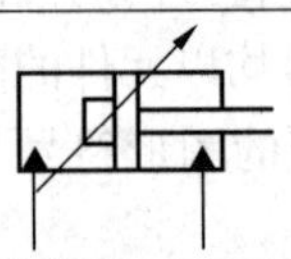	详细符号
		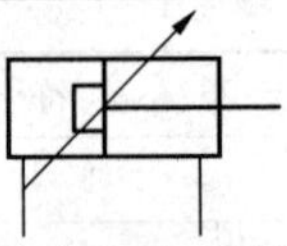	简化符号
	不可调双向缓冲缸	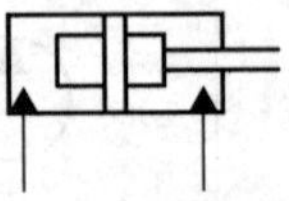	详细符号
	不可调双向缓冲缸	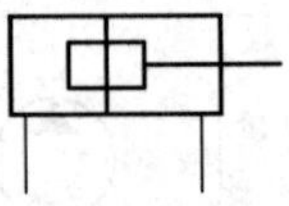	简化符号
	可调双向缓冲缸	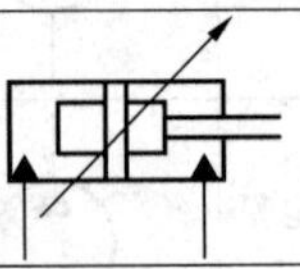	详细符号
		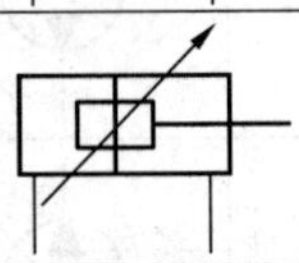	简化符号
	伸缩缸	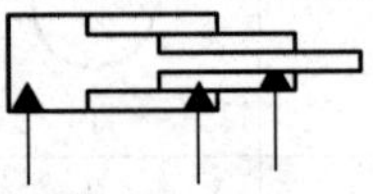	
压力转换器	气液转换器	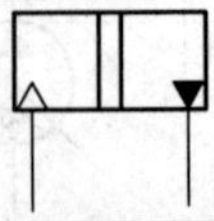	单程作用

表6-8（续）

名称		符号	说明	名称		符号	说明
压力转换器	气—液转换器		连续作用	辅助气瓶			
	增压器		单程作用	气罐			
			连续作用	能量源	液压源		一般符号
蓄能器			一般符号		气压源		一般符号
	气体隔离式				电动机		
	重锤式				原动机		电动机除外
	弹簧式						
二、机械控制装置和控制方法							
机械控制件	直线运动的杆		箭头可省略	机械控制件	锁定装置		“*”为开锁的控制方法
	旋转运动的轴		箭头可省略		弹跳机构		
	定位装置			机械控制方法	顶杆式		

表6-8（续）

名称		符号	说明	名称		符号	说明
机械控制方法	可变行程控制式			直接压力控制方法	加压或卸压控制		
	弹簧控制式				差动控制		
	滚轮式		两个方向操作		内部压力控制		控制通路在元件内部
	单向滚轮式		仅在一个方向上操作，箭头可省略		外部压力控制		控制通路在元件外部
人力控制方法	人力控制		一般符号	先导压力控制方法	液压先导加压控制		内部压力控制
	按钮式				液压先导加压控制		外部压力控制
	拉钮式				液压二级先导加压控制		内部压力控制，内部泄油
	按—拉式				气—液先导加压控制		气压外部控制，液压内部控制，外部泄油
	手柄式				电—液先导加压控制		液压外部控制，内部泄油
	单向踏板式				液压先导卸压控制		内部压力控制，内部泄油
	双向踏板式						外部压力控制（带遥控泄放口）

表6-8（续）

名称		符号	说明
先导压力控制方法	电—液先导控制	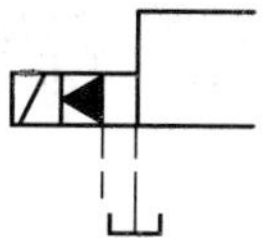	电磁铁控制，外部压力控制，外部泄油 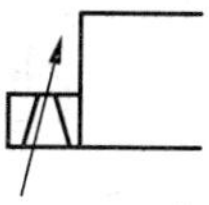
	先导型压力控制阀	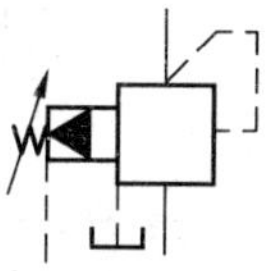	带压力调节弹簧，外部泄油，带遥控泄放口 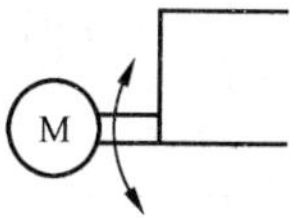
	先导型比例电磁式压力控制阀	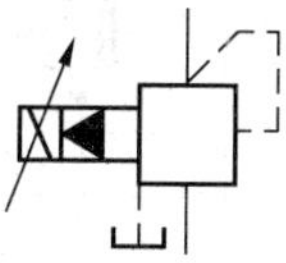	先导级由比例电磁铁控制，内部泄油 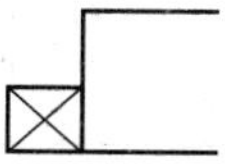
电器控制方法	单作用电磁铁	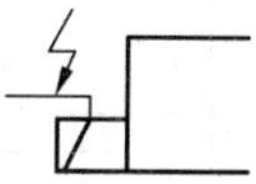	电气引线可省略，斜线也可向右下方 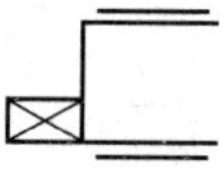
	双作用电磁铁	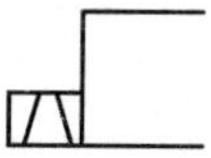	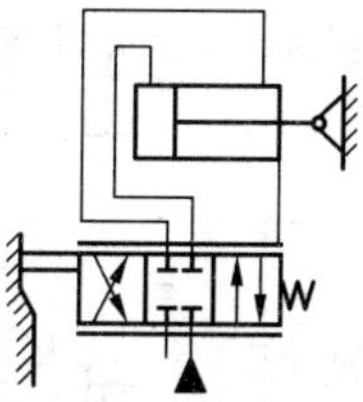
	单作用可调电磁操作(比例电磁铁，力矩马达等) 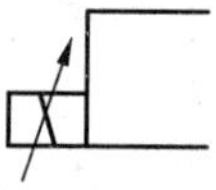		

名称		符号	说明
电器控制方法	双作用可调电磁操作（力矩马达等）		
	旋转运动电气控制装置	M	
反馈控制方法	反馈控制		一般符号
	电反馈		由电位器、差动变压器等检测位置
	内部机械反馈	W	如随动阀仿形控制回路等

三、压力控制阀

名称		符号	说明
溢流阀	溢流阀	W	一般符号或直动型溢流阀
	先导型溢流阀	W	
	先导型电磁溢流阀	W W	（常闭）
溢流阀	直动式比例溢流阀		
	先导比例溢流阀		
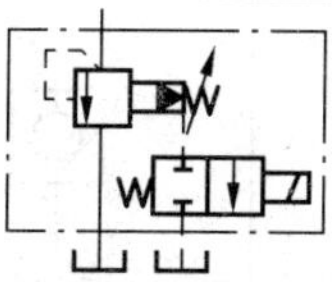	卸荷溢流阀	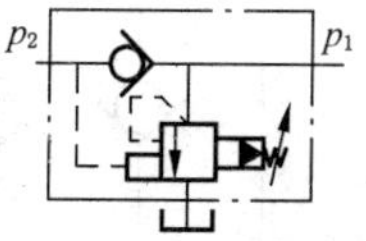 p_2 p_1 W	$p_2>p_1$ 时卸荷

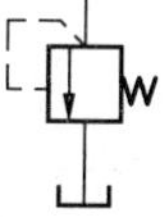

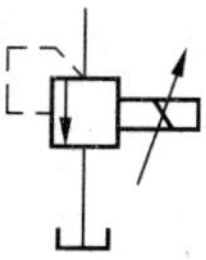

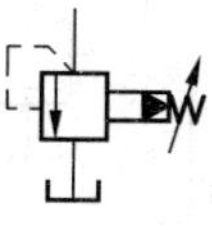

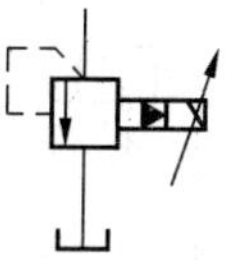

表6-8（续）

名称		符号	说明
溢流阀	双向溢流阀	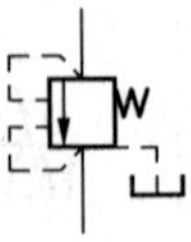	直动式，外部泄油
减压阀	减压阀	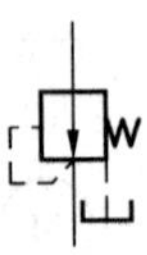	一般符号或直动型减压阀
	先导型减压阀		
	溢流减压阀	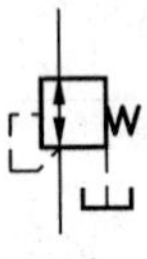	
	先导比例电磁式溢流减压阀	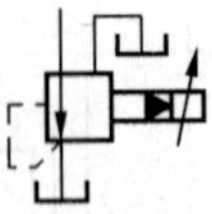	
	定比减压阀	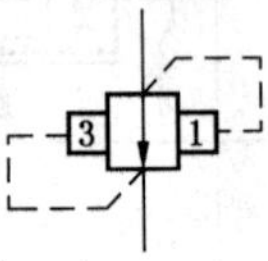	减压比1/3
	定差减压阀	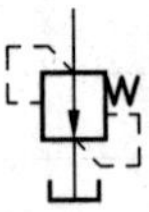	
顺序阀	顺序阀	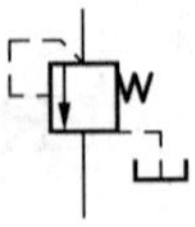	一般符号或睦动型顺序阀
	先导型顺序阀	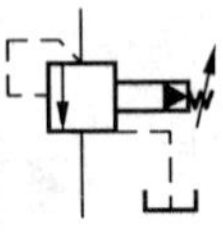	
	单向顺序阀（平衡阀）	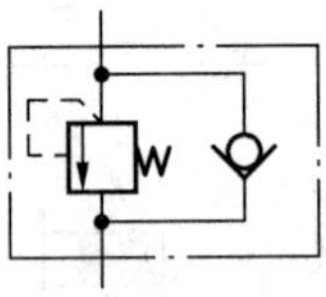	
卸荷阀	卸荷阀	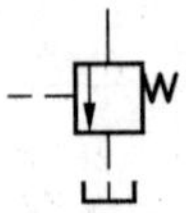	一般符号或直动型卸荷阀
	先导型电磁卸荷阀	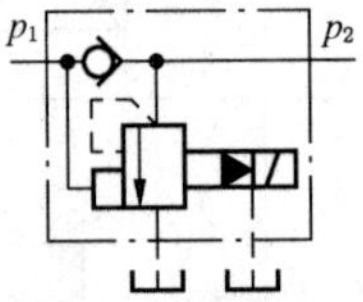	$p_1 > p_2$
制动阀	双溢流制动阀	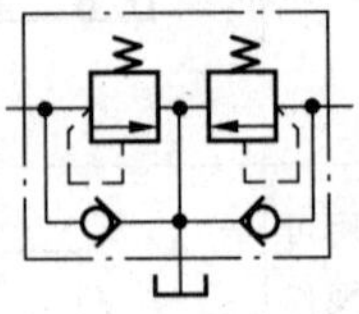	
	溢流油桥制动阀	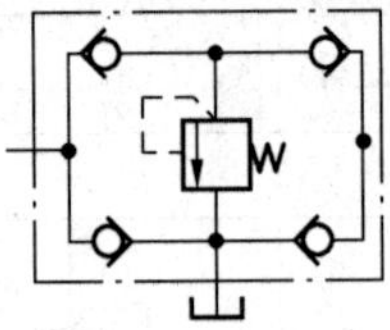	

四、方向控制阀

名称		符号	说明
单向阀		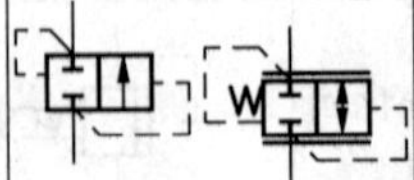	详细符号
		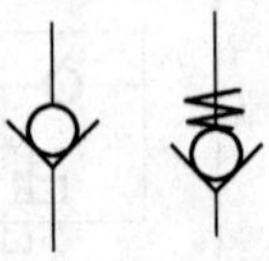	简化符号（弹簧可省略）
液压单向阀	液控单向阀	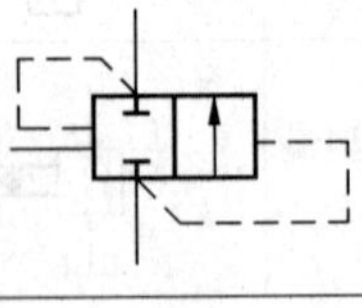	详细符号（控制压力关闭阀）
			简化符号

表6-8（续）

名称		符号	说明
液压单向阀	液控单向阀	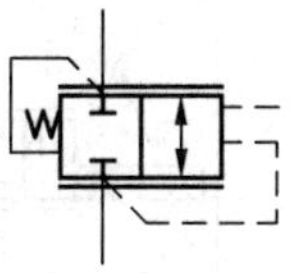	详细符号（控制压力打开阀）
			简化符号（弹簧可省略）
	双液控单向阀	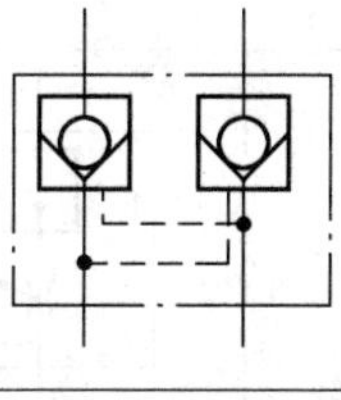	
梭阀	或门型	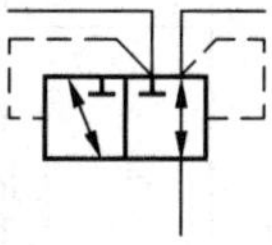	详细符号
		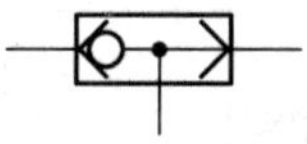	简化符号
换向阀	二位二通电磁阀	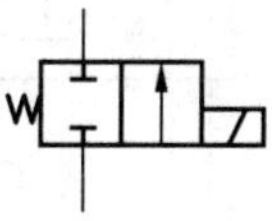	常断
		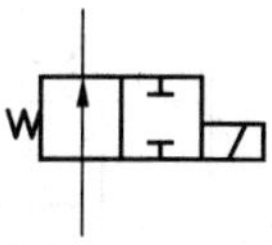	常通
	二位三通电磁阀	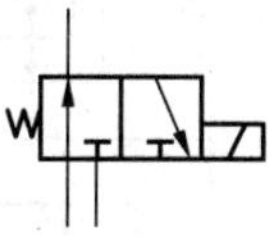	
	二位三通电磁球阀	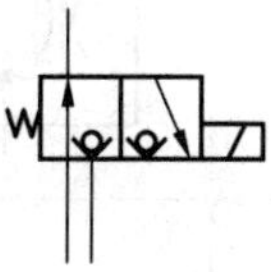	
	二位四通电磁阀	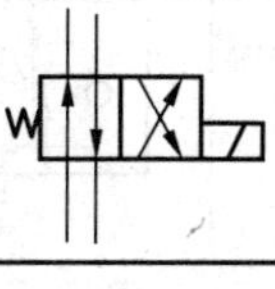	

名称		符号	说明
换向阀	二位五通液动阀	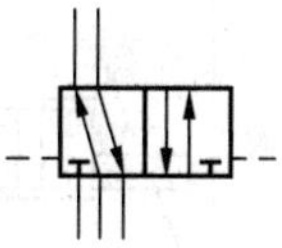	
	二位四通机动阀	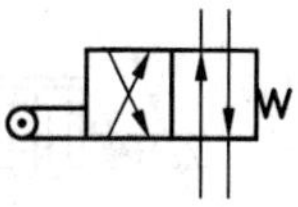	
	三位四通电磁阀	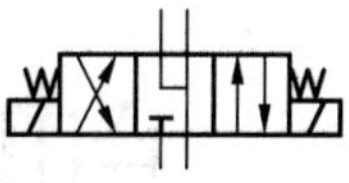	
	三位四通电液阀	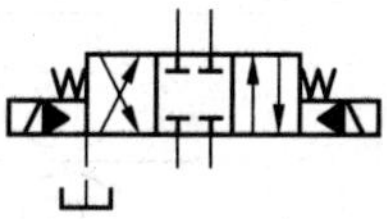	简化符号（内控外泄）
	三位六通手动阀	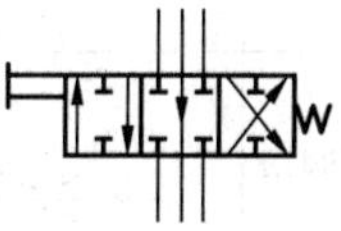	
	三位五通电磁阀	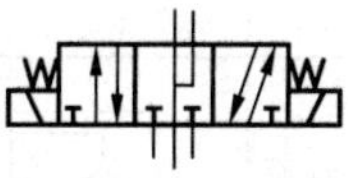	
	三位四通电液阀		外控内泄（带手动应急控制装置）
	三位四通比例阀	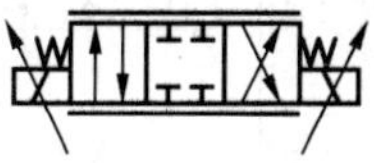	节流型，中位正遮盖
	三位四通比例阀	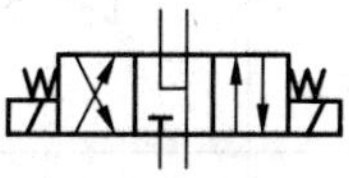	中位负遮盖
	二位四通比例阀	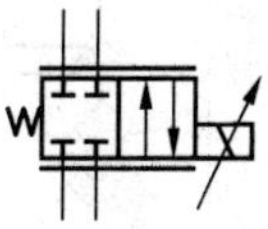	

表6-8（续）

名　称		符　号	说　明	名　称		符　号	说　明
换向阀	四通伺服	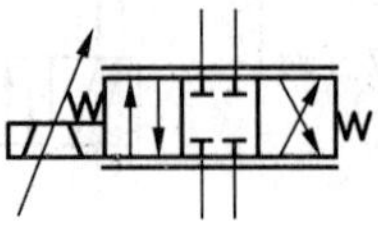		换向阀		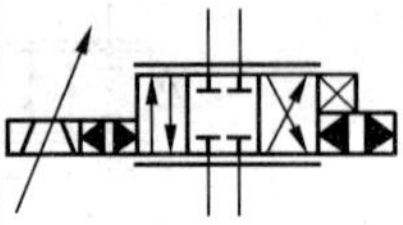	带电反馈三级
	四通电液伺服阀	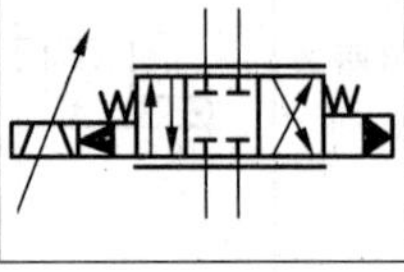	二级				
五、流量控制阀							
节流阀	可调节流阀	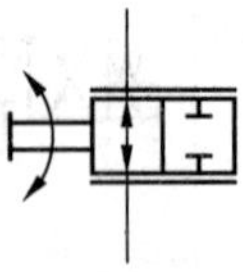	详细符号	调速阀	调速阀	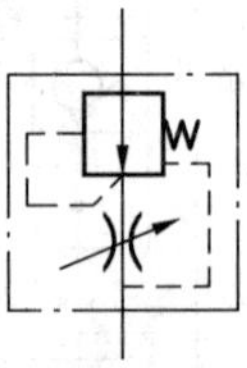	详细符号
		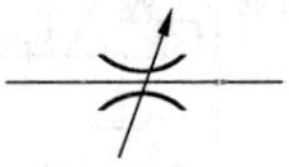	简化符号				简化符号
	不可调节流阀	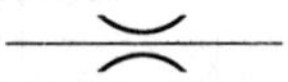	一般符号		旁通型调速阀	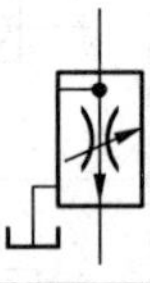	简化符号
	单向节流阀	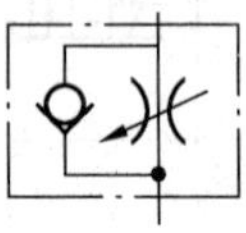			温度补偿型调速阀		简化符号
	双单向节流阀	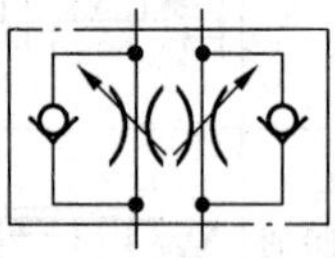			单向调速阀	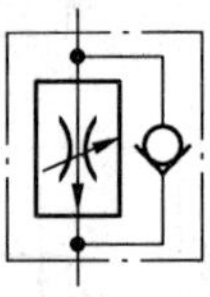	简化符号
	截止阀			同步阀	分流阀	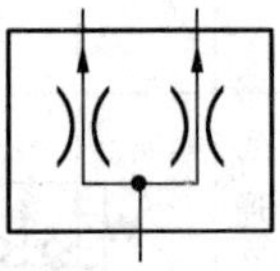	
	滚轮控制节流阀（减速阀）	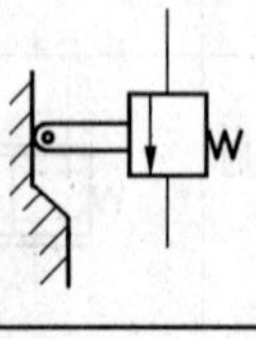			单向分流阀	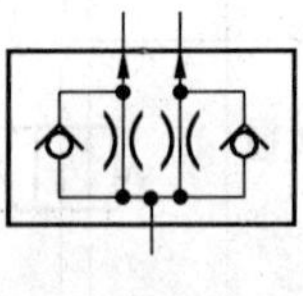	

表6-8（续）

名称		符号	说明	名称		符号	说明
同步阀	集流阀	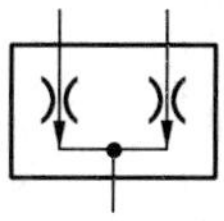		同步阀	分流集流阀	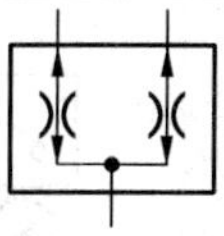	
六、油箱							
通大气式	管端在液面上	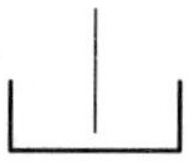		油箱	局部泄油或回油		
	管端在液面下		带空气过滤器	加压油箱或密闭油箱		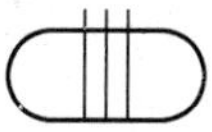	三条油路
油箱	管端在油箱底部	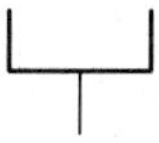					
七、流体调节器							
过滤器	过滤器	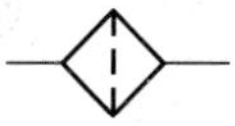	一般符号	空气过滤器		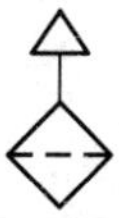	
	带污染指示器的过滤器	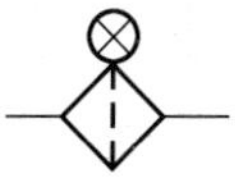		温度调节器			
	磁性过滤器	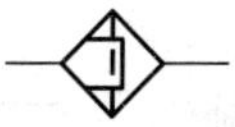		冷却器	冷却器	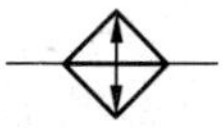	一般符号
	带旁通阀的过滤器	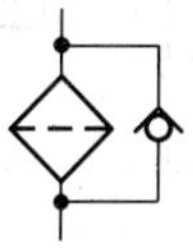			带冷却剂管路的冷却器	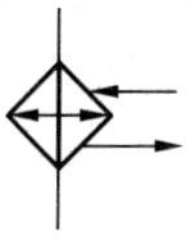	
	双筒过滤器	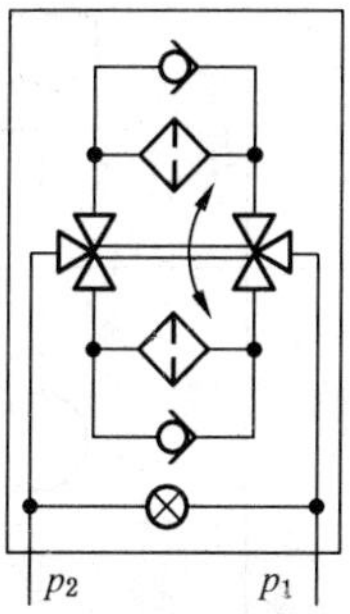 p_2 p_1	p_1：进油 p_2：回油	加热器			一般符号
八、检测器、指示器							
压力检测器	压力指示器			压力检测器	压力表（计）		

表6-8（续）

名称		符号	说明	名称		符号	说明
压力检测器	电接点压力表（压力显控器）	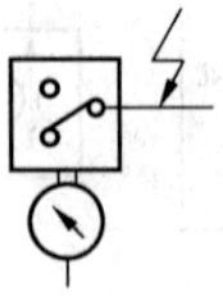		流量检测器	累计流量计	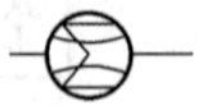	
	压差控制表	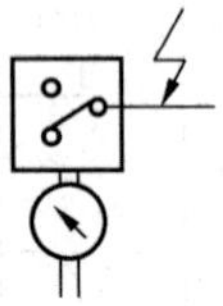		温度计		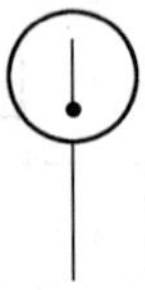	
液位计				转速仪			
流量检测器	检流计（液流指示器）			转矩仪			
	流量计	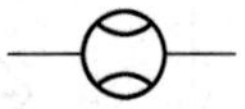					
九、其他辅助元器件							
压力继电器（压力开关）			详细符号	联轴器	弹性联轴器	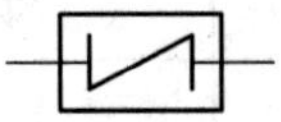	
			一般符号	压差开关		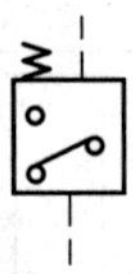	
行程开关		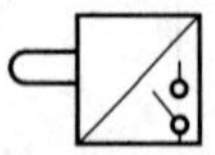	详细符号	传感器	传感器		一般符号
		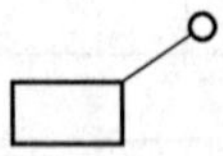	一般符号		压力传感器	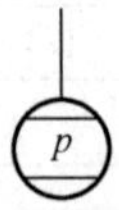	
联轴器	联轴器	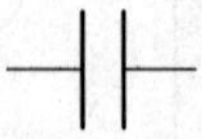	一般符号		温度传感器		

表 6－8（续）

名 称		符 号	说 明	名 称		符 号	说 明
放大器							
十、管路、管路接口和接头							
管路	管路		压力管路回油管路	管路	单向放气装置（测压接头）		
	连接管路		两管路相交连接	旋转接头	单通路旋转接头		
	控制管路		可表示泄油管路		三通路旋转接头		
	交叉管路		两管路交叉不连接	快换接头	不带单向阀的快换接头		
	柔性管路				带单向阀的快换接头		

5）液压系统的特点

（1）液压传动具有以下优点：

①由于液压传动是油管连接，所以借助油管的连接可以方便灵活地布置传动机构，这是比机械传动优越的地方。

②液压传动装置的质量轻，结构紧凑，惯性小。

③可在大范围内实现无级调速。

④传递运动均匀平稳，负载变化时速度较稳定。

⑤液压装置易于实现过载保护。

⑥液压传动容易实现自动化。

⑦液压元件已实现了标准化、系列化和通用化，便于设计、制造和推广使用。

（2）液压传动的缺点如下：

①液压系统中的漏油等因素，影响运动的平稳性和正确性，使得液压传动不能保证严格的传动比。

②液压传动对油温的变化比较敏感，不宜在温度变化很大的环境条件下工作。

③为了减少泄漏，以及为了满足某些性能上的要求，液压元件的配合件制造精度要求较高，加工工艺较复杂。

④液压传动要求有单独的能源，不像电源那样使用方便。

⑤液压系统发生故障不易检查和排除。

2. 液压泵的工作原理及分类

1）液压泵的工作原理

液压泵都是依靠密封容积变化的原理来进行工作的，故一般称为容积式液压泵。图6－105所示的是单柱塞液压泵的工作原理。

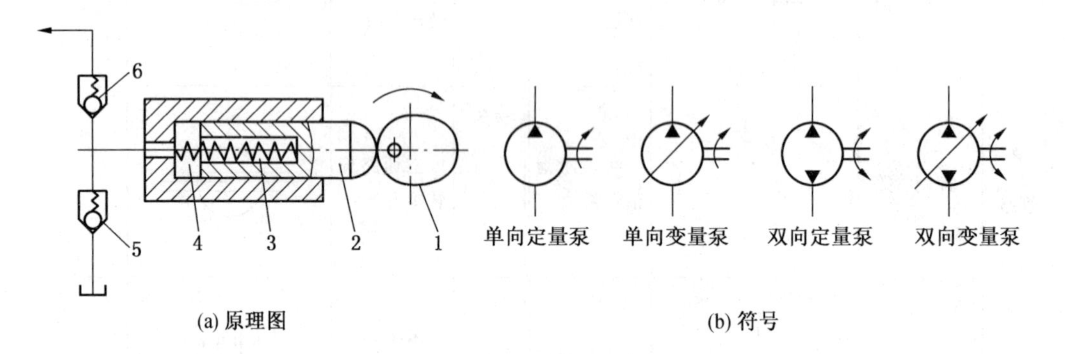

1—凸轮；2—柱塞；3—弹簧；4—密封工作腔；5—吸油阀；6—压油阀

图6－105 液压泵的工作原理与符号

2）液压泵的主要工作参数

（1）压力。

液压泵的压力分为工作压力、额定压力和最高允许压力。

（2）排量和流量。

①排量 V。液压泵每转一周，由其密封容积几何尺寸变化计算而得的排出液体的体积叫液压泵的排量。

②理论流量 q_i。是指在不考虑液压泵的泄漏流量的情况下，在单位时间内所排出的液体体积的平均值。显然，如果液压泵的排量为 V，其主轴转速为 n，则该液压泵的理论流量 $q_i = Vn$。

③实际流量 q。液压泵在某一具体工况下，单位时间内所排出的液体体积称为实际流量。

④额定流量 q_n。液压泵在正常工作条件下，按试验标准规定（如在额定压力和额定转速下）必须保证的流量。

（3）功率和效率。

液压泵由电动机驱动，输入量是转矩和转速（角速度），输出量是液体的压力和流量。如果不考虑液压泵在能量转换过程中的损失，则输出功率等于输入功率，也就是它们

的理论功率为

$$P_{i}=pq_{i}=pVn=Ti\omega=2\pi T_{i}n$$

①液压泵的功率损失。实际上，液压泵在能量转换过程中是有损失的，因此输出功率小于输入功率，两者之间的差值即为功率损失。功率损失有容积损失和机械损失两部分。

②液压泵的功率包括输入功率和输出功率。液压泵的输入功率是指作用在液压泵主轴上的机械功率，当输入转矩为 T_0，角速度为 ω 时，则

$$P_{i}=T_{0}\omega$$

液压泵的输出功率是指液压泵在工作过程中的实际吸、压油口间的压差 Δp 和输出流量 q 的乘积，即

$$P=\Delta pq$$

式中 P——液压泵的输出功率，N · m/s 或 W；

Δp——液压泵吸、压油口之间的压力差，N/m^2；

q——液压泵的实际输出流量，m^3/s。

③液压泵的总效率是指液压泵的实际输出功率与其输入功率的比值，即

$$\eta=\frac{P}{P_{i}}=\frac{\Delta pq}{T_{0}\omega}=\frac{\Delta pq_{i}\mu_{v}}{\dfrac{T_{i}\omega}{\eta_{m}}}=\eta_{v}\eta_{m}$$

其中，$\Delta pq_{i}/\omega$ 为理论输入转矩 T_i。

3）泵的分类

在液压系统中常用的泵有齿轮泵、单作用叶片泵、双作用叶片泵和柱塞泵。

（1）齿轮泵。

齿轮泵的工作原理和结构，如图 6－106 所示。齿轮泵是分离三片式结构，三片是指泵盖和泵体，泵体内装有一对齿数相同、宽度和泵体接近而又互相啮合的齿轮，这对齿轮与两端盖和泵体形成一密封腔，并由齿轮的齿顶和啮合线把密封腔划分为两部分，即吸油腔和压油腔。两齿轮分别用键固定在由滚针轴承支撑的主动轴和从动轴上，主动轴由电动机带动旋转。当齿轮按图示方向旋转时，右侧吸油腔由于相互啮合的轮齿逐渐脱开，密封工作腔容积逐渐增大，形成部分真空，油箱中的油液被吸进来，将齿间槽充满，并随着齿轮旋转，将油液带到左侧压油腔。在压油区一侧，由于轮齿逐渐进入啮合，密封工作腔容积不断减小，油液便被挤出去了。吸油区和压油区是由相互啮合的轮齿以及泵体分隔开的。

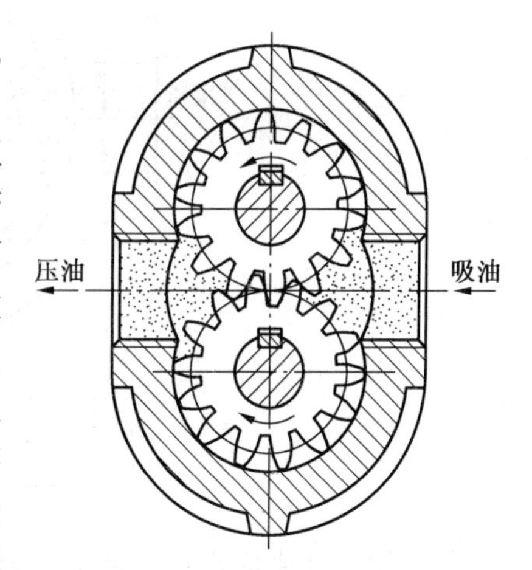

图 6－106 齿轮泵的工作原理图

齿轮泵存在以下问题：

a）齿轮泵的困油问题。液压齿轮泵是由一对互相啮合的齿轮组成的，通过齿轮在旋转时齿的啮合与分离形成容积的变化而吸油和压油。当齿轮啮合后，啮合的两齿间的液压

油由于齿的封闭无法排出而形成困油现象。被困住的油会产生高压，对轴产生侧压力，容易使轴弯曲，使轴承过早损坏，同时也消耗电机的功率。

解决的方法是在齿轮啮合处的侧面向排油腔开一道卸油槽，使困于两齿间的油可以被排出，消除困油现象。

b）径向不平衡力。齿轮泵工作时，作用在齿轮外圆上的压力是不均匀的，在压力腔和吸油腔齿轮外圆上分别承受着系统工作压力和吸油压力。在齿顶圆与泵体内孔的径向间隙中，可以认为油液压力由高压腔压力逐渐下降到吸油腔压力。这些液体压力综合作用的合力，相当于给齿轮一个径向不平衡力，使齿轮和轴承受载。

c）齿轮泵的径向不平衡力。齿轮泵工作时，在齿轮和轴承上承受径向液压力的作用。如图 6－106 所示，泵的右侧为吸油腔，左侧为压油腔。在压油腔内有液压力作用于齿轮上，沿着齿顶的泄漏油，具有大小不等的压力，这就是齿轮和轴承受到的径向不平衡力。液压力越高，这个不平衡力就越大，其结果不仅加速了轴承的磨损，降低了轴承的寿命，甚至使轴变形，造成齿顶和泵体内壁的摩擦等。

（2）单作用叶片泵。

①单作用叶片泵的工作原理如图 6－107 所示，这种叶片泵在转子每转一周，每个工作空间完成一次吸油和压油，因此称为单作用叶片泵。转子不停地旋转，泵就不断地吸油和排油。

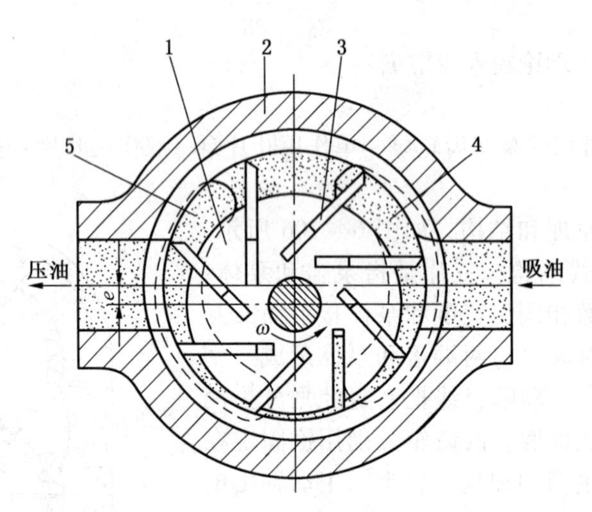

1—转子；2—定子；3—叶片；4—吸油槽；5—排油槽

图 6－107　单作用叶片泵的工作原理

②单作用叶片泵的流量计算。泵的实际输出流量为

$$q = 2\pi BeDn\eta_v$$

式中　B——叶片宽度；

e——转子与定子偏心距；

D——定子内径；

n——泵的转速；

η_v——泵的容积效率。

③特点。改变定子和转子之间的偏心便可改变流量，偏心反向时，吸油压油方向也相反；处在压油腔的叶片顶部受到压力油的作用，该作用要把叶片推入转子槽内；由于转子受到不平衡的径向液压作用力，所以这种泵一般不宜用于高压；为了更有利于叶片在惯性力作用下向外伸出，而使叶片有一个与旋转方向相反的倾斜角，这个倾斜角称后倾角，一般为24°。

（3）双作用叶片泵。

①双作用叶片泵的工作原理。双作用叶片泵的工作原理如图6－108所示，泵由定子1、转子2、叶片3和配油盘（图中未画出）等组成。转子每转一周，每个工作空间要完成两次吸油和压油，所以称之为双作用叶片泵。这种叶片泵由于有两个吸油腔和两个压油腔，并且各自的中心夹角是对称的，所以作用在转子上的油液压力相互平衡，因此双作用叶片泵又称为卸荷式叶片泵。为了使径向力完全平衡，密封空间数（即叶片数）应当是双数。

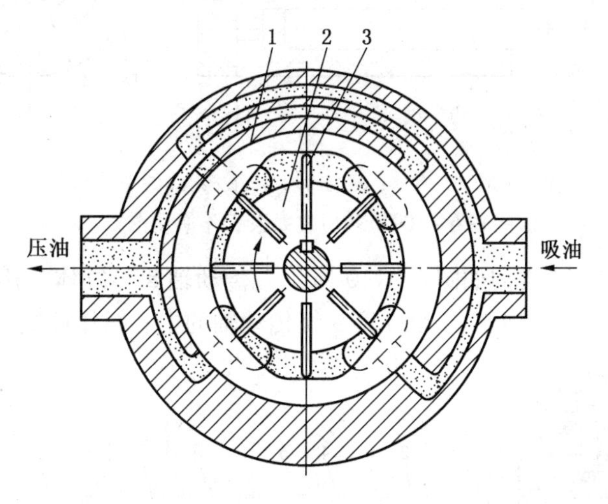

1—定子；2—转子；3—叶片

图6－108　双作用叶片泵的工作原理

②叶片泵的优缺点及其应用。主要优点：输出流量比齿轮泵均匀，运转平稳，噪声小；工作压力较高，容积效率也较高；单作用式叶片泵易于实现流量调节，双作用式叶片泵则因转子所受径向液压力平衡因此使用寿命长；结构紧凑，轮廓尺寸小而流量较大。

主要缺点：自吸性能较齿轮泵差，对吸油条件要求较严，其转速范围必须在500～1500 r/min范围内。对油液污染较敏感，叶片容易被油液中杂质咬死，工作可靠性较差。结构较复杂，零件制造精度要求较高，价格较高。叶片泵一般用在中压（6.3 MPa）液压系统中，主要用于机床控制，特别是双作用式叶片泵因流量脉动很小，因此在精密机床中得到广泛使用。

（4）柱塞泵。

柱塞泵具有加工方便、配合精度高、密封性能好、容积效率高等特点，故可在高压下使用。柱塞泵分为轴向柱塞泵和径向柱塞泵两大类。轴向柱塞泵又分为直轴式（斜盘式）和斜轴式两种，其中直轴式应用较广。

图6－109所示为斜盘式轴向柱塞泵的工作原理。泵由斜盘1、柱塞2、缸体3、配油

盘4、传动轴5等主要部件组成。斜盘1和配油盘4是不动的，传动轴5带动缸体3、柱塞2一起转动，柱塞2靠机械装置或在低压油作用下压紧在斜盘上。当传动轴按图示方向旋转时，柱塞2在其自下而上回转的半周内逐渐向外伸出，使缸体内密封工作腔容积不断增加，产生局部真空，从而将油液经配油盘4上的配油盘窗口a吸入；柱塞在其自上而下回转的半周内又逐渐向里推入，使密封工作腔容积不断减小，将油液从配油盘窗口b向外压出。缸体每转一周，每个柱塞往复运动一次，完成一次吸油和压油动作。改变斜盘的倾角γ，可以改变柱塞往复行程的大小，因而也就改变了泵的排量。

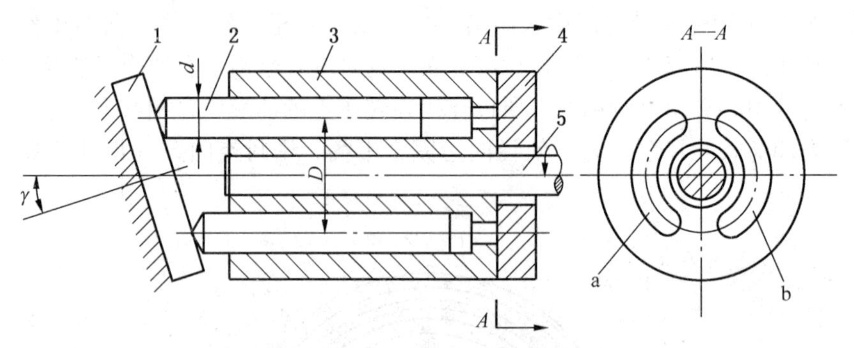

1—斜盘；2—柱塞；3—缸体；4—配油盘；5—传动轴

图6-109 轴向柱塞泵工作原理图

斜盘式轴向柱塞泵的结构如图6-110所示。传动轴8与缸体5用花键连接，带动缸体转动，使均匀分布于缸体上的7个柱塞9绕传动轴的中心线作往复运动。每个柱塞一端

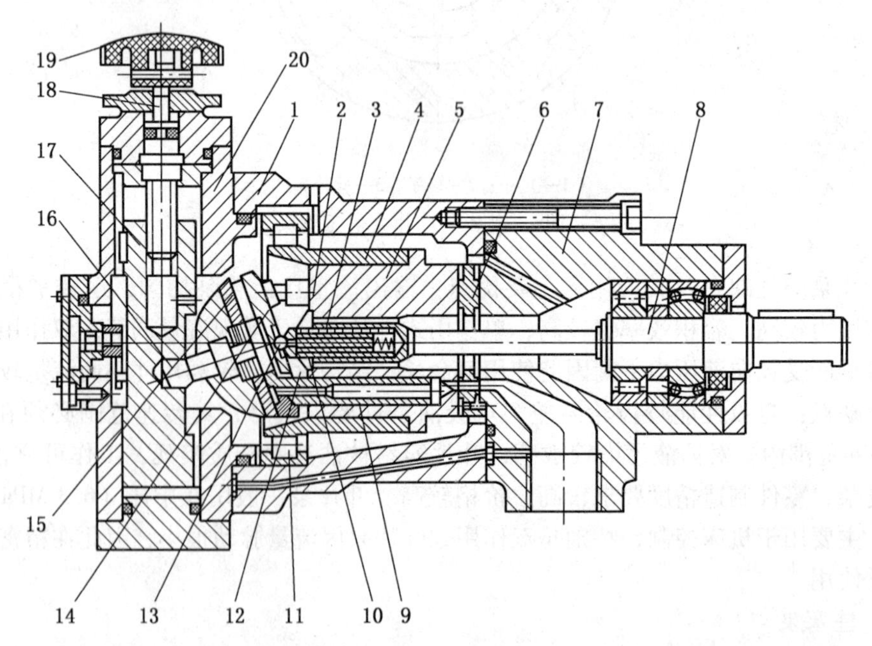

1—中间泵体；2—内套；3—弹簧；4—钢套；5—缸体；6—配油盘；7—前泵体；8—传动轴；
9—柱塞；10—外套；11—轴承；12—滑履；13—钢珠；14—回程盘；15—斜盘；
16—轴销；17—变量活塞；18—丝杆；19—手轮；20—变量机构壳体

图6-110 斜盘式轴向柱塞泵的结构

有个滑履12，由弹簧3通过内套2，经钢珠13及回程盘14，将滑履压紧在与轴线成一定斜角的斜盘15上。当缸体旋转时，柱塞同时作轴线往复运动，完成吸油和排油过程。

旋转手轮19使丝杆18转动时，变量活塞17沿轴向移动，通过轴销16使斜盘15旋转，从而使斜盘倾角改变，达到变量的目的。

4）液压泵的选用

液压泵的选用见表6－9。

表6－9 液压系统中常用液压泵的性能比较

性能	外啮合轮泵	双作用叶片泵	限压式变量叶片泵	径向柱塞泵	轴向柱塞泵
输出压力	低压	中压	中压	高压	高压
流量调节	不能	不能	能	能	能
效率	低	较高	较高	高	高
输出流量脉动	很大	很小	一般	一般	一般
自吸特性	好	较差	较差	差	差
对油的污染敏感性	不敏感	较敏感	较敏感	很敏感	很敏感
噪声	大	小	较大	大	大

由于各类液压泵有各自突出的特点，其结构、功用和动转方式也各不相同，因此应根据不同的使用场合选择合适的液压泵。一般在机床液压系统中，选用双作用叶片泵和限压式变量叶片泵；而在筑路机械、港口机械以及小型工程机械中选择抗污染能力较强的齿轮泵；在负载大、功率大的场合往往选择柱塞泵。

3. 液压马达的分类及工作原理

1）液压马达的分类

液压马达与液压泵一样，按其结构形式分有齿轮式、叶片式和柱塞式；按其排量是否可调分有定量式和变量式。液压马达一般根据其转速来分类，有高速液压马达和低速液压马达两类。一般认为，额定转速高于500 r/min的马达属于高速液压马达；额定转速低于500 r/min的马达属于低速液压马达。低速液压马达的输出转矩较大，所以又称为低速大转矩液压马达。低速液压马达的主要缺点是体积大，转动惯量大，制动较为困难。

2）液压马达的工作原理和图形符号

以叶片式液压马达为例，通常是双作用的，其工作原理如图6－111所示。液压马达输入量为液体的压力和流量，输出量是转矩和转速（角速度）。叶片式液压马达一般都是双向定量液压马达。

为保证叶片式液压马达正反转的要求，叶片沿转子径向安放，进、回油口通径一样大，同时叶片根部必须与进油腔相通，使叶片与定子内表面紧密接触。在泵体内装有两个单向阀。

3）液压马达在结构上与液压泵的差异

（1）液压马达是依靠输入压力油来启动的，因此密封腔必须有可靠的密封。

（2）液压马达往往要求能正反转，因此它的配流机构应该对称，进出油口的大小相等。

（3）液压马达是依靠泵输出压力来进行工作的，不需要具备自吸能力。

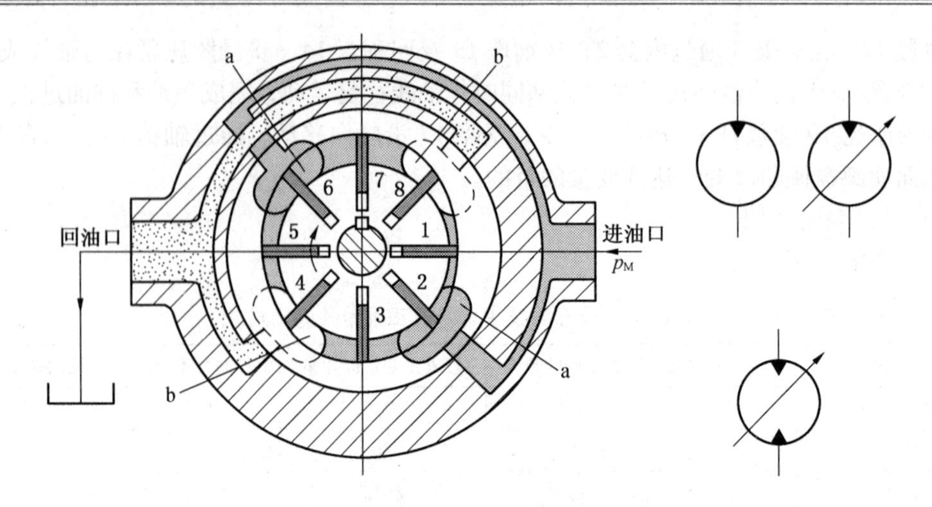

图 6－111　液压马达的工作原理和图形符号

（4）液压马达要实现双向转动，高低压油口要能相互变换，故采用外泄式结构。

（5）液压马达应有较大的起动转矩，为使起动转矩尽可能接近工作状态下的转矩，要求马达的转矩脉动小，内部摩擦小，齿数、叶片数、柱塞数比液压泵多一些。同时，液压马达轴向间隙补偿装置的压紧力系数也要比液压泵小，以减小摩擦。

虽然液压马达和液压泵的工作原理是可逆的，但由于上述原因，同类型的液压泵和液压马达一般不能通用。

4. 液压缸

1）液压缸的类型及特点

（1）活塞式液压缸。活塞式液压缸根据其使用要求不同可分为双杆式和单杆式两种。

①双杆式活塞缸。活塞两端都有一根直径相等的活塞杆伸出的液压缸称为双杆式活塞缸，一般由缸体、缸盖、活塞、活塞杆和密封件等零件构成。根据安装方式不同可分为缸筒固定式和活塞杆固定式两种。如图 6－112a 所示为缸筒固定式的双杆式活塞缸。它的进、出口布置在缸筒两端，活塞通过活塞杆带动工作台移动，一般适用于小型机床。当工作台行程要求较长时，可采用图 6－112b 所示的活塞杆固定形式。在这种安装形式中，工作台的移动范围只等于液压缸有效行程的两倍，因此占地面积小。进出油口可以设置在固定不动的空心的活塞杆的两端，但必须使用软管连接。

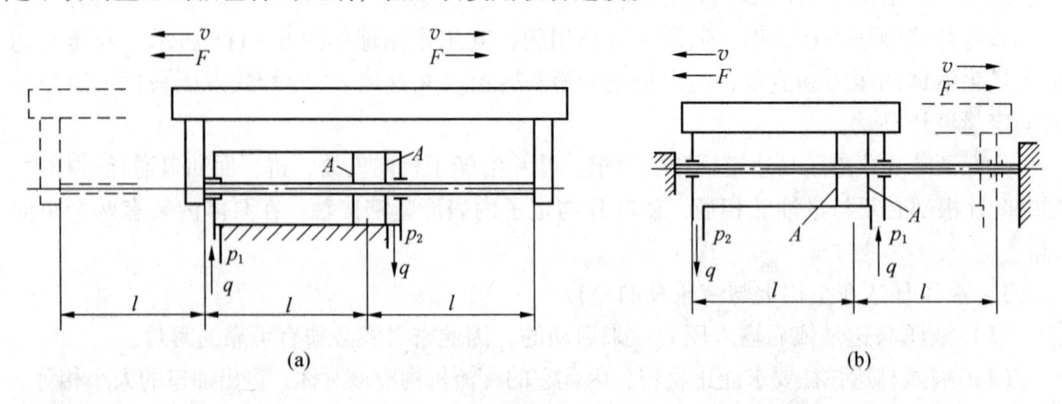

图 6－112　双杆式活塞缸

由于双杆式活塞缸两端的活塞杆直径通常是相等的，因此它左、右两腔的有效面积也相等，当分别向左、右腔输入相同压力和相同流量的油液时，液压缸左、右两个方向的推力和速度相等。当活塞的直径为 D，活塞杆的直径为 d，液压缸进、出油腔的压力为 p_1 和 p_2，输入流量为 q 时，双杆式活塞缸的推力 F 和速度 v 为

$$F=A(p_1-p_2)=\pi(D^2-d^2)(p_1-p_2)/4$$

$$v=q/A=4q/\pi(D^2-d^2)$$

式中 A——活塞的有效工作面积。

双杆式活塞缸在工作时，设计成一个活塞杆是受拉的，而另一个活塞杆不受力，因此这种液压缸的活塞杆可以做得细些。

②单杆式活塞缸。如图 6－113 所示，活塞只有一端带活塞杆。单杆式活塞缸也有缸体固定和活塞杆固定两种形式，但它们的工作台移动范围都是活塞有效行程的两倍。

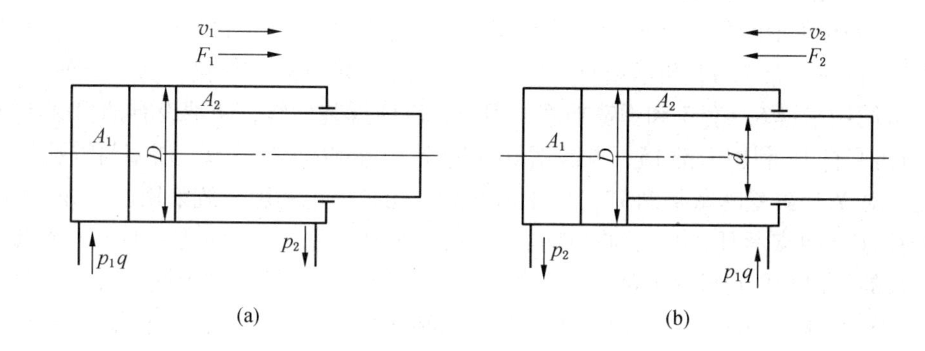

图 6－113 单杆式活塞缸

单杆式活塞缸由于液压缸两腔的有效工作面积不等，因此它在两个方向上的输出推力和速度也不等。

（2）差动油缸。单杆式活塞缸在其左右两腔都接通高压油时称为差动连接缸，如图 6－114 所示。差动连接缸左右两腔的油液压力相同，但是由于左腔（无杆腔）的有效面积大于右腔（有杆腔）的有效面积，故活塞向右运动，同时使右腔中排出的油液（流量为 q'）也进入左腔，加大了流入左腔的流量（$q+q'$），从而也加快了活塞移动的速度。实际上活塞在运动时，由于差动连接时两腔间的管路中有压力损失，所以右腔中油液的压力稍大于左腔油液的压力，而这个差值一般都较小，故可以忽略不计。

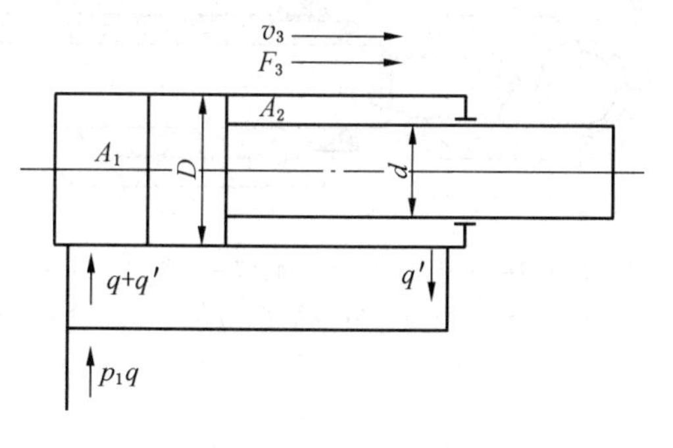

图 6－114 差动连接缸

（3）柱塞缸。图 6－115a 所示为柱塞缸。柱塞缸只能实现一个方向的液压传动，反向运动要靠外力；若需要实现双向运动，则必须成对使用。如图 6－115b 所示，这种液压缸中的柱塞和缸筒不接触，运动时由缸盖上的导向套来导向，因此缸筒的内壁不需精加工。柱塞缸特别适用于行程较长的场合。

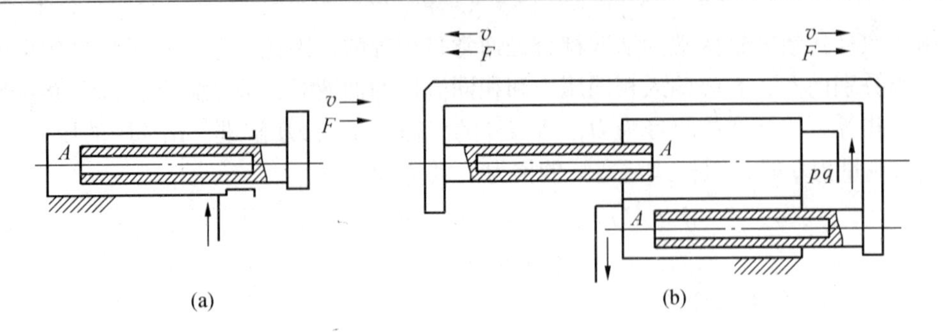

图 6-115 柱塞缸

2）液压缸的典型结构和组成

（1）液压缸的典型结构举例。

图 6-116 所示的是一个较常用的双作用单活塞杆液压缸。它是由缸底 20、缸筒 10、缸盖兼导向套 9、活塞 11 和活塞杆 18 组成。缸筒一端与缸底焊接，另一端缸盖（导向套）与缸筒用卡键 6、套 5 和弹簧挡圈 4 固定，以便拆装检修，两端设有油口 A 和 B。活塞 11 与活塞杆 18 利用卡键 15、卡键帽 16 和弹簧挡圈 17 连在一起。活塞与缸孔的密封采用的是一对 Y 形聚氨酯密封圈 12。由于活塞与缸孔有一定间隙，故采用由尼龙 1010 制成的耐磨环（又叫支承环）13 定心导向。活塞杆 18 和活塞 11 的内孔由 O 形密封圈 14 密封。较长的导向套 9 则可保证活塞杆不偏离中心，导向套外径由 O 形圈 7 密封，而其内孔则由 Y 形密封圈 8 和防尘圈 3 分别防止油外漏和灰尘带入缸内。缸与杆端销孔与外界连接，销孔内有尼龙衬套抗磨。

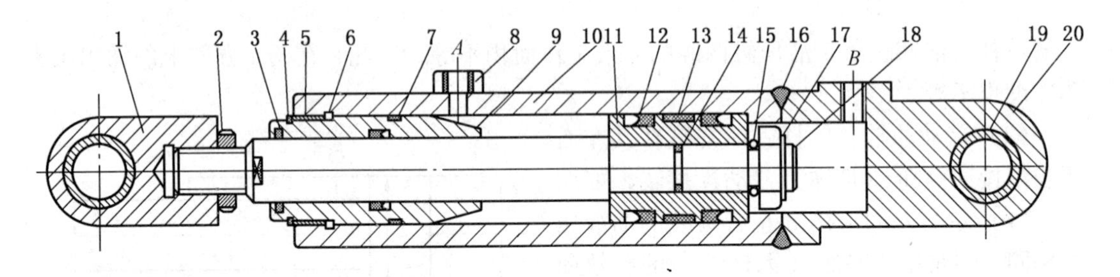

1—耳环；2—螺母；3—防尘圈；4、17—弹簧挡圈；5—套；6、15—卡键；7、14—O 形密封圈；8、12—Y 形聚氨酯密封圈；9—缸盖兼导向套；10—缸筒；11—活塞；13—耐磨环；16—卡键帽；18—活塞杆；19—衬套；20—缸底

图 6-116 双作用单活塞杆液压缸

（2）液压缸的组成。

从上面所述的液压缸典型结构中可以看到，液压缸的结构基本上可以分为缸筒与缸盖、活塞与活塞杆、密封装置、缓冲装置和排气装置 5 个部分。

5. 液压控制阀

在液压传动系统中，用来对液流的方向、压力和流量进行控制和调节的液压元件称为液压控制阀，又称液压阀，简称阀。控制阀是液压系统中不可缺少的重要元件。

液压控制阀应满足如下基本要求：动作准确、灵敏、可靠，工作平稳，无冲击和振动；密封性能好，泄漏少；结构简单，制造方便，通用性好。

根据用途和工作特点的不同，液压控制阀分为方向控制阀、压力控制阀和流量控制阀三大类。方向控制阀，包括单向阀、换向阀和伺服阀等；压力控制阀，包括溢流阀、减压阀、顺序阀和卸荷阀等；流量控制阀，包括节流阀、调速阀和分流阀等。

1）方向控制阀

方向控制阀是用于控制液压系统中油路的接通、切断或改变液流方向的液压阀，简称方向阀。主要用以实现对执行元件的启动、停止或运动方向的控制。常用的方向控制阀有单向阀和换向阀。

（1）单向阀。单向阀是保证通过阀的液流只向一个方向流动而不能反向流动的方向控制阀。一般由阀体、阀芯和弹簧等零件构成，如图 6－117 所示。

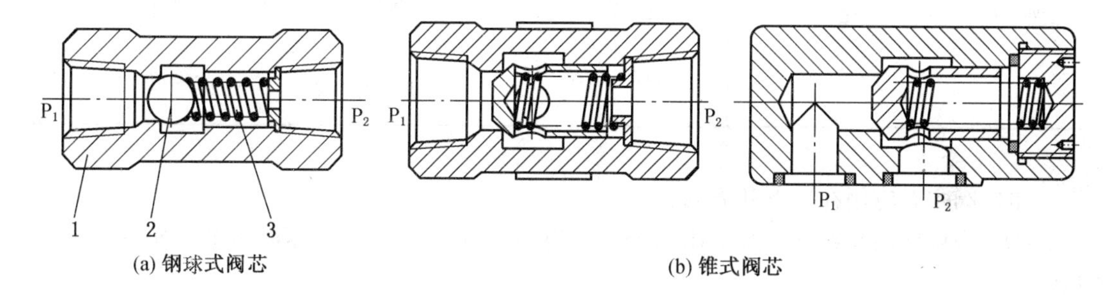

1—阀体；2—阀芯；3—弹簧

图 6－117　单向阀的结构

钢球式阀芯结构简单，价格低，但密封性较差，一般仅用在低压、小流量的液压系统中。锥式阀芯阻力小，密封性好，使用寿命长，所以应用较广，多用于高压、大流量的液压系统中。

在液压系统中，有时需要使被单向阀所闭锁的油路重新接通，为此可把单向阀作成闭锁方向能够控制的结构，这就是液控单向阀，如图 6－118 所示。

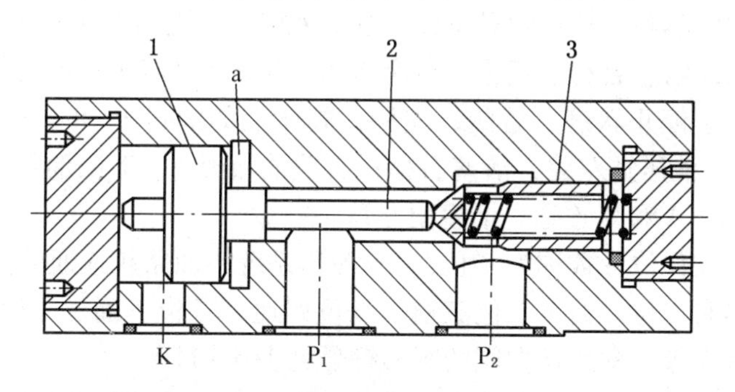

1—活塞；2—顶杆；3—阀芯

图 6－118　液控单向阀

液控单向阀也可以作成常开式结构，即平时油路畅通，需要时通过液控闭锁一个方向的油液流动，使油液只能单方向流动。单向阀与液控单向阀的图形符号见表 6－10。

表6-10 单向阀和液控单向阀的图形符号

	单向阀		液控单向阀	
	无弹簧	带弹簧	无弹簧	带弹簧
详细符号	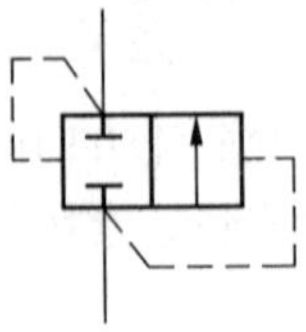	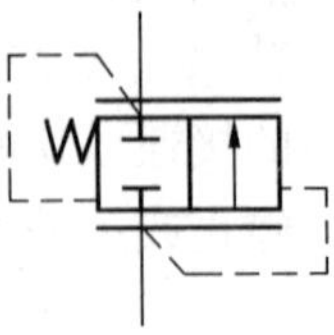	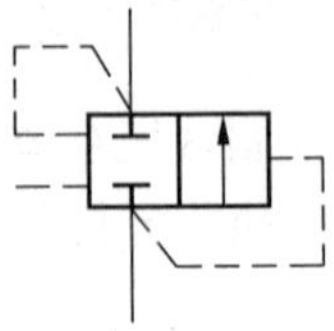	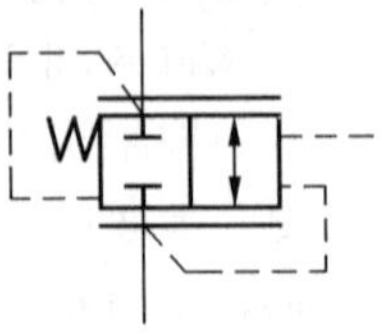
简化符号		 弹簧可省略	 控制压力关闭阀	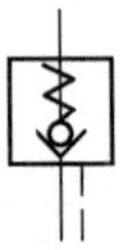 弹簧可省略控制压力打开阀

单向阀主要应用在以下几方面：

①普通单向阀装在液压泵的出口处，可以防止油液倒流而损坏液压泵，如图6-119所示。

②普通单向阀装在回油管路上作背压阀，使其产生一定的回油阻力，以满足控制油路使用要求或改善执行元件的工作性能。

③隔开油路之间不必要的联系，防止油路相互干扰，如图6-119中的阀1和阀2。

④普通单向阀与其他阀制成组合阀，如单向减压阀、单向顺序阀、单向调速阀等。

另外，在安装单向阀时须认清进、出油口的方向，否则会影响系统的正常工作。系统主油路压力的变化，不能对控制油路压力产生影响，以免引起液控单向阀的误动作。

(2) 换向阀。换向阀通过改变阀芯和阀体间的相对位置，控制油液流动方向，接通或关闭油路，从而改变液压系统的工作状态方向。

换向阀是利用阀芯和阀孔间相对位置的改变来控制液流的方向，接通或关闭油路，从而实现执行元件的换向、启动或停止。当换向阀处于图6-120所示的状态时，液压缸两腔不通压力油，处于停止状态。若阀芯左移，阀体上的油口P和A连通，B和T连通，压力油经P、A进入液压缸左腔，活塞右移；右腔油液经B、T回油箱；反之，若阀芯右移，则P和B连通，A和T连通，活塞便左移。

换向阀滑阀的工作位置数称为“位”，与液压系统中油路相连通的油口数称为“通”。常用的换向阀种类有二位二通、二位三通、二位四通、二位五通、三位三通、三位四通、三位五通和三位六通等。常用换向阀的图形符号见表6-11。

控制滑阀移动的方法常用的有人力、机械、电气、直接压力和先导控制等。

一个换向阀的完整图形符号应具有表明工作位置数、油口数和在各工作位置上油口的连通关系、控制方法以及复位、定位方法的符号。

换向阀图形符号的规定和含义如下：

①用方框表示阀的工作位置数，有几个方框就是几位阀。

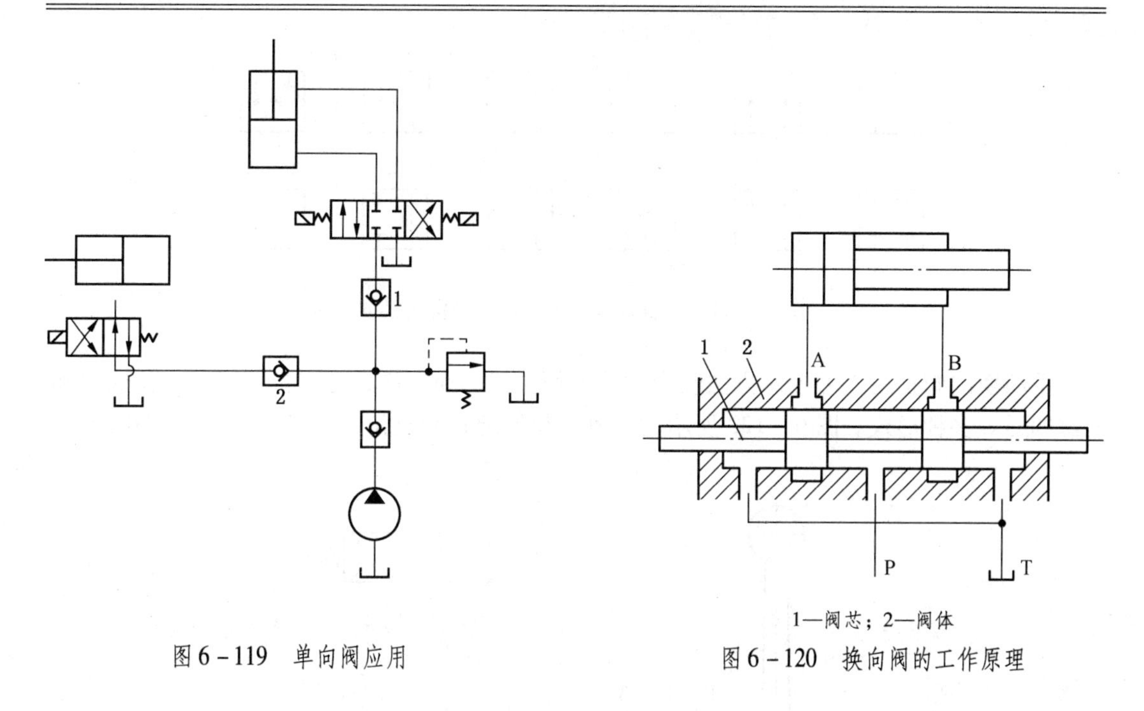

图6-119 单向阀应用

1—阀芯；2—阀体

图6-120 换向阀的工作原理

表6-11 常用换向阀的图形符号

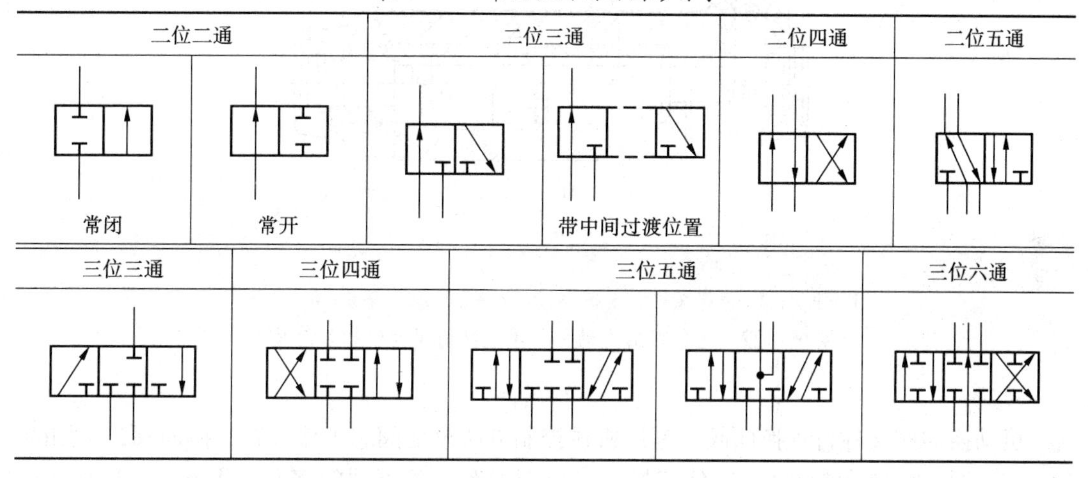

二位二通		二位三通		二位四通	二位五通
常闭	常开		带中间过渡位置		

三位三通	三位四通	三位五通		三位六通

②在一个方框内，箭头“↑”或堵塞符号“┬”或“⊥”与方框相交的点数就是通路数，有几个交点就是几通阀，箭头“↑”表示阀芯处在这一位置时两油口相通，但不一定是油液的实际流向，“┬”或“⊥”表示此油口被阀芯封闭（堵塞）不通流。

③三位阀中间的方框、两位阀画有复位弹簧的那个方框为常态位置（即未施加控制号以前的原始位置）。在液压系统原理图中，换向阀的图形符号与油路的连接，一般应画在常态位置上。工作位置应按“左位”画在常态位的左面，“右位”画在常态位右面的规定，同时在常态位上应标出油口的代号。

④控制方式和复位弹簧的符号画在方框的两侧。

三位阀在中间位置时油口的连接关系称为滑阀机能。三位四通换向阀中位滑阀机能的图形符号如图6-121所示。

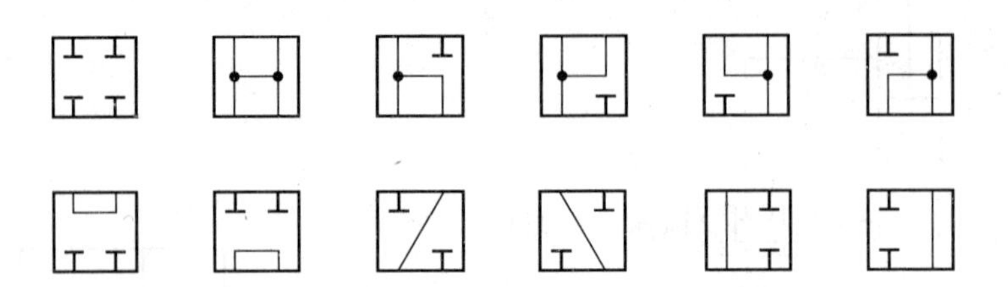

图 6-121　三位四通换向阀的中位滑阀机能

手动换向阀是用人力控制方法改变阀芯工作位置的换向阀，有二位二通、二位四通和三位四通等多种形式。图 6-122 所示为一种三位四通自动复位手动换向阀的结构和符号。

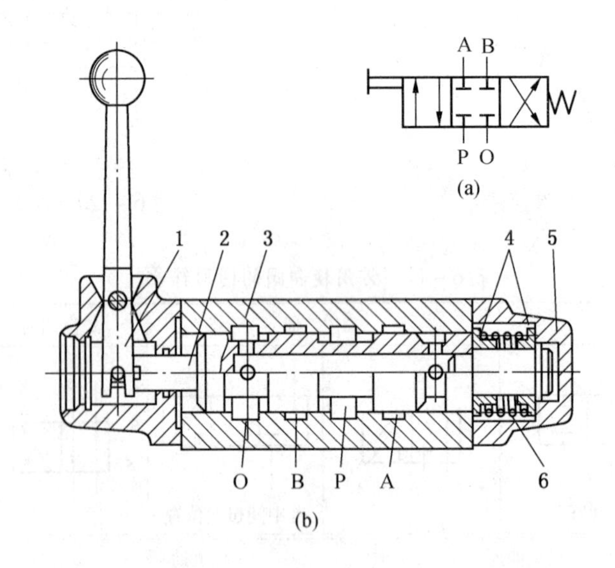

1—手柄；2—滑阀（阀芯）；3—阀体；4—套筒；5—端盖；6—弹簧

图 6-122　三位四通自动复位手动换向阀的结构和符号

机动换向阀又称行程换向阀，是用机械控制方法改变阀芯工作位置的换向阀，常用的有二位二通（常闭和常通）、二位三通、二位四通和二位五通等多种。图 6-123 所示为二位二通常闭式行程机动换向阀的结构和符号。

电磁换向阀简称电磁阀，是用电气控制方法改变阀芯工作位置的换向阀。图 6-124 所示为三位四通电磁换向阀的结构和符号。

电磁换向阀的电磁铁可用按钮开关、行程开关、压力继电器等电气元件控制，无论位置远近，控制均很方便，且易于实现动作转换的自动化，因而得到广泛的应用。根据使用电源的不同，电磁换向阀分为交流和直流两种。电磁换向阀用于流量不超过 $1.05\times10^{-4}\ m^3/s$ 的液压系统中。

液动换向阀是用直接压力控制方法改变阀芯工作位置的换向阀。图 6-125 所示为三位四通液动换向阀的工作原理。由于压力油液可以产生很大的推力，所以液动换向阀可用于高压大流量的液压系统中。

电液换向阀是用间接压力控制（又称先导控制）方法改变阀芯工作位置的换向阀。电液换向阀由电磁换向阀和液动换向阀组合而成。电磁换向阀起先导作用，称先导阀，用来控制液流的流动方向，从而改变液动换向阀（称为主阀）的阀芯位置，实现用较小的电磁铁来控制较大的液流。

图6－126所示为三位四通电液换向阀的图形符号。当先导阀右端电磁铁通电时，阀芯左移，控制油路的压力油进入主阀右控制油腔，使主阀阀芯左移（左控制油腔油液经先导阀泄回油箱），使进油口P与油口A相通，油口B与回油口O相通；当先导阀左端电磁铁通电时，阀芯右移，控制油路的压力油进入主阀左控制油腔，推动主阀阀芯右移（主阀右控制油腔的油液经先导阀泄回油箱），使进油口P与油口B相通，油口A与回油口O相通，实现换向。

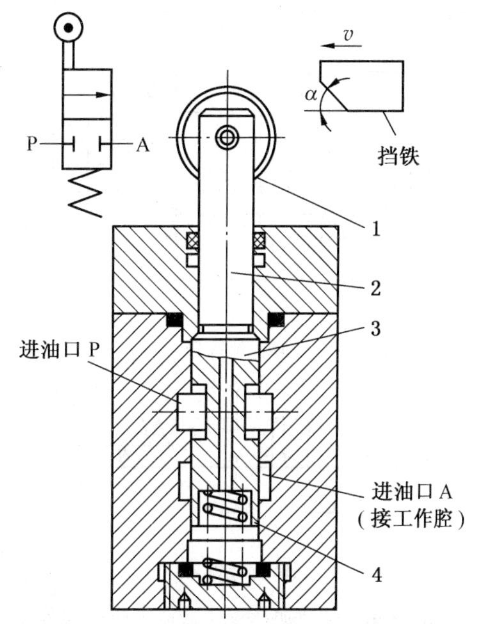

1—滑轮；2—阀杆；3—阀芯；4—弹簧

图6－123　二位二通常闭式行程机动换向阀的结构和符号

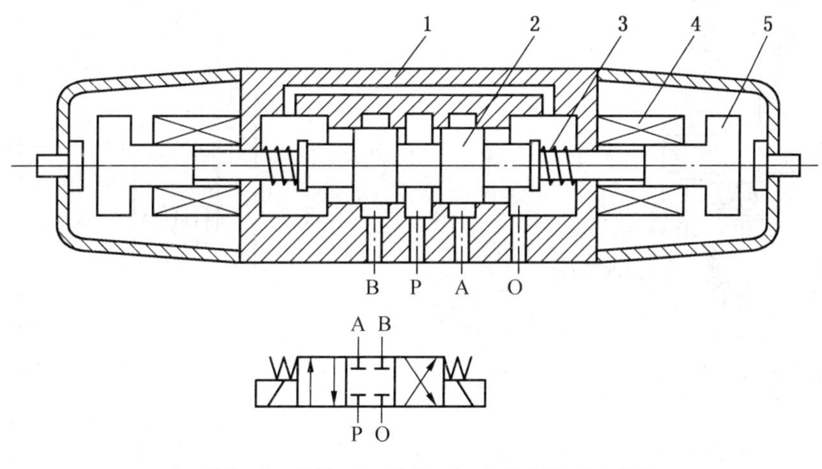

1—阀体；2—阀芯；3—弹簧；4—电磁线圈；5—衔铁

图6－124　三位四通电磁换向阀的结构和符号

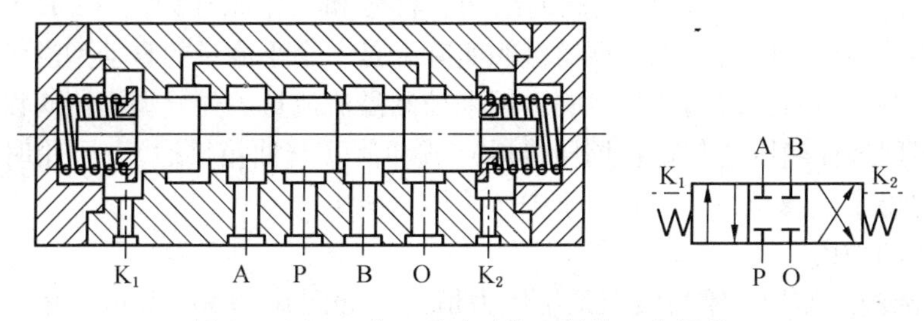

图6－125　三位四通液动换向阀的工作原理

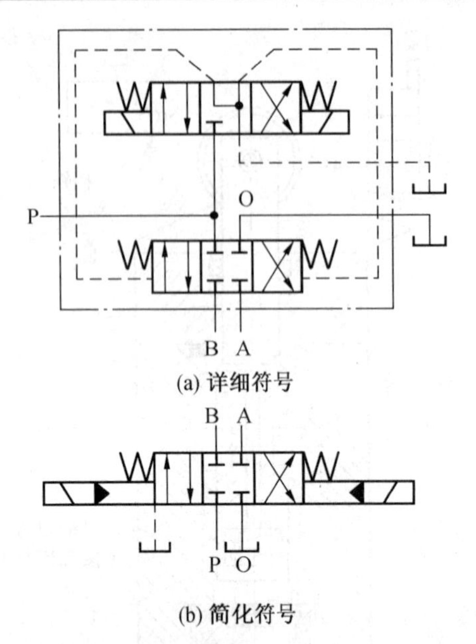

(a) 详细符号

(b) 简化符号

图 6－126　三位四通电液换向阀的图形符号

2）压力控制阀

压力控制阀是用于控制液压系统压力或利用压力作为信号来控制其他元件动作的液压阀，简称压力阀。按功用不同，常用的压力控制阀有溢流阀、减压阀和顺序阀等。

（1）溢流阀。

①溢流阀的分类。溢流阀通常接在液压泵出口处的油路上。根据结构和工作原理不同，溢流阀可分为直动型溢流阀和先导型溢流阀两类。

a）直动型溢流阀。直动型溢流阀的结构和符号如图 6－127 所示，工作原理如图 6－128 所示。直动型溢流阀只适用于低压液压系统中。

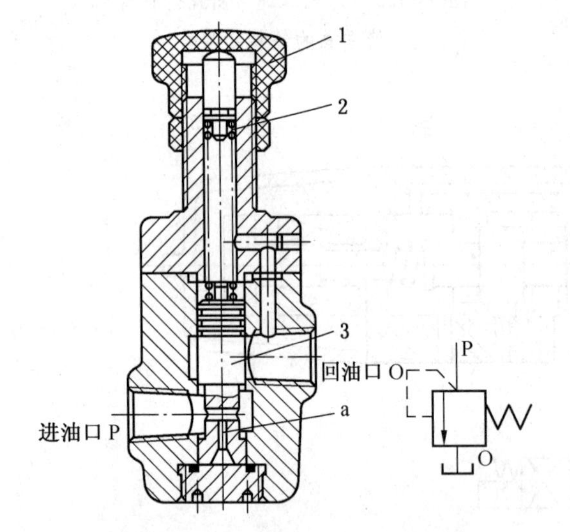

1—调压螺母；2—弹簧；3—阀芯

图 6－127　直动型溢流阀的结构和符号

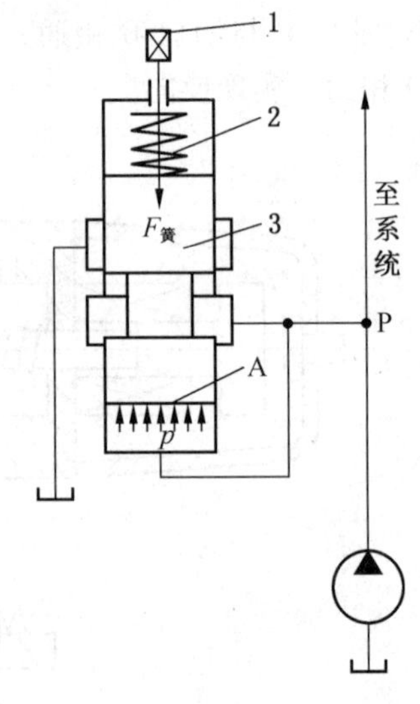

1—调压零件；2—弹簧；3—阀芯

图 6－128　直动型溢流阀的工作原理

b）先导型溢流阀。先导型溢流阀的结构、符号和工作原理如图 6－129 所示，由先导阀Ⅰ和主阀Ⅱ两部分组成。先导型溢流阀实际上是一个小流量的直动型溢流阀，阀芯是锥阀，用来控制压力；主阀阀芯是滑阀，用来控制溢流流量。先导型溢流阀设有远程控制口 K，可以实现远程调压（与远程调压接通）或卸荷（与油箱接通），不用时封闭。先导型溢流阀压力稳定、波动小，主要用于中压液压系统中。

②溢流阀的功用。

a）起溢流稳压作用，维持液压系统压力恒定，如图 6－130a 所示。在定量泵进油或回油节流调速系统中，溢流阀和节流阀配合使用，液压缸所需流量由节流阀 3 调节，泵输

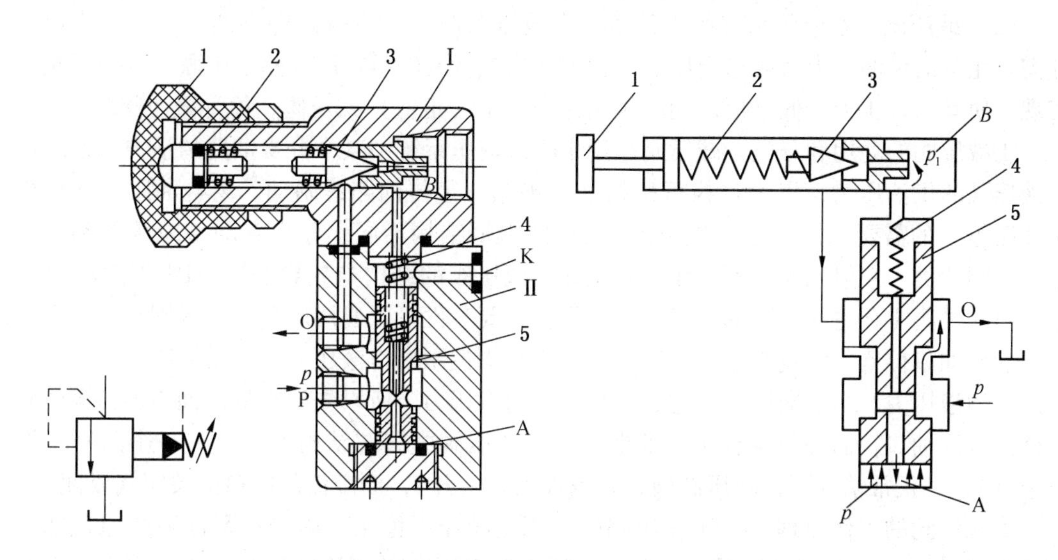

1—调节螺母；2—调压弹簧；3—锥阀；4—主阀弹簧；5—主阀芯

图6-129 先导型溢流阀的结构和工作原理

出的多余流量由溢流阀2溢回油箱。在系统正常工作时，溢流阀阀口始终处于开启状态溢流，维持泵的输出压力恒定不变。

b）起安全保护作用，防止液压系统过载，如图6-130b所示。在变量泵液压系统中，系统正常工作时，其工作压力低于溢流阀的开启压力，阀口关闭不溢流。当系统工作压力超过溢流阀的开启压力时，溢流阀开启溢流，使系统工作压力不再升高（限压），以保证系统的安全。这种情况，溢流阀的开启压力通常应比液压系统的最大工作压力高10%～20%。

c）实现远程调压，如图6-130c所示。装在控制台上的远程调压阀3与先导式溢流阀2的外控口K连接，实现远程调压。

d）作背压阀用，将溢流阀连接在系统的回油路上，在回油路中形成一定的回油阻力（背压），以改善液压执行元件运动的平稳性。

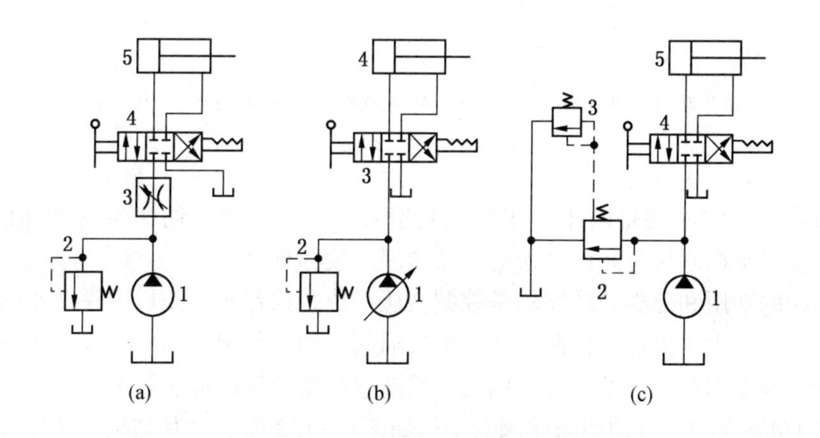

图6-130 溢流阀的应用

（2）减压阀。在液压系统中，常由一个液压泵向几个执行元件供油，当某一执行元件需要比泵的供油压力低的稳定压力时，可往该执行元件所在的油路上串联一个减压阀来实现。使其出口压力降低且恒定的减压阀称为定压（定值）减压阀，简称减压阀。

①减压阀的功用和分类。减压阀是用来降低液压系统中某一分支油路的压力，使之低于液压泵的供油压力，以满足执行机构（如夹紧、定位油路，制动、离合油路，系统控制油路等）的需要，并保持基本恒定。减压阀根据结构不同，分为直动型减压阀和先导型减压阀两类。一般用先导型减压阀。先导型减压阀的结构与先导型溢流阀的结构相似，也是由先导阀Ⅰ和主阀Ⅱ两部分组成，两阀的主要零件可互通用。其主要区别是，减压阀的进、出油口位置与溢流阀相反；减压阀的先导阀控制出口液压力，而溢流阀的先导阀控制进口油液压力。由于减压阀的进、出口油液均有压力，所以先导阀的泄油不能像溢流阀一样流入回油口，而必须设有单独的泄油口。减压阀主阀芯结构上中间多一个凸肩（即三节杆），在正常情况下，减压阀阀口开得很大（常开），而溢流阀阀口则关闭（常闭）。

②减压阀的工作原理。定压减压阀的功用是减压、稳压。用于夹紧油路的原理如图6－131所示。液压泵输出的压力油由溢流阀2调定压力以满足主油路系统的要求。在换向阀3处于图示位置时，液压泵1经减压阀4、单向阀5供给夹紧液压缸6压力油。夹紧工件所需夹紧力的大小由减压阀4来调节。当工件夹紧后，换向阀换位，液压泵向主油路系统供油。单向阀的作用是当泵向主油路系统供油时，使夹紧缸的夹紧力不受液压系统中压力波动的影响。

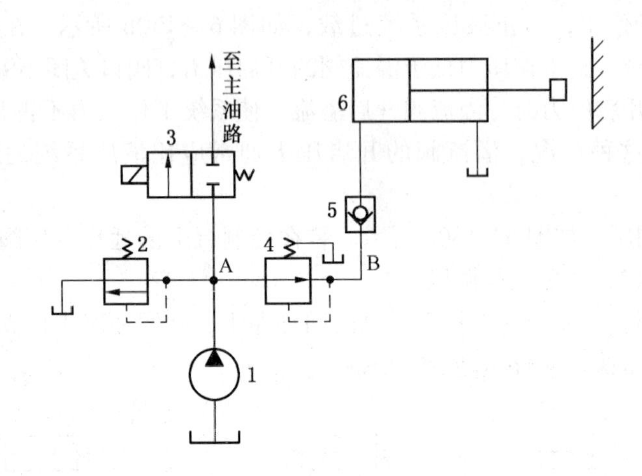

1—液压泵；2—溢流阀；3—换向阀；4—减压阀；5—单向阀；6—夹紧液压缸

图6－131　减压阀的应用

（3）顺序阀。顺序阀是以压力作为控制信号，自动接通或切断某一油路的压力阀。由于它经常被用来控制执行元件动作的先后顺序，故称顺序阀。

①顺序阀的功用和分类。顺序阀是控制液压系统各执行元件先后顺序动作的压力控制阀，实质上是一个由压力油液控制其开启的二通阀。顺序阀根据结构和工作原理不同，可以分为直动型顺序阀和先导型顺序阀两类，目前直动型顺序阀应用较多。

a）直动型顺序阀。直动型顺序阀的结构如图6－132所示，其结构和工作原理都和直动型溢流阀相似。

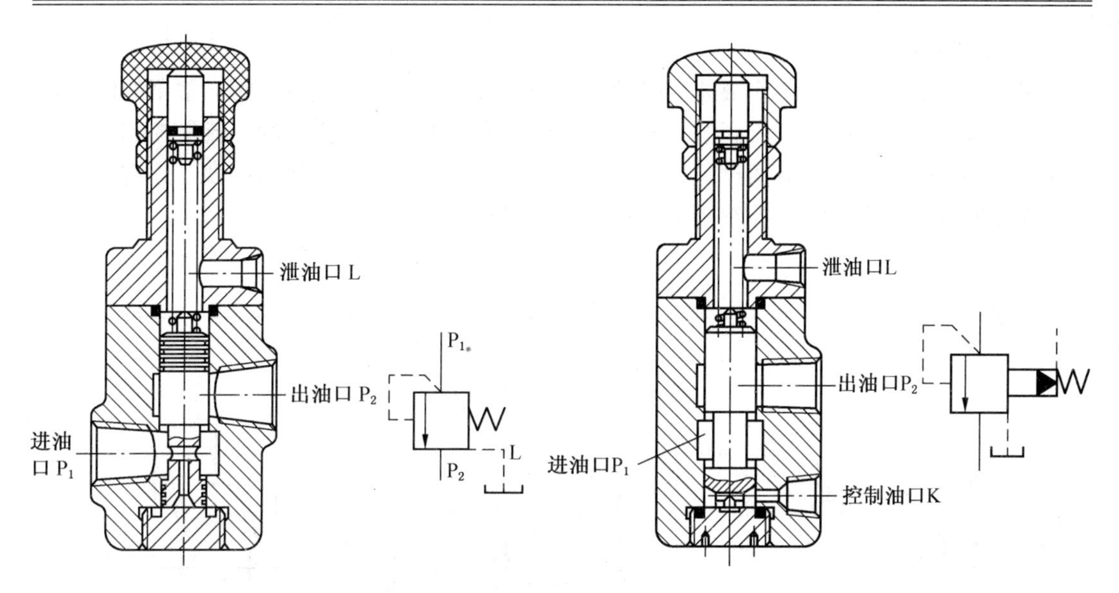

图 6－132 直动型顺序阀的结构　　图 6－133 先导型顺序阀的结构

b）先导型顺序阀。先导型顺序阀的结构如图 6－133 所示，它与直动型顺序阀的主要差异在于阀芯下部有一个控制油口 K。当由控制油口 K 进入阀芯下端油腔的控制压力油产生的液压作用力大于阀芯上端调定的弹簧力时，阀芯上移，使进油口 P_1 与出油口 P_2 相通，压力油液自 P_2 口流出，可控制另一执行元件动作。如将出油口 P_2 与油箱接通，先导型顺序阀可用作卸荷阀。

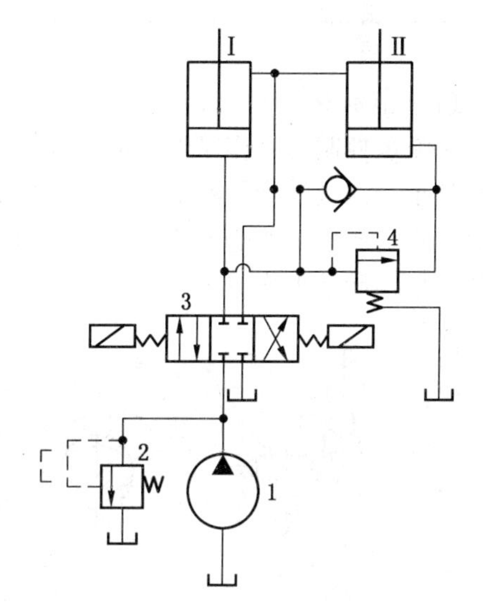

图 6－134 顺序阀的应用

②顺序阀的应用。图 6－134 所示为顺序阀用以实现多个执行元件的顺序动作原理。当电磁换向阀 3 处于左位时，液压缸 I 的活塞向上运动，运动到终点位置后停止运动，油路压力升高到顺序阀 4 的调定压力时，顺序阀打开，压力油经顺序阀进入液压缸 II 的下腔，使活塞向上运动，从而实现液压缸 I 、II 的顺序动作。当电磁换向阀处于右位时，液压缸 I 、II 同时向下运动。

（4）顺序阀与溢流阀的主要区别如下：

①溢流阀出油口连通油箱，顺序阀的出油口通常是连接另一工作油路，因此顺序阀的进、出口处的油液都是压力油。

②溢流阀打开时，进油口的油液压力基本上是保持在调定压力值附近，顺序阀打开后，进油口的油液压力可以继续升高。

③由于溢流阀出油口连通油箱，其内部泄油可通过出油口流回油箱，而顺序阀出油口油液为压力油，且通往另一工作油路，所以顺序阀的内部要有单独设置的泄油口（图中的 L）。

3）流量控制阀

在液压系统中，控制工作液体流量的阀称为流量控制阀，简称流量阀。常用的流量控制阀有节流阀、调速阀、分流阀等。其中节流阀是最基本的流量控制阀。流量控制阀通过改变节流口的开口大小调节通过阀口的流量，从而改变执行元件的运动速度，通常用于定量液压泵液压系统中。流量控制阀的图形符号见表 6 – 12。

表 6 – 12 流量控制阀的图形符号

节 流 阀	调 速 阀	分 流 阀
详细符号 简化符号	详细符号 简化符号	

（1）节流阀。

①流量控制的工作原理。油液流经小孔、狭缝或毛细管时，会产生较大的液阻，通流面积越小，油液受到的液阻越大，通过阀口的流量就越小，图 6 – 136 所示为节流阀的急流口形式。所以，改变节流口的通流面积，使液阻发生变化，就可以调节流量的大小，这就是流量控制的工作原理。大量实验证明，节流口的流量特性可以用下式表示：

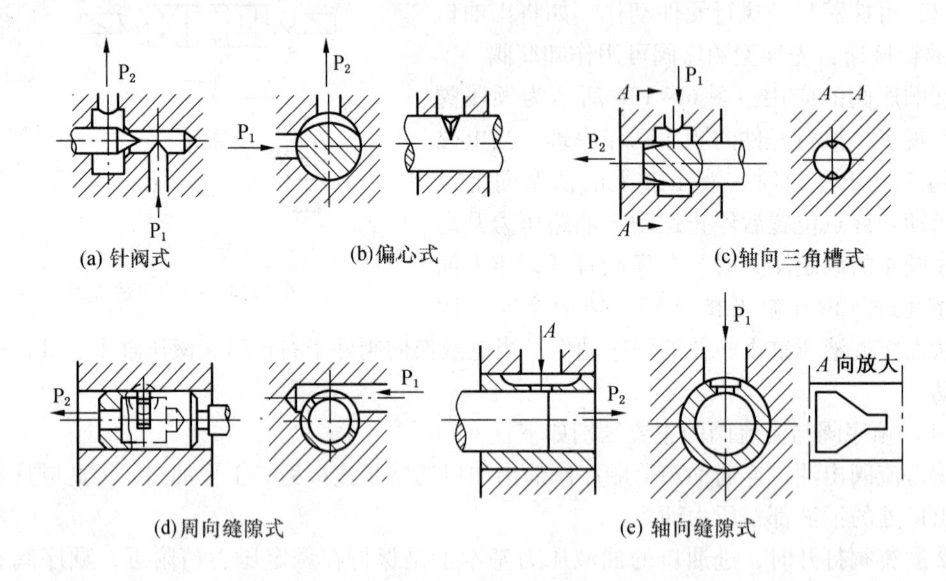

图 6 – 135 节流口的形式

$$q_v = KA_0(\Delta p)^n$$

式中 q_v——通过节流口的流量；

A_0——节流口的通流面积；

Δp——节流口前后的压力差；

K——流量系数，随节流口的形式和油液的黏度而变化；

n——节流口形式参数，一般在0.5～1之间，节流路程短时取小值，节流路程长时取大值。

节流口的形式很多，图6－135所示为常用的几种。图6－135a所示为针阀式节流口，针阀芯作轴向移动时，改变环形通流截面积的大小，从而调节了流量。图6－135b所示为偏心式节流口，在阀芯上开有一个截面为三角形（或矩形）的偏心槽，当转动阀芯时，就可以通过调节通流截面积大小而调节流量。这两种形式的节流口结构简单，制造容易，但节流口容易堵塞，流量不稳定，适用于性能要求不高的场合。图6－135c所示为轴向三角槽式节流口，在阀芯端部开有一个或两个斜的三角沟槽，轴向移动阀芯时，就可以改变三角槽通流截面积的大小，从而调节流量。图6－135d所示为周向缝隙式节流口，阀芯上开有狭缝，油液可以通过狭缝流入阀芯内孔，然后由左侧孔流出，转动阀芯就可以改变缝隙的通流截面积。图6－135e所示为轴向缝隙式节流口，在套筒上开有轴向缝隙，轴向移动阀芯即可改变缝隙的通流面积大小，以调节流量。这三种节流口性能较好，尤其是轴向缝隙式节流口，其节流通道厚度可薄到0.07～0.09 mm，可以得到较小的稳定流量。

②节流阀的类型。常用的节流阀有可调节流阀、不可调节流阀、可调单向节流阀和减速阀等。

a）可调节流阀。图6－136所示为可调节流阀的结构和符号。这种节流阀结构简单，制造容易，体积小，但负载和温度的变化对流量的稳定性影响较大，因此只适用于负载和温度变化不大或执行机构速度稳定性要求较低的液压系统。

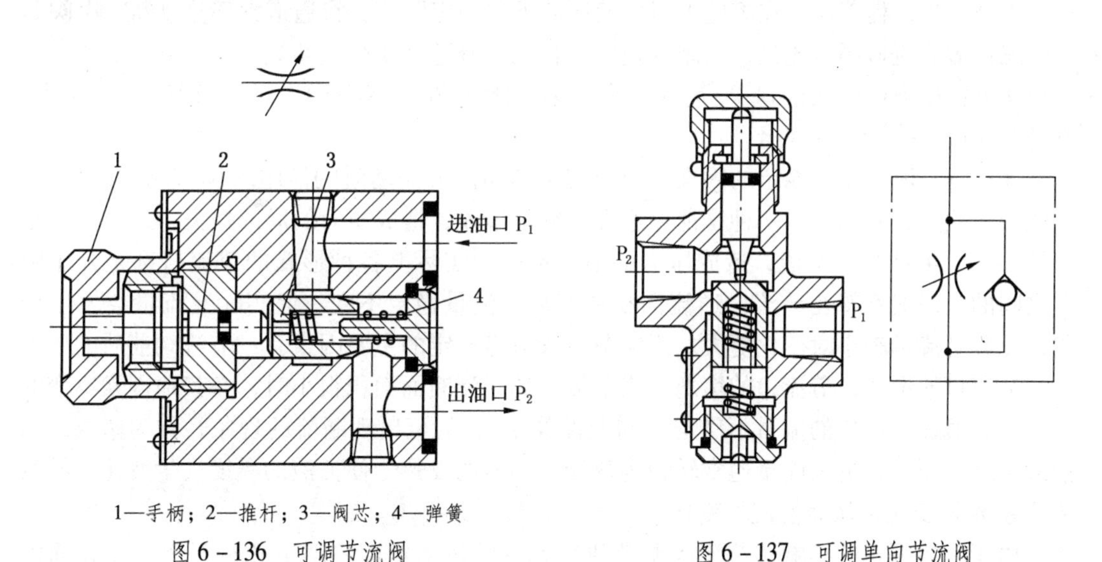

1—手柄；2—推杆；3—阀芯；4—弹簧

图6－136 可调节流阀

图6－137 可调单向节流阀

b）可调单向节流阀。图6－137所示为可调单向节流阀的结构和符号。

c）减速阀。减速阀是滚轮控制可调节流阀，又称行程节流阀。其原理是通过行程挡块压下滚轮，使阀芯下移改变节流口通流面积，减小流量而实现减速。图6－138所示为一种与单向阀组合的减速阀结构和符号。单向减速阀又称单向行程节流阀，它可以满足以下所述机床液压进给系统的快进、工进、快退工作循环的需要。

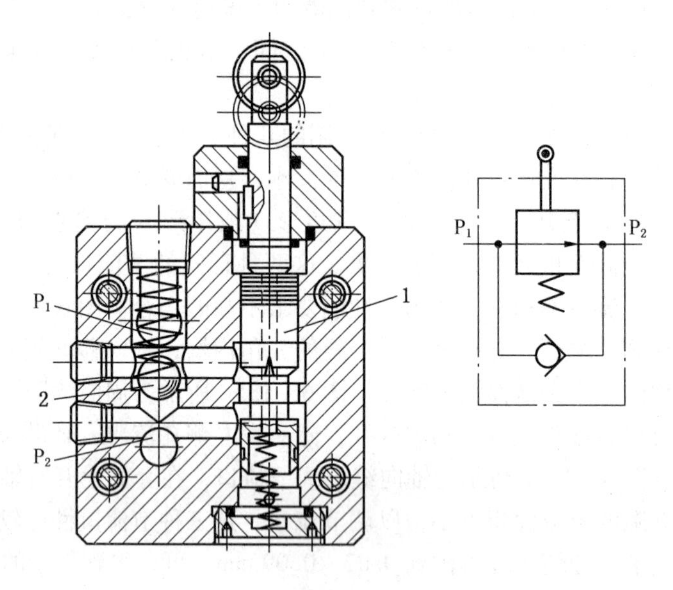

1—阀芯；2—钢球

图6－138 单向减速阀

快进：快进时，阀芯1未被压下，压力油从油口 P_1 不经节流口流往油口 P_2，执行元件快进。

工进：当行程挡块压在滚轮上时，使阀芯下移一定距离，将通道大部分遮断，由阀芯上的三角槽节流口调节流量，实现减速，执行元件慢进（工作进给）。

快退：压力油液从油口 P_2 进入，推开单向阀阀芯2（钢球），油液直接由 P_1 流出，不经节流口，执行元件快退。

③影响节流阀流量稳定的因素。节流阀是利用油液流动时的液阻来调节阀的流量的。产生液阻的方式有两种：一种是薄壁小孔、缝隙节流，造成压力的局部损失；还有一种是细长小孔（毛细管）节流，造成压力的沿程损失。实际上各种形式的节流口都是介于两者之间的。一般希望在节流口通流面积调好后，流量稳定不变，但实际上流量会发生变化，尤其是流量较小时变化更大。影响节流阀流量稳定的主要因素有：节流阀前后的压力差；节流口的形式；节流口的堵塞，当节流口的通流断面面积很小时，在其他因素不变的情况下，通过节流口的流量不稳定（周期性脉动），甚至出现断流的现象，称为堵塞；油液的温度。压力损失的能量通常转换为热能，油液的发热会使油液的黏度发生变化，导致流量系数 K 变化，从而使流量变化。

由于上述因素的影响，节流阀调节执行元件的运动速度将随负载和温度的变化而波动。在速度稳定性要求高的场合，则要使用流量稳定性好的调速阀。

（2）调速阀。

①调速阀的组成及其工作原理。调速阀是由一个定差减压阀和一个可调节流阀串联组合而成的。用定差减压阀来保证可调节流阀前后的压力差 Δp 不受负载变化的影响，从而

使通过节流阀的流量保持稳定，调速阀的工作原理图和符号如图 6－139 所示。因为减压阀阀芯上端油腔 b 的有效作用面积 A 与下端油腔 c 和 d 的有效作用面积相等，所以在稳定工作时，不计阀芯的自重及摩擦力的影响。减压阀阀芯上的力平衡方程为

$$p_2A = p_3A + F_{簧} \quad 或 \quad p_2 - p_3 = F_{簧}/A$$

式中　p_2——节流阀前（即减压阀后）的油液压力，Pa；

p_3——节流阀后的油液压力，Pa；

$F_{簧}$——减压阀弹簧的弹簧作用力，N；

A——减压阀阀芯大端有效作用面积，m^2。

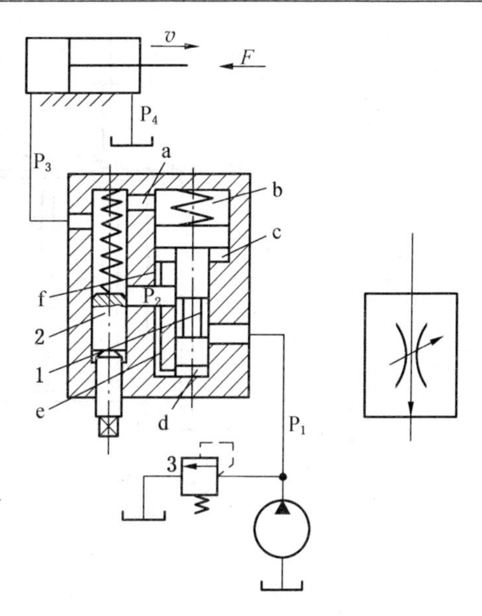

1—减压阀阀芯；2—节流阀阀芯；3—溢流阀

图 6－139　调速阀的工作原理

因为减压阀阀芯弹簧很软（刚度很低），当阀芯上下移动时其弹簧作用力 $F_{簧}$ 变化不大，所以节流阀前后的压力差 $\Delta p = p_2 - p_3$ 基本上不变，为一常量，也就是说当负载变化时，通过调速阀的油液流量基本不变，液压系统执行元件的运动速度保持稳定。

②调速阀的结构。图 6－140 所示是调速阀的结构。调速阀由阀体 3、减压阀阀芯 7、减压阀弹簧 6、节流阀阀芯 4、节流阀弹簧 5、调节杆 2 和调速阀手柄 1 等组成。转动调速阀手柄通过调节杆可使节流阀阀芯轴向移动，调节所需的流量。

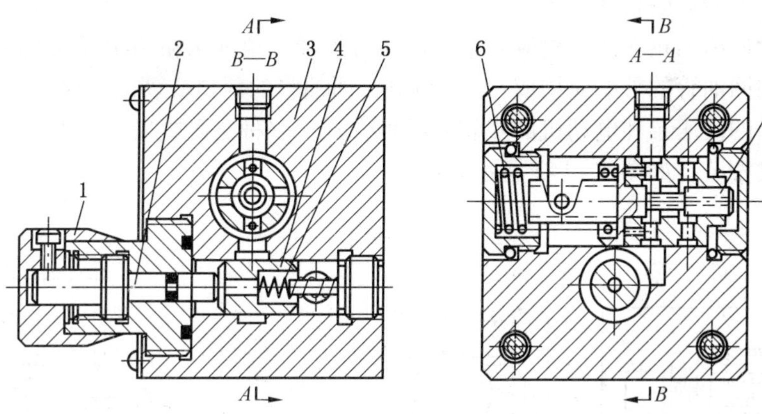

1—调速阀手柄；2—调节杆；3—阀体；4—节流阀阀芯；5—节流阀弹簧；6—减压阀弹簧；7—减压阀阀芯

图 6－140　调速阀的结构

6. 液压辅助装置

液压辅助装置是保证液压系统正常工作不可缺少的组成部分。它在液压系统中虽然只起辅助作用，但使用数量多，分布很广，如果选择或使用不当，不但会直接影响系统的工作性能和使用寿命，甚至会使系统发生故障，因此必须予以足够重视。

1）油箱和油管

（1）油箱。油箱的结构如图 6－141 所示。油箱在液压系统中的功用是储存油液、散发油液中的热量、沉淀污物并逸出油液中的气体。

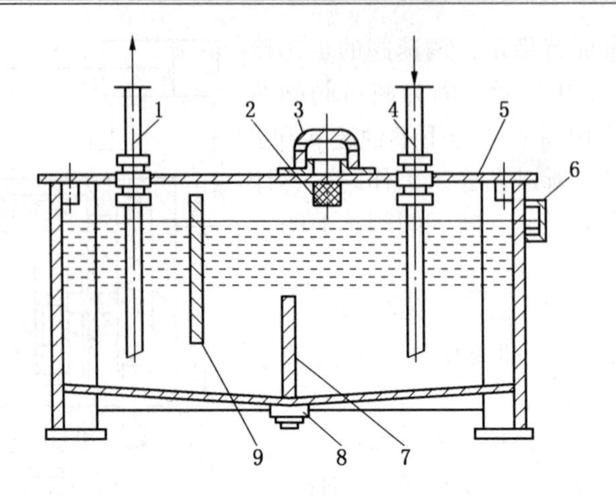

1—吸油管；2—滤油网；3、5—盖；4—回油管；6—液位计；7、9—隔板；8—放油塞

图6-141 油箱的结构

为了保证油箱的功用，在结构上应注意以下几个方面：

①应便于清洗；油箱底部应有适当斜度，并在最低处设置放油塞，换油时可使油液和污物顺利排出。

②在易见的油箱侧壁上设置液位计（俗称油标），以指示油位高度。

③油箱加油口应装滤油网，口上应有带通气孔的盖。

④吸油管与回油管之间的距离要尽量远些，并采用多块隔板隔开，分成吸油区和回油区，隔板高度约为油面高度的3/4。

⑤吸油管口离油箱底面距离应大于2倍油管外径，离油箱箱边距离应大于3倍油管外径。吸油管和回油管的管端应切成46°的斜口，回油管的斜口应朝向箱壁。

单独油箱的液压泵和电动机的安装有两种方式：一种是卧式安装，如图6-142所示；另一种是立式安装，如图6-143所示。

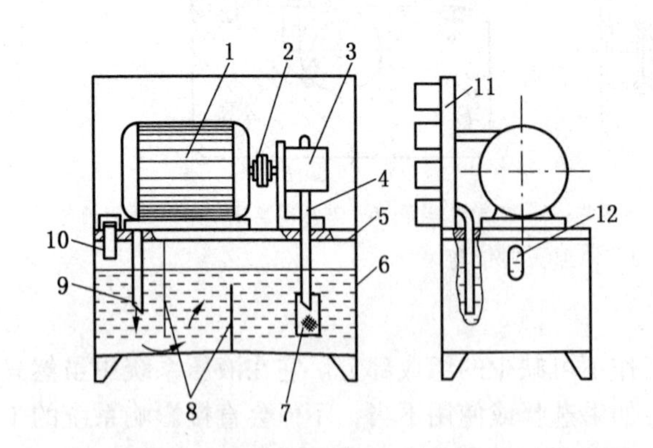

1—电动机；2—联轴器；3—液压泵；4—吸油管；5—盖板；6—油箱体；7—过滤器；8—隔板；9—回油管；10—加油口；11—控制阀连接板；12—液位计

图6-142 液压泵卧式安装的油箱

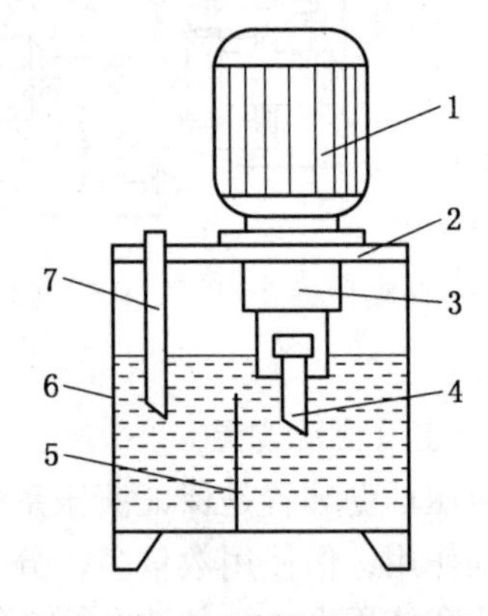

1—电动机；2—盖板；3—液压泵；4—吸油管；5—隔板；6—油箱体；7—回油管

图6-143 液压泵立式安装的油箱

卧式安装时，液压泵及油管接头露在油箱外面，安装和维修较方便；立式安装时，液压泵和油管接头均在油箱内部，便于收集漏油，油箱外形整齐，但维修不方便。

油箱的容量必须保证：①液压设备停止工作时，系统中的全部油液流回油箱时不会溢出，而且还有一定的预备空间，即油箱液面不超过油箱高度的80%；②液压设备管路系统内充满油液工作时，油箱内应有足够的油量，使液面不致太低，以防止液压泵吸油管处的滤油器吸入空气；③通常油箱的有效容量为液压泵额定流量的2~6倍。一般，随着系统压力的升高，油箱的容量应适当增加。

（2）油管和管接头。

①油管。液压传动中，常用的油管有钢管、紫铜管、尼龙管、耐油塑料管和橡胶软管等。钢管能承受高压，油液不易氧化，价格低廉，但装配弯形较困难。常用的有10号、16号冷拔无缝钢管，主要用于中、高压系统中。

紫铜管装配时弯形方便，且内壁光滑，摩擦阻力小，但易使油液氧化，耐压力较低，抗震能力差。一般适用于中、低压系统中。

尼龙管弯形方便，价格低廉，但寿命较短，可在中、低压系统中部分替代紫铜管。

橡胶软管由耐油橡胶夹以1~3层钢丝编织网或钢丝绕层作成。其特点是装配方便，能减轻液压系统的冲击、吸收振动，但制造困难，价格较贵，寿命短。一般用于有相对运动部件间的连接。

耐油塑料管价格便宜，装配方便，但耐压力低。一般用于泄漏油管。

②管接头。管接头用于油管与油管、油管与液压元件间的连接。管接头的种类很多，图6－144所示为几种常用的管接头结构。图6－144a所示为扩口式薄壁管接头，适用于铜管或薄壁钢管的连接，也可用来连接尼龙管和塑料管，在一般的压力不高的机床液压系统中，应用较为普遍。图6－144b所示为焊接式钢管接头，用来连接管壁较厚的钢管，用在压力较高的液压系统中。图6－144c所示为夹套式管接头，当旋紧管接头的螺母时，利用夹套两端的锥面使夹套产生弹性变形来夹紧油管。这种管接头装拆方便，适用于高压系统的钢管连接，但制造工艺要求高，对油管要求严格。图6－144d所示为高压软管接头，多用于中、低压系统的橡胶软管的连接。

2）过滤器

液压系统使用前因清洗不好，残留的切屑、焊渣、型砂、涂料、尘埃、棉丝，加油时混入的以及油箱和系统密封不良进入的杂质等外部污染和油液氧化变质的析出物混入油液中，会引起系统中相对运动零件表面磨损、划伤甚至卡死，还会堵塞控制阀的节流口和管路小口，使系统不能正常工作。因此，清除油液中的杂质，使油液保持清洁是确保液压系统能正常工作的必要条件。通常，利用油箱结构先沉淀油液，然后再采用过滤器进行过滤。

（1）过滤器的安装与功用。过滤器又称滤油器，一般安装在液压泵的吸油口、压油口及重要元件的前面。通常，液压泵吸油口安装粗过滤器，压油口与重要元件前装精过滤器。

①过滤器安装在液压泵的吸油管路上（图6－145中的过滤器1），可保护泵和整个系统。要求过滤器有较大的通流能力（不得小于泵额定流量的两倍）和较小的压力损失（不超过0.02 MPa），以免影响液压泵的吸入性能。为此，一般多采用过滤精度较低的网式过滤器。

②过滤器安装在液压泵的压油管路上（图6－145中的过滤器2），可以保护除泵和溢流阀以外的其他液压元件。要求过滤器具有足够的耐压性能，同时压力损失应不超过0.36 MPa。

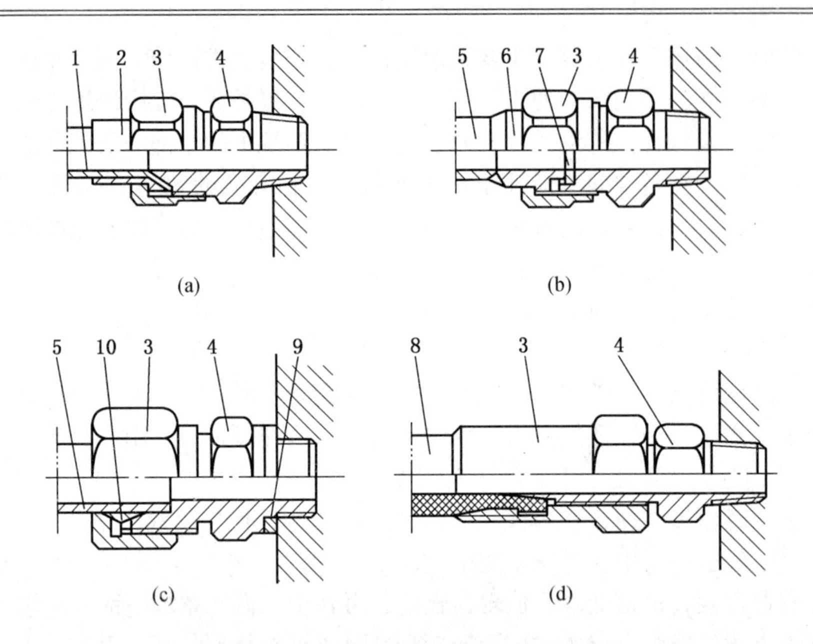

1—扩口薄管;2—管套;3—螺母;4—接头体;5—钢管;6—接管;7—密封垫;8—橡胶软管;9—组合密封垫;10—夹套

图 6-144 管接头

为防止过滤器堵塞时引起液压泵过载或滤芯损坏，应将过滤器安装在与溢流阀并联的分支油路上，或与过滤器并联一个开启压力略低于过滤器最大允许压力的安全阀。

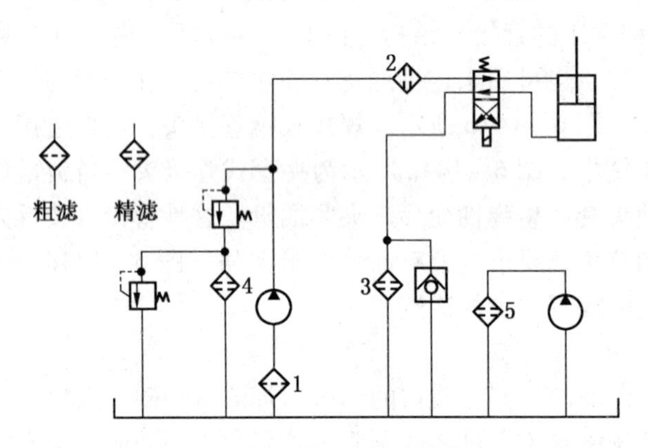

图 6-145 滤油器的安装位置

③过滤器安装在系统的回油管路上（图 6-145 中的过滤器 3），不能直接防止杂质进入液压系统，但能循环地滤除油液中的部分杂质。这种方式，过滤器不承受系统工作压力，可以使用耐压性能低的过滤器。为防止过滤器堵塞引起事故，也应并联安全阀。

④过滤器安装在系统旁油路上（图 6-145 中的过滤器 4）。过滤器要装在溢流阀的回油路上，并与一个安全阀相并联。这种方式，滤油器既不承受系统工作压力，又不会给主油路造成压力损失，一般只通过泵的部分流量（20% ~30%），可采用强度低、规格小的过滤器。但过滤效果较差，不宜用在要求较高的液压系统中。

⑤过滤器安装在单独过滤系统中（图 6-145 中的过滤器 5），它是用一个专用液压泵和过滤器单独组成一个独立于主液压系统之外的过滤回路。这种方式可以经常清除系统中

的杂质，但需要增加设备，适用于大型机械的液压系统。

（2）过滤器的类型。常用的过滤器有网式、线隙式、烧结式、纸芯式和磁性过滤器等多种类型。

①网式过滤器。网式过滤器是周围开有很大窗口的金属或塑料圆筒，外面包着一层或两层方格孔眼的铜丝网，没有外壳，结构简单，通油能力大，但过滤效果差。通常用在液压泵的吸油口，如图 6－146 所示。

②线隙式过滤器。图 6－147 所示为线隙式过滤器。这种过滤器结构简单，通油能力强，过滤效果好，但不易清洗，一般用于低压系统液压泵的吸油口。图 6－148 所示为带有壳体的线隙式过滤器，可用于压力油路。

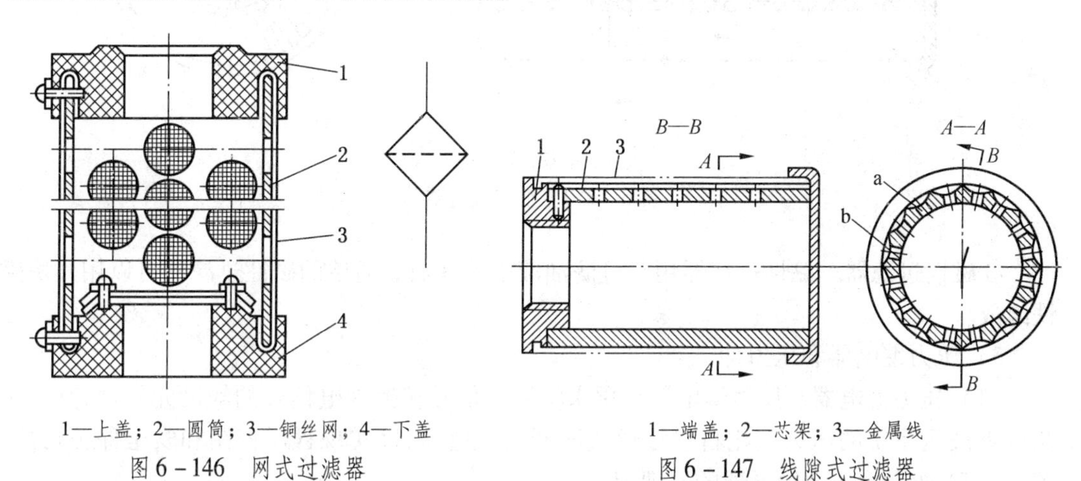

1—上盖；2—圆筒；3—铜丝网；4—下盖

图 6－146 网式过滤器

1—端盖；2—芯架；3—金属线

图 6－147 线隙式过滤器

③烧结式过滤器。烧结式过滤器的滤芯一般由金属粉末（颗粒状的锡青铜粉末）压制后烧结而成，通过金属粉末颗粒间的孔隙过滤油液中的杂质。滤芯可制成板状、管状、杯状、碟状等。图 6－149 所示为管状烧结式过滤器，油液从壳体 2 左侧 A 孔进入，经滤芯 3 过滤后，从底部 B 孔流出。烧结式滤油器强度高，耐高温，抗腐蚀性强，过滤效果好，可在压力较大的条件下工作，是一种使用广泛的精过滤器。其缺点是通油能力低，压力损失较大，堵塞后清洗比较困难，烧结颗粒容易脱落等。

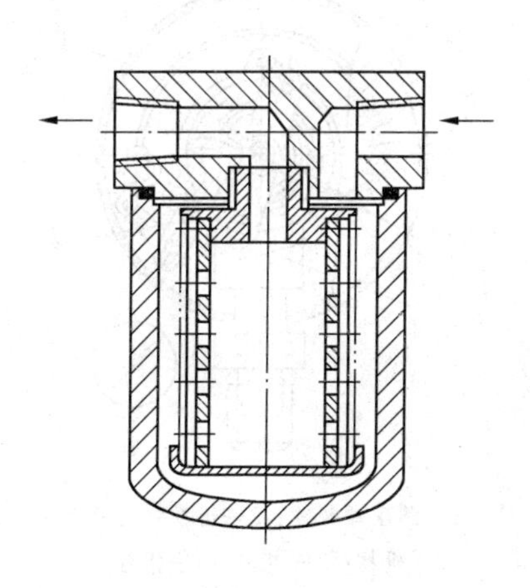

图 6－148 带有壳体的线隙式过滤器

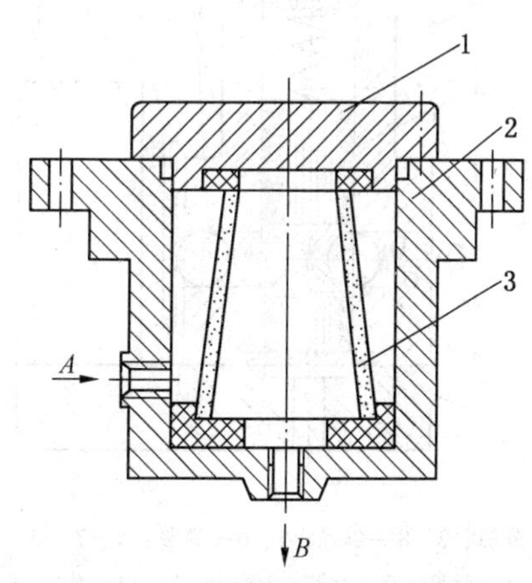

1—顶盖；2—壳体；3—滤芯

图 6－149 烧结式过滤器

④纸芯式过滤器。图 6－150 所示为纸芯式过滤器的结构，它是利用微孔过滤纸滤除油液中杂质的。纸芯式过滤器过滤精度高，但通油能力低，易堵塞，不能清洗，纸芯需要经常更换，主要用于低压小流量的精过滤。

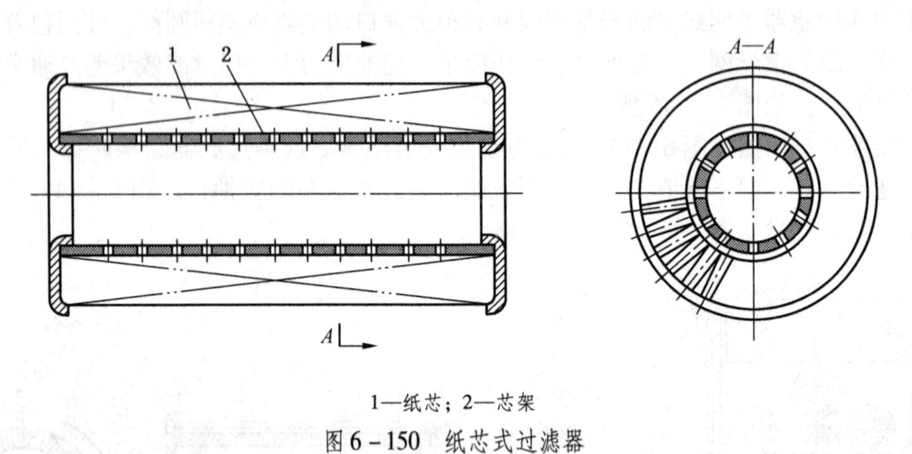

1—纸芯；2—芯架

图 6－150　纸芯式过滤器

⑤磁性过滤器。磁性过滤器用于过滤油液中的铁屑。简单的磁性过滤器可以用几块磁铁组成。

3）压力继电器和压力计

（1）压力继电器。压力继电器是用来将液压信号转换为电信号的辅助元器件,其作用是根据液压系统的压力变化自动接通或断开有关电路,以实现程序控制和安全保护功能。图 6－151 所示为压力继电器的原理图。

（2）压力计。用来观察液压系统中各工作点（如液压泵出口、减压阀后等）的油液压力，以便操作人员把系统的压力调整到要求的工作压力。图 6－152 所示为常用的一种

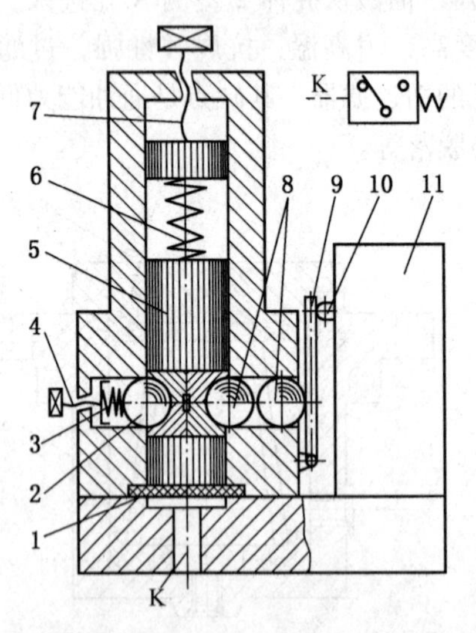

1—薄膜；2、8—钢球；3、6—弹簧；4、7—调节螺钉；5—柱塞；9—杠杆；10—触销；11—微动开关

图 6－151　压力继电器的原理图

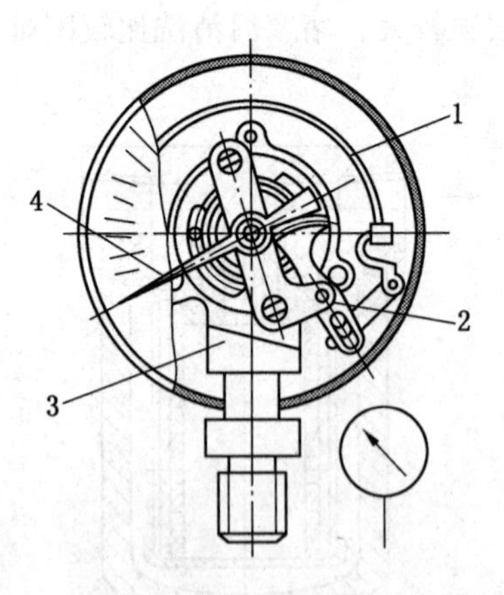

1—测压弹簧管；2—齿扇杠杆放大机构；3—基座；4—指针

图 6－152　压力计

压力计（俗称压力表），由测压弹簧管1、齿扇杠杆放大机构2、基座3和指针4组成。压力油液从下部油口进入弹簧管后，弹簧管在液压力的作用下变形伸张，通过齿扇杠杆放大机构将变形量放大并转换成指针的偏转（角位移）。油液压力越大，指针偏转角度越大。压力数值可由表盘上读出。

第七章　设备安装与调试

第一节　安　　装

一、操作技能

(一) 根据工作环境和设备类型合理选用电缆

1. 电缆的种类与型号

电缆是输送电能的主要设备，正确地选择与使用电缆直接关系到供电的安全性、可靠性和经济性。矿用电缆从构造上分为铠装电缆和橡套电缆两大类；从电压等级来分，又可分为高压电缆、低压电缆（一般高压电缆工作电压不超过 10 kV，低压电缆工作电压不超过 1140 V）；从用途角度来分，可分为动力电缆，控制、照明电缆和通信电缆等；从芯线材料来分，又有铜芯电缆和铝芯电缆之分。

1）铠装电缆

（1）电缆的命名。电缆的命名由 6 部分组成，其标注格式如下：

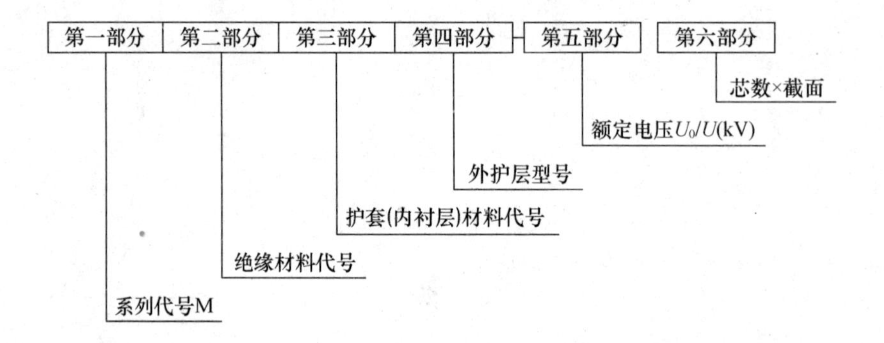

其中，第一、第二、第三、第四、第五部分构成电缆的型号；第六部分构成电缆的规格。

第一部分：用大写字母 M 表示煤矿用阻燃电缆的系列代号。

第二部分：用大写字母 V 表示聚氯乙烯绝缘材料代号；用大写字母 YJ 表示交联聚乙烯绝缘材料代号。

第三部分：用大写字母 V 表示聚氯乙烯护套（内衬层）材料代号。当电缆有外护层时，该部分表示内衬层的材料特征。

第四部分：电缆外护层型号，应按铠装层和外被层的结构顺序用阿拉伯数字表示。每一数字表示所采用的主要材料。在一般情况下，型号由 2 位数字组成。

第五部分：额定电压等级，用 U_0/U 表示，单位为 kV。

第六部分：用阿拉伯数字分别表示电缆芯线数及标称截面积，二者之间以“×”连接。标称截面积单位为 mm^2。

第四和第五部分之间用“－”连接。

铠装层和外被层所用材料的数字及含义应符合表 7－1 的规定。

表 7－1　铠装层和外被层所用材料的数字及含义

标记	铠装层	外被层或外护套
2	双钢带	聚氯乙烯护套
3	细圆钢丝	—
4	粗圆钢丝	—

（2）矿用铠装电缆的型号与敷设场合。

铠装电缆的导电芯线有铝线和铜线两种，芯线多由细铝线或细铜线绞合而成，以使电缆柔软便于使用。对于井下高压电缆，在进风斜井、井底车场附近、中央变电所至采区变电所之间可以采用铝芯，其他地点的高压电缆必须采用铜芯。

铠装电缆金属铠装的作用是增大电缆的机械强度，使电缆能承受一定的压力和拉力，免遭机械损坏。金属铠装又有钢丝铠装和钢带铠装两种，前者用于竖井井筒和倾斜角度大于45°的急倾斜巷道，后者用于缓倾斜及水平巷道。

铠装电缆不易弯曲且不便移动，所以适用于固定敷设，向固定和半固定设备供电。

MVV、MYJV 型为四芯电缆，其中一根为接地芯线，铜丝屏蔽的标称截面分 16 m^2、25 m^2、35 m^2 及 50 mm^2 四种，可根据故障电流容量要求选用，其型号及敷设场合见表 7－2。

表 7－2　煤矿常用铠装电缆的型号及敷设场合（6～10 kV）

型号品种	多芯统包型		芯线截面/mm^2	外护层种类	敷设场合
	铜芯	铝芯			
聚氯乙烯绝缘聚氯乙烯护套阻燃电力电缆	MVV		10～300	聚氯乙烯护套	敷设在水平巷道中，不能承受机械外力
	MVV22			钢带铠装	敷设在45°以内及水平巷道中具有可燃性支架的场所及井下硐室内
	MVV32			细钢丝铠装	敷设在45°以上巷道中，垂高不限
	MVV42			粗钢丝铠装	敷设在井筒中
交联聚氯乙烯绝缘聚氯乙烯护套阻燃电力电缆	MYJV		25～300	聚氯乙烯护套	敷设在水平巷道中，不能承受机械外力
	MYJV22			钢带铠装	敷设在45°以内及水平巷道中具有可燃性支架的场所及井下硐室内
	MYJV32			细钢丝铠装	敷设在45°以上巷道中，垂高不限
	MYJV42			粗钢丝铠装	敷设在井筒中

（3）铠装电力电缆连续负荷允许载流量。

①聚氯乙烯绝缘聚氯乙烯护套阻燃电力电缆的连续负荷允许载流量见表 7－3 和表 7－4。

表7-3 6 kV无铠装聚氯乙烯绝缘电缆载流量（空气敷设）

电缆截面/mm^2	长期允许载流量/A		电缆截面/mm^2	长期允许载流量/A	
	铜芯	铝芯		铜芯	铝芯
10	55	42	95	218	167
16	73	56	120	251	194
25	96	74	150	292	224
35	118	90	185	333	257
50	146	112	240	392	301
70	177	136			

注：1. 环境温度为25 ℃。
2. 导线最高运行工作温度为65 ℃。

表7-4 6 kV聚氯乙烯绝缘铠装电缆载流量（空气敷设）

电缆截面/mm^2	长期允许载流量/A		电缆截面/mm^2	长期允许载流量/A	
	铜芯	铝芯		铜芯	铝芯
10	56	43	95	218	168
16	73	56	120	251	194
25	95	73	150	290	223
35	118	90	185	333	256
50	148	114	240	391	301
70	181	143			

注：1. 环境温度为25 ℃。
2. 导线最高运行工作温度为65 ℃。

②交联聚氯乙烯绝缘聚氯乙烯护套阻燃电力电缆的连续负荷允许载流量见表7-5。

表7-5 6/10 kV交联聚氯乙烯绝缘电缆（带铠装）载流量（空气敷设）

电缆截面/mm^2	长期允许载流量/A		电缆截面/mm^2	长期允许载流量/A	
	铜芯	铝芯		铜芯	铝芯
16	121	94	150	445	347
25	158	123	185	504	394
35	190	147	240	587	461
50	231	180	300	671	527
70	280	218	400	790	623
95	335	261	500	893	710
120	388	303			

注：1. 环境温度为25 ℃。
2. 导线最高运行工作温度为90 ℃。

2）橡套电缆

橡套电缆由于其芯线采用多股细铜丝绞合而成，护套又是橡胶，故柔软弯曲性能好，具有阻燃性能，一般用于向采掘工作面和经常移动的电气设备供电。

（1）橡套电缆的分类。橡套电缆又有普通橡套电缆、加强型橡套电缆、屏蔽橡套电缆和矿用高压双屏蔽橡套电缆。

①普通橡套电缆。普通橡套电缆芯线是用多股铜丝按右旋或左旋方向拧成的，电缆由动力线和辅助线组合而成。辅助线包括接地线和控制线。芯线外面包一层橡胶内护套作为相间绝缘，为了加强对地绝缘，在保护动力线和辅助线外又绕包一层橡胶外护套，这也是一般电缆的结构。

②加强型橡套电缆。是在护套中间夹有帆布、纤维绳或镀锌软钢丝等构成的加强层，以提高护套的机械强度。

③屏蔽橡套电缆。随着采掘机械化程度的提高，综采设备单机容量和供电电压不断提高，这就加大了触电的危险性。为了加强保护，保证人身安全，因此应采用屏蔽橡套电缆向采煤机、掘进机等设备供电。

屏蔽橡套电缆在结构上与普通电缆基本相同，其不同点就是在主芯线上先绕包聚酯薄膜或其他非吸湿性材料，在内护套外再加包一层半导电胶布带（国外也有用尼龙钢丝组成的半导电编织带）作为分相屏蔽层，这种屏蔽一般称为非金属屏蔽，接地芯线绕包半导电橡皮后，外面再绕包一层半导电胶布带。也有的在内护套外加包一层用铜丝编织的金属屏蔽层作为分相屏蔽层，又称金属屏蔽。

一般屏蔽层直接接地。增加屏蔽层的作用，是为了防止电缆绝缘损坏引起两相短路；同时可使保护装置超前动作，切断电源，防止接地故障在电缆外部产生电弧和电火花，对防止瓦斯、煤尘爆炸危险及人身触电事故有重要的作用。

④矿用高压双屏蔽橡套电缆。矿用高压（6 kV）双屏蔽橡套电缆，也称为矿用高压监视型屏蔽电缆，专门用作向井下综采工作面移动变电站等高压电气设备供电。当电缆受到砸、压等外力损坏时，首先由监视线的半导电带包层（外屏蔽）与屏蔽层（内屏蔽，兼作接地线）连通，当内、外屏蔽层之间的过渡电阻小于一定值时，接地监视保护装置动作，起到绝缘监视闭锁或故障时超前切断电源的保护作用。

（2）电缆的命名。电缆的命名由 8 部分组成，其标注格式如下：

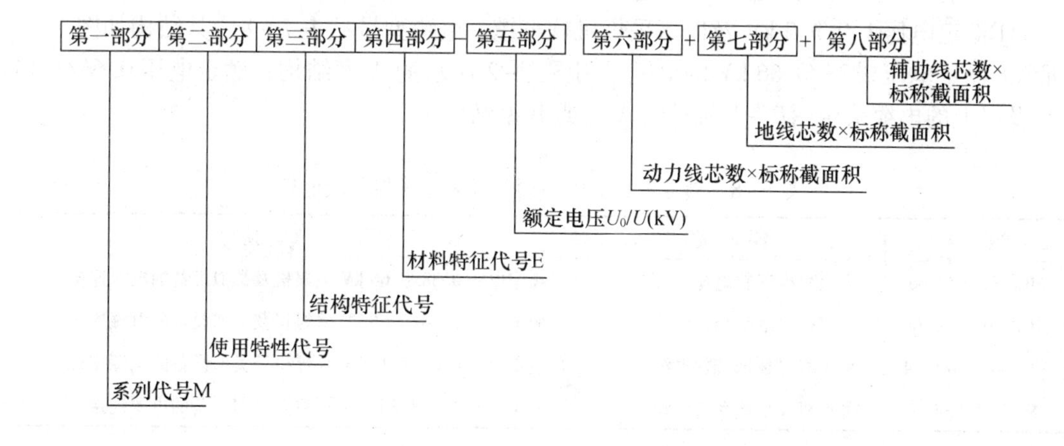

其中，第一、第二、第三、第四、第五部分构成电缆的型号；第六、第七、第八部分构成电缆的规格。

第一部分：用大写字母 M 表示煤矿用阻燃电缆的系列代号。

第二部分：使用特性代号反映电缆所使用的场合，用表 7-6 所示的大写字母表示。

第三部分：用表 7-7 所示的大写字母表示电缆的结构特征。

表 7-6　电缆所使用的场合代号

代　号	C	D	M	Y	Z
使用特征	采煤机用	低温环境用	帽用灯	移动用	电钻用

表 7-7　电缆的结构特征代号

代　号	B	J	P	PT	Q	R
结构特征	编织加强	监视芯线	非金属屏蔽	金属屏蔽	轻型	绕包加强

第四部分：用大写字母 E 表示绝缘或护套采用弹性体材料。绝缘和护套均采用橡胶料时，该部分省略。

第五部分：用阿拉伯数字表示额定电压 U_0/U，单位为 kV。

第六部分：用阿拉伯数字分别表示动力线芯数及标称截面积，二者之间以“×”连接。标称截面积单位为 mm^2。

第七部分：用阿拉伯数字分别表示地线芯数及标称截面积，二者之间以“×”连接。标称截面积单位为 mm^2。

第八部分：用阿拉伯数字分别表示辅助线芯数及标称截面积，二者之间以“×”连接。标称截面积单位为 mm^2。

第四部分和第五部分之间用“-”连接；第六部分、第七部分、第八部分之间用“+”连接。例如：采煤机屏蔽橡套软电缆，额定电压为 0.66/1.14 kV，动力线芯 3×50，地线芯 1×10，控制线芯 4×4，带半导电屏蔽层，表示为 MCP-0.66/1.14　3×50+1×10+4×4。

（3）橡套电缆的规格型号及用途。

①额定电压 1.9/3.3 kV 及以下采煤机软电缆。电缆型号见表 7-8，其结构如图 7-1 所示。额定电压 0.38/0.66 kV 的电缆采用图 7-2 所示的 A 型结构；额定电压 0.66/1.14 kV 及以上的电缆采用图 7-1 所示的 A 型或 B 型结构。

表 7-8　额定电压 1.9/3.3 kV 及以下采煤机软电缆

型　号	名　称	用　途
MC-0.38/0.66	采煤机橡套软电缆	额定电压 0.38/0.66 kV 采煤机及类似设备的电源连接
MCP-0.38/0.66	采煤机屏蔽橡套软电缆	额定电压 0.38/0.66 kV 采煤机及类似设备的电源连接
MCP-0.66/1.14	采煤机屏蔽橡套软电缆	额定电压 0.66/1.14 kV 采煤机及类似设备的电源连接
MCP-1.9/3.3	采煤机屏蔽橡套软电缆	额定电压 1.9/3.3 kV 采煤机及类似设备的电源连接

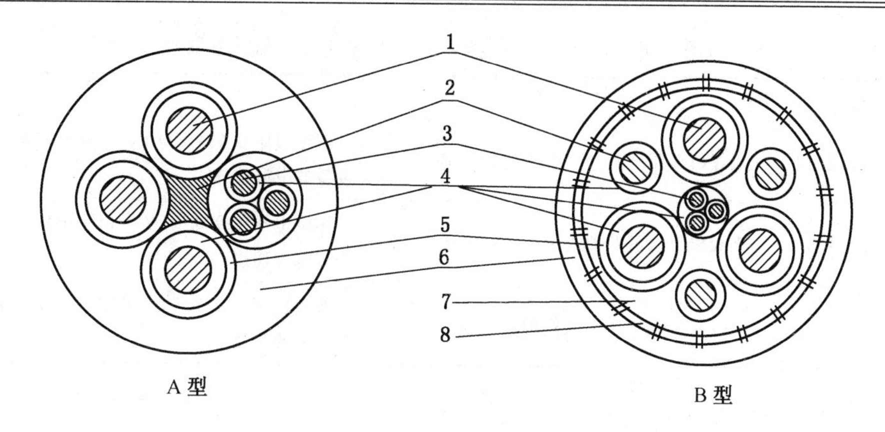

1—动力芯线；2—接地芯线；3—控制芯线；4—绝缘；5—绝缘屏蔽；6—外护套；7—内护套；8—纤维编织加强层

图 7－1　额定电压 1.9/3.3 kV 及以下采煤机软电缆结构

②额定电压 0.66/1.14 kV 采煤机屏蔽监视加强型软电缆。电缆型号见表 7－9，其结构如图 7－2 所示。

表 7－9　额定电压 0.66/1.14 kV 采煤机屏蔽监视加强型软电缆

型　号	名　　称	用　　途
MCPJB－0.66/1.14	采煤机屏蔽监视编织加强型橡套软电缆	额定电压 0.66/1.14 kV 及以下采煤机及类似设备的电源连接，电缆可直接拖拽使用
MCPJR－0.66/1.14	采煤机屏蔽监视绕包加强型橡套软电缆	额定电压 0.66/1.14 kV 及以下采煤机及类似设备的电源连接，但电缆必须在保护链板内使用

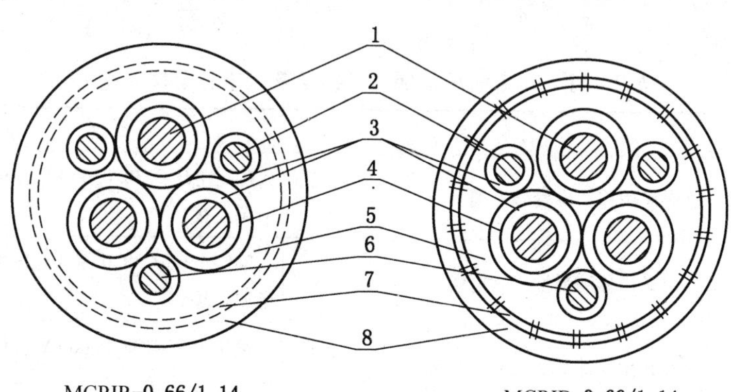

1—动力芯线；2—控制芯线；3—绝缘；4—半导电屏蔽层；5—内护套；6—监视芯线；7—＝为绕包加强层，≠为编织加强层（兼作地线）；8—外护套

图 7－2　额定电压 0.66/1.14 kV 采煤机屏蔽监视加强型软电缆结构

③额定电压 1.9/3.3 kV 及以下采煤机金属屏蔽软电缆。电缆型号见表 7－10，其结构如图 7－3 所示。

表7-10　额定电压1.9/3.3 kV及以下采煤机金属屏蔽软电缆

型　号	名　称	用　途
MCPTJ-0.66/1.14	采煤机金属屏蔽监视型橡套软电缆	额定电压0.66/1.14 kV及以下采煤机及类似设备的电源连接
MCPT-1.9/3.3	采煤机金属屏蔽监视型橡套软电缆	额定电压1.9/3.3 kV及以下采煤机及类似设备的电源连接
MCPTJ-1.9/3.3	采煤机金属屏蔽监视型橡套软电缆	额定电压1.9/3.3 kV及以下采煤机及类似设备的电源连接

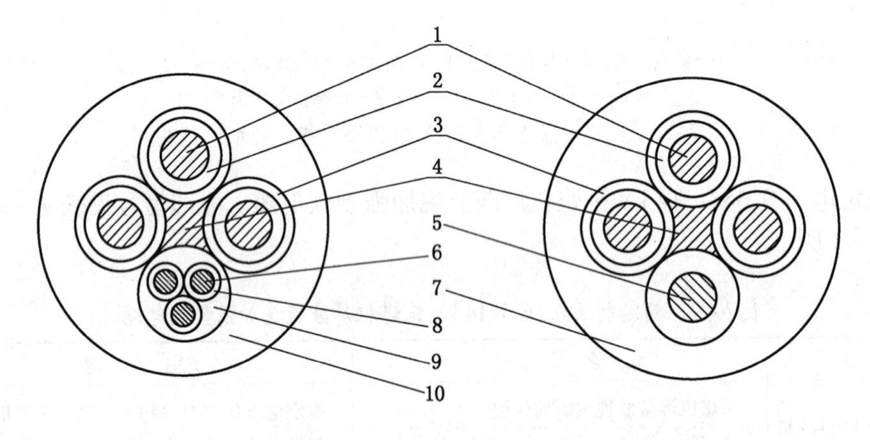

1—动力芯线；2—动力芯线绝缘；3—金属/纤维编织屏蔽；4—接地芯线；5—监视芯线；6—控制芯线；7—监视芯线绝缘；8—控制芯线绝缘；9—控制芯线包覆层；10—护套

图7-3　额定电压1.9/3.3 kV及以下采煤机金属屏蔽软电缆结构

④额定电压0.66/1.14 kV及以下移动软电缆。电缆型号见表7-11，其结构如图7-4所示。

表7-11　额定电压0.66/1.14 kV及以下移动软电缆

型　号	名　称	用　途
MY-0.38/0.66	煤矿用移动橡套软电缆	额定电压0.38/0.66 kV各种井下移动设备的电源连接
MYE-0.38/0.66	煤矿用移动弹性体软电缆	额定电压0.38/0.66 kV各种井下移动设备的电源连接
MYP-0.38/0.66	煤矿用移动屏蔽橡套软电缆	额定电压0.38/0.66 kV各种井下移动设备的电源连接
MYPE-0.38/0.66	煤矿用移动屏蔽弹性体软电缆	额定电压0.38/0.66 kV各种井下移动设备的电源连接
MYP-0.66/1.14	煤矿用移动屏蔽橡套软电缆	额定电压0.66/1.14 kV各种井下移动设备的电源连接
MYPE-0.66/1.14	煤矿用移动屏蔽弹性体软电缆	额定电压0.66/1.14 kV各种井下移动设备的电源连接

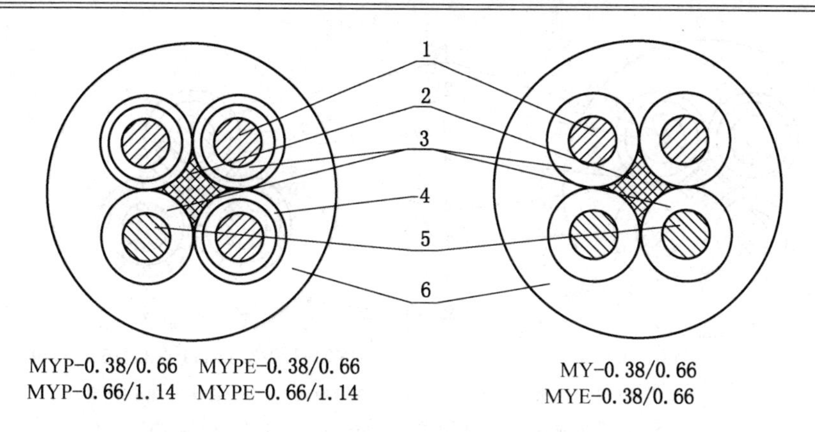

1—动力芯线；2—填芯；3—绝缘；4—屏蔽层；5—接地芯线；6—外护套

图7-4　额定电压0.66/1.14 kV及以下移动软电缆结构

⑤额定电压3.6/6 kV金属屏蔽监视型软电缆。电缆型号见表7-12，其结构如图7-5所示。

表7-12　额定电压3.6/6 kV金属屏蔽监视型软电缆

型　号	名　　称	用　　途
MYPTJ-3.6/6	煤矿用移动金属屏蔽监视型橡套软电缆	额定电压3.6/6 kV的井下移动变压器及类似设备的电源连接
MYPTJE-3.6/6	煤矿用移动金属屏蔽监视型弹性体软电缆	

⑥额定电压3.6/6 kV及以下屏蔽软电缆。电缆型号见表7-13，其结构如图7-6所示。

⑦额定电压0.3/0.5 kV煤矿用电钻电缆。电缆型号见表7-14，其结构如图7-7所示。

⑧煤矿用移动轻型软电缆。电缆型号见表7-15，其结构如图7-8所示。

(4) 矿用橡套电缆的载流量。矿用电缆的载流量见表7-16。

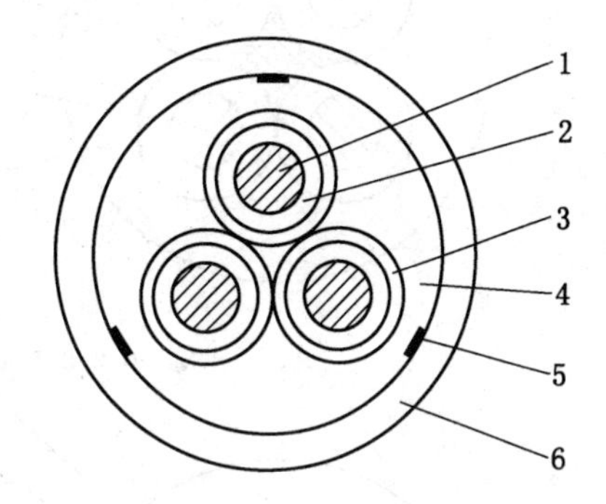

1—动力芯线；2—芯线绝缘；3—屏蔽层（兼作接地线）；4—内护套；5—监视芯线及半导电带包层；6—外护套

图7-5　额定电压3.6/6 kV金属屏蔽监视型软电缆结构

表7-13　额定电压3.6/6 kV及以下屏蔽软电缆

型　号	名　　称	用　　途
MYPT-1.9/3.3	煤矿用移动金属屏蔽橡套软电缆	额定电压1.9/3.3 kV井下移动设备的电源连接
MYP-3.3/6	煤矿用移动屏蔽橡套软电缆	额定电压3.3/6 kV井下移动设备的电源连接
MYPT-3.3/6	煤矿用移动金属屏蔽橡套软电缆	
MYDP-3.3/6	煤矿用移动屏蔽橡套软电缆	额定电压3.3/6 kV移动式地面矿山设备的电源连接，环境温度下限为-40 ℃
MYDPT-3.3/6	煤矿用移动金属屏蔽橡套软电缆	

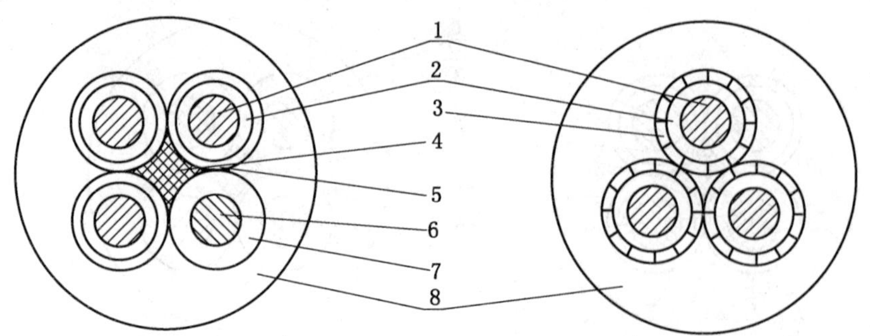

1—动力芯线；2—绝缘；3—金属屏蔽（兼作地线）；4—半导电橡胶充填；
5—半导电屏蔽；6—接地芯线；7—半导电包层；8—护套

图7-6　额定电压3.6/6 kV及以下屏蔽软电缆结构

表7-14　额定电压0.3/0.5 kV煤矿用电钻电缆

型　号	名　称	用　　途
MZ-0.3/0.5	煤矿用电钻橡套电缆	煤矿井下额定电压0.3/0.5 kV及以下的电源连接
MZE-0.3/0.5	煤矿用电钻弹性体电缆	
MZP-0.3/0.5	煤矿用电钻屏蔽橡套电缆	
MZPE-0.3/0.5	煤矿用电钻屏蔽弹性体电缆	

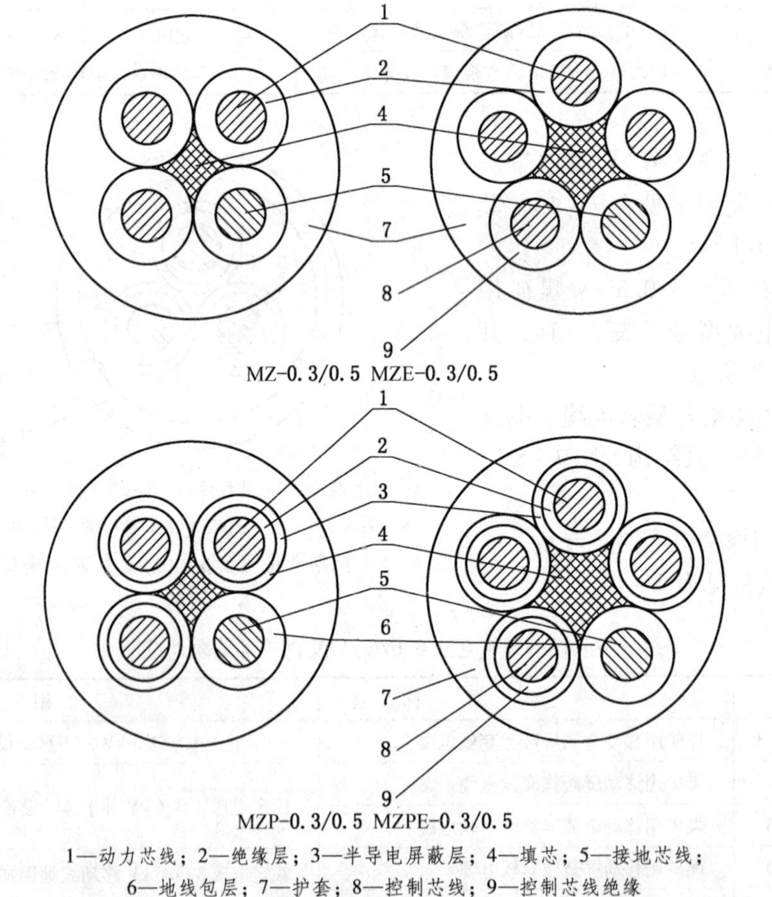

1—动力芯线；2—绝缘层；3—半导电屏蔽层；4—填芯；5—接地芯线；
6—地线包层；7—护套；8—控制芯线；9—控制芯线绝缘

图7-7　额定电压0.3/0.5 kV煤矿用电钻电缆结构

表7-15 煤矿用移动轻型软电缆

型号	名称	用途
MYQ-0.3/0.5	矿用移动轻型橡套软电缆	煤矿井下巷道照明、输送机联锁和控制与信号设备电源连接
MYQE-0.3/0.5	矿用移动轻型弹性体软电缆	

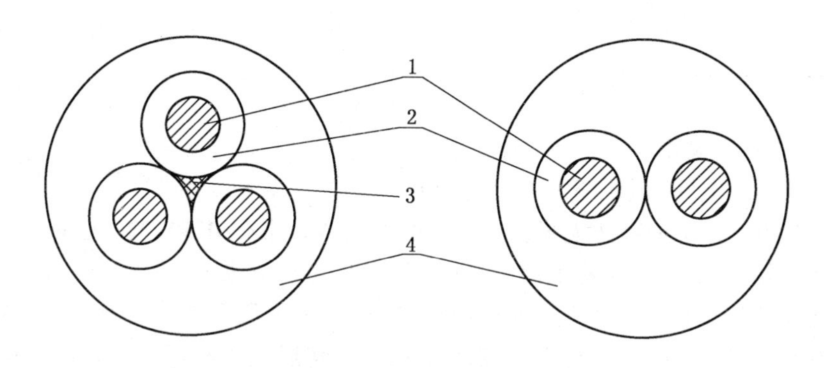

1—芯线；2—绝缘；3—填芯；4—护套

图7-8 煤矿用移动轻型软电缆结构

表7-16 矿用软（橡套）电缆的长时允许电流 A

电缆电压/kV	电缆芯线截面/mm^2								
	4	6	10	16	25	35	50	70	95
0.38、0.66、1.14	36	46	64	85	113	138	173	215	263
3.6/6	—	53	72	94	121	148	183	—	—

3）煤矿用阻燃通信电缆

煤矿用阻燃通信电缆型号见表7-17，电缆的规格见表7-18。

表7-17 煤矿用阻燃通信电缆型号

型号	名称	用途
MHYV	煤矿用聚乙烯绝缘聚氯乙烯护套通信电缆	用于平巷、斜巷及机电硐室
MHJYV	煤矿用加强型聚乙烯绝缘聚氯乙烯护套通信电缆	用于机械损伤较高的平巷和斜巷
MHYBV	煤矿用聚乙烯绝缘镀锌钢丝编织铠装聚氯乙烯护套通信电缆	用于机械冲击较高的平巷和斜巷
MHYAV	煤矿用聚乙烯绝缘铝—聚乙烯黏结护层聚氯乙烯护套通信电缆	用于较潮湿的斜井和平巷
MHYA32	煤矿用聚乙烯绝缘铝—聚乙烯黏结护层钢丝铠装聚氯乙烯护套通信电缆	用于竖井和斜井

2. 矿用电缆的选用

为了保证安全可靠的供电，合理选用电缆是很重要的。选用电缆的原则应符合《煤矿安全规程》的规定，并能满足实际用电设备的要求。具体选择原则有以下几个方面：

表7－18 阻燃通信电缆规格

规 格	MHYV	MHJYV	MHYBV	MHYAV	MHYA32
对数×芯数	1×2	1×2	5×2	20×2	30×2
	2×2	2×2	10×2	30×2	50×2
	1×4	—	20×2	50×2	80×2
	5×2				

1）电压等级的确定

根据电缆所在电网的电压来确定电缆的电压等级。煤矿井下高压供电系统包括向综采工作面移动变电站供电的高压电缆，电压一般为6 kV，也有10 kV的。电钻、照明系统的供电电压，一般为127 V，也有的照明采用220 V的电压等级。

井下采区低压电网中，综采工作面低压供电系统电压等级有380V、660V、1140V、3300V四个等级。大型矿井一般采用3300 V供电；普通机采和高档普采工作面的低压供电系统一般采用660 V供电；小型矿井的低压供电系统一般采用380 V供电。

2）电缆种类的确定

（1）向固定设备供电的电缆应尽量采用铠装电缆。

（2）向移动变电站供电的高压电缆，应选用MYPTJ型矿用高压双屏蔽（监视型）橡套电缆或相应型号的进口电缆。

（3）向采煤机、掘进机等移动电气设备供电的电缆，应采用屏蔽型系列电缆。

（4）向综采工作面运输机、转载机、破碎机、泵站等不经常移动的用电设备供电的电缆，均选用MY系列或MYP系列不燃性橡套电缆。

（5）向煤电钻供电的电缆，选用MZ型或MZP型电缆。

（6）照明、通信和控制电缆，应选用橡套或塑料绝缘的专用电缆。

3）电缆长度的确定

电缆的长度应按敷设电缆巷道的设计（实际）长度，再加适当的伸缩量作为电缆的实际选用长度。

（1）铠装电缆的实际选用长度，应比敷设电缆巷道的实际长度增加5%。

（2）固定敷设的橡套电缆的实际选用长度，应比敷设电缆巷道的实际长度增加10%。

（3）移动设备用的橡套软电缆的实际选用长度，按使用最远点的计算长度，另加3%～5%的机头部分活动长度。

4）电缆芯数的选择

（1）动力干线电缆一般选用4芯电缆。

（2）向采掘机械供电的电缆要根据具体生产机械的控制方式、信号系统的要求相应的增加控制芯线数。

（3）专用通信电缆的芯数要按通信、信号及控制系统的实际要求选取，同时要留有一定数量的备用芯线。

（4）电缆接地芯线除用作监测接地回路外，不得兼作他用。

5）电缆截面的选取

电缆截面（主芯线截面）的选择应满足以下要求：

（1）电缆的正常工作负荷电流应等于或小于电缆允许持续电流，以保证电缆长时工作不过热。

（2）为了保证供电距离最远、容量最大的电动机（如采煤机、运输机）在重载下能正常启动，要求电动机启动时的端电压不得低于额定电压的75%。

（3）按允许电压损失校验电缆截面，应保证电动机端子电压降不低于额定电压的7%～10%；其他用电设备能正常运行。

（4）按过电流保护装置的灵敏度系数要求校验电缆截面。

（5）采用熔断器保护时，应按熔件额定电流和可能通过的两相短路电流与电缆最小截面的配合要求校验所选的电缆截面。

（6）按井下对移动机械的电缆机械强度要求校验电缆截面。

（7）按可能通过的最大短路电流校验所选电缆截面。

所选低压电缆截面必须全部满足上述7个要求，如果有一个要求不满足时，必须采取措施，直至能够满足为止。但在实际工作中，并不是对供电系统中的每一条电缆都同时计算和校验，而是依具体情况分别对待。

（二）按照工艺要求完成低压屏蔽橡套电缆安装接线

对于非金属屏蔽电缆的接线，应将三相主芯线绝缘层外的半导体屏蔽层完全剥离掉并清理干净，把电缆芯线中的接地芯线压接在设备接线室内的接地端子上。

对于金属屏蔽电缆的接线，应把三相主芯线绝缘层外的金属屏蔽层完全剥开，编织成辫子形状（编的应紧密些），然后接在设备接线室内的接地端子上；对于双金属屏蔽电缆，应将外层的屏蔽层与三相主芯线绝缘层外的金属屏蔽层一起编织成辫子形状，然后再接在设备接线室内的接地端子上。

（三）完成采掘工作面较复杂的控制接线

图7－9所示为QJZ300－1140/660型隔爆兼本质安全型真空磁力起动器的先导控制回路原理，该开关所带负荷为工作面采煤机，按钮SF、SS为采煤机上的启动、停止操作按钮，二极管V_1设在控制回路的最远端。

《煤矿安全规程》规定，采煤机上必须装有能停止工作面刮板输送机运行的闭锁装置。

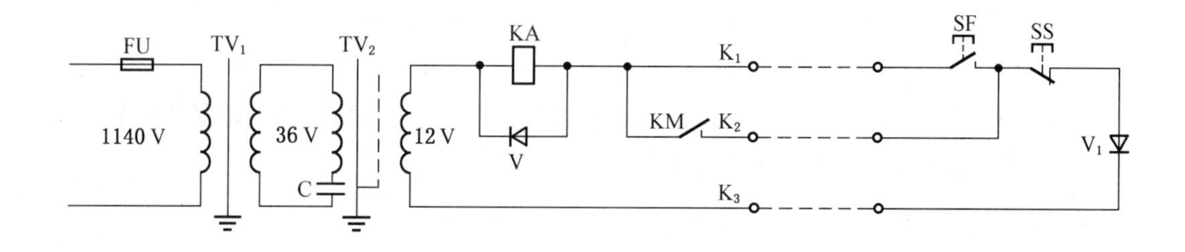

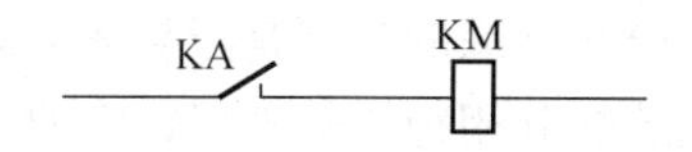

图7－9　采煤机开关的先导控制回路

如果采煤机使用的电缆为 MCP－0.66/1.14　3×50＋1×10＋4×4 型，额定电压为 0.66/1.14 kV，动力线芯 3×50，地线芯 1×10，控制线芯 4×4，带半导电屏蔽层，为了把工作面刮板输送机先导控制回路的控制线引入到采煤机电缆的控制线中，确保在采煤机上正常停止和闭锁工作面输送机，则需将 QJZ300－1140/660 型隔爆兼本质安全型真空磁力起动器的先导控制回路稍作改动，满足在采煤机电缆的控制线芯数为一定的情况下，达到在采煤机上正常停止和闭锁工作面输送机的要求。

其改动的方法是：将先导控制回路的 K_3 端接地，那么就很容易满足在采煤机电缆的控制线芯数为一定的情况下，达到其控制的要求。其采煤机上正常停止和闭锁工作面输送机的控制原理如图 7－10 所示，SS_2 为采煤机上停止和闭锁工作面输送机的按钮。

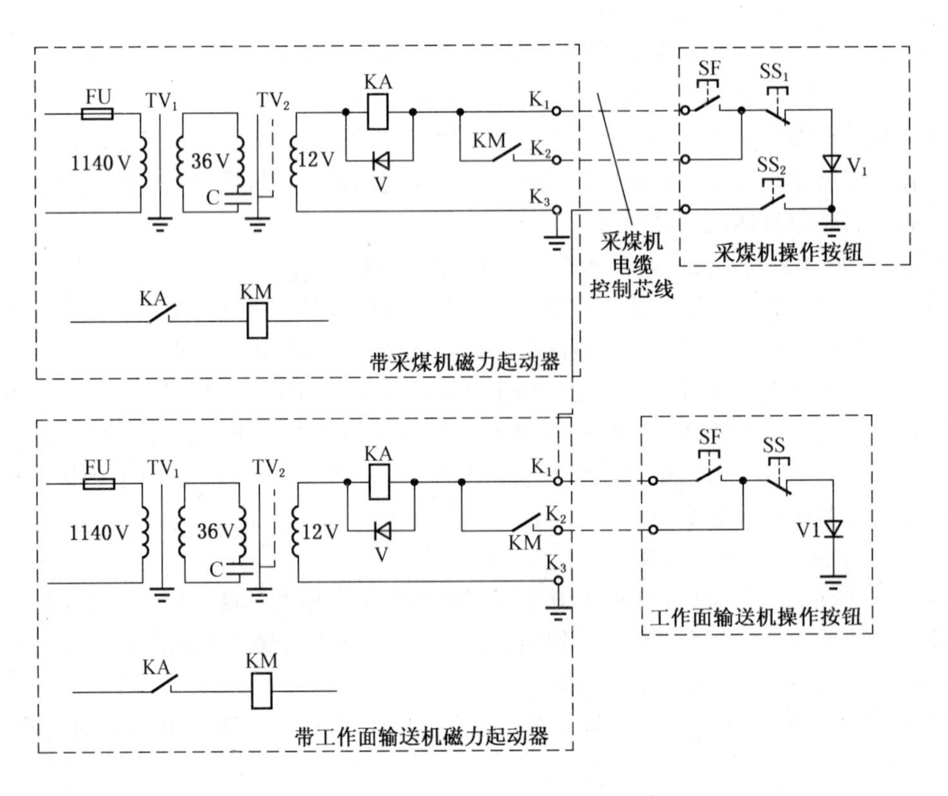

图 7－10　采煤机上停止和闭锁工作面输送机的接线

对沿工作面输送机设置的工作面输送机的闭锁装置，还可以从工作面输送机的磁力起动器的 K_1 端子引出控制线连接到闭锁装置上。

二、相关知识

（一）低压屏蔽橡套电缆安装接线工艺知识

低压屏蔽电缆在形式上有两种规格：一种是主芯线分相绝缘的外层是半导体屏蔽的电缆，如图 7－11 所示。有的是半导体导电胶布缠绕在主芯线分相绝缘的外层，有的是半导体导电橡胶敷在主芯线分相绝缘的外层，如图 7－11 中的 A 相。另一种是金属屏蔽的电缆，如图 7－12 所示，用金属编织（缠绕）法包在主芯线分相绝缘的外层。

半导体屏蔽的电缆剥除护套后，若是半导体导电胶布，可用手剥掉；若是半导体导电橡胶，可用工具刀剥除，但要注意不要割伤了主芯线的分相绝缘层，应把分相绝缘上的屏蔽层全部剥除，如图 7－11 中的 B 相和 C 相，并且要清除电缆绝缘表面半导电层残迹，用酒精或其他清洁溶剂将电缆表面擦拭干净后，再进行电缆芯线的压接。

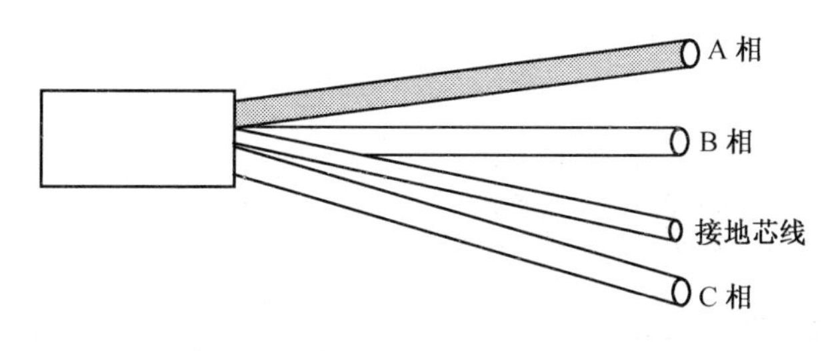

图 7－11　半导体屏蔽电缆

对于电缆主芯线为分相绝缘的金属屏蔽电缆，可用刀具把电缆的护套剥除（注意不要割伤了金属屏蔽层），将分相的金属屏蔽层分开，编织在一起，就组成了电缆的接地芯线，如图 7－12 所示。

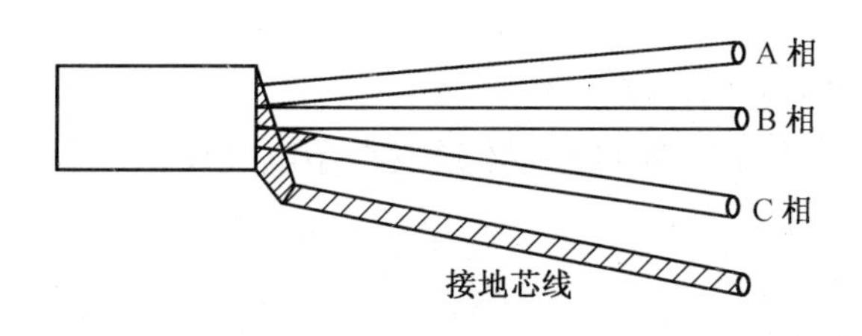

图 7－12　金属屏蔽电缆

（二）采掘电气设备程控、集控知识

1. 概述

KTC2 矿用微机通信控制保护装置是以微处理机技术为核心，集控制和通信于一身的新一代通信控制装置，具有安全可靠，使用方便，监视齐全，维修简单等特点。该装置主要包括 KTC2. 1 矿用微机通信控制台、KTC2. 2 矿用隔爆兼本质安全型电源箱、KTC2. 3 闭锁式扩音电话、KTC2. 4 尾端监视器等。各部分通过带插头拉力电缆连接，可用于工作面破碎机、转载机、前后输送机等的启动、停止、闭锁控制、故障监视等。更换控制芯片后也可对煤矿井下带式输送系统进行控制，并提供多种保护。通过扩音电话可在工作面、工作面巷道进行扩音通信。该装置在设备启动、闭锁时沿线电话发出音频提示，设备出现故障时将显示故障性质并停车。通过尾端监视器的音频扩展功能，可与其他设备进行音频通信。

该装置可用于工作面通信控制，闭锁式扩音电话可安装在工作面输送机的挡煤板上或支架上，安装布置如图 7－13 所示。

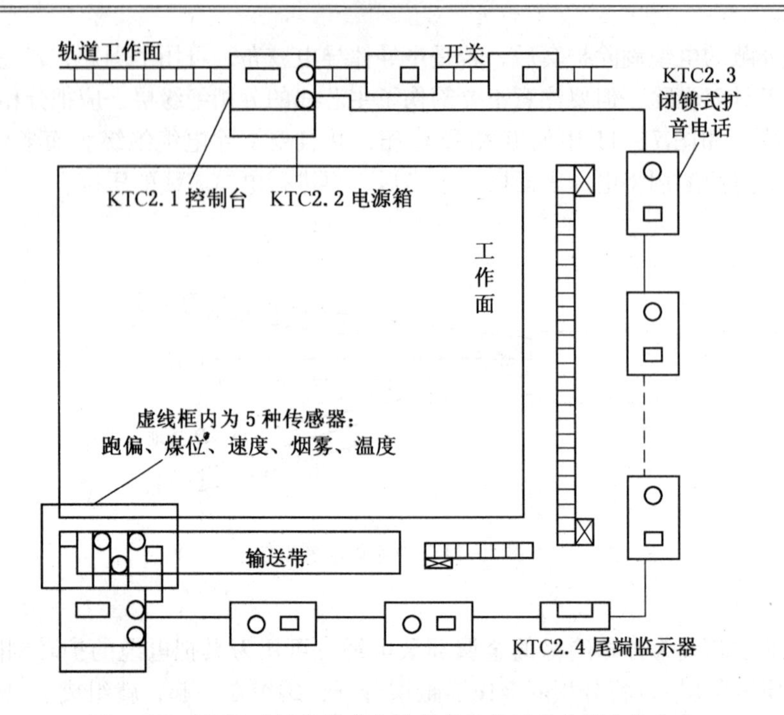

图7-13 KTC2矿用微机通信控制保护装置的典型布线方式

2. 技术参数

1) KTC2.1矿用微机通信控制台

(1) KTC2.1矿用微机通信控制台为本质安全型电气设备，是KTC2矿用微机通信控制保护装置的核心。

(2) CPU字长为8位。

(3) 时钟频率为6.5 MHz。

(4) 开关量输入为6路（10路备用）。

(5) 开关量输出为14路，无电位接点，继电器容量为DC30 V 1A 或AC110 0.3A。

(6) 一个可扩展的串行口。

(7) 液晶显示。汉字显示设备运行状态、故障性质、运行方式、电缆检测、闭锁位置。

2) KTC2.2矿用隔爆兼本质安全型电源箱

(1) KTC2.2矿用隔爆兼本质安全型电源箱具有过流、过压、短路、双重保护，故障排除自动恢复功能。

(2) 输入电压为交流127 V，允许范围95~140 V。

(3) 最大输出参数：稳压直流5 V，1.8 A；稳压直流18 V，1 A。

3) KTC2.3闭锁式扩音电话

(1) KTC2.3闭锁式扩音电话为矿用本质安全型电气设备，架设在工作面沿线，能够进行单工通话，可播放话音信号和警报信号。

(2) 输出功率为2 W/4 Ω。

(3) 话音带宽为300~3400 Hz。

(4) 充电电压为14~18 V。

（5）电池容量为650 mA·h。

4）KTC2.4尾端监视器

（1）KTC2.4尾端监视器为矿用本质安全型电气设备，安装在音频电缆的最末端，用来监视线缆的尾端电压。

（2）正常电压指示范围为15~18 V，绿灯指示。

（3）欠压电压指示范围为小于5 V，红灯指示。

5）带插头五芯（七芯）拉力电缆

（1）采用标准矿用插头，与插座配套。

（2）普通工作面采用带拉力钢网五色芯线，功能分别为：

1号线（红）：18 V正

2号线（黑）：18 V地、音频地

3号线（绿）：音频线

5号线（黄）：闭锁电流返回线

6号线（蓝）：闭锁回路线

（3）放顶煤工作面采用带拉力钢网七色芯线，功能分别为：

1号线（红）：18 V正

2号线（黑）：18 V地、音频地

3号线（绿）：音频线

4号线（黄）：后输送机远停控制线

5号线（蓝）：闭锁电流返回线

6号线（白）：闭锁回路线

7号线（灰）：前输送机远停控制线

3. 工作原理

1）KTC2.1矿用微机通信控制台的工作原理

KTC2.1矿用微机通信控制台是系统的核心部分，分通信、控制两部分，其中控制部分包括控制板、点阵液晶显示屏、触摸式按键、接线板。

KTC2.1矿用微机通信控制台的工作原理如图7-14所示。控制台采用单片机作为主控制芯片，将执行程序固化在程序存储器中，程序的执行由CPU控制，单片机与外部输入输出接口均经光电隔离，以提高系统的抗干扰能力。被控设备、传感器及输入量接入接线板。当系统接通电源后，控制台接通直流5 V电源和直流18 V电源（由KTC2.2矿用隔爆兼本质安全型电源箱提供），系统开始工作，液晶显示器显示被控设备的运行状态和沿线电话状态。沿线电话闭锁键均处于正常状态时，液晶显示“沿线正常”，设备处于待机状态。当按下键盘“启动”键时，设备将按逆煤流方向顺序延时启动。设备启动时扩音电话沿线将播放预警报信号或语音报警信号。当按下“停止”键时，设备将按顺煤流方向倒序停车。设备处于运行时，若沿线电话有闭锁键动作发生，计算机系统将释放控制继电器，从而使被控设备停车，液晶显示“沿线某台电话闭锁或线路断”。KTC2.1矿用微机通信控制台“急停”键动作时与扩音电话“闭锁”键的效果相同，此时液晶显示“沿线急停”。当“急停”键或“闭锁”键动作时，设备将停止，在解除前不能再启动。泵或阀不受“急停”、“闭锁”控制。当沿线电缆断或插头处松动时的效果与闭锁相同。

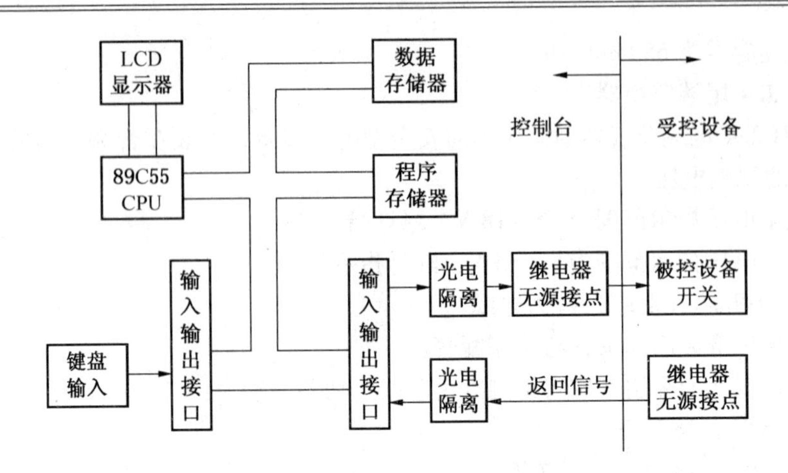

图 7－14　KTC2.1 矿用微机通信控制台的工作原理

2）KTC2.3 闭锁式扩音电话的工作原理

KTC2.3 闭锁式扩音电话可实现设备闭锁、单工通信。它由闭锁板、密封放大器系统组成，其中密封放大器系统包括密封放大器、话筒、扬声器。KTC2.3 闭锁式扩音电话接线如图 7－15 所示。

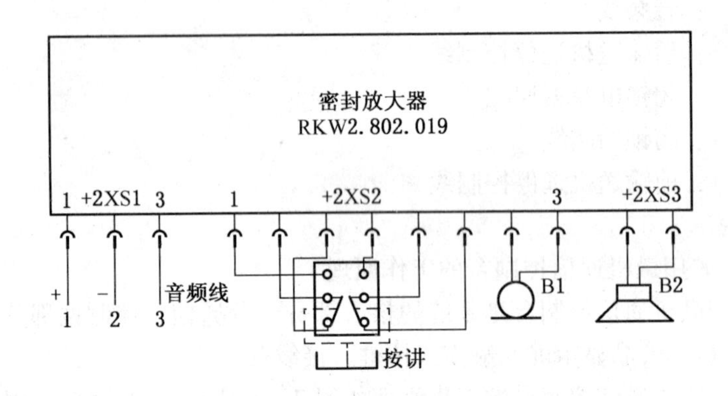

图 7－15　KTC2.3 闭锁式扩音电话接线图

密封放大器单工通信原理：密封放大器内置 10 V 镍氢蓄电池，为通信提供电源，五芯拉力电缆的 1、2 号线引入 18 V 电源到密封放大器 +2×S1，为 10 V 镍氢蓄电池充电。平时 3 号音频线上无音频信号，密封放大器内部的静噪电路使密封放大器处于微电流等待状态；当 3 号音频线上有音频信号时，静噪电路将功率放大器打开，放大后的声音信号通过扬声器 B2 播放。当按下按讲按钮时，麦克风电路通电，通过麦克风 B1 讲话，语音经过 3 音频号线传递到沿线，其他电话的放大器将该信号放大后可以听到扩音播放的话音。按讲按钮按下时，断开了自身的放大电路，所以电话自身不能听到声音。

闭锁原理：每台扩音电话的闭锁板平时都返回控制台一个电流信号，当闭锁键动作时，主控台检测从闭锁位置的电话起返回的电流总和，从而计算并显示出闭锁电话台数。

4. 功能

KTC2 矿用微机通信保护装置可实现破碎机，转载机，前输送机头、尾，后输送机头、尾的顺序程序启动，逆序停车；破碎机，转载机，前输送机头、尾，后输送机头、尾电机的按键单台启动、停止，紧急停车；对三个泵的单独启动（其中两个扩展泵）、停止。液晶显示被控设备的运行状态，闭锁时显示沿线闭锁位置。启动设备、扩音电话闭锁时，沿线均发出警报信号或语音报警信号。通过键盘的“设置”、“C”键可对预警报时间、启动延时时间、返回信号选择、报警方式选择等参数进行设置，并可对转载机，前输送机头、尾，后输送机头、尾的双速电机进行控制。

5. 运行方式

KTC2 矿用微机通信保护装置有两种可供选择的运行方式，即工作面运行方式和维修方式。

（1）工作面运行方式（方式 00）：此方式启动时，按下控制台启动键，破碎机，转载机，前输送机头、尾，后输送机头、尾电机将逆煤流延时顺序启动，每两台电机之间启动延时可调，时间为 0 ~ 9s（由键盘输入延时时间）。启动前发出双音频预警信号，预警报时间为 0 ~ 9s。预警报后，顺序启动电机，直至电机全部启动。

（2）维修方式（方式 02）：可以通过进入参数设置进入运行方式 02，结束设置随即进入维修方式，按下相应数字键可对设备进行点动启动。点动启动为维修状态，启动时发出音频警报信号，同时启动对应的电机，松开键后，被控设备即停止运行。

6. 停车控制

（1）正常停车：按 KTC2. 1 矿用微机通信控制台的“停车”按键，运行电机按顺煤流方向延时顺序停车。在工作方式单台启动时，分别操作对应被控设备的停车按键，可停止对应的电机。

（2）紧急停车：当外接保护开关发生保护，闭锁式扩音电话上的闭锁键按下时，该装置立即停止被控设备，并在显示屏上显示故障性质或闭锁位置，供维修时查找。

（三）起重知识

1. 物体重心的确定方法

（1）对于具有简单几何形状、材质均匀分布的物体，其物体重心就是该几何体的几何中心。例如，球形体的重心即为球心；圆形薄板的重心在其中分面的圆心上；三角形薄板的重心在其中分面三条中线的交点上；圆柱体的重心在轴线的中点上，等等。

（2）对于情况复杂、材质均匀分布的物体，可以把它们分解为若干个简单的几何体，确定各个部分的质量及其重心位置坐标，再用计算的方法计算整个物体的重心坐标值。

（3）对于材质不均匀又不规则的几何形体的重心，可用悬吊法求得重心位置。如图 7－16所示，先选 A 点为吊点将物体吊起，测得物体重力作用线Ⅰ—Ⅰ，再选 B 点为吊点把物体吊起，得物体重力线Ⅱ—Ⅱ，Ⅰ—Ⅰ与Ⅱ—Ⅱ两线的交点 D 即为整个物体的重心位置。

2. 物体的捆绑

1）钢丝绳

在起吊和捆绑绳索中，钢丝绳以其具有很高的强度，很强的抗冲击性能及良好的挠性而在工程上获得广泛的应用。

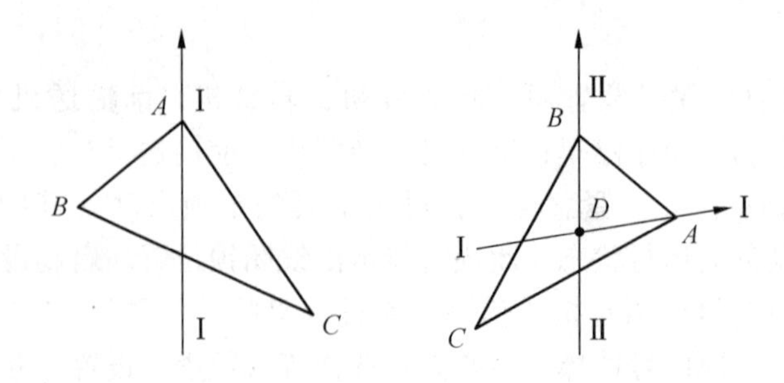

图 7-16　物体重心的实测法简图

为了保证起重作业的安全，各种规格的钢丝绳在不同的使用场合下，规定其允许的最大拉力要比其破断拉力小好多倍，这个倍数称为钢丝绳的安全系数。不同场合使用的钢丝绳的安全系数是不相同的。

2）焊接链

焊接链是用圆钢弯制成椭圆形的环，然后以锻焊或电焊方法焊接而成。焊接链制成后要进行热处理，以保证链条的强度和表面硬度。普通链条材料为20号钢，高强度链条材料为合金钢。

为了作业安全，通常规定链条的安全系数为6，即链条在受力时应有6倍的安全裕度。

3）卸扣

卸扣又称卸甲（俗称马蹬）、卡环等，是起重作业中广泛使用的连接工具之一。它常用于连接起重滑车、吊环或固定钢丝绳等。卸扣的材料通常用20号钢或25号钢，锻造后要进行热处理，其目的是消除内应力并增加卸扣的韧度。

卸扣在使用时，必须注意安装及使用的正确性，即以卸扣的“U”形背与横销轴为上下受力点，不得横向使用（图7-17）。

4）物体的常见捆绑方法

（1）死结捆绑法。图7-18所示的捆绑法俗称死结捆绑法。此捆绑法简单，应用较广，其要点是捆绑绳必须与物体扣紧，不准有空隙。

（2）背扣捆绑法。此捆绑法多用于捆绑和起吊圆木、管子等物件。根据安装和实际需要，可作为垂直吊运和水平吊运的捆绑法（图7-19）。

（3）抬缸式捆绑法。抬缸式捆绑法适用于捆绑圆筒形物体（图7-20）。

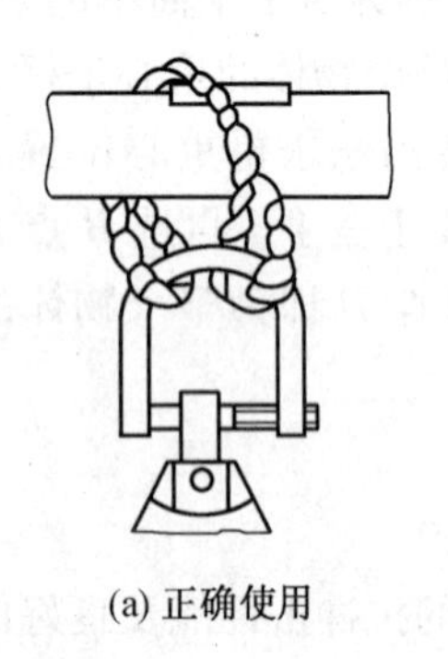

(a) 正确使用

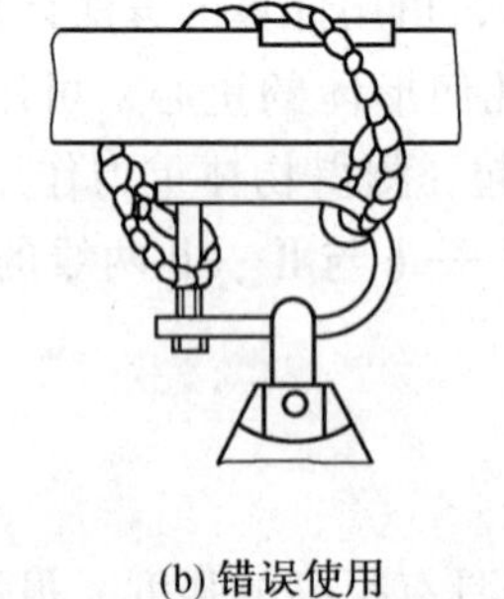

(b) 错误使用

图 7-17　卸扣的用法

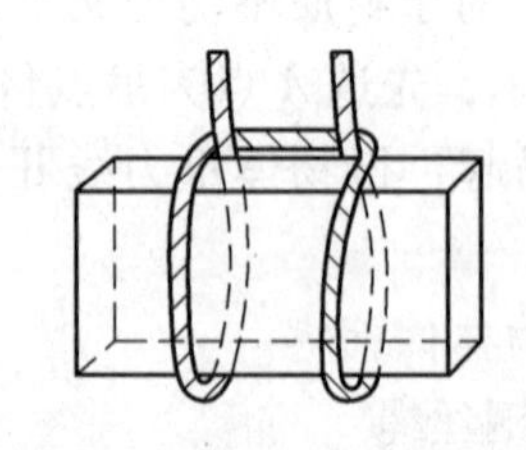

图 7-18　死结捆绑法

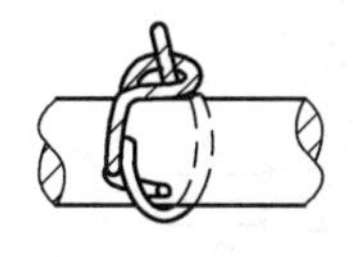

(a) 水平吊运背扣捆绑法　(b) 垂直吊运背扣捆绑法

图 7－19　背扣捆绑法

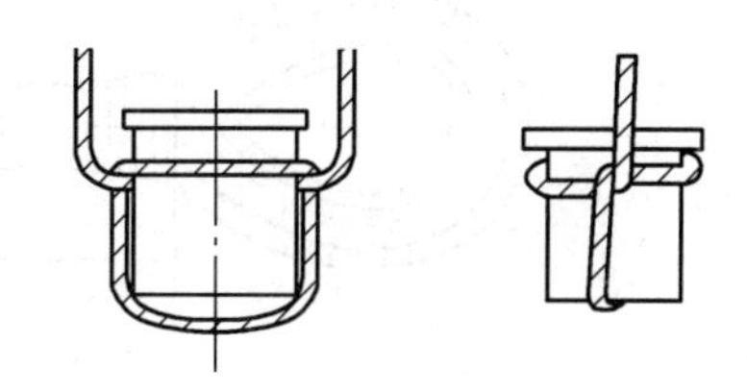

图 7－20　抬缸式捆绑法

（4）兜捆法。对于大型和比较复杂的物件，通常用一对绳扣来兜捆，其方法非常简单实用（图 7－21），捆卸非常方便。但要注意，两对绳扣间夹角不宜过大，防止其水平分力过大而使绳扣滑脱。

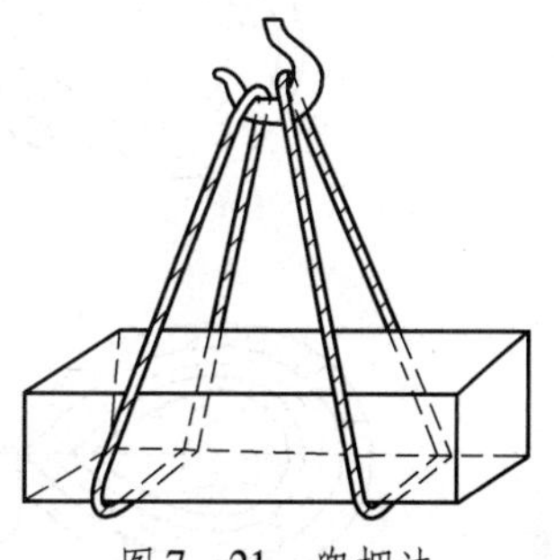

图 7－21　兜捆法

3. 钢丝绳

钢丝绳是一种具有强度高、弹性好、自重轻及绕性好的重要构件，被广泛用于机械、造船、采矿、冶金以及林业等多种行业。

钢丝绳由于绕性好，承载能力大，传动平稳无噪声，工作可靠，特别是钢丝绳中的钢丝断裂是逐渐产生的，在正常工作条件下，一般不会发生整根钢丝绳突然断裂。为此钢丝绳不仅成为起重机械的重要零部件，如在起重机械的起升机构、变幅机构、牵引机构中作为缠绕绳，用作桅杆起重机的张紧绳，用作缆索起重机与架空索道的支持绳等，而且还大量地用作起重运输作业中的吊装及捆绑绳。

1）钢丝绳的绳端固定

钢丝绳在使用中需与其他承载构件连接传递载荷，绳端连接处应牢固可靠，常用的绳端固接方式如图 7－22 所示。

（1）编结法。如图 7－22a 所示，将钢丝绳绕于心形垫环上，尾端各股分别编插于承载各股之间，每股穿插 4～5 次，然后用细软钢丝扎紧，捆扎长度为钢丝绳直径的 20～25 倍，同时不应小于 300 mm。

（2）绳卡固定法。当绳径 $d \leqslant 16$ mm 时，可用 3 个绳卡；当 16 mm $< d \leqslant 20$ mm 时，可用 4 个绳卡；当 20 mm $< d \leqslant 26$ mm 时，可用 5 个绳卡；当 $d > 26$ mm 时，可用 6 个绳卡。绳卡的方位应按图 7－22b 所示，以免圆钢卡圈将钢丝绳工作支压伤，各绳卡间距约为 150 mm。

（3）压套法。如图 7－22c 所示，将绳端与工作支套嵌入一个长圆形铝合金套管中，用压力机压紧即可。当绳径 $d = 10$ mm 时，压力约为 550 kN；当 $d = 40$ mm 时，压力约为 720 kN。

（4）斜楔固定法。如图 7－22d 所示，利用斜楔能自动夹紧的功能来固定绳端，这种方法装、拆都很方便。

（5）灌铅法。如图 7－22e 所示，将绳端钢丝拆散洗净，穿入锥型套筒中，把钢丝末端弯成钩状，然后灌满熔铅。这种方法操作复杂，仅适用于大直径钢丝绳，如缆索起重机的支撑绳。

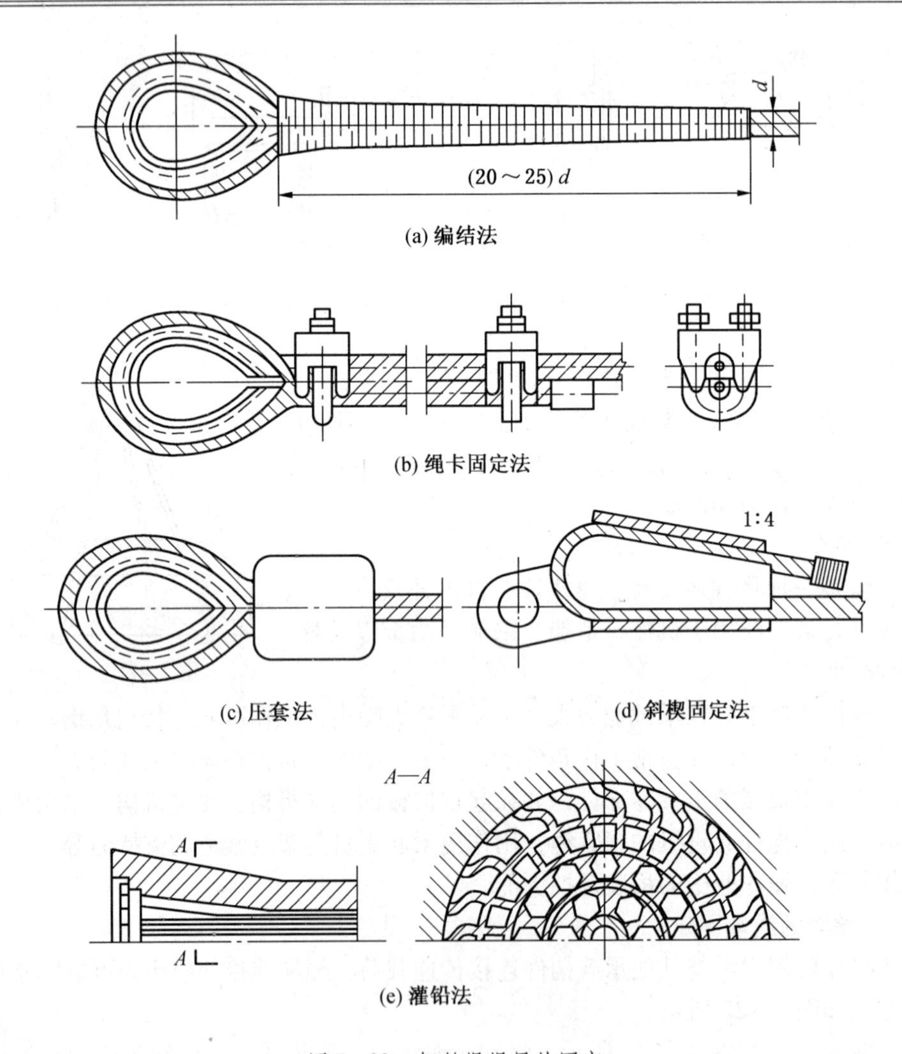

图 7-22 钢丝绳绳尾的固定

2）钢丝绳的安全使用与维护

（1）钢丝绳安全使用应注意的事项：

①新更换的钢丝绳应与原安装的钢丝绳同类型、同规格。如采用不同类型的钢丝绳，应保证新换钢丝绳性能不低于原钢丝绳，并能与卷筒和滑轮的槽形相符。钢丝绳捻向应与卷筒绳槽螺旋方向一致；单层卷绕时应设导绳器加以保护，以防乱绳。

②新装或更换钢丝绳时，从卷轴或钢丝绳卷上抽出钢丝绳应注意防止钢丝绳打环，扭结、弯折或粘上杂物。

③新装或更换钢丝绳时，截取钢丝绳应在截取两端处用细钢丝扎结牢固，防止切断后绳股松散。

④应在机械接触部位采取适当保护措施以防运动的钢丝绳与机械某部位发生摩擦接触；捆绑绳与吊载棱角接触时，应在钢丝绳与吊载棱角之间加垫木或钢板等保护措施，以防钢丝绳因机械割伤而破断。

⑤起升钢丝绳不准斜吊，以防钢丝绳乱绳出现故障。

⑥严禁超载起吊，应安装超载限制器或力矩限制器加以保护。

⑦在使用中应尽量避免突然的冲击振动。

⑧应安装起升限位器，以防过卷拉断钢丝绳。

（2）钢丝绳安全检查应注意的事项：

①安全检查周期。维护人员和司机应按规定的时间和周期尽可能对钢丝绳每个可见部位进行观察，以便及时发现钢丝绳的损坏与变形，如有异常应及时通报主管部门进行处理。

主管人员应对一般起重机械及吊装捆绑作业用的钢丝绳，每月至少进行一次定期安全检查。

②安全检查部位。

a）一般部位检查。应注意检查钢丝绳运动和固定的始末端；应注意检查通过滑轮组或绕过滑轮组的绳段，特别是负载时绕过滑轮的钢丝绳的任何部位；应注意检查平衡滑轮的绳段；应注意检查与机械某部位可能引起磨损的绳段；应注意检查有腐蚀及疲劳部分的绳段。

b）绳端部位检查。绳端固定连接部位的安全可靠性对起重机械的安全是十分重要的，对绳端部位应做好如下安全检查：从固定端引出的那段钢丝绳应进行检查，因为这个部位若发生疲劳断丝或腐蚀都是极其危险的；对固定装置的本身变形或磨损也应进行检查；对于采用压制或锻造绳箍的绳端固定装置应检查是否有裂纹及绳箍与钢丝绳之间是否有产生滑动的可能；检查绳端可拆卸的楔形接头、绳夹、压板等装置内部和绳端内的断丝及腐蚀情况，以确保绳端固定的紧固可靠性；检查编制环状插口式绳头尾部是否有突出的钢丝伤手。如果绳端固定装置附近或绳端固定装置内有明显断丝或腐蚀，可将腐蚀部分的钢丝绳截去，把钢丝绳重新固定，且钢丝绳的长度应满足在卷筒上缠绕最少圈数（一般为3圈）的要求。

c）安全检查内容。造成钢丝绳破坏的主要因素是钢丝绳工作时承受了反复的弯曲和拉伸而产生疲劳断丝；钢丝绳与卷筒和滑轮之间反复摩擦而产生的磨损破坏；钢丝绳绳股间及钢丝间的相互摩擦引起的钢丝磨损破坏；还有钢丝受到环境的污染腐蚀引起的破坏；钢丝绳遭到机械等破坏产生的外伤及变形等。为此对钢丝绳的安全检查重点是疲劳断丝数、磨损量、腐蚀状态、外伤和变形程度以及各种异常与隐患。

（3）钢丝绳的维护保养。

钢丝绳的维护保养应根据起重机械的用途、工作环境和钢丝绳的种类而定。注意对钢丝绳的安全使用，注意日常观察和定期检查钢丝各部位异常与隐患，这本身就是对钢丝绳的最好维护。对钢丝绳保养最有效的措施是适当地对工作的钢丝绳进行清洗和涂抹润滑油脂。

当工作的钢丝绳上出现锈迹或绳上凝集着大量的污物，为消除锈蚀和消除污物对钢丝绳的腐蚀破坏，应拆除钢丝绳进行清洗除污保养。

清洗后的钢丝绳应及时地涂抹润滑油或润滑脂，为了提高润滑油脂的浸透效果，往往将洗净的钢丝绳盘好再投入到加热至80～100℃的润滑油脂中泡至饱和，这样润滑脂便能充分地浸透到绳芯中。当钢丝绳重新工作时，油脂将从绳芯中不断渗溢到钢丝之间及绳股之间的空隙中，可以大大改善钢丝之间及绳股之间的摩擦状况从而降低了磨损破坏程度。

同时，钢丝绳由绳芯溢出的油脂又会降低改善钢丝绳与滑轮之间、钢丝绳与卷筒之间的磨损状况。如果钢丝绳上污物不多，也可以直接在钢丝绳的重要部位，如经常与滑轮、卷筒接触部位的绳段及绳端固定部位绳段涂抹润滑油或润滑脂，以减小摩擦降低钢丝绳的磨损量。

对卷筒或滑轮的绳槽也应经常清理污物，如果卷筒或滑轮绳槽部分有破裂损伤造成钢丝绳加剧破坏时，应及时对卷筒、滑轮进行修整或更换。

当起升钢丝绳分支在4支以上时，空载时常见钢丝绳在空中打花扭转，此时应及时拆卸钢丝绳，让钢丝绳伸直在自由状态下放松消除扭结，然后再重新安装。

对于吊装捆绑绳，除了适当进行清洗浸油保养之外，主要的是要时刻注意加垫，保护钢丝绳不被重物棱角割伤割断，还要特别注意尽量避免与灰尘、砂土、煤粉矿渣、酸碱化合物等接触，一旦接触应及时清除干净。

4. 捆绑吊运物体的安全技术及操作

1）作业前

（1）进行起重及搬运作业时必须设专人统一指挥，精神集中，严禁说笑打闹。

（2）起重机械、工具、卡具和绳索（绳套）等要按规定进行定期检查试验，每次使用前应由施工负责人进行认真检查，不合格的严禁使用。

（3）必须正确计算或估算物体的质量及其重心的确切位置，使物体的重心置于捆绑绳吊点范围之内。

（4）在任何情况下，严禁用人体质量来平衡被吊运的重物。不得站在重物下面（下方）、起重臂下或重物运动前方等不安全的地方，只能在重物侧面作业。严禁用手直接校正已被重物张紧的吊绳、吊具。

（5）起吊用的棚（架、梁）和起吊点必须安全可靠，满足起吊的要求。

（6）信号必须安全可靠。

（7）在有电机车架空线的巷道中起重运输大型物件时必须采取可靠的防触电措施。

2）作业

（1）施工负责人应向全体参加人员讲清工作内容、采取的步骤，统一号令，说明安全注意事项，熟悉各主要部件的起重运输和安装要求，并明确人员分工和责任。

（2）对大件设备应合理拆分为若干部件，分别做好标记，编号装运，根据物体的质量、体积、形状和吊运行程，合理选择吊运方式和起重机、吊具及运输工具。

（3）认真检查所需的起、吊、运机具、车辆、设备、绳索、吊具和安全带等的质量、强度，并核算安全系数。

（4）了解作业环境、吊运路线等相关外围环境情况，清理工作现场的杂物。

（5）由作业负责人向全体参加作业人员传达作业内容、程序、方式及安全注意事项。

（6）严格检查捆绑绳规格，并保证有足够的长度。

（7）捆绑绳与被吊物体间必须靠紧，不得有间隙，以防止起吊时重物对绳索及起重机的冲击。

（8）捆绑必须牢靠，在捆绑绳与金属体间应垫木块等防滑材料，以防吊运过程中吊物移动和滑脱。

（9）当被吊物具有边角尖棱时，为防止捆绑绳被割断，必须在绳与被吊物体间垫厚木块，必须保证绳不与边棱接触，确保吊运安全。

（10）捆绑完毕后应试吊，在确认物体捆绑牢靠、平衡稳定后方可进行吊运。

（11）使用手拉葫芦起吊重物时，首先应检查悬吊梁（架）的稳定性。利用搭架起吊重物时，必须指定专人绑腿和看腿。拉小链时应双手均匀用力，不得过猛过快。起吊重物需悬空停留时，应将手拉小链拴在大链上。

（12）使用千斤顶起重时，应将底座垫平找正，底座及顶部必须用木板或枕木垫好。升起重物时，应在重物下随起随垫。重物升起的高度不准超过千斤顶的额定高度，无高度标准的千斤顶，螺杆或活塞的伸出长度不得超过全长的三分之二。同时用2台及以上千斤顶起重同一重物时，必须使负荷均衡，保持同步起落。

（13）利用小绞车起吊重物时，小绞车应安装稳固，同时使绞车的提升中心线与受力方向一致，若方向不对时，不得用撬棍等别住钢丝绳导向，可利用滑轮导向。应先点动开车，使钢丝绳张紧后检查钢丝绳受力方向是否正确，各部件无异常后方可开车起重或搬运。不允许在运转中一手推制动手把，一手调整钢丝绳，如需调整应使钢丝绳松弛后再调整。

（14）一般不应使用2台设备共同起吊（搬运）同一重物。在特殊情况下需要用2台或2台以上设备起吊时，重物和吊具的总质量不得超过较小一台设备额定负荷的2倍，并应有可靠的安全措施。

（15）井下斜巷起重作业前现场指挥人员应与信号工、绞车司机联系，通报运送物件名称、规格及质量，确定运行方式、运行速度、联系信号。

（16）绞车信号工应通知各水平信号工，在运送物件期间各水平车场内不得有无关人员。在运送大量物件结束时，通知各水平信号工恢复正常工作。

（17）当双钩提升时，应根据运送物件的质量在另一钩内加挂合适的配重矿车。根据物件尺寸和运输需要，如需解除过卷、松绳等保护时，应由绞车维修工操作，并且完成任务后应立即恢复保护。

（18）当在双钩提升的井巷内运送大型物件时，另一钩除用作配重的物件外，不得进行其他提升运输作业。

（19）运输物件的质量（包括配重）不应超过绞车和钢丝绳、连接环、保险绳的承载能力。在运送物件前，应对钢丝绳、连接环、保险绳、矿车或车盘、叉车的完好程度、承载能力进行认真检查，使之符合承载起重件的强度要求。

（20）井巷内的安全防护设施应安全可靠，严禁拆除井巷内的安全防护设施。当由于运送大型物件的需要不得不临时拆除时，应有补救安全措施的作业计划，经矿主管部门和安全部门批准后实施，由矿安监部门派人到场监督，完成起重作业后应立即将安全设施恢复到正常状态，并进行试验，保证防护设施可靠动作。

（21）充分考虑到巷道的通过断面，检查井巷断面内有无妨碍运送物件通过的障碍物，并进行整理。禁止物件擦巷道壁或拖地行进。注意检查上下车场拐弯处与巷道内侧的通行尺寸，必要时应在物件可能碰壁的一侧加绑钢板、钢管或圆木等，防止碰坏物件。

（22）在斜巷中运输时，必须挂保险绳。

（23）对超长件应进行分解运送。特殊情况不能分解运送的可用多个车盘串车运送，但应有安全措施，经批准后方可进行起重作业。

（24）物件应与车盘安装牢固，不得有任何松动，并能经得起运输过程中的颠簸和振动。封装绳索在运输过程中不得碰擦巷道两帮和顶底板。

（25）对大型或超长、超宽物件，应有2人分别在运送物件的上方不小于3 m处的轨道两侧跟车监视，察看物件与巷道的间隙并处理运输过程中的问题。严禁跟车人员在物件下方监视。跟车人员不得乘坐在物件上或车盘上、车厢内和车辆连接处。

（26）绞车下放或提升重物时，当有人跟车行进时，绞车运行速度不得超过跟车人员的步行速度，并保证跟车人员在井巷中的任何位置都能发出停车信号。

（27）物件在经过井巷上下变坡点时应放慢速度，严禁猛松、猛拉，下放经过变坡点时，绞车钢丝绳不得有余绳。

（28）当在井巷中运送物件出现问题需要处理时，应首先停车施闸，锁住绞车滚筒，再下到井巷内进行处理，禁止在行进中处理。处理运输车辆掉道时，要防止钢丝绳弹跳伤人和车辆歪倒伤人。

（29）在绞车运行中有任何一个人要求停车的，绞车司机都必须立即停车，当故障排除后应重新发出开车信号，方可开车。

（30）在绞车运行中绞车司机发现钢丝绳异常跳动、绞车声音异常、电流指针异常跳动或其他异常情况，应立即停车施闸，进行检查，待查明原因后，方可根据信号重新开车。

（31）当设备（设施）运送到指定地点后，应在确认吊物放置稳妥后落钩卸载，拆除封车用绳索等物件，拆除时要注意防止捆绑物有余劲伤人。

3）作业后

（1）拆除并清点起吊用的所有工具、器具和设备等。

（2）认真清扫工作现场杂物，保持环境卫生整洁。

第二节 调 试

一、操作技能

根据负荷大小对馈电开关、电磁起动器进行合理整定。

对保护电缆干线的1200 V及以下馈电开关过电流继电器的电流整定值，按下列规定选择。

$$I_Z \geqslant I_{Qe} + K_X \sum I_e$$

式中 I_Z——过流保护装置的电流整定值，A；

I_{Qe}——容量最大的电动机的额定起动电流，对于有数台电动机同时启动的工作机械，若其总功率大于单台启动的容量最大的电动机功率时，I_{Qe}则为这几台同时启动的电动机的额定起动电流之和，A（笼型异步电动机启动电流是其额定电流的5～7倍，通常取6倍）；

$\sum I_e$——其余电动机的额定电流之和，A（笼型异步电动机额定电流：电动机输入电压为660 V时，$I_e \approx 1.15\,P_e$；电动机输入电压为1140 V时，$I_e \approx 0.67\,P_e$；

电动机输入电压为 380 V 时，$I_e \approx 2 P_e$。P_e 为电动机额定功率，单位 kW)；

K_X——需用系数，取 0.5~1。

【例 7-1】已知某采区供电系统如图 7-23 所示，低压电缆的型号为 MY，试整定 1、2 号开关中的过电流继电器的动作整定值和 6 号开关的过载整定值。

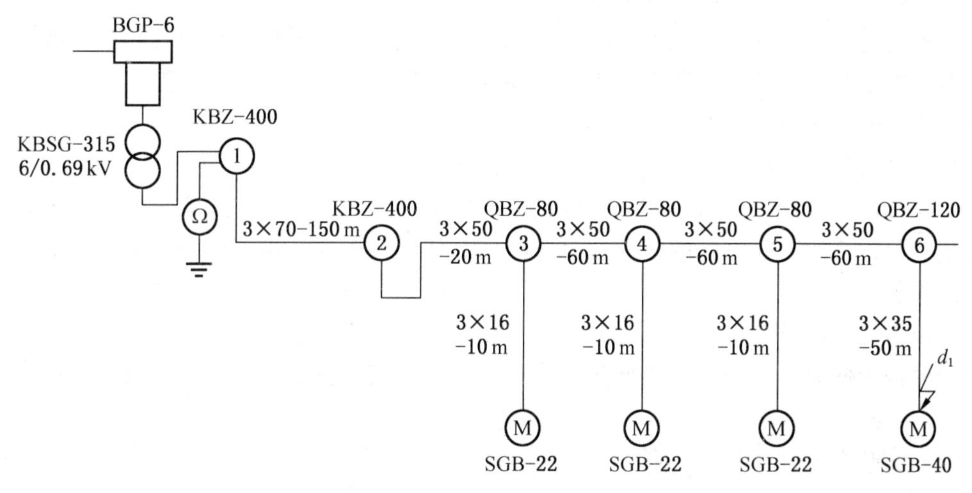

图 7-23　某采区供电系统

解　1）1 号和 2 号馈电开关

由于开关的型号相同，取电动机的起动电流为额定电流的 6 倍，电动机的额定电流为电动机功率的 1.15 倍，需用系数 K_X 取 0.6，1 号和 2 号馈电开关的整定值 I_{Z1}、I_{Z2} 为

$$I_{Z1、Z2} \geqslant I_{Qe} + K_X \sum I_e$$
$$= 6 \times 1.15 \times 40 + 0.6\ (3 \times 1.15 \times 22)$$
$$= 322\ \text{A}$$

取 1 号和 2 号馈电开关的整定值为

$$I_{Z1} = I_{Z2} = 400\ \text{A}$$

2）6 号开关

SGB-40 型输送机的额定电流为

$$I_e = 1.15 \times 40 = 46\ \text{A}$$

按磁力起动器的整定要求，6 号开关中电子保护器的过流整定值 I_{Z6} 为

$$I_{Z6} \leqslant I_e = 46\ \text{A}$$

取过负荷整定值 $I_{Z6} = 45$ A。

二、相关知识

（一）“三大保护”知识

1. 煤矿井下低压电网漏电保护

1）概述

（1）漏电的原因。当电气设备或导线的绝缘损坏或人体触及一相带电体时，电源和大地形成电流回路，这种现象称为漏电。漏电的原因主要由以下几方面造成：

①电缆和电气设备长期过负荷运行，使绝缘老化而造成漏电。

②运行中的电气设备受潮或进水，造成对地绝缘电阻下降而造成漏电。

③电缆与设备连接时接头不牢，运行或移动时接头松脱，使得某相碰壳而造成漏电。

④随意增加电气设备内部电气元件，使外壳与带电部分之间电气间隙小于规定值，造成某一相对外壳放电而发生接地漏电。

⑤橡套电缆受车辆或其他器械的挤压、碰砸等，造成相线和地线破皮或护套破坏，芯线裸露而发生漏电；铠装电缆受到机械损伤或过度弯曲而产生裂口或缝隙，长期受潮或遭水淋使绝缘损坏而发生漏电。

⑥电气设备内部遗留导电物体，造成某一相碰壳而发生漏电。

⑦设备接线错误，误将一相火线接地或接头毛刺太长而碰壳，造成漏电。

⑧移动频繁的电气设备的电缆反复弯曲使芯线部分折断，刺破电缆绝缘与接地芯线接触而造成漏电。

⑨操作电气设备时，产生弧光放电使一相接地而造成漏电。

⑩设备维修时，因停、送电操作错误，带电作业或工作不慎，人身触及一相而造成漏电。

（2）漏电的危害。漏电会给人身、设备以及矿井造成很大威胁，其危害主要有4个方面：

①人接触到漏电设备或电缆时会造成触电伤亡事故。

②漏电回路中碰地碰壳的地方可能产生电火花，有可能引起瓦斯煤尘爆炸。

③漏电回路上各点存在电位差，若电雷管引线两端接触不同电位的两点，可能电雷管爆炸。

④电气设备漏电时若不及时切断电源会扩大为短路故障，烧毁设备，造成火灾。

因此，对于矿井电网（特别是采区低压电网）必须装设作用于开关跳闸的漏电保护装置。

（3）漏电故障的分类。井下常见的漏电故障可分为集中性漏电和分散性漏电两类。集中性漏电是指漏电发生在电网的某一处或某一点，其余部分的对地绝缘水平仍保持正常。分散性漏电是指某条电缆或整个网络对地绝缘水平均匀下降或低于允许的绝缘水平。

（4）漏电保护的作用。漏电保护的作用是多方面的，主要有以下几点：

①能够防止人身触电造成伤亡事故。

②能够不间断地监视井下采区低压电网的绝缘状态，以便及时采取措施，防止其绝缘水平进一步恶化。

③减少因漏电引起的矿井瓦斯、煤尘爆炸危险。

④预防电缆和电气设备因漏电而引起的相间短路故障。特别是在使用屏蔽电缆的情况下，相间短路必然先从接地漏电开始，致使检漏保护装置首先动作，将故障排除，因而可防止短路事故的发生。

⑤选择性检漏保护装置的使用，将会缩小漏电的停电范围，便于寻找漏电故障，及时排除，从而缩短了漏电的停电时间，有利于提高劳动生产率，给矿井带来显著的经济效益。

（5）对低压漏电保护的要求。井下配电变压器中性点不接地的供电系统，如果三相电压对称，三相对地绝缘相等，忽略三相对地分布电容，漏电电流只与电网对地的绝缘电阻有关，绝缘电阻越高，漏电电流越小。我国规定通过人体的安全电流为30 mA，根据电火花引爆瓦斯的实验功率，计算出表7－19中井下电网几种电压等级的极限安全电流值。

表7－19 极限安全电流值 A

电网额定电压/V	127	220	380	660
在线电压下	0.24	0.14	0.06	0.05
在相电压下	0.41	0.24	0.14	0.06

若使煤尘爆炸，其所需电火花功率则比引爆瓦斯所需功率高得多。可以看出，防止人体触电的极限安全电流（30 mA）远远小于引爆瓦斯、煤尘的极限安全电流。因此，只要将煤矿井下低压电网的实际漏电电流限制在30 mA以下，即可以避免人身触电伤亡和漏电火花引爆瓦斯、煤尘爆炸事故。因为，上述结论是在三相对地绝缘电阻相等，忽略电网三相对地分布电容条件下成立的，所以，为了充分发挥漏电保护的作用，要求煤矿井下低压检漏保护装置必须具有以下功能：

①应具有漏电跳闸和漏电闭锁双重功能，并连续不断地监视电网的绝缘状态。

②当电网对地的总绝缘电阻降低到表7－20中所列数值（漏电跳闸保护整定值）及其以下时，应立即动作，并切断其供电电源。

表7－20 漏电动作电阻整定值

电压/V	漏电跳闸保护整定值/kΩ	漏电闭锁整定值/kΩ
1140	20	40
660	11	22
380	3.5	7
127	1.5	3

③当电网对地的总绝缘电阻降低到表7－20中所列（漏电闭锁整定值）数值及其以下时，应将电源开关闭锁起来，以防合闸送电，防止事故扩大。

④为了防止人身触电，检漏保护装置的动作速度应越快越好。我国煤矿井下采取30 mA·s作为人身触电的安全限值，即人身触电电流与触电时间的乘积不应超过30 mA·s。随着电网电压的提高，人身触电电流值便会增大。为了保护人身安全，人身触电的时间就必须相应地缩短，因而应当提高检漏保护装置的动作速度。当然，与之配合使用的自动馈电开关的分闸速度也需相应的加快。

⑤当电网对地的绝缘电阻值对称下降或非对称下降时，其漏电动作电阻值应尽可能保持不变。

⑥补偿电网对地分布电容的电容电流。当动作速度比较快，如经1 kΩ电阻单相接地的动作时间不大于30 ms的检漏继电器，可以不设置对电网电容电流的补偿回路。

⑦动作必须灵敏可靠，不拒动，也不应误动。检漏保护装置本身最好具有自检功能。

随着生产的不断发展，单一采煤工作面的日产量高达数千吨，甚至数万吨，如果该供电电网使用的是无选择性的漏电保护装置，一处漏电，必然使总馈电开关跳闸，引起整个电网停电，而且又难以寻找和处理漏电故障，势必影响生产。如果由此引起掘进工作面停电，还可能导致瓦斯积聚，带来瓦斯爆炸的危险。因此，矿井低压电网的漏电保护装置应当具有选择性，即只切除漏电故障部分，而其余非故障部分则继续运行。这样，不仅有利于生产，而且提高了供电的安全性。我国已生产了成套的选择性漏电保护装置，可供矿井低压电网使用，以构成两级和三级选择性漏电保护系统。上级漏电保护装置还可作为下级漏电保护装置的后备保护，进而提高了漏电保护的可靠性。

《煤矿井下低压检漏保护装置的安装、运行、维护与检修细则》第5条规定：井下各变电所的低压馈电线上，应装设带漏电闭锁的检漏保护装置或有选择性的检漏保护装置。如无此装置必须装设自动切断漏电馈电线的检漏保护装置。低压电磁起动器应具备漏电闭锁功能。同时，第7条规定：选择性检漏保护装置必须配套使用（即总开关和所有分支开关必须都装设），带延时的总检漏保护装置不准单独使用。

2）电网参数对人身触电电流的影响

（1）忽略电网对地电容时的人身触电电流和单相接地电流计算。

在电缆总长度比较短的条件下，电网对地的电容不大，电容电流很小，可以忽略。此时，人身触电电流和单相接地电流的计算就可以只考虑电网对地绝缘电阻的影响，其电路图如图7－24所示。

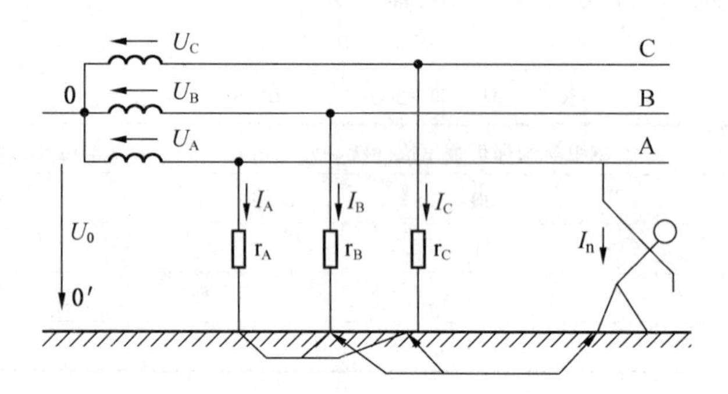

图7－24　忽略电网对地电容时的人身触电电流回路

①在正常状态下，电源相电压 U_A、U_B 和 U_C 是对称的，即

$$U_A = U_B = U_C = U_\Phi$$

式中　U_Φ——电源的相电压。

其向量之和为

$$\dot{U}_A + \dot{U}_B + \dot{U}_C = 0$$

此外，各相对地的绝缘电阻值也是相等的，即

$$r_A = r_B = r_C = r$$

三相对地绝缘电阻 r_A、r_B 和 r_C，可看成是一个对称的星形负载，其中性点（O′）为地。因此，当未发生人身触电或单相接地事故以前，每相绝缘电阻中流过的电流 I_A、I_B 和 I_C 也是对称的，即

$$I_A = I_B = I_C$$

其向量之和为

$$\dot{I}_{A}+\dot{I}_{B}+\dot{I}_{C}=0$$

同时，出现下列关系：

$$\dot{U}_{A}=\dot{I}_{A}r_{A}$$

$$\dot{U}_{B}=\dot{I}_{B}r_{B}$$

$$\dot{U}_{C}=\dot{I}_{C}r_{C}$$

由此可见，在未发生人身触电或单相接地故障以前，各相对地电压与电源的相电压相等，也是对称的，因而假想的负载中性点 O′与变压器中性点 O 之间没有电位差，也就是说，变压器中性点对地的电压 $\dot{U}_0$ 为零，当然也无零序电流 I_0，即

$$\dot{U}_0=0$$

$$\dot{I}_0=0$$

②在上述条件下，若发生了人身触电事故，如人体触及 A 相带电导体时，便有电流通过人身。该电流经过其他两相的绝缘电阻 r_{B} 和 r_{C} 构成通路，而 A 相的绝缘电阻 r_{A} 与人身电阻 R_{n} 并联，此时，A 相的对地电阻为

$$r_{A}=\frac{R_{n}r_{A}}{R_{n}+r_{A}}$$

这就破坏了上述假想负载的对称性，于是，电网对地的电压和电流将发生新的变化。假想负载的中性点 O′与变压器中性点 O 之间出现了电位差，即

$$\dot{U}_0\neq 0$$

显然，各相对地（即 O′点）的电压便不再平衡了。尽管如此，三相电源线电压仍然保持着对称关系，对负载的正常运行并无影响。

由于各相对地的电压不等，各相绝缘电阻中流过的电流值也就各不相同，它们之间的向量关系如下：

$$\dot{U}_{A}=\dot{U}_{A}+\dot{U}_{O}$$

$$\dot{U}_{B}=\dot{U}_{B}+\dot{U}_{O}$$

$$\dot{U}_{C}=\dot{U}_{C}+\dot{U}_{O}$$

$$\dot{I}_{A}=\frac{\dot{U}_{A}}{r_{A}}=\frac{\dot{U}_{A}+\dot{U}_{O}}{r_{A}}$$

$$\dot{I}_{B}=\frac{\dot{U}_{B}}{r_{B}}=\frac{\dot{U}_{B}+\dot{U}_{O}}{r_{B}}$$

$$\dot{I}_{C}=\frac{\dot{U}_{C}}{r_{C}}=\frac{\dot{U}_{C}+\dot{U}_{O}}{r_{C}}$$

同时，人身触电电流值为

$$\dot{I}_{n}=\frac{\dot{U}_{A}}{R_{n}}=\frac{\dot{U}_{A}+\dot{U}_{O}}{R_{n}}$$

根据基尔霍夫电流定律，则

$$\dot{I}_A + \dot{I}_B + \dot{I}_C + \dot{I}_n = 0$$

即

$$\frac{\dot{U}_A + \dot{U}_O}{r_A} + \frac{\dot{U}_B + \dot{U}_O}{r_B} + \frac{\dot{U}_C + \dot{U}_O}{r_C} + \frac{\dot{U}_A + \dot{U}_O}{R_n} = 0 \tag{7-1}$$

当 $r_A = r_B = r_C = r$ 时，式（7－1）变为

$$\frac{\dot{U}_A + \dot{U}_B + \dot{U}_C}{r} + \frac{3\dot{U}_O}{r} + \frac{\dot{U}_A}{R_n} + \frac{\dot{U}_O}{R_n} = 0$$

因为

$$\dot{U}_A + \dot{U}_B + \dot{U}_C = 0$$

所以

$$\dot{U}_O = -\frac{\dot{U}_A r}{3R_n + r} \tag{7-2}$$

$$\boldsymbol{I}_n = \frac{\dot{U}_A}{R_n} = \frac{\dot{U}_A + \dot{U}_O}{R_n} = \frac{\dot{U}_A - \frac{\dot{U}_A r}{3R_n + r}}{R_n} = \frac{3\,\dot{U}_A}{3R_n + r} \tag{7-3}$$

故流过人身的电流有效值为

$$I_n = \frac{3\dot{U}_A}{3R_n + r}$$

式中　I_n——流过人身的电流有效值，A；

$\dot{U}_A$——电网相电压，V；

R_n——人身触电电阻值，由于井下空气潮湿通常 R_n 取 1000 Ω；

r——电网每相对地绝缘电阻值，Ω。

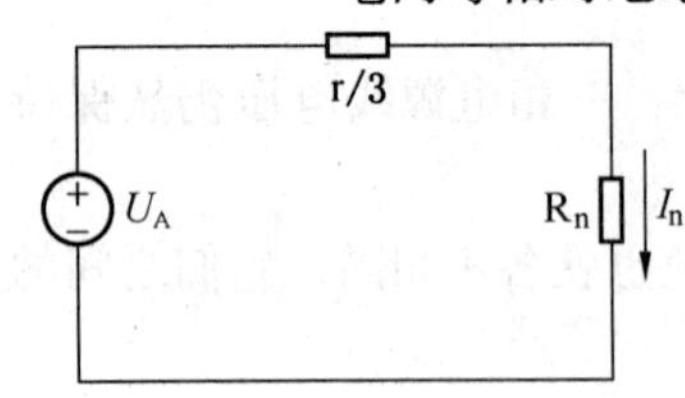

图 7－25　计算 I_n 的等值电路图

人身触电电流值 I_n 可以用图 7－25 的等值电路来表示，即把复杂的三相电路简化成为一个单相电路。人身触电电流值 I_n 就等于人身电阻 R_n 与绝缘电阻 $r/3$ 串联，然后再以此值去除 A 相的电压 U_A。

【例 7－2】在井下 660 V 低压电网中，若每相对地绝缘电阻 $r = 35$ kΩ，求人身触电时通过人身的电流值是多少？

解　对于井下条件，通常取人身电阻值 $R_n = 1000$ Ω，于是，人身触电电流值 I_n 为

$$I_n = \frac{3U_\Phi}{3R_n + r} = \frac{3 \times 380}{3 \times 1 + 35} = 30 \text{ mA}$$

一般认为，30 mA 为人身触电电流的安全极值，也就是说，在忽略电容的情况下，当绝缘电阻值等于或大于 35 kΩ 时，就能够防止人身触电；反之，若低于 35 kΩ，则可能发生危险。由此可见，提高电网对地的绝缘电阻，便能保证人身安全。此外，还应当注意，人身触电电流值 I_n 的大小与电源的相电压成正比，电压越高，人身触电电流值也就越大。如果电源电压升高了，而人身触电电流值仍要求不超过 30 mA，那么，就只好提高电网对地的绝缘电阻值。例如，对于 1140 V 电压，绝缘电阻值就必须等于或大于 63 kΩ 才行；反之，对于 380 V，绝缘电阻值却只要大于或等于 19 kΩ 就足够了。

零序电压 U_0 是在故障点出现的 3 个大小相等、方向相同的电压，它们分别作用到三相电网的每一相上，故在零序电流等值电路图 7－26 中，可将故障点的 3 个相用虚线连接起来。由于零序电压 U_0 的存在，必然在由绝缘电阻 r 构成的零序回路中，产生 3 个大小

相等、方向相同的零序电流 I_0，如图 7－26 所示，其方向与 I_n 相反。

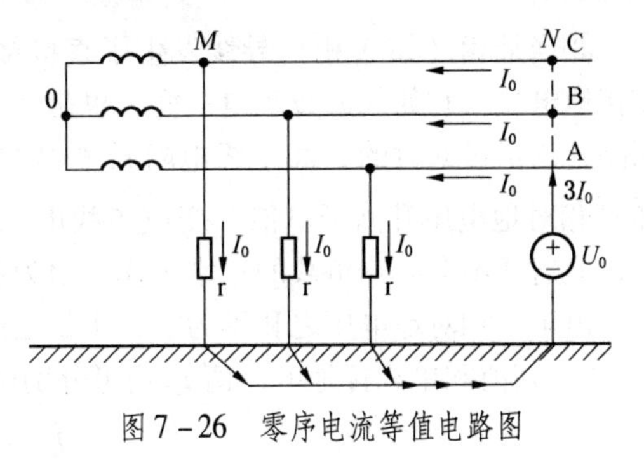

图 7－26 零序电流等值电路图

零序电流 I_0 可用式（7－4）进行计算：

$$\dot{I}_0=\frac{\dot{U}_0}{r}=\frac{-\dot{U}_A}{3R_n+r} \qquad (7-4)$$

于是，人身触电电流值 I_n 为

$$\dot{I}_n=-3\dot{I}_0=\frac{-3\dot{U}_0}{r}=\frac{3\dot{U}_A}{3R_n+r} \qquad (7-5)$$

式（7－5）说明人身触电电流值 I_n 也可以用 r 去除（$-3U_0$）得到。此时，r 就相当于分子上的零序阻抗了。

由于变压器中性点与地之间没有零序电流通路，所以变压器线圈内部（即图 7－26 中 0 至 M 线段之间）便不会有零序电流，而零序电流只能在绝缘电阻 r 和故障点之间（即 M 至 N 线段）流过。由此可见，对于单个支路来讲，如果在其电源端装设零序电流互感器，不可能反映该线路的故障状态。

至于多支路的辐射式电网（图 7－27），如果其中一个支路发生触电事故，那么，各个分支线路中将有零序电流流过，而人身触电电流便为各个零序电流的总和。从电源的母线端往外看，通过故障支路的零序电流，大小和方向都与非故障支路不同。在故障支路的零序电流互感器中流过的是非故障支路零序电流之和，而其他支路的零序电流互感器则只流过本支路的零序电流。此外，故障支路的零序电流方向，由线路流向母线，而非故障支路，则由母线流向线路。这是设计零序电流方向保护装置的理论根据。

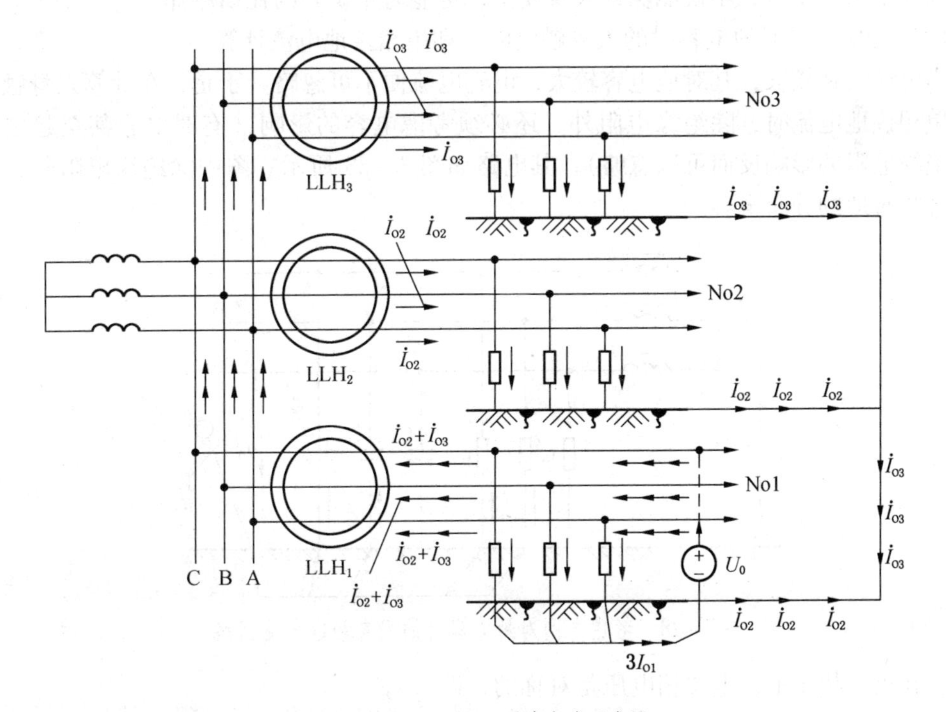

LLH_1、LLH_2、LLH_3—零序电流互感器

图 7－27 各分支线路中的零序电流分布图

③当某相（如 A 相）导线发生了直接接地故障，在接地点便有电流流过，这就是单相接地电流。它如同人身触电一样，也是经过其余两相对地的绝缘电阻 r_B 和 r_C 构成电流回路，只不过此时的 A 相绝缘电阻 r_A 被故障点短接起来了。A 相对地电压为零，而 B 相和 C 相对地电压升高了$\sqrt{3}$倍，变成了线电压。自然，此时电气设备的绝缘要承受较高电压，但这并不会影响负载的正常工作，因为电源的线电压仍然是对称的。

由于三相对地电压之和不为零，于是也同样会出现零序电压 U_0 和零序电流 I_0，因为 $R_n=0$，其值和单相接地电流值 I_e 均可分别由式（7－2）～式(7－5）导出：

$$\dot{U}_0=-\dot{U}_A \tag{7-6}$$

$$\dot{I}_0=-\frac{\dot{U}_A}{r} \tag{7-7}$$

$$\dot{I}_e=\frac{3\dot{U}_A}{r} \tag{7-8}$$

有效值为

$$\dot{I}_e=\frac{3\dot{U}_A}{r} \tag{7-9}$$

【例 7－3】在【例 7－2】的条件下，求单相接地电流值。

解

$$I_e=\frac{3U_A}{r}=\frac{3\times380}{35}=33\ \text{mA}$$

据有关资料表明，在 660 V 线电压作用下，对于纯电阻电路来讲，上述单相接地电流所产生的电火花不能点燃瓦斯。因此，在忽略电网对地电容的情况下，当绝缘电阻的数值等于或大于 35 kΩ 时，不仅能保证人身安全，也能防止矿井的瓦斯爆炸。

（2）考虑电网对地电容时的人身触电电流和单相接地电流计算。

当电缆线路较长，其对地电容较大，电容电流便不可忽略。于是，在计算人身触电电流和单相接地电流时，除绝缘电阻外，还必须考虑电容的影响（有时电容甚至起主要作用，绝缘电阻的影响反而可以忽略)，其电路如图 7－28 所示。图中除绝缘电阻外，还有代表各相对地的分布电容。

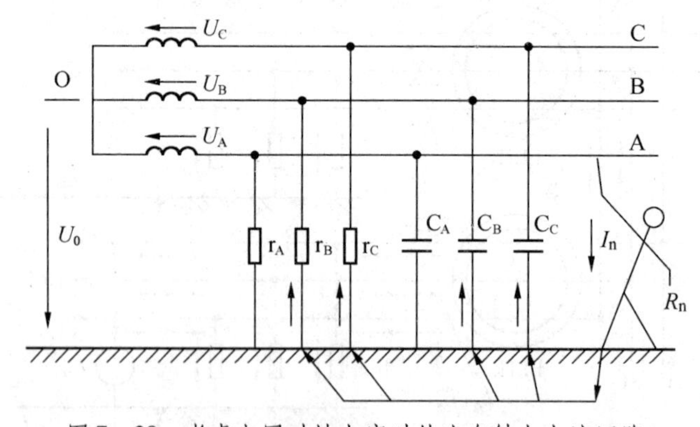

图 7－28 考虑电网对地电容时的人身触电电流回路

①在正常状态下，电源相电压是对称的，即

$$U_A=U_B=U_C=U_\Phi$$

其向量之和为

$$\dot{U}_A + \dot{U}_B + \dot{U}_C = 0$$

此外，各相对地的绝缘电阻值也是相等的，即

$$r_A = r_B = r_C = r$$

各相对地的电容值也相同，即

$$C_A = C_B = C_C = C$$

于是，三相电网对地就相当于接上了 3 个由绝缘电阻 r 和电容 C 并联组成的对称负载。其中性点（即“地”）的电位和变压器中性点的电位相同，即变压器中性点对地的电压为零（$U_0 = 0$）。当然，此时也就没有零序电压和零序电流了。

②在上述条件下若发生人身触电事故，若人体触及 A 相带电导体时，便有电流通过人身。该电流在其他两相的绝缘电阻 r_B、r_C 和电容 C_B、C_C 中流过，而 A 相的绝缘电阻 r_A 和电容 C_A 却是和人身电阻 R_n 并联。由于三相电网对地的阻抗不相同，各相对地的电压也就不再对称了。

由于三相电网对地电压的对称性遭到破坏，变压器中性点与地之间便出现了电位差 $\dot{U}_0$（即零序电压），把 r 用阻抗 Z_0 代入式（7－2）中，得

$$\dot{U}_0 = \frac{-\dot{U}_A Z_0}{3R_n + Z_0} \tag{7-10}$$

式中　Z_0——电网每相对地的零序阻抗。它是绝缘电阻 r 和电容电抗 X_C 并联以后的数值,即

$$Z_0 = \frac{-jX_C r}{r - jX_C} \tag{7-11}$$

X_C——电网每相对地的容抗，Ω，$X_C = \frac{1}{\omega C}$；

C——电网每相对地的电容，F；

ω——交流电的角频率，rad/s，$\omega = 2\pi f$，当 $f = 50$ Hz 时，$\omega = 314$ rad/s。

由此可进一步求得零序电流值 $\dot{I}_0$ 为

$$\dot{I}_0 = \frac{\dot{U}_0}{Z_0} = \frac{3\dot{U}_A}{3R_n + Z_0} \tag{7-12}$$

此零序电流 $\dot{I}_0$ 在由绝缘电阻 r 和电容 C 构成的零序回路中流过，如图 7－29 所示。至于在多个分支的电网中零序电流的分布情况，基本上和图 7－27 相同，只是在各个支路中多加一个电容电流而已，故不再重复。

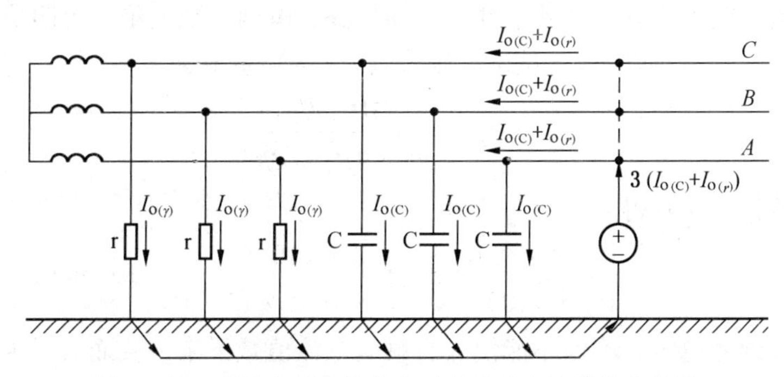

图 7－29　考虑电网对地电容时的零序电流等值电路图

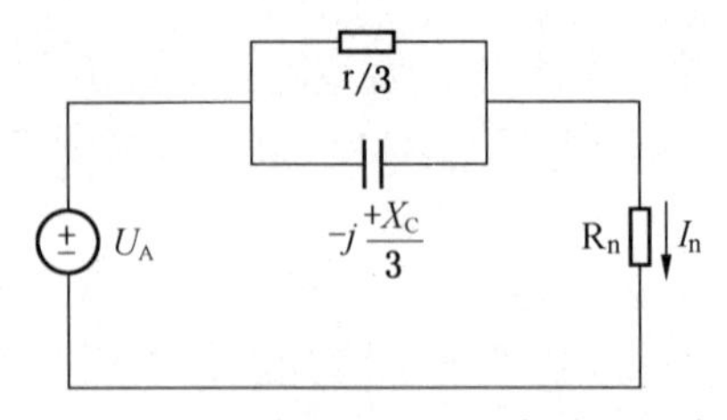

图7－30 考虑电网对地电容时的计算人身触电电流的等值电路

此时的人身触电电流值 I_n 为

$$\dot{I}_n = -3\dot{I}_0 = \frac{3\dot{U}_A}{3R_n + Z_0} \qquad (7-13)$$

根据式（7－13），也可以绘制计算人身触电电流的等值电路，如图7－30所示。

将式（7－11）的 Z_0 值代入式（7－13），则得人身触电电流的绝对值 I_n：

$$I_n = \frac{U_A}{R_n}\frac{1}{\sqrt{1+\frac{r(r+6R_n)}{9(1+r^2\omega^2C^2)R_n^2}}} \qquad (7-14)$$

式中 U_A——电源的相电压，V；

R_n——人身电阻，Ω，一般取 $R_n = 1000$ Ω 进行计算；

r——电网每相对地的绝缘电阻，Ω；

C——电网每相对地的电容，F；

ω——交流电的角频率，rad/s，$\omega = 2\pi f$，当 $f = 50$ Hz 时，$\omega = 314$ rad/s。

由此看出，人身触电电流值的大小，不仅与电网的绝缘电阻 r 和电容 C 有关，而且正比于电源的相电压。在同样的绝缘电阻和电容条件下，电压越高，危险性也就越大。例如，660 V 电网的人身触电电流值为380 V 时的 $\sqrt{3}$ 倍，而1140 V 又为660 V 的 $\sqrt{3}$ 倍。

【例7－4】在井下660 V 电网中，若每相对地的绝缘电阻 $r = 35$ kΩ，电容 $C = 0.5$ μF，求人身触及一相导线时的人身触电电流值是多少？

解 将有关的数据代入式（7－14）中，则可求得人身触电电流值 I_n：

$$I_n = \frac{U_A}{R_n}\frac{1}{\sqrt{1+\frac{r(r+6R_n)}{9(1+r^2\omega^2C^2)R_n^2}}}$$

$$= \frac{380}{1000}\times\frac{1}{\sqrt{1+\frac{35000\times(35000+6\times1000)}{9[1+35000^2\times314^2\times(0.5\times10^{-6})^2]\times1000^2}}} = 154 \text{ mA}$$

由此可见，在电网对地电容数值较大的情况下，虽然绝缘电阻值并未改变，可是人身触电电流值却显著地增加，大大超过了人身触电的安全电流值（30 mA）。此时的人身触电电流主要是电容电流成分。在此条件下，如果提高电网对地的绝缘电阻值，能否使人身触电电流值减少呢？不妨以 $r = \infty$ 试试，则式（7－14）变成为

$$I_{n(r=\infty)} = \frac{3U_A\omega C}{\sqrt{1+9R_n^2\omega^2C^2}}$$

把上述参数代入，则得

$$I_{n(r=\infty)} = \frac{3\times380\times314\times0.5\times10^{-6}}{\sqrt{1+9\times1000^2\times314^2\times(0.5\times10^{-6})^2}} = 162 \text{ mA}$$

显然，提高绝缘电阻，不但不能使人身触电电流值减下来，反而有增大的危险，从而出现了绝缘水平越高，人身触电越危险的矛盾。那么，降低绝缘电阻值又会怎样呢？一般

讲，随着绝缘电阻的逐渐降低，人身触电电流值在开始时是有所减少的。但是，在此给定条件下，当其低于 16 kΩ 以后，又将急剧地增大起来。可见，在电容 $C=0.5\ \mu F$ 时，若绝缘电阻 $r=16\ k\Omega$，则人身触电电流有一最小值，我们称此人身触电电流最小值时的绝缘电阻为最小绝缘电阻 r_{min}。不同的电容值，有不同的最小绝缘电阻值 r_{min}。

③当一相（如 A 相）发生直接接地故障时（图 7－31），便有单相接地电流在接地点流过，并经其他两相的绝缘电阻 r 和电容 C 流回电源。此时，A 相导线对地电压为零，B、C 两相对地变成了线电压，但电源电压仍然平衡，并不影响负荷继续工作。不过，从矿井的安全出发，为了防止瓦斯煤尘爆炸，应立即切断供电电源。

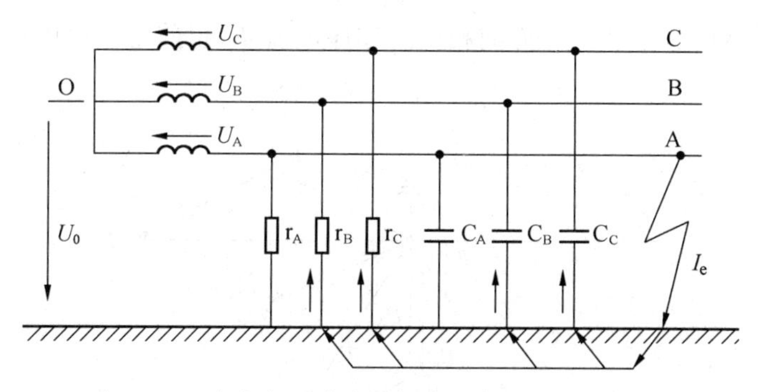

图 7－31　考虑电网对地电容时的单相接地电流回路

由于三相电网对地电压不再平衡，三相电压之和不为零，因而出现了零序电压 U_0 和零序电流 $\dot{I}_0$。此零序电压 $\dot{U}_0$、零序电流 $\dot{I}_0$ 以及单相接地电流 $\dot{I}_e$ 均可由式（7－10）～式（7－12）导出，只需令其 $R_n=0$ 即可，即

$$\dot{U}_0=-\dot{U}_A \tag{7-15}$$

$$I_0=-\frac{\dot{U}_A}{Z_0} \tag{7-16}$$

$$I_e=\frac{3\dot{U}_A}{Z_0} \tag{7-17}$$

式中　Z_0——电网每相对地的零序阻抗，Ω，$Z_0=\frac{-jX_Cr}{r-jX_C}$；

X_C——电网每相对地的容抗，Ω，$X_C=\frac{1}{\omega C}$。

其有效值为

$$I_e=3U_A\sqrt{\frac{1}{r^2}+(\omega C)^2} \tag{7-18}$$

并超前于电压 U_A 一定角度 φ，即

$$\varphi=\arctan Cr(<90°)$$

可以看出，单相接地电流值 I_e 正比于相电压 U_A，并且随电容 C 的增大而增大。此外，它也随绝缘电阻 r 的增大而减小，而且是一直小下去，不会再升高，这不同于人身触电情况。

在绝缘电阻值很大的条件下（如高压电网中），由于 $1/r\ll\omega C$，故 $1/r$ 可以忽略，于是

$$\dot{I}_0^* = j\omega C\dot{U}_0 = -j\omega C\dot{U}_A \tag{7-19}$$

$$\dot{I}_e^* = j3\omega C\dot{U}_A \tag{7-20}$$

有效值为

$$I_e = 3U_\Phi \omega C \tag{7-21}$$

$$\varphi = 90° \tag{7-22}$$

此时，单相接地电流为纯电容性电流，超前于电压 $\dot{U}_A$90°，其向量图如图 7－32 所示。图中 $\dot{I}_B$ 和 $\dot{I}_C$ 分别为 B、C 相对地的电容电流，超前于电压 $\dot{U}_B$ 和 $\dot{U}_C$90°。单相接地电流 $\dot{I}_e$ 与零序电流 $3\dot{I}_0$ 大小相等，方向相反。零序电流 $\dot{I}_0$ 超前于零序电压 $\dot{U}_0$90°，落后于电压 $\dot{U}_A$90°。

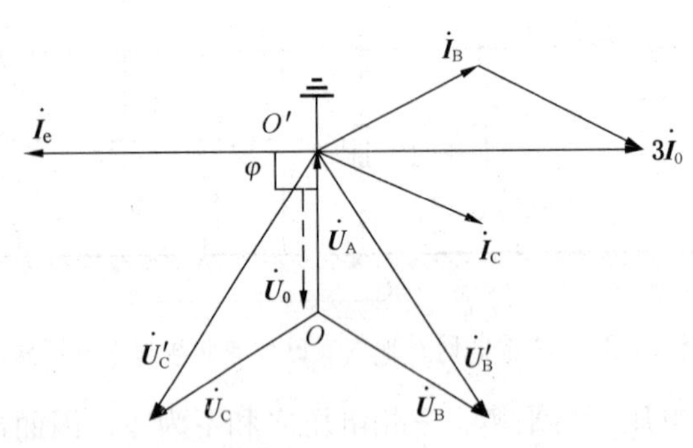

图 7－32　$r=\infty$ 时单相接地的电压和电流向量

总起来讲，由于电网电容的存在，使人身触电和单相接地的危险都有所增加，只有通过对电容电流的补偿措施，才能得到解决。

3）电容电流的补偿

（1）电容电流补偿的意义。

前面已经提到，在电网对地具有电容的情况下，单纯提高绝缘电阻，不仅不能使人身触电电流减小，反而有所增大。

在以往检漏保护装置参数的选择中，一般都是以 30 mA 作为它的安全极限电流值，在不考虑电网绝缘电阻的情况下计算它的最大允许电容值。

以 660 V 电网为例，人体电阻值取 1 kΩ，流过人体的安全电流取 30 mA。计算电容的公式为

$$C = \frac{I_n}{3\omega\sqrt{U_\Phi^2 - I_n^2 R_n^2}}$$

对于 660 V 电网，单相对地电容 $C=0.081$ μF；380 V 电网，单相对地电容 $C=0.146$ μF；1140 V 电网，单相对地电容 $C=0.048$ μF。

从上述计算可以看出，为了保证人体触电电流小于 30 mA，电网电压越高，所允许电网对地电容值越低。

有关单位对井下电网绝缘参数的测量结果见表 7－21。

由表 7－21 的数据可以看出，我国煤矿井下的电容值比按 30 mA 作为安全电流数值时的电容大得多。对于不同电网每相电容计算人体触电时的电流见表 7－22。

表7-21 对井下电网绝缘参数的测量结果

电网电压/V	电容/μF										
	0.2~0.5	0.5~1	1~1.5	1.5~2	2~2.5	2.5~3	3~3.5	3.5~4.5	4.5~5.5	5.75	采区电网个数合计
380	3	8	10	7	2	5	2	2	1	1	41
660	2	7	10	3	3	1	1	0	0	0	27
合计	5	15	20	10	5	6	3	2	1	1	68

注：表中电网对地电容值是指三相总的电容值。

表7-22 人体触电电流

mA

电压/V	电容/μF				
	1	0.7	0.5	0.2	0.1
380	150	112	94	41	21
660	260	209	162	70	36
1140	453	363	281	122	62

由表7-22可见，由于井下电网存在着较大的对地电容，即使是绝缘电阻为无穷大，人体触电电流值仍然大大超过允许流过人体的电流值。因此，单纯提高电网对地绝缘电阻，是不可能保证人体安全的，解决的办法就是对电网对地电容电流进行补偿。

（2）电容电流补偿的方法。

我国目前采用的补偿办法是在人为中性点与地之间接入电抗线圈，如图7-33所示。

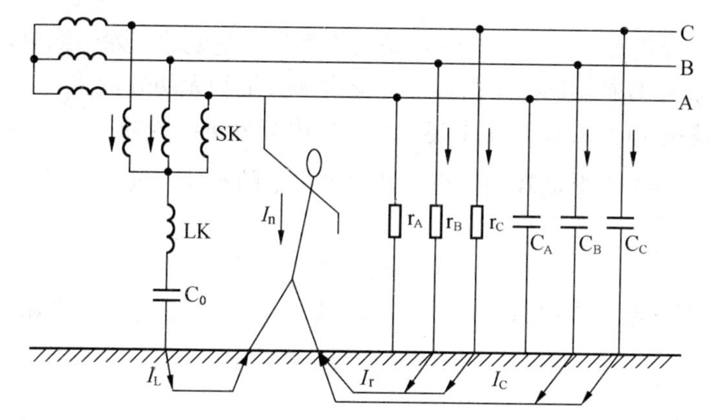

图7-33 在人为中性点与地之间接入电抗线圈的原理

图7-33中的SK为三相电抗线圈（又称三相电抗器），利用它构成人为中性点，再在人为中性点与地之间接入一个电抗线圈LK和电容器C_0，就构成用以补偿电容电流的电感回路（又称补偿回路）。我国现有的漏电继电器均是采用这种办法来达到补偿作用的，只是零序电抗线圈采用了不同的方式，有的用多抽头电抗器，有的用磁放大器。其中电容器C_0的作用主要是在采用外加直流电源时不至于将加到电网上的直流电源直接短路，也可以说是起到隔直作用。同时，由于电抗线圈LK只在存在零序电压时才起作用，即只流过零序电流，故一般称为零序电抗线圈。

由人体触电电流的公式 $I_n = 3U_A/(3R_n + Z_0)$ 可以看出，无论电网中增加了什么元件，对人体电流的影响则是零序电抗 Z_0 的变化。对于加入补偿环节后的图 7-33，可以得出整个电网零序阻抗 Z_0，其倒数为

$$\frac{1}{Z_0} = \frac{1}{r} - \frac{1}{jX_C} + \frac{1}{R_0 + jX_L} \tag{7-23}$$

式中　R_0、X_L——补偿回路每相对地零序电阻和电抗，$R_0 = R''_0 + 3R'_0$，$X_L = X''_L + 3X'_L$；

R''_0、X''_L——三相电抗线圈每相的零序电阻和零序电抗；

R'_0、X'_L——零序电抗线圈的电阻和电抗。

零序电流 $\dot{I}_0$ 为

$$\begin{aligned}\dot{I}_0 &= \frac{\dot{U}_0}{Z_0} = \dot{U}_0\left[\frac{1}{r} + \frac{R_0}{R_0^2 + X_L^2} + j\left(\frac{1}{X_C} - \frac{X_L}{R_0^2 + X_L^2}\right)\right] \\ &= \dot{I}_{0(r)} + \dot{I}_{0(L.a)} + \dot{I}_{0(C)} + \dot{I}_{0(L.r)}\end{aligned} \tag{7-24}$$

式中　$\dot{I}_{0(r)}$——绝缘电阻中的零序电流，$\dot{I}_{0(r)} = \frac{\dot{U}_0}{r}$；

$\dot{I}_{0(L.a)}$——补偿回路中零序电流的有功分量，$\dot{I}_{0(L.a)} = \frac{\dot{U}_0 R_0}{R_0^2 + X_L^2}$；

$\dot{I}_{0(C)}$——电容中的零序电流，$\dot{I}_{0(C)} = j\frac{\dot{U}_0}{X_C}$；

$\dot{I}_{0(L.r)}$——补偿回路中零序电流的无功分量，$\dot{I}_{0(L.r)} = -j\frac{\dot{U}_0 X_L}{R_0^2 + X_L^2}$。

式（7-24）清楚表明，零序电流 I_0 是由 4 个分量组成的，除绝缘电阻 r 和电容 C 中的零序电流之外，还有补偿回路中的零序电流有功分量和无功分量。

显然，人体触电电流 I_n 也是由上述 4 个零序电流分量组成的。

要使人身触电的电容电流降到最小，即得到完全的补偿，就得满足 $\dot{I}_{0(C)} - \dot{I}_{0(L.r)} = 0$，即

$$\frac{1}{X_C} - \frac{X_L}{R_0^2 + X_L^2} = 0$$

考虑到设计零序电抗线圈时，要尽量做到 $R_0 \ll X_L$，因此 R_0 可以忽略，这样就变成：

$$\frac{1}{X_C} - \frac{1}{X_L} = 0，即 X_C = X_L$$

由于 $X''_L \ll X'_L$，故

$$X_L = 3X'_L = 3\omega L = \frac{1}{\omega C}$$

$$L = \frac{1}{3\omega^2 C}$$

式中　L——零序电抗线圈的实际电感值。

满足了 $L = 1/3\omega^2 C$ 的关系式，即满足了完全补偿的要求。由于电网对地电容随着投入设备的增减而发生变化，因此也应相应的改变零序电抗线圈的 L 值。我国现有漏电保护中采用了两种办法来达到这个要求：一种是调节电抗线圈的抽头；另一种则是调节磁放大

器直流绕组中的电流来达到调零序电抗线圈电感值的目的。

同时应该注意，在最佳补偿状态下，提高电网对地的绝缘水平，不仅对电网的运行有好处，而且对人体的安全也是有益的，从而解决了前述电网有电容存在的情况下，绝缘电阻值太高反而对安全不利的矛盾。

4）漏电保护原理

国内外检漏保护装置品种较多，现将几种主要的保护原理分别加以介绍。

（1）利用附加直流电源的保护原理。

这种原理在国内外用的较为普遍，国内现在的检漏保护装置基本上都采用这种原理。其原理如图 7－34 所示。

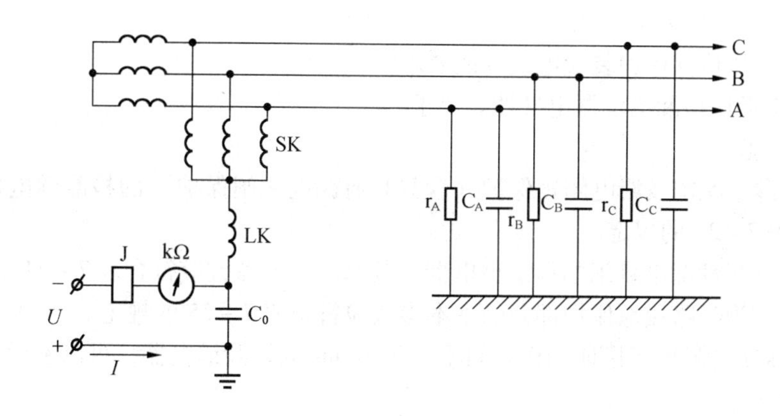

图 7－34　利用附加直流电源保护原理图

由图 7－34 可见，该方法就是外加一个直流电源，这个电源正极流出电流经过地→三相绝缘电阻→电网→三相电抗线圈 SK→零序电抗线圈 LK→欧姆表→继电器 J→电源的负极。当电网对地绝缘电阻下降到小于一定值时，这个回路的电流就会大到足以使继电器达到动作值，这样就可以带动馈电开关动作。国产的 JYJL82、JJKB30 型检漏继电器均是采用这种原理制造的。

利用附加直流电源进行漏电保护的特点，首先是线路设计简单，其次是能反映单相、两相及三相漏电，也就是说无论是人触电，还是三相绝缘电阻均匀降低均能反映，而且其动作值只与总的绝缘电阻有关。采用这种原理便于安装欧姆表，操作人员和维护人员可以通过欧姆表直接看到低压供电系统的绝缘状态。它的最大缺点在于它本身不能实现选择性跳闸。

采用这种电路可以把监视绝缘电阻的线路部分和对井下电网对地电容直流补偿的线路结合在一起，既保证绝缘电阻小于整定值时漏电跳闸，又可大大减少当人触电时的电容性电流，因此对人体触电时的安全有较大的好处。

（2）零序电流方向保护原理。

由图 7－27 可以看出，如果某一支路发生了人身触电或单相漏电故障，各个分支线路中都有零序电流通过，而人身触电电流或漏电电流便等于这些零序电流的总和。从电源的母线端往外看，通过故障支路的零序电流大小和方向都与非故障支路不同。故障支路的零序电流互感器（LLH_1）中流过的是非故障支路零序电流之和，而其他支路的零序电流互感器中只流过本支路的零序电流。另一方面，故障支路的零序电流方向均是由线路流向母线，而非故障支路则由母线流向线路。在忽略电网对地绝缘电阻的条件下，前者滞后于零序电压90°而后者则超前90°，两者之间互差180°，相位正好相反。零序电流方向保护装置就是根据这个原理设计的。

零序电流方向保护原理的最大优点在于能够把故障线路和非故障线路区别开来，实现选择性漏电保护。与其他实现选择性保护的原理相比，具有灵敏度高、选择性好的突出优点。

该保护原理的缺点在于，用本原理生产的检漏保护装置的动作值整定好后，电网对地绝缘参数变化时动作值变化较大。另一方面，它不能反映电网绝缘阻抗对称下降的情况，即绝缘阻抗对称下降时，它不动作。同时，由于该原理必须具有一定的零序电流，这样就不能设置零序电抗线圈补偿回路。

5）井下低压检漏保护装置电气性能要求

（1）井下低压检漏继电器电气性能要求。

①电气性能。

a）具有漏电跳闸及漏电闭锁保护（含只具有漏电跳闸保护）的检漏继电器，其基本参数应符合表7－23的规定。

b）具有选择性漏电跳闸的检漏继电器，其基本技术参数应符合表7－24的规定。

c）具有人为旁路接地保护部分的基本参数应符合表7－25的规定。

d）经1 kΩ电阻单相接地动作时间不大于30 ms的检漏继电器，可以不设置对网路电容电流的补偿电路。

表7－23　检漏继电器的基本参数

额定电压/V	单相漏电动作电阻整定值/kΩ	单相漏电闭锁电阻整定值/kΩ	经1 kΩ电阻单相接地动作时间/ms	网路电容为0.22～1.0 μF/相补偿效率 η/%
380	3.5	7	≤100	≥60
660	11	22	≤80	
1140	20	40	≤50	

注：三相漏电动作电阻值应为单相漏电动作电阻值的3倍，其偏差不大于±20%。

表7－24　检漏继电器的基本技术参数

额定电压/V	电网对地电容不大于1 μF/相时单相对地动作电阻值/kΩ	单相经1 kΩ电阻接地时作为第一级的漏电保护动作时间/ms
380	3～7	≤30
660	5～13	
1140	5～20	

表7－25　检漏继电器接地保护部分的基本参数

额定电压/V	单相漏电动作电阻整定值/kΩ	网路电容为0.22～1.0 μF/相时漏电动作电阻值/kΩ	经1 kΩ电阻单相接地动作时间/ms	继电器动作后流经1 kΩ电阻的残余电流/mA
660	3	3～11	≤50	≤10

e）在75% ~110%额定工作电压下，经1 kΩ电阻单相接地检漏继电器的动作时间应符合上述各表的有关规定。

f）具有选择性漏电保护的检漏继电器，应设有延时环节，各级延时的级差时间为200~250 ms；具有旁路接地保护又具有选择性漏电保护的检漏继电器，其各级延时级差时间为250~300 ms；其中旁路接地检漏继电器的动作时间应大于30 ms，但小于或等于50 ms，动作后延时150~200 ms必须恢复到初始状态。

g）在额定工作电压下，网路对地绝缘电阻为无限大，对地分布电容为0.22~1.0 μF/相，经1 kΩ电阻单相接地，其补偿效果不低于60%。

h）检漏继电器的动作电阻值，在额定电压下，当网路电容为0.5 μF/相时进行整定，并符合表7-25的规定。当电源电压为额定值的75% ~110%，网路每相对地电容为0.22~1.0 μF时，其动作电阻值（含三相漏电动作电阻值）偏差不大于±20%。

i）检漏继电器的漏电闭锁检测回路的电气参数，应符合GB 3836.4有关本质安全电路的规定。

j）具有漏电跳闸和漏电闭锁功能的检漏继电器，在网路供电前，当漏电闭锁电阻小于整定值时，须对馈电开关进行漏电闭锁使其不能合闸；当网路绝缘电阻大于漏电闭锁整定值时，必须通过人工复位，方能解除馈电开关的漏电闭锁。

②试验方法。

a）检漏继电器的动作时间测定，是在电源电压调整到额定电压的75%、110%，网路每相对地电容为0.22 μF、0.47 μF、1.0 μF条件下进行测量的。将任一相经1 kΩ电阻接地，用电秒表或示波器测量执行继电器触头闭合或分断的时间，连续测量5次取最大值。

b）检漏继电器的延时动作时间的测定，是在电源电压调整到额定电压的75%、110%，网路每相对地电容为0.22 μF、0.47 μF、1.0 μF条件下进行测量的。将任一相经1 kΩ电阻接地，用电秒表或示波器测量执行继电器延时动作时间，连续测量5次均应满足①中的f）条要求。

c）检漏继电器对网路电容电流的补偿性能试验，是在额定电压下网路绝缘电阻为无限大时，每相分别接入0.22 μF、0.47 μF、1.0 μF标准电容器，经1 kΩ电阻单相接地，调节补偿电位器，当流经1 kΩ电阻回路交流毫安表中的电流达到最小读数，其数值不大于表7-26的规定为合格。

表7-26　电容电流值

额定电压/V	经计算在最佳补偿状态下流经1 kΩ电阻的电容电流值/mA		
	0.22 μF	0.47 μF	1.0 μF
380	15	35	60
660	29	62	104
1140	50	107	178

d）检漏继电器的漏电动作电阻值及漏电闭锁的整定值，是在额定电压下每相接入0.5 μF电容及功率不小于25 W、阻值为0~100 kΩ的十进制电阻箱进行整定，然后调整电

源电压为额定电压的75%及110%，在电网每相对地电容为0.22 μF、0.47 μF、0.69 μF、1.0 μF时分别进行漏电动作性能试验，每项连续试验5次，每次应可靠动作；同时应考核三相的漏电动作电阻值，误差均应不大于±20%。

（2）矿用隔爆型煤电钻综合保护装置中检漏环节电气性能要求。

①电气性能。

a）装置的性能参数应符合表7－27的规定。

表7－27　综合保护装置的性能参数

主变压器		控制与保护						
额定容量/(kV·A)	额定电压/V	控制	漏电		短路（载频）			过载
		被控电钻功率/kW	单相漏电整定电阻/kΩ	单相漏电闭锁电阻/kΩ	单相经1 kΩ电阻接地装置分断时间/s	有效保护距离（使用4mm² 电缆）/m	相间短路装置分断时间/s	电流值/A
2.5	660～380/133 1140～660/133	1.2 2×1.2	2	4	0.25/0.01*	150	0.10/0.005	10～16
4.0	1140～660/2×133	1.2 2×1.2	2	4	0.25/0.01	150	0.10/0.005	10～16

注：*分母数值为快速断电装置的分断时间。

b）当电源电压为额定值的75%～110%时，装置应能正常工作。

c）当电钻在送电运行情况下，电缆单相对地绝缘电阻降低到整定值时，装置应能可靠分断。

d）单相经1 kΩ电阻接地装置的分断时间，应不大于表7－29的规定。

e）漏电闭锁电路的电气参数应符合GB 3836.4本质安全型电路的有关规定。漏电闭锁电阻应符合表7－29的规定。

②试验方法。

a）电压波动试验，是在额定电压下对漏电电路参数进行整定，调试到规定值后，再将电源电压调整到额定电压的75%和110%，进行漏电动作、漏电闭锁试验。其漏电动作、漏电闭锁电阻值应符合表7－29的要求，允许±20%的偏差。漏电动作试验分相进行。

b）装置的漏电保护动作性能试验及动作时间的测定，是在额定电压下，用电阻功率不小于2.5 W的电阻箱（其阻值满足从100～10 kΩ可调），对运行中电钻进行测定。

c）单相漏电动作电阻按表7－29规定值整定后，分别验证其余两相漏电时均应可靠地动作，其动作电阻值偏差不大于±0.2 kΩ。

d）漏电动作时间的测量，是在完成单相漏电动作电阻的整定之后，用电秒表或示波器测量单相经1 kΩ电阻接地至装置分断电源的全部时间，连续测量5次取其最大值，须符合表7－29的规定。

e）漏电闭锁电路的本质安全性能应有国家指定检验单位的证明。

6）故障的判断与寻找

（1）当电网在运行中发生漏电故障时，应立即进行寻找和处理，并向矿井调度室或主管电气人员汇报。发生故障的设备或电缆在未消除故障前禁止投入运行。

（2）发生漏电故障时，一般应从以下几方面进行分析：

①运行中的电气设备绝缘受潮或进水，造成相与地之间绝缘能力降低或击穿。

②电缆在运行中受机械或其他外力的挤压、砍砸、过度弯曲等而产生裂口或缝隙，长期受潮气、水分的侵蚀致使绝缘能力降低。砍砸或挤压也可能引起相与地间的直接连通，导电芯线裸露或短路。

③电缆与设备在连接时，由于芯线接头不牢、封堵不严、接线装置压板不紧，运行中产生接头松动脱落与外壳相连或发热烧毁绝缘。

④检修电气设备时，由于停送电错误或工作中不慎将工具材料等其他金属物件残留在设备内部，造成相接地。

⑤电气设备接线错误或内部导线绝缘破损造成与外壳相连，以及电缆屏蔽层处理不当造成漏电。

⑥在操作电气设备时，产生弧光放电。

⑦电气设备或电缆过负荷运行损坏或直接烧毁绝缘。

⑧电缆与电缆的冷补、热补接头，由于芯线连接不牢、密封不严、绝缘包扎不良，运行中产生接头松动或受潮进水而造成漏电或绝缘破损。

（3）检漏保护装置的运行维护人员，应根据下述情况判断漏电性质。

①集中性漏电。

a）长期的集中性漏电。这种漏电，可能是电网内的某台设备或电缆，由于绝缘击穿或导体碰及外壳所造成。

b）间歇的集中性漏电。这种漏电，大部分发生在电网内某台设备（主要是电动机）或负荷端电缆，由于绝缘击穿或导体碰及外壳，在设备运转时产生漏电；还可能由于针状导体刺入负荷侧电缆内产生漏电。

c）瞬间的集中性漏电。这种漏电，主要是由于工作人员或其他物体偶尔触及带电导体或电气设备和电缆的绝缘破裂部分，使之与地相连；还可能在操作电气设备时产生对地弧光放电所致。

②分散性漏电。

a）某几条线路及设备的绝缘水平降低所致。

b）整个电网的绝缘水平降低所致。

（4）发生漏电故障后，应根据设备、电缆新旧程度，下井使用时间的长短，周围条件（如潮湿、积水、淋水等）和设备运转情况，首先判断漏电性质，估计漏电大致范围，然后进行细致检查，找出漏电点。

根据不同的检漏保护装置判断漏电点，如找不到漏电点，应与瓦斯检查员联系，对可能产生瓦斯积聚的地区（如单巷掘进、通风不良的采掘工作面等）进行瓦斯检查，如无瓦斯积聚（瓦斯浓度小于1%）时，可用下列方法进行寻找：发生漏电故障后，将各分路开关分别单独合闸，如发生跳闸（或闭锁），为集中性漏电；如不跳闸（或不闭锁），各分路开关全部合上时则跳闸，一般为分散性漏电。

①集中性漏电的寻找方法。

a）漏电跳闸后，试合总馈电开关，如能合上，可能是瞬间的集中性漏电。

b）试合总馈电开关，如不能合上，再拉开全部分路开关，试合总馈电开关，如仍不能合上，则漏电点在电源线上，然后用摇表摇测，确定在哪一条线路上。

c）拉开全部分路开关，试合总馈电开关，如能合上，再将各分路开关分别逐个合闸，如在合某一开关时跳闸，则表示此分路有集中性漏电。

②分散性漏电的寻找方法。若电网绝缘水平降低，在尚未发生一相接地时，继电器动作跳闸，可以采取拉开全部分路开关，再将各分路开关分别逐个合闸的办法，并观察检漏继电器的欧姆表指数变化情况，确定是哪一条线路的绝缘水平最低，然后用摇表摇测。检查到某设备或电缆绝缘水平太低时，则应更换。

2. 煤矿井下保护接地

煤矿井下巷道狭窄，工作条件恶劣，供电系统及设备出现故障时极易发生恶性事故。长期实践表明：合理选择、使用和维护供电系统及设备的过电流保护、漏电保护和保护接地装置对煤矿井下安全供电起着至关重要的作用。

1）保护接地的作用

在井下工作环境条件下，人体接触电气设备外壳的机会较多。一旦运行中的井下电气设备绝缘损坏，其金属外壳（如电动机、开关设备、变压器等）以及与电气设备所接触的其他金属物上便出现危险的对地电压。此时若与人体发生接触则会有触电危险。尽管电气设备金属外壳带电可通过检漏保护装置动作切断故障设备电源，但是为了保证井下供电的安全性，还必须采取其他措施，即保护接地措施，确保限制流过人体的触电电流，以防检漏保护装置失灵时，发生人体触电伤亡事故。也就是说，保护接地是漏电保护的后备保护，是对防止人体触电的双重保护。

所谓保护接地，就是把电气设备正常工作时不带电的金属外壳通过导电体与大地可靠连接起来。在满足一定的接地电阻值的条件下，当发生设备外壳带电故障时，该设备外壳的对地电压可降低到安全电压（40 V）范围内，因此流过人身的触电电流也在安全值之内，不致发生人体触电伤亡事故。这种为了防止人身触电，将电气设备的金属外壳接地的方法，称为保护接地。

在煤矿井下的人体触及一相带电导体的事故中，以触及已发生一相漏电而带电的设备金属外壳较常见。为了限制此时流过人体的触电电流，设置可靠的保护接地装置是极为重要的措施，应引起高度重视。

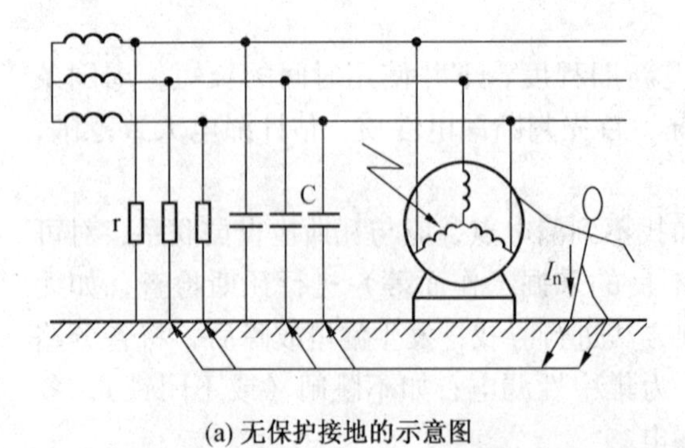

(a) 无保护接地的示意图

(b) 有保护接地的示意图

图7-35　保护接地的作用示意图

在中性点不接地的供电系统中，人体触电电流 I_n 的大小取决于电网的电压值、电网的每相对地电容值和电网的每相对地绝缘电阻值。图 7－35a 所示是没有安装保护接地装置时人体触及已发生一相漏电而带电的设备金属外壳的示意图。

在忽略电网对地电容存在的情况下，人体触电电流的公式为

$$I_n = \frac{3U_A}{3R + r} = \frac{3U_\Phi}{3R_n + r} \tag{7-25}$$

式中 I_n——流过人体的触电电流，A；

U_A——电网相电压，V；

R_n——人体触电电阻值，Ω，由于井下空气潮湿一般取 $R_n = 1000\ \Omega$；

r——电网每相对地绝缘电阻值，Ω；

U_Φ——电源的相电压。

在设备设置了保护接地装置 R_d 的情况下（图 7－35b），当人体触及已带电的设备金属外壳时，人体电阻 R_n 与接地电阻 R_d 并联，即

$$R_L = \frac{R_n R_d}{R_n + R_d} \tag{7-26}$$

接地电流为

$$I_j = \frac{3U_A}{3 \times \frac{R_n R_d}{R_n + R_d} + r} \tag{7-27}$$

此时，流过人体的电流为

$$I'_n = \frac{R_d}{R_n + R_d} \times \frac{3U_A}{3 \times \frac{R_n R_d}{R_n + R_d} + r} \tag{7-28}$$

因此

$$\frac{I'_n}{I_n} = \frac{R_d}{R_n + R_d} \times \frac{\frac{3U_A}{3 \times \frac{R_n R_d}{R_n + R_d} + r}}{\frac{3U_A}{3R_n + r}} \approx \frac{R_d}{R_n + R_d} \tag{7-29}$$

【例 7－5】中性点不接地的 660 V 电网，每相对地绝缘电阻为 35 kΩ，人体触及一相电气绝缘损坏而带电的电气设备金属外壳，在无保护接地和有保护接地（接地电阻 2 Ω）时，流过人体的电流是多少？

解 无保护接地时流过人体的电流可利用式（7－25）求得，即

$$I_n = \frac{3U_A}{3R + r} = \frac{3 \times 380}{3 \times 1 + 35} = 30\ \text{mA}$$

有保护接地时流过人体的电流可利用式（7－28）求得，即

$$I_n' = \frac{R_d}{R_n + R_d} \times \frac{3U_A}{3 \times \frac{R_n R_d}{R_n + R_d} + r} = \frac{0.002}{1 + 0.002} \times \frac{3 \times 380}{3 \times \frac{1 \times 0.002}{1 + 0.002} + 35} = 0.065\ \text{mA}$$

【例 7－6】中性点不接地的 380 V 电网，每相对地绝缘电阻为 20 kΩ，电网每相对地

电容值为 2 μF，人体触及一相电气绝缘损坏而带电的电气设备金属外壳，设人体电阻为 1 kΩ，鞋对地接触电阻为 0.1 kΩ，在有保护接地（接地电阻 2 Ω）时，流过人体的电流是多少?

解　人体触及外壳时的合成电阻 R_{od} 为

$$R_{od}=\frac{R'_{r}R_{d}}{R'_{r}+R_{d}}=\frac{(1000+100)\times 2}{(1000+100)+2}\approx 2\ \Omega$$

单相接地电流 I_d 为

$$I_{d}=\frac{U_{A}}{R_{od}\sqrt{1+\frac{r(r+6R_{od})}{9(1+r^{2}\omega^{2}C^{2})R_{od}^{2}}}}=330\ \text{mA}$$

设备外壳电压 U_d 为

$$U_{d}=I_{d}R_{od}=0.33\times 2=0.66\ \text{V}$$

接地极回路里的电流 I'_d 为

$$I'_{d}=\frac{R'_{r}}{R'_{r}+R_{d}}I_{d}=\frac{1100}{1102}\times 0.33=329.4\ \text{mA}$$

流过人体的电流 I_n 为

$$I_{n}=\frac{R_{d}}{R'_{r}+R_{d}}I_{d}=\frac{2}{1100+2}\times 0.33=5.99\ \text{mA}$$

可见，当设置接地极后，接地极电阻 R_d 越小，则流经人体的电流值 I_n 也越小，对防止人身触电越有利。

通过上述分析可知，当人体触及已发生一相漏电而带电的设备金属外壳时，在没有设置保护接地装置的情况下，通过人体的触电电流是有危险的。如果再考虑电网对地电容，那么危险性更大。若设置了保护接地装置，既使考虑了电网对地电容，流过人体的触电电流也将大大小于允许的极限安全电流值，从而保证了当人体触及已带电的设备金属外壳时，不会发生触电伤亡事故。这就是为什么要在煤矿井下必须设置可靠的保护接地装置的原因。

另外，由于装设了保护接地装置，产生漏电时，漏电电流将经接地装置入地。既使漏电通路由于设备振动等原因使外壳与地面离开或接触不好而产生外露的电火花，但由于接地装置的分流作用，也会大大减小电火花的能量，从而减少瓦斯、煤尘爆炸的可能性。

2）井下保护接地网

虽然保护接地装置的接地电阻越小越好，但要使每台电气设备各自的接地电阻均小于规定值（2 Ω），实现起来却非常困难。此外，保护装置的接地电阻越小，通过它流入大地中的漏电电流就越大，对于引起瓦斯、煤尘爆炸或电气雷管引爆的危险性就越大。解决这些矛盾的有效措施是将井下的各个保护接地装置通过导线连接起来，组成保护接地网。

另外，如果井下各种电气设备仅仅是单独装设保护接地装置，也并不能完全消除触电的危险。

如图 7－36 所示，电动机 D_1 和电动机 D_2 均装设了单独的保护接地装置。当电动机 D_1 的一相（如 A 相）绝缘被击穿，壳体带电，发生电网接地故障时，如果电网没有装设检漏保护装置，或检漏保护装置失灵，这一接地故障将长期存在下去不被发觉。若电动机

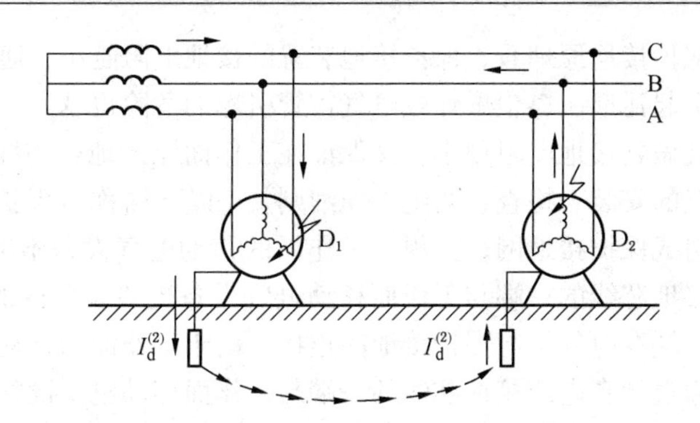

图 7-36　具有单独保护接地极时两相对地短路示意图

D_2 的另一相（如 B 相）绝缘又被击穿，壳体带电，这时电网就会发生两相对地短路。

如果短路电流不足以使过流保护装置动作，这一故障将长期存在下去，这时电气设备外壳将带有危险的触电电压。根据推导，这时电动机 D_1 及电动机 D_2 的外壳上所带的接触电压大小，与接地电阻值的大小无关，而是取决于它们的相对值。若电动机 D_1 及电动机 D_2 的接地电阻大小相等，则此时这两台电动机外壳上所带的接触电压相等，均为电网线电压的一半。如果电网电压为 380 V，则接触电压等于 190 V；如果电网电压为 660 V，则接触电压等于 330 V。可见，这种情况下如果发生人体触电将是非常危险的。

为了提高保护接地的可靠性和真正发挥保护接地作用，可利用供电的高、低压铠装电缆的金属外皮和橡套电缆的接地芯线，将在井下中央变电所、井底车场、运输大巷、采区变电所，以及工作面配电点的电气设备金属外壳在电气上连接起来，这样就使各处埋设的局部接地极也并联起来，形成一个井下保护接地网。当井下的各种保护接地装置组成保护接地网后，其总接地电阻就很小（可保证在 2 Ω 以下）了。通过电缆的接地芯线，将工作面电气设备的金属外壳与总接地网连接后，当人体触及因一相漏电而带电的设备金属外壳时，其漏电电流便由总接地网流入地中，流过人体的电流就很小了，因此，对人体便能起很好的保护作用；又由于电网已组成了保护接地网，这时的两相接地短路电流将主要经过系统接地线流通，如图 7-37 所示。由于系统接地线的电阻值大大小于两个局部接地极的接地电阻值，因此，此时的两相接地短路电流大大增加，一般都足以使熔断器熔断或使过电流保护装置动作，从而保证切断故障支路电源。

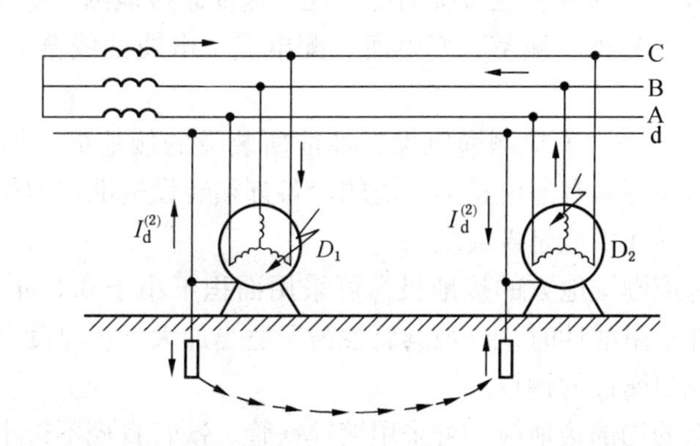

图 7-37　接成保护接地网时两相对地短路示意图

除此之外，从保护接地原理看，保护接地装置的接地电阻越小，通过它流入地中的漏电电流就越大，对引起瓦斯、煤尘爆炸或电气雷管引爆的危险也越大。因此，为了统一这两个方面的矛盾，既做到接地电阻很小，又保证在工作面流入地中的漏电电流也小，《煤矿井下保护接地装置的安装、检查、测定工作细则》（以下简称《保护接地细则》）中明确规定：井下必须组成保护接地网，并规定工作面的移动电气设备不准设置局部接地极，但须通过橡套电缆接地芯线的一端与工作面移动电气设备进线装置内的接地端子相连接，电缆接地芯线的另一端在电气上与保护接地网连接。由于工作面的移动电气设备不准设置局部接地极，但须通过橡套电缆接地芯线的一端与工作面移动电气设备进线装置内的接地端子相连接，电缆接地芯线的另一端在电气上与保护接地网连接。由于工作面没有局部接地极，当工作面发生一相漏电故障时，其漏电电流几乎全部经橡套电缆接地芯线流入总接地网，再由总接地网流入地中，因此从工作面流入地中的漏电电流就很小了，对防止瓦斯、煤尘爆炸或电雷管引爆就很有利。这就是井下保护接地装置为什么必须组成保护接地网的另一个重要原因。

煤矿井下总接地网如图 7－38 所示。为了更好地了解和掌握井下保护接地网的组成，须首先掌握以下名词术语及《保护接地细则》中对其提出的要求。

（1）主接地极。是指设置在井底主、副水仓或集水井内的接地极。

主接地极应浸入水仓中。主、副水仓或集水井内必须各设一块主接地极。矿井有几个水平时，每个水平的总接地网都要与主、副水仓中的主接地极连接。

主、副水仓和分区的主接地极，均应采用面积不小于 0.75 m^2、厚度不小于 5mm 的钢板制成。当矿井水呈酸性时，应视其腐蚀情况适当加大钢板厚度，或在钢板上镀上耐酸金属，或采用其他耐腐蚀的钢钣。

由于主接地极的表面积大，矿井水的导电率高，使得接地电阻要比其他接地极小，又因其位于接地网的中心，因此，主接地极在整个保护接地网中起着十分重要的作用。矿井有几个水平时，各个水平都要设立主接地极，如果该水平没有水仓，不能设立主接地极时，则该水平的接地网必须与其他水平的主接地极连接。

矿井内分区从井上独立供电者（包括钻眼供电），可以单独在井下或井上设置分区的主接地极，但其总接地网的接地电阻也应符合《保护接地细则》中对其提出的不超过 2 Ω 的要求。

（2）局部接地极。为加强接地系统的可靠性，保证总接地网的电阻不超过 2 Ω，在装有电气设备的地点（如各机电硐室、变电所、配电点、电缆接线盒等地点）又独立埋设的接地极。

（3）辅助接地极。是为了检测漏电保护性能所装设的接地极。如检漏继电器、煤电钻综保、照明信号综保等具有漏电检测功能的设备都须装设辅助接地极，其规格尺寸同局部接地极，但其连接导线不能是裸漏线。

埋设在巷道水沟或潮湿地方的接地极，可采用面积不小于 0.6 m^2、厚度不小于 3mm 的钢板制成。如矿井水呈酸性时，应视其腐蚀情况适当加大钢板厚度，或在钢板上镀上耐酸金属，或采用其他耐腐蚀的钢钣。

埋设在其他地点的局部接地极，可采用镀锌铁管。铁管直径不得小于 35 mm，长度不得小于 1.5 m。管子上至少要钻 20 个直径不小于 5 mm 的透眼，铁管垂直于地面（偏差不

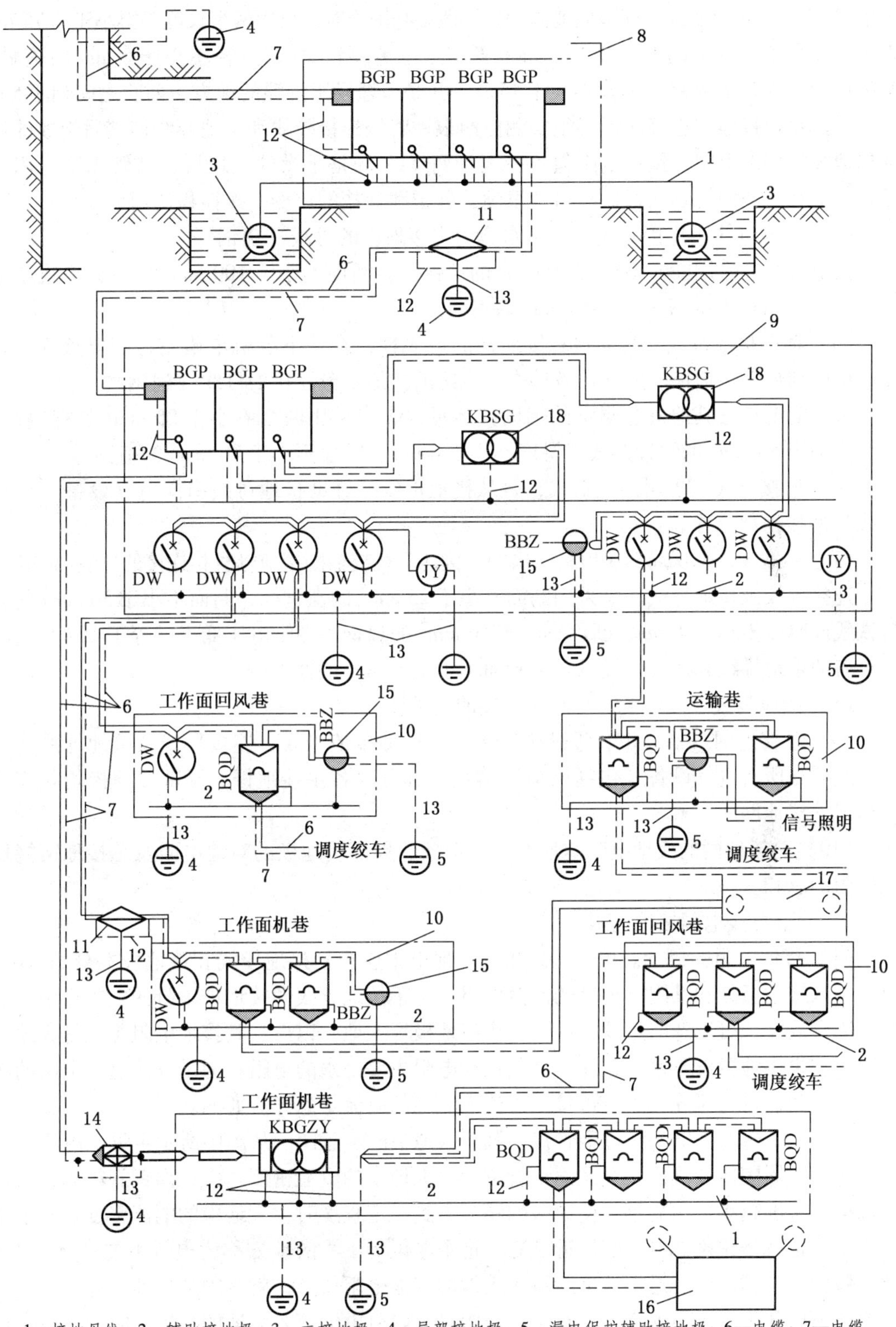

1—接地母线；2—辅助接地极；3—主接地极；4—局部接地极；5—漏电保护辅助接地极；6—电缆；7—电缆接地芯线；8—井下中央变电所；9—采区变电所；10—配电点；11—电缆接线盒；12—连接导线；13—接地导线；14—电缆连接器；15—煤电钻综合保护装置；16—采煤机；17—带式输送机；18—干式变压器

图7－38　井下总接地网

大于 15°），并必须埋设于潮湿的地方。如果埋设有困难时，可用两根长度不得小于 0.75 m、直径不得小于 22 mm 的镀锌铁管。每根管子上至少要钻 10 个直径不小于 5 mm 的透眼，两根铁管均垂直于地面（偏差不大于 15°），并必须埋设于潮湿的地方。两管之间相距 5 m 以上，且在与接地网连接前，必须实测由两根铁管经连接导线和接地导线连接后组成的局部接地极的接地电阻，接地电阻值不得大于 80 Ω。如是干燥的接地坑，铁管周围应用砂子、木炭和食盐混合物或长效降阻剂填满；砂子和食盐的比例，按体积比约为6∶1。

（4）接地母线。连接井底主、副水仓内主接地极的母线（扁钢）。

接地母线应采用断面不小于 50 mm^2 的裸铜线，断面不小于 100 mm^2 的镀锌铁线或厚度不小于 4 mm、断面不小于 100 mm^2 的扁钢。

（5）辅助接地母线。为加强总接地网的可靠性，在井下各机电硐室、配电点、采区变电所内与局部接地极、电气设备外壳、电缆的接地部分连接的母线（扁钢）。

采区配电点及其他机电硐室的辅助接地母线，应采用断面不小于 25 mm^2 的裸铜线，断面不小于 50 mm^2 的镀锌铁线或厚度不小于 4 mm、断面不小于 50 mm^2 的扁钢。

（6）连接导线。也叫接地引线，是从接地母线或辅助接地母线引向电气设备（包括电缆）的接地部分导线。

（7）接地导线。从局部接地极引出的与接地母线或辅助接地母线相连接的导线（扁钢）。

连接导线及接地导线，应采用断面不小于 25 mm^2 的裸铜线，断面不小于 50 mm^2 的镀锌铁线或厚度不小于 4 mm、断面不小于 50 mm^2 的扁钢。额定电压低于或等于 127 V 的电气设备的接地导线和连接导线可采用断面不小于 6 mm^2 的裸铜线。

（8）接地装置。接地极及与它相连接的接地线。

（9）总接地网。整个井下通过接地母线、辅助接地母线、连接导线及接地导线连接在一起并与所有电气设备（包括电缆）的接地部分和各主接地极、局部接地极均相连接而形成的接地网络。

（10）总接地网的接地电阻。所有主接地极、局部接地极的对地电阻及总接地网接地线电阻的总和。

3）井下总接地网接地电阻

（1）接地电阻的概念。单个接地极的接地电阻应包括接地导线和接地极本身的电阻，以及埋入接地极处和其附近土壤的流散电阻。由于接地导线和接地极本身的电阻远小于流散电阻，故完全可以忽略不计。因此，当接地极埋入地中以后，其接地电阻主要是大地的电阻。如果接地极设于水中，那么，其接地电阻主要是水的电阻。为了弄清这一电阻的物理概念，我们首先研究一下经过接地极流入大地的电流是怎样流通的。

图 7－39 所示为电流经过钢管接地极流入地中的示意图。从图中所示可见，电流以钢管为中心向周围四处流散，并且离钢管越近，大地中的电流密度越大；离钢管越远，大地中的电流密度越小。当离钢管接地极的距离大到一定程度时，大地中的电流密度就几乎等于零了，也就是说该处电位已接近于零。这个电位等于零的地方称为电气上的“地”。因此，我们在计算电流经过接地极而流入大地的接地电阻值时，就必须从接地极起，一直算到电流密度几乎等于零处为止。在这一段距离上阻碍电流流入大地的土壤的阻力才是真正的接地电阻值。因此接地电阻又叫做流散电阻。

实际上接地电阻的大小不仅与接地极的形状和尺寸有关，而且还与埋设接地极的土壤

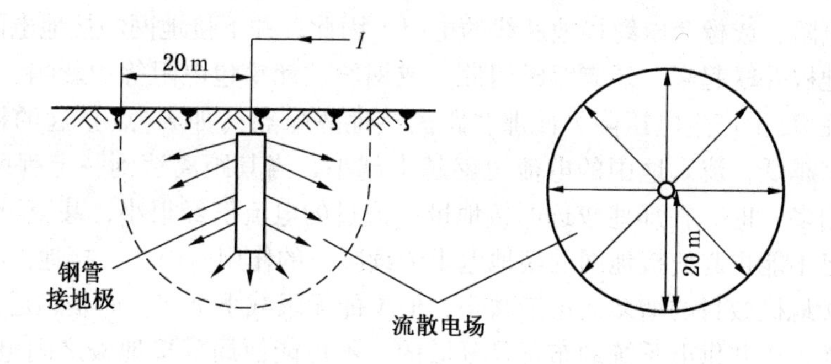

图 7－39　钢管接地极流散电流示意图

性质有关。

为了保证井下安全供电，《保护接地细则》对允许接地电阻值作了如下规定：

①从任意一个局部接地装置处所测得的总接地网的接地电阻，不得超过 2 Ω。

总接地网的接地电阻不得超过 2 Ω 的理论依据是：煤矿井下的总接地网是矿井高低压电气设备公用的，生产矿井中性点不接地的井下高压电网的接地电容电流不超过 20 A，正弦交流安全接触电压为 40 V，因此，有

$$R=\frac{U}{I}=\frac{40}{20}=2\ \Omega$$

②每一移动式和手持式电气设备同接地网之间的保护接地用的电缆芯线（或其他相当接地线）的电阻值，都不得超过 1 Ω。

（2）井下总接地网接地电阻。井下接地网的接地电阻如图 7－40 所示，图中 R_{au} 表示局部接地极的接地电阻；R_c 为两个局部接地极之间铠装电缆的钢带（或钢丝）和铅包并联

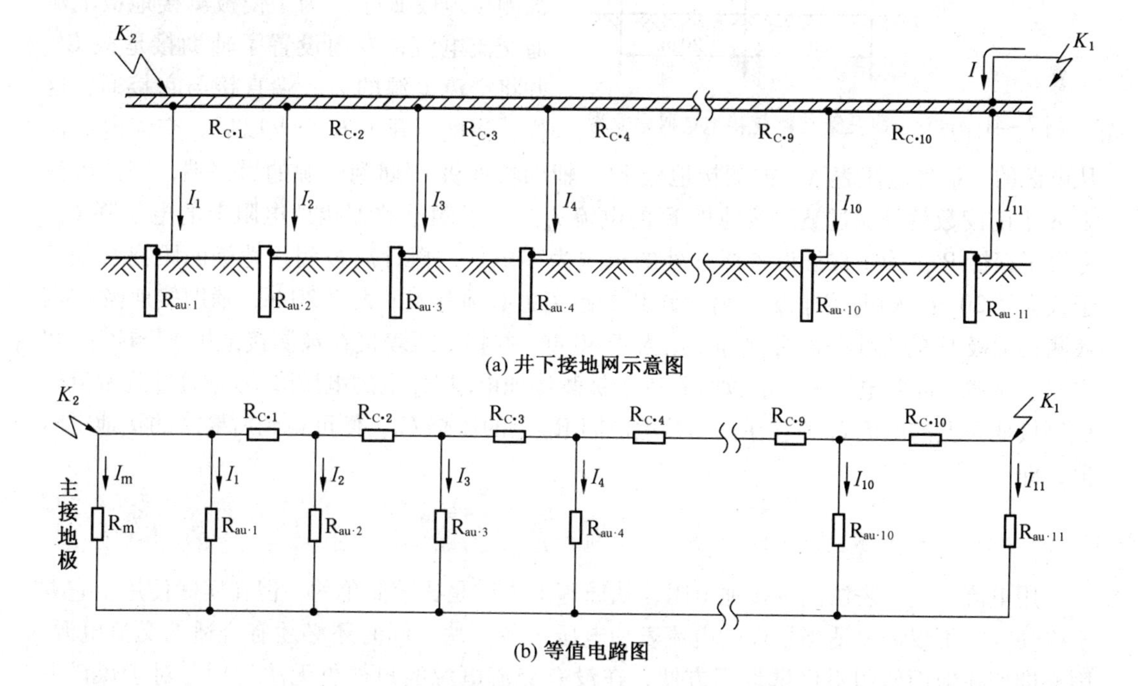

图 7－40　井下接地网的接地电阻示意图

以后的合成电阻，或橡套电缆接地芯线的电阻。因此，井下接地网的接地电阻，不能简单地把各个接地极并联起来，还应考虑钢带（或钢丝）和铅包电阻等的影响。由于 R_c 的存在，电流便在 R_c 上产生电压降，使那些距离接地故障点（如 K_1 点）远的接地极上，对地电压将越来越低，流入地中的电流也就越来越小。当其距离达到一定程度（亦即接地极的数目相当多）时，在那些较远的接地极中流过的电流已经很小，甚至可以忽略不计，它们实际上已不能再起使接地网的接地电阻继续减小的作用。因此，接地网的接地电阻值虽然是随着接地极数目的增多而逐渐减小，但不能无限减小至零，而是趋近于某一定值。

另一方面，矿井供电系统的布置是分散的，不可能使局部接地极之间电缆长短一致，R_c 必然不等，敷设局部接地极的地方地质条件不一样，其接地电阻 R_{au} 也不可能完全相同。因此，井下接地网接地电阻应以实际情况进行计算。

由于各局部接地极间的设置距离及大小均不相等，因此，在测量总接地网接地电阻时，测量位置不同，有不同接地电阻值。如在 K_1 点测量，接地电阻为 2.29 Ω，而在 K_2 点测量则为 1.8 Ω。按规定，主接地极的面积比局部接地极大，且接地极间有连接线电阻 R_c 存在，因此，一般情况远离主接地极处所测得的接地电阻较大，而在主接地处（指在高压系统）所测得的总接地网接地电阻值均不超过 2 Ω。如超过规定，一般不需要在每个局部接地极处增加接地极，而只要在测量接地电阻大的地方，增加接地极就可获得较好降低总接地网接地电阻的效果。

4）接地电阻的测定方法

（1）电流－电压表法是测量接地电阻最基本的方法，其接线如图 7－41 所示，图中交流电源的一端经过电流表 A，接到被测接地极 E′上。为了使被测接地极上流通交流电流，专门设置了辅助接地极 C′，并将交流电源的另一端直接与它接通，这样，当电源开关 K 合上以后，交流电流便从电源的一端经电流表 A、被测接地极 E′、辅助接地极 C′回到电源的另一端，因此电流表 A 上的读数就是流过被测接地极 E′的电流 I_d。为了测量被测接地电阻上的电压降 U_d，专设了探针 P′。为了保证设置探针处的土壤为零电位，探针离被测接地极的距离必须等于或大于 20 m，辅助接地极 C′离探针 P′的距离也必须等于或大于 20 m，辅助接地极 C′离被测接地极 E′的直线距离必须等于或大于 40 m，并将电压表接在被测接地极 E′与探针 P′之间。显然，此时电压表上的读数就等于被测接地电阻 R_d 上的电压降 U_d。通过测量流经被测接地极上的电流 I_d 和它在被测接地电阻 R_d 上的压降 U_d，便可得到所要求的接地电阻值，即

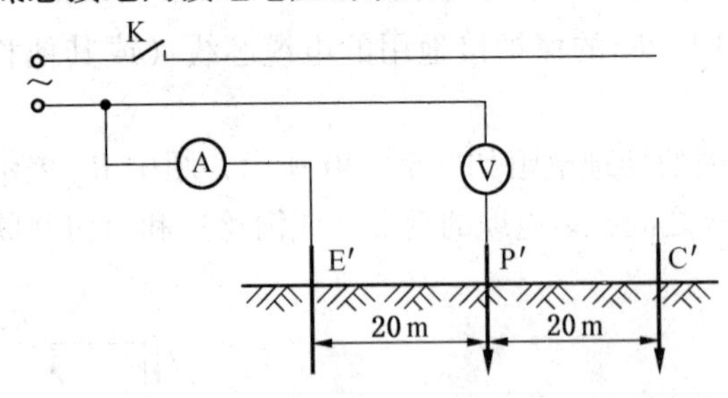

图 7－41　电流－电压表法测量接地电阻示意图

$$R_d = \frac{U_d}{I_d}$$

用电流－电压表法测量接地电阻，从原理上来讲是比较简单的，但在实际使用上它并不方便。它不仅需要适当量程的电流表和电压表各一块，同时还必须有合适的交流电源。因此即使在地面使用不仅携带不方便，在没有交流电源的户外更无法使用。对于煤矿井下，由于存在引起瓦斯或煤尘爆炸的危险，因此在瓦斯矿井这种测量方法是不允许的。

（2）本质安全型接地电阻测量仪。本质安全型接地电阻测量仪表适用于具有瓦斯或煤尘爆炸危险的矿井。这种接地电阻测量仪现有两种形式：一种为机械整流式；另一种为晶体管整流式（详见各自产品使用说明书）。

3. 井下过流保护

1）过流的原因和危害

凡是流过电气设备和电缆的电流超过了额定值，都叫做过流。引起过流的原因很多，如短路、过负荷和电动机单相运转等。短路故障所产生的电流很大，如不及时排除，将导致电气设备严重破坏。电气设备过负荷和电动机单相运转均为不正常运行状态，如果让其长期存在，也将会导致过热而烧坏。过流保护包括短路保护、过负荷保护（或称过载保护）和断相保护等。过流的具体现象如下：

（1）短路。短路是指电流不流经负载，而是 2 根或 3 根导线直接短接形成回路，这时电流很大，可达额定电流的几倍、几十倍，甚至更大，其危害是能够在极短的时间内烧毁电气设备，引起火灾或瓦斯、煤尘爆炸事故。短路电流会产生很大的电动力，使电气设备遭到机械损坏，还会引起电网电压急剧下降，影响电网中的其他用电设备的正常工作。造成短路的主要原因是绝缘受到破坏，因而应加强对电气设备和电缆绝缘的维护及检查，并设置短路保护装置。

（2）过负荷。过负荷是指流过电气设备和电缆的实际电流超过其额定电流和允许过负荷时间。其危害是电气设备和电缆出现过负荷后，温度将超过所用绝缘材料的最高允许温度，损坏绝缘，如不及时切断电源，将会发展成漏电和短路事故。过负荷是井下烧毁中、小型电动机的主要原因之一。引起电气设备和电缆过负荷的原因主要有以下几方面：一是电气设备和电缆的容量选择过小，致使正常工作时负荷电流超过了额定电流；二是对生产机械的误操作，例如在刮板输送机机尾压煤的情况下，连续点动启动，就会在起动电流的连续冲击下引起电动机过热，甚至烧毁。此外，电源电压过低或电动机机械性堵转都会引起电动机过负荷。

（3）断相。断相是指三相交流电动机的一相供电线路或一相绕组断线。此时，运行中的电动机叫单相运行，由于其转矩比三相运行时小得多，在其所带负载不变的情况下，必然过负荷，甚至烧毁电动机。造成断相的原因有：熔断器有一相熔断；电缆与电动机或开关的接线端子连接不牢或发热烧坏而松动脱落；电缆芯线一相断线；电动机定子绕组与接线端子连接不牢或发热烧坏而脱落，开关内部主回路接线一相发热烧坏等。

2）井下低压电网短路电流计算

（1）计算的目的和要求。

①目的：正确选择和校验电气设备，使之能满足短路电流的动、热稳定性要求。对于低压开关设备和熔断器等，主要用于校验其分断能力。正确整定计算短路保护装置，使之在短路故障发生时能准确可靠地动作，切断故障支路，及时排除故障，确保供电安全。

②要求：计算最大的三相短路电流值，以校验开关设备等的分断能力。此时，短路点应选择在开关设备等负荷侧的端子上，并按最大运行方式计算。计算最小的两相短路电流值，以校验短路保护装置的灵敏度。此时，短路点应选择在保护范围的末端，并按最小运行方式计算。

（2）计算的特点如下：

①低压电网（包括变压器）一般不允许忽略电阻。由于电缆线路的电感电抗值远小于电阻值，故有时电感电抗值反而可以忽略。

②低压元件，如不太长的母线电缆、电流互感器的一次线圈、自动馈电开关的过电流脱扣线圈、开关触头的接触电阻以及短路点的电弧电阻等，对于低压电网的短路电流计算都有影响，但为了简化计算，一般可以忽略。

③计算短路电流时，电缆线路相间电容可以不考虑。

④低压电网的短路电流计算，用有名制法（或绝对值法）较为方便，即电压用伏（V）、电流用安（A）、阻抗用欧（Ω）表示。

（3）采区低压电网短路电流计算。

①短路电流的计算公式见表 7－28。

表 7－28 短路电流的计算公式

计算公式	符号含义
1. 三相短路电流 $I_d^{(3)}=\dfrac{U_{2e}}{\sqrt{3}\sqrt{(\sum R)^2+(\sum X)^2}}=\dfrac{U_{2e}}{\sqrt{3}Z}$ 2. 两相短路电流 $I_d^{(2)}=\dfrac{U_{2e}}{2\sqrt{(\sum R)^2+(\sum X)^2}}=\dfrac{U_{2e}}{2Z}$ 3. 三相短路电流和两相短路电流之间的换算关系 $I_d^{(3)}=1.15I_d^{(2)}$ $I_d^{(2)}=0.87I_d^{(3)}$ 4. 总电阻和总电抗 $\sum R=R_1+R_b+R_2$ $\sum X=X_X+X_1+X_b+X_2$ 5. 电源母线上的短路容量 $S_d=\sqrt{3}U_pI_d$ 6. 系统电抗 $X_X=\dfrac{U_{2e}^2}{S_d}$ 若井下中央变电所高压母线上的短路容量数据不详，可用该变电所高压配电箱的额定断流容量来进行近似计算 7. 高压电缆的阻抗 $R_1=\dfrac{R_{01}L_1}{K_b^2}$ $X_1=\dfrac{X_{01}L_1}{K_b^2}$ $Z_1=\dfrac{Z_{01}L_1}{{K_b}^2}=\dfrac{\sqrt{{R_{01}}^2+{X_{01}}^2}}{{K_b}^2}L_1$ 8. 变压器的阻抗	$I_d^{(3)}$—三相短路电流，A $I_d^{(2)}$—两相短路电流，A U_{2e}—变压器二次侧的额定电压，对于 127 V、380 V、660 V 和 1140 V 电网，分别为 133 V、400 V、690 V 和 1200 V $\sum R$、$\sum X$—短路回路中一相的总电阻和总电抗，Ω Z—短路回路中的总阻抗，Ω R_1、X_1、Z_1—折合变压器二次侧以后高压电缆每相的电阻、电抗和阻抗，Ω R_2、X_2—低压电缆每相的电阻、电抗，Ω R_b、X_b、Z_b—变压器的电阻、电抗和阻抗，Ω X_X—折合变压器二次系统电抗，Ω（通常有两种情况：一种是电源容量为无限大，电源母线的电压保持恒定，则系统电抗认为是零；另一种情况是，知道电源母线上的短路容量 S_d 求系统电抗值） S_d—井下中央变电所高压电源母线上的短路容量，MV·A U_p—电源母线上的平均电压，kV I_d—电源母线上发生三相短路时的短路电流，kA L_1—高压电缆的实际长度，km K_b—变比，变压器一次侧的平均电压和二次侧的平均电压之比 R_{01}、X_{01}、Z_{01}—高压电缆每相每公里的电阻（65 ℃）、电抗和阻抗，Ω

表 7-28（续）

计算公式	符号含义
$R_b = \frac{\Delta P}{3I_{2e}^2} = \frac{\Delta P U_{2e}^2}{S_e}$ $Z_b = U_d\% \frac{U_{2e}^2}{S_e}$ $X_b = \sqrt{Z_b^2 - R_b^2}$	S_e—变压器的额定容量，V·A U_{2e}、I_{2e}—变压器二次侧额定电压，V，额定电流，A Δp—变压器的短路损耗，W $U_d\%$—变压器的短路电压百分数
9. 低压电缆的电阻和电抗 $R_2 = R_{02}L_2$ $X_2 = X_{02}L_2$	R_{02}、X_{02}—低压电缆每相每公里的电阻（65 ℃）和电抗值，Ω L_2—低压电缆的实际长度，km

②高低压电缆阻抗值和变压器的参数如下：

a）高压电缆。高压电缆的每相每公里电阻和电抗值见表 7-29 和表 7-30。表 7-29 为高压铠装电缆的电阻、电抗值；表 7-30 为 6 kV 铜芯电缆的电阻、电抗值。

表 7-29　高压铠装电缆的电阻、电抗值　Ω/km

截面/mm²		16		25		35		50		70	
		铜	铝	铜	铝	铜	铝	铜	铝	铜	铝
6 kV	R_{01}	1.34	2.257	0.857	1.445	0.612	1.03	0.429	0.722	0.30	0.516
	X_{01}	0.068	0.068	0.066	0.066	0.064	0.064	0.063	0.063	0.061	0.061
10 kV	R_{01}	1.313	2.212	0.84	1.416	0.6	1.011	0.41	0.708	0.3	0.506
	X_{01}	0.08	0.08	0.08	0.08	0.08	0.08	0.08	0.08	0.08	0.08

截面/mm²		95		120		150		185		240	
		铜	铝	铜	铝	铜	铝	铜	铝	铜	铝
6 kV	R_{01}	0.226	0.38	0.179	0.302	0.143	0.241	0.116	0.195	0.089	0.15
	X_{01}	0.06	0.06	0.06	0.06	0.06	0.06	0.06	0.06	0.06	0.06
10 kV	R_{01}	0.221	0.372	0.175	0.295	0.14	0.236	0.114	0.191	0.088	0.147
	X_{01}	0.08	0.08	0.08	0.08	0.08	0.08	0.08	0.08	0.08	0.08

注：电缆芯线温度，6 kV 为 65 ℃，10 kV 为 60 ℃。

表 7-30　6 kV 铜芯电缆的电阻、电抗值　Ω/km

截面/mm²	16	25	35	50	70	95	120	150	185
R_{01}	1.287	0.824	0.588	0.412	0.294	0.217	0.192	0.137	0.111
X_{01}	0.094	0.085	0.078	0.075	0.072	0.069	0.068	0.066	0.066

b）低压电缆。低压电缆的每相每公里电阻和电抗值见表 7-31 和表 7-32。表 7-31 为低压矿用橡套电缆的电阻、电抗值；表 7-32 为低压铠装电缆的电阻、电抗值（以下电阻均为 65 ℃时的数值）。

如果电缆的电阻值不是所列 65 ℃时的，而是在常温下的，计算时应乘以 1.18。

井下高低压电缆的阻抗值，还可以用以下方法计算。

表7-31 低压矿用橡套电缆的电阻、电抗值 Ω/km

阻抗	电缆型号	电缆芯线截面/mm²									
		2.5	4	6	10	16	25	35	50	70	95
电阻	MZ	10.42	6.36								
	MY		5.50	3.69	2.16	1.37	0.864	0.616	0.448	0.315	
	MP										
	MC				2.18	1.48	0.937	0.683	0.491		
	MCP										
	MPQ				2.16	1.37	0.864	0.616	0.448	0.315	0.230
	MCPQ							0.683	0.491	0.346	0.247
	MCPJQ										
电抗			0.101	0.095	0.092	0.090	0.088	0.084	0.081	0.078	0.075

表7-32 低压铠装电缆的电阻、电抗值 Ω/km

阻抗	电缆型号	电缆芯线截面/mm²									
		2.5	4	6	10	16	25	35	50	70	95
电阻	铜芯	8.559	5.348	3.556	2.139	1.337	0.856	0.610	0.428	0.304	0.225
	铝芯	14.42	9.013	6.009	3.605	2.253	1.441	1.030	0.721	0.514	0.616
电抗	铜芯	0.102	0.095	0.090	0.073	0.0675	0.0637	0.0637	0.0625	0.0612	0.0602
	铝芯	0.012	0.095	0.090	0.073	0.0675	0.0637	0.0637	0.0625	0.0612	0.0602

电缆的每相平均电抗可采用以下近似值：

1 kV 以下电缆 0.06 Ω/km

3～10 kV 0.08 Ω/km

线路的电阻 R_L 可按下式计算

$$R_L = \frac{L}{DS} \tag{7-30}$$

式中 L——线路长度，m；

S——导线截面积，mm²；

D——电导率，m/(Ω·mm²)。

在计算煤矿井下最小两相短路电流时，需要考虑电缆在短路前因温度升高造成电导率下降，以及多股绞线使电阻增大等因素。故这种情况下，电缆的电阻应按最高工作温度下的电导率计算，其值见表7-33。

表7-33 电缆的电导率 m/(Ω·mm²)

电缆名称	温度/℃		
	20	65	80
铜芯软电缆	53	42.5	
铜芯铠装电缆		48.6	44.3
铝芯铠装电缆	32	28.8	

c）变压器的参数。常用变压器的参数、移动变电站用干式变压器的参数见附录一中附表1。

③短路电流计算举例。

【例7-7】设井下中央变电所母线上三相短路容量为50 MV·A。由井下中央变电所至采区变电所6 kV高压铜芯铠装电缆线芯截面为50 mm²，长度为1600 m，试求图7-42中 d_1 点和 d_2 点的二相短路电流值。

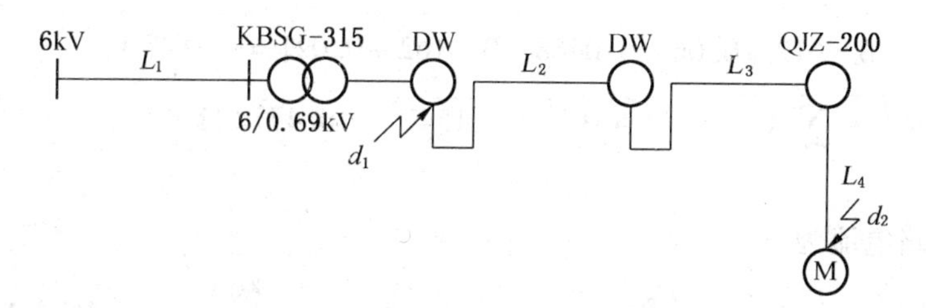

L_1—MYJV3×50—1600 m；L_2—MY3×70—600 m；L_3—MY3×50—200 m；L_4—MY3×35—250 m

图7-42　某采区供电系统

解　各元件阻抗计算。

电源阻抗：

题中没有给出电源的参数，但可根据井下中央变电所变压母线上三相短路容量来计算，该题为50 MV·A，故

$$X_X=\frac{U_{2e}^2}{S_d}=\frac{0.69^2}{50}=0.0095\ \Omega$$

电缆 L_1 的阻抗为

$$R_1=R_{01}L_1/K_b^2=0.429\times1.6/(6.3/0.69)^2=0.0082\ \Omega$$
$$X_1=X_{01}L_1/K_b^2=0.063\times1.6/(6.3/0.69)^2=0.0012\ \Omega$$

变压器的阻抗为

查附录一中附表1得 $R_b=0.0106\ \Omega$，$X_b=0.06\ \Omega$。

低压电缆的阻抗：

电缆 L_2 的阻抗为

$$R_2=R_{02}L_2=0.315\times0.6=0.189\ \Omega$$
$$X_2=X_{02}L_2=0.078\times0.6=0.0468\ \Omega$$

电缆 L_3 的阻抗为

$$R_3=R_{03}L_3=0.448\times0.2=0.0896\ \Omega$$
$$X_3=X_{03}L_3=0.081\times0.2=0.0162\ \Omega$$

电缆 L_4 的阻抗为

$$R_4=R_{04}L_4=0.616\times0.25=0.154\ \Omega$$
$$X_4=X_{04}L_4=0.084\times0.25=0.021\ \Omega$$

总阻抗：

d_1 点的总阻抗为

$$\sum R_1=R_1+R_b=0.0082+0.0106=0.0188\ \Omega$$

$$\sum X_1 = X_X + X_1 + X_b = 0.0095 + 0.0012 + 0.06 = 0.0707\ \Omega$$

$$Z_1 = \sqrt{\sum R_1^2 + \sum X_1^2} = \sqrt{0.0188^2 + 0.0707^2} = 0.0735\ \Omega$$

d_2 点的总阻抗为

$$\sum R_2 = R_1 + R_b + R_2 + R_3 + R_4 = 0.0082 + 0.0106 + 0.189 + 0.0896 + 0.154 = 0.4514\ \Omega$$

$$\sum X_2 = X_X + X_1 + X_b + X_2 + X_3 + X_4$$

$$= 0.0095 + 0.0012 + 0.06 + 0.0468 + 0.0162 + 0.021 = 0.1547\ \Omega$$

$$Z_2 = \sqrt{\sum R_2{}^2 + \sum X_2{}^2} = \sqrt{0.4514^2 + 0.1547^2} = 0.4772\ \Omega$$

短路电流：

d_1 点的短路电流为

$$I_{d1}^{(2)} = \frac{U_{2e}}{2\sqrt{(\sum R_1)^2 + (\sum X_1)^2}} = \frac{U_{2e}}{2Z_1} = \frac{690}{2 \times 0.0735} = 4694\ \text{A}$$

d_2 点的短路电流为

$$I_{d2}^{(2)} = \frac{U_{2e}}{2\sqrt{(\sum R_2)^2 + (\sum X_2)^2}} = \frac{U_{2e}}{2Z_2} = \frac{690}{2 \times 0.4772} = 723\ \text{A}$$

④短路电流的查表法。两相短路电流还可以利用计算表查出。可根据变压器的容量、短路点至变压器的电缆换算长度，以及系统电抗、高压电缆的折算长度，从《煤矿井下低压电网短路保护装置的整定细则》中查出短路电流值。

电缆的换算长度 L_H 可根据电缆的截面、实际长度，用式（7-31）计算得出。

$$L_H = K_1L_1 + K_2L_2 + \cdots + K_nL_n + L_X + K_gL_g \tag{7-31}$$

式中　L_H——电缆总的换算长度，m；

K_1、K_2、…、K_n——换算系数，各种截面电缆的换算系数；

L_1、L_2、…、L_n——各段电缆的实际长度，m；

L_X——系统电抗的换算长度，见附录二附表1，m；

K_g——6 kV 电缆折算至低压侧的换算系数，见附录二附表2，m；

L_g——6 kV 电缆的实际长度，m。

电缆的换算长度，是根据阻抗相等的原则将不同截面和长度的高、低压电缆换算到标准截面的长度，在 380 V、660 V、1140 V 系统中，以 50 mm^2 作为标准截面，见表 7-34；在 127 V 系统中，以 4 mm^2 作为标准截面，见表 7-35。

表 7-34　不同截面电缆的长度换算系数（以 50 mm^2 作为标准截面）

电缆截面/mm^2	4	6	10	16	25	35	50	70
换算系数	12.12	8.11	4.74	3	1.9	1.36	1	0.71

表 7-35　不同截面电缆的长度换算系数（以 4 mm^2 作为标准截面）

电缆截面/mm^2	2.5	4	6	10
换算系数	1.64	1	0.58	0.34

3）电缆线路的短路保护

（1）电磁式过电流继电器的整定。1200 V 及以下馈电开关过电流继电器的电流整定值，按下列规定选择。

①保护电缆干线的装置按式（7-32）选择：

$$I_Z \geqslant I_{Qe} + K_X \sum I_e \tag{7-32}$$

式中　I_Z——过流保护装置的电流整定值，A；

I_{Qe}——容量最大的电动机的额定起动电流，对于有数台电动机同时启动的工作机械，若其总功率大于单台启动的容量最大的电动机功率时，I_{Qe}则为这几台同时启动的电动机的额定起动电流之和，A；

$\sum I_e$——其余电动机的额定电流之和，A；

K_X——需用系数，取 0.5~1。

②保护电缆支线的装置按式（7-33）选择：

$$I_Z \geqslant I_{Qe} \tag{7-33}$$

式中，I_Z、I_{Qe}的含义同式（7-32）。

对鼠笼电动机，其近似值可用额定电流乘以 6；对绕线型电动机，其近似值可用额定电流乘以 1.5；当选择起动电阻不精确时，起动电流可能大于计算值，在此情况下，整定值也要相应增大，但不能超过额定电流的 2.5 倍。在启动电动机时，如继电器动作，则应变更起动电阻，以降低起动电流值。

对于某些大容量采掘机械设备，由于位置处在低压电网末端，且功率较大，启动时电压损失较大，其实际起动电流要大大低于额定起动电流，若能测出其实际起动电流，则式（7-32）和式（7-33）中 I_{Qe}应以实际起动电流计算。

③按式（7-32）和式（7-33）规定选择出来的整定值，还应用两相短路电流值进行校验，校验结果应符合式（7-34）的要求，即

$$\frac{I_d^{(2)}}{I_Z} \geqslant 1.5 \tag{7-34}$$

式中　$I_d^{(2)}$——被保护电缆干线或支线距变压器最远点的两相短路电流值，A；

I_Z——过电流保护装置的电流整定值，A；

1.5——保护装置的可靠动作系数。

若线路上串联两台及以上开关时（其间无分支线路），则上一级开关的整定值也应按下一级开关保护范围最远点的两相短路电流来校验，校验的灵敏度应满足 1.2~1.5 的要求，以保证双重保护的可靠性。

若经校验，两相短路电流不能满足式（7-34），则可采取以下措施：

a）加大干线或支线电缆截面；

b）设法减少低压电缆线路的长度；

c）采用相敏保护器或软启动等新技术提高灵敏度；

d）换用大容量变压器或采取变压器并联；

e）增设分段保护开关；

f）采用移动变电站或移动变压器。

（2）电子保护器的电流整定。

①馈电开关中电子保护器的短路保护整定原则，按式（7－32）和式（7－33）的有关要求进行整定，按式（7－34）校验，其整定范围为（3～10）I_e；其过载长延时保护电流整定值按实际负载电流值整定，其整定范围为（0.4～1）I_e。I_e 为馈电开关额定电流。

②电磁起动器中电子保护器的过流整定值，按式（7－35）选择：

$$I_Z \leqslant I_e \tag{7-35}$$

式中　I_Z——电子保护器的过流整定值，取电动机额定电流近似值，A；

I_e——电动机的额定电流，A。

当运行中电流超过 I_Z 值时，即视为过载，电子保护器延时动作；当运行中电流达到 I_Z 值的 8 倍及以上时，即视为短路，电子保护器瞬时动作。

③按式（7－35）规定选择出来的整定值，也应以两相短路电流值进行校验，应符合式（7－36）的要求：

$$\frac{I_d^{(2)}}{8I_Z} \geqslant 1.2 \tag{7-36}$$

式中　$I_d^{(2)}$——被保护电缆干线和支线距变压器最远点的两相短路电流值，A；

I_Z——电子保护器的过流整定值，取电动机额定电流近似值，A；

$8I_Z$——电子保护器短路保护动作值；

1.2——保护装置的可靠动作系数，如不能满足式（7－36），则应采取上述规定的有关措施。

【例 7－8】已知某采区供电系统图如图 7－43 所示，低压电缆的型号为 MY，试整定 1、2、6 号开关中的过电流继电器的动作整定值。

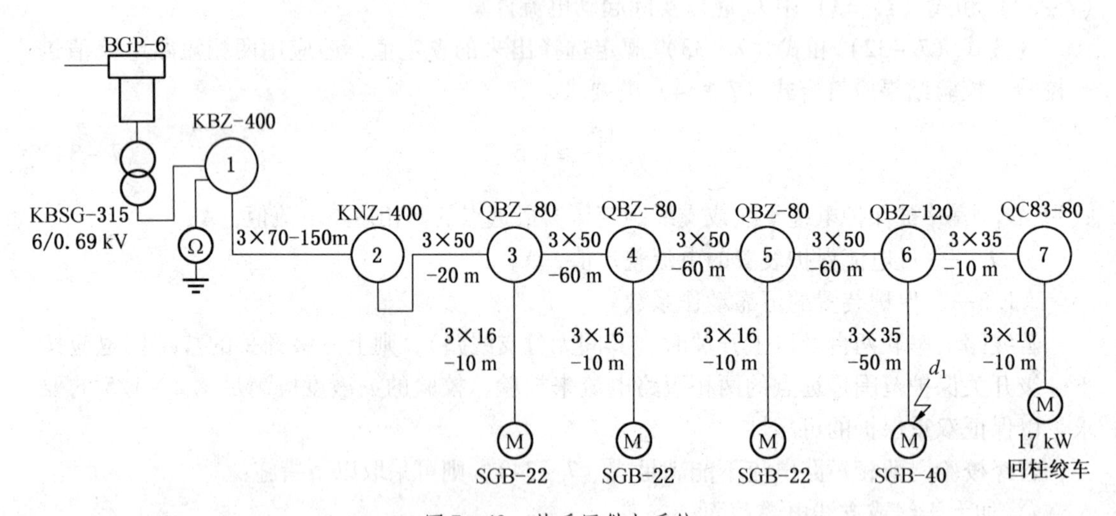

图 7－43　某采区供电系统

①过电流继电器的动作电流值计算

6 号开关：

SGB－40 型输送机的额定电流为

$$I_e = 1.15P_e = 1.15 \times 40 = 46\ \text{A}$$

按式（7－35）的整定要求，6 号开关电磁起动器中电子保护器的过流整定值 I_{Z6} 为

$$I_{Z6} \leqslant I_e = 46\ \text{A}$$

取过负荷整定值 $I_{Z6} = 45$ A。

1 号和 2 号馈电开关：

由于开关的型号相同，1 号和 2 号馈电开关的整定值 I_{Z1}、I_{Z2} 为

$$\begin{aligned} I_{Z1} &= I_{Z2} = I_{Qe} + K_X \sum I_e \\ &= 6 \times 46 + 0.6\ (3 \times 1.15 \times 22 + 1.15 \times 17) \\ &= 333.3\ \text{A} \end{aligned}$$

按馈电开关额定电流取整，1 号和 2 号馈电开关的整定值为

$$I_{Z1} = I_{Z2} = 500\ \text{A}$$

②灵敏度校验。计算 d_1 点短路电流值。

供电变压器二次到 d_1 的电缆换算长度为

$$L_H = 150 \times 0.71 + 20 + 3 \times 60 + 50 \times 1.36 = 375\ \text{m}$$

于是查《煤矿井下低压电网短路保护装置的整定细则》，得 d_1 点短路电流为

$$I_{d_1}^{(2)} = 1708\ \text{A}$$

6 号开关：

6 号开关电磁起动器中电子保护器的过流整定值按式（7－36）进行校验，即

$$\frac{I_d^{(2)}}{8I_Z} = \frac{1708}{8 \times 45} = 4.7 > 1.2$$

故符合要求。

1 号和 2 号馈电开关：

$$I_{Z1} = I_{Z2} = \frac{1708}{500} = 3.4 > 1.5$$

故符合要求。

（3）熔断器熔体额定电流的选择。

1200 V 及以下的电网中，熔断器熔体额定电流可按下列规定选择。

①对保护电缆干线的装置，按式（7－37）选择：

$$I_R \approx \frac{I_{Qe}}{1.8 \sim 2.5} + \sum I_e \tag{7-37}$$

式中　　I_R——熔断器熔体额定电流，A；

1.8～2.5——当容量最大的电动机启动时，保证熔体不熔化的系数，对于不经常启动和轻载启动的可取 2.5，对于频繁启动和带负载启动的可取 1.8～2；

I_{Qe}、$\sum I_e$ 含义同式（7－32）。

如果电动机启动时电压损失较大，则起动电流比额定起动电流小得多，其所取的不熔化系数比上述值可略大些，但不能将熔体的额定电流取的太小，以免在正常工作中由于启动电流过大而烧坏熔体，导致单相运转。

②对保护电缆支线的装置按式（7－38）选择：

$$I_R \approx \frac{I_{Qe}}{1.8 \sim 2.5} \tag{7-38}$$

③对保护照明负荷的装置，按式（7-39）选择：

$$I_R \approx I_e \tag{7-39}$$

式中 I_e——照明负荷的额定电流，A；

④选用的熔体，应按式（7-40）进行校验：

$$\frac{I_d^{(2)}}{I_R} \geqslant 4 \sim 7 \tag{7-40}$$

式中 4~7——保证熔体及时熔断的系数，当电压为1140 V、660 V、380 V，熔体额定电流为100 A及以下时，系数取7；熔体额定电流为125 A时，系数取6.4；熔体额定电流为160 A时，系数取5；熔体额定电流为200 A时，系数取4；当电压为127 V时，不论熔体额定电流大小，系数一律取4。

对供电距离远、功率大的电动机（如机组和工作面运输机电动机）的馈出线，由于供电距离远，电动机起动时在电缆中有较大的损失，电动机实际起动电流一般要比额定起动电流小10%~30%。因此，在这种情况下，馈出线上开关的整定计算及熔体额定电流的选择，应按电动机实际起动电流计算。

当熔体额定电流超过160 A时，最好选用过电流继电器来进行保护。

对真空磁力起动器来说，用电子保护器配合熔断器对电动机进行保护是较可靠的，可提高保护的可靠性。

【例7-9】JH-14型回柱绞车的额定电压为660 V，额定功率为17 kW，应选用多大的熔体？已知电动机处的二相短路电流 $I_d^{(2)}=500$ A。

解 电动机的额定电流为

$$I_e = 1.15P_e = 1.15 \times 17 = 20 \text{ A}$$

起动电流为

$$I_{Qe} = 6I_e = 6 \times 20 = 120 \text{ A}$$

熔体的额定电流为

$$I_R \approx \frac{I_{Qe}}{1.8 \sim 2.5} = \frac{120}{2} = 60 \text{ A}$$

校验：

$$\frac{I_d^{(2)}}{I_R} = \frac{500}{60} = 8.3 > 4 \sim 7$$

故满足要求。

因此，所选熔体的额定电流为60 A。

【例7-10】用熔断器保护127 V、1.2 kW的煤电钻，求熔体的额定电流应是多少？

解 由于煤电钻电动机的额定起动电流为 $I_{Qe}=54$ A，故熔体的额定电流为

$$I_R \approx \frac{I_{Qe}}{2.5} = \frac{54}{2.5} = 21.6 \text{ A}$$

故应选取额定电流为20 A的熔体。若按熔体额定电流的4倍进行计算，两相短路电流不应小于80 A。对应于此短路电流的换算长度，在2.5 kV·A变压器和4 mm^2 的电缆条件下，煤电钻负荷线的长度不应超过90 m。

4）变压器的保护

(1) 动力变压器在低压侧发生两相短路时，采用高压配电装置中的过电流保护装置来保护，对于电磁式保护装置，其一次电流整定值 I_Z 按式（7－41）选择：

$$I_Z \geqslant \frac{1.2 \sim 1.4}{K_b}(I_{Qe} + K_X \sum I_e) \tag{7-41}$$

式中　K_b——变压器的变压比；

1.2～1.4——可靠系数；

I_{Qe}、$\sum I_e$、K_X 的含义同式（7－32）。

对于电子式高压综合保护器，按电流互感器二次额定电流值（5 A）的1、2、3、4、5、6、7、8、9倍分级整定，其整定值按式（7－42）选择：

$$n \geqslant \frac{I_{Qe} + K_X \sum I_e}{K_b I_{ge}} \tag{7-42}$$

式中　n——电流互感器二次额定电流值（5 A）的倍数；

I_{ge}——高压配电装置额定电流，A。

过电流保护装置的整定值，应取其最接近于计算的数值。对各种容量的变压器，应按规定进行整定。

对于Y/Y接线和Y/Δ接线变压器，按式（7－41）计算出的整定值还应按式（7－43）进行校验。

$$\frac{I_d^{(2)}}{K_b I_Z} \geqslant 1.5$$

$$\frac{I_d^{(2)}}{\sqrt{3} K_b I_Z} \geqslant 1.5 \tag{7-43}$$

式中　$I_d^{(2)}$——变压器低压侧两相短路电流，A；

I_Z——高压配电装置过电流保护装置的电流整定值，A；

K_b——变压器的变比；

$\sqrt{3}$——Y/Δ接线变压器的二次侧两相短路电流折算到一次侧时的系数；

1.5——保证过电流保护装置可靠动作的系数。

(2) 动力变压器的过负荷保护反映变压器正常运行时的过载情况，通常为三相对称，一般经一定延时作用于信号。高压配电装置中保护装置整定原则如下：

①电子式过流反时限继电保护装置，按变压器额定电流整定。

②电磁式动作时间为10～15 s，起动电流按躲过变压器的额定电流来整定，即

$$I_Z = \frac{K I_{eb}}{K_f} \tag{7-44}$$

式中　K——可靠系数，取1.05；

K_f——返回系数，一般为0.85；

I_{eb}——变压器额定电流，A。

(3) 高压配电装置的额定电流值的选择，除应考虑其实际可能的最大负载电流外，还应从其切断能力出发，以其出口端处可能发生的三相短路电流来校验，选择既能承担长期的实际最大负载电流，又能安全可靠地切断其出口处的三相直接短路的最大短路电流。

配电装置出口处的三相短路电流值，应经计算确定。当缺乏计算数据时，可按配电装置短路容量来确定短路电流值，见表7-36。

为了提高保护性能，最好能算出实际的短路电流值。实际的短路电流值，一般比用最大允许的短路容量（50 MV·A或100 MV·A）所计算出来的数值要小。

（4）照明、信号综合保护装置和煤电钻综合保护装置中变压器的一次侧用熔断器保护时，其熔体的额定电流选择如下：

①对保护照明综保变压器按式（7-45）选择：

表7-36　根据三相短路容量计算的三相短路电流

短路容量/MV·A	额定电压/V	短路电流/A
50	3	9600
	6	4800
100	3	19200
	6	9600

$$I_R \approx \frac{1.2 \sim 1.4}{K_b} I_e \tag{7-45}$$

式中　I_R——熔体额定电流，A；

I_e——照明负荷的额定电流，A；

K_b——变压比，当电压为380/133（230）V时，K_b为2.86（1.65）；当电压为660/133（230）V时，K_b为4.96（2.86）；当电压为1140/133（230）V时，K_b为8.57（4.96）。

②对保护电钻综保变压器按式（7-46）选择：

$$I_R \approx \frac{1.2 \sim 1.4}{K_b}\left(\frac{I_{Qe}}{1.8 \sim 2.5} + \sum I_e\right) \tag{7-46}$$

式中　I_{Qe}——容量最大的电钻电动机的额定起动电流，A；

$\sum I_e$——其余电钻电动机的额定电流之和，A；

K_b的含义同式（7-45）。

所选用的熔体额定电流应接近于计算值，并按式（7-47）进行校验：

$$\frac{I_d^{(2)}}{\sqrt{3} K_b I_R} \geqslant 4 \tag{7-47}$$

式中　$I_d^{(2)}$——变压器低压侧两相短路电流，A；

K_b——变压器的变比；

$\sqrt{3}$——Y/Δ接线变压器的二次侧两相短路电流折算到一次侧时的系数；当Δ/Δ接线时此系数取1。

第八章　设备检修与维护

第一节　设备检修与故障处理

一、操作技能

（一）正确分析、排除磁力起动器的常见故障

1. 对处理故障的要求

（1）故障处理人员应取得电钳工资格证并具有2年以上的专业时间。

（2）应熟悉所辖范围内电气设备的结构、原理、性能。

（3）应备有相应的工具和仪表。

（4）严禁带电作业、带电处理故障，在处理故障中要严格遵守有关规程和操作规定。

（5）严禁在不盖开关盖的情况下试送电。

2. 排除QBZ－200/660型矿用隔爆真空磁力起动器的故障

1）磁力起动器不能吸合

QBZ－200/660型矿用隔爆真空磁力起动器工作原理如图8－1所示。应结合图8－1，从以下几个方面判断故障的范围：

（1）熔断器FU熔断；

（2）控制变压器TV烧毁；

（3）综合保护器JDB动作或触点JDB 3、4没有闭合；

（4）启动按钮有问题，没有闭合好；

（5）交流接触器线圈烧坏；

（6）整流桥烧坏；

（7）中间继电器KA烧坏；

（8）隔离开关QS烧坏。

2）不自保（即松开起动按钮就停车）

（1）自保触点KM2不能正常闭合；

（2）KM2触点断线。

3）不能停车

（1）KA线圈剩磁导致KA1不能断开；

（2）KA1触点烧结；

（3）接触器主触点KM烧结。

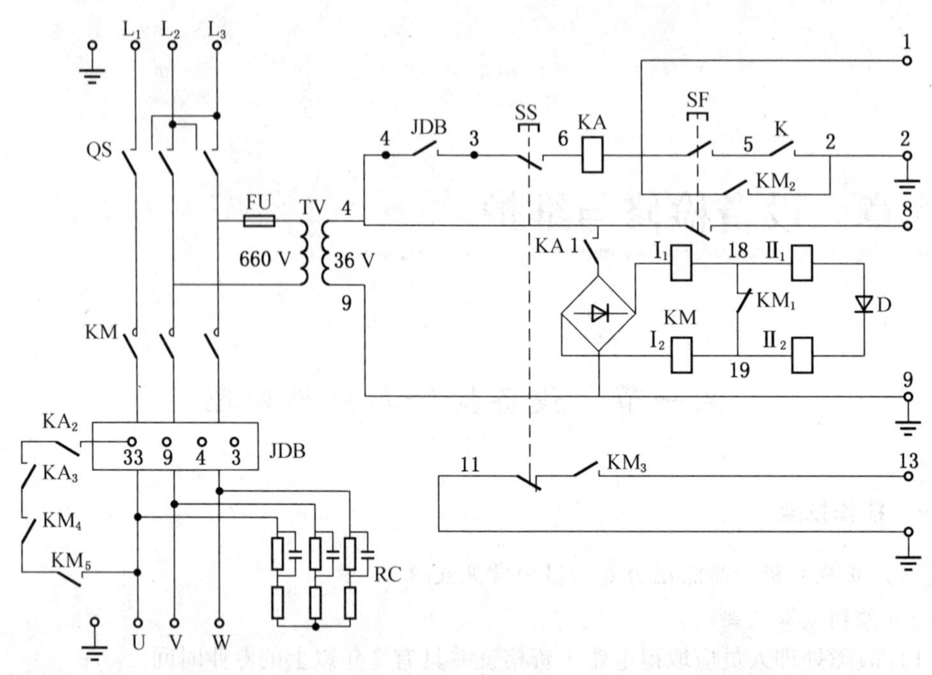

图 8-1　QBZ-200/660 型矿用隔爆真空磁力起动器工作原理

（二）排除电子插件的一般故障

1. 一般电子保护插件（组件）的组成

电子式脱扣器也称为电子式保护装置。电子式脱扣器一般由信号检测、信号比较、延时电路、触发电路和执行元件等部分组成，如图 8-2 所示。对于过流保护的交流电路中，一般用电流互感器取得电流信号，经分压电阻转变为电压信号，经电阻 R′输入到运算放大器的反相输入端。需要延时的保护装置还应加入延时环节，延时环节的加入方式要依据对保护的要求决定。执行元件动作后，由执行元件输出的接点作用于磁力起动器的控制回路，使交流接触器分断，从而切断故障。另外，由执行元件输出的接点，还可以作用于电磁分励脱扣器、失压脱扣器，使开关分闸。

电子式脱扣器不是经常动作的装置，为了保证它可靠工作，在整体电路设计中，应设置试验检查回路。利用试验按钮发出模拟故障信号，若发现保护器不能动作或开关不能分闸时，说明保护器或开关出现了故障，应进行检查处理；若保护装置能可靠动作，说明保护器良好。电子保护装置电路最好本身具有故障自检能力，在自身保护电路出现故障时也可使其动作。

2. 排除电子插件的一般故障

当供电线路的绝缘正常、设备没有出现过流的情况下，如果开关不能吸合，在排除其他原因引起的开关不能吸合原因外，只要把备用开关的电子保护插件与之进行互换，若开关能正常吸合，说明该开关的保护插件出现了问题。一般情况下，在井下是没有条件进行插件的故障处理的，现场只有更换好的插件。

井上电子插件的维修有两点：一是从直观面把坏的元件更换掉；二是必须经试验台进行检查、测量，从而确定故障原因。

（三）对电气设备的失爆进行处理

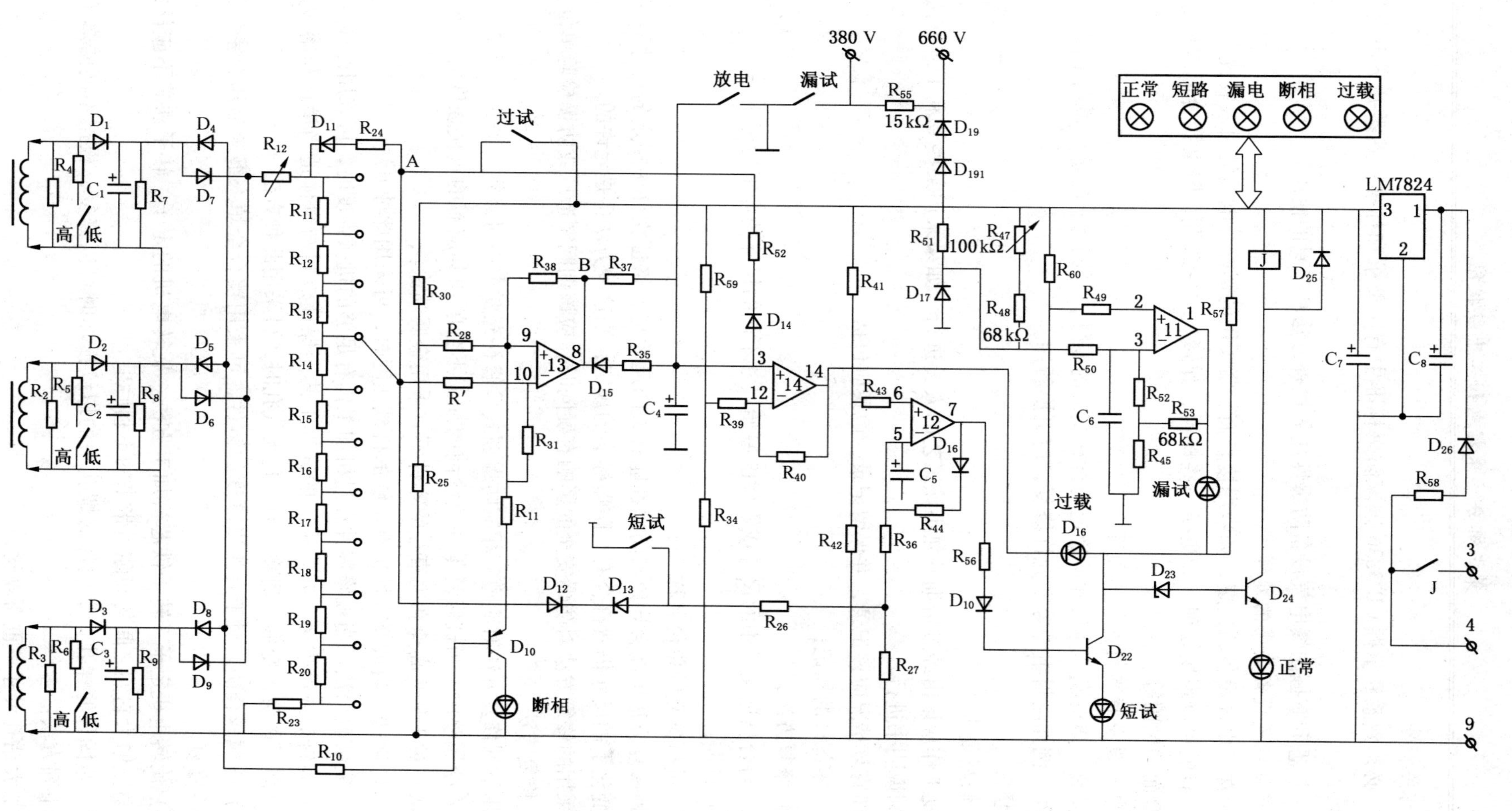

图 8-2　JDB 电动机综合保护装置原理

1. 有关标准

（1）必须熟悉和掌握 GB 3836 国家防爆标准中有关要求和标准；熟悉井下电气设备的完好标准。

（2）熟悉和掌握防爆电气设备防爆性能的检查方法和工具的使用。

2. 常见电气设备失爆的处理

对于常见电气设备的失爆，如隔爆接合面、紧固用的螺栓、电缆的引入装置出现失爆的现象，有的可以现场处理，如更换一些螺栓、弹簧垫、密封圈，隔爆接合面除锈加油，隔爆接合面的紧固等。

3. 电气设备特殊情况下的处理

由玻璃、塑料或其他尺寸不稳定的材料制成的零件；紧固件；制造厂说明不能进行修复的零件，例如浇封组件等不允许修复，应更换新件。

4. 修复

1）修复要求

修复工作应该由经过培训并熟悉该工艺的人员进行。如果采用某些专利工艺方法时，应按专利说明书进行。

全部修复情况应该记录，并保留记录，记录应包括：

（1）零部件的标记；

（2）修复方法；

（3）与合格证文件中的尺寸或零件的原始尺寸不同的尺寸的详细情况；

（4）日期；

（5）进行修复的单位名称。

某种修复方法可能会导致与防爆性能有关的尺寸与合格证文件中规定的尺寸不一致，但如果变化了的尺寸仍然符合有关防爆标准的规定，则这种方法也是允许的。

当采用的修复方法对防爆安全的影响有疑问时，应该询问制造厂或防爆检验单位。

2）修复方法

采用下列修复方法时应遵守相应防爆型式检修补充要求中对修复方法的专门要求。

（1）金属喷涂。当被修复零件喷涂前的加工不会削弱其应有的机械强度时，可采用此种方法。对于某些高速和大直径的零件不宜采用金属喷涂法。

（2）电镀法。当被修零件仍有足够的机械强度时，可采用此种方法。

（3）安装套筒法。当被修零件经过机加工仍有足够的机械强度时，可采用此种方法。

（4）硬钎焊或熔焊法。如果采用的钎焊工艺能保证焊料与母体适当渗透和熔接，又经时效处理后能防止变形，消除应力，且无气孔时，可采用此种方法。

（5）金属压合法。对于有相当厚度的铸件，可采用镍合金填塞缝隙后压合密实的技术进行冷修复。

（6）旋转电机定子、转子铁芯机加工方法。旋转电机的定子、转子铁芯不应任意机加工，防止增大它们之间的间隙后带来的不利后果。

（7）紧固件的螺孔。紧固件的螺孔中的螺纹损坏时可以修复，根据不同防爆型式，应采用下列方法：

①加大钻孔尺寸，重新攻丝；

②加大钻孔尺寸，堵住，重新钻孔，重新攻丝；

③堵死螺孔，在另外位置重新钻孔并攻丝；

④焊死螺孔，重新钻孔并攻丝。

（注：②、③两法不适用于隔爆面上的紧固螺孔。）

（8）重新机加工方法。磨损或损坏的表面在下列条件下允许重新机加工：

①能保证零件的机械强度；

②保持外壳的整体性；

③达到要求的表面粗糙度。

（四）采掘运机械设备常见故障处理

1. 刮板输送机的故障处理

1）刮板输送机保险销切断的征兆、原因及其预防、处理方法

（1）征兆：刮板输送机的保险销设在减速箱大轴上或设在机头轴上。当保险销切断后，离合器分开，电动机仍然转动，而机头轴和刮板链停止转动。

（2）原因：造成保险销切断的主要原因是压煤过多，其他原因如矸石、木棒及金属杂物被回空链从机头带进下槽，卡住刮板链，阻力过大，或保险销磨损、中部槽磨损卡住刮板等都可能造成保险销切断。

（3）预防方法：开动刮板输送机前将刮板链调节好，使其松紧适当。掏清机头、机尾的煤粉，如有矸石、木棒或其他杂物要及时清出。输送机运煤时，不要装得太多。中部槽要搭接严密，如有坏槽要及时更换。保险销需用低碳钢制造，并要勤检查，磨损超限时要及时更换，保证销子与销轴的间隙不大于1 mm。

（4）处理方法：更换新的保险销。换上新的保险销后，如果启动后又被切断，就要进行分析，如第一次被切断，可能是因保险销磨损超限造成，第二次又被切断，就不是保险销的问题，必须认真进行检查，找出原因。如果是压煤或石块太多，飘链或刮板链太长，都要逐一进行处理；如果下槽回煤过多，应先将上槽煤清理出去，使刮板链反向运转；如果是矸石或木棒等杂物卡住下链，就必须清除。

2）刮板链在链轮上掉链的征兆、原因及其预防、处理方法

（1）征兆：刮板链在正常运行时，突然加快，链速不均，这就是刮板链脱离了链轮，在非正常状态下运转。

（2）原因：机头不正；机头第二节溜槽或底座不平，链轮磨损超限或咬进杂物，使刮板链脱出轮齿；双边链的刮板链两条链的松紧不一致；刮板严重歪斜；刮板太稀或过度弯曲。

（3）预防方法：保持机头平、直，垫平机身，使机头、机尾和中间部成一直线。对无动力传动的机尾可把机尾链轮改为带沟槽的滚筒。防止链轮咬进杂物，如发现刮板链下有矸石或金属杂物，应立即取出。双边链的刮板链长短不一致、过度弯曲的刮板要及时更换，缺少的刮板要补齐。

（4）处理方法：因链轮咬进杂物而造成掉链，可以反方向断续开动或用撬棍撬一下，刮板链就可上轮。如果掉链时链轮咬不着链条，即链轮能转而链条不动时，可用紧链装置松开刮板链，然后使刮板链上轮。

当边双链的刮板输送机的一条刮板链掉链（里侧），可在两条刮板链相对称的两个内环之间支撑一根硬木，然后开动刮板输送机，掉下的一侧就可上轮。开动刮板链时，人要

离远点，防止木棍弹出伤人。当一条刮板链在链轮外侧落辙掉链时，可在机头槽帮和落辙刮板链之间塞一木块，开动输送机将刮板链挤上链轮。

3）刮板链在底槽出槽的征兆、原因及其预防、处理方法

（1）征兆：电动机发出十分沉重的响声，刮板链运转逐渐缓慢，甚至停止运转。如果不是负荷过大，被煤埋住，就是底链出了槽。边双链刮板输送机易发生这种事故。

（2）原因：输送机本身不平不直，上鼓下凹，过度弯曲；溜槽严重磨损；两根链条长短不一，造成刮板歪斜或因刮板过度弯曲使两条链距缩短。

（3）预防方法：经常保持刮板输送机平直，刮板链要松紧适当，弯曲的刮板要及时更换，缺少的刮板要及时补上，破损的溜槽要及时更换。

（4）处理方法：发现刮板链在底槽出槽时，应停止装煤，然后对刮板输送机的中间部进行检查，发现溜槽有问题时，应更换。如果输送机不平整，凸凹较严重的区段应清理平整。

4）刮板链飘链的征兆、原因及其预防、处理方法

（1）征兆：电动机发出尖锐且十分费劲的响声，而刮板又刮煤太少，2～3 min仍不见大量的煤过来，就证明刮板输送机的刮板已飘链。

（2）原因：刮板输送机不平不直或刮板链太紧，把煤挤到溜槽一边，使刮板链在煤上运行；刮板缺少、弯曲太多；刮板链下面塞有矸石等原因都会造成飘链现象。

（3）预防方法：经常保持刮板输送机平直，刮板链要松紧适当，煤要装在溜槽中间，弯曲的刮板要及时更换，缺少的刮板要及时补上。如果煤质不好或拉上坡时，还可以加密刮板。在缩短刮板输送机向前移机尾时，一定要把机尾放平。在铺设时最好使机头、机尾低于中间部，呈“桥”形。

（4）处理方法：发现刮板链飘出之后，首先应停止装煤，然后对刮板输送机的中间部进行检查。如果不平应将中间部垫起。放煤时如果冲力太大，常靠一边时，可在放煤口的溜槽帮上垫上一块木板，或铺一块搪瓷溜槽，使煤经过木板或搪瓷溜槽时减小冲力，让煤流到溜槽中间。

5）刮板输送机断链的征兆、原因及其预防、处理方法

（1）征兆：刮板输送机在运转时，刮板链在机头底下突然下垂或堆积；边双链刮板输送机一侧刮板突然歪斜。

（2）原因：装煤过多，过负荷，压住刮板链；工作面不平不直，刮板卡刮；链环锈蚀，强度降低；链条严重磨损，强度降低；受冲击载荷的反复作用造成链条疲劳破坏，节距增长；链条本身制造质量差；刮板链过紧，机头链轮过度磨损或机头、机尾不正造成经常落辙（掉链）等。

（3）预防方法：刮板输送机运转之前，适当调节刮板链，使它不过紧或过松。装煤要适当，不能过满，特别是停机后不要装煤。保持机头与下一台刮板输送机有不小于0.3 m的高度，防止底刮板链带回煤粉或杂物。随时清除机尾的煤粉、矸石与杂物，最好将机尾前一节溜槽下部掏空，使底刮板链带回的煤粉能漏下去。损坏变形的溜槽要更换，消除溜槽的戗茬现象。磨损过度和弯曲、折断的刮板都要进行更换。连接环的螺栓要坚固，最好使用尼龙螺帽，防止松扣。

一般刮板输送机正常运转时发出“沙沙”的摩擦声音，如果听到“咯噔、咯噔”或突然发出“咯崩”声响，或者刮板链稍一停顿又继续运转，都是刮板链快要折断的预兆。

此时应马上停止装煤，检查原因，及时处理，严禁强行启动。

（4）处理方法：首先停止运转，找出刮板链折断的地方。底链经常断在机头或机尾附近。断底链的处理方法可以参照掉底链的处理方法,将卡紧的刮板拆掉,返回上槽处理。

6）减速器过热、响声不正常的征兆、原因及其预防、处理方法

（1）征兆：发出油烟气味和“吐噜、吐噜”的响声。

（2）原因：主要原因是齿轮磨损过度，啮合不好，修理组装不当，轴承损坏或串轴，油量过少或过多，油质不干净等。此外，液力偶合器安装不正，地脚螺栓松动。超负荷也是造成减速箱响声不正常的原因。

（3）预防方法：坚持定期检修制度，经常检查齿轮和轴承磨损情况。可打开减速箱检查孔，用木棒卡住齿轮，使它固定，再转动液力偶合器。另外，注意各处螺栓是否松动，要保持油量适当，液力偶合器间隙要合适。

（4）处理方法：拧紧各处螺栓，补充润滑油，轴伞齿轮轴承损坏时，可以连同轴承一起更换，更换轴伞齿轮要注意调整好间隙。

7）造成电动机过热的原因及其预防、处理方法

（1）造成电动机过热的主要原因有以下几点：

①主要是负荷过大，电动机被煤埋住，通风不良，连续启动，用联锁控制时继电器动作频繁，轴承损坏。有时三相电源接触不良，地脚螺栓松动振动大，机头不稳也会使电动机过热。

②启动频繁，启动电流大；电动机长时间在启动电流下工作。

③运行后的热电动机停止工作较长时间后，周围环境湿度大，绝缘能力降低，若不采取措施，启动电动机时易烧坏电动机。

④电动机散热片断掉（打风叶），通风不良，散热条件差。

⑤电动机单机运转、电压过高或过低都会造成烧坏电动机。

（2）预防方法：适当装煤，保持负荷均匀，不要频繁启动电动机，电动机轴承要定期注、换油，紧好机头各处螺栓，随时清理煤粉，严禁强行启动。

（3）处理方法：电动机过热时，应停下输送机，临时取下保险销，使电动机空转，借风扇转动使电动机自行冷却，然后再根据故障原因分别处理。

8）造成液力偶合器发热的原因

（1）刮板输送机长时间满负荷运行。这种情况一般都发生在对拉工作面的中间巷道。

（2）液力偶合器的散热条件差。这种情况都发生在溜子道。机头架两侧由于大块煤、矸、杂物堆满，影响空气流通或液力偶合器散热。

（3）频繁的正、反向启动。这种情况都发生在推移输送机和紧链操作过程中。

（4）过载或传动系统被卡住。

9）刮板输送机发生断链事故的原因和预防

刮板输送机断链是刮板输送机事故中最严重的一种。它不仅能引起伤人事故，而且严重影响生产。据某矿统计，断链事故影响的产量占全矿机电事故影响产量的36%，所以在实际工作中应采取一些防范措施。

（1）引起刮板链断裂的主要原因有以下几点：

①链条在运行中突然被卡住。如溜槽对口错位，挂住了刮板或链环；在运行中某刚性

物件的一端在溜槽中，另一端被卡在煤帮或输送机槽帮或输送机旁的其他固定物上，此时会对刮板链产生很大的冲击力，致使其断裂。还有因巷道顶板不够高，机头较高，当大块煤或矸石被运到机头处时，卡在输送机与顶板之间，对刮板链产生冲击而断链。

②链条过紧，不但增大了链条的初张力，缩短其使用寿命，而且当链条被卡刮时，没有缓冲的余地，增大了链环的张力负荷。

③由于链条过松或磨损严重，或者两根链条长短不一，当运行到链轮处时，发生跳牙，使链环受到牙齿的冲击，造成链环变形、断裂和刮板弯曲。

④当装煤过多时,在超载情况下启动电动机,增大了链条承受的动张力,致使链条断裂。

⑤两条链的链环节距不一样（一条链的磨损程度比另一条链严重），使全部负荷均集中在一条链条上，以致断裂。

⑥圆环链的连接环螺栓丢失，链条脱节而造成断链。

⑦变形链环多，在运转过程中啮合不好，受力不均，引起断链事故。

⑧工作面底板不平、工作面不直造成输送机刮板链受力不均、刮卡、脱轨等现象，易发生断链。

⑨刮板输送机回煤过多，造成底链过载而断链。除上述原因引起刮板链断裂以外，正常运行动载荷的作用，腐蚀以及磨损也是引起刮板链断裂的原因。因此在实际工作中要加强对刮板链的检查维护，并采取一些相应的管理措施。

（2）预防措施如下：

①坚持使用液力偶合器,以减轻链条所受的动载荷和冲击载荷,延长链条的使用寿命。

②刮板链使用一段时间后，将链条拆下翻转90°继续使用，调换水平链环与垂直链环的位置，利用改变其磨损部位的办法延长链条的使用寿命。

③当溜槽内压煤过多时，要人工清理，不能强行开动机器。

④及时调整链条的松紧，既不能过松，也不能过紧。对变形的刮板、链环、连接环应及时更换。

2. 采煤机的故障分析与处理

1）故障分析处理的原则与依据

检查不细、维护不良或者违章操作等各种原因，均会导致采煤机在运行中发生某些意料不到的故障。如何正确判断这些故障并及时排除，对发挥采煤机的效能关系甚大。要分析处理好采煤机故障，首先，要认真阅读采煤机的有关技术资料，弄清采煤机机械、电气、液压系统的结构原理；然后，了解采煤机的故障表现形式，据此分析故障产生的原因，依据由表及里、由外到内的原则，制定出排除故障的顺序，并依次检查各机械零部件或液压元件，直至查出故障部位。排除故障既要遵循保证采煤机恢复主要性能、不影响采煤机正常工作的原则，同时又要考虑经济的原则。

2）处理故障的一般步骤

（1）了解故障的表现和发生经过。对于故障的情况既可以直接观察了解，也可借助各种仪表，如电气仪表、温度计、压力表等进行检查测试，取得确定的数据资料，以便进行分析研究。

（2）分析故障原因。分析故障原因时，要在熟悉机器各部分的结构和动作原理的基础上，结合有关故障的具体情况来分析各种可能的原因，最后再作出判断。

采煤机的故障既可能发生在机械部分，也可能发生在液压部分，还可能发生在电气部分或冷却、喷雾部分。

机械部分的故障可能是属于连接件方面的原因，如因连接松动、连接件断裂或脱落，引起有关机件相对位置的变动而造成的故障；也可能是属于传动件方面的原因，如因机件过度磨损，变形过大，甚至断裂损坏而引起的；也可能是属于润滑方面的原因，如因缺乏润滑油脂而造成温升过高，甚至机件粘接、烧坏而引起的；还可能是属于其他方面的，如箱壳、座架变形、断裂等等。

液压部分的故障可能是机械方面的故障，如机件松动、磨损、粘接、变形或断裂等；也可能是液压方面的故障，如因密封失效而漏油、串油或进气，以致压力上不去，流量不足或运转不稳定；还可能是液压油方面的故障，如油量不足，油温过高，油中混入水、气，油液老化、污染或滤油器失效等等。

电气部分的故障可能是电气元件的机构失灵或机件损坏；也可能是电气元件的绝缘失效、短路、接地等；还可能是主回路、控制回路、保护回路内的接点接触不良，或断线、脱焊等等。

冷却、喷雾部分的故障可能是水压、水量不足；也可能是喷嘴堵塞、损坏；还可能是水管和接头漏水或损坏等等。

（3）做好排除故障前的准备工作。排除故障前，要先把原因分析清楚，并把需要的工具、备件和材料等准备齐全，同时还要把采煤机周围的支护安全工作做好。

（4）注意机件的相对位置和拆卸顺序。排除故障中，打开盖板或拆卸机件时，要记住机件的相对位置和拆卸顺序，安装时要注意机件位置是否正确，连接是否牢固，连接件是否齐全等。作业中要注意保持四周环境清洁，严防杂物落入壳体内。

对于采煤机的各种故障，应当根据实际情况具体分析处理。

3）液压牵引采煤机的常见故障、原因及其处理方法

液压牵引采煤机的常见故障、原因及处理方法见表8－1。由于采煤机的型号不同，因而故障原因及处理方法也不相同，此表仅供参考。

表8－1　液压牵引采煤机的常见故障、原因及其处理方法

部位	故障现象	可能原因	处理方法
牵引部	牵引力太小（高压表压力过低）	1. 主油管路漏油 2. 液压马达泄漏太大 3. 冷却达不到要求，除AM500采煤机规定油温74 ℃ ±6 ℃外，其余规定为70 ℃ 4. 高压安全阀、过压关闭阀整定值过低 5. 补油量不足 6. 液压油不合格（粘度低、粘度指数低、变质）	1. 拧紧、更换密封件或换油管 2. 更换 3. 调定供水压力，流量达到适宜值 4. 重新整定，达到规定值 5. 清洗过滤器或更换泄漏量小的补油泵，背压阀调至规定值 6. 更换合乎规定的液压油
	牵引速度低（主液压泵流量小）	1. 管路漏油 2. 液压马达或主液压泵泄漏过大 3. 主液压泵调节机构不正确 4. 过滤器堵塞	1. 拧紧或更换 2. 更换 3. 重调至附合要求 4. 清洗或更换

表8-1（续）

部位	故障现象	可能原因	处理方法
牵引部	高压表频繁跳动	主泵柱塞卡死，复位弹簧断裂（主泵配油盘严重磨损）	更换
	补油压力低（低压表压力过低），补油泵排量不足	1. 滤油器堵塞 2. 补油泵漏损严重 3. 油面低	1. 清洗或更换 2. 更换 3. 注油至要求位置
	补油回路泄油	1. 背压阀整定值低 2. 管路漏油	1. 重调定至要求 2. 拧紧或更换
	过载保护装置动作后，重新启动时，开关手把总跳回“关”位	主泵“零”位不正确	重新调定至要求
	工作油温不正常，主牵引链轮一转就停	1. 主回路漏油 2. 高压安全阀管路漏油 3. 高压安全阀失灵或漏油	1. 调整漏油处 2. 拧紧或更换 3. 重调或更换
	牵引力超载采煤机不停	保护油路失灵（包括保护阀卡研失灵、开关活塞卡研、过压关闭阀卡研、高压安全阀失灵、伺服电机失灵）	重调或更换
	牵引部发出异常声响	主油路系统不正常（缺油、漏油、混入空气。液压泵、液压马达损坏）	加油，排空气，拧紧，更换
	牵引部油乳化	油中进水： 1. 冷却器漏水 2. 牵引部上盖封闭不严渗水 3. 吸入湿空气 4. 油质低劣	1. 更换 2. 换密封胶 3. 定期从排油孔排一定的含水油 4. 更换合格油品
	牵引部机头齿轮箱发热	1. 油品不合格(混入水、杂质及低劣油质) 2. 油位过低 3. 轴承等摩擦副卡研或损坏 4. 齿轮传动件研损、擦伤	1. 更换合格油品 2. 注新油 3. 更换 4. 更换
截割部	开车摇臂立即升起或下降	控制系统失灵： 1. 控制按钮失灵 2. 控制阀卡研 3. 操作手把松脱	1. 更换 2. 更换 3. 紧固或更换
	摇臂升不起，升起后自动下降或升起后受力下降	油路密封不严： 1. 液压锁失灵 2. 液压缸串油 3. 管路漏油 4. 安全阀整定值过低	1. 更换 2. 更换 3. 拧紧或更换 4. 重调至要求
	液压油箱和摇臂温度过高	1. 轴承副研损 2. 齿轮副擦伤、胶合 3. 油质低劣 4. 液压泵运转蹩劲 5. 冷却效果不好	1. 更换 2. 更换 3. 更换合格油品 4. 更换 5. 加强合适的通水压力和流量

表8-1（续）

部位	故障现象	可能原因	处理方法
截割部	离合器手动蹩劲	离合器变形、卡研	更换或修复
	电动机启动后操作牵引按钮时不牵引	1. 牵引控制回路断线 2. 供电电压太低	1. 修复 2. 调整系统供电电压
	只有一个方向牵引	一个方向的电磁铁断路	修复
	牵引速度只增不能减或只减不能增	1. 按钮接触不良 2. 电磁铁或阀芯卡住	1. 修复 2. 恢复或更换
	调斜不灵活	1. 按钮接触不良 2. 电源供电电压低	1. 修复 2. 检查、调整系统供电电压
	调斜缸不动	1. 回路断路 2. 主线路接触器烧损	1. 修复 2. 修复、更换
	电动机启动不起来	1. 控制回路断路 2. 主回路接触器烧损	1. 接线、压实 2. 更换
	电动机一启动就停	1. 保护系统动作 2. 接地 3. 相间通路	1. 调整至要求 2. 更换 3. 更换
	电动机温度过高	1. 冷却水量小或无 2. 轴承副研损 3. 断笼条	1. 按规定给水 2. 更换 3. 更换

3. 带式输送机的故障分析与处理

带式输送机的常见故障、原因及其处理方法见表8-2。

表8-2 带式输送机的常见故障、原因及其处理方法

序号	故障现象	可能原因	处理方法
1	减速器声音不正常	1. 伞齿轮调整不合适 2. 轴承或齿轮磨损严重 3. 轴承游隙过大 4. 减速器内有金属杂物	1. 重新调整好伞齿轮 2. 更换损坏或磨损的部件 3. 重新调整 4. 清除杂物
2	减速器温度过高	1. 润滑油污染严重 2. 油量少 3. 散热不好	1. 更换润滑油 2. 按规定注油 3. 清除减速器周围的杂物和散落的煤
3	减速器漏油	1. 密封圈损坏 2. 箱体接合面不严，各轴承端盖螺钉松动	1. 更换密封圈 2. 拧紧螺钉
4	输送带跑偏	1. 输送带接头不正 2. 托辊和滚筒安装位置不对 3. 托辊卡住 4. 托辊表面有煤泥 5. 输送机装载点位置不正	1. 重新接头 2. 调整位置，使托辊和滚筒的轴线与输送机中心线相互垂直 3. 处理卡住的托辊 4. 将粘的煤泥清理掉 5. 调整装载点位置

表8-2（续）

序号	故障现象	可能原因	处理方法
5	输送带打滑	1. 滚筒上有水 2. 输送带过松	1. 将滚筒上的水清理干净 2. 重新拉紧输送带
6	输送带突然停住	1. 输送带被物料卡住 2. 制动闸挤住 3. 传动滚筒或机尾滚筒被卡死	1. 清除物料 2. 检查制动闸 3. 更换轴承或损坏的滚筒
7	输送带因超速造成多次停车	1. 过载 2. 速度控制装置不能起作用	1. 减少承载量 2. 更换或重新调整输送带速度控制装置
8	输送带撕裂	1. 输送带被外来物卡住 2. 接头损坏或接头方式不对 3. 预拉紧力过大	1. 排除外来物件 2. 检查接头或重新接头 3. 检查预拉紧力
9	输送带达不到它的正常运行速度。驱动输送带的电动机不能合闸	1. 输送带在传动滚筒上打滑（在传动部分可以听到尖叫声） 2. 带速控制装置与输送带不接触 3. 制动闸被挤住	1. 增大输送带预拉紧力，拉紧输送带 2. 重新调整带速装置 3. 检查或调整制动闸

输送带跑偏的具体调整方法如下：

（1）应在空载运转时进行调整。一般是从机头部卸载滚筒开始，沿着输送带运行方向先调整回空段，后调整承载段。

（2）当调整上托辊和下托辊时，要特别注意输送带运行的方向。若输送带向右跑偏，那就要在输送带开始跑偏的地方顺着输送带运行的方向，向前移动托辊轴右端的安装位置，使托辊右边稍向前倾斜。注意，切勿同时移动托辊轴的两端。在调整时要适当多调几个托辊，每个少调一点，这样要比只调1~2个托辊来纠正跑偏的效果好一些。

（3）若输送带在换向滚筒处跑偏，输送带往哪边跑，就把那边的滚筒轴逆着输送带运行的方向调动一点，也可以把另一边的滚筒轴顺着输送带运行的方向调动一点。每次调整后，应运转一段时间，看其是否调好。确认调好后，还应重新调整刮板清扫装置。

二、相关知识

（一）常见电气故障的分析与判断

1. 煤矿井下常见电气故障的分类

了解井下常见电气故障的分类，对处理、分析电气故障是有帮助的。

（1）动力电缆常见的故障有接地、短路、断线。

（2）开关常见故障。①主回路故障：短路、接地、断相、发热严重、接触不实。②控制回路故障：短路、接地、断线。③监测回路的故障。④保护装置（插件）的故障。⑤接触器、继电器、控制变压器、熔断器、电磁线圈等烧坏。⑥机械方面的故障：开关手把合不到位、机构挂不上、部件脱落或损坏。

（3）电动机和变压器常见故障。绝缘能力降低、接地、短路、断相。

2. QBZ－120、200 磁力起动器常见故障的分析与判断

QBZ－120、200 磁力起动器的常见故障分析与排除方法见表 8－3。

表 8－3 QBZ－120、200 磁力起动器常见故障的分析与排除方法

故障现象	原因分析	排除方法
磁力起动器不能吸合	1. 熔断器 FU 熔断 2. 控制变压器 TV 烧毁 3. 综合保护器 JDB 动作或触点 JDB 没有闭合 4. 启动按钮有问题没有闭合好 5. 交流接触器线圈烧坏 6. 整流桥烧坏	1. 更换 2. 更换 3. 检查处理或更换 4. 检查处理 5. 更换 6. 更换
磁力起动器吸合后不能自保	交流接触器的自保接点接触不良	处理或更换
运行一段时间后，开关自动停电	1. 保护定值不合理，偏小 2. 保护插件有问题	1. 调整整定值 2. 更换
开关停不下来	1. 真空管烧死 2. 按下停止按钮后，中间继电器不能断开。	1. 更换 2. 更换中间继电器
一启动检漏继电器动作	1. 真空管漏气 2. 负荷侧有接地	1. 更换 2. 遥测绝缘，查找接地

3. KBZ200A（400）/1140（660）馈电开关常见故障的分析与判断

KBZ200A（400）/1140（660）馈电开关的常见故障分析与排除方法见表 8－4。

表 8－4 KBZ200A（400）/1140（660）馈电开关常见故障分析与排除方法

故障现象	原因分析	排除方法
送电后保护器无正常显示	1. 保护器送电后会完成完备的自检工作，在自检的过程中出现 CPU 死机现象 2. 保护器无电源输入 3. 保护器内部烧毁	1. 重新送电，等待保护器重新启动 2. 检查保护器电源是否正常供电（包括变压器、开关电源等） 3. 更换整台保护器
漏电、过流等保护不动作	1. 用表测量试验按钮 2. 开关装置未正常接地 3. 保护器烧毁	1. 检查电流互感器、零序互感器、电抗器等信号转换元件是否完好，其线路是否接通无误，针对检查结果更换或接通线路，即可正常工作 2. 检查接地点接地情况，找出接地松动点，使其正常接地即可正常工作 3. 更换保护器即可正常工作
断路器无法合闸	1. 变压器送给合闸线圈的电压出现过电压或低电压现象 2. 合闸按钮损坏 3. 断路器合闸线圈烧毁或其他操作机构无法正常工作 4. 保护器触点故障 5. KA1 损坏 6. 整流桥 QL1 烧毁	1. 解决供电质量问题 2. 更换合闸按钮 3. 更换断路器 4. 更换保护器 5. 更换 KA1 6. 更换

表8-4（续）

故障现象	原因分析	排除方法
当开关作为分开关使用时，出现漏电却总开关跳闸，不能实现选择性漏电保护	1. 开关的总分选择开关未置于分开关位置 2. 分布电容过大或过小 3. 总开关的动作时间适当加长 4. 分开关的阀值调整过大 5. 分开关保护器损坏 6. 分开关 I0、U0 信号输入元件或线路损坏	1. 断电后选择开关置于分开关位置即可实现选择性漏电保护 2. 分布电容补偿至 0.22－1 μF 3. 漏电动作时间大于 800 ms 4. 调小阀值 5. 更换保护器 6. 检查元件及线路，更换或维修
运行时经常跳闸	1. 跳闸时，保护器会记录跳闸事故原因，如经常出现漏电故障，为电缆热绝缘性能老化及所带设备存在漏电现象 2. 保护器内部设置不合理或出线电缆内部老化造成短路现象 3. 出现欠压故障 4. 出现三相不平衡故障 5. 保护器故障	1. 检查电缆绝缘性能，修复、更换不相关设备的绝缘即可正常工作 2. 重新合理设置保护器额定电流值及跳闸电流值即可正常工作 3. 检查线路电压值、TC1 变压器、保险 4. 检查电流互感器及实测线路电流情况 5. 更换保护器

（二）电子元器件测试方法

1. 电阻器的检测

1）固定电阻器的检测

将万用表两表笔（不分正负）分别与电阻的两端引脚相接，即可测出实际电阻值。为了提高测量精度，应根据被测电阻标称值的大小来选择量程。由于欧姆挡刻度的非线性关系，它的中间一段分度较为精细，因此应使指针指示值尽可能落到刻度的中段位置，即全刻度起始的 20% ~80% 弧度范围内，以使测量更准确。根据电阻误差等级不同，读数与标称阻值之间分别允许有 ±5%、±10% 或 ±20% 的误差。如不相符，超出误差范围，则说明该电阻值变值了。

测试时应注意，特别是在测几十千欧以上阻值的电阻时，手不要触及表笔和电阻的导电部分；将被检测的电阻从电路上焊下来时，至少要焊开一个头，以免电路中的其他元件对测试产生影响，造成测量误差；色环电阻的阻值虽然能以色环标志来确定，但在使用时最好还是用万用表测试一下其实际阻值。

2）水泥电阻的检测

检测水泥电阻的方法及注意事项与检测普通固定电阻完全相同。

3）熔断电阻器的检测

在电路中，当熔断电阻器熔断开路后，可根据经验作出判断：若发现熔断电阻器表面发黑或烧焦，可断定是其负荷过重，通过它的电流超过额定值很多倍所致；如果其表面无任何痕迹而开路，则表明流过的电流刚好等于或稍大于其额定熔断值。对于表面无任何痕迹的熔断电阻器好坏的判断，可借助万用表 R×1 挡来测量。为保证测量准确，应将熔断电阻器一端从电路上焊下。若测得的阻值为无穷大，则说明此熔断电阻器已失效开路，若测得的阻值与标称值相差甚远，表明电阻变值，也不宜再使用。也有少数熔断电阻器在电路中被击穿短路的现象，检测时也应予以注意。

4）电位器的检测

检查电位器时，首先要转动旋柄，看看旋柄转动是否平滑，开关是否灵活，开关通、断时“喀哒”声是否清脆，并听一听电位器内部接触点和电阻体摩擦的声音，如有“沙沙”声，说明质量不好。用万用表测试时，应先根据被测电位器阻值的大小选择好万用表的合适电阻挡位，然后再按下述方法进行检测。

（1）用万用表的欧姆挡测“1”、“3”两端，其读数应为电位器的标称阻值，如万用表的指针不动或阻值相差很多，则表明该电位器已损坏。电位器的原理如图8-3所示。

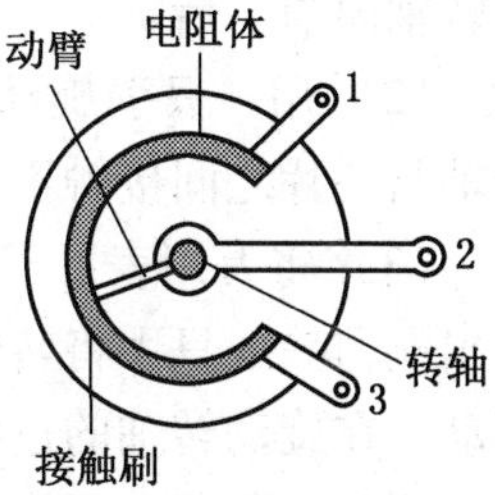

（2）检测电位器的活动臂与电阻片的接触是否良好。用万用表的欧姆挡测“1”、“2”两端，将电位器的转轴按逆时针方向旋至接近“关”的位置，这时电阻值越小越好。再顺时针慢慢旋转轴柄，电阻值应逐渐增大，表头中的指针应平稳移动。当轴柄旋至极端位置“3”时，阻值应接近电位器的标称值。如万用表的指针在电位器的轴柄转动过程中有跳动现象，则说明活动触点有接触不良的故障。

动臂
电阻体
1
2
转轴
3
接触刷

图8-3　电位器原理图

2. 电容器的检测

1）固定电容器的检测

（1）检测10 pF以下的小电容。因10 pF以下的固定电容器容量太小，用万用表进行测量只能定性地检查其是否有漏电、内部短路或击穿现象。测量时，可选用万用表R×10k挡。用两表笔分别任意接电容器的两个引脚，阻值应为无穷大。若测出阻值（指针向右摆动）为零，则说明电容器漏电损坏或内部击穿。

（2）检测10 pF~0.01 μF固定电容器是否有充电现象，进而判断其好坏。万用表选用R×1k挡。应注意的是：在测试操作时，特别是在测较小容量的电容器时，要反复调换被测电容器引脚，才能明显地看到万用表指针的摆动。

（3）对于0.01 μF以上的固定电容器，可用万用表的R×10k挡直接测试电容器有无充电过程以及有无内部短路或漏电，并可根据指针向右摆动的幅度大小估计出电容器的容量。

2）电解电容器的检测

（1）因为电解电容器的容量较一般固定电容器大得多，所以，测量时应针对不同容量选用合适的量程。一般情况下，1~47 μF的电容器，可用R×1 k挡测量，大于47 μF的电容器可用R×100挡测量。

（2）将万用表红表笔接负极，黑表笔接正极，在刚接触的瞬间，万用表指针即向右偏转较大偏度（对于同一电阻挡，容量越大，摆幅越大），接着逐渐向左回转，直到停在某一位置。此时的阻值便是电解电容器的正向漏电阻，此值略大于反向漏电阻。实际使用经验表明，电解电容器的漏电阻一般应在几百千欧以上，否则将不能正常工作。在测试中，若正向、反向均无充电的现象，即表针不动，则说明容量消失或内部断路；如果所测阻值很小或为零，说明电容器漏电大或已击穿损坏，不能再使用。

(3) 对于正、负极标志不明的电解电容器，可利用上述测量漏电阻的方法加以判别。即先任意测一下漏电阻，记住其大小，然后交换表笔再测出一个阻值，两次测量中阻值大的那一次便是正向接法，即黑表笔接的是正极，红表笔接的是负极。

(4) 使用万用表电阻挡，采用给电解电容器进行正、反向充电的方法，根据指针向右摆动幅度的大小，可估测出电解电容器的容量。

3) 可变电容器的检测

(1) 用手轻轻旋动转轴，应感觉十分平滑，不应感觉有时松时紧甚至有卡滞现象。将转轴向前、后、上、下、左、右等各个方向推动时，转轴不应有松动的现象。

(2) 用一只手旋动转轴，另一只手轻摸动片组的外缘，不应感觉有任何松脱现象。转轴与动片之间接触不良的可变电容器是不能再继续使用的。

(3) 将万用表置于 R×10 k 挡，一只手将两个表笔分别接可变电容器的动片和定片的引出端，另一只手将转轴缓缓旋动几个来回，旋动的过程中万用表指针都应在无穷大位置不动。在旋动转轴的过程中，如果指针有时指向零，说明动片和定片之间存在短路点；如果碰到某一角度，万用表读数不为无穷大而是出现一定阻值，说明可变电容器动片与定片之间存在漏电现象。

3. 色码电感器的检测

将万用表置于 R×1 挡，红、黑表笔各接色码电感器的任一引出端，此时指针应向右摆动。根据测出的电阻值大小，可具体分下述二种情况进行鉴别：

(1) 被测色码电感器电阻值为零，其内部有短路性故障。

(2) 被测色码电感器直流电阻值的大小与绕制电感器线圈所用的漆包线径、绕制圈数有直接关系，只要能测出电阻值，就可认为被测色码电感器是正常的。

4. 晶体二极管的极性识别

在使用二极管时，首先要分清二极管的正、负极，然后再接入电路使用。下面将介绍两种识别晶体二极管极性的方法。

1) 从外观上识别晶体二极管的极性

晶体二极管的极性，有的可以从外观上进行识别，如图 8-4 所示。有一种透明外壳的二极管，有晶体片的一边为负极，另一端为正极，如图 8-4a 所示；有的二极管上有色点标志，红点的一边引线为正极，另一端为负极，如图 8-4b 所示；还有一种二极管上画有符号标志，即有三角形一边的引线为正极，另一端为负极，如图 8-4c 所示。如果没有以上标志的，二极管的极性可以用万用电表来识别。

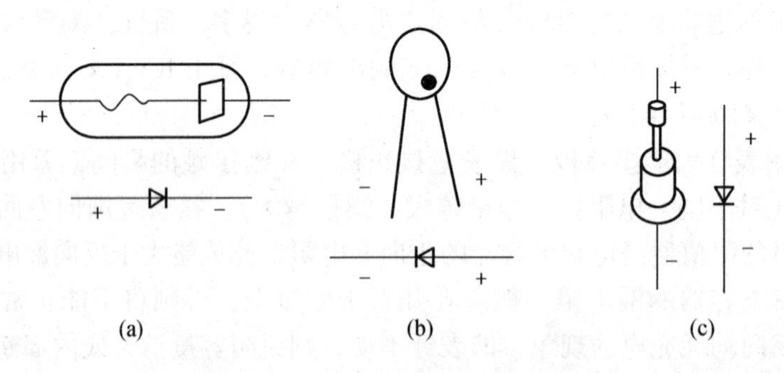

图 8-4 从外观上识别二极管极性

2）用万用表来识别晶体二极管的极性

首先要了解万用表本身的极性。万用表表壳测试棒的插头上都标有“+”、“-”号，这是对应于电流计极性的，是为了能正常使用万用表测量直流电流和直流电压而标志的。用万用表来识别晶体二极管的极性，使用的是电阻挡。为了使万用表能工作，在测量电阻时，万用表内部附有直流电源 E，而电源 E 的极性要保证电流计正常偏转，它在万用表测试棒上所显示的极性和表壳上的极性标志正好相反，即表壳上标有“-”的测试棒对应于电源正极，标有“+”的测试棒对应于电源负极。使用万用表测量二极管时，测试棒本身的极性不能错。测量方法如图 8-5 所示。

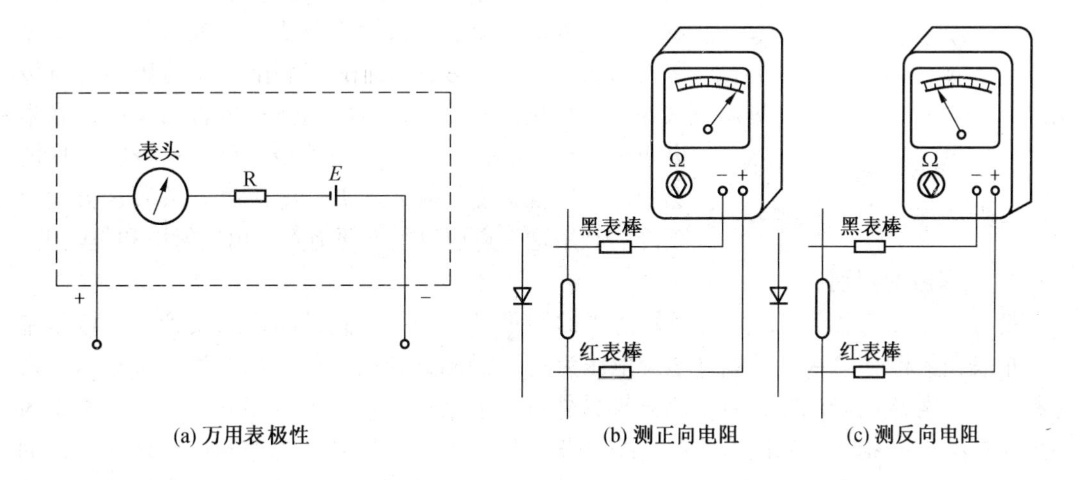

(a) 万用表极性　(b) 测正向电阻　(c) 测反向电阻

图 8-5　万用表的极性

把万用表拨到“欧姆 Ω” R×100 kΩ 或 R×1 kΩ 的位置上，用万用表的两根测试棒分别接到晶体二极管的两根管脚上，记下电流计指针的偏转；再把两根测试棒对调一下测量，电流计的指针又发生了偏转。测量的结果表明，两次测得电阻值不一样，一个大，一个小。大的是二极管的反向电阻，在晶体二极管两端所加的电压是反向电压。小的是晶体二极管的正向电阻，在晶体二极管两端所加的电压是正向电压。再根据万用电表本身的极性，我们就可以判别出晶体二极管的极性。例如，在测得反向电阻时，和标有“+”（实际上是电源 E 的负极）的测试棒相连接的一端是晶体二极管的正极，另一端则是晶体二极管的负极。在测得正向电阻时，和标有“+”的测试棒相连接的一端是晶体二极管的负极，另一端则是晶体二极管的正极。

用万用表来识别晶体二极管极性的同时，也可粗略估计出二极管质量的好坏。通常二极管的正反向电阻值相差越大越好；如果两者相差不大，说明二极管性能不好，或已损坏。

在使用万用表测量时，还要注意所选的电阻挡，不要使二极管的电流过大和加到二极管两端的电压过高，以防止二极管被大电流烧坏或被高电压击穿。

5. 晶体三极管极性的识别

1）从外形上来识别晶体三极管的极性

三极管的类型很多，三极管的类型可从三极管型号上加以区别。

各种类型的三极管，管脚排列位置是不同的，一般可从晶体管手册中查到。但对国产小功率晶体管的管脚排列法基本统一，判别方法是将管脚向上，将三个管脚中距离较大的缺口对着自己，从缺口左边数起，顺时针方向依次是e、b、c三脚。

2）用万用表来识别晶体三极管的极性

在实际使用三极管时，当晶体管的型号标志已不清楚而无法查明晶体三极管三根引线的极性时，可用万用表来判别。

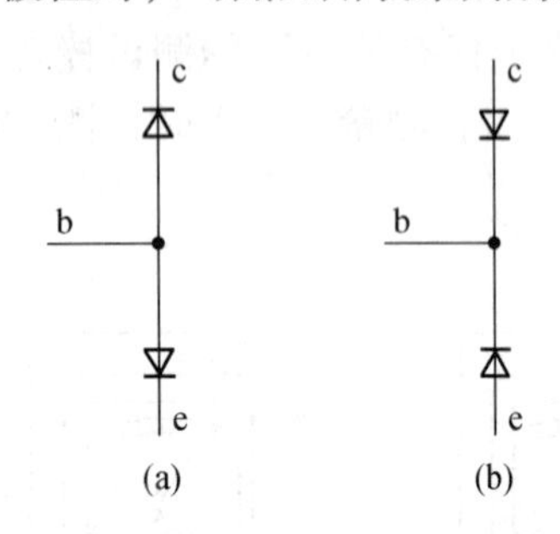

图8-6　晶体三极管可看成两个二极管同极性在基极相连接

我们知道，晶体三极管有两个PN结，它的组成可以看成是两只二极管的相同极性在基极相接。对NPN型晶体三极管来说，是两个正极在基极相连接；对于PNP型晶体三极管，则是两个负极在基极相连接，如图8-6所示。这样可以用测试二极管的办法把基极和其他两个极区别出来。当基极区别开来后，剩下的发射极和集电极又如何区别呢？前面已讲过，晶体三极管的发射极和集电极是不对称的，如果把它们搞错，晶体三极管的性能会变坏，也就是说，晶体三极管电流放大系数β会大大下降。利用这一点可以很方便地判别出发射极和集电极。

（1）基极的判别：

把万用表旋到电阻挡，并选择好适当的测量量程。然后假设晶体三极管一个极是基极，把表壳上标有“-”号端（电源电压为正）的测试棒接在假设的基极上，把另一根标有“+”号端的测试棒先后与晶体管另外两个电极相连接。若万用表两次读数都很大（或都很小），再把两根测试棒对调，即把表壳上标有“+”号标志的测试棒接在假设的基板上，另一端标有“-”号标志的测试棒，先后和另两个电极连接，万用表两次读数若仍然都很小（或都很大），则由此可以判定出假设的基极就是晶体三极管的基极。倘若按照上面的方法测量，两次读数的电阻值一大一小，说明原假设是错误的，应该换一个电极，并把它假设为基极，重复上面的方法测量，直到找到晶体三极管的基极为止，如图8-6所示。

在判别晶体三极管基极的同时，对晶体管NPN型或PNP型的类型也同时可判别出来。假若用万用表表壳上标志“+”号的一端测试棒和基极相连接，另一根测试棒先后和另外两个电极相连接，两次读数都较大，则被测量的晶体三极管是NPN型的；如果两次读数都较小，则被测量的晶体三极管是PNP型的，如图8-7所示。

（2）发射极和集电极的判别：

当晶体三极管的基极判别出来后，剩下的两个电极就是发射极和集电极了。可用测量电流放大系数β的方法把它们区别开来。对于NPN型晶体三极管，只有当集电极接正电压，发射极接负电压时，电流放大系数才比较大，如果电压极性接反了，β值就很小。

先假设剩下的两个极一个是发射极，另一个是集电极。在假设的集电极和基极之间接入一个阻值为100 kΩ的电阻，万用表表壳标有“-”号的一端测试棒，接在假设的集电极上（对应电源的正极），另一端接到发射极上（对应电源的负极），如图8-8所示（若是PNP型晶体三极管，万用表两根测试棒对调一下，所加电压相反）。这时电表指针向右摆动，摆动的幅度越大，所指示的电阻越小，表示晶体管电流放大系数β越大；反之，则电流放大系数β越小。

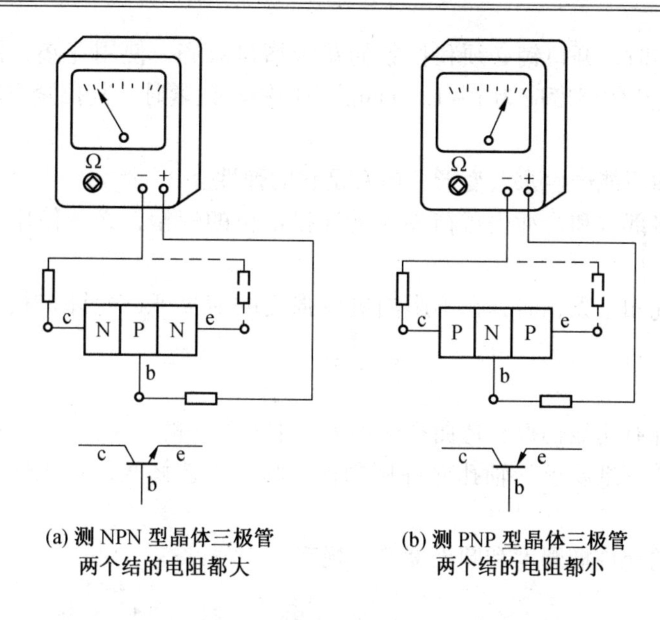

(a) 测 NPN 型晶体三极管两个结的电阻都大　　(b) 测 PNP 型晶体三极管两个结的电阻都小

图 8－7　晶体三极管基极的判别

若把上面的假设对调一下，即把原来假设为集电极的一端假设为发射极，把原来假设为发射极的一端设为集电极，重作上面的测试，比较两次假设测得电流放大系数 β 的大小。β 大的那一次所假设的极性，即为晶体管的实际电极。到此，晶体三极管的三个电极就全部被识别出来了。

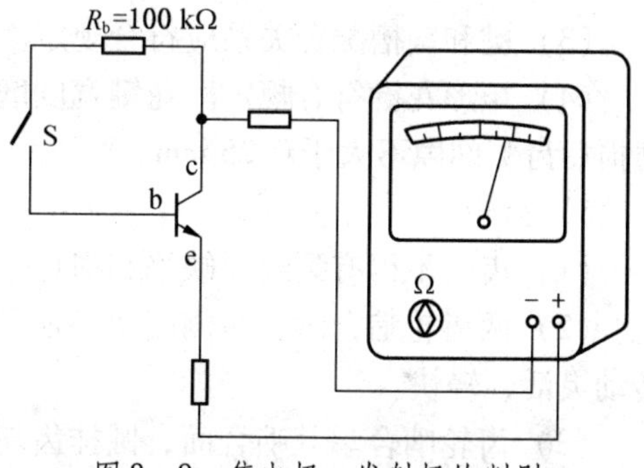

图 8－8　集电极、发射极的判别

用万用表识别晶体三极管极性的同时，还可以粗略地估计 β 值的大小，即把合上开关前后万用表的读数相比较，两次读数相差越大，表明 β 值也越大。

（三）机电设备检修质量要求

1. 机械设备

1）材料

（1）金属材料按标准规格执行，选用时不低于原设计要求。

（2）非金属材料，如橡胶、塑料、尼龙等，按标准规格执行，选用时不低于原设计要求。

2）紧固件

（1）螺纹连接件和锁紧件必须齐全、牢固可靠，螺母拧紧后外露 1～3 个螺距。不得在螺母下面加多余的垫圈来减少螺栓的伸出长度。

（2）螺杆不得弯曲，螺纹破损深度不得超过螺纹工作高度的一半，连续不得超过一周。有效螺纹长度：铸铁和铜不得小于螺杆直径的 1.5 倍，钢件不小于螺杆直径的一倍。

（3）同一部分螺栓、螺帽、垫圈规格必须一致。材质及工艺满足设计要求。螺栓头部和螺帽不得有铲伤和砸伤。

（4）使用花帽时，开口销必须和拧紧的花帽槽口对齐。使用花垫、锁紧铁片时，包角要稳固。锁紧铁片的厚度应为 1～1.5 mm。使用铁丝锁紧时，其拉紧方向必须和螺旋方向一致。

（5）弹簧垫圈不能产生永久变形，应有足够的弹性。

（6）主要连接部位和受冲击载荷易松动连接部位的螺帽，必须使用防松帽或防松胶固定。

（7）螺孔有乱扣、秃扣时，在不影响机体强度的前提下，允许扩孔，增大螺纹直径修复。

3）轴和轴孔

（1）轴不允许有明显伤痕，弯曲挠度不大于轴颈公差的一半。

（2）配合符合图纸要求。轴孔允许用刷镀、喷涂工艺修复；在机体强度允许的前提下，可以镶套。

（3）主轴颈的允许椭圆度和圆锥度符合规定。

4）键和键槽

（1）键必须表面光洁、平整，四角倒棱，材质满足要求。

（2）键和键槽之间不许加垫。键槽磨损允许加宽原槽宽的 5%。

（3）键和键槽配合关系应符合规定。

（4）矩形花键符合规定。花键宽度磨损不超过 0.5 mm。渐开线花键符合规定，花键磨损后齿侧间隙不大于 0.25 mm。

5）齿轮

（1）齿轮不得有裂纹、缺陷和损坏，齿面不得退火。

（2）两齿轮啮合时，两侧端面必须平齐，其偏差不大于 1 mm（锥齿轮不包括在内）。转动灵活、轻快。

（3）齿轮啮合。其啮合面，圆挂齿轮沿齿宽不小于 60%，沿齿高不小于 40%；圆锥齿轮沿齿高、齿宽不小于 50%。

（4）齿轮和蜗轮、蜗杆磨损量规定如下：单向运转齿轮磨损量为设计齿厚的 5%，双向运转为 10%。

（5）内齿轮离合器，齿厚最大磨损量不超过原齿厚的 10%。

（6）齿面点蚀面积，不超过全齿面积的 25%，深度不超过 0.3 mm。

（7）伞齿轮必须成组更换，有研磨痕迹的齿面部位一定要对齐。

6）滚动轴承

（1）滚动轴承的内、外座圈和滚动体都不得有裂痕、脱皮、点蚀、变色和锈斑。珠架完整无缺，转动灵活，无噪声。

（2）滚动轴承的内、外套与轴和轴承座的配合必须符合图纸的要求。

（3）滚动轴承径向间隙不超过规定。

7）机壳

（1）机壳不得有裂纹、变形。允许补焊，但要有防变形和清除内应力的措施。

（2）盖板无变形，接触面的不平度小于 0.3 mm。

（3）减速器壳直接对口的面不平度不大于 0.05 mm。接触面不得有严重划伤，划痕长度不大于接触宽度的2/3，深度不超过0.3～0.5 mm。损伤部位必须修复研平。

（4）减速器壳不直接对口的平面，不平度不大于0.15 mm。接触面可涂密封胶。

8）联轴器

（1）联轴器的端面间隙和同轴度符合规定。

（2）弹性联轴器的弹性圈外径磨损后与孔径差不大于3 mm；柱、销、螺母应有防松装置。

（3）液压联轴节的泵轮、透平轮应无变形、损伤、腐蚀、裂纹。有离心转阀的液压联轴节动作要灵活可靠。易熔塞要安全可靠，其溶化温度为120～140 ℃。

9）密封

（1）各部密封件齐全，密封性能良好，不进煤粉，不漏油，不滴液。

（2）密封表面无损伤，油封骨架不变形。主要部位的密封件大修时要更换。

（3）箱体接合面的纸垫、石棉垫、耐油胶垫应平整、无折皱、眼孔一致。

（4）密封圈在槽内不得扭曲、切边，装配时应涂油。

（5）各固定密封面应涂密封胶。

10）涂饰

（1）各种设备的金属外露表面（有镀层除外）均应涂以防锈脂或防锈漆。以防在运输、使用或存放时锈蚀。

（2）涂漆前必须除净毛刺、氧化皮、铁锈、锈迹、粘沙、结疤、焊接残渣和油污等脏物；局部补涂防锈漆时，除做好清除工作外，若需要打泥子和涂漆颜色，则都要与原设备相同，以保证平滑和色调一致。

（3）保险装置的油嘴、注油孔、油杯、油塞、注油器、压力润滑器等的外表面应涂红色油漆以引起注意。

（4）电动机涂漆颜色应与主机一致。

（5）最后一层面漆应在试运转合格后进行涂饰。

11）整机组装

（1）用于整机装配的所有部件都应是新件或经过修理、检验并合格的。

（2）用于整机装配的所有部件都应和原设计型号相同，尽可能使用原制造厂的产品。

（3）装配前所有零部件都要彻底清洗干净；液压元件的清洗不得使用棉纱，应使用绸布或干燥清洁的压缩空气。

（4）严格遵守装配程序。精密件组装时严禁强力敲打，确需敲打时，要垫以软金属或橡胶垫。

（5）用于整机装配的连接件和紧固件应完好，螺纹连接件的螺纹牙形完整、无损伤，规格尺寸应和原设计完全相同；液压螺母更换密封件后要通过打压试验，连接销轴和轴套的材质、热处理、尺寸公差和配合精度应符合原设计要求。

（6）螺纹紧固件应拧紧，或按原设计要求的拧紧力矩拧紧。

（7）整机装配后，按规定的油质、油量加油。

12）验收

（1）进行外观检查；零部件及管路系统应齐全、完整、连接无误，涂漆符合要求。

（2）液压系统、冷却系统的管件必须妥善封堵。

(3) 验收工作由用户和承修单位的有关人员共同进行。

2. 电气设备

1) 紧固件

(1) 紧固用的螺栓、螺母、垫圈等齐全、紧固、无锈蚀。

(2) 同一部位的螺母、螺栓规格一致。平垫、弹簧垫圈的规格应与螺栓直径相符合。紧固用的螺栓、螺母应有防松装置。

(3) 用螺栓紧固不透眼螺孔的部件，紧固后螺孔须留有大于2倍防松垫圈厚度的螺纹余量。螺栓拧入螺孔的长度应不小于螺栓直径，但铸铁、铜、铝件不应小于螺栓直径的1.5倍。

(4) 螺母紧固后，螺栓螺纹应露出螺母1~3个螺距，不得在螺母下面加多余垫圈减少螺栓的伸出长度。

(5) 紧固在护圈内的螺栓或螺母，其上端平面不得超出护圈高度，并需用专用工具才能松、紧。

2) 隔爆性能

(1) 隔爆接合面的间隙、直径差或最小有效长度（宽度）必须符合规定。

(2) 进线装置符合要求。

(3) 各种闭锁装置齐全，符合规定。

(4) 各种保护装置齐全，定值合理，动作可靠。

(5) 防护装置符合规定。

3) 涂饰

设备表面应涂防锈漆，内部应涂耐弧漆，颜色要与出厂时一致。

第二节 设备的维护与保养

一、操作技能

按照规定对采掘运机电设备进行日常维修与保养。

(一) 工作前的准备

(1) 对正常使用的设备，每月提前做好维修与保养的工作计划，做到轻、重、缓、急。

(2) 准备设备检修、维护所需的材料、配件、油脂、工具、测试仪表及工作中其他用品。

(3) 办理计划停电审批单、高压停电工作票，制订施工措施。

(4) 在工作地点交接班，了解前一班机电设备运行情况，设备故障的处理情况及遗留问题，以及设备检修、维护和停送电等方面的情况；安排本班检修、维修工作计划。

(二) 正常操作及注意事项

(1) 接班后对维护区域内机电设备的运行状况、缆线吊挂及各种保护装置和设施等进行巡检并做好记录。

(2) 巡检中当发现漏电保护、报警装置和带式输送机的安全保护装置失灵，设备失爆或漏电，采掘和运输设备、液压泵站不能正常工作，信号不响、电话不通、电缆损伤、管路漏水等问题时，要及时进行处理。对处理不了的问题，必须停止运行，并向有关领导和部门汇报。对于防爆性能遭受破坏的电气设备，必须立即处理或更换。

（3）对使用中的防爆电气设备的防爆性能，每月至少检查一次，每天应检查一次设备外部。检查时不得损伤或弄污防爆面，检修完毕后必须涂上防锈油，以防止防爆面锈蚀。

（4）需要拆检打开机盖时要有防护措施，防止煤矸掉入机器内部。拆卸的零件要存放在干净的地方。

（5）拆装设备应使用合适的工具或专用工具，按照一般修理钳工的要求进行，不得硬拆硬装，要保证设备的性能和人身安全。

（6）电气设备拆开后，应记清所拆的零件和线头记清号码，以免装配时混乱或因接线错误而发生事故。

（7）不准任意改动原设备上的端子位序和标记，所更换的保护组件必须是经测试过的。在检修有电气联锁的开关时，必须切断被联锁开关中的隔离开关，实行机械闭锁。装盖前必须检查防爆腔内有无遗留的线头、零部件、工具、材料等。

（8）开关停电时，要记清开关把手的方向，以防所控制设备倒转。

（9）注意检查刮板输送机液力偶合器有无漏液现象，保持其液质、液量符合规定。液力偶合器用易熔合金塞内应无污物，严禁用不符合标准规定的其他物品代替。

（10）电气安全保护装置的维护与检修应遵守以下规定：

①各种电气和机械保护装置必须定期检查维修，按《煤矿安全规程》及有关规定要求进行调整、整定，不准任意调整电气保护装置的整定值，严禁甩掉不用。

②每班开始作业前，必须对低压检漏装置进行一次跳闸试验，对煤电钻综合保护装置进行一次跳闸试验，严禁甩掉漏电保护或综合保护运行。

③移动变电站低压检漏装置的试验按有关规定执行。补偿调节装置经一次整定后，不能任意改动。对用于检测高压屏蔽电缆监视性能的急停按钮应每天试验一次。

④在采区内做过流保护整定试验时，应与瓦斯检查员一起进行。

（11）采区机械设备应按规定定期检查润滑情况，按时加油和换油，油质油量必须符合要求，不准乱用油脂。

（12）严禁空顶作业。需要用棚架起吊和用棚腿拉移设备时，应检查和加固支架，防止倒棚伤人和损坏设备。

（13）在排除有威胁人身安全的机械故障或按规程规定需要进行监护的工作时，不得少于两人。

（14）所有电气设备、电缆和电线，不论电压高低，在检修检查或搬移前，必须首先切断设备的电源，严禁带电作业、带电搬运和约时送电。

（15）只有在瓦斯浓度低于1%的风流中，方可按停电顺序停电。打开电气设备的门（或盖），经目视检查正常后，再用与电源电压相符的验电笔对各可能带电或漏电部分进行验电，检验无电后，方可进行对地放电操作。

（16）电气设备停电检修检查时，必须将开关闭锁，挂上“有人工作、禁止送电”的警示牌，无人值班的地方必须派专人看管好停电的开关，以防他人送电。环形供电和双路供电的设备必须切断所有相关电源，防止反供电。

(17) 在有瓦斯突出或瓦斯喷出危险的巷道内打开设备盖检查时，必须切断设备前级电源开关后再进行检查。

(18) 采掘工作面开关的停送电，必须执行“谁停电，谁送电”的制度，不准他人送电。

(19) 检查、维修高压电气设备时，应按下列规定执行：

①检查高压设备时，必须执行工作票制度，切断前一级电源开关。

②停电后，必须用与所测试电压相符的高压测电笔进行测试。

③确认停电后，必须进行放电。放电时应注意：放电前要进行瓦斯检查。放电人员必须戴好绝缘手套，穿上绝缘鞋，站在绝缘台上进行放电；放电前还必须先将接地线一端接到接地网（极）上，接地必须良好。最后用接地棒或接地线放电。放电后，将检修高压设备的电源侧接上短路接地线后，方准开始工作。

(20) 检修中或检修完成后需要试车时，应保证设备上无人工作，先进行点动试车，确认安全正常后，方可进行正式试车或投入正常运行。

(21) 在使用普通型仪表进行测量时，应严格执行下列规定：

①测试仪表由专人携带和保管。

②测量时，一人操作，一人监护。

③测试地点瓦斯浓度必须在1%以下。

④测试设备和电缆的绝缘电阻后，必须将导体放电。

⑤测试电子元件设备的绝缘电阻时，应拔下电子插件。

⑥测试仪表及其挡位应与被测电器相适应。

(22) 收尾工作。其具体内容如下：

①清点工具、仪器、仪表、材料，填写检修记录。

②现场交接班。将本班维修情况、事故处理情况、遗留的问题向接班人交接清楚。对本班未处理完的工作和停电的开关，要重点交接，交接清楚后方可离岗。

二、相关知识

机电设备维护与保养的基本知识。

(一) 井下机电设备完好标准与质量检修要求

1. 机电设备完好标准

1) 机电设备完好原则

(1) 零部件齐全完整。

(2) 设备性能良好，出力达到规定。

(3) 保护装置齐全，定值合理，动作可靠。

(4) 安全防护装置齐全可靠。

(5) 设备环境整洁。

(6) 与设备完好有直接关系的记录和技术资料齐全准确。

2) 机电设备完好状态的要求

(1) 设备性能良好。机械设备能稳定地满足生产工艺要求，动力设备的功能达到原设计或规定标准；运转无超温、超压等现象。

（2）设备运转正常，零部件齐全，安全防护装置良好，磨损、腐蚀程度不超过规定的标准。控制系统，计量仪器、仪表和润滑系统工作正常。

（3）原材料、燃料、润滑油、功率等消耗正常。

（4）基本无漏油、漏水、漏气（汽）、漏电现象，外表清洁、整齐。

2. 机电设备质量检修要求

对机电设备检修的主要要求如下：

（1）消除设备缺陷和隐患。

（2）对设备的隐蔽部件进行彻底的解体检查。

（3）对关键部件、部位进行无损探伤。

（4）对安全保护装置和设施进行试验，检查其动作的可靠性和准确性。

（5）对设备的性能、出力进行全面的技术测试和鉴定。

（6）对设备进行技术改造。

（7）进行全面彻底地清扫、换油、除锈、防腐等。

（8）处理故障或进行事故性检修。

检修中要有预防设备损坏和人身伤害事故发生的安全措施。制订的措施应从防火、防断、防倒、防碰、防坠、防撞、防触电、防滚滑、防中毒、防爆炸等方面考虑。

3. 井下电气设备完好标准的实现途径

1）设备维修保养

设备维修保养的主要内容是：清洁、润滑、紧固、调整、防腐。对设备进行维修保养，是管好、用好设备的前提条件。加强维护保养，可以使设备减少磨损，改善设备的运行状况，保证设备正常运转及提高设备的可靠性，延长设备使用寿命。及时处理设备运转中出现的问题，可以降低故障率，减少事故的发生。

2）巡回检查

巡回检查一般采取看、摸、听、嗅、试、量等手段。

（1）看——看设备外部的表面、显示装置和仪表的指示。

（2）摸——用手感触设备的振动、温度、连接部位的紧固程度。

（3）听——听设备运行中的音响，是否有无异声。

（4）嗅——用鼻闻是否有异味。

（5）试——试验安全保护装置是否灵敏可靠。

（6）量——用量具测试。

3）设备包机制

包机制是生产责任制的一种基本形式，对每一台设备、每一条电缆、每一条管线、每一种安全保护装置、每一段环境卫生都要落实到人，做到任务明、职责清，设备台台完好且可靠运行。

4）机电设备的检查

机电设备的检查分日常检查（包括班检）、定期检查和重点抽查三种形式，主要检查内容如下：

（1）日常检查。包括班前、班后交接班时的检查和机电设备运行中的巡回检查。主要由包机者和操作工人进行，可与日常保养维护结合起来，发现问题立即排除，有较大问题立即报告，及时组织处理。

（2）定期检查。定期检查分为周检（旬检）、月检，主要由专业维修人员负责，操作工人参与按规定时间进行的检查。其任务是全面检查设备性能、对设备的运行状态进行诊断，以便确定维修时间、准备所需材料和备件，编制施工技术措施。在检查中，可对设备进行清洗和换油。

（3）重点抽查。为了保证设备的安全运转，除日常检查和定期检查外，还要对机电设备易出现问题的部位进行重点抽查，为检修计划做好准备工作。

（二）设备的维护与保养

1. 高、低压电气设备

1）班检

采掘单位的维护人员接班后，对高、低压电气设备的检查时间应不少于30 min。

（1）进行开关的漏电、过载、短路和断相保护试验，检查绝缘显示是否正常。

（2）检查设备的电气、机械闭锁装置。

（3）检查移动变电站或移动变压器的运行声音、温度是否正常。

2）日检

（1）包括班检的内容。

（2）检查防爆性能是否可靠，螺栓是否齐全紧固，进线装置是否松动。

（3）进行高压开关监视导线的动作试验。

3）周检（旬检）

（1）包括日检内容。

（2）隔爆接合面保养，擦除脏污，涂防锈剂。

（3）检查操作机构并涂润滑脂，确保动作灵活可靠。

（4）清除开关腔体内的积尘、潮气或水。

（5）检查接线部位是否松动或过热。

（6）检查各种插件及螺栓是否松动。

（7）检查空气开关、隔离换向开关、交流接触器触头的烧损情况，严重的应修复更换。

（8）检查保护装置的定值是否合理。

4）月检

（1）包括旬检内容。

（2）修复和更换有问题的元部件。

（3）检查机械和电动合闸机构，对转动部位添加润滑脂。

（4）检查平时带电检查不到的部件。

2. 隔爆外壳的修复与保养

1）隔爆接合面的修复

隔爆接合面的表面粗糙度应不大于$\overset{6.3}{\bigtriangledown}$，接合面出现轻微的伤痕或锈蚀时，可用油石蘸机油研磨。只要伤痕的深度和宽度不超过0.5 mm，其投影长度不大于接合面长度的2/3，磨平后可继续使用。当局部出现的缺陷超过上述规定时，可用焊补工艺。其方法是：

焊补前，先把隔爆接合面缺陷处打磨干净，露出金属光泽，用烧好的烙铁将待补处加热至60 ℃左右，然后在缺陷处涂少量的焊剂，用烙铁将铅锌焊条溶于缺陷处，使焊料与金属表面焊牢。冷却后用油石蘸机油磨平突出的焊料，使其表面粗糙度符合要求。最后涂防锈油脂或进行磷化处理。

2）隔爆接合面的修复标准

（1）隔爆接合面上的孔在1 cm^2 的范围内不超过5个，其直径不超过0.5 mm，深度不超过1 mm。

（2）伤痕深度及宽度不超过0.5 mm，投影长度不超过隔爆接合面长度的50%。

（3）个别较大的伤痕，深度不超过1 mm，无伤距离相加不小于相应容积规定的隔爆接合面长度。

3）隔爆接合面的防锈处理

锈蚀是指设备的非加工面发生锈皮脱落，或隔爆接合面、加工面的锈迹用棉纱擦掉后仍有锈蚀斑痕。

煤矿井下湿度大，隔爆型电气设备的接合面极易生锈。如果锈蚀严重，对其隔爆性能影响极大，甚至造成失爆，为此，应采取如下防锈措施：

（1）涂防锈油剂。在隔爆接合面上直接涂204－1防锈油。

（2）涂磷化底漆。这是一种新的防锈涂漆，能代替钢铁的磷化处理。其特点是：漆膜薄，仅有8～12 μm，且坚韧耐久，具有极强的附着力；涂抹方便，仅用半小时即可自然干燥；漆膜不怕瓦斯爆炸时的瞬时高温。

（3）热磷处理。隔爆接合面经热的磷酸盐溶液处理后，在金属表面便形成一层难溶的金属薄膜，即磷化膜，可防止隔爆接合面的氧化锈蚀。

对在热磷处理时形成的质量差的磷化膜，可用浓度为10%～15%的盐酸（HCL）溶液（即氯化氢水溶液）或加热的浓度为15%～20%的苛性钠（NaOH）溶液擦洗，即可除去，也可用砂布打磨等方法清除。

（4）冷磷处理。隔爆接合面经大修后，一般采用冷磷处理，使其形成一层难溶的金属氧化膜，以防止隔爆接合面氧化锈蚀。

4）隔爆外壳的保养

隔爆外壳起隔爆作用，是隔爆设备的主要部件，要经常检查。电气设备的安装应避开有淋水的地方，否则，应采取防淋措施。有水的地方要挡好，避免井下水对电气设备的腐蚀。铁器、矸石对外壳碰撞而出现变形、凹坑时，应上井修理。转动盖的开闭时不能用锤子、铁棍敲打。外壳上的散热片要加以爱护，保持完好。接线箱、线嘴注意不要被支架等挤压损坏。

隔爆接合面是隔爆设备能否起到隔爆作用的关键部位，因此，必须经常爱护、精心保养。对电气设备的防爆性能应每月检查一次，重点检查隔爆接合面是否有锈蚀、进线装置是否完好、接合面的紧固是否符合要求。擦拭隔爆接合面时，要用干净的棉丝、泡沫塑料，注意不要留有铁屑、砂粒，以免将其划伤。擦净后，要轻轻地涂上一层防锈油。此外，要特别注意对防止隔爆接合面的碰撞。打开检查修理时，部件要轻拿轻放，不能用螺丝刀、扁铲等工具插入隔爆间隙内硬撬硬撑。用螺栓连接的隔爆接合面，打开时不可剩下已经松动的一个螺栓不拆下来，并且以它为轴转动，使隔爆接合面之间相互摩擦，造成划伤。检查修理工作完毕盖盖时，要注意清洁，不要把煤尘、漆皮、木屑、棉线、铜丝等杂物掉在隔爆接合面上。修理完后，要用塞尺检查隔爆间隙是否符合要求，不合格的要寻找原因，进行处理。

3. 本安型电气设备

为了确保本安型电气设备及系统的安全运行，必须做到定期维修。在进行本安电气设备和其关联设备检修时，除对本安电路所用元部件性能、电气回路的绝缘电阻、外部配线连接的紧固情况、接地是否良好等进行维修检查外，还必须注意以下几点：

（1）在危险场所使用的本安型电气设备，原则上可带电开盖进行内部简单的检修调整，但不允许使用电烙铁，必须用目测或本安型仪表进行检修。

（2）在非危险场所使用的本安型关联设备，除目测外，在进行检修时，必须切断接至危险场所的本安电路的接线才能进行检修。

（3）维修本安型电气设备和其关联设备时，不得对电路的参数和元件、导线的布置、连接进行变更和改造。

（4）必须更换本安型电气设备及其关联设备的固定部件或元件时，只能使用与原设计相同规格的部件或元件进行替换。

（5）在本安型电气设备或其关联设备中，所采用的保护元件、组件或安全栅须定期检查其保护性能是否可靠。维修时，不得随意更换、拆除。

（6）更换电源电池时，要用同型号电池，不得随意使用其他型号的电池。

4. 电缆

1）电缆的日常维护与检查工作

（1）移动设备所用电缆的管理和维护，应责任到个人并应班班检查维护。在采掘工作面附近，电缆的超长部分应呈“S”形挂好，不准在带电情况下盘圈或盘“8”字形或盘“O”形放置（采煤机电缆车上的除外），并应严防炮崩、挤、砸或受外力拉坏等。

（2）低压电网中的防爆接线盒，应由专人每月进行一次清理检查。特别应注意接线端子的连接有无松动现象，以防过热烧毁。

（3）电缆的悬挂情况应由专职人员每日巡回检查一次。有顶板冒落危险或巷道压力较大的地区，在巷道整修、粉刷、冲洗时，一定要将电缆线路从电缆钩上落下。专职维护人员应及时将电缆放落到底板上并用专用的木槽或铁槽妥善覆盖保护，防止电缆受损。当施工完后，应重新吊挂。

（4）高压铠装电缆的金属铠装，如有断裂应及时绑扎。高压电缆在巷道中跨越电机车架线时，该电缆的跨越部分应以橡胶物覆盖。电缆线路穿过淋水区时不应设有接线盒，如有接线盒时，应严密遮盖，并由专职人员每日检查一次。

2）电缆的定期检查与试验

（1）每季度检查一次固定敷设电缆的绝缘；每周由专职电工检查一次悬挂情况，并进行外部检查。

（2）每月检查一次移动电气设备的橡套电缆的绝缘。

（3）每年进行一次高压电缆泄漏和耐压试验。

（4）每一矿井的井下供电专职人员（电气管理小组）应与生产单位的维护人员一起，对正常生产采区的电缆的负荷情况，每月进行一次检查；新采区投产时，应跟班进行全面的负荷测定，以保证电缆运行的可靠性。

以上各项试验和检查应形成制度，并对每次试验和检查的结果做好记录。对试验和检查中发现不合格的电缆，应及时更换和处理。

5. 采煤机

滚筒式采煤机的日常维护，主要由班检、日检、周检和月检4部分组成。

1）班检

由当班司机负责进行，检查时间不少于30 min。

（1）检查各部位螺栓的紧固情况。主要是机身对底托架、滚筒、摇臂与弧形挡煤板等部位。

（2）检查各部位是否漏油、渗油。

（3）检查各种信号、压力表和油位指示。

（4）检查各操作手把和按钮是否灵活可靠。

（5）更换、补充磨损或丢失的截齿，检查齿座的磨损情况。

（6）检查电缆、电缆夹的连接与拖曳情况。

（7）检查牵引装置有无损坏和连接不牢固情况。

（8）检查冷却、喷雾供水系统的压力、流量是否符合规定，喷雾效果是否良好。

（9）检查防滑与制动装置是否可靠。

（10）检查滑靴及导向滑靴与溜槽导向管的配合情况。

（11）经常擦拭机体表面，保持机体清洁。

（12）倾听各部运转声音是否正常，发现异常要查清原因并妥善处理。

（13）电牵引采煤机还应检查变频器的工作情况。

2）日检

由当班司机及有关人员在检修班进行检查，处理时间不少于6 h。

（1）解决班检中未处理的问题。

（2）检查各部油位和注油点，并及时注油。

（3）检查冷却喷雾系统的供水压力和流量，并处理漏水和喷雾泵故障。

（4）紧固滑靴、机身对口连接螺栓和弧形挡煤板等处的螺栓。

（5）检查和处理操作手把和按钮故障。

（6）检查调斜、调高油缸是否漏油及销子固定情况。

（7）检查和处理牵引装置的故障。

（8）检查和处理防滑装置的故障。

（9）处理电缆、电缆夹和水管的故障。

（10）检查变频器及牵引电动机的工作情况。

（11）检查滚筒端盘的叶片有无开裂、严重磨损及齿座短缺、损坏情况，发现有严重问题应及时更换。

（12）检查电气防爆性能。

（13）检查过滤器，更换滤芯。

3）周检（旬检）

由单位主要领导和技术负责人以及日检人员参加，检查时间不少于6 h。

（1）处理日检中处理不了的问题。

（2）按润滑图表加注油脂，油质符合规定，油量适宜并取油样进行外观检查。

（3）检查、清洗安装在牵引部外面的过滤器和磁性过滤器。

（4）检查支撑架、底托架各部的连接情况。

（5）检查电气防爆性能。

（6）检查电动机和电缆线的绝缘情况。

4）月检

根据采煤机存在的问题，编制较详细的检修计划和措施，准备好所需的材料、备件。由相应管理机构的负责人组织周检人员参加，检查处理时间一般不少于6 h，可根据任务量适当延长。

（1）处理或更换周检中处理不了的问题。

（2）按油脂管理细则规定取油样化验和进行外观检查，按规定换油、清洗油池，处理各连接部位的漏油。

（3）更换磨损过限牵引装置的部件、齿轨和滑靴等。

（4）检查滚筒有无裂纹、磨损、开焊及螺栓的齐全、紧固情况，并处理存在的问题。

（5）对电动机进行绝缘性能测试。

（6）对采煤机的电控系统进行防爆性能检查。

6. 刮板输送机

对刮板输送机保养与维护的具体体现是坚持日检、周检、季检、半年检和大修等。其具体内容如下。

1）日检

（1）检查各转动部分是否有异常响声和剧烈振动、发热等异常现象，如有，则应及时排除。

（2）检查减速箱、液力偶合器、液压缸以及推进系统软管是否漏损，漏损严重者应及时处理，并补充油液。

（3）检查减速箱、盲轴、链轮、挡煤板、铲煤板和刮板链螺栓是否松动，如发现松动应及时处理。

（4）检查刮板、连接环及圆环链是否损坏，如发现损坏应及时更换。

（5）检查刮板链松紧是否适度，有无跳牙现象。如果刮板链过松，应及时张紧。

（6）检查溜槽有无掉销和错口现象，一经发现应及时更换。

2）周检

（1）检查减速箱、液力偶合器、盲轴等部位油液量是否适当，有无变质。

（2）检查挡煤板和铲煤板连接螺栓是否松动或掉落。

（3）检查机头（机尾）架是否损坏变形。

（4）检查机头（机尾）各连接螺栓的紧固情况。

（5）检查拨链器、刮板的磨损情况。

（6）检查溜槽挡煤板和铲煤板损坏变形情况。

（7）检查液压缸和软管是否损坏。

（8）检查电动机的引线是否损坏。

（9）检查电动机和电缆线的绝缘情况。

3）季检和半年检

每季度应对液力偶合器、过渡槽、链轮和拨链器等进行轮换检修一次（其中拨链器可视磨损情况而定），每半年应对电动机和减速器进行一次全面检修。

当采完一个工作面后，应将设备升井进行全面检修。

7. 带式输送机

（1）每班工作前必须仔细检查液力联轴器有无漏油现象。定期检查其充油量，发现油量不足应立即按规定补充。

（2）经常检查机身钢丝绳的张紧度，发现松弛现象时应立即张紧，但紧绳后应注意观察输送带是否跑偏。

（3）经常检查输送带接头，发现断裂应及时修理或更换。

（4）经常检查清扫装置的工作状况。清扫后的输送带以及传动滚筒表面，不允许黏附煤或煤粉。

（5）带式输送机的工作场所必须时刻保持清洁，以保证电动机和传动装置具有良好的散热条件。

（6）一般情况应空载启动，尽量避免频繁启动。带式输送机开机时，要先点动，并发出信号，待没有异常情况后方可开机，投入运行。

（7）托辊应定期检修，检修时密封圈内必须填满润滑脂。转动不灵活的托辊应立即更换。

（8）发现输送带跑偏应立即调正，不允许发现磨输送带边缘的现象。

（9）绳卡上的斜楔必须打紧，严禁在运输的煤炭中有较长的铁器，以防输送带跑偏时划破输送带。

（10）输送机的驱动装置、液力偶合器、传动滚筒、尾部滚筒等要设置保护罩和保护栏杆，工作中禁止将其取掉。

第四部分

采掘电钳工高级技能

第九章　工 作 前 准 备

第一节　仪 器、仪 表

一、操作技能

（一）通用示波器

下面以 ST16 型示波器为例介绍通用示波器的使用。其面板如图 9 - 1 所示。

1. 示波器各旋钮、开关的用途及其操作方法

（1）Y 轴输入（插座）。通过专用测量电缆及探头，将被测信号引入示波器。

（2）输入耦合选择（开关），用以改变被测信号与 Y 轴输入的耦合关系。“AC”位为交流耦合，显示波形不受输入被测信号中直流分量的影响；“DC”位为直流耦合，适合于观察变化缓慢的信号；“⊥”位为输入端处于接地状态，便于确定输入端为零电位时光点或光迹在屏幕上的位置。

（3）增益校准。用于校准 Y 轴输入灵敏度。

（4）输入衰减。Y 轴输入灵敏度步进式挡位选择开关，对被测信号的大小可提供 0.02 ~ 10 V/div 九挡供选择；位于方波挡时为内部产生 100 mV、50 Hz 的方波，供示波器校准用。

（5）增益微调。用于连续改变 Y 轴放大器增益，顺时针方向旋到底为最大，同时也是标准位置。

（6）垂直位移。顺时针方向光点上移；反之下移。

（7）平衡。当光迹随“V/div”开关换挡或微调转动而出现 Y 轴位移时，进行平衡调节，以使这种位移减至最小。

（8）X 轴输入（插座）。水平信号或外触发信号的输入端。

（9）触发信号源选择（开关）。“内”挡为触发信号，取自 Y 轴放大器；“外”挡也为触发信号，是由 X 轴输入引入的外部信号；“电视场”挡为将 Y 轴放大器中的被测电视信号通过积分电路，使屏幕上显示的电视信号与场频同步。

（10）触发信号极性开关。“ + ”、“ - ”位分别为触发信号的上升和下降，用来触发扫描电路；“外接 X”位为外触发信号，由“X 轴输入”端输入。

（11）扫描校准。对 X 轴放大增益校准，用以对时基扫描速度进行校准。正常使用时不调节。

（12）扫描选择（开关）。用于根据被测信号频率选择适当的速度。挡位由 0.1 μs/div ~

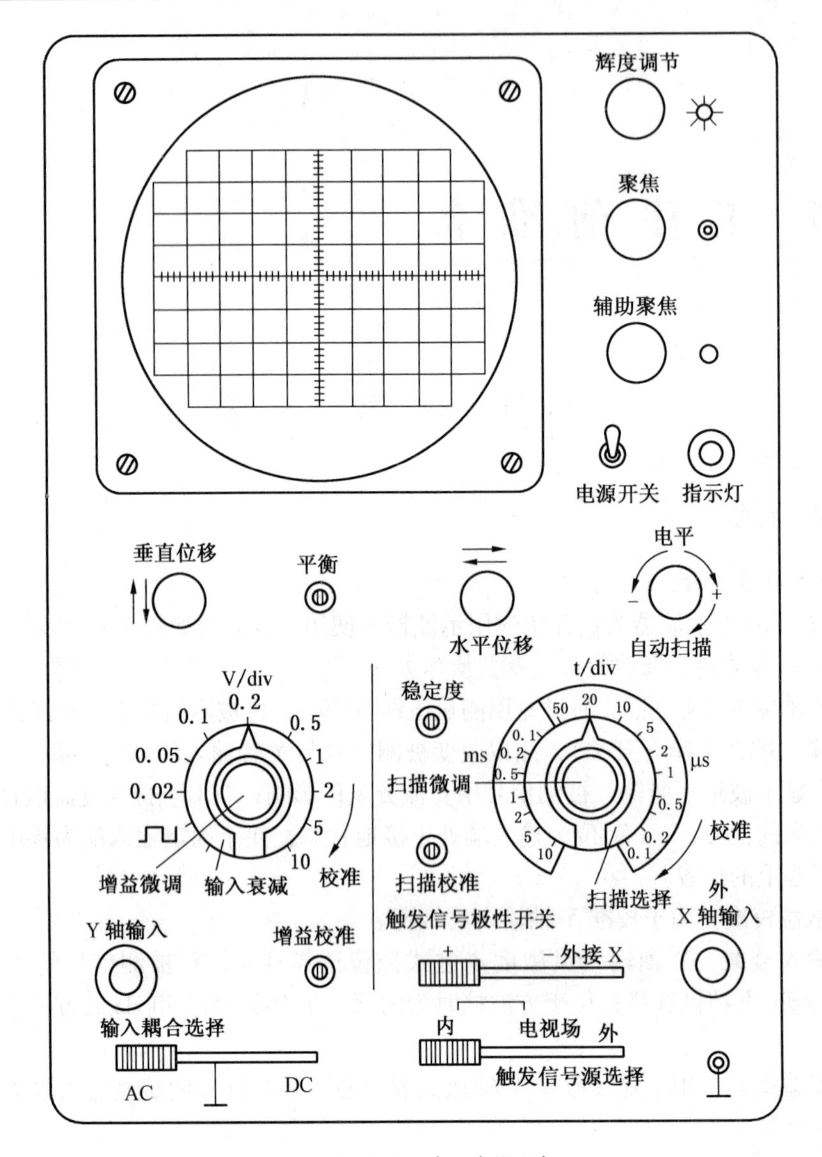

图 9-1 ST16 型示波器面板

10 ms/div，分为 16 挡，单位为 t/div，即 X 轴每格为时间 s。

（13）扫描微调。用于连续调节时基扫描速度，顺时针方向旋到底为“校准”位。

（14）稳定度。调节使扫描电路进入待触发状态，一般已调节在待触发状态，可不予调节。

（15）水平移位。顺时针方向调节使光点或信号波形沿 X 轴向右移；反之则左移。

（16）电平。用以调节触发信号波形上触发点的相应电平值，“+”为趋向信号的正半波；“-”为趋向信号的负半波；顺时针旋到底为“自动扫描”。

（17）聚焦。用于调节示波管中电子束的焦距，使屏幕上显示出清晰的小圆点。

（18）辅助聚焦。用于调节光点为最小。

（19）辉度调节。顺时针调节辉度增大。

2. 交流电压波形的观测

使用时应注意以下几点：

（1）示波器的金属外壳是与电源保护接零线相连的，并与探头电缆中一根测量线相连，所以测试时应考虑安全问题。

（2）作电子线路测试时，被测线路及所配的其他电子仪器的参考点均应与示波器的参考点（金属外壳）联成公共的参考点。

（3）测量时人不要触及探针。

（4）测量过程中，如短时暂不用示波器，只需将辉度调暗，不要关机，以延长仪器使用寿命。

（5）正常使用时辉度应适中，不宜过亮。

（6）光点不应长时间停留在某一点上。

（7）不要在强磁场中工作。

示波器校准后，将输入耦合选择在“AC”，输入衰减选择在“10 V/div”，接 Y 轴输入信号后再调整输入衰减，扫描选择的挡位和电平，使屏幕上显示出 2 ~ 3 个完整的、双幅在 8 格以内 6 格以上稳定的交流波形。通过对输入、输出波形的比较，可发觉是否存在失真。

（二）直流双臂电桥

直流双臂电桥又称凯文电桥。和直流单臂电桥相比，它能够消除接线电阻和接触电阻对测量结果的影响，因此，直流双臂电桥是专门用来精密测量 1 Ω 以下小电阻的仪器。

直流双臂电桥的原理电路如图 9 - 2 所示。与单臂电桥不同，被测电阻 R_x 与标准电阻 R_4 共同组成一个桥臂，标准电阻 R_n 和 R_3 组成另一个桥臂，R_x 与 R_n 之间用一阻值为 r 的导线连接起来。为了消除接线电阻和接触电阻的影响，R_x 与 R_n 都采用两对端钮，即电流端钮 C_1、C_2、C_{n1}、C_{n2}，电位端钮 P_1、P_2、P_{n1}、P_{n2}。桥臂电阻 R_1、R_2、R_3、R_4 都是调节各桥臂电阻，使检流计指零，即 $I_p=0$。则 $I_1=I_2$，$I_3=I_4$。根据基尔霍夫第二定律：

$$\left.\begin{array}{ll}\text{对 I 回路} & I_1R_1=I_nR_n+I_3R_3\\ \text{对 II 回路} & I_2R_2=I_nR_x+I_3R_4\\ \text{对 III 回路} & (I_n-I_3)r=I_3(R_3+R_4)\end{array}\right\}\tag{9-1}$$

解方程组（9 - 1）求得

$$R_x=\frac{R_2}{R_1}R_n+\frac{rR_2}{r+R_3+R_4}\left(\frac{R_3}{R_1}-\frac{R_4}{R_2}\right)\tag{9-2}$$

式（9 - 2）表示，用双臂电桥测量电阻时，R_x 由两项决定。其中第一项与单臂电桥相同，第二项称为“校正项”。为了使双臂电桥平衡，求解 R_x 的公式与单臂电桥相同，必须使校正项等于零。所以，要求 $R_3/R_1=R_4/R_2$，同时使 $r\to0$。为满足上述条件，双臂电桥在结构上采取了以下措施：

（1）将 R_1 与 R_3、R_2 与 R_4 采用机械联动的调节装置，使 R_3/R_1 的变化和 R_4/R_2 的变化保持同步。

（2）连接 R_n 与 R_x 的导线，尽可能采用导电性良好的粗铜母线，使 $r\to0$。

双臂电桥测小电阻时，接线电阻和接触电阻的影响是怎样被消除的？下面以图 9 - 2 为例，从以下 3 个方面加以分析：

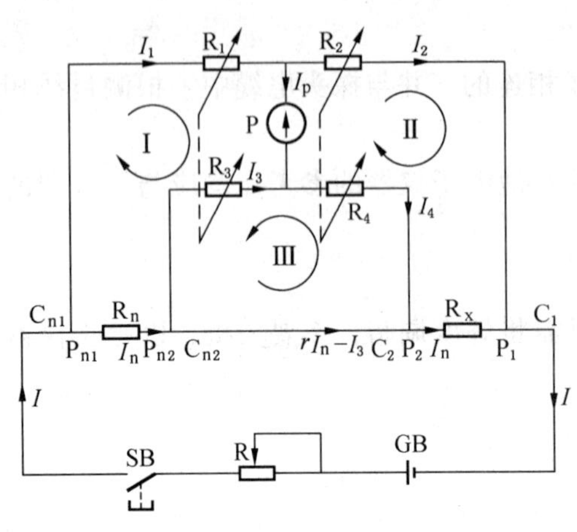

图 9-2 直流双臂电桥的原理图

(1) 电流端钮 C_{n1} 和 C_1 的接触电阻以及接线电阻都串联在电源电路中，它只影响电流 I 的大小，但不影响电桥的平衡，故与测量结果无关。

(2) 另一电流端钮 C_{n2} 和 C_2 的接触电阻是与 r 串联的，由于 r 很小，故也不会影响测量结果。

(3) 电位端钮 P_1、P_2、P_{n1}、P_{n2} 的接触电阻和接线电阻可以分别归并到标准电阻 R_2、R_4、R_1、R_3 中。而这 4 个电阻的阻值远远大于电位端钮的接触电阻和接线电阻，使它们的影响小到可以忽略的程度。

综上所述，直流双臂电桥可以较好地消除接触电阻和接线电阻的影响，因而在测量小电阻时，能够获得较高的准确度。

二、相关知识

(一) ST16 型示波器

1. 使用前的准备

其一，示波器电源电压变换装置的指示值必须与电源电压相符。其二，将面板上各开关、旋钮拨到如下位置：垂直及水平移位均在中间位；电平在“自动扫描”；输入方式在“⊥”；扫描选择在“2 ms/div”；输入衰减在“10 V/div”；触发信号源选择在“内”；触发信号极性开关在“+”；辉度逆时针调到较小位。其三，接通电源，指示灯亮并预热至少 2 ~3 min 后，将辉度调到使上水平线的亮度适当。其四，反复调节聚焦和辅助聚焦，使亮线尽量显示得细而清晰。其五，调水平及垂直移位，使亮线处于中央位置。

2. 示波器的校准

为了尽量准确地在屏幕上反映出被测信号幅值及周期的大小，对于 ST16 型示波器，是应用它内部的校准方波信号，对 Y 轴增益和 X 轴扫描速率进行校准。此时将有关开关及旋钮拨到如下位置：输入衰减及增益微调分别在方波挡及“校准”；扫描选择及扫描微调分别在“2 ms/div”及“校准”。然后调节电平旋钮至屏幕上显示出稳定的方波，并将方波移到中央。如果方波双幅值不等于 5 格，周期不为 10 格，则应调节增益及扫描校准。

3. 示波器的保养

和其他贵重仪器一样，示波器应由专人负责保管（包括资料及附件），保持仪器的干燥清洁并加防尘罩。仪器有通风扇时，每隔 3 个月对轴承加一次油，顺便清扫机内灰尘等。防止仪器受到振动、冲击。长期不用时，应定期通电，潮湿季节最好每天通电 20 min。

(二) 直流双臂电桥

1. 直流双臂电桥的使用

(1) 使用前先将检流计的锁扣打开，调节调零器使指针指在零位。

(2) 接入被测电阻时，应采用较粗较短的导线，并将接头拧紧。

(3) 估计被测电阻的大小，选择适当的比例臂，使比较臂的4挡电阻都能被充分利用，从而提高测量准确度。

(4) 当测量电感线圈（如电机或变压器绕组）的直流电阻时，应先按下电源按钮SB1，再按下检流计按钮SB2；测量完毕，应先松开检流计按钮，后松开电源按钮。以免被测线圈产生的自感电动势损坏检流计。

(5) 电桥电路接通后，若检流计指针向“+”方向偏转，应增大比较臂电阻；反之则应减小比较臂电阻。如此反复调节各比较臂电阻，直至检流计指针指零，电桥处于平衡状态为止。此时，被测电阻=比例臂读数×比较臂读数。

(6) 被测电阻有电流端钮和电位端钮时，要与电桥上相应的端钮相连接。要注意电位端钮总是在电流端钮的内侧，且两电位端钮之间的电阻就是被测电阻。如果被测电阻没有电流端钮和电位端钮，则应自行引出电流和电位端钮。图9-3所示为测量一根导线电阻的示意图，注意应尽量用短粗的导线接线，接线间不得绞合，并要接牢。

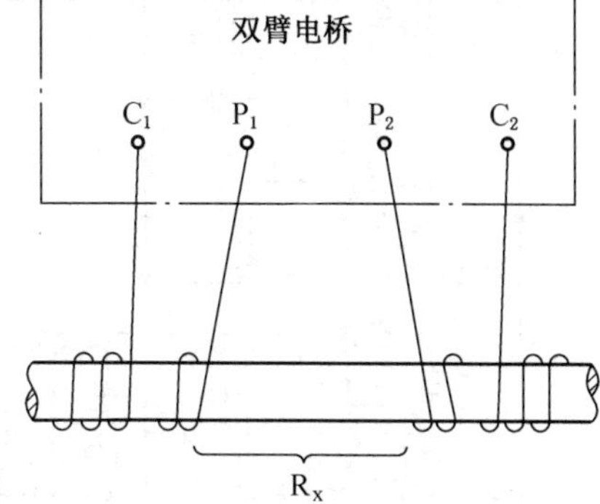

图9-3 双臂电桥测量导线电阻接线图

(7) 直流双臂电桥工作时电流较大，故测量时动作要迅速，以免电池耗电量过大。

2. 直流双臂电桥的保养

(1) 电桥使用完毕，应先切断电源，然后拆除被测电阻，最后将检流计锁扣锁上，以防搬动过程中震坏检流计。对于没有锁扣的检流计，应将按钮“G”断开，它的常闭触点会自动将检流计短路，使可动部分受到保护。

(2) 发现电池电压不足应及时更换，否则将影响电桥的灵敏度。当采用外接电源时，必须注意电源极性。将电源的正、负极分别接到“+”、“-”端钮，且不要使外接电源电压超过电桥说明书上的规定值，否则有可能烧坏桥臂电阻。

第二节 读图与分析

一、操作技能

（一）煤电钻综合保护装置

1. 电路组成

下面以ZZ8L-2.5型煤电钻综合保护装置为例，说明其组成。ZZ8L-2.5型煤电钻综合保护电气原理如图9-4所示。主回路由隔离开关1K，一次熔断器1FU、2FU，主变压器ZB，二次熔断器3FU、4FU，交流接触器CJ等组成。控制回路由交流接触器CJ的线圈、控制变压器KB、直流继电器1J、停送电按钮等组件组成。保护电路由电流互感器LH，电子线路插件，直流继电器2J、3J，热继电器RJ等组件组成。

2. 线路原理及控制

1）控制电路

煤电钻启动采用先导回路控制。首先闭合手柄开关2K，接通下述先导回路：

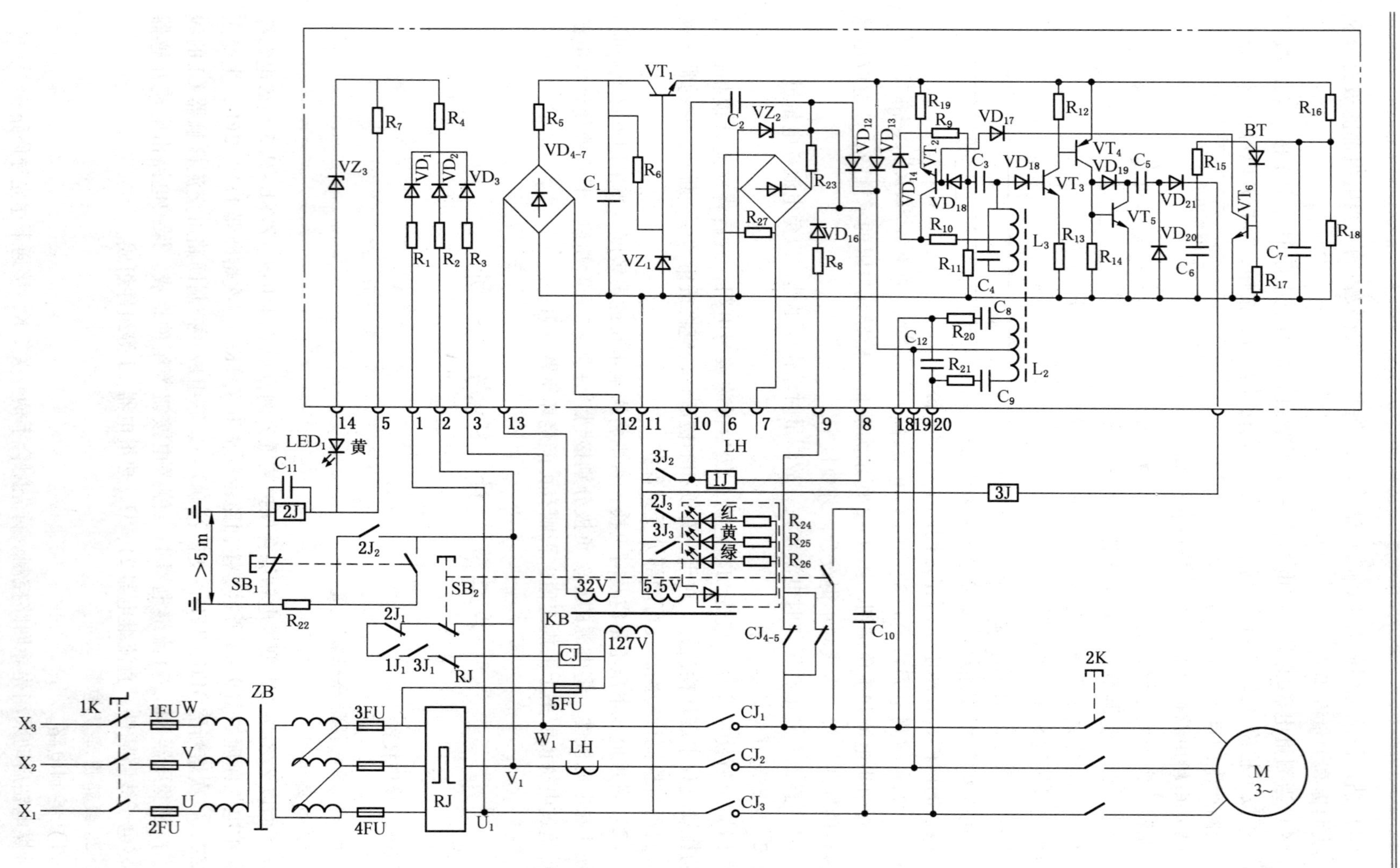

图 9-4　ZZ8L-2.5 型煤电钻综合保护工作原理

$+20\ V \rightarrow VD_{13} \rightarrow 2\ K(V\ 相) \rightarrow 煤电钻绕组(V \rightarrow W\ 相) \rightarrow 2\ K(W\ 相) \rightarrow \begin{cases} CJ_4 \\ CJ_5 \end{cases}$（常闭接点）$\rightarrow R_8 \rightarrow VD_{14} \rightarrow 1\ J(线圈) \rightarrow 3\ J_2(常开接点) \rightarrow$电源负端。

1J 有电吸合，常开接点 1 J_1 闭合，将 CJ 线圈通电，主触点闭合，接通主电路电源，煤电钻启动运转。同时，CJ_4、CJ_5 触点断开，切断先导回路，此时 1J 供电电源由电流互感器 LH 二次的感应信号经 $VD_8 \sim VD_{11}$ 整流和 C_2 滤波后提供。

停钻时，2 K 断开，主电路电流中断，LH 二次侧无输出，1 J 失去电源释放；CJ 线圈随之断电，主触点将 127 V 电源切断，不打钻时使电缆不带电。

二极管 VD_{12}、VD_{13}用于实现 127 V 网络与先导回路电源以及维持电源之间的相互隔离。

2）短路保护电路

该保护系统采用载频检测保护方式。不论煤电钻电缆是否送电，短路保护电路上始终通有一固定频率载频信号，一旦电缆出现短路，则首先将载频信号短接，并通过检测装置判断出载频信号的消失，下达切断电源的执行指令。具体过程如下：

由 VT_2、L_1、C_3、C_4、$R_9 \sim R_{11}$等元件组成电感三点式自激振荡器，产生 20 kHz 载频信号经两路输出：一路经 L_2、R_{20}、R_{21}、C_8、C_9 等组件与 127 V 三相网络耦合；一路经 VD_{18}、VT_3、VT_4、$R_{12} \sim R_{14}$等组件放大后输出，作为检测回路的取样信号。正常情况下网络绝缘电阻很高，振荡器所带负载很小，电路两端（C_4）输出电压较高，经 VT_3、VT_4 放大后，使继电器 3J 获得足够的工作电压而吸合，常开接点 $3J_2$ 闭合，给出允许先导回路工作的条件。同时加在可调单结晶体管 BT 控制极的电压也较高，对应该电压下的峰点电位高于由 R_{16}、R_{18} 分压确定的阳极电位，BT 不能导通，由 VT_6 组成的闭锁电路不起作用。

正常工作时，由 VT_4 集电极输出的电压为矩形脉冲电压，为保证电压能够连续通过 C_5 而送入 3J，电路中设置了在 VT_4 电压输出的间歇时期 C_5 的低阻放电通路。其回路为

$$C_5(+) \rightarrow VT_5 \rightarrow VD_{20} \rightarrow C_5(-)$$

当 127 V 网络发生短路时，电阻 R_{20}和 R_{21}成为振荡器的主要负载。由于该值很小，使振荡器负载电流显著增大，结果促使振荡器停振，电路无电压输出。这样 VT_3、VT_4 截止，3J 得不到电压而释放。同时 BT 开始导通，R_{17}输出电压使 VT_6 饱和导通，将振荡器三极管 VT_2 基极对地短接，保证 3J 持续释放。3J 的接点动作，切断电源，短路保护动作，指示信号黄灯亮。由于短路保护具有闭锁作用，当短路保护动作后，在排除故障并准备再一次送电时，必须将控制电源瞬间断开，使闭锁电路复位后方能重新工作。

3）过载保护电路

采用热继电器过载保护，当煤电钻过载时，串接于 CJ 线圈回路的常闭接点断开，CJ 释放，使主电路断电，整定值为 14 A。

4）漏电保护电路

该装置的漏电保护系统采用 127 V 网络电源直接检测方式。由 $VD_1 \sim VD_3$、$R_1 \sim R_4$ 及直流继电器 2J 等主要组件组成。

检测回路是：127 V 电源（三相）$\rightarrow R_4 \rightarrow$LED1$\rightarrow$2 J$\rightarrow$地$\rightarrow$网络绝缘电阻$\rightarrow$127 V 电源。

在网络对地绝缘水平较高时，流经 2J 的电流很小，不足以使其动作。当网络对地绝缘低于整定值时，继电器 2J 流过足够的电流开始吸合，其常闭接点 $2J_1$ 断开，将 CJ 线圈通电

回路切断，CJ 释放，切断主电路电源。同时 $2J_2$ 闭合，将漏电试验电阻接入，使 2J 自锁。漏电故障排除后，装置重新投入工作时，仍需瞬间断开隔离开关 1K，解除漏电自锁后方能工作。

5）低压电源

控制电源由 127 V/32 V、5.5 V 控制变压器，经 VD_4 ~ VD_7 整流，R_5、C_1 滤波以及经 VT_1、VZ_1 等简单的串联式稳压电路供电。其中，5.5 V 交流电源经 VD_{22} 整流后供发光二极管用。

3. 保护装置动作试验电路

保护装置动作试验电路包括两个部分：短路动作试验和漏电动作试验，分别由 SB_2、C_{10} 及 SB_1、R_{22} 组成。

按下试验按钮 SB_1 或 SB_2，人为模拟两种故障状态，装置应可靠动作，并给出灯光信号指示。

（二）照明信号综合保护装置

以 KZXB－2.5（4）型照明信号综合保护装置为例，说明其工作原理，如图 9－5 所示。

1. 主电路

主电路由隔离开关 K，一次熔断器 1FU、2FU，主变压器 ZB，二次熔断器 3FU、4FU，交流接触器 CJ 主接触点等部件组成。

2. 控制电路

控制电路由主接触器 CJ 线圈、送电按钮 QA、停电按钮 TA、控制继电器常闭接点 J_1 等组成。

装置投入工作时，首先闭合 K，使主变压器 ZB 及控制变压器 KB 有电工作。此时运行发光二极管 LED_3（绿色）通电发光。在 127 V 网路负载侧无漏电状态下可按合送电按钮 QA，经 CJ 线圈通电，其主接点 CJ_{1-3} 闭合，127 V 网路负荷得电工作。停电时，按停电按钮 TA，CJ 断电后释放，主接点 CJ_{1-3} 断开。

3. 短路保护

1）稳压电源

稳压电源由控制变压器 KB（一次电压 127 V，二次电压 20 V），整流桥 QSZ、R_1、C_1、C_2，集成稳压器 W_1 等组成。

控制变压器 KB 输出 20 V 交流电经整流桥堆 QZS 转换为直流脉动电压，经 R_1、C_1、C_2 滤波和稳压集成器后，输出 +15 V 直流电压，作为保护电路的稳压电源。

2）照明短路保护电路

照明短路保护电路由集成电路 T_1 的管脚 8、9、10、11、12、13、14 所接的半导体元件组成。当照明线路任意两项发生故障时，LH_1、LH_2 产生的较大电压信号，该信号由 LH_1、LH_2→D_{14}、D_{15}→R_{11}→R_{10}→电源负极→D_{13}→插件 16→QA_2→TA_2→LHD 形成回路。在 R_{10} 上产生的压降信号由 T_1 管脚输入，触发 T_1 内部翻转导通。其输出端管脚 13 由高电位降为低电位。电流由电源正极经三极管 e 极到 b 极，通过 R_3→D_2→T_1 管脚 13→电源负极形成回路，流过基极电流，BG_1 通过 e 极→c 极→插件 2 脚→继电器 J 线圈→插件 5 脚→负电。J 的常闭接点 J_1 断开 CJ 线圈回路，CJ 释放，切断 127 V 主电源。与此同时，发光二极管 LED_2 导通，发出红光，给出故障信号。

T_1 触发导通后可实现自锁，只有解除故障后，将 K 组合开关切断停电，然后重新送电方可正常工作。正常工作时电流传感器信号电压不足以使 T_1 触发翻转动作。

3）信号短路保护电路

信号短路保护电路由集成电路 T_1 的管脚 1、2、3、4、5、6、7 所接点的元件组成。

当信号负载电路发生故障时，电流互感器 LH_3 产生较大的电压信号。电压信号由 LH_3→插件 20→D_{16}→R_{15}→负电→D_{13}→插件 16→QA_2→TA_2→LHD 形成回路，并在 R_{15} 上产生电压信号，由 T_1 管脚 6 输入，触发 T_1 内部翻转导通，其输出端管脚 2 由高电位下降为低电位，BG_1 通过 e 极→b 极→R_3→D_5→T_1 管脚 2→负电，流过基极电流，BG_1 开关导通。继电器 J 吸合，J_1 接点断开 CJ 接触器线圈开路，切断主电源。

由于打点信号回路必须声光兼备，又因光信号的白炽灯灯丝由冷态变为热态，其电阻相差很大，在启动时瞬间电流之大相当于短路，因此在打点瞬间有可能产生误动作。所以在信号短路保护中，设置有充电延时和放电加速电路（由 BT_1、C_9、R_{14} 等元器件组成）。

在信号打点瞬间，电流传感器的信号电压在 R_{15} 两端的电压（BT_1 控制极与阴极间电压）高于 C_9 两端的电压（BT_1 阳极与阴极之间电压），即 BT_1 的控制极高于阳极电位，BT_1 处于截止状态，R_{14}、C_9 充电延时，打点与打点之间电流传感器电压信号降低，此时 C_9 两端电荷高于 R_{15} 两端电压，即 BT_1 的阳极电位高于控制极电位。BT_1 阳极对阴极击穿导通，C_9 两端电荷迅速放电，从而防止了连续大电流在 C_9 两端产生积累电压大于 BT_1 的触发翻转电压而产生误动。

4）漏电保护电路

漏电保护电路由集成电路 T_2 的管脚（8、9、10、11、13、14）连接元件组成。

127 V 照明与信号线路未送电状态下，网络存在漏电故障时保护电路可实现自锁。其动作回路是：电源 +→D_{11} 插件 4 脚→CJ_5→故障点→Za（或 Zb、Zc）→插件 12（或 13、14）→R_{35}（或是 36、37）→D_8（D_9、D_{10}）→R_{34}→R_{26}→负电，R_{26} 上的信号电压由 T_2 管脚输入触发 T_2 翻转，管脚 13 由高电平转为低电平。电源 +→BG1 的 e 极→BG1 的 b 极→R_3→D_7→T_2 管脚 13→T 内部→负电。BG_1 开关导通，继电器 J 吸合，断开 CJ 线圈回路，切断 127 V 主电源。同时发光二极管 LED_4 发出红光指示。

127 V 照明与信号网路在送电状态下，网络漏电时保护器可实现动作跳闸。其动作回路为：Za（Zb、Zc）→插件 12（13、14）→R_{35}（36、37）→D_8（9、10）→R_{34}→R_{26}→负电→R_{25}→R_{38}→D_{12}→插件 11→漏电故障点→Za（Zb、Zc）。R_{26} 上的电压信号触发 T_2 翻转，BG_1 导通 J 吸合，CJ 释放，切断主电压。同时 LED_4 发出红光信号指示。

由于电路具有自锁功能，当排除故障后，切断 1 K 开关再重新送电后方可正常工作。

5）电缆绝缘危险指示电路

电缆绝缘危险指示电路由集成电路 T_2 管脚 4、2、5 所连接元件组成。电缆绝缘危险指示的漏电触发电路与漏电保护电路相同，只是漏电动作值不同（漏电动作 1.5 kΩ，绝缘危险值为 10 kΩ ±2 kΩ）。

电缆绝缘电阻降到 10 kΩ ±2 kΩ 时，漏电电流在 R_{26} 的压降信号由 T_2 管脚输入，触发 T_2 翻转，管脚 2 由高电位变为低电位，电源 +→插件 17 脚→LED_5→插件 3 脚→R_{23}→T_2 管脚 2→T_2 内部负电源，LED_5 发出黄色指示信号，当绝缘故障排除、电阻值大于危险值时，LED_5 熄灭，解除危险指示信号。

4. 动作试验电路

1）短路动作试验

按合按钮 TA_2，其动作回路为：电源 +→插件 17→TA_2→LHD→电流传感器 LH_1（LH_2、LH_3）→插件 18（19、20）→D_{14}（15、16）→R_{11}→R_{10}（R_{16}→R_{15}）→负电。R_{10}、R_{15} 得到信号电压，T_1 两半部分同时翻转，继电器 J 动作，同时给出指示信号。

2）漏电动作试验

按合按钮 TA_3、TA_4，其动作回路为：电源 +→D_{11}→插件 4→CJ_5→主接地极→大地→辅助接地极→TA_3 插件 15→R_{20}→Za 相→R_{37}→D_{10}→R_{34}→R_{26}→负电。R_5 得到信号（动作）使 T_2 触发翻转。管脚 13 由高电平变为低电平，继电器 J 动作，同时给出指示信号。

（三）检漏继电器

检漏继电器的电路由直流检测电源、直流检测回路、LPQ 双 T 滤波器、控制回路组成，如图 9－6 所示。

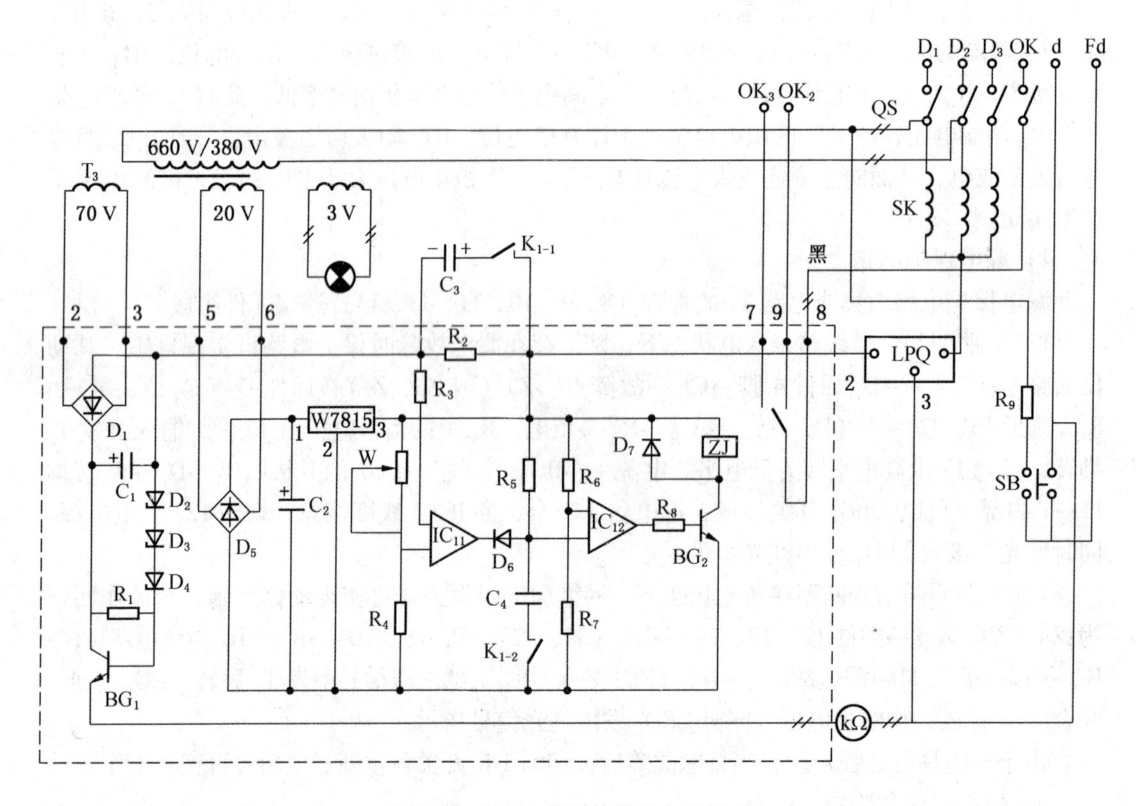

图 9－6　JY82－Ⅲ型检漏继电器原理

1. 直流检测电源

电源部分由单独变压器 T_3 所给串联稳压电源 D_1、C_1、D_2、D_3、D_4、R_1 及 BG_1 和集成稳压电源 D_5、C_2、W7815 供电。串联稳压电源为 63.5 V ±1 V，是漏电检测电源。集成稳压电源为 15 V，是电子线路工作电源。

2. LPQ 双 T 滤波器

当电网发生单相或两相漏电时，电网即出现零序电压，此电压必然会对直流检测电路产生干扰作用。在JY82－Ⅲ型产品中为了减少这种干扰，采用了双T50 HZ滤波器，将零序电压信号滤掉，以减少对直流检测回路的干扰。在保证其动作电阻值分散性不超过一定范围情况下，采用双T滤波器，显然比采用零序电抗器其动作速度要快一些。

3. 直流检测电路

当继电器接入电网后和电网绝缘电阻构成通路。其路线为：附加直流检测电源正极（63.5 V ±1 V）→千欧表→主地极→三相电抗器→双T滤波器取样电阻R_2→D_1负极→返回电源正极。当电网绝缘电阻很大时，直流检测回路的电流很小。在取样电阻R_2上所取得的信号很小，不足使控制回路动作。当人身发生触电或网路绝缘电阻下降时，直流检测回路的电流增大，当达到一定程度时，就可能使控制回路动作，切断电源，从而保证人身触电的安全性。

4. 控制回路

控制回路由比较器IC_1和IC_2所组成，在正常情况下输入到比较器IC_1同相输入端的信号低于比较器的参考电压，比较器IC_1不翻转，输出为零，输出电路不动作。当出现故障时，输入到比较器IC_1同相输入端的信号大于参考电压，比较器IC_1翻转，输出高电平。经过耦合电路到达第二比较器，使比较器IC_2翻转，输出高电平，三极管BG_2导通，执行继电器动作，接通开关跳闸线圈，切断电源。

当继电器与选择性检漏保护装置配合使用时，总检漏继电器的动作需要延时250～350 ms，为此在比较器IC_1和比较器IC_2之间加设了一个耦合电路。当继电器单独使用时，不需要延时，开关K_{1-2}断开，动作时间小于30 ms。

（四）移动变电站电气故障的原因

1. 高压负荷开关电气原理

FB－6型高压负荷开关是移动变电站中高压侧的配套开关，可断开和闭合移动变电站空载电流，并允许在特殊情况下断开负载电流。FB－6型高压负荷开关的电气原理如图9－7所示。

联锁按钮SA_1正常状态下按钮处于闭合状态，是一常开接点。经高压开关箱内部→高压接线盒接线座“3”、“4”→进入变压器内腔→低压接线盒接线座“3”、“4”→低压馈电开关箱失压脱扣器。作用是保证移动变电站的操作程序：分闸时，当取下操作手柄，SA_1断开，使低压开关失压，脱扣线圈断电，馈电开关跳闸，保证了高压开关空载断开。如果带负载断开高压开关，断流容量大大增加，电弧加大容易烧伤触头，缩短开关寿命。

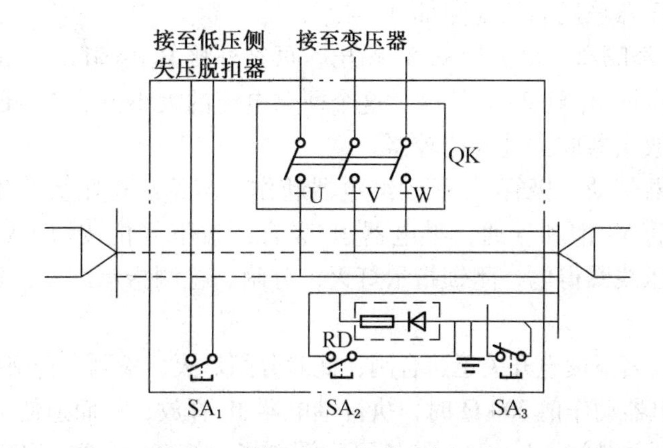

图9－7 高压开关负荷电气线路图

急停按钮 SA_2 正常状态下按钮处于断开状态，其作用是在紧急情况下切断上级电源。当急停按钮按下时，终端元件被短接，使上级断路器跳闸。

安全联锁按钮 SA_3 是一常闭接点。为了检修安全，箱盖上设有护框。正常时，护框上三条螺栓拧紧，将 SA_3 压下，SA_3 断开。当要检查或检修负荷开关时，首先要松开拧在护框上的螺帽取下护框，SA_3 安全联锁按钮弹回，使触点接通，终端元件被短接，使上一级断路器跳闸，并且在箱盖护框装上前无法重新合闸。

2. 低压负荷开关电气原理（图 9－8、图 9－9）

1）控制回路

控制回路的电源变压器将 1140 V（1200 V）电压变为 127 V、100 V、50 V、27 V、6 V，通过整流和稳压后，分别作为合闸线圈、半导体脱扣器、电压表、继电器、指示灯的工作电源。

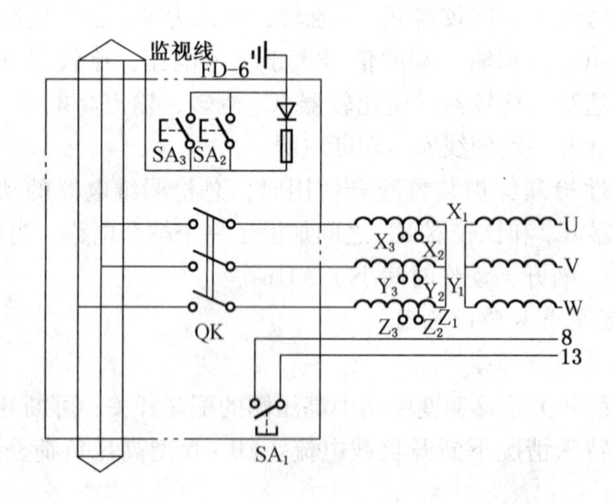

图 9－8　BKD1－500/1140（660）型矿用隔爆型真空馈电开关电气原理

2）检漏继电器工作原理

检漏继电器主要由电源、取样放大、比较器、输出、千欧表 5 部分组成。先由电源变压器供给 27 V 交流电源，经桥式整流后从 B_3 输出，供给 24 V 直流继电器 J_1；另一路经电容滤波及三端稳压器稳压后供检测部分。

稳压后的 24 V 经隔离、滤波后从 B_6 输出，再经外接 R_{25} 电阻、三相电抗器 SK、检测漏电电阻，由大地返回 B_1 到 24 V 负端。这个回路电流的大小由被检测的漏电电阻值的大小决定，取样后经放大器放大进入比较器。

输出端由比较器带动三极管 V_4 驱动继电器动作。当绝缘电阻大于 40 kΩ 时，比较器输出高电平，三极管 V_4 饱和导通，继电器 JL 吸合，按下复位按钮 FA，J_1 继电器吸合，真空馈电开关的欠压线圈得电，闭锁指示灯灭，分闸、检测指示灯亮，真空馈电开关允许合闸。

按下合闸按钮，真空馈电开关迅速合闸，此时分闸灯灭，检测、合闸灯亮。当网路绝缘电阻下降到检漏继电器动作值 20 kΩ 时，执行继电器 JL 释放，从而迫使 J_1 释放，则欠压线圈断电，真空馈电开关跳闸，J_1～J_3 触点断开，漏电指示灯亮，分闸、闭锁指示灯亮。

当网路对地绝缘电阻恢复到 40 kΩ 时，JL 吸合，JL_1 触点闭合，漏电指示灯灭，分闸、闭锁指示灯亮。

按下复位按钮，J_1 吸合，闭锁指示灯灭，检测指示灯和分闸指示灯亮，真空馈电开关允许合闸。

电位器 W_2 调整闭锁值，电位器 W_1 调整动作值。

3）半导体脱扣器工作原理

馈电开关使用的半导体脱扣器电路由运算放大器、CMOS 数字电路和外围元件组成，具有功耗低，工作可靠，抗干扰性能好；动作阀值准确稳定；延时单元采用数字计数器电路，稳定、准确等优点。

控制电源变压器输出 50 V，经整流后，一路经稳压得 17 V 和 9 V 直流电压，供给控制电路；另一路通过开关电源为欠压线圈提供直流电压。

电流电压变换器输出的电压经整流后，得到反映主回路电流大小的脉动电流电压信号，将它们分压后分别送到瞬时、短延时、长延时及预报警电路，各单元电路按设定值翻转，输出一动作信号到记忆电路，寄存并显示故障类别。记忆电路输出的驱动信号，一路到晶体管 V_4 截止，关断开关电源，使欠压线圈 Q 失电；另一路送往整形电路，再触发晶闸管。导通的晶闸管同时使二极管 VD_{30} 导通，关断开关电源；VD_{29} 导通，使欠压线圈 Q 失电，并使分励线圈 F 得电，完成脱扣动作，使断路器分断。

半导体脱扣器具有以下保护特性：

（1）长延时过电流整定范围为额定电流的 0.4～1 倍。

（2）瞬时过电流整定范围为额定电流的 3～10 倍。

（3）欠电压保护特性：当馈电开关在断开位置、电源电压等于或大于 85% 时，保证馈电开关可靠闭合；当馈电开关在闭合位置、电源电压降至额定电压的 70%～35% 时，保证馈电开关可靠断开电路，欠电压延时可调范围为 1～3 s。

（4）过电压保护装置：馈电开关 U、V、W 三相分别接入阻容装置，当电网出现过电压时，通过阻容吸收来消除过电压对线路的危害。

3. 常见故障及其维修方法

BKD1－500/1140（660）型矿用隔爆型真空馈电开关常见故障及其维修方法见表 9－1。

表 9－1　常见故障及其维修方法

序号	故障现象	故障原因	判断方法	处理办法
1	短路或过载灯亮	有短路或过载情况	检查外接电缆及电气设备有无短路或过载情况	更换损坏的电缆及电气设备
2	分闸灯不亮	指示灯或断路器上的辅助触点（常闭）接触不好	用万用表检查指示灯是否损坏，辅助触头是否接触到位	换指示灯，修理辅助触头
3	合闸灯不亮	指示灯或断路器上的辅助触点（常闭）接触不好	用万用表检查指示灯是否损坏，辅助触头是否接触到位	换指示灯，修理辅助触头
4	不能复位	交流 24V 控制电压不够或接线断，复位按钮损坏，检漏板坏，有漏电显示，J_1 继电器接触不好	漏电灯亮，说明有漏电情况，或检漏板损坏，用万用表检查是否有断线，J_1 继电器插头是否有氧化层	更换检漏板及排除漏电点，擦去氧化层使继电器接触好，更换按钮

表9-1（续）

序号	故障现象	故障原因	判断方法	处理办法
5	合不上闸	控制电压不够，无电压，合闸按钮坏，断路器合闸线圈坏，合闸继电器JL坏，中间继电器损坏，半导体脱扣器损坏，整流桥坏，断线	用万用表测量检查具体故障	更换损坏的电器元件，接好线

（五）绘制液压控制和机械传动系统原理图

1. 绘制液压控制系统原理图

1）明确绘制要求

在绘制液压控制系统原理图之前，必须把与该液压控制系统相关的各方面情况了解清楚，主要包括以下几个方面：

（1）液压控制系统的概况。

（2）液压控制系统要完成哪些动作，动作顺序及彼此连锁关系如何。

（3）液压控制阀的分类。

（4）各阀口的主要功能、作用及其工作原理。

（5）控制阀的结构形式及操作方式。

（6）控制阀口的数量。

2）制订绘制液压控制系统原理图的基本方案

（1）拟订液压控制元件的形式。液压控制元件大体可分为压力控制阀、流量控制阀和方向控制阀。压力控制阀主要用于控制工作液体的压力，以实现执行机构提出的力或转矩的要求。流量控制阀主要用于控制和调节系统的流量，从而改变执行机构的运动速度。方向控制阀主要用于控制和改变系统中工作液体的流动方向，以实现执行机构运动方向的转换。

（2）液压控制系统中所用的液压阀应满足如下要求：

①动作灵敏，使用可靠，工作时冲击和振动小；

②油液流过时压力损失小；

③密封性能好；

④结构紧凑，安装、调整、使用、维护方便，通用性好。

（3）液压源系统确定原则：

液压系统的工作介质完全由液压源来提供，液压源的核心是液压泵。节流调速系统一般用定量泵供油，在无其他辅助油源的情况下，液压泵的供油量要大于系统的需油量，多余的油经溢流阀流回油箱，溢流阀同时起到控制并稳定油源压力的作用。容积调速系统多数是用变量泵供油，用安全阀限定系统的最高压力。

为节省能源提高效率，液压泵的供油量要尽量与系统所需流量相匹配。对在工作循环各阶段中系统所需油量相差较大的情况，一般采用多泵供油或是变量泵供油。对长时间所需流量较小的情况，可增设蓄能器作辅助油源。

油液的净化装置是液压源中不可缺少的部分。一般泵的入口要装有粗滤油器，进入系统的油液根据被保护元件的要求，通过相应的精滤油器再次过滤。为防止系统中杂质流回油箱，可在回油路上设置磁过滤器或其他形式的过滤器。根据液压设备所处环境及对温升的要求，还要考虑加热、冷却等措施。

3）绘制液压控制系统图

液压传动是利用帕斯卡原理进行工作的。在封闭的液压传动系统中，施加于液体上的压力等值地传递到液体中的各点。

现以常见的液压千斤顶为例，说明液压传动的工作原理。图 9－10a 所示为液压千斤顶原理示意图。活塞 A_1 和泵 3、活塞 A_2 和工作缸 7 构成两个密封而又可以变化容积的液压泵。当杠杆 1 经连杆 2 将活塞 A_1 向上提起时，泵 3 中的密封容积扩大，内部压力减小而形成“真空”。这时，油箱 4 内的工作液体在大气压力作用下，推开单向阀 5 流入泵 3。单向阀 6 这时是关闭的。当杠杆向下压时，单向阀 5 关闭，泵的容积缩小，工作液体推开单向阀 6 流向工作缸 7 的密封容积中，并将活塞 A_2 向上推起，升起重物 W。不停地摇动杠杆 1，可将工作液体不断地从油箱吸入泵 3，又压向工作缸内，使活塞 A_2 带动重物上升到所需的高度。当下降重物时，只要打开旁路截止阀 8，工作缸内的液体即在重物和活塞 A_2 的推动下流回油箱。这就是液压千斤顶的工作过程，也是一个简单液压传动系统的工作原理。

由此可知，一个液压传动系统包含以下几个组成部分：

①动力源元件。是将原动机提供的机械能转换成工作液体的液压能的元件，通常称为液压泵。图 9－10 中泵 3 和单向阀 5、6 所组成的是一个由杠杆经连杆带动的手动液压泵。

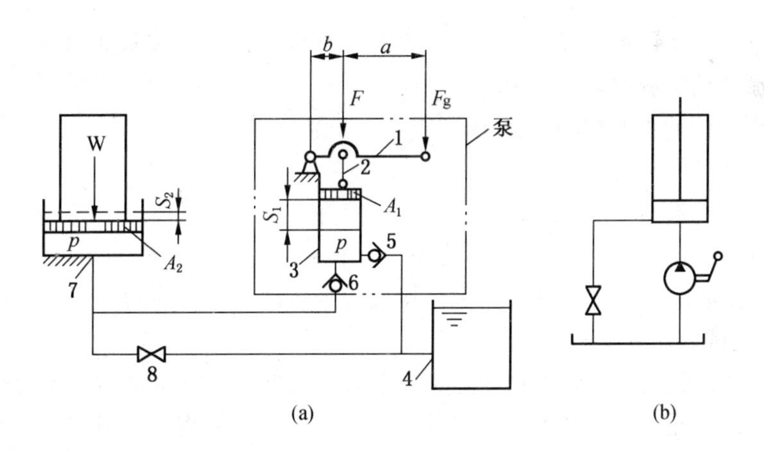

1—杠杆；2—连杆；3—泵；4—油箱；5、6—单向阀；7—工作缸；8—截止阀

图 9－10 液压千斤顶的原理图及其职能符号

②执行元件。是将液压泵所提供的工作液体的液压能转换成机械能的元件，如图中的工作缸。液压传动系统中的液压缸和液压马达都是执行元件。

③控制元件。对液压传动系统工作液体的压力、流量和流动方向进行控制调节的元件即为控制元件。液压传动系统中的各种阀类元件就是控制元件。

④辅助元件。上述3部分以外的其他元件为辅助元件，如油箱、过滤器、蓄能器、冷却器、管路、接头和密封件等。它们对保证系统的正常工作起着重要作用。

⑤工作液体。它是液压传动系统中必不可少的部分，既是转换、传递能量的介质，也起着润滑运动零件和冷却传动系统的作用。

液压传动系统主要组成部分之间的关系可用图9－11表示。

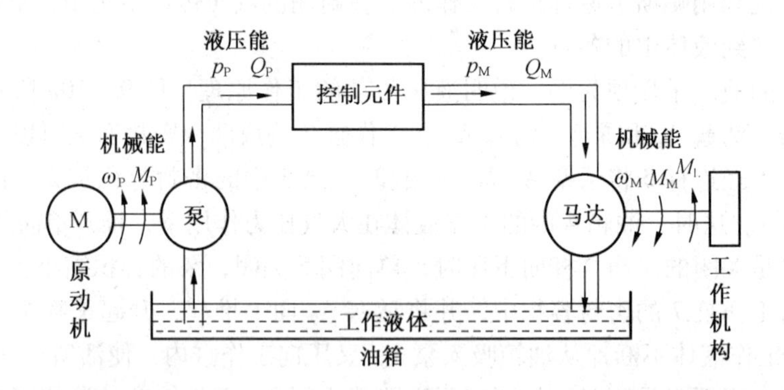

图9－11 液压传动系统主要组成部分之间的关系

2. 绘制机械传动原理图

1）明确绘制要求

在绘制机械传动系统图之前，必须把与该机械传动系统相关的各方面情况了解清楚，主要包括以下6个方面：

（1）机械传动系统的概况。

（2）机械传动系统要完成哪些动作，动作顺序及彼此连锁关系如何。

（3）机械传动的分类。

（4）各传动件的主要功能及作用。

（5）机械传动的结构形式。

（6）传动件的数量。

2）制订绘制机械传动系统的基本方案

拟订机械传动的形式。机械传动大体可分为带传动、齿轮传动和蜗轮蜗杆传动。

3）绘制机械传动系统图

耙斗式装载机的绞车是牵引耙斗运动的装置，能使耙斗往复运行，迅速换向，并适应冲击负荷较大的工况，一般均为双滚筒结构，也有三滚筒结构。它与耙斗、尾轮还可组成耙矿绞车。绞车按动力分为电动、气动和电－液传动3种。按结构形式可分为行星轮式、圆锥摩擦轮式和内涨摩擦轮式3种。

行星齿轮传动的双滚筒式绞车传动系统如图9－12所示。它有两个滚筒，可以分别操纵。电动机经减速器传动两套行星轮系的中心轮，两滚筒以轴承支撑在轴上，各与其行星齿轮传动的系杆连接在一起。每个行星轮系的内齿圈外有带式制动闸。耙斗式装载机工作时，电动机和中心轮始终转动，而工作滚筒和回程滚筒是否转动则视制动闸是否闸住相应的内齿圈而定。内齿圈的制动闸放松（图9－12a），中心轮经行星轮带动内齿圈空转，而系杆和滚筒不转动。当内齿圈被抱死时（图 9－12b），迫使系杆和滚筒转动，其转动方向和中心轮转动方向相同。若要某个滚筒卷绳，则将相应的内齿圈抱死。

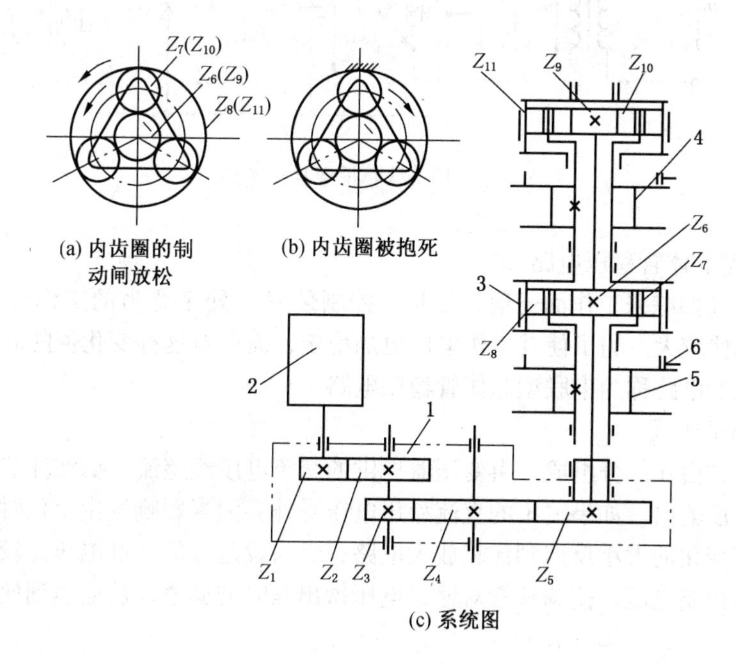

(a) 内齿圈的制动闸放松　(b) 内齿圈被抱死

(c) 系统图

1—减速器；2—电动机；3—刹车闸带；4—空程滚筒；5—工作滚筒；6—辅助刹车

图 9－12　行星齿轮传动的双滚筒式绞车传动系统

耙斗返回阻力很小，可加快速度返回，故回程滚筒的转速大于工作滚筒的转速。为防止两滚筒在工作时由于滚筒转动惯性不能及时停车而产生钢丝绳乱绳现象，引起卡绳事故，在每一滚筒上装有一辅助闸。

当两个操作手把都放松时，电动机空转，耙斗不动，如此可以避免频繁启动电动机。

二、相关知识

（一）电工电子技术知识

1. 稳压电路

整流滤波后得到的直流电压虽然比较平滑，但当交流电压发生波动或负载发生较大变化时，其直流输出电压仍会出现不稳定，使许多设备和测量仪表无法进行正常工作。为了得到输出稳定的直流电压，通常在整流滤波电路后再增加一个稳压电路，组成直流稳压电源。

1）稳压管稳压电路

利用稳压管组成的简单稳压电路如图 9－13 所示，由整流电路输出的脉动直流电压经稳压电阻 R 加在稳压二极管 VZ 两极，使它工作在反向击穿状态，此时尽管流经稳压管的电流在一定范围内会有很大变化，但其稳压特性会保持其端电压几乎不变。此外，由于电阻 R 的加入，当脉动电压超过规定值时，电压的变化量将降在该电阻上，以热能形式消耗掉。这样，电阻 R 与稳压管 VZ 共同作用，达到了稳定电压的目的。

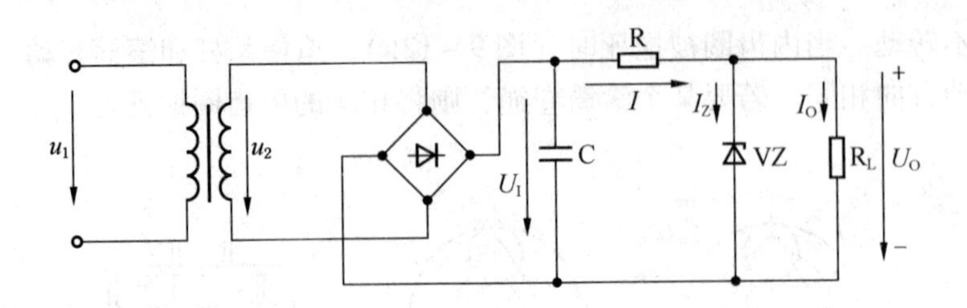

图 9－13　硅稳压管稳压电路

2）串联型晶体管稳压电路

有些装置（如综采工作面通信、信号、控制装置）处于恶劣的工作环境，受环境影响工作电源起伏较大。为了使其工作电压更加稳定，需要对这种变化值随时进行调整，能完成这种功能的电路称为串联型晶体管稳压电路。

（1）电路的组成。

稳压电源共由 6 部分组成。由变压器提供的交流电压经整流、滤波环节后，再经电压调整管达到稳压输出。如果输出的直流稳压电压受外界因素影响发生变化时，就会通过取样电路，将其变化的大小反馈到比较放大电路，经与设定好的基准电压比较后，就可为调整管基极提供控制电压，使调整管对输出电压做出及时的调整，从而达到使输出电压稳定的目的。

（2）工作原理。

图 9－14 所示是一种典型的串联型稳压电路。图中由硅稳压管 VZ 提供稳定性能较高的直流电压作为基准比较电压，由电阻 R_1、R_2、R′组成电阻分压器，其中 R′是中间抽头电位器，可以改变分压比，调节输出电压。

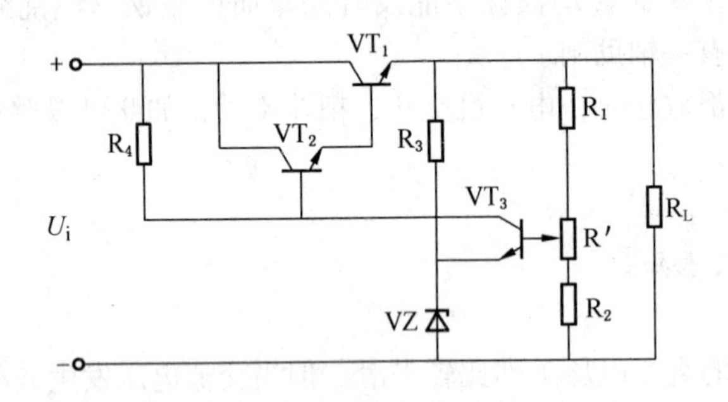

图 9－14　串联型稳压电路

假设因某种原因稳压输出端电压升高，VT_3 基极电位升高，由于基准电压的箝位作用，使得 VT_3 发射极电位不变，VT_3 基极电流增大，集电极电流增大、电位下降，致使 VT_2 基极电位下降，VT_1 基极电流减小，集电极—发射极电阻增大，继而管压降增加，使其输出电压保持稳定。如果输出端电压降低，取样电压比较后通过调整管调整过程正好相反。

2. 集成稳压器

利用分立元件组装的稳压电路，输出功率大，安装灵活，适应性广，但体积大，焊点多，调试麻烦，可靠性差。随着电子电路集成化的发展和功率集成技术的提高，出现了各种各样的集成稳压器。所谓集成稳压器是指将调整管、取样放大器、基准电压、启动和保护电路等全部集成在一个半导体芯片上而形成的一种稳压器。它具有体积小、稳定性高、性能指标好等优点。图 9－15 所示为典型的 CW78××系列集成稳压器内部功能框图。集成稳压器的种类很多，按原理不同可分为串联调整式、并联调整式和开关调整式 3 种，以串联调整式集成稳压器应用最广。按引出端不同一般又可分为三端式和多端式，近年来三端集成稳压器发展很快。按外形封装方法不同，集成稳压器有采用和三极管同样的金属封装或塑料封装等封装方法，使其不仅外形像三极管，使用和安装也和三极管一样简便。下面主要介绍两种三端集成稳压器的型号。

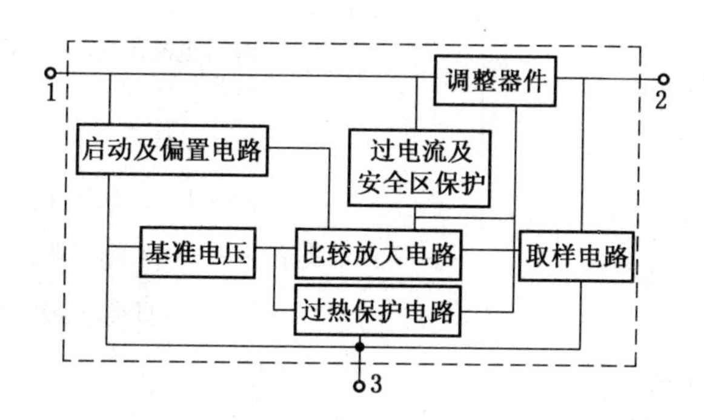

图 9－15　CW78××系列集成稳压器内部功能框图

1）三端固定输出稳压器

所谓三端是指电压输入、电压输出和公共接地三端。此类稳压器输出电压有正、负之分。常用的 CW78××系列是输出固定正电压的稳压器，CW79××系列是输出固定负电压的稳压器，其型号意义如下：

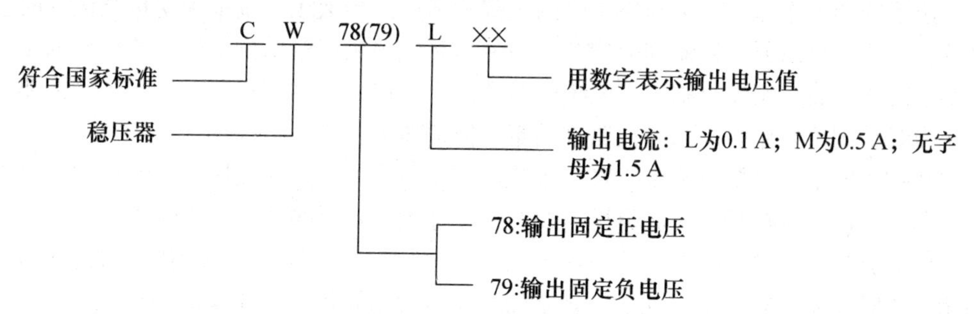

它们的输出电压均分有 9 种系列，如 CW7812 表示稳压输出 +12V 电压。每个系列均有两种封装形式，如图 9－16 所示。CW78××系列和 CW79××系列管脚功能有较大差异，这一点需要注意。

2）三端可调输出稳压器

所谓三端是指电压输入、电压输出和电压调整三端。其可调输出电压也有正、负之分，如 CW117、CW217、CW317 为可调输出正电压稳压器；CW137、CW237、CW337 为可调输出负电压稳压器。它们的输出电压为 ±1.2～±37 V，连续可调。输出电流及类别可从型号看出，如 CW317L：

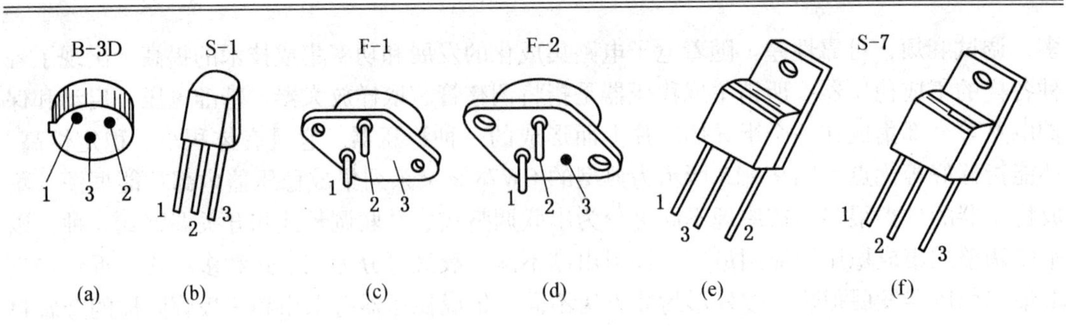

图9-16 几种三端集成稳压器外形及封装

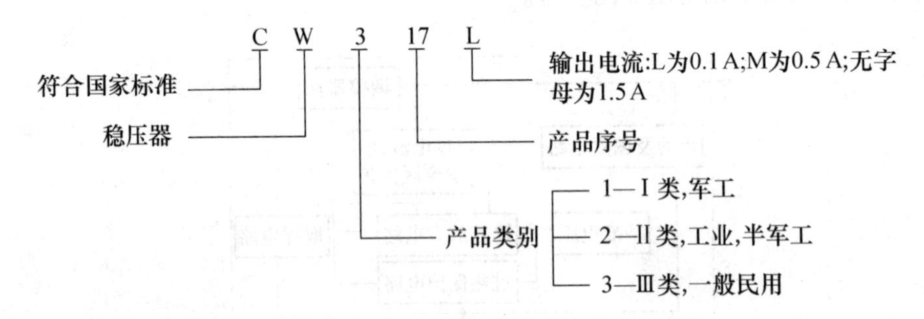

（二）机械原理知识

1. 液压控制原理

1）压力控制回路

压力控制回路的作用是利用各种压力阀来控制油液压力，以满足执行元件对力或转矩的要求；或达到减压、增压、卸荷、顺序动作和保压等目的。压力控制回路的分类很多，这里只介绍几种常见的压力控制回路。

（1）调压回路。

液压系统的工作压力必须与所承受的负载相适应。当液压系统采用定量泵供油时，液压泵的工作压力可以通过溢流阀来调节；当液压系统采用变量泵供油时，液压泵的工作压力主要取决于负载，用安全阀限定系统的最高压力，以防止系统过载。当系统中需要两种以上压力时，则可采用多级调压回路来满足不同的压力要求。

图9-17所示为一单级调压回路。系统由定量泵供油，进入液压执行元件的流量由节流阀4调节，使液压执行元件获得所需要的运动速度。定量泵输出的流量要大于进入液压执行元件的流量，即只有一部分液压油进入液压执行元件，多余的油液则通过溢流阀3流回油箱。这时，溢流阀处于常开状态，泵的出口压力始终等于溢流阀的调定压力，溢流阀的调定压力必须大于执行元件最大工作压力和油路上各种压力损失的总和。

（2）减压回路。

在单泵液压系统中，可以利用减压阀来满足不同执行元件或控制油路对压力的不同要求，这样的回路叫减压回路。

图9-18所示为链牵引采煤机的液压张紧装置中的减压回路。减压阀1输出低于系统压力的液体，满足液压缸的工作需要。当采煤机继续向左端牵引采煤时，非工作边张力逐渐增加，当液压缸内压力增加到安全阀2的调定压力时，安全阀动作，液压缸收缩，滑轮左移，用液压缸的行程补偿牵引链的弹性变形，从而限制了非工作边张力的增加。

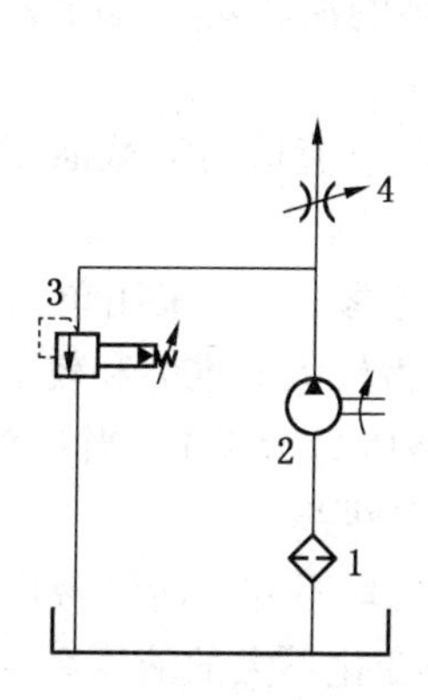

1—过滤器；2—液压泵；3—溢流阀；4—节流阀

图9－17 调压回路

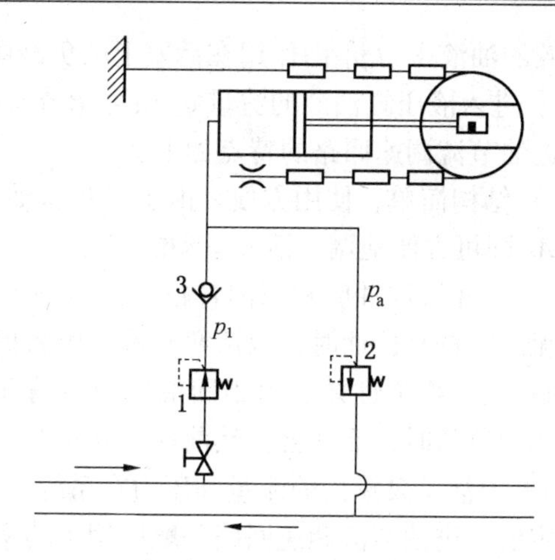

1—减压阀；2—安全阀；3—单向阀

图9－18 减压回路

（3）卸荷回路。

当液压系统中的执行元件短时间停止工作时，应使液压泵卸荷空载运转，以减少功率损失、油液发热等，延长液压泵的使用寿命，且又不频繁启停电动机。功率较大的液压泵，应尽可能在卸荷状态下使电动机轻载启动。

2）方向控制回路

方向控制回路是控制液流通断和流动方向的回路。在液压系统中用于实现执行元件的启动、停止以及改变运动方向。

换向回路的作用是改变执行元件的运动方向。液压系统中执行元件运动方向的变换一般由换向阀实现。

图9－19所示为采用二位四通电磁换向阀的换向回路。电磁铁通电时，阀芯左移，压力油进入液压缸右腔，推动活塞杆向左移动（工作进给）；电磁铁断电时，弹簧力使阀芯右移复位，压力油进入液压缸左腔，推动活塞杆向右移动（快速退回）。

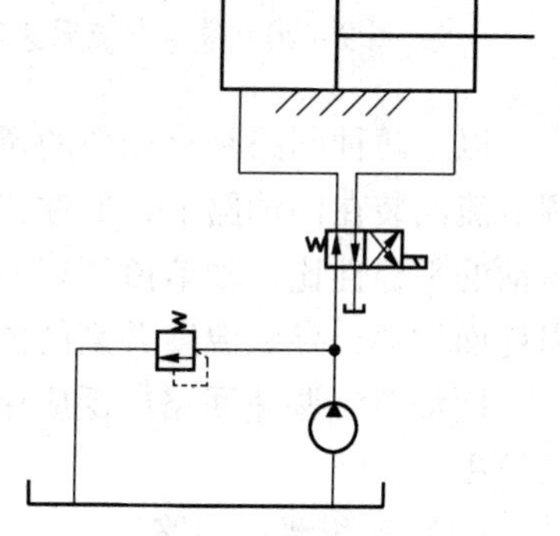
图9－19 换向回路

3）速度控制回路

速度控制的方法有定量泵的节流调速、变量泵的容积调速和容积节流复合调速等3种。

（1）节流调速回路。

定量泵节流调速是在定量液压泵供油的液压系统中安装节流阀来调节进入液压缸的油液流量，从而调节执行元件工作行程速度。根据节流阀在油路中安装位置的不同，可分为进油节流调速、回油节流调速、旁路节流调速等多种形式。常用的是进油节流调速与回油节流调速两种回路。

①进油节流调速回路。把流量控制阀装在执行元件的进油路上的调速回路称为进油节流调速回路，如图9－20所示。回路工作时，液压泵输出的油液（压力p_B由溢流阀调定），经可调节流阀进入液压缸右腔，推动活塞向左运动，左腔的油液则流回油箱。液压

缸右腔的油液压力 p_1 由作用在活塞上的负载阻力 F 的大小决定。液压缸左腔的油液压力 $p_2 \approx 0$。进入液压缸油液的流量 q_{v1} 由可调节流阀调节，多余的油液 q_{v2} 经溢流阀回到油箱。

进油节流调速回路的特点如下：

a）结构简单，使用方便。由于活塞运动速度 v 与可调节流口通流截面积 A_0 成正比，调节 A_0 即可方便地调节活塞运动的速度。

b）液压缸回油腔和回油管路中油液压力很低（接近于零），当采用单活塞杆液压缸进给无活塞杆腔进油时，因活塞有效作用面积较大可以获得较大的推力和较低的速度。

c）运动稳定性差。由于回油腔没有背压力（回油路压力为零），当负载突然变小、为零或为负值时，活塞会突然前冲（快进），因此运动稳定性差。

d）因液压泵输出的流量和压力在系统工作时经调定后均不变，所以液压泵的输出功率为定值。进油节流调速回路一般应用于功率较小、负载变化不大的液压系统中。

②回油节流调速回路。把流量控制阀装在执行元件的回油路上的调速回路称为回油节流调速回路，如图 9－21 所示。

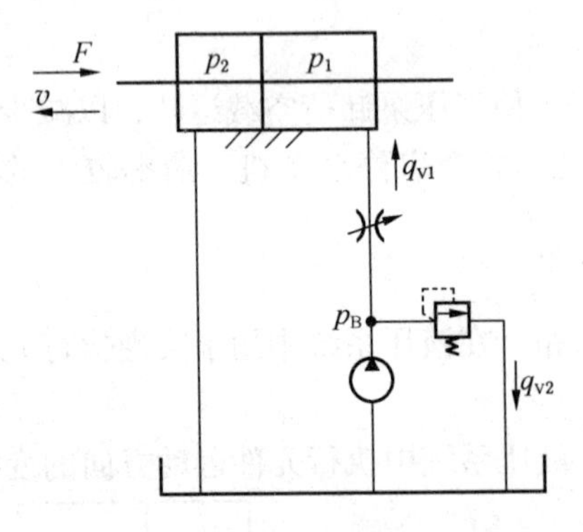

图 9－20　进油节流调速回路

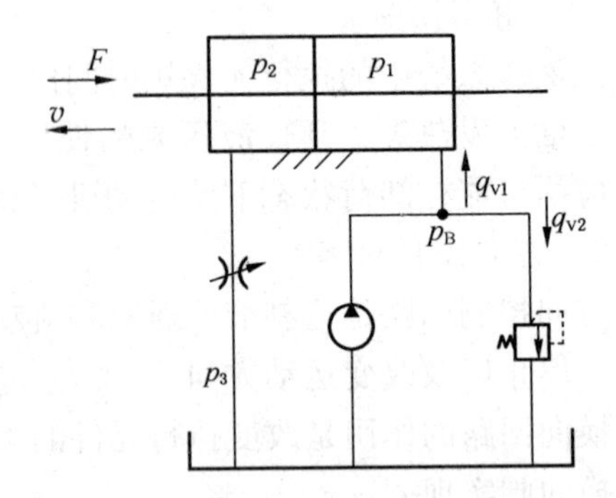

图 9－21　回油节流调速回路

以上两种回路具有相似的调速特点，但回油节流调速回路有两个明显的优点：一是可调节流阀装在回油路上，回油路上有较大的背压，因此在外界负载变化时可起缓冲作用，运动的平稳性比进油节流调速回路要好。二是回油节流调速回路中，经可调节流阀后压力损耗而发热，导致温度升高的油液直接流回油箱，容易散热。

回油节流调速回路广泛应用于功率不大、负载变化较大或运动平稳性要求较高的液压系统中。

（2）容积调速回路。

如图 9－22 所示，使用变量液压泵的调速回路属于容积调速回路，它通过改变变量液压泵的输出流量实现调节执行元件的运动速度。

液压系统工作时，变量液压泵输出的压力油液全部进入液压缸，推动活塞运动。调节变量液压泵转子与定子之间的偏心距（单作用叶片泵或径向柱塞泵）或斜盘的倾斜角度（轴向柱塞泵），改变泵的输出流量，就可以改变活塞的运动速度，实现调速。回路中的溢流阀起安全保护作用，正常工作时常闭，当系统过载时才打开溢流，因此，溢流阀限定了系统的最高压力。

与节流调速相比较，采用变量液压泵的容积调速具有压力损耗和流量损耗小的优点，因而回路发热量小，效率高，适用于功率较大的液压系统中。其缺点是变量液压泵结构复杂，价格较高，维修较困难。

（3）容积节流复合调速回路。

用变量液压泵和节流阀（或调速阀）相配合进行调速的方法称为容积节流复合调速。图9－23所示为由限压式变量叶片泵和调速阀组成的复合调速回路。调节调速阀节流口的开口大小，就能改变进入液压缸的流量，从而改变液压缸活塞的运动速度。

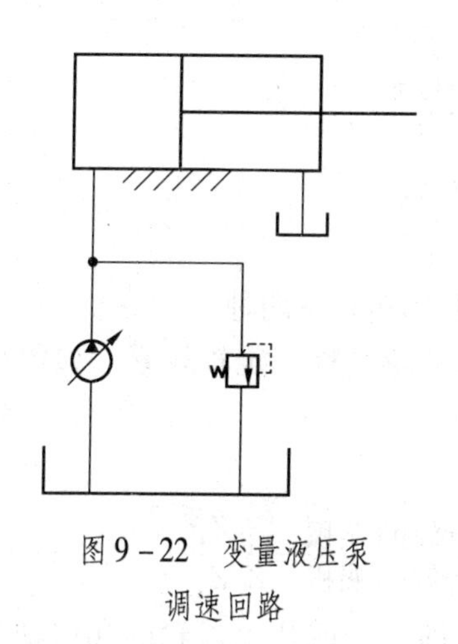

图9－22　变量液压泵调速回路

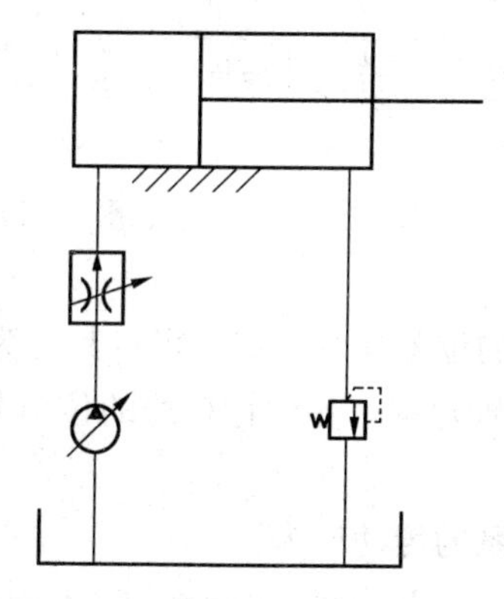

图9－23　由变量液压泵和调速阀组成的复合调速回路

在这种回路中，泵的输出流量能自动与调速阀调节的流量相适应，只有节流损失，没有溢流损失，因此效率高，发热量小。同时，由于采用调速阀，液压缸的运动速度基本不受负载变化的影响，即使在较低的运动速度下工作，运动也较稳定。这种调速回路不宜用于负载变化大且大部分时间在低负载情况下的工作场合。

2. 机械传动基础知识

1）机械传动的原理及其分类

机器由原动机、传动系统和工作机构3部分组成。传动系统是将原动机的运动和动力传递给工作机构的中间装置，是机器的主要组成部分。

机械传动系统用于传递平行轴、相交轴和交错轴间的运动和动力。除能变换运动形式和转速外，还可将运动合成和分解，将原动机的运动和动力传递并分配给工作机构，使工作机构获得所需的运动形式和力矩。

机械传动的种类较多，根据传动原理不同，机械传动分为啮合传动、摩擦传动和液压传动；根据传动过程中传动比是否改变，机械传动分为定传动比传动、变传动比传动。其详细的分类如图9－24所示。下面重点介绍齿轮传动和带传动。

2）齿轮传动

齿轮传动由2个相啮合的齿轮组成基本的传动机构。主动轮的运动和力，通过齿轮基本机构传递给从动轮，使从动轮获得合适的转向、转速和转矩。

齿轮传动是机械传动中最主要的传动，其形式很多，应用广泛。

在机械传动机构中常采用一系列互相啮合的齿轮组，用以获得较大的传动比和变换转速。这一系列齿轮所构成的传动系统称为轮系。轮系的种类很多，根据其运转时内部各齿

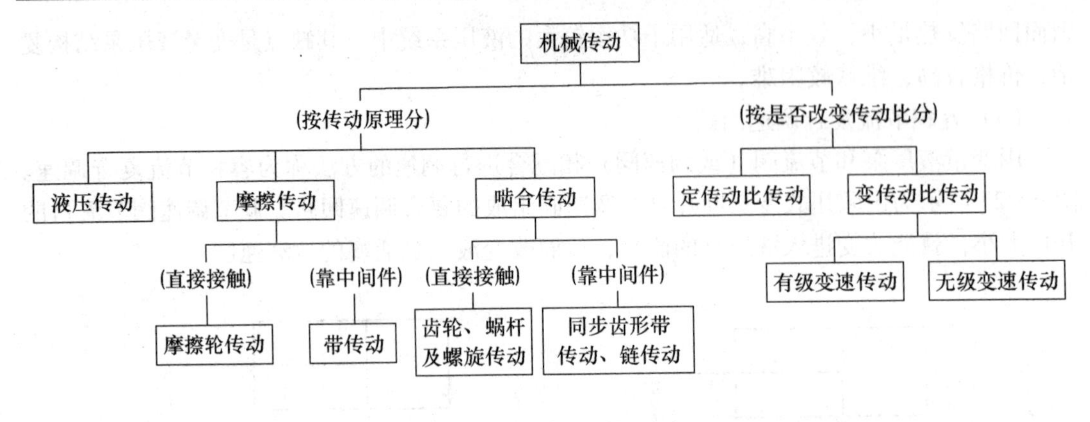

图 9－24 机械传动的分类

轮几何轴线的位置是否固定，可将其分为定轴轮系和周转轮系两种。

（1）定轴轮系。各齿轮轴线的位置均固定不动的轮系称为定轴轮系，如图 9－25 所示。

定轴轮系的传动比为

$$i=\frac{\text{所有各对齿轮的从动齿轮齿数的乘积}}{\text{所有各对齿轮的主动齿轮齿数的乘积}}=\frac{Z_2Z_4}{Z_1Z_3}$$

（2）行星轮系。行星轮系是周转轮系的一种，即 1 个或几个齿轮的几何轴线绕另一个齿轮的几何轴线回转，其原理如图 9－26 所示，图中 Z_1 为太阳轮，它绕固定的几何轴线 O_1 旋转。Z_2 为行星轮，一般为 2 个或 3 个，均衡地装在构件 H 上。构件 H 称为行星架，它绕固定的轴线 OH 作旋转运动。Z_3 为内齿圈，当 Z_3 固定时，齿轮 Z_2 在齿轮 Z_1 的驱动下，在内齿圈内啮合旋转，通过行星架 H 减速后驱动负载；当 Z_3 不固定，行星架固定时，Z_2 驱动 Z_3 进行自转。Z_2 既能自转又能公转的现象，如同地球绕太阳旋转一样，所以称这种轮系为行星轮系，称 Z_1 为太阳轮，Z_2 为行星轮。

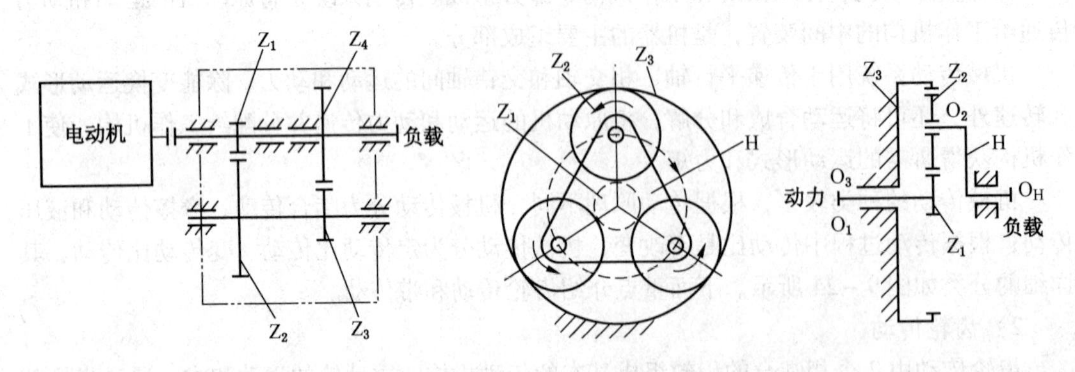

图 9－25 定轴轮系传动示意图

图 9－26 行星轮系传动示意图

在采煤机等机械设备的行星齿轮减速器里，Z_3 是固定的，所以 Z_2 只能公转不能自转。行星齿轮传动速比的计算方法为

$$i = 1 + \frac{\text{内齿圈齿数}}{\text{太阳轮齿数}} = 1 + \frac{Z_3}{Z_1}$$

行星齿轮传动的主要优点：

①由于有几个齿轮同时传递转矩，减小了轮齿的受力，因此，模数可以减小，整个减速器体积小，质量轻，结构紧凑。一般在传递相同功率时，行星齿轮传动要比定轴轮系传动的体积和质量减小 1/5 ~ 1/2。

②运转噪声较小，传动效率高，使用寿命长。

③承载能力高，传递功率和速比范围大。

由于受空间的限制，采煤机截割摇臂一直使用的是行星齿轮减速器。近年来，刮板输送机、带式输送机由于功率加大，也逐步开始采用行星齿轮减速器。

3）带传动

带传动是在两个或多个带轮之间用传动带作为挠性拖曳元件的一种摩擦传动，如图 9－27 所示。它由主动轮 1、从动轮 3 和传动带 2 组成。当原动机驱动主动轮转动时，由于传动带和带轮间摩擦力的作用，拖动从动轮一起转动，并传递一定的动力。

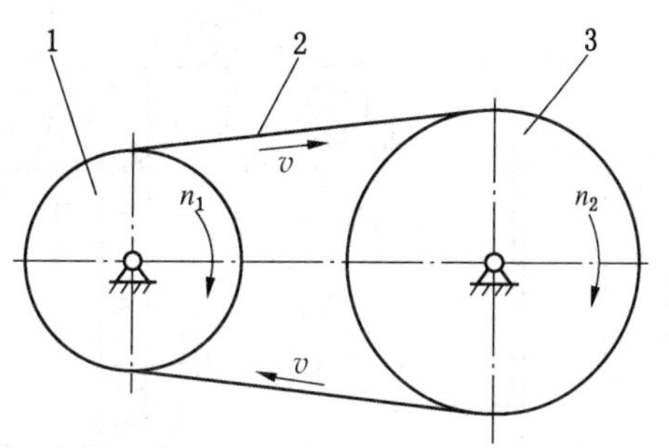

1—主动轮；2—传动带；3—从动轮

图 9－27 带传动示意图

带传动是一种应用很广的机械传动装置。与其他机械传动相比，带传动具有结构简单，运行平稳，成本低，无噪声等优点；又由于传动带有良好的柔性和弹性，能缓冲吸振，过载时产生打滑，因而可保护薄弱零件不被损坏。带传动多用于两轴中心距较大的传动，但它的传动比不准确，机械效率低，传动带寿命较短。

在带传动中，常用的有平型带传动和三角带传动。近些年来，为了适应工业上的需要，又出现了一些新型的带传动，如同步齿形带传动等。

平型带传动结构最简单，带轮也容易制造，在中心距较大的情况下应用较多。而三角带传动使用的三角带横剖面是梯形，带轮上也做出相应的轮槽，在传动时，三角带只和轮槽的两个侧面接触。根据槽面摩擦的原理，在同样的张紧情况下，三角带传动较平型带传动能产生更大的摩擦力。三角带传动还具有传动比较大、结构较紧凑、具有统一标准并可以大量生产等优点，因而应用较为广泛。

（三）装配图读图和由装配图拆画零件图的方法

1. 装配图读图

1）概括了解

读装配图首先要读标题栏、明细栏和产品说明书等有关技术资料，了解装配体的名称、性能、功用。从视图中大致了解装配体的形状、尺寸和技术要求，对装配体有一个基本的感性认识。

例如，图 9－28 所示机用虎钳装配图，首先应了解机用虎钳是机床上夹持工件的一种部件，它由 17 种零件组成，其最大夹持厚度为 178 mm。

随后对装配图的表达方法进行分析，弄清各视图的名称、所采用的表达方法及各图间的相互关系，为详细研究装配体结构打好基础。

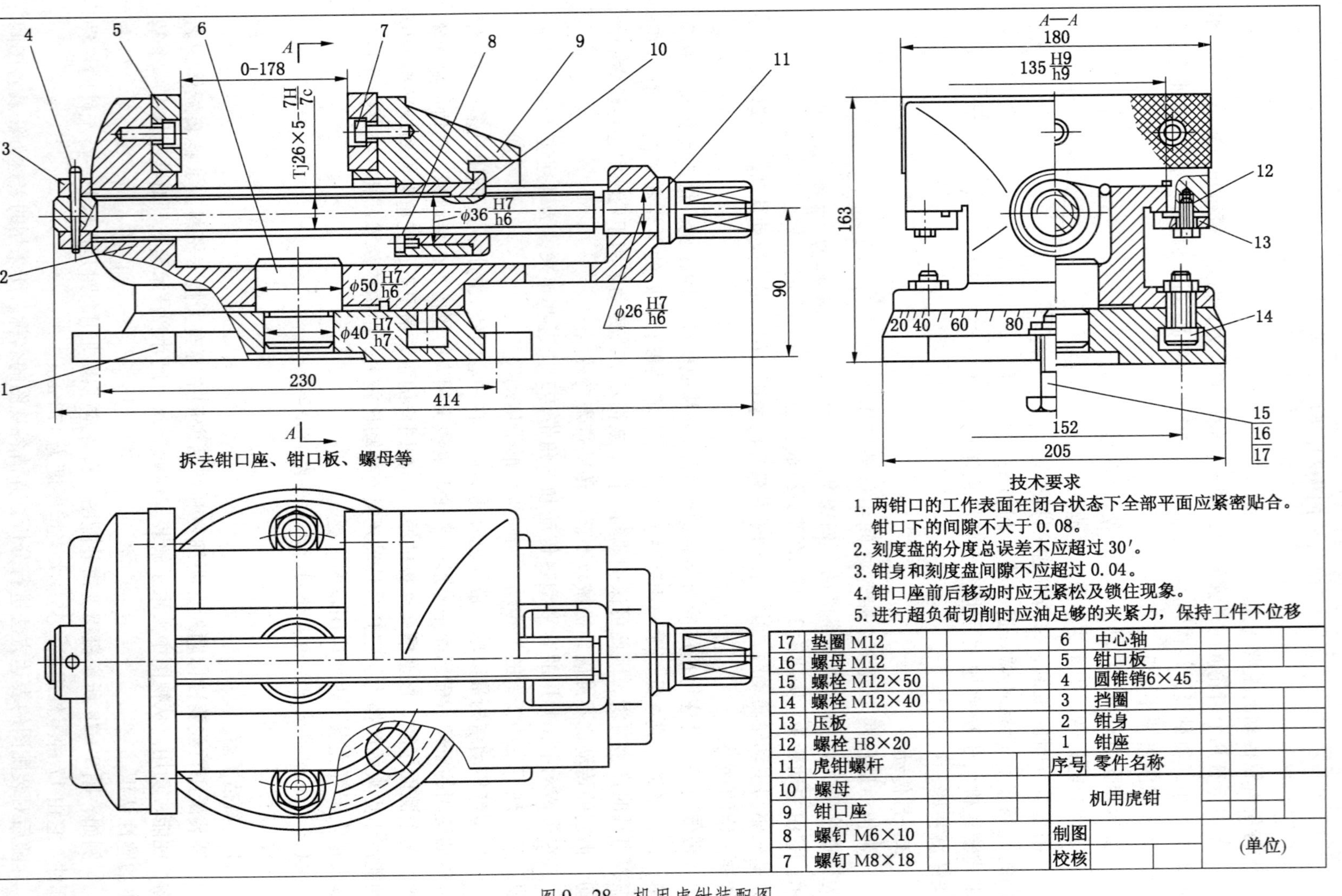

图 9-28　机用虎钳装配图

机用虎钳装配图包括3个基本视图。主视图采用了通过螺杆轴线的局部剖视图，表达了虎钳的主要装配干线。左下角局部保留外形，是为了表达钳座和钳身间的外部形状。左视图采用了通过A—A剖切平面的半剖视图，表现钳口座与钳身、钳身与钳座间的装配连接关系。俯视图除局部采用拆卸画法表示钳座上的环槽和螺栓贯入孔外，主要是外形视图，表达虎钳俯视方向的总体轮廓。

2）具体分析

在对全图概括了解的基础上，需对装配体进行细致的形体结构分析，以彻底了解装配体的组成情况，各零件的相互位置及传动关系，想象出各主要零件的结构形状。

首先，要按视图间的投影关系，利用零件序号和明细栏以及剖视图中的剖面线的差异，分清图中前后件、内外件的互相遮盖关系，将组合在一起的零件逐一进行分解识别，搞清每个零件在相关视图中的投影位置和轮廓。在此基础上，构思出各零件的结构形状。

然后，仔细研究各相关零件间的连接方式、配合性质，判明固定件与运动件，搞清各传动路线的运动情况和作用。

具体分析机用虎钳装配图，可以看出，其组成零件中，除去一些螺栓、螺钉、垫圈、锥销等标准件外，主要零件是钳座1、钳身2、中心轴6、钳口座9、螺母10和虎钳螺杆11等。

从主视图中可以看出钳座的高度和内部形状，中间有一$\Phi40$的孔与中心轴配合。对照俯视图和左视图，可以看出其外部形状，上部为短圆锥体，锥面上有刻度；下部在短圆柱体两侧有长方体，其两端开有长槽，利用螺栓15与床面连接，用以将虎钳固定在床面上。钳座上还开有一个环状T形槽，内装螺栓14，用以固定钳身。钳身2为机用虎钳中形体最大的零件。由主视图有关轮廓与剖面线可看出其基本形状，其下部由$\Phi50$孔通过中心轴与钳座定位连接，并可绕该轴旋转一定角度，用两个螺栓14固定在钳座上。上部右端圆孔是支撑虎钳螺杆11的，而左端圆孔则不起支撑作用。虎钳螺杆11是虎钳的主要传动件，它在钳身上通过左端的挡圈和锥销固定，轴向不能移动。利用右端方头旋转螺杆时，通过与钳口座固定在一起的螺母10，即可带动钳口座9左右移动。

3）归纳总结

在作了表达分析和形体结构分析的基础上，进一步完善构思，归纳总结，可得到对装配体总的认识，即能结合装配图说明其传动路线、拆装顺序,以及安装使用中应注意的问题。

机用虎钳主要工作性能和传动关系是：当用扳手转动螺杆11，迫使螺母10带动钳口座9左右移动，即可夹紧或松开工件。被夹工件厚度可在0～178 mm范围内变化。当工件需转动角度时，可松开螺栓14上的螺母，使钳身绕中心轴旋转，转角可在钳座刻度上读出。转到需要位置后，利用螺栓14将其紧固。加工工件过程中，掉入钳身凹槽中的切屑，可由钳身右部方孔中清除。螺栓14因经常拧动，应能随时更换，可以从俯视图局部拆卸画法处显示的贯入孔中取换。

2. 由装配图拆画零件图

由装配图拆画某个零件的零件图，不仅是机械设计中的重要环节，而且也是考核读装配图效果的重要手段。

根据装配图拆画零件图不仅需要较强的读图、画图能力，而且需要有一定的设计和制造知识。在此，利用图9－29所示钳身零件图简要说明拆画零件图的主要方法和注意事项。

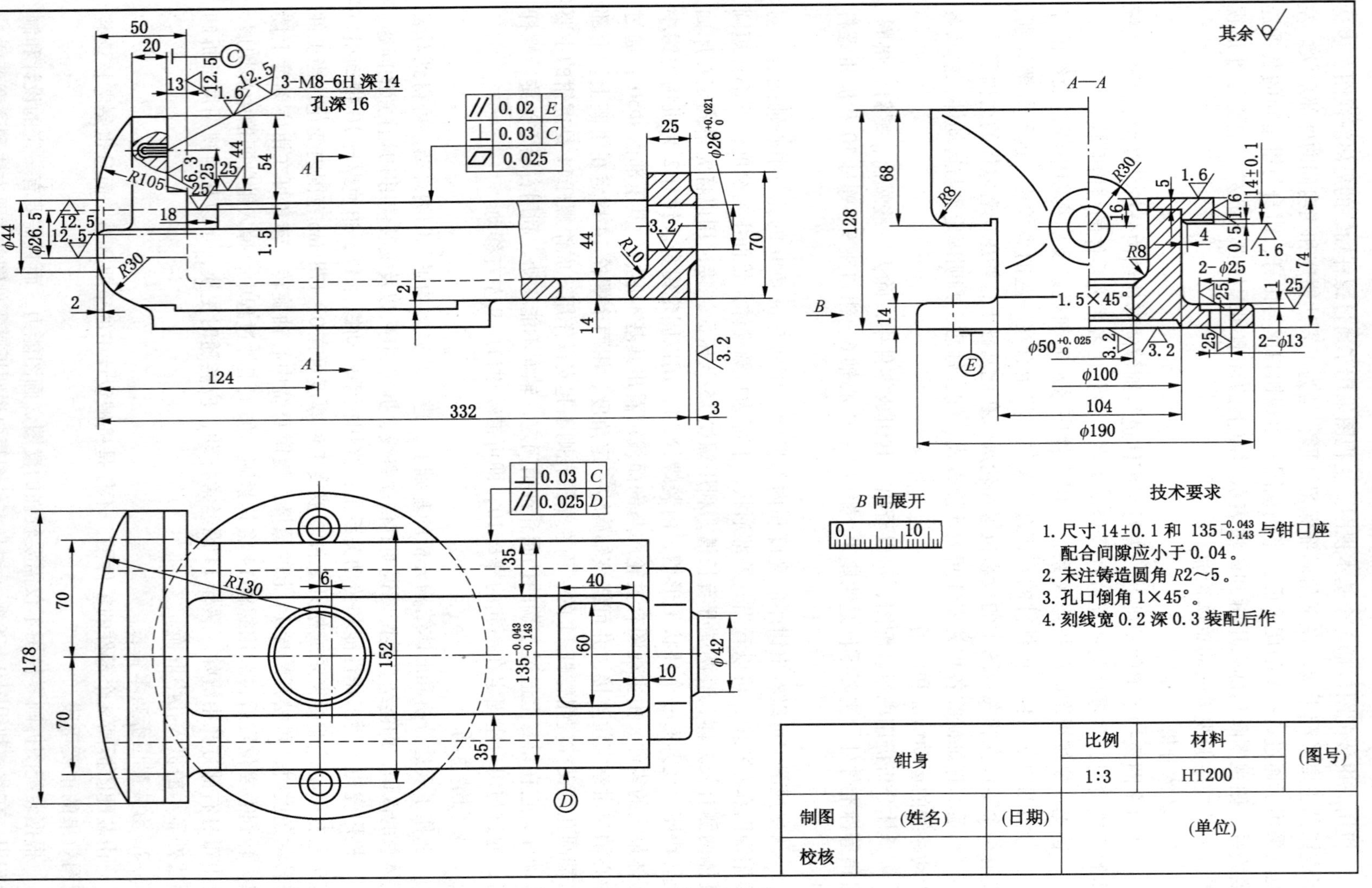
其余
3-M8-6H 深 14
孔深 16
A—A
B 向展开
技术要求
1. 尺寸 14±0.1 和 135$^{-0.043}_{-0.143}$ 与钳口座配合间隙应小于 0.04。
2. 未注铸造圆角 R2~5。
3. 孔口倒角 1×45°。
4. 刻线宽 0.2 深 0.3 装配后作
钳身
比例
1:3
材料
HT200
(图号)
制图
(姓名)
(日期)
校核
(单位)

图 9-29 钳身零件图

1）认真构思零件形状

由装配图拆画零件图，关键在于认真读懂装配图，从图中正确区分出所拆画零件的轮廓并想象出零件的整体结构形状。在装配图中，由于零件间的互相遮挡或由于简化画法的影响，零件的某些具体形状可能表达得不够清楚。这时，对零件的某些结构就应根据其作用及与相邻件的装配关系进行推想。完整地构思出零件的结构形状是拆画零件图的前提。

2）正确确定零件表达方案

装配图的表达方案是以表达装配体结构的需要而确定的，因此，拆画零件图时，不可照搬装配图中对该零件的表达方法，而应根据该零件本身的结构特点另行选取表达方案。

3）正确、完整、清晰、合理地标注尺寸和技术要求

装配图中只有少数重要尺寸，其中与所拆画零件有关的尺寸，可直接移注到零件图中。某些标准结构（如螺纹、键槽、沉孔等）的尺寸，应查阅有关资料确定。还有些尺寸，可由装配图中按比例量取。值得指出的是，凡装配图中具有装配关系的各尺寸，一定要注意互相协调。

零件图的技术要求，要根据零件在装配体中的作用和要求确定，必要时应参考有关资料和相似产品图样确定。

第十章　设备安装与调试

第一节　安　　装

一、操作技能

（一）高、低压电缆截面及变压器容量的选择方法及步骤

1. 高压电缆的选择

1）高压电缆截面的选择方法

由于电缆的散热条件差，而高压线路短路电流又大，因此大的短路电流在短时间通过时，就会使电缆芯线的温度超过其绝缘材料的短时允许温度，从而使电缆受到损坏。所以高压电缆截面的选择必须考虑短路时的热稳定性。一般高压电缆的截面按经济电流密度选择，按长时允许电流、允许电压损失和短路时热稳定条件校验。对年运行费用低的情况，可按照长时允许电流或允许电压损失条件选择，按其他条件校验。高压电缆本身机械强度较高，按其他条件选择出的电缆截面一般能够满足机械强度的要求，所以高压电缆经常不考虑此项条件。

2）高压电缆截面的选择步骤

高压电缆截面的选择步骤如下：

（1）按经济电流密度选择电缆截面。

（2）按长时允许电流校验电缆截面。

（3）按允许电压损失校验电缆截面。

（4）按短路热稳定条件校验电缆截面。

高压电缆截面，一般按经济电流密度选择，按长时允许负荷电流、电压损失及热稳定条件进行校验。

2. 低压电缆的选择

1）低压电缆截面的选择方法

对于负荷电流大、线路长的干线电缆，其电压损失是主要考虑的因素，因此应按正常工作时的允许电压损失初选其截面。而对于经常移动的橡套电缆支线，应按机械强度初选其截面。对于负荷电流较大，但是线路较短的电缆，应按长时允许电流初选其截面。初选出的电缆截面还应按其他条件进行校验。

2）低压电缆主芯线截面的选择步骤

（1）按机械强度选择电缆截面。

（2）按长时允许负荷电流选择电缆截面。

（3）按正常工作时允许的电压损失校验电缆截面。

（4）按启动条件校验电缆截面。

3. 变压器容量的选择步骤

（1）负荷统计。

（2）需用系数确定。

（3）变压器容量计算。

（二）采、掘机电设备的安装

凡是新出厂的设备，入井前都要在地面进行认真而全面的检查及试运转。凡是第一次上综采的矿井或采用新型号综采设备的矿井，综采设备及其新配套的设备，都要在地面组装联合试运转，检查配套性能与联合运转情况。对安装所用设备和辅助设备，如单轨吊、卡轨车、运输绞车、安装绞车、起重设备、配车设备等，均应按质量标准认真验收，符合验收标准方可安装使用。对装运设备中拆开的液压胶管，一律用塑料堵封堵。

1. 带式输送机的安装

1）安装前的准备

（1）将巷道所有支护认真检查一遍，确保支护完好。

（2）按安装顺序将安装部件分别运至安装点附近。

（3）检查安装工具是否齐全可靠。

（4）把安装地点整平，必要时加垫板。

（5）根据巷道中心线定出带式输送机安装中心线，并且在顶、底板上标志出来。

2）安装

（1）固定机头底座及大件。根据机头与其主运输设备转接情况，确定机头滚筒位置之后，利用导链将各个大件和主滚筒等逐件吊起对应安装；机头主体对应安装好后，再将卸载臂、卸载滚筒、清扫装置、贮带仓部分、固定改向滚筒、拉紧绞车、上下托辊分别上齐上全，并将机头部分穿好输送带。

（2）机身部分安装。首先从机头部分逐个将 H 架沿中心线从前向后对应安装，同时安装底托辊。然后在巷道一侧展开输送带，人工将输送带抬至 H 架内底托辊上。安装上托辊。最后再将展开的第二层输送带人工抬至上托辊上。

（3）机尾部分安装。确定机尾底座位置，固定机尾底座，安装机尾架、转载机滑道、缓冲托架等，并与机身架杆相连，穿接机尾输送带，并将所有输送带接口用钉机钉牢、卡紧成为一体。

（4）在机尾部分安装机尾移动装置（包括特制千斤顶、小链操纵阀、链轮等）。

3）安装时应注意的事项

（1）展开输送带卷时，人员必须站在展开方向后面，并配合默契，防止前方有人，造成撞伤事故。

（2）大件起吊对应安装过程中，注意不要碰撞巷道支护，安装人员一定要注意安全，以防部件挤、撞人等伤人事故发生。

（3）带式输送机机头要打好戗柱，并保证固定可靠。起吊大件，要选择好工具，不准用开口锚链、铅丝等物件作为起吊工具。

（4）人工抬运设备时，必须保证口令一致，步调一致，轻抬轻放，并清理好退路，保证道路畅通。

2. 刮板输送机的安装

1）安装前的准备

（1）将铺设输送机的场地整平，并把浮煤、杂物清理干净。

（2）检查安装现场支护是否可靠、有效，安装工具是否齐全、完好，发现问题及时处理。

（3）将输送机所有配件按安装顺序排列整齐，并把连接零件、材料妥善放置。

2）安装

（1）用导链或绞车分别将机头（尾）底座拖吊至采煤工作面后，放在机头（尾）距外帮 1.5 m，距煤壁 0.3 m 处，对齐眼孔、紧固连接螺栓。

（2）用导链或绞车再分别将机头（尾）架放在底座上，位置适中，用螺栓紧固使之与底座连成一体。

（3）将过渡槽用导链使其前部与机头架对位，接口合严，左右两侧用“日”字环卡牢，对好过渡槽后，使之符合有关要求。

（4）对接刮板链。在安设溜槽前，首先铺设底链。底双链环与环必须相对应，环数相等，平竖相同，每 1 m 用铅丝捆紧作为记号，以防混乱。待全部链环对完后，再接链。用同样的方法铺设上链，待刮板链对完后，再每隔 0.98 m 上一个刮板，直至齐全。

（5）对溜槽。从机头方向与过渡槽对接开始，向后逐节对应安装，接口要严密，两侧用卡环等连接牢固，并使溜槽成一直线。

（6）铲煤板安装。将铲煤板与溜槽逐节对应放在煤壁侧，逐节对应安装。

（7）安装挡煤板和电缆槽。将采空区一侧的挡煤板与溜槽逐节对应安装。首先将挡煤板跑道销与上一节挡煤板跑道孔相对应，同时将溜槽上预先戴好的螺栓与挡煤板孔相对应后用螺帽紧固，这样向后逐节对应安装；电缆槽的安装也必须逐节进行，首先将电缆槽与挡煤板孔对正并用螺栓紧固，节与节之间再用销子、夹板连成一体。

（8）安装机头、机尾电机、减速箱。将导链拴挂在支架短柱上，起吊减速箱与链轮对正，起吊电机联轴节与机头（尾）减速箱对位，垫好相应垫块，用扳手将螺钉与机头（尾）架紧固。

3）安装时应注意的事项

（1）导链支点、变向轮必须挂设牢固。

（2）作业人员要听从施工负责人的统一指挥。

（3）所有连接螺栓应紧固可靠。

（4）导链应拴挂牢靠，工作人员要躲开拖吊部件可能下滑的路线及方向。

（5）所加油液的油号必须正确，油位要适中。

（6）接通电源必须和有关人员配合并执行相应规定。

（7）正确使用紧链器。

（8）尽量将刮板输送机铺设平直，以保证其使用的可靠性及寿命。

3. 移动变电站的安装

1）安装前的准备

（1）测量绕组的直流电阻。

（2）测量高低压侧的绝缘电阻（测量时卸下与主回路相连接的弱电元器件）。

（3）测定工频 1 min 耐受电压试验（试验时卸下与主回路相连接的弱电元器件）。

（4）在地面可将高、低压开关进行短路、过载、漏电等模拟动作试验和短时空载送电。

2）安装

（1）按照系统要求，选择合适的高压电缆，通过带有高压开关的电缆引入装置，将高压电缆穿过压紧法兰盘、金属垫圈和橡胶密封圈连接到高压开关接线柱上。确保电缆的相间及相对地绝缘距离，并保证接触良好，接线完毕压紧法兰盘和电缆压板，盖好门盖和盖板。

（2）选择合适截面的低压电缆，通过低压开关的电缆引入装置，将低压电缆穿过压紧法兰盘、金属垫圈和橡胶密封圈连接到低压开关的接线柱上，确保电缆相间及对地的绝缘距离，并保证接触良好，接线完毕压紧法兰盘，盖好门盖和顶盖。

（3）将移动变电站外壳接地螺栓可靠地与局部接地极连接，低压侧接线腔的 FD 端子可靠地与辅助接地极连接，两接地极间距大于 5 m。

（4）检查各处螺母是否拧紧，清理各处异物。

3）操作使用

（1）根据系统要求，调整并整定好高压配电装置和低压馈电开关保护特性参数，即可进行移动变电站的试运行。

（2）为了更好地保护设备，应按如下操作程序进行供停电操作：先合高压，后合低压；先断低压，后断高压。

（3）移动变电站应按铭牌数据规范运行，出厂时连接片置于额定分接 X2—Y2—Z2 位置，移动变电站的运行电压允许在相应分接电压的 ±5% 范围内波动，否则可根据电网电压值进行高压电压分接变换。操作步骤是，切断低压负荷和高压侧电源，打开箱体法兰盒盖，变换分接抽头的连接片，连接片所在位置及对应的电压值见表 10－1。当电网电压波动经常超出允许范围时，为保证设备的安全运行，必须调整电网供电电压。

表 10－1　连接片所在位置及对应的电压

连接片所在位置	一次电压/V	
	6000	10000
X1—Y1—Z1	6300	10500
X2—Y2—Z2	6000	10000
X3—Y3—Z3	5700	9500

（4）低压联结组的变换，操作时可切断电源并通过低压侧联结组变换法兰盒，变换低压侧联结组，特别注意不能将螺母、垫片等落入矿用隔爆型移动变电站的箱底，如落入一定要设法取出，具体联结组的变换可按表 10－2 进行。

表10－2　联结组的变换

Y　接	Δ　接
c b a x y z	c b a x y z

（5）在正常运行过程中，一旦发现移动变电站发生故障，来不及处理，可按下移动变电站高压负荷开关的急停按钮，使高压配电装置迅速跳闸；一旦负荷侧发生故障，可分断高压开关，进行低压开关或负载电路故障的检查与维护。

（6）在正常运行过程中，因某种原因引起变压器温度过高，温度继电器会发出报警信号，报警后应立即切除电源，检查故障原因，及时排除故障后方可合闸送电。但因内腔温度短时降不下来，当温度下降到一定值后，报警才会停止，否则即使排除了故障，合闸后仍然报警。移动变电站在额定工作状态下长期运行，绕组的最高允许温升限值为125 ℃，热敏温度继电器的报警动作值为145 ℃ ±8 ℃。

二、相关知识

机电设备的安装知识

1. 机械安装

1）安全规定

（1）进行安装（或拆卸）作业时，应设施工负责人、安全检查员，必要时应配瓦斯检查员。施工地点支护安全，起吊架固定牢固。在吊、运物件时，应随时注意检查周围环境有无异常现象，禁止在不安全的情况下作业。

（2）在斜巷进行安装作业时，上部车场各出口处应设警示标志。

（3）在倾角大于15°的工作场所进行安装（或拆卸）作业时，下方不得有人同时作业。如因特殊需要平行作业时，应制定严密的安全防护措施。

（4）当安装现场20 m以内风流中的瓦斯浓度超过1%时，严禁送电试车；瓦斯浓度大于1.5%时，必须停止作业，切断电源，撤出人员。

（5）安装工应能正确使用安装工具，活扳手、管钳等不得加长套管、加长力臂，不得代替手锤使用。

（6）井下需要电、气焊作业时，必须按《煤矿安全规程》中的有关条款执行。

2）操作准备

（1）了解所需安装（或拆卸）设备的技术性能、安装说明书和安装质量标准，熟悉安装工作环境、进出路线及相关环节的配合关系。

（2）下井前要由施工负责人向有关工作人员传达施工安全技术措施，讲清工作内容、步骤、人员分工和安全注意事项。

（3）按当日工作需要和分工情况选择合适的起重用具、安装工具、器械等。检查吊梁、吊具、绳套、滑轮、千斤顶等起重设施和用具是否符合安全要求，确认安全可靠后方可使用。

（4）合理选择起重运输工具，按照《起重工操作规程》中的有关要求进行作业。不得用带式输送机、刮板输送机运送设备、器材。

（5）在下井前及运到安装位置后对安装的设备、器材等，均应设专人按施工图纸及有关技术文件要求，逐件清点数量、检查质量、校核尺寸。对需要分部件运输的设备，应由专人做明显标记，编号装车，对部件接合面要用软质材料妥善保护。

3）正常操作

（1）按安装施工图纸及有关技术文件认真校核基础尺寸，找准设备的安装中心线和标高。

（2）清理安装现场、基础表面和基础螺栓孔，以保证安装后二次灌浆的质量。

（3）将所需安装的设备或部件的基座按照技术文件及安装说明书的要求置于所需安装的基础位置上，操平找正后上好基础螺栓，按要求进行灌浆。

（4）将设备或部件置于基座上，按图纸及说明书等技术文件的要求校核尺寸后，上紧各连接件、销子、螺栓等。

（5）安装带式输送机时要保持输送带平直，若巷道底板起伏不平，则应保持平缓过渡；做输送带接头时，应使接头两端中心线在同一直线上，并应远离转动部位 5 m 以外作业。如需点动开车并拉动输送带时，应让作业人员离开带式输送机；严禁直接用手拉或用脚踩输送带。

（6）安装刮板输送机后试车时，如有漂链现象，应调整中部槽的平直度，严禁用脚蹬、用手搬或用撬棍别运行中的刮板链。

（7）安装过程中，对隐蔽工程必须由施工负责人和技术负责人进行中间验收，对各连接尺寸等技术数据要进行详细记录。

（8）设备安装后，试车之前应按施工要求的安装质量标准逐项认真检查：

①各部螺栓应齐全、紧固。

②减速器、油箱的油质应符合要求，油量应适当，无渗漏油。

③输送带、刮板链的张力应适当。

④联轴节间隙应符合要求。

⑤各转动部位的防护罩应完好、牢固。

⑥各仪表应齐全、完整。

⑦焊接部位应牢固，无开焊、裂缝等缺陷。

⑧设备周围，特别是转动部位周围，应无影响试车的杂物。

⑨按有关规定需要盘车的设备，应盘车 2～3 转，转动应灵活。

⑩其他应检查的部位。

（9）检查相关设备和环节的配合情况。

（10）通知所有安装人员及相关人员远离设备转动部位，发出试车信号，按试车程序送电试车。在试车时认真检查：

①各运转部位应无异响。

②润滑油路应畅通。

③各部轴承温升应符合规定值。

④各仪表指示应灵敏、准确。

⑤设备整体振动情况。

⑥其他应检查的部位。

(11) 拆卸设备前，应将车停在合适的位置。拆卸设备时，应严格执行停送电制度。首先要对本机及相关的设备停电、闭锁、挂停电牌，然后通知相关设备的司机及相关环节的工作人员，按事先确定的顺序进行拆卸。

(12) 拆卸时，各小型零部件尽量不要拆下，以免丢失，但拆卸程度要尽量保证各部件装车后不超宽、不超高、不超重；必须拆下的易损件及小零件，要由专人妥善保管好，以免损坏、丢失。

(13) 对设备的接合面、防爆面及易碰坏的零部件，在拆卸时注意不要损坏。

(14) 拆卸重型部件时，必须使用安全性能可靠的起重工具、设施。所有人员要精神集中，互相配合，听从负责人的统一指挥。

(15) 对设备及其零部件的安装配合要随时做好详细记录。

2. 电气安装

1) 上岗条件

(1) 矿井安装电工必须经过培训考试合格后持证上岗。

(2) 熟悉《煤矿安全规程》有关内容、《煤矿机电设备完好标准》、《煤矿机电设备检修质量标准》及电气设备防爆标准中的有关规定和煤矿机电设备安装有关标准和规程。

(3) 具备电工基础知识，了解所安装设备的结构、性能、技术特征、工作原理、设备电气系统图和矿井供配电线路情况。

(4) 掌握电气防灭火方法和触电抢救知识。

(5) 无妨碍本职工作的病症，身体状况适应本工种要求。

2) 安全规定

(1) 严格遵守劳动纪律及各项规章制度。

(2) 在立井井筒和距井口 3 m 以内高空作业时，必须戴安全帽和保险带。随身工具应有防脱落措施，以防坠落。

(3) 在井下距检修地点 20 m 内的风流中，瓦斯浓度达到 1% 时，严禁送电试车；达到 1.5% 时，必须停止作业，并切断电源，撤出人员。在井下使用普通型电工测量仪表时，所在地点必须由瓦斯检测人员检测瓦斯，瓦斯浓度在 1% 以下时方允许使用。

(4) 井下安装如需进行电焊、气焊和喷灯焊接时，必须按《煤矿安全规程》的有关条款执行。

(5) 入井安装的防爆设备必须有“产品合格证”、“防爆合格证”、“煤矿矿用产品安全标志”。

3) 操作准备

(1) 施工前应熟悉图纸资料、安装质量标准及安全技术措施。

(2) 检测、核对安装的设备、电缆、技术参数及安装时所用材料。各种技术数据及技术要求与设计相符并符合《煤矿安全规程》的规定。

(3) 检查安装、运输的现场环境，清除安装场地的障碍和杂物，了解工作场所的安全状况及相关工作环节的情况。

（4）安装的设备必须按照电气试验规程中规定的试验项目做各种试验，试验合格后方准使用。

（5）低压电缆必须测试绝缘，高压电缆必须做直流耐压和泄漏试验，试验合格后方准使用。

4）正常操作

（1）设备装车运输时必须固定可靠。对小型贵重设备、仪表、易损零部件应采取保护措施后，再进行搬运。

（2）施工所用的起重用具，必须进行详细检查，确认完好无损后，方可使用。起重设备时，支架棚子应安全牢固，正式起吊前应进行试吊。被吊物上严禁站人，吊起的重物下严禁有人。

（3）安装施工时必须严格执行停送电制度。从事高压作业时，必须按停电、验电、放电、挂三相短路接地线、挂停电标志牌等顺序工作。

（4）安装防爆设备时，要保护防爆面，不准用设备做工作台，以免损坏设备，安装完毕后，应符合防爆性能要求。

（5）安装后的检查：

①各类电气设备的安装必须符合设计要求，设备安装垂直度、电缆的敷设、接线工艺应符合安装质量标准。

②检查连接装置，各部螺栓、防松弹簧垫圈应齐全紧固。

③电气间隙、爬电距离、防爆间隙及接地装置应符合标准。

（6）试运转：

①安装设备的手动部件应动作灵活，开关触头的闭合符合技术要求。

②按设计整定继电保护装置。

③瓦斯浓度在1%以下时方可进行试送电，送电时必须严格执行停送电制度。工作前停电挂牌的开关要撤牌，谁挂牌谁摘牌。

④完成上述工作后由组长与司机、维护人员一起进行设备试运转。

第二节　调　　试

一、操作技能

（一）煤电钻综合保护装置的整定与调试（以ZZ8L－2.5型煤电钻综合保护为例）

1. 稳压电源调整

用万用表测插件板12、13两端，应有30 V交流电压；测C_1端，应有36 V左右直流电压，VT_1发射极应输出稳定的20～24 V直流电压。

2. 短路保护

（1）送入工作电源。

（2）用高频电压表和示波器测量载频频率信号源。C_4两端电压应为10～14 V（20～24 kHz）的正弦波电压，否则调整L_1中的磁芯或更换晶体管VT_2。

（3）测量VD_{20}两端电压，应为与载频信号同频的方波电压，幅值为10 V左右。继电器3J两端应有12～5 V直流电压。在停送工作电源时，3J应动作可靠。达不到上述要求时可更换晶体管VT_4、VT_5或VT_6。

（4）测VT_3发射极电压应为7 V左右。将第二基极与地瞬间短路后，此电压应降为3 V以下，并一直保持不变，说明双稳态工作正常。此时测VT_5集电极电压应小于1 V。

（5）在插件板18、19、20三点接上10 m、300 m电缆和2.5 kVA干式变压器二次绕组后，L_1两端的载频信号电压不应小于5 V，任意二相电缆短路，保护应动作可靠。

3. 漏电保护

在送电打眼情况下，通过1 kΩ电阻将任一相电缆接地，漏电保护应动作并有显示。

4. 绝缘试验

将装置的电子插件拔出，用1000V摇表测量X_1、X_2、X_3对地及CJ二次负荷侧，CJ负荷侧三相对地绝缘电阻不应小于1.0 MΩ；之后施加1500 V工频电压，1 min应无击穿和闪络。

（二）检漏继电器的整定与调试（以JY82－Ⅲ型为例）

1. 测量各主要元件的直流电阻值及直流电压值

（1）直流继电器ZJ线圈的电阻R_J；

（2）试验电阻值R_9；

（3）整流器的正反向阻值及电流、电压值；

（4）测量继电器ZJ的动作电流值I_J（继电器的动作电流值设计为5 mA，该值与衔铁间的间隙及继电器的性能有关，衔铁间隙一般在4～5 mm之间，过大或过小均应适当加以调整。调整方法：调节继电器的活动衔铁与下支座折页间的连接螺钉，并相应增减上端连接推板间的垫片，调整应是微量的）。

2. 网路切断电阻值$R_{切}$的校对

$$R_{切}=\frac{E}{I_J}-(R_3+R_0+R_J)$$

式中　E——整流器的直流输出电压，V；

$R_{切}$——网路切断电阻值，kΩ；

I_J——继电器的动作电流值，mA；

R_3——三相电抗器的电阻，kΩ；

R_0——零序电抗器的电阻，kΩ；

R_J——继电器线圈的电阻，kΩ。

整定方法：将整流器接线端子接在$E=26$ V上（在380 V系统）或$E=54.8$ V上（在660 V系统），在端子A、B、C（即D_1、D_2、D_3端子）与检漏继电器外壳之间依次接入6 kΩ（380 V）或15 kΩ（660 V）可调电阻器，接入电源，调节电阻器，即可确定继电器ZJ的动作电阻值。由于式中R_3、R_0、R_J值是固定的，而I_J值一般已先调定，因而改变E值即可改变$R_{切}$值，应使其等于或大于3.5 kΩ（380 V）或11 kΩ（660 V）。

3. 电网电容电流的补偿

JY82型检漏继电器对电网电容电流的补偿方法如图10－1所示。经瓦斯检查员检查瓦斯后，打开检漏继电器的外盖，在电源进线端子的任何一相与地之间接入一交流毫安表mA（量程0～500 mA）和1 kΩ电阻R（图10－1），然后送上电源，并调节零序电抗器线圈抽头，逐渐改变线圈匝数，使毫安表的读数逐步减小，直至毫安表的读数达到最小为止。此时便达到了对电网电容电流的最佳补偿状态。

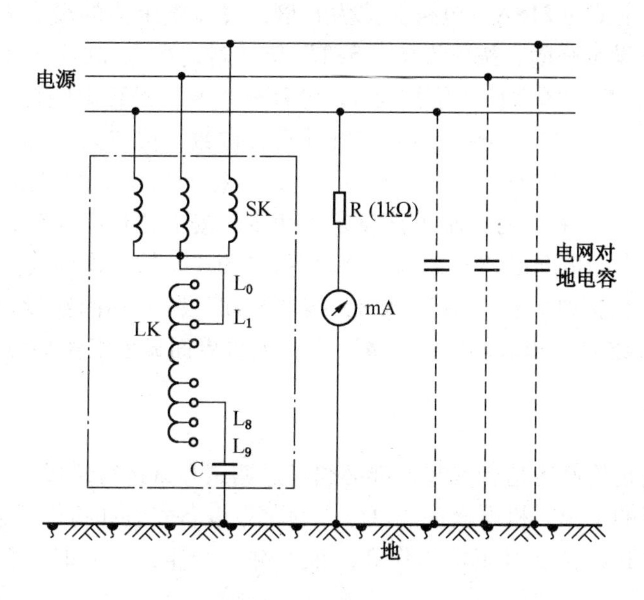

图 10－1　JY82 型检漏继电器对地电网电容电流的补偿方法示意图

（三）移动变电站的整定与调试（以 KBG－315/10 型矿用隔爆型移动变电站用高压真空配电装置为例）

PLC 智能型综合保护器的整定是通过 GOT 组成保护显示系统直接完成，参数整定灵活方便，运行和故障状态显示画面直观、简明。

整定方式（人机屏 GOT 开机后显示运行界面如图 10－2 所示）。

第一步：在运行状态下按下参数设定键“◀”进入参数设定界面，如图 10－3 所示。

第二步：按“SET”键一下，第一行“过流整定”数据区光标闪烁，按“▼▲”增减光标为数值，按“◀▶”键移动光标至所需位置。直至输入所需数值，再按“ENT”键，“过流整定”数据设定完成。

第三步：按“SET”键二下，进入“短路整定”数据区，参数设定同第二步。

第四步：按“SET”键三下，进入“功率因数”数据区，参数设定同第二步。

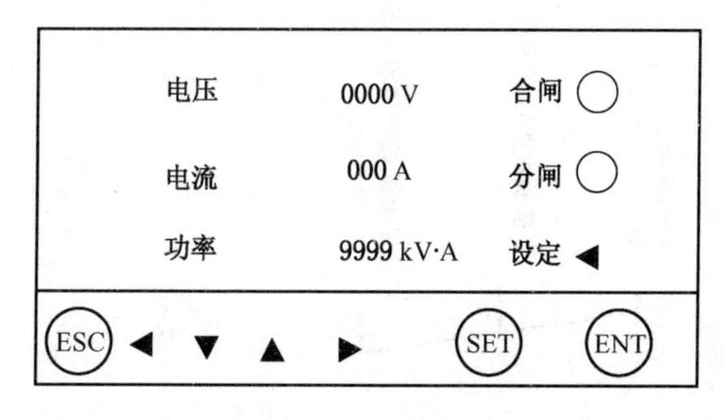

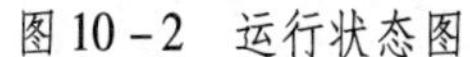

图 10－2　运行状态图

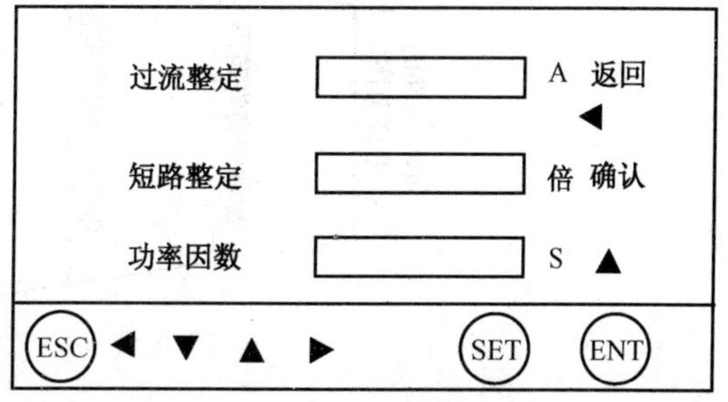

图 10－3　参数设定图

第五步：数据设定完成后按下确认键“⁂”，同时出现“滴”的一声提示音则表明人机屏内部数据已传输进 PLC。

例如：过流设定值为218A，短路保护为8倍，过流整定值的设定方法为：按下参数设定键“◀”出现设定画面，按下设定“SET”键，过流整定数据区个位数光标闪烁，按“▲”键八次或按“▼”两次使个位数为8，然后按“◀”键移动闪烁光标至十位数，按“▲”键使十位数为1，再按“◀”键将光标移至百位数，按“▲”键两次使百位数为2，按下“ENT”键，过流整定设定完成。按下“SET”键两次使短路设定数据区光标闪烁，按“▲”键八次或按“▼”两次使短路设定值为8，按下“ENT”键，短路整定设定完成。功率因数可按实际情况设定，如为0.80可按“SET”键3次使功率因数数据光标闪烁，按“◀”使分位闪烁，按“▲”为8，按“ENT”键功率因数设定完成，确认全部正确按“▲”使参数输入 PLC。按下“◀”键，人机界面显示工作画面。

二、相关知识

机电设备无论是检修还是新安装，都必须经过调试和试运行阶段，设备调试是一个复杂细致和非常重要的工作。机电设备调试，一般都在设备安装和检修后运行之前进行。调试正确与否，关系到设备能否正常工作和保证矿井安全生产，同时也关系到设备使用寿命。

（一）调试的实施

1. 调试的基本要求

调试就是要使设备与系统获得最佳运行状态。为此，必须把好元件选购、元件组成部件、部件组成设备、设备就位等各个关口。只有这样，才能确保设备状态良好，系统运行经济可靠。如果元件的误差容许范围和元件组装成部件的误差容许范围相同，那么，即使元件是合格品，甚至是优质品，部件却不一定就是合格品。在安装与调试时，应该坚持这样一个基本要求：使最基本的元件误差容许值或系统中最基本环节的误差容许值为最小，使累计误差在容许范围内。

元件、部件、组装件、设备、交接验收、实际使用、维修时等的误差容许范围的关系如图10－4所示。

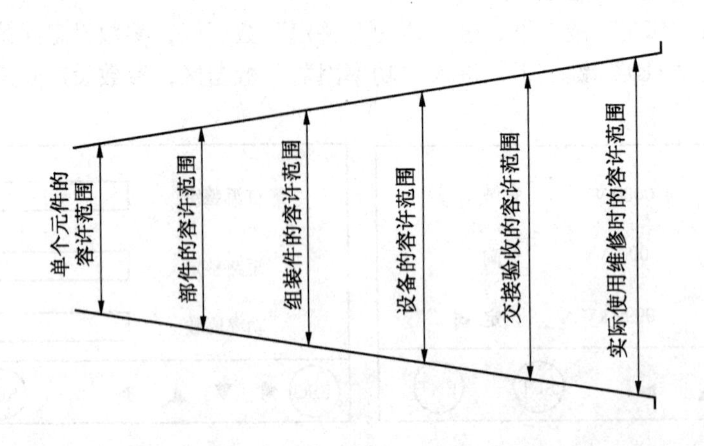

图10－4 误差容许范围的关系

2. 调试计划

设备与系统的可靠性，在设计已定、货已到现场的情况下，首先决定于安装调试。从设备和整个系统来看，调试要由专业技术人员事先编制调试计划或大纲，以指导调试工作。调试计划的基本内容如下：

（1）确定调试要求与目的。

（2）搜集有关数据，根据调试要求，研究确定经济合理误差。

（3）确定必要的调试项目，列出明细。

（4）根据项目确定调试方法、程序与必要的仪器。

（5）安排调试时间、人员、仪器和经费。

（6）调整与试验，使累计误差控制在容许范围内。

（7）整理数据，编写调试报告。

3. 调试管理

实际进行调试时，必须注意以下几点：

（1）为了正确调试设备，需要了解该设备的技术规范、性能要求、使用条件、制造履历，以及在工厂的试验记录。

（2）调试与安装各工序的工时、日程、衔接与组织。

（3）调试顺序。

（4）调试用仪器的维修、校验、配备和调整，仪器的容量与精度，自动测量与人工测量的配置。

（5）调试与测量方法标准化问题。

（6）数据记录与分析。数据记录要按表格填写，字迹要清楚。数据分析是按规程规定或依照厂家数据对调试结果进行客观判断的一种方法，要学会运用。

（7）最后调试结果要在容许范围内，要由有关人员认证。

（8）编写调试报告。要填写最后数据，调试方法，必要的附图，对设备的评定及对使用、维修工作的建议。

（二）液压系统的调试

1. 调试前的检查

调试前要对整个液压系统进行检查。油箱中应将规定的液压油加到规定高度；各个液压元件应正确可靠地安装，连接牢固可靠；各控制手柄应处于关闭或卸荷状态。

2. 空载调试

检查泵的安装有无问题，若正常，可向液压泵中灌油，然后启动电动机使液压泵运转。液压泵必须按照规定的方向旋转，否则就不能形成压力油。通过检查液压泵电动机的旋转方向，可以判定电动机后端风扇的旋向是否正转。也可以观察油箱，如果泵反转，油液不但不会进入液压系统，反而会将系统中的空气抽出，进油管处有气泡冒出。

液压泵正常时，溢流阀的出油口应有油液排除。注意观察压力表的指针。压力表的指针应顺时针方向旋转。如果压力表指针急速旋转，应立即关机，否则会造成压力指针打弯而损坏，或引起油管爆裂。这是由于溢流阀阀芯被卡死，无法起到溢流作用，导致液压系统压力无限上升而引起的。

如果液压泵工作正常，溢流阀有溢流，可逐渐拧紧溢流阀的调压弹簧，调节系统压力，使压力表所显示的压力值逐步达到所设计的规定值，然后必须锁紧溢流阀上的螺母，使液压系统内压力保持稳定。

排除系统中的空气。

调节节流阀的阀口开度，调节工作速度，观察液压缸的运行速度和速度变化情况，调好速度后，将调节螺母紧固。

观察运行系统运行时泄漏、温升及工作部件的精度是否符合要求。

3. 负载调试

观察液压系统在负载情况下能否达到规定的工作要求，振动和噪声是否在允许的范围内，再次检查泄漏、温升及工作部件的精度等工作状况。

第十一章　设备检修与维护

第一节　设备检修与故障排除

一、操作技能

（一）MLGF 系列矿用螺杆式移动空气压缩机

1. 压缩原理（图 11－1）

1）吸气过程

螺杆压缩机无进、排气阀。随着转子的转动，齿的一侧逐渐脱离啮合而形成齿间容积，其内部形成一定的真空，气体在压差作用下流入其中，如图 11－1a 所示。此后，阳转子齿不断从阴转子的齿槽中脱离出来，齿间容积不断扩大，当齿间容积达到最大时，齿间容积与吸气孔口脱离，吸气过程结束。

2）压缩及喷油过程

吸气过程结束时，气体被转子齿和机壳仓包围在一个封闭的空间中，随着转子的旋转，齿间容积因转子齿的啮合而不断减小，封闭在齿间容积内的气体压力升高，从而实现气体的压缩过程，如图 11－1b 所示。

压缩过程一直持续到齿间容积即将与排气孔口连通之前。

润滑油在压缩过程开始阶段利用压差喷入齿容积内与气体混合。

3）排气过程

齿间容积与排气孔口连通后，即开始排气过程。随着齿间容积的不断缩小，具有压力的气体逐渐通过排气孔口被排出，如图 11－1c 所示。齿末端型线完全啮合时，封闭的齿间容积变为零，齿间容积内气体完全排出，排气过程结束。

2. 系统流程图及零部件名称（图 11－2）

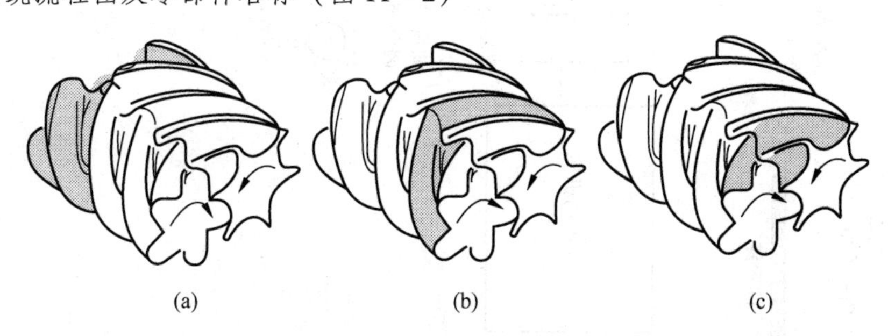

(a)　(b)　(c)

图 11－1　压缩原理

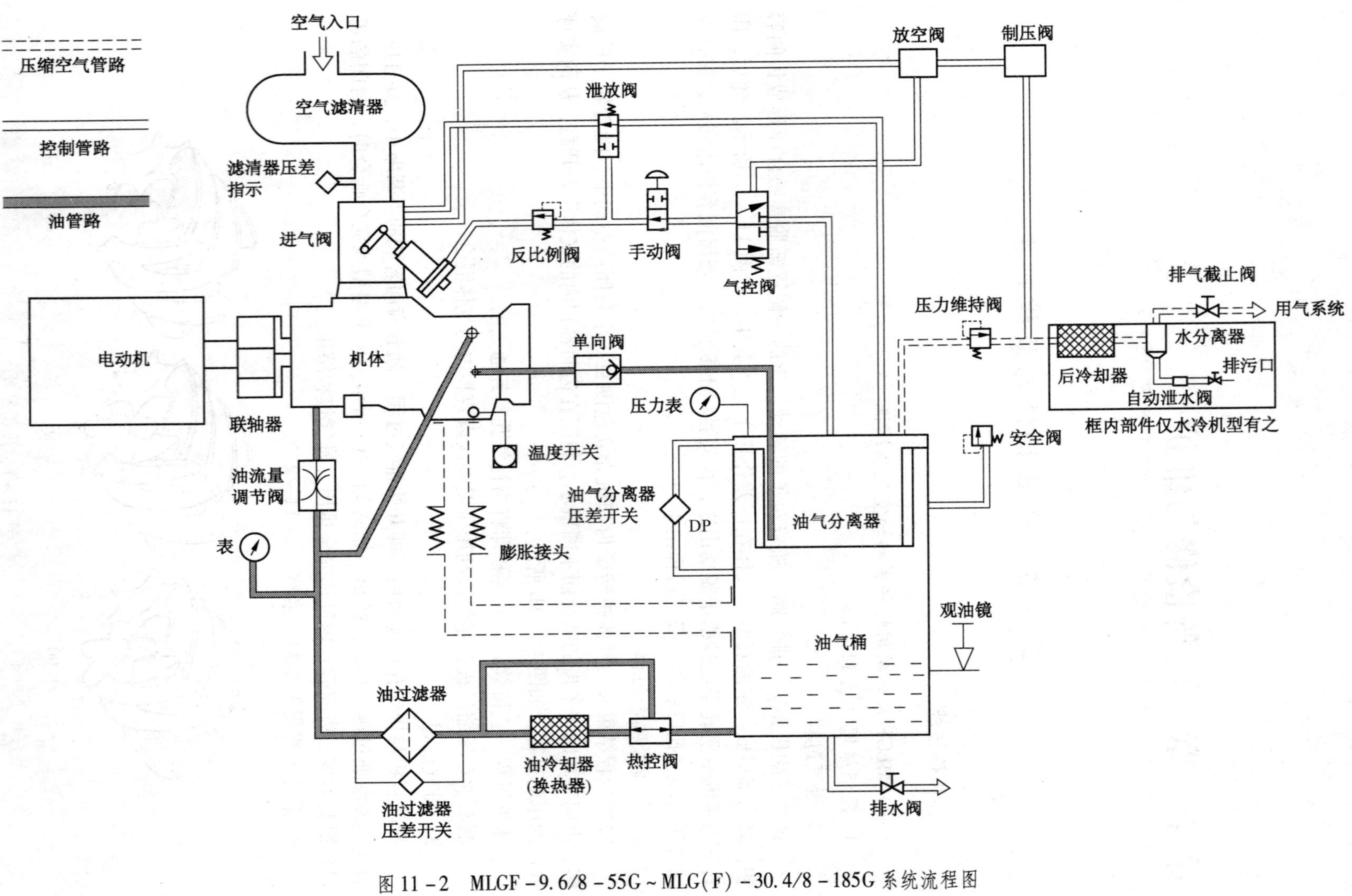

图 11－2　MLGF－9.6/8－55G～MLG(F)－30.4/8－185G 系统流程图

其系统流程如下：

1）空气流程

（1）空气由空气滤清器滤去尘埃后，由进气阀进入压缩机压缩并与润滑油混合后，经主机排气口排出，进入油气桶，再经油气分离器、压力维持阀送入使用系统中。

（2）主气路各部件功能说明：

①空气滤清器。有油浴式和纸质干式两种。过滤精度在10 μm左右，气流先经粗分除去较大粉尘颗粒，再通过滤纸或滤网过滤掉较小颗粒的粉尘，可起到较好的滤尘效果。滤清器上附保养压差指示器，当指示红色时，表示滤清器已经阻塞，需要及时除尘保养，严重时应予以更换。

②进气阀。

MLGF-3.6/7-22 G~MLGF-7.2/7-45 G：此种进气阀系活塞式，利用活塞上下动作来做空重车控制，同时利用单向阀避免进气腔过度真空。

MLGF-9.6/8-55 G~MLG(F)-30.4/8-185 G：此种进气阀系蝶阀式，利用蝶阀的开启、关闭来做空重车控制，同时利用进气阀板中小孔来避免进气腔过度真空。

a）容调控制。

MLGF-3.6/7-22 G~MLGF-7.2/7-45 G：当系统压力上升至容调阀的设定压力时，则会有少许空气经过，一方面泄放至进气口，另一方面通向进气阀活塞底部。如压力升高，通过容调阀的空气量增加至超过泄放量时，则进气阀活塞被顶起关小，进气量因而减小，此时已开始容调，若压力继续上升，则进气阀活塞也继续向上，直至关闭进气口；反之，若系统压力降低，则进气阀活塞开启增大，直到停止容调。

MLGF-9.6/8-55 G~MLG(F)-30.4/8-185 G：利用在控制区间内进出口压力成反比的反比例阀；当系统压力升高时，其输出压力降低，伺服气缸的拉杆在弹簧作用下回缩，关小进气阀；当系统压力降低时，其输出压力升高，伺服气缸使进气阀打开。

b）空重车控制。

MLGF-3.6/7-22 G~MLGF-7.2/7-45 G：若经容调控制之后，系统压力仍有上升，则有如下的空重车控制。当系统压力上升至制压阀的设定压力时，制压阀动作，放空阀得到信号打开，一路泄放至进气口，一路至进气阀活塞底部，关闭进气阀，实现空车运转。

MLGF-9.6/8-55 G~MLG(F)-30.4/8-185 G：若经容调控制之后，系统压力仍有上升，当达到制压阀设定值时，制压阀打开，气控阀得到压力信号关闭，同时放空阀也得到压力信号排空进气阀气缸中的压力，进气蝶阀关闭。泄放阀控制口失压导致其泄放口打开泄压，实现空车运行。当手动阀断开时，进气阀气缸及泄放阀控制口均失压而空车运转。

③指针式电接点温度开关。在喷油量不足或冷却器堵塞等情况下，均有可能导致排气温度开关动作而停机，温度开关一般设定在100 ℃，同时兼有温度表的作用。

④油气桶。油气桶侧装有观油镜，运行时油位应在两条刻线之间，油气桶底部装有排水阀，每天启动前缓慢拧开排水阀以排除油气桶内的凝结水，见到有油流出立即关上。桶上开有“1”字形加油口，可供加油用。

由于油气桶截面积宽大，可使压缩空气流速减小，同时压缩空气在内作旋转运动，并与桶壁、衬桶相撞，可使较大油滴分离，此为油气的初分离。

⑤安全阀。当压力开关调节不当或失灵而使油气桶内的压力超过额定排气压力的1.1倍时，安全阀即会跳开泄压。

⑥压力维持阀。位于油气桶上方油气分离器出口处，开启压力设定于0.45 MPa左右，其功能为：

a）当启动时优先建立润滑油所需的循环压力，确保机体的润滑。

b）当压力超过0.45 MPa之后开启，可降低流过油气分离器的空气流速，除确保油气分离效果外，还可保护油气分离器免因压差太大而受损。

c）防止空车泄放时系统压力回流。

2）润滑油流程

（1）由于油气桶内的压力将润滑油压出，经过热控阀、油冷却器、油过滤器后分成两路：一路由机体下端喷入压缩室，冷却压缩空气；另一路通到机体后端，用来润滑轴承组及传动齿轮，而后再聚集于压缩室底部排气口排出，与油混合的压缩空气经排气管进入油气桶，分离一大部分的油，其余的含油雾空气再经过油气分离器滤去所余的油后，经压力维持阀、排气截止阀，送至用气系统。

（2）喷油量的控制。螺杆压缩机所喷入的油主要是用来带走空气在压缩过程中产生的热量，喷油量的多少直接影响压缩机的性能。

（3）油路上各组件功能说明：

①油冷却器。油冷却器的冷却方式有风冷与水冷两种形式：风冷式机型采用板翅式换热器，考虑到煤矿井下环境粉尘较多，所选冷却器的翅片间距较大，换热面积也较大，一则使其不易被粉尘堵塞，二则在少量蒙尘的情况下仍有较好的换热能力。但如蒙尘较多会导致散热不佳而高温跳机。因而应视蒙尘情况，每隔一段时间，即应以其他压缩机的压缩空气将翅片表面灰尘吹掉，若无法吹净则必须以溶剂来清洗，务必保持冷却器散热表面的干净。

若为水冷式机型，则使用管壳式冷却器。管壳式冷却器在堵塞时，必须以特殊药水浸泡，且以机械方式将堵塞在管内的结垢完全清洗干净。

②油过滤器。油过滤器是一种纸质过滤器，其功能是除去油中的杂质，如金属微粒、油的劣化物等，过滤精度在10~15 μm之间，对轴承、转子、齿轮有完善的保护作用。新机第一次运转300 h（若多粉尘环境需提前）需要换滤芯，以后则根据堵塞情况决定是否更换滤芯。若滤芯堵塞后没有更换滤芯，则无法正常运转。

③油气分离器。油气分离器是由多层细密的纤维织物制成，压缩空气中所含有的雾状油气经油气分离器后几乎可被完全滤去，油颗粒大小可控制在0.1 μm以下，含油量则可低于$5\times10^{-4}\%$，在正常运转环境下，油气分离器可使用4000 h。润滑油品质和环境粉尘含量对其寿命影响很大，如果环境粉尘大，其使用周期会缩短很多。油气分离器出口装有压力维持阀，油气分离器所过滤的油集中于中央小凹槽内，由回流管回流至机体，可避免已被过滤的润滑油再随空气排出。

④热控制阀。油冷却器的前方装有一热控制阀。刚开机时，润滑油温度低，此时热控制阀会自动把回流的回路打开，油则不经过油冷却器而直接进入机体内。若油温升到67 ℃以上则热控制阀慢慢打开，至72 ℃时全开，此时油会全部经过油冷却器冷却后再进

入机体。

3）系统

（1）风冷式机型：冷空气由风扇吹过换热器散热翅片与润滑油做热交换，达到冷却效果。

（2）水冷式机型：冷却水循环系统的自动补给系统须完善，且避免与其他系统共用，以防止水量不足而影响冷却效果。冷却水水质若太差，则冷却器易结垢而阻塞，必须特别注意。

3. 电气线路保护装置

空压机电气系统的主要部分是电磁启动器控制系统。电磁启动器采用矿用隔爆兼本质安全型真空电磁启动器，其控制回路采用本质安全回路，压风机的工艺保护常闭接点串接在本质安全回路中。电磁启动器具有失压、过载、短路、断相、过电压、漏电闭锁等方面的保护。

空压机工艺保护有温度开关、油过滤器压差开关等保护。

（1）温度开关。当因某种原因导致排气温度升高至温度开关的设定值 100 ℃时，其常闭触点（K 温）断开，空压机停止运转。

（2）油过滤器压差开关。当油过滤器堵塞后，其进出油口的压差会增大，当增大至压差开关的设定值 0.18 MPa 时，其常闭触点（K 油）断开，空压机停止运转。

4. 运行

1）启动前的准备工作

（1）空压机在工作时必须水平放置，切不可倾斜放置。

（2）检查空压机各零部件是否完好，各保护装置、仪表、阀门、管路及接头是否有损坏或松动。

（3）缓慢打开油气桶底部的排水阀，排出润滑油下部积存的冷凝水和污物，见到有油流出即关上，以防润滑油过早乳化变质。

（4）检查油气桶内油位是否在观油镜两条刻线之间（运行时），不足应补充。注意加油前确认系统内无压力（油位以停机 10 min 后观察为准）。

（5）在新机第一次开机或停用很久又开机时，应先拆下空滤器盖，从进气口内加入约 0.5 L 的润滑油，以防止启动时空压机失油烧损。

（6）确认系统内无压力。

（7）打开排气阀门。

2）启动步骤

（1）将磁力启动器隔离开关手柄推至“正转”位置。

（2）点动，确认转向是否正确。按“启动”按钮后立即按“停止”按钮，检查电机转向是否正确，正确转向见压缩机上黄色箭头所示。如发现反转，请将电源进线任意两相对调。

（3）确认手动阀处于“卸载”状态。按下“启动”按钮，10 s 后，将手动阀拨至“加载”位置，压缩机正常运转。

（4）观察运转是否平稳，声音是否正常，空气对流是否通畅，仪表读数是否正常，是否有泄漏。

3）运行中的注意事项

（1）经常观察各仪表读数是否正常：

排气压力——额定排气压力 0.8 MPa；

润滑油压力——低于额定排气压力 0.1 ~ 0.35 MPa；

排气温度——75 ~ 100 ℃，最佳温度区 75 ~ 85 ℃。

（2）经常倾听空压机各部位运转声音是否正常。

（3）经常检查有无渗漏现象。

（4）在运转中如发现观油镜上看不到油位，应立即停机，待系统无压力后再补油。

（5）每隔一段时间（如 2 h）记录一次排气压力、排气温度、润滑油压力，供日后检修参考。

（6）保持空压机外表及周围场地干净，严禁在空压机上放置任何物件。

（7）遇空压机有异常情况时，应按“停止”按钮，停止空压机运转。

5. 停机

1）正常停机

MLGF7.2/7 - 45 G ~ MLG(F) - 30.4/8 - 185 G：先将手动阀拨至“卸载”位置将空压机卸载，20 s 后，再按下“停止”按钮，电机停止运转。停机后，如预计较长时间不用，将隔离开关手柄扳到“停止”位置，以防误开机。

2）紧急停机

（1）当出现下列情况时，应紧急停机：

①出现异常声响或振动时；

②排气压力超过安全阀设定压力而安全阀未打开；

③排气温度超过 100 ℃时未自动停机；

④周围发生紧急情况时。

（2）紧急停机时，直接按下“停止”按钮，无需先卸载。

6. 保养与使用说明

1）润滑油规范与使用说明

（1）润滑油规范。润滑油对螺杆压缩机的性能具有决定性的影响，若使用不当或错误操作，则会导致螺杆压缩机的严重损坏，甚至可能引发火灾，因此，必须使用专用螺杆压缩机高级润滑油。

（2）影响换油时间的因素有：

①通风不良，环境温度太高；

②高湿度环境或雨季；

③灰尘多的环境。

（3）换油步骤：

①将空压机运转，使油温上升，以利排放，然后按下“停止”按钮，使空压机停止运转。

②缓慢打开油气桶底部的排污阀，如油气桶内有残压时，泄油速度很快，容易喷出，应慢慢打开。注意应将系统内所有润滑油放净，如管路、冷却器、油气桶等。

③润滑油放净后，关闭排污阀，打开加油口盖注入新油。注意，因开机后部分油会留

在管路之中，故空压机加油应加至观油镜上面一个紧固螺丝处，即充满整个观油镜，开机后其油面会下降较多，应确保空压机正常运转时油位在观油镜上下红线之间，不足应停机补油。

（4）润滑油使用注意事项。润滑油不要超期使用，应按时更换，否则油品品质下降，润滑性不佳，容易造成超温停机，且较脏油品也易造成油路堵塞，使零部件损坏。

2）压力系统调整

（1）容调系统调整。使用系统用气量较空压机的供气量少，则容调系统可自动调节空压机的供气量。

MLGF－3.6/7～22 G～MLGF－7.2/7－45 G：容调阀可视现场的用风量作最佳的调整。顺时针调整容调阀，可提高设定压力，反之降低设定压力，如不需容调，可将其拧紧锁死。

MLGF～9.6/8－55 G～MLG(F)－30.4/8－185 G：其容调为一只反比例阀，调整方法与容调阀相同。

（2）安全阀调整。安全阀的开启压力一般均设定为额定排气压力的1.1倍。

3）油气分离器的更换

更换油气分离器时须防不洁物掉入油气桶内，以免影响空压机的运转。更换步骤如下：

（1）空压机停机；

（2）确认系统内已无压力，拆下二次回油管，拆下油气桶上盖固定螺栓，将油气分离器拆下后更换新品。

如空压机排出的压缩空气要并入巷道主风管，切记应在连接管上加一阀门，在停机时关闭阀门，以防倒气。

（二）分析、处理较复杂电子插件的故障，并提出改进措施

1. 煤电钻电子插件问题的提出

由于矿井瓦斯煤尘的突出问题，需要在采掘工作面使用煤电钻打孔释放瓦斯以保证安全生产。由于打孔的直径与深度比原来孔径大、深，煤电钻因长期超负荷工作，其漏电、堵转、短路故障时常发生，直接影响生产和安全。煤电钻综合保护装置的出现，在刚开始起到了一定的保护作用，然而经过二十多年的发展，煤矿机电设备不断更新换代，但是煤电钻综合保护装置的发展不是很大，已不能适应煤矿安全生产的需要，在使用中仍存在以下一些问题：

（1）大多数煤电钻综合保护装置的先导回路中的保持电路，是由电流互感器的二次感应电压经整流后，加限流电阻直接驱动继电器。由于煤电钻经常工作在过负载情况下，工作电流较大，就使电流互感器二次侧电压升高，造成保护插件上的电子元器件烧坏。影响正常生产。

（2）大多数煤电钻综合保护装置采用3个二极管半波整流的漏电保护方式，其检测电压随127 V电压波动，信号电压也随之波动，造成漏电保护动作值不稳定，装置误动和拒动现象增加，影响其保护性能。

（3）大多数煤电钻综合保护装置中，过流保护热继电器也经常出现问题。BZZ－2.5、4型煤电钻综合保护装置选用不同的热继电器，但当井下选用BZZ－2.5型控制一台1.2 kW

煤电钻时，热继电器就时常处于保护状态，给正常生产带来不便。同时，在煤电钻打钻时经常出现堵转现象，对于功率稍大一点的煤电钻（2.2 kW），大多数煤电钻综合保护装置的过载保护不是很稳定，要么过载保护非常灵敏，要么就烧毁保护插件，严重影响了安全生产。

（4）大多数煤电钻综合保护装置都把载频保护技术应用到了127 V煤电钻供电系统的短路保护上，对127 V三相电钻电缆相间的绝缘状况进行连续监视，一旦相间绝缘损坏，就立即发出信号，切断电源，达到短路保护的目的。然而载频保护却受到井下电压波动及电缆长度的影响，而且磁芯调整的范围非常有限，很容易造成煤电钻一开机就发生保护的误动作。

以上的种种问题都是在使用过程中发现的，也是大多数煤电钻综合保护装置的通病，解决了以上问题，就能使煤电钻综合保护装置更好地为煤矿安全生产服务。

2. 解决的方案

经过对煤矿井下使用的几种常用煤电钻综合保护装置的工作原理进行分析，现提出了几点改进意见：

（1）由于煤电钻在工作过程中频繁启动、过负荷运行，以及堵转现象经常发生，所以先导回路中保护电路的电流互感器二次侧电压就经常工作在过电压状态下，很容易烧毁整流桥与限流电阻，导致保护插件损坏。因而可以考虑使用功率大的整流桥与增大限流电阻的阻值和功率或串接一个电阻，避免启动瞬间大电流击穿整流桥和限流电阻。改进电路如图11－3所示。这样一来虽然能解决烧毁元器件的问题，但又会引起煤电钻空转时互感器二次侧电压过低而使保护电路工作失灵。要彻底解决以上问题，就要对电流互感器进行改进，如根据实际情况相应改变电流互感器的线圈匝数，使煤电钻在空转与工作时所提供的二次侧电压能使保护电路可靠工作，而煤电钻在过负荷与堵转的情况下进入饱和状态，二次电压不再升高，以保证整流桥与限流电阻不被烧毁。

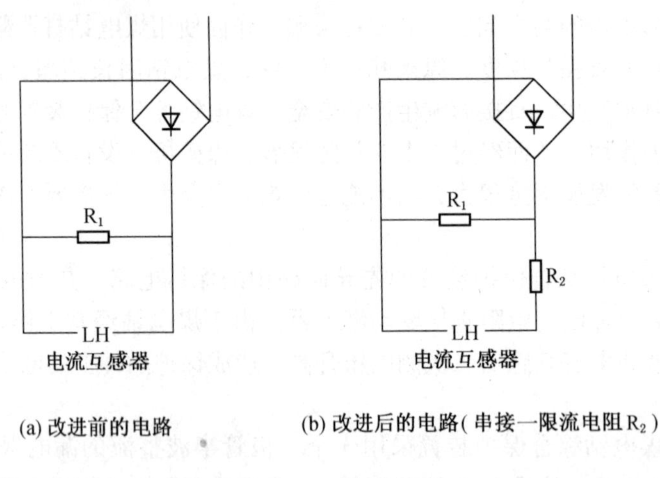

(a) 改进前的电路　　(b) 改进后的电路（串接一限流电阻 R_2）

图11－3　改进电路

（2）采用集成电路取代三极管，解决了当电网电压较低时煤电钻空载运行不可靠的问题。同时，该装置的漏电保护电路采用三相半波整流直流检测式原理，并使用了转换式电压跟随给定电路，其电路原理如图 11－4 所示。它是用控制电路低压电源中的三端集成稳压器的输入端提供比较器的给定电压，以满足信号电压与给定电压随电网电压同时波动的要求，在此基础上增加了两项措施：一是利用直流继电器的一组常闭辅助触点来做给定电压源的转换；二是在漏电给定电阻对地之间串接两个硅二极管，这样一来既不影响原漏电闭锁动作值的稳定性，又能将漏电动作值随电网电压的变化幅度减至最小，使漏电保护中拒动和误动现象大大减少，增加了保护的可靠性，因而是一种新颖的提高煤电钻综合保护装置漏电保护性能指标和动作值可靠性的办法。

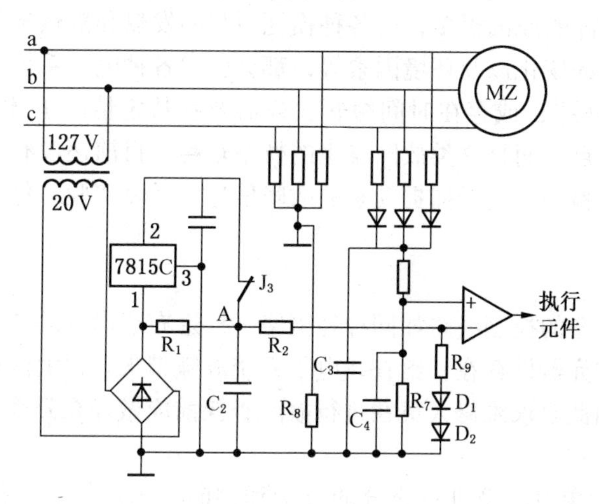

图 11－4　转换式电压跟随给定电路

（三）分析、判断机械设备发生故障部位及故障性质，并进行排除减速器过热、响声不正常的处理方法

1. 征兆

发出油烟气味和“吐噜”、“吐噜”的响声。

2. 原因

主要原因是齿轮磨损过度，啮合不好，修理组装不当，轴承损坏或串轴，油量过少或过多，油质不干净等。此外，液力偶合器安装不正，地脚螺栓松动，超负荷也是造成减速箱响声不正常的原因。

3. 预防方法

坚持定期检修制度，经常检查齿轮和轴承磨损情况，可打开减速箱检查孔，用木棒卡住齿轮，使其固定，再转动液力偶合器，如果活动过大，就是固定键活动或齿轮磨损。另外注意各处螺栓是否松动，要保持油量适当，液力偶合器间隙要合适。

4. 处理方法

拧紧各处螺栓，补充润滑油，轴伞齿轮轴承损坏时，可以连同轴承一起更换，更换轴伞齿轮时要注意调整好间隙。

二、相关知识

（一）煤矿机电设备电气系统故障排除方法

电气系统故障一般是指电气控制线路的故障。电气控制线路是用导线将控制元件、仪表、负载等基本器件按一定规则连接起来，并能实现某种功能的电路。从结构上讲，电气控制线路由电器元件、电源、导线及连接的固定部分组成。虽然数字化技术的发展，使得数字电路在电气电路整体中所占比例逐步增加，但电路人机界面部分、模拟量输入/输出接口部分、功率器件的驱动与控制部分、电源电路部分等，尚不可能完全数字化。因其具有非线性、容差，以及电路组态多样性等特点，诊断难度较大。而就是这些部分的故障发生概率最高，因此控制线路中模拟电路部分的故障诊断问题，始终是故障诊断的难点和重点。

引起电气系统故障的原因很多，由各种损耗引起的发热和散热条件的改变，电弧的产生，电源电压、频率的变化以及环境因素等，都会引发各种电气系统故障。间歇出现的暂时性故障也称“软故障”，或存在时间短暂、或需要在特定情况下才会出现，随机性大，常常是故障诊断的难点。而且这类故障发生的概率较高，目前还没有高效的诊断方法，一般要采取连续观察、检测，记录捕捉动态的故障信息，反复实验、仔细查找，才能准确诊断。

1. 故障调查准备

由于现代机电设备的控制线路如同神经网络一样遍布于设备的各个部分，并且有大量的导线和各种不同的元器件存在，给查找电气系统故障带来了很大困难，使之成为一项技术性很强的工作，因此要求维修人员在进行故障查找前应做好充分准备。通常，准备工作的内容有以下3方面：

（1）根据故障现象对故障进行充分的分析和判断。确定切实可行的检修方案，以减少检修中盲目行动和乱拆乱调现象，避免原故障未排除又造成新故障的情况发生。

（2）读设备电气控制原理图，掌握电气系统的结构组成，熟悉电路的动作要求和顺序，明确各控制环节的电气过程，为迅速排除故障做好技术准备。

（3）准备好电气故障维修用的各种仪表、工具。

2. 故障现场调查

现场调查和外观检查是进行设备电气诊断的第一步，对迅速进行故障诊断，查出故障原因和部位，准确地获得第一手资料有重要意义。

故障调查通常是依靠人的感官功能（视、听、触、嗅等），对故障进行调查，掌握第一手资料。常用的调查手段主要有查看、问询、听诊和触测等。

1）查看

故障发生后，从以下几个方面对故障遗留的痕迹进行查看：检查外观变化，如熔断指示装置动作、绕组表面绝缘脱落、变压器油箱漏油、接线端子松动脱落、各种信号装置发生故障显示等；观察颜色变化，电气设备温度升高会带来颜色的变化，如变压器绕组发生短路故障后，变压器油受热由原来的亮黄色变黑、变暗，发电机定子槽楔的颜色也会因为过热发黑变色。

2）问询

向操作者了解故障发生前后的情况，询问的内容包括：故障发生在开车前或后，还是发生在运行中；是运行中自行停车，还是发现异常情况后由操作者停车；发生故障时，设备工作在哪个程序，都动了哪个按钮或开关；故障发生前后，设备有无异常现象（如响声、气味、冒烟或冒火等）；以前是否发生过类似的故障，是怎样处理的，等等。通过问询往往能得到一些很有用的信息，有利于根据电气设备的工作原理来分析发生故障的原因。

3）听诊

通过对设备正常运行和故障状态下的声音分析，判断故障的性质。如电动机正常运行时，声音均匀、无杂声或特殊响声；如有较大的“嗡嗡”声时，则表示负载电流过大；若“嗡嗡”声特别大，则表示电动机处于缺相运行（一相熔断器熔断或一相电源中断等）；如果有“咕噜”声，则说明轴承间隙不正常或滚珠损坏；如有严重的碰擦声，则说明有转子扫膛及鼠笼条断裂脱槽现象；如有“咝咝”声，则说明轴承缺油。

4）触测

用人手的触觉可以监测设备的温度、振动及间隙的变化情况。如电动机、变压器和一些电器元件的线圈发生故障时温度会明显升高，通过用手触摸可以判断有无故障发生。

人手上的神经纤维可以比较准确地分辨出 80 ℃以内的温度。如在 0 ℃左右时，手感冰凉，若触摸较长时间会产生刺骨痛感；10 ℃左右时，手感较凉，但一般能忍受；20 ℃左右时，手感稍凉，随着接触时间延长，手感渐温；30 ℃左右时，手感微温，有舒适感；40 ℃左右时，手感较热，微烫感觉；50 ℃左右时，手感较烫，若用掌心按的时间较长，会有汗感；60 ℃左右时，手感很烫，一般可忍受 10 s 左右；70 ℃左右时，手感灼痛，一般只能忍受 3 s 左右，手的触摸处会很快变红。为防止意外事故发生，触测时应试触后再细触温升情况。

零件间隙的变化情况可采用晃动机件的方法来检查。这种方法可以感觉出 0.1 ~ 0.3 mm 的间隙大小。用手触摸机件可以感觉振动的强弱变化和是否产生冲击，以及滑板的爬行情况。此外，用配有表面热电探头的温度计进行故障的简易诊断，在滚动轴承、滑动轴承、主轴箱、电动机等机件的表面温度测量中，具有判断热异常位置迅速、数据准确、触测过程方便的特点。

3. 简易故障排除法

在故障现场调查后，可用简易故障诊断法（用一些简单的仪器工具对机电设备故障诊断的方法）对电路进行通、断电检查。由于这种诊断技术充分发挥了维修人员对机电设备故障诊断的技术优势，因而在对一些常见设备进行故障诊断时，具有经济、快速、准确的特点。

4. 利用仪表和诊断技术确定故障

1）线路故障的确定

利用仪器仪表确定故障的方法称为检测法，比较常用的仪表是万用表。通过使用万用表对电压、电阻、电流等参数进行测量，根据测得的参数变化情况，即可判断电路的通断情况，进而找出故障部位。

（1）电阻测量法。常用方法有分阶测量法和分段测量法。

①分阶测量法。例如，电路故障现象如图 11 - 5 所示，按下启动按钮 SB_2，接触器 KM 不吸合。测量方法：首先要断开电源，把万用表的选择开关转至电阻“Ω”挡。按下启动按钮 SB_2 不放松，测量 1—7 两点间的电阻，如电阻值为无穷大，说明电路断路。再分步测量 1—2、1—3、1—4、1—5、1—6 两点间的电阻值，当测量到某标号间的电阻值突然增大，则说明该点的触头或连接导线接触不良或断路。

②分段测量法。上例故障的电阻分段测量法如图 11－6 所示。测量时首先切断电源，按下启动按钮 SB_2，然后逐段测量相邻两标号点 1—2、2—3、3—4、4—5、5—6 间的电阻值。如测得某两点间的电阻值很大，说明该段的触头接触不良或导线断路。例如，当测得 2—3 两点间的电阻值很大时，说明停止按钮 SB_1 接触不良或连接导线断路。

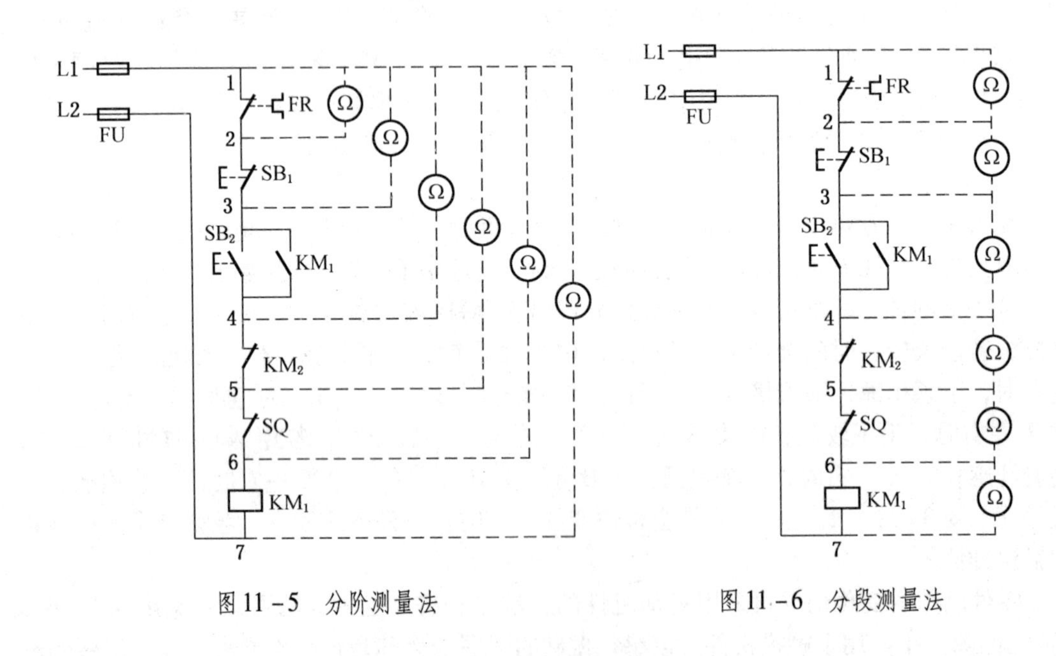

图 11－5　分阶测量法　　　　图 11－6　分段测量法

（2）电压测量法。同电阻测量一样也可分为分阶测量法和分段测量法，不同的是量取对象为电压。

（3）短接法。是用一根绝缘良好的导线，把所怀疑的部位短接，如电路突然接通，就说明该处断路。短接法有局部短接法和长短接法两种。

①局部短接法。用局部短接法检查上例故障的方法如图 11－7 所示。检查前先用万用表测量 1—7 两点间的电压值，若电压正常，可按下启动按钮 SB_2 不放松，然后用一根绝缘良好的导线，分别短接 1—2、2—3、3—4、4—5、5—6 点。当短接到某两点时，接触器 KM 吸合，说明断路故障就在这两点之间。

②长短接法（图 11－8）。是指一次短接两个或多个触头来检查故障的方法。上例中当 FR 的常闭触头和 SB_1 的常闭触头同时接触不良，如用上述局部短接法短接 1—2 点，按下启动按钮 SB_2，KM_1 仍然不会吸合，故可能会造成判断错误。而采用长短接法将 1—6 短接，如 KM_1 吸合，说明 1—6 这段电路上有断路故障，然后再用局部短接法来逐段找出故障点。

长短接法的另一个作用是可把找故障点缩小到一个较小的范围。例如，第一次先短接 3—6 点，KM_1 不吸合，再短接 1—3 点，此时 KM_1 吸合，这说明故障在 1—3 点间范围内。所以利用长短结合的短接法，能很快地排除电路的断路故障。

使用短接法检查故障时应注意下述几点：短接法是用手拿绝缘导线带电操作的，所以一定要注意安全，避免触电事故发生；短接法只适用于检查压降极小的导线和触头之类的断路故障，对于压降较大的电器，如电阻、线圈、绕组等断路故障，不能采用短接法，否

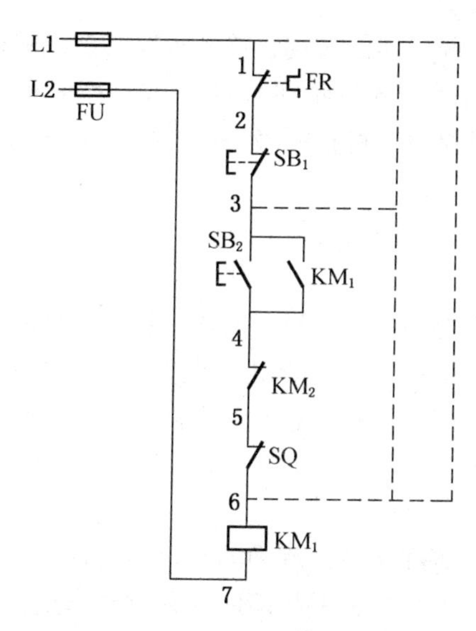

图 11－7　局部短接法

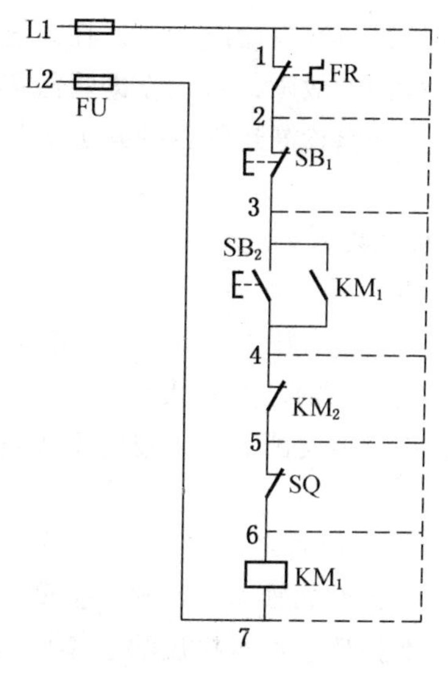

图 11－8　长短接法

则会出现短路故障；在确保电气设备或机械部位不会出现事故的情况下才能使用短接法。

2）元件故障的确定

电阻元件的参数有电阻和功率。对疑似有故障的电阻元件，可通过测量其本身的电阻加以判定。测量电阻值时，应在电路断开电源的情况下进行，且被测电阻元件最好与原电路脱离，以免因其他电路的分流作用，使流过电流表的电流增大，影响测量准确性。

5. 电气故障的快速查找法

有时很小的一个电气故障，查找起来却十分费力，特别是走线分布复杂、控制功能多样、元件多、分布广的无图纸线路，要查找故障的难度就更大。遇到这类故障时，可按以下步骤进行快速查找。

1）检查线路状况

由于布线工艺的要求，故障常发生在导线的接头处，导线中间极少发生。因此可首先检查导线接头，看有无导线松脱、氧化、烧黑等现象，并进行处理。然后检查是否有明显的损伤元件，如元件烧焦、变形等。遇到这类元件，应及时更换，缩小故障范围，便于下一步故障的查找。

2）检查电源情况

控制电路检查无误后，方可通电检查。通电时主要检查外部电源是否缺相，电压是否正常，必要时可检查相序和频率。判断熔断器是否正常是检查电源的一个很重要的工作，在控制电路电源故障中，熔断器故障占了相当大的比例。电源正常后，如果控制电路仍有故障，可进行下一步骤检查。

3）对易查件进行检查

检查按钮按下时，动合触头、动断触头是否有该通不通、该断不断的现象，接触器动作是否灵活，触头接触是否良好，保护元件是否动作等，必要时可多次操作进行验证。

对于行程开关和其他检测元件，要试验其动作是否正常灵活，输出信号是否正常。

4）充分利用数控系统的硬、软件报警和状态显示功能

数控系统都具有自诊断功能，在系统工作期间，能定时用自诊断程序对系统进行快速诊断。一旦检测到故障，系统立即将故障以报警的方式显示在 CRT 上或点亮面板上的报警指示灯。这种自诊断还能将故障分类报警，维修时，可根据报警内容提示来查找问题的症结所在。

（二）机械故障测定方法

1. 噪声和振动测量法

机器在运行过程中的噪声和振动是诊断的重要信息。通过对噪声或振动信号的测试和分析，能有效地识别机器的状态。一般来说，在用该方法诊断机器状态时，总是首先进行噪声或振动总的强度测定，从总体上评价机器运行是否有问题；若有问题，则再作深入分析。

2. 磨损残余物测定法

机器零件，例如轴承、齿轮、活塞环、缸套等在运行过程中的磨损残余物可以在润滑油中找到。磨损残余物直接反映了零件的磨损状态，是诊断故障的一种重要信息。通过对油样中磨损残余物粒径分布、成分等特征的分析，可以判断机器是否正常运行，并预报故障的发生。

3. 零件性能测定法

对于机器可靠性起决定影响的关键零件的状况，除主要依靠直接观察、振动与噪声测量以及磨损残余物测定等一些方法外，还需有一些特殊的方法来确定。例如，采用电阻应变片、声发射等非破坏性检验方法来监测机器零件的状况，采用非接触式电子探头测量轴心的位置，用热电偶测量轴承中摩擦发热的情况，安装专用的传感器测量汽缸衬套的磨损状况等。

第二节 测绘零件图

一、操作技能

测绘就是依据实际零件，画出它的图形，测量并标注它的尺寸，给定必要的技术要求等工作过程。在仿造机器设备、设备维修和技术革新中常常要进行这项工作。

（一）零件测绘的一般过程

（1）全面了解测绘对象，分析、弄清零件的名称、用途；鉴定零件的材料、热处理和表面处理情况，分析零件结构形状和各部分的作用；查看零件有无磨损和缺陷，了解零件的制造工艺过程等。

对测绘对象了解和分析，是做好零件测绘的基础。测绘虽然不是设计，但必须正确领会原设计的意图，使测绘的结果正确、合理。

（2）绘制零件草图。在对零件进行认真分析的基础上，目测比例，根据零件表达方案的选择原则徒手绘出的零件图称为零件草图。零件草图是绘制零件工作图的依据，有时草图也可代替工作图使用。

（3）根据零件草图进行认真检查核对，补充完善后，依此画出正规的零件工作图，

用以指导加工制造零件。

（二）画零件草图的要求和步骤

零件草图是绘制零件工作图的依据，因此，它必须包括零件工作图的全部内容。应做到内容完整、表达正确、尺寸齐全、要求合理、图线清晰、比例匀称。

为提高绘制草图的速度和保证图面质量，必须熟练掌握徒手画线的方法。

直线的画法：直线要画得直而均匀。执笔时，小手指靠近纸面，眼看终点，以控制方向不偏。画垂直线时自上而下运笔，画水平线时从左向右较为顺手，画斜线时按图 11－9 箭头所示方向，且可略转图纸，使要画的直线正好是顺手方向，画短线时常以手腕运笔，画长线则以手臂动作。为了方便，常利用方格纸画草图。

圆和曲线的画法：画圆时，应先定圆心位置，再过圆心画两条互相垂直的中心线，在中心线上目测半径定出 4 点，过此 4 点描绘出小圆弧，如图 11－10a 所示。画大圆时可定出 8 点，再过 8 点描绘出大圆弧，如图 11－10b 所示。

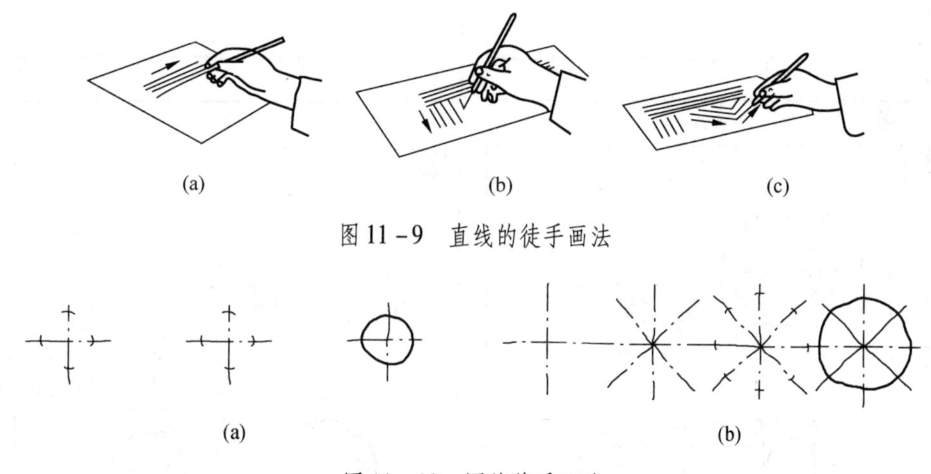

图 11－9　直线的徒手画法

图 11－10　圆的徒手画法

一张完整的零件草图应按图 11－11 所示过程绘制。

（1）在分析零件结构，确定表达方案的基础上，选定比例，布置图面，画好基本视图的基准线。

（2）画好基本视图的外形轮廓。

（3）为表达内部形状，要画好剖视图，按要求选好标注尺寸的位置，画好尺寸线、尺寸界线。

（4）标注尺寸和所有技术要求，填写标题栏，检查有无错误和遗漏。

（三）画零件工作图的方法和步骤

根据现场测绘的零件草图整理绘制零件工作图的方法步骤如下：

1. 整理零件草图

对零件草图进行审查、校对，检查草图方案是否正确、完整、清晰、精练；零件尺寸是否正确、齐全、清晰、合理；技术要求规定是否得当。必要时，应参阅有关资料，查阅有关标准，参考类似零件图样或其他技术资料，进行计算和分析，使零件草图进一步完善。

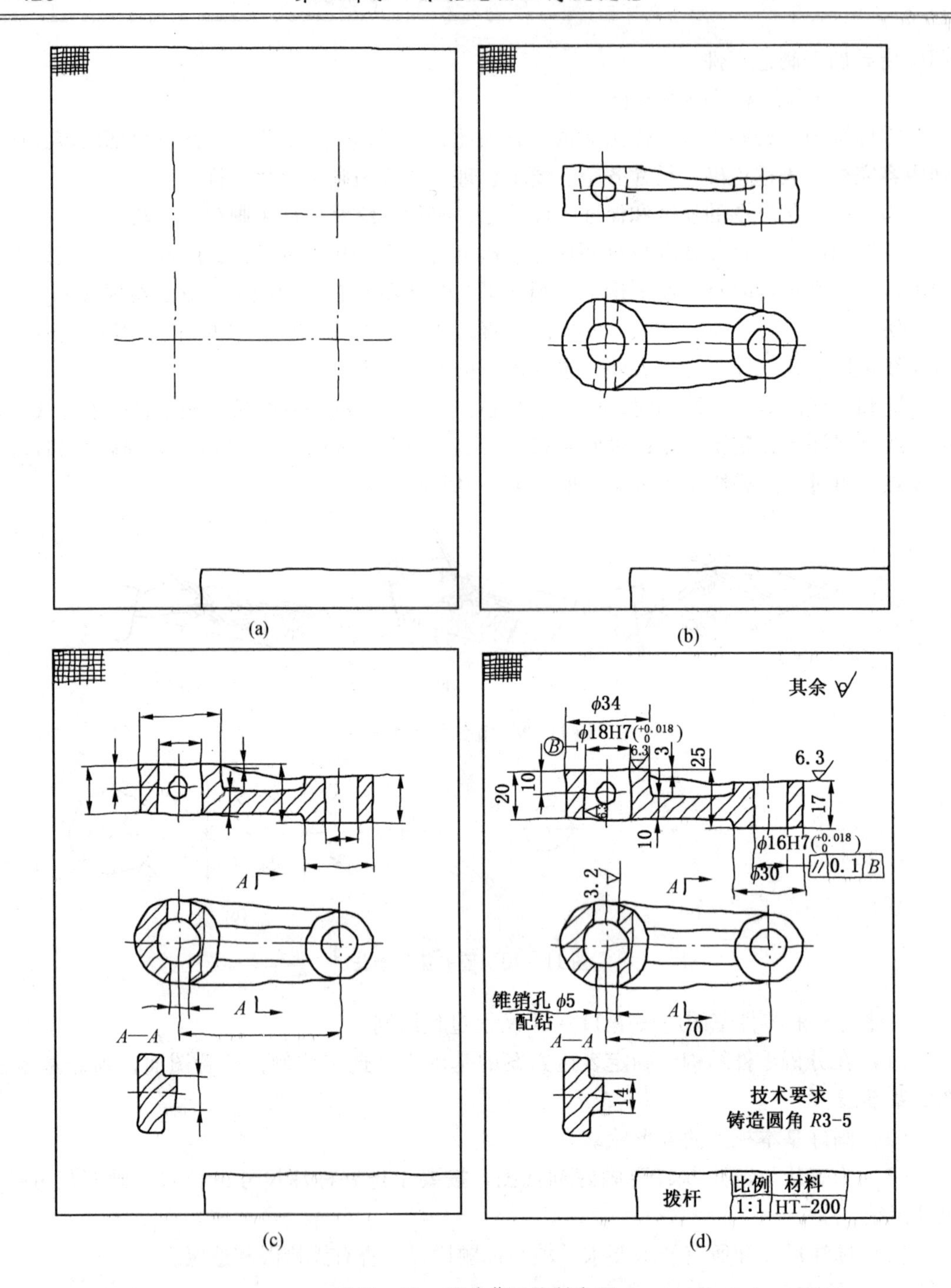

图 11-11　零件草图绘制步骤

2. 画零件工作图

（1）选择比例和图幅。根据零件表达方案，确定适当比例，选定图幅。

（2）布置图面，完成底稿。根据表达方案和比例，用硬铅笔在图纸上轻轻画出各视图基准，并逐一画出各图形底稿。

（3）检查底稿，标注尺寸和技术要求后描深图形。

（4）填写标题栏。

（四）零件测绘的注意事项

零件测绘是一项复杂细致的工作，对每个环节都要认真对待。除上述绘制草图、工作图和测量尺寸中各项要求外，还应注意以下几点：

（1）测绘前拆卸零件要细心，不要损坏零件，而且要认真清洗，妥善保管。

（2）对已损坏的零件，要尽量使其恢复原形，以便于观察形状和测量尺寸。

（3）对已损坏了的工作表面，测量时要给予恰当估计。必要时，应测量与其配合的零件尺寸。

（4）重要表面的基本尺寸、尺寸公差、形位公差和表面粗糙度，以及零件上一些标准结构的形状和尺寸，应查阅资料或与技术人员共同研究确定。

（5）零件表面有时有各种缺陷，如铸件上的砂眼、缩孔，加工表面的疵点、刀痕等，不应将其画在图上。

二、相关知识

（一）测绘的基本方法

1. 电气系统测绘的定义

电气系统测绘是专业维修人员根据电气设备实物，运用已掌握的知识及电气测量技能，按照电气绘图的标准，绘出电气系统或局部线路原理的过程。

2. 测绘准备

（1）熟悉设备结构，学习和掌握相近或类似设备的电气系统工作原理。

（2）准备齐所需的仪表、仪器、工具、相关资料及绘图用具。

（3）制订好测绘的计划和步骤。如参加人员的分工，要求完成的时间及进度，工作顺序。

3. 测绘中的注意事项

（1）确认彻底切断所有电源。

（2）按单元或回路逐步有序地进行测绘。

（3）拆卸时，必须有专职记录人员对拆卸的部位、端子进行详细记录，做好标记，保证复原时元件、位置、线号等准确无误。

（4）拆装时不得损坏元件及设备。

（5）对需要加电测试的回路或单元，应注意其与别的回路和单元的联系。注意人身和设备的安全，严防触电事故。

（6）对疑难复杂线路或元件，不得贸然拆卸，应通过研究会审后再进行。

（7）绘出的图纸应符合标准和其他各项要求。

（二）采掘运机械设备的控制方式

1. 采掘运机械的控制方式

（1）手动控制：操作者直接在采掘运机械前控制其工作状态（启动、调速、运动、停止），并直接监视上述工作状态。

（2）远距离控制：操作者在远离采掘运机械的某处进行控制。

（3）自动控制：操作者仅给出初始工作命令（给出启动命令、给定运动速度、移动距离、功率等）或停车命令，采掘运机械的整个工作过程是自动进行的。例如，由多台输送机组成的输送机线的自动控制系统中，各台输送机间启动、停车必须遵守一定的连锁关系。

2. 采掘运机械控制系统

采掘运机械控制系统多采用有触点和无触点的逻辑控制系统，大体可由图 11－12 所示框图中的 4 部分组成。

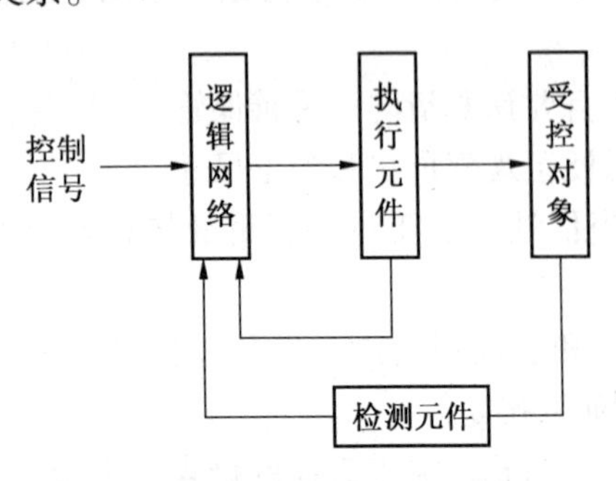

图 11－12 采掘运机械系统框图

（1）受控对象一般为采掘运机械的电动机、电磁铁、液压电磁阀、气动电磁阀等。

（2）执行元件一般为接触器（受控对象容量小时也可用继电器取代）；在无接点逻辑控制系统中，一般采用晶闸管、大功率晶体管。

（3）逻辑网络一般由继电器、接触器接点、检测元件接点组成；也可由半导体无接点逻辑元件、检测元件的输出组成。

（4）检测元件是显示采掘运机械工作状态及其监视保护装置状态的元件。例如，采煤机输出功率、截割滚筒位置、机身位置等。

3. 控制线路图的绘制原则

控制线路图通常分为安装接线图和原理展开图。前者供安装检修使用，图中各电器元件都按实际位置绘制；后者多用来说明各电器元件间的互相作用，图中各电器元件不按其实际位置绘制，而是按照与各电路的联系及阅图方便绘出。为使控制线路图绘制统一，应按下列原则进行：

（1）把全部电路分成主回路、控制回路和辅助回路。电动机等强电流回路属主回路；接触器和继电器线圈等小电流电路属于控制回路；其他如信号、测量等电路属辅助回路。

绘图时，一般主回路画在图纸的上方或左方，用较粗的线画出；控制或辅助回路用较细的线，画在图纸的下方或右方；控制回路的电源线垂直画在两侧，各并联支路平行地画在两控制电源线之间，排列顺序应尽量符合各电器元件的动作顺序。

（2）图中的各电器元件应按规定的图形和文字符号表示。同一电器的元件（如线圈、接点等）必须用相同的文字符号。同类元件很多时，应在文字符号前用顺序数字区别，如某图中有两个电流表，可用 1 A 和 2 A 区别；同一电器如果有几个相同的元件时，可以用相同文字符号加数字脚码来区别。例如，接触器线圈 C 有两个接点时，可分别用 C_1、C_2 来区别。

（3）电路图中的接点（触头）位置都按正常位置画出。所谓正常位置，一般是指线圈等不通过电流（或未加外力）时的位置。例如，常开接点，在图中应是断开的；常闭接点应是接通的；按钮应是未按时的位置等。

（4）为便于安装和检查，图中导线连接处应编号。编号方法通常以电器的线圈为界，左边各点标奇数，右边各点标偶数；不经过电器元件的两点，认为是等电位的，其标号不变。

附录一

矿用变压器技术特征

附表1 矿用干式变压器技术参数

型号	额定容量/(kV·A)	额定电压/V		额定电流/A		连接组	损耗/W		阻抗电压/%			每相线圈阻抗/Ω		
		一次	二次	一次	二次		空载	短路	U_d	U_r	U_x	R	X	Z
KSG-2.5/0.5	2.5	400	133	3.61	10.9	Y-Δ-11	54.5	68	4.5	2.72	3.585	0.1908	0.2533	
KSG-2.5/0.7	2.5	660	133	2.18	10.9	Y-Δ-11	54.5	68	4.5	2.72	3.585	0.1908	0.2533	
KSG-4/0.5	4	400	133	5.8	17.4	Y-Δ-11	71	97	4.5	2.42	3.794	0.1068	0.1676	
KSG_1-2.5/0.5	2.5	400	133	3.61	10.9	Y-Δ-11	30	98	4.5	3.92	2.210	0.2749	0.1564	
KSG-4/0.7	4	660	133	3.50	17.4	Y-Δ-11	71	97	4.5	2.42	3.794	0.1068	0.1676	
KSG_1-2.5/0.7	2.5	660	133	2.18	10.9	Y-Δ-11	30	98	4.5	3.92	2.210	0.2749	0.1564	
KSG_1-4/0.5	4	400	133	5.8	17.4	Y-Δ-11	55	140	4.5	3.5	2.828	0.1540	0.1250	
KSG_1-4/0.7	4	660	133	3.50	17.4	Y-Δ-11	55	140	4.5	3.5	2.828	0.1540	0.1250	

型号	额定容量/(kV·A)	额定电压/V		额定电流/A		连接组	损耗/W		阻抗电压/%	每相线圈阻抗/Ω		
		一次	二次	一次	二次		空载	短路	U_d	Z	X	R
KBSG-50/6	50	6000	690	4.81	41.66	$Y.Y_0/Y.d_{11}$	400	600	4	0.3842	0.3665	0.1153
KBSG-50/6	50	6000	400	4.81	72.1	$Y.Y_0/Y.d_{11}$	400	600	4	0.1281	0.1222	0.0384
KBSG-100/6	100	6000	690	9.62	83.32	$Y.Y_0/Y.d_{11}$	600	1000	4	0.1921	0.1860	0.048
KBSG-100/6	100	6000	400	9.62	144.2	$Y.Y_0/Y.d_{11}$	600	1000	4	0.064	0.0620	0.016
KBSG-200/6	200	6000	690	19.2	166.6	$Y.Y_0/Y.d_{11}$	1000	1400	4	0.0961	0.0946	0.0168
KBSG-200/6	200	6000	400	19.2	288.4	$Y.Y_0/Y.d_{11}$	1000	1400	4	0.0320	0.0315	0.0056
KBSG-315/6	315	6000	1200	30.3	151.6	$Y.Y_0/Y.d_{11}$	1400	2200	4	0.1816	0.1788	0.0319
KBSG-315/6	315	6000	690	30.3	262.5	$Y.Y_0/Y.d_{11}$	1400	2200	4	0.0605	0.06	0.0106
KBSG-500/6	500	6000	1200	48.1	240.6	$Y.Y_0/Y.d_{11}$	1900	3100	4	0.1153	0.1139	0.0179
KBSG-500/6	500	6000	693	48.1	416.6	$Y.Y_0/Y.d_{11}$	1900	3100	4	0.0384	0.0380	0.0060
KBSG-630/6	630	6000	1200	60.6	303.1	$Y.Y_0/Y.d_{11}$	2100	4000	5	0.1143	0.1134	0.0145
KBSG-630/6	630	6000	693	60.6	535	$Y.Y_0/Y.d_{11}$	2100	4000	5	0.0381	0.0378	0.0048
KBSG-800/6	800	6000	1200	71	384.9	$Y.Y_0$	2350	5200	5.5	0.0990	0.0983	0.0117
KBSG-1000/6	1000	6000	1200	96.2	481.1	$Y.Y_0$	2700	6100	6	0.0864	0.0860	0.0088
KSGB-50/6	50	6000	400	4.81	72.2	$Y.d_{11}$	400	600	4	0.128	0.1222	0.0384
KSGB-50/6	50	6000	690	4.81	41.8	$Y.Y_0$	400	600	4	0.3869	0.3637	0.1145
KSGB-100/6	100	6000	400	9.6	145	$Y.Y_0/Y.d_{11}$	600	1000	4	0.0640	0.0620	0.016
KSGB-100/6	100	6000	690	9.6	84	$Y.Y_0/Y.d_{11}$	600	1000	4	0.1904	0.1844	0.0476
KSGB-200/6	200	6000	400	19.2	200	$Y.Y_0/Y.d_{11}$	1000	1700	4	0.0320	0.0313	0.0068
KSGB-200/6	200	6000	690	19.2	168	$Y.Y_0/Y.d_{11}$	1000	1700	4	0.0952	0.0930	0.0202

附表1（续）

型　号	额定容量/(kV·A)	额定电压/V		额定电流/A		连接组	损耗/W		阻抗电压/%	每相线圈阻抗/Ω		
		一次	二次	一次	二次		空载	短路	U_d	Z	X	R
KSGB－315/6	315	6000	690	30.3	262	Y. Y_0/Y. d_{11}	1400	2200	4	0.0605	0.0596	0.0106
KSGB－315/6	315	6000	1200	30.3	151.6	Y. Y_0/Y. d_{11}	1400	2200	4	0.1829	0.1801	0.0319
KSGB－400/6	400	6000	400	38.4	334.7	Y. Y_0/Y. d_{11}	1700	2600	4	0.016	0.0158	0.0026
KSGB－400/6	400	6000	690	38.4	192.4	Y. Y_0/Y. d_{11}	1700	2600	4	0.0476	0.0470	0.0077
KSGB－500/6	500	6000	690	48	418	Y. Y_0/Y. d_{11}	1900	3100	4	0.0381	0.0376	0.0059
KSGB－500/6	500	6000	1200	48	240	Y. Y_0/Y. d_{11}	1900	3100	4	0.1152	0.1138	0.0179
KSGB－630/6	630	6000	1200	60.6	303	Y. Y_0	2100	4000	5	0.1143	0.1134	0.0145
KSGB－630/6	630	6000	690	60.6	527.2	Y. Y_0	2100	4000	5	0.0377	0.0375	0.0047
KSGB－800/6	800	6000	1200	76.9	385	Y. Y_0	2300	5200	5.5	0.0990	0.0983	0.0117
KSGB－800/6	800	6000	690	77	669	Y. Y_0	2300	5200	5.5	0.0327	0.0324	0.0038
KSGB－1000/6	1000	6000	1200	96.2	481	Y. Y_0	2700	6100	6	0.0864	0.0860	0.0088
KSGB－1000/6	1000	6000	690	96.2	836	Y. Y_0	2700	6100	6	0.0285	0.0284	0.0029

附表2　低损耗变压器技术参数

型　号	容量/(kV·A)	额定电压/V		额定电流/A		连接组	损耗/W		阻抗电压/%			每相线圈阻抗/Ω		
		一次	二次	一次	二次		空载	短路	U_d	U_r	U_x	R	X	Z
KS9－50/6	50	6000	400/ 690	4.81	72.3/ 41.8	Y，d_{11} Y，Y_0	160	860	4	1.72	3.61	0.0549/ 0.1641	0.1155/ 0.3437	0.1279/ 0.3809
KS9－100/6	100	6000	400/ 690	9.62	144/ 83.7	Y，d_{11} Y，Y_0	280	1450	4	1.45	3.73	0.0233/ 0.0690	0.0597/ 0.1775	0.0640/ 0.1904
KS9－200/6	200	6000	400/ 690	19.2	288/ 167.4	Y，d_{11} Y，Y_0	460	2450	4	1.23	3.81	0.0098/ 0.0291	0.0305/ 0.0907	0.0320/ 0.0952
KS9－315/6	315	6000	400/ 690	30.3	455/ 263.4	Y，d_{11} Y，Y_0	650	3300	4	1.05	3.86	0.0053/ 0.0158	0.0196/ 0.0583	0.0203/ 0.0605
KS9－400/6	400	6000	400/ 690	38.4	577/ 334.7	Y，d_{11} Y，Y_0	770	4050	4	1.01	3.87	0.0041/ 0.0121	0.0155/ 0.0461	0.0160/ 0.0476
KS9－500/6	500	6000	400/ 690	48.1	722/ 418.4	Y，d_{11} Y，Y_0	950	4900	4	0.98	3.88	0.0031/ 0.0093	0.0124/ 0.0369	0.0128/ 0.0381
KS9－630/6	630	6000	400/ 690	60.6	909/ 527.2	Y，d_{11} Y，Y_0	1150	6000	4.5	0.95	4.4	0.0024/ 0.0072	0.0112/ 0.0333	0.0114/ 0.0340
KS9－80/6	80	6000	400/ 690	7.7	115/ 66.9	Y，d_{11} Y，Y_0	230	1200	4	1.5	3.71	0.0302/ 0.0894	0.0742/ 0.2208	0.0801/ 0.2381
KS9－160/6	160	6000	400/ 690	15.4	230/ 133.9	Y，d_{11} Y，Y_0	390	2000	4	1.25	3.8	0.0126/ 0.0372	0.038/ 0.1131	0.040/ 0.1190
KS9－250/6	250	6000	400/ 690	24	360/ 209.2	Y，d_{11} Y，Y_0	540	2900	4	1.16	3.83	0.0075/ 0.0021	0.0245/ 0.0729	0.0256/ 0.0762

附表3 移动变电站用干式变压器技术参数

型号	额定容量/(kV·A)	额定电压/V		额定电流/A		连接组	损耗/W		阻抗电压/%	每相线圈阻抗/Ω		
		一次	二次	一次	二次		空载	短路	U_d	Z	X	R
KBSGZY－50/6	50	6000	400	4.81	72.1	Y. Y_0/Y. d_{11}	500	800	4.5	0.1440	0.1346	0.0512
KBSGZY－100/6	100	6000	693	9.62	83.32	Y. Y_0/Y. d_{11}	750	1200	4.5	0.2160	0.2082	0.0576
KBSGZY－100/6	100	6000	400	9.62	144.2	Y. Y_0/Y. d_{11}	750	1200	4.5	0.0720	0.0694	0.0192
KBSGZY－200/6	200	6000	693	19.2	166.6	Y. Y_0/Y. d_{11}	1200	2000	4.5	0.1080	0.1053	0.0240
KBSGZY－200/6	200	6000	400	19.2	288.4	Y. Y_0/Y. d_{11}	1200	2000	4.5	0.0360	0.0351	0.0080
KBSGZY－315/6	315	6000	1200	30.3	151.6	Y. Y_0/Y. d_{11}	1600	2600	4.5	0.2057	0.2022	0.0377
KBSGZY－315/6	315	6000	693	30.3	262.5	Y. Y_0/Y. d_{11}	1600	2600	4.5	0.0680	0.0674	0.0126
KBSGZY－400/6	400	6000	1200	38.5	192.4	Y. Y_0/Y. d_{11}	1900	3000	4.5	0.1620	0.1597	0.0270
KBSGZY－400/6	400	6000	693	38.5	333.28	Y. Y_0/Y. d_{11}	1900	3000	4.5	0.0540	0.0532	0.0090
KBSGZY－500/6	500	6000	1200	48.1	240.6	Y. Y_0/Y. d_{11}	2100	3550	4.5	0.1296	0.1280	0.0204
KBSGZY－500/6	500	6000	693	48.1	416.6	Y. Y_0/Y. d_{11}	2100	3550	4.5	0.0432	0.0427	0.0068
KBSGZY－630/6	630	6000	1200	60.6	303.1	Y. Y_0/Y. d_{11}	2300	4600	5.5	0.1257	0.1246	0.0167
KBSGZY－630/6	630	6000	693	60.6	535	Y. Y_0/Y. d_{11}	2300	4600	5.5	0.0419	0.0415	0.0056
KBSGZY－800/6	800	6000	1200	77	384.9	Y. Y_0/Y. d_{11}	2550	6000	6	0.1080	0.1072	0.0135
KBSGZY－1000/6	1000	6000	1200	96.2	481.1	Y. Y_0/Y. d_{11}	2950	7000	6.5	0.0936	0.0931	0.0101

附录二

电抗和电缆的折算

附表1 系统电抗的换算长度 m

额定电压/V \ S_d/(MV·A)	10	15	20	25	30	40	50	100
400	35.1	23.4	17.6	14.1	11.7	8.8	7.0	3.51
690	104.6	69.7	52.3	41.8	34.9	26.1	20.9	10.46
1200	316.3	210.9	158.2	126.5	105.4	79.1	63.3	31.63

注：表中数据为折算至低压 50 mm^2 电缆时的换算长度。

附表2 6 kV 电缆折算至低压侧的换算系数

电缆截面/mm^2	铜芯			铝芯		
	400 V	690 V	1200 V	400 V	690 V	1200 V
10	0.019	0.058	0.171	0.032	0.097	0.286
16	0.012	0.036	0.108	0.020	0.061	0.183
25	0.008	0.023	0.072	0.013	0.039	0.115
35	0.006	0.017	0.054	0.009	0.028	0.084
50	0.004	0.012	0.036	0.006	0.020	0.051
70	0.003	0.008	0.027	0.005	0.014	0.045
95	0.002	0.006	0.018	0.004	0.011	0.036

注：表中数据为折算至低压 50 mm^2 电缆时的换算系数。

图书在版编目（CIP）数据

采掘电钳工：初级、中级、高级/煤炭工业职业技能鉴定指导中心组织编写. --修订本. --北京:煤炭工业出版社,2017(2024.3 重印)

煤炭行业特有工种职业技能鉴定培训教材

ISBN 978-7-5020-5848-7

Ⅰ.①采… Ⅱ.①煤… Ⅲ.①矿山开采—电工技术—职业技能—鉴定—教材 ②矿山开采—钳工—职业技能—鉴定—教材 Ⅳ.①TD6

中国版本图书馆 CIP 数据核字(2017)第 099456 号

采掘电钳工　初级、中级、高级　修订本

（煤炭行业特有工种职业技能鉴定培训教材）

组织编写　煤炭工业职业技能鉴定指导中心
责任编辑　徐　武　成联君
编　　辑　杜　秋
责任校对　姜惠萍
封面设计　王　滨

出版发行　煤炭工业出版社（北京市朝阳区芍药居 35 号　100029）
电　　话　010-84657898（总编室）
　　　　　010-64018321（发行部）　010-84657880（读者服务部）
电子信箱　cciph612@126.com
网　　址　www.cciph.com.cn
印　　刷　河北鹏远艺兴科技有限公司
经　　销　全国新华书店

开　　本　787mm×1092mm $^{1}/_{16}$　**印张**　27 $^{3}/_{4}$　**插页**　2　**字数**　674 千字
版　　次　2017 年 5 月第 1 版　2024 年 3 月第 5 次印刷
社内编号　8728　　**定价**　58.00 元